打造精英的典藏范本

西点军校经典法则

古振智 编

中国华侨出版社

图书在版编目（CIP）数据

西点军校经典法则 / 古振智编 . —北京：中国华侨出版社，2015.4

ISBN 978-7-5113-5367-2

Ⅰ .①西… Ⅱ .①古… Ⅲ .①成功心理－通俗读物 Ⅳ .① B848.4-49

中国版本图书馆 CIP 数据核字（2015）第 071930 号

西点军校经典法则

编　　者：古振智

出 版 人：方　鸣

责任编辑：彬　彬

封面设计：彼　岸

文字编辑：王　宁

美术编辑：宇　枫

经　　销：新华书店

开　　本：1020 毫米 ×1200 毫米　1/10　　印张：36　　字数：693 千字

印　　刷：北京德富泰印务有限公司

版　　次：2015 年 6 月第 1 版　2018 年 4 月第 2 次印刷

书　　号：ISBN 978-7-5113-5367-2

定　　价：59.80 元

中国华侨出版社　北京市朝阳区静安里 26 号通成达大厦三层　　邮编：100028

法律顾问：陈鹰律师事务所

发 行 部：（010）88866079　　传　真：（010）88877396

网　　址：www.oveaschin.com

E-mail：oveaschin@sina.com

如发现印装质量问题，影响阅读，请与印刷厂联系调换。

前　言
PREFACE

　　西点军校全称是"美国陆军军官学校"，坐落于纽约市北郊哈德逊河谷，因为学校所处的位置被当地人称为"西点"（West Point），所以人们也习惯将学校称为 West Point——西点军校，而西点军校的教官和学员以及毕业生们则被称为 West Pointers——西点人。

　　西点军校所在的位置在18世纪美国独立战争时期是美军的一个重要的军事基地。美国赢得独立战争后，经过多年的酝酿，经过杰弗逊总统命令，西点军校在1802年3月16日正式开学。在成立之初，西点军校一直以军事工程技术专业为主，后来随着学校不断发展壮大以及为了适应新时代战争的需要，西点军校不断丰富自己的学科体系，今天它已经是拥有多种理工科与人文社会科学学科的综合性军事院校了。西点军校在成立后近半个世纪的时间里是美国唯一专门培养军官的院校，因此它一度被称为"美国军事学院"，而不仅仅是"美国陆军学院"。即使是在今天，西点军校依然以它深厚的历史积淀、完善而严格的制度、出色的人才培养体系而著称于世。

　　在西点经历了四年锤炼的学员们得到了人性的升华、完成了人生的蜕变，他们带着西点烙印在他们灵魂深处的优秀品格进入军队或社会的其他领域，开创出辉煌的事业和多彩的人生；而西点军校也因为毕业生们的优秀表现而更加富有传奇色彩。

　　西点军校建校200余年来，培养了大批人才。很多西点毕业生成为了包括军队在内的美国社会各领域的领袖或者有着深远影响力的人物。西点毕业生有近4000人获得了将军军衔，比如：西点人心目中的"四大英雄"——南北战争期间北方联邦军总司令格兰特和南部联盟军总司令李、二战期间欧洲战场盟军总司令艾森豪威尔和太平洋盟军统帅麦克阿瑟，以及巴顿将军、史迪威将军、潘兴将军等。另外西点军校毕业生还有许多成为了政界、商界、科学界等领域的领袖，比如：美国第18任总统格兰特、第34任总统艾森豪威尔、前国务卿黑格将军和鲍威尔、国际电话电报公司总裁艾拉斯科、美国汽车保险公司总经理德莫特、美国第一商务公司董事长霍夫曼、Compass集团总裁克里斯劳、美国在线创始人金姆塞、太空行走第一人怀特等。

　　西点毕业生在近200年来对美国及世界历史都产生了重大影响，可以毫不夸张地说：西点军校参与撰写了美国历史和现代国际关系史。难怪一位西点军校前校长感叹道："我们所教的历史，大部分都是由我们所教过的学生们创造的。"

　　西点军校赋予了西点人什么样的品性和力量让他们能够奏响生命的最强音？答案就在西点军校那些永恒不变的精神价值与处事法则。"责任、荣誉、国家"是西点军校的正式校训，然而这三个词汇中却包含了更多的内容。西点人把他们提炼出来刻印在灵魂最深处，形成一种心智品质，

并通过它们指导自己的行为。正是这些优秀的心智品质让西点人能够在人生中乘长风破万里浪，即使从事最平凡的工作，也能够成就自己的一番事业。

　　本书精心提炼出了"荣誉""忠诚""责任""纪律""信念""意志""勇气""团队""果断""自信""热情""独立""正直"等西点精神，通过对西点人及其他案例的解读，详细阐述了每一种西点精神所蕴含的深刻内容。

　　成功并非一定要成就多么大的事业、取得多么高的地位，成功其实就是在你走到人生终点时回首一生，能够做到问心无愧。一个成功的人生由内而散发出一股摄人的香气，一个成功的人生在于个人不断磨炼自己的精神并把它推向极致，一个成功的人生就是不断地寻求超越，一个成功的人生要靠人的心灵来创造。品格的高度决定了人生的高度，心灵的力量可以战胜一切困难。翻开本书，汲取西点的精神力量，开启你成功人生的大门。

目 录
CONTENTS

法则十二　自信

法则十三　热情

法则十四　主动

法则十五　求知

法则十六　创新

法则十七　高效

法则十八　不找借口

法则十九　重视细节

法则二十　坚　忍

法则二十一　独　立

法则二十二　正　直

法则二十三　个人修养

附　录

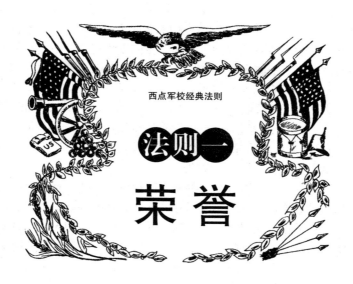

法则一

荣誉

坚守荣誉的准则

在西点，让所有西点人最感到自豪的就是西点著名的"荣誉准则"——"每个学员绝不撒谎、欺骗或盗窃，也绝不容忍其他人这样做"。西点培养的不仅是一名军人，还是社会的精英。在西点，荣誉就是一切。

在西点，撒谎是最大的罪恶。西点在 1985 年颁发的文件中，对"撒谎问题"作了如下规定：学员的每句话都应当是确切无疑的。他们的口头或书面陈述必须保持真实性。故意欺骗或哄骗的口头或书面陈述都是违背"荣誉准则"的。信誉与诚实紧密相关，学员必须获得信誉。只有通过准确无误的口头或书面陈述，才能获得荣誉。

在西点，学员必须保证报告在呈递前后的准确性。假如报告上交了，后来又发现其中有不准确之处，必须尽快报告新的情况。每个人都要对自己所说或者所写的陈述负责。只有做到客观、准确、无误，才能赢得荣誉。西点认为，如果学生为自身利益采取欺骗行为，或帮别人这样做以期获得不正当的利益，就是以欺骗方式违反了"荣誉准则"。

西点认为影响荣誉的欺骗行为包括：剽窃，即不加证明地引用别人的观点、别人的话、别人的材料或工作，并将其占为己有；在作业的准备、修改或校对中得到别人帮助而不加以说明；使用未经允许的笔记，等等。

学员必须清楚、明确地注明作业中哪些不是自己独立完成的，特别要明确指出材料的全部来源和各种接受援助方式。受其启发而产生新的思路或观点的材料，学员也要注明。学员如果无意中看了别人的作业，尤其是评分作业，必须把情况向教员说明。学员必须知道，即使仅仅是为了验证自己的作业正确与否而去看别人的作业，也是违反"荣誉准则"的。

军营的严密生活环境和学员彼此间形成的信誉，是学员生活中不可改变的两个方面。荣誉准则和制度培养了学员间的友谊和信任，保证了严密的军营中即使门不上锁，学员也不用担心自己的财产被偷走。在西点人的眼里：信任，本身对你就是一种尊重，而你利用了别人对你的尊重，这是一件让人不齿的事。你不但会因此失去眼前的一切，而且你可能会失去一生的名声。在一个团体里，彼此信任可以产生一种安全感，也会使每一个成员把更多的精力投入到工作中，更愿意为集体的荣誉而奋斗。

西点的荣誉制度比纪律规定更有权威，更严厉。背离"荣誉准则"的处罚也比违反纪律的处罚来得严重。

1966 届有一位不幸的新学员，由于过不惯冷峻单调的军营生活而心慌意乱，跑去参加一个学员的宗教团体晚会，想在那里找到一些安慰。其实，按照章程规定，他是有权参加这个聚会的，但是他以为自己是不能去的，于是偷偷地在缺席卡上填了"批准缺席"。

晚上回到宿舍后，他回顾了自己的所作所为，左思右想总觉得自己犯了罪，于是，他向学员荣誉代表坦白交代了。也是在这个时候，他才知道自己是有权参加那个聚会的。

但是一切都已经晚了，虽然他的行为一点也没有违反校规，但荣誉委员会认为他有违反"荣誉准则"的动机，因而有错，第二天他就被开除了。

西点的荣誉，是不容许任何人违背和挑衅的。

"为荣誉而战！"这是每一个身在战场上的海军陆战队队员心中最激昂、最响亮的声音，也是海军陆战队不断刷新战绩的原因所在。不论是在和平年代还是在战争年代，海军陆战队所承受的艰难困苦，在所有美国部队中都是最多的。从进新兵训练营起，艰苦的生活和巨大的压力就时刻伴随着每一个海军陆战队队员。军官的训练更苦，时间更长，而且军官的淘汰率高达 50%！这支队伍也因此而英雄辈出。带领海军陆战队赢得 1805 年 4 月 27 日那场战争胜利的尼维尔·奥班纳，是海军陆战队的第一位英雄，虽然他没有得到任何勋章，但他赢得了海军陆战队队员永远的钦佩。塞密德雷也是一位英雄，16 岁便作为海军陆战队的一名军官参加战争，获得了两枚荣誉勋章，他试图退回一枚，但最后还是不得不接受了。普勒不仅是英雄，甚至被称作"圣人"，他从二等兵一直升到中将，先后赢得 5 枚海军十字勋章，被视为"永远忠诚"的化身。阿齐伯德·亨德森没有得到过令人羡慕的勋章，但他却在一个关卡守卫长达 39 年，76 岁时死于哨所中。

这支队伍之所以如此优秀，是因为有每一个海军陆战队官兵自始至终捍卫着海军陆战队的荣誉。他们英勇善战，在极其艰苦的条件下，以巨大的个人牺牲精神捍卫祖国的利益。尤其是在第二次世界大战中，他们的英勇表现，更是给那些精于算计、试图取消海军陆战队的人当头一棒。海军陆战队成为美国所有军队中唯一把他们的规模、结构和任务写进法律的部队。1947 年颁布的《美国国家安全法》中，明确规定海军陆战队必须包括至少 3 个陆战师和 3 个空军大队，外加适当的支援部队。

今天，海军陆战队依然是美国的王牌军，被视为美国称霸世界的"马前卒"。

"为荣誉而战！"这是多么感人的声音啊！如果这个声音放在工作中，那就是——"为荣誉而工作！"努力工作，在捍卫企业荣誉的同时，也树立了你自己的荣誉，受到别人的尊重。这里有一个关于种花人的故事，正说明了这个道理。

有一个人，生下来就双目失明，为了生存，他继承了父亲的职业——种花。他从来没有看到过花是什么样子。别人说花是娇美而芬芳的，他有空时就用手指尖触摸花朵、感受花朵，或者用鼻尖去嗅花香。他用心灵去感受花朵，用心灵绘出花的美丽。

他对花的热爱超出所有人，每天都定时给花浇水、拔草除虫。在下雨的时候，他宁可淋着，也要给花撑把伞；炎热的夏天，他宁可晒着，也要给花遮阳；刮风时，他宁可顶着狂风，也要用身体为花遮挡……

不就是花吗，值得这么呵护吗？不就是种花吗，值得那么投入吗？很多人甚至认为他是个疯子。

"我是一个种花的人，我得全身心投入到种花中去，这是种花人的荣誉！"他对不解的人说。正因为他为了荣誉而种花，他的花比其他所有花农的花都开得好，很受人欢迎。

为荣誉而工作，就是自动自发、最完美地履行你的责任，让努力成为一种习惯。责任是一种精神，责任即荣誉。责任来自于对集体的珍惜和热爱，来自于对集体中每个成员的负责，来自于自我的一种认定，来自于对自身不断超越的渴求——责任是人性的升华。

邮差弗雷德完美地诠释了这一点。

第一次遇见弗雷德，是在我买下新居后不久。迁入新居几天后，有人敲门来访，我打开房门一看，外面站着一位邮差。"上午好，桑布恩先生！"他说起话来有种兴高采烈的劲头。"我的名字叫弗雷德，是这里的邮差。我顺道来看看，向您表示欢迎，介绍一下自己，同时也希望能对您有所

了解，比如您所从事的行业。"

弗雷德中等身材，蓄着一撮小胡子，相貌很普通。尽管外貌没有任何出奇之处，但他的真诚和热情却溢于言表，这真让人惊讶。我收了一辈子的邮件，还从来没见过邮差做这样的自我介绍，但这确实使我心中一暖。

我与邮差弗雷德就这样认识了，弗雷德的热情给我留下了深刻的印象。接下来，我出差，从外地赶回来时，邮差弗雷德的一个小小的举动，让我感觉到了更多的温暖。

两周后，我出差回来，刚把钥匙插进锁眼，突然发现门口的擦鞋垫不见了。我想不通，难道在丹佛连擦鞋垫都有人偷？不太可能。转头一看，擦鞋垫跑到门廊的角落里了，下面还遮着什么东西。

事情是这样的：在我出差的时候，美国联合递送公司（UPS）误投了我的一个包裹，放到了沿街再向前第五家的门廊上。幸运的是，邮差弗雷德看到我的包裹送错了地方，就把它捡起来，送到我的住处藏好，还在上面留了张纸条，解释事情的来龙去脉，又费心用擦鞋垫把它遮住，以避人耳目。

弗雷德已经不仅仅是在送信，他现在做的是 UPS 应该做好的分内的事！

邮差成千上万，对于他们中的大多数，送信仅是"一份工作"；对于某些人，它可能是一个让人喜欢的职业；但只对于少数几个"弗雷德"来说，送信才成为一种使命，成为一种荣誉，这种荣誉，来自于对工作的责任感。

纵观古今，那些在工作中作出杰出贡献的人无一不深爱着自己的工作，忠诚于自己的工作，将工作中的荣誉当成自己人生中最大的奖赏。

护士这一行业的最高荣誉是"南丁格尔奖"。南丁格尔是英国人，是现代护理工作的创始人。1860 年 6 月 24 日，她将英国各界人士为表彰她的功勋而捐赠的巨款作为"南丁格尔基金"，表彰那些作出突出贡献的护士。革命导师马克思也对南丁格尔的勇敢和献身精神十分敬佩，曾多次赞扬这位伟大的女性。如今为了纪念她，全世界都将 5 月 12 日作为"护士节"。

还有曾获诺贝尔和平奖的德兰修女，在印度以及全世界都享有崇高的声誉。诺贝尔奖评委会说："她（德兰修女）的事业有一个重要的特点，即尊重人的个性，尊重人的天赋价值。那些最孤独的人、处境最悲惨的人，得到了她真诚的关怀和照料。这种情操发自她对人的尊重，完全没有居高施舍的姿态。她个人成功地弥合了富国与穷国之间的鸿沟，她以尊重人类尊严的观念在两者之间建设了一座桥梁。"

德兰修女和南丁格尔并没有因为自己的工作卑微而轻视它，相反，她们对之投入了无限的热忱和忠诚，她们获得的荣誉就是对她们工作的最高奖励，也是对她们所追求的理想的回报。她们获得了所有人的尊敬和信赖。

某天中午，罗文接到一份通知，命令他向瓦格纳上校报到。

到了军部，当罗文向瓦格纳上校报到时，上校严肃地对罗文说："总统派你去古巴，给加西亚将军送一封信，他在古巴东部的一个地方，我命令你把信亲手交给他。信中有总统的重要指示，所以，你绝不能出丝毫的差错！"

这时，罗文感觉到国家重担落在他的肩上，他的胸中燃起强烈的国家荣誉感，他感到了祖国对他的信任，一想到这里，他浑身充满了力量。

荣誉是一个人最宝贵的财富之一，被称之为"无形资产"。荣誉也是一个人奋斗的动力，是一种实现自我价值的方式。心里有荣誉感的人，会为了崇高的荣誉而战，从而激发出自身的潜能，在事业中作出更大的贡献。

荣誉就是你的生命

道格拉斯·麦克阿瑟，美国陆军五星上将。1899 年中学毕业后考入西点军校，1903 年以名列

第一的优异成绩毕业。麦克阿瑟有过50年的军事实践经验，被美国国民称之为"一代老兵"。他是"美国最年轻的准将、西点军校最年轻的校长、美国陆军历史上最年轻的陆军参谋长"，麦克阿瑟凭借精妙的军事谋略和敢战敢胜的胆略，堪称美国战争史上的奇才。

1962年5月，82岁的麦克阿瑟应邀来到他的母校——西点军校，接受军校的最高奖励—西尔维纳斯·塞耶荣誉勋章。在这里，他检阅了学员队，进行了自己的告别演说：

"今天早晨，当我走出旅馆时，看门人问道：'将军，您上儿哪去？'一听说我要去西点，他说：'您从前去过吗？那可是个好地方！'

"这样的荣誉是没有人不深受感动的。长期以来，我从事这个职业，又如此热爱这个民族，能获得这样的荣誉简直令我无法表达自己的感情。

"然而，这种奖赏并不意味着对个人的尊崇，而是象征一个伟大的道德准则——捍卫这块可爱土地上的文化与古老传统的那些人的行为与品质的准则。

"这就是这个大奖章的意义。

"无论现在还是将来，它都是美国军人道德标准的一种体现。

"我一定要遵循这个标准，结合崇高的理想，唤起自豪感，同时始终保持谦虚……

"责任、荣誉、国家，这三个神圣的名词庄严地提醒你应该成为怎样的人，可能成为怎样的人，一定要成为怎样的人。

"它们将使你精神振奋，在你似乎丧失勇气时鼓起勇气，似乎没有理由相信时重建信念，几乎绝望时产生希望。

"遗憾得很，我既没有雄辩的词令、诗意的想象，也没有华丽的隐喻向你们说明它们的意义。

"怀疑者一定要说它们只不过是几个名词、一句口号、几个浮夸的短语。

"每一个迂腐的学究、每一个蛊惑人心的政客、每一个玩世不恭的人、每一个伪君子、每一个惹是生非之徒，很遗憾，还有其他个性不甚正常的人，一定企图贬低它们，甚至对它们进行愚弄和嘲笑。

"但这些名词的确能做到：塑造你的基本特性，使你将来成为国防卫士；使你坚强起来，认清自己的懦弱，并勇敢地面对自己的胆怯。

"它们教导你在失败时要自尊，要不屈不挠；

"胜利时要谦和，不要以言语代替行动，不要贪图舒适；

"要面对重压和困难，勇敢地接受挑战；

"要学会巍然屹立于风浪之中，但对遇难者要寄予同情；

"要先律己而后律人；

"要有纯洁的心灵和崇高的目标；

"要学会笑，但不要忘记怎么哭；

"要向往未来，但不可忽略过去；

"要为人持重，但不可过于严肃；

"要谦虚，铭记真正伟大的纯朴，真正智慧的虚心，真正强大的温顺。

"它们赋予你意志的韧性、想象的质量、感情的活力，从生命的深处焕发精神，以勇敢的姿态克服胆怯，甘于冒险而不贪图安逸。

"它们在你们心中创造奇妙的意想不到的希望，以及生命的灵感与欢乐。

"它们就是以这种方式教导你们成为军人和君子。

"你所率领的是哪一类士兵？他可靠吗？勇敢吗？他有能力赢得胜利吗？

"他的故事你全都熟悉，那是一个美国士兵的故事。

"我对他的估价是多年前在战场上形成的，至今没有改变。

"那时，我把他看做是世界上最高尚的人；现在，我仍然这样看他。他不仅是一个军事品德最优秀的人，而且也是一个最纯洁的人。

"他的名字与威望是每一个美国公民的骄傲。

"在青壮年时期，他献出了一切人类所赋予的爱情与忠贞。他不需要我及其他人的颂扬，因为他已用自己的鲜血在敌人的胸前谱写了自传。

"可是，当我想到他在灾难中的坚忍、在战火里的勇气、在胜利时的谦虚，我满怀的赞美之情不禁油然而生。

"他在历史上已成为一位成功爱国者的伟大典范，他在未来将成为子孙认识解放与自由的教导者，现在，他把美德与成就献给了我们。

"在数十次战役中，在上百个战场上，在成千堆营火旁，我亲眼目睹他坚忍不拔的不朽精神、热爱祖国的自我克制以及不可战胜的坚定决心，这些已经把他的形象铭刻在他的人民心中。

"从世界的这一端到另一端，他已经深深地为那勇敢的美酒所陶醉。

"当我听到合唱队唱的这些歌曲，我记忆的目光看到第一次世界大战中步履蹒跚的小队，从湿淋淋的黄昏到细雨蒙蒙的黎明，在透湿的背包的重负下疲惫不堪地行军，沉重的脚踝深深地踏在炮弹轰震过的泥泞路上，与敌人进行你死我活的战斗。

"他们嘴唇发青，浑身污泥，在风雨中颤抖着，从家里被赶到敌人面前，许多人还被赶到上帝的审判席上。

"我不了解他们生得是否高贵，可我知道他们死得光荣。

"他们从不犹豫、毫无怨恨、满怀信心，嘴边叨念着继续战斗，直到看到胜利的希望才合上双眼。

"这一切都是为了它们——责任、荣誉、国家。

"当我们蹒跚在寻找光明与真理的道路上时，他们一直在流血、挥汗、洒泪。

"20 年以后，在世界的另一边，他们又面对着黑黝黝肮脏的散兵坑、阴森森恶臭的战壕、湿淋淋污浊的坑道，还有那酷热的火辣辣的阳光、疾风狂暴的倾盆大雨、荒无人烟的丛林小道。

"他们忍受着与亲人长期分离的痛苦煎熬、热带疾病的猖獗蔓延。

"他们坚定果敢地防御，他们迅速准确地攻击，他们不屈不挠地前进，他们全面彻底的胜利——永恒的胜利——永远伴随着他们最后在血泊中的战斗。

"在战斗中，那些苍白憔悴的人们的目光始终庄严地跟随着责任、荣誉、国家的口号。

"这几个名词包含着最高的道德准则，并将经受任何为提高人类道德水准而传播的伦理或哲学的检验。

"它所提倡的是正确的事物，它所制止的是谬误的东西。

"高于众人之上的战士要履行宗教修炼的最伟大行为——牺牲。

"在战斗中，面对着危险与死亡，他显示出造物主按照自己意愿创造人类时所赋予的品质。只有神明能帮助他、支持他，这是任何肉体的勇敢与动物的本能都代替不了的。无论战争如何恐怖，招之即来的战士准备为国捐躯是人类最崇高的进化。

"……

"我的生命已近黄昏，暮色已经降临，我昔日的风采和荣誉已经消失。

"它们随着对昔日事业的憧憬，带着那余晖消失了。

"昔日的记忆奇妙而美好，浸透了眼泪和昨日微笑的安慰和抚爱。

"我尽力但徒然地倾听，渴望听到吹奏起床号那微弱而迷人的旋律，以及远处战鼓急促敲击的动人节奏。

"我在梦幻中依稀又听到了大炮在轰鸣，又听到了滑膛枪在鸣放，又听到了战场上那陌生、哀愁的呻吟。

"然而，晚年的回忆经常将我带回到西点军校。

"我的耳旁回响着，反复回响着：责任、荣誉、国家。

"今天是我对你们进行最后一次的点名。

"但我愿你们知道，当我到达彼岸时，我最后想的是：学员队，学员队，还是学员队。

"我向大家告别。"

荣誉是职业军人的行为标志，也是军事生涯的重要组成部分。西点的基本教育方针指出：责

任和荣誉是军事职业伦理观的基本成分，它们鼓舞并指导毕业生努力报效国家。荣誉起着某种完美观念的作用，这一作用既可以使爱国主义精神长存，又可以提供一种度量责任履行程度的天平。这无疑充分说明了荣誉在这三者之间的重要性，荣誉肩挑着责任和国家。

西点把荣誉看得非常重要，新生刚入学，首先就要接受 16 个小时的荣誉教育。之后，西点又以不同的方式将荣誉教育体系贯穿于 4 年学习生活的始终。目的就是让每一个学员逐步树立一种坚定的信念：荣誉是西点人的生命。

菲尔将军说："在西点军校，荣誉制度是非常重要的。我认为，这一荣誉制度是西点军校不同于其他学校的关键所在。我非常珍惜这一制度，如果我们去掉它，我宁愿从后备军官训练团和候补军官学校接收陆军军官，而把西点军校忘掉。这就是荣誉制度的重要性。"

"荣誉就是你的生命"这种理念赋予了西点毕业生热情、自豪和卓越的领导能力。西点的毕业生无论是在哪个行业，哪怕是最低的薪水，他们也会觉得自己是这一伟大事业中很重要的一分子。

Kom 公司总裁杰夫·钱皮恩是西点 1972 年的毕业生。他认为："做人和做生意一样，首先要讲究正直，而正直给你带来的荣誉也会让你得到最大的回报。"

杰夫退役后曾在一家机器公司做销售经理。有一段时间，他的运气特别好，半个月的时间里就同 25 个顾客做成了生意。但是他发现他所卖的这种机器比别家公司的贵了一些。他想："如果顾客知道了，一定会认为我在欺骗他们，会对我的信誉产生怀疑。"他为此深感不安，立即带着合约和订单逐家拜访客户，如实地向客户说明情况，并请客户重新选择。

他的行动让每一个客户都非常感动，为他带来了良好的信誉。大家都认为他是一个正直、值得信赖的人。最终结果是，25 个客户中，不但没有一个人解除合约，反而增加了更多的客户。

杰夫冒着解除合约、蒙受利益损失的风险，用自己的正直、诚信维护了个人的荣誉。正是因为他看重自己的荣誉，才获得了客户更多的信任与尊重，非但没有蒙受损失，还获得了更多的客户。

维多利亚·柯罗娜的丈夫曾经宣誓效忠于西班牙王室，所以，当意大利的王公贵族们劝说他离开西班牙的时候，他非常犹豫，毕竟他已经发誓要效忠西班牙王室。这个时候，维多利亚写信给他："牢记你的荣誉，正是因为有它，你才高过国王。拥有这种荣誉，便是拥有了真正的辉煌，而完全无需任何头衔和点缀。如果这种辉煌能够不受任何玷污传给子孙后代，你会真正感到幸福和光荣。"

英国诗人拜伦有两句诗道："情愿把光荣加冕在一天，不情愿无声无息地过一世！"荣誉就是正直的人的嫁妆，就是甘美的报酬，就是加于廉洁无私的爱国者那思虑深重的头上或是胜利的勇士那饱经风霜的头上闪光的桂冠。

西点认为，荣誉教育可以激发学员的荣誉感和责任感，可以化作强烈的内在动力，帮助每个学员完成学业，取得成就，进而影响学员的一生。

在西点，只要有人得到全校性的前列排名，如跑步、射击、外语等的冠军，就能成为学校的明星。荣誉、奖励、机会、权力就会源源不断地降临在他的身上，他的未来也会因此跟其他的学生不一样。美军中很多叱咤风云的名将，当年都是西点军校里某一项乃至综合排名的佼佼者，其中最出名的就是各门全优的麦克阿瑟。

作为一个特殊的荣誉，凡是排名在前百分之五的最佳西点军校毕业生，都会在毕业典礼上得到由美国总统或美军最高首长直接授予的毕业证书。西点人知道，荣誉的光辉可以照射一个人的一生。荣誉是人生中的最大资本，有了它，你才可以赢得别人的信任和尊敬。一个名誉扫地的人，会得到大多数人的排斥，很难树立良好的个人形象以及拥有和谐的社会关系。

年轻人绝不能为向某种低下的社会道德让步而放弃自己的荣誉道德准则。成功之树需要我们用完善的品德去浇灌才能收获果实。有时不是我们缺乏成功的机会，而是我们没有强迫自己去修炼自身的品格，来把握这些机会。

为荣誉而战斗

西点军校一向以培养最优秀的领导人才为己任，希望学员们追求崇高远大的目标，努力做好手头的工作。自1802年创校以来，西点就建立了一套独特的教学体系，希望"教人以品德"，培养出具有崇高使命感的优秀军人与杰出领导人才。

对于西点的课程，我们与其说它是一种策略或目标，不如说它是一套价值理念的哲学与实践。西点的教育课程范围很广，体系严格，涵盖了学员身体、知识和心灵的方方面面，并希冀以此培养出一批健全勇敢、有使命感的军官。

与许多人所想象的四肢发达、头脑简单的形象相反，西点的士兵们思考得很周到、很细腻，经常把国家、人民、社会这些事关重大的使命放在心头。西点的教官们认为，并不是只有少数人天生具有当领导的特质，而是每个人都有成为领导者的潜力。西点的主要任务就是把这种潜力发掘出来。

1979年2月20日，西点军校校长A.J.古德帕斯特中将带领全校教职员工修订了教育方针的总论。

教育方针的总论规范了西点军校的使命：教育、训练和培养学员，使每一名毕业生具备一名陆军军官所必需的性格、领导才能、智力基础和其他方面的能力，以便更好地效力于国家，并且具备不断进步的能力，继续发展自己。

为完成这项使命，西点确定和完善了融智能、军事、体魄、道德伦理为一体的全面教育方针。这4个方面的教育方针较为准确地描述了西点军校为教育、训练和激励学员所实施的计划。使这4个方面组成完整的一体，每一方面的内容都可以为其他方面进行充实和补充。因此，具体的课程设置既要考虑到良好的本科教育，又要考虑到受陆军的人文和技术复杂性支配的要求。学员既接受持续的军事项目教育，又可以获得多种机会以提高理想军官所必须具备的领导能力。而体育计划则把体质训练和体育教育紧密结合，以培养适应军队对身体条件的特殊要求，以及在职业中进行模范服务所需的种种能力和品质。贯穿在上述各项教育之中的，是对每一个学员进行积极进取的道德精神品质的培养。

尽管西点军校的教育方针是较为系统的，但学校不期望学员以一种刻板的模式被动地来适应这种教育方针，而是期望以一种持续的、师生双方共同努力的、联合实现教育方针的形式，顺利实现培养目标。军校强化的中心任务之一，就是使4个年级的学员与他们的教育、训练和领导者之间建立互相合作的关系。塞耶是做出这种努力的先驱，继任的优秀者无不想方设法在构筑这种良好的合作关系上投入精力。在一些重要领域，诸如学员的学习态度、教官的战术以及学员自觉遵守荣誉准则和基本方针等方面，军校着力克服一种划分"我们与他们"的潜在意识，从而把军校变成共同的军校，把陆军变成我们的陆军，把国家变成我们的国家。由此及彼，通过共同关心军校，达到关心国家和发展个人的双重使命。

由于入学标准严格，只有那些真正显示出坚强的性格特征，高水平的智能、军事和体魄潜力的报考者才能有机会成为西点军校的学员。在接受这一机会的同时，考入者也就获得了迎接挑战的机会，一种为达到最佳水平奋斗的机会，一种承负更重责任的机会。虽然只有极少数学员能够取得最佳成绩，而且不会是每一方面都达到最佳，但学校仍然坚持要求所有的学员向最佳方向努力，并在各自的成长过程中，认识自身的相对能力和极限，特别是认清自身未来要肩负的责任。西点认为，建立起一种达到最佳的追求精神比建立起一套测定能力的标准更为重要。这种精神成为西点人承担责任和作出最大贡献的试金石。

达到最佳水平，是通过不断超越自身而实现的。西点一直在努力为学员超越自身创造各种条件。他们引导学员正确认识自己的长处和短处，并学会扬长避短，由此建立和巩固自己的优势，使强项更强。在学员的各种努力中，除了怎样支配时间和资源以外，学员必须加强在错综复杂的思考基础上作出合理的判断。

第二次世界大战前，美国向全世界发表宣言，表达自己的政治主张和发展战略。这个时候，西点军人看到了自己的责任，看到了自己的使命。他们似乎披坚执锐地伫立了很久，似乎在静静地等待着召唤。几乎每个学员都充满了成就感、责任感和使命感，并为这种召唤做着准备。

"现在轮到我了。"一位西点人如是说。

西点人以独特的方式和手段，营造了一种成就氛围，一种类似于"以天下为己任"的群体氛围。这种使命感使每个西点人对工作都充满了责任与热爱，努力追求卓越，不敢有丝毫懈怠。

以下是一名西点校友的真实回忆：

每一个从西点毕业的人都怀有这种使命感。在西点毕业30年之后的一天，我在五角大楼一间办公室里与我两个最好的朋友喝着咖啡。一个是西点同学汤姆·温斯坦，另一个是经由预官训练队加入陆军的鲍勃·黎斯卡西。这时我们都已是三星将领，都感叹着我们在华府——无论在五角大楼或在国会山——会碰到这么多一心只想往上钻营的人。

汤姆是个精明的人，这时他担任陆军情报署署长，凡事都有一针见血的本领。我问他："你为什么还是谨守着那套别人都不当回事的伦理与道德标准而活着？为什么不像别人那样也去钻营高位？"

他想了一下才答复这个问题："当我进西点的时候，我只是个来自新泽西州、什么都不懂的小孩。我们在西点的4年里，他们教给我们的那套玩意儿你都还记得吗？好，我告诉你，我真的相信那套玩意儿。"

是的，我也相信，那就是责任、荣誉、国家。

西点人就是这样，哪怕是退役，进入商界，仍把责任、荣誉和公司效益联系在一起，视之为使命，追求更完美的境界。如果一个人缺乏为荣誉而战斗的精神，其表现之糟、业绩之差可想而知。

早晨的闹铃响了好几遍，尚佳食品公司的销售人员小王才从床上挣扎起来，脑子里的第一感觉就是：痛苦的一天又开始了。他匆匆忙忙地赶往公司，早餐也顾不上吃。跨入公司大门，还是神情恍惚，坐在会议室睡意蒙眬地听着经理布置工作……一天的痛苦工作之旅就这样开始了。

小王上午拜访客户，结果遭到拒绝和冷遇，心情简直糟透了，仿佛世界末日即将来临。下午下班前回到公司填工作报表，胡乱写上几笔凑合一下交差……一天就这样结束了。

平时不花时间学习，懒惰，思想消极；从不好好去研究自己的产品和竞争对手的产品，没有明确的计划和目标；从不反省自己一天做了些什么，有哪些经验、教训；从不认真去想一想顾客为什么会拒绝，有没有更好的方法去解决。当一天和尚撞一天钟，混一天算一天……这就是小王真实的工作写照。

到了月底一发工资，才这么点，真没意思，看来该换地方了，于是小王很牛气地炒了老板的鱿鱼。一年下来，他换了五六家公司。日复一日、年复一年，时间就这样耗尽了。结果是：一无所获，一事无成，一穷二白！

像小王这样毫无荣誉感，整天混日子的人，又怎么能生活得好呢？思想决定行动，工作是生存的必须，如果一个人能够把努力工作看做是一项责任和荣誉的话，他就能很好地在工作中发挥自己的聪明才智和自身的潜能，从而做出正直而纯洁的事情。在工作中努力尽职、一以贯之的人，获得晋升将是必然的。不要羡慕那些薪水很微薄但忽然被提升到重要职位上的员工，因为他们在工作中付出了切实的努力，有一种追求荣誉的态度，并获得了充分的经验，这些便是他们忽然获得晋升的原因。

毕业于西点的亿万富翁威廉·B.富兰克林始终这样认为："通过工作中的耳濡目染获得大量的知识和经验，这将是工作给予你的最有价值的报酬。另外，荣誉重于一切，如果丢失了它，就等于甘做薪水的奴隶，就丢失了灵魂。"每个西点人都有一个共性，那就是荣誉高于生命！

无论是哪个组织、团队、单位都要定期地举办一些体育比赛活动，这有利于激发大家的集体荣誉感。即使是平时消极沉默的人，在这时也能爆发出惊人的力量。西点要求每个学员都是运动员，

就是基于这点考虑的。为什么当你做出成绩的时候，你不会感觉到疲劳？这就是荣誉的激发作用。一个人如果时刻具有荣誉感和责任感，他就能发挥自身的主动性，做出出色的成绩。只有这样，才能在生存的竞技赛中脱颖而出。

荣誉就是"我为人人"

每个走进西点军校的新学员都要参加宣誓仪式，他们的誓词是："为了保卫我们的国家和生活方式，准备献出生命。"

毕业任职的时候，西点学员还要进行宣誓，誓词是："我庄严宣誓支持和捍卫美国宪法，反对一切国内外敌人。我保证对美国宪法忠贞不渝……我将彻底而忠实地履行我即将担负的职责。愿上帝为我作证。"

祖国，是西点人心中的圣碑。

西点军人永远忠于自己的祖国。他们永远都不会忘记肯尼迪总统的话："不要问国家能为你做什么，要问问你能为国家做什么？"

西点在"新学员父母参考"中明确写道：您的儿子选择进入美国陆军军官学校，就是选择做出牺牲，尽管他还不知道这牺牲对他意味着什么。在全国各地其他院校的校园里，大学生的生活方式正在很快地改变。然而，选择了西点军校便不会受这种变化的影响。

选择了当兵，就意味着奉献与忠诚，选择了西点，就选择了牺牲与执著。把国家放在心中的西点人很重视国旗意识的培养。每年6月14日，是美国国旗日，西点学员要对国旗宣誓："忠于美利坚合众国国旗，忠于它所代表的合众国——苍天之下不可分割的国家，在这里人人享有自由和正义。"

曾5次来中国并在中国生活和工作了13个春秋的史迪威上将，在抗日战争中任盟军中国战区参谋长、中缅印战区美军司令，他回忆了第一次在西点参加国旗宣誓时的情景，十分激动。史迪威说："口诵誓词，心里升起一种神圣感，每句话都好像注入了我沸腾的热血之中……"

西点将它对国旗的敬重写入了相关规定当中。

升国旗时，西点学员在室内除向上级报告外，应保持立正姿势，不得嬉笑。在室外，学员穿军装时应行举手礼，穿便服时应将右手放在胸前。

举行仪式时，正在行驶的车辆要停下来，乘客和司机应下车并表示适当的礼节。

参加仪式时，女军人可以不取下头饰，但必须表现出庄重的神情。

对于西点人来说，国旗是国家的标志，是国家的象征，对待国旗的态度就是对待国家的态度。为强化国旗观念，西点在许多重要场合都悬挂国旗，要求学员经常表现对国旗的敬意，经常想到祖国。

美国法律规定，"营区国旗"长19英尺，宽10英尺，平日悬挂在营区的突出位置。在西点，每个人，尤其是学员，面对国旗时必须表现出充分的敬意，不断强化国旗意识。

当然，学员并非一进入西点就是不朽的爱国者，爱国精神也不一定是他们来到西点的首要原因。追求挑战的需求、自我提高的渴望、到顶尖院校深造的希望、满足父母的愿望……这些因素往往在新学员开始西点生涯时起着重要的作用。老实说，对青年男女而言，热爱自己的国家乍一听之似乎是老古董的事情。而且，西点军校的教育并不包括一般人认为军事院校应该有的那种灌输。相反，西点人要通过一种好奇的、探究的甚至是批判的方式学习美国历史，同时遵从这样一种信仰：不盲目的忠诚是最可贵的；当人们献身于某种制度时，他们的献身精神通常伴随着一种帮助改正这些缺陷的才华和愿望。

也许与职业有关，也许与素质有关，西点军人退伍后所从事的职业不是与军事相关，就是与科研、探险、开发连在一起，而且他们的成绩斐然。

西点主张军人不过问政治，但在第二次世界大战之后，他们不仅增加了大量有关政治的教学内容，还在实践中更加关注政治。因此，西点军校在培养军事人才的同时，也满足了政治、经济

的需要，从而力争使每个学员都成为优秀的爱国者。

历史证明，西点军人的忠诚、勇敢、进取、服务祖国的精神在任何领域都是成功的重要条件。世界银行主席、西点毕业学员乔治·奥姆斯特德，对此有深刻见解，他联系罗马的盛衰讲道：

"在2000多年前，一些卓越的首领人物和一种伟大的思想克服了交通、通讯、教育等极端匮乏又无前例可循的困难，成功地建立起无比优越的罗马政权，征服并占领了当时所知道的世界……这些卓越领袖人物的后裔代代相传，但继承人中具有创业者那种光辉气质的人越来越少了。越来越多的人只想为自己牟私利，而不是为人民和国家服务。这样，不到500年，罗马便明显地走了下坡路，并最终灭亡……"

乔治先生的见解发人深省。西点确实为培养"光辉气质的人"做出了努力。许多人带着西点的座右铭"责任、荣誉、国家"，创办企业，经营商品，从事社会公益活动。他们自觉或不自觉地把领导国家前进的责任揽到肩上，把建设发达国家作为己任。20世纪40年代美国战时生产局的主要成员基本都是西点名人，他们一刻也不放松恢复生产，掌握着国家经济的最高命脉，为战时美国经济的发展做出了重要贡献。他们以西点人的精神和魄力，使所在单位和部门普遍取得了骄人的成就。

美国石油协会成员说："我们是个伟大的国家，在很大程度上是因为我们的能源供应与使用。没有对能源供应的控制，我们就会成为一个虚弱的大力士、一个徒有其表的泥塑巨人。"因此，他们始终从国家大局的需要出发，研究制定石油政策，受到白宫高层人士的赏识。

因此，在毕业时，西点学员每个人的心中都充满了对祖国的热爱。经过几年的学习，他们了解到了美国经历的战争、付出的牺牲、深切的信仰，还有各种各样的挑战。在离开母校时，每个西点人都怀着深深的渴望，他们感觉到了肩负的责任，延续先辈人的生活方式，并以建设性的贡献为后来人搭建成功的阶梯。

哪怕是在军校内部，这种奉献精神也是随处可见的。

乔治·林肯是西点军校1929年的毕业生。他仕途顺利，升迁迅速，38岁时就成了陆军准将，是美国陆军在第二次世界大战结束时最年轻的将军。林肯在美国陆军总参谋部担任过战略规划和计划职务，做过马歇尔上将的助手，曾为1945年罗斯福总统、丘吉尔首相和斯大林元帅在前苏联雅尔塔举行的重要会议做过直接的组织工作。

战争结束后的1947年，已经是少将的林肯，完全可以向老首长马歇尔将军要求美军中的任何一个职务和岗位。但他竟出人意料地主动再三要求去西点军校的社会科学系教书，给当时任系主任的一位准将衔老战友做副主任。但西点的系副主任至多只能是上校军衔，林肯为了能到西点社会科学系任职，不惜向上级要求连降两级，从少将变成上校。

马歇尔再三劝阻无效后，只得批准了林肯的请求。这段"能上能下"的佳话，显示了林肯追求"百年育人"事业的卓越见识和为了理想抛弃名利地位的出众品格。林肯后来在西点社会科学系主任的职位上又升为准将。按美军惯例，军官以退休时的军衔为最终和最高军衔，故林肯楼里，有关林肯的记载和牌匾都称他为林肯准将。

约翰·肯尼迪总统的就职演说里有一句经典名言："不要问国家能为你做什么，要问问你能为国家做什么。"在企业里，我们应该像肯尼迪总统一样思考：不要问企业给了你什么，问问你自己，你给了企业什么？我们选择来到这家企业工作，就意味着接受了企业的馈赠。在这里，我们得到了发展的平台、同事的帮助和客户的认同，理应把企业视为自己的家，想着怎么更好地回报它。同样，企业也应该想着怎么回报社会、服务祖国，而不是一味地赚钱。

企业是我们的发展平台，给了我们许多东西：有赏识我们的老板、配合我们的同事、支持我们的客户……在波澜起伏的商海中，若没有企业这条船，我们都将无法生存。既然同是企业这条船上的员工，我们就应该共同为企业的生存考虑，为企业的共同利益考虑，而不是过多地考虑自身的利益，不要因为一己之私而使"船"沉没。

李冰是一家大型滑雪娱乐公司的普通修理工。这家滑雪娱乐公司是全国首家引进人工造雪机在坡地上造雪的大型公司。

一天深夜，李冰照例出去巡视，突然看见有一台造雪机喷出的不是雪而是水。凭着工作经验，李冰知道这种现象是由于造雪机的水量控制开关和水泵水压开关不协调而导致的。他急忙跑到水泵坑边，用手电筒一照，发现坑里的水已经快漫到了动力电源的开关，若不赶快采取措施，将会发生动力电缆短路的问题。这种情况一旦发生，将会给公司带来严重损失，甚至可能伤及性命。一想到这儿，李冰不顾个人安危，毅然跳入水泵坑中，控制住了水泵阀门，防止了水的漫延。随后他又绞尽脑汁，把坑里的水排尽，重新启动造雪机开始造雪。当同事们闻讯赶过来帮忙时，李冰已经把问题处理妥当。但由于长时间在冷水中工作，他已经冻得走不动了。闻讯赶来的老总派人连夜把李冰送到医院，才使他转危为安。

在企业面前，我们并非不可以关心薪酬与职位，但这种要求应该是合理的、适度的。所谓合理与适度，便是首先看你为企业做了什么。在企业中，是老板根据我们做了什么而决定给我们多少薪水和什么样的职位，不是我们根据获得的薪水与职位来决定我们要做什么。许多事实表明，只有那些先做出贡献的人才有可能获得他人的赏识与信任，并最终获得成功。

上海某企业有一个充满朝气的团队，员工平均年龄只有28.3岁，但却创造了巨大的社会效益和经济效益。这个团队之所以有这么旺盛的生命力，是因为企业关爱每一位员工的发展和进步，每一位员工也深爱着自己的企业，关爱着和自己朝夕相处的同事。

在这个企业成立8周年的庆功宴上，一位员工深情地说："企业是一个大家庭，我就是她的孩子，我喜欢这个家庭，并喜欢其中的每一个成员，在这8年风雨同舟的共处中，我对这个家庭产生了深深的依恋和热爱，她以母亲般的宽容，关爱着她的每一个孩子。8年来，我们和企业在彼此的关爱中，共同成长、共同进步。我愿意为企业分担责任，我忠诚于我的企业，这是我对企业的回报，也是对企业深深的爱和支持。"

有一位老员工曾这样说："我们永远是海底的沙子，但只要为自己做出准确的定位，无论在哪里都会发出你最美的光辉。我是这么想的，我相信我们每一位同事都是这么想的。我祝福我们的企业蒸蒸日上。我承诺，我将用我的忠诚之心来回报她对我的培养！"

企业是大家的船，是我们的家，我们每个人都应该热爱它、建设它。我们要看到我们的工作对社会的重大意义，培养奉献精神，担负社会责任。

松下幸之助于1918年开始创业。经过努力，他把一个只有几名员工的小厂慢慢发展成具有相当规模的电器公司。随着事业的发展，松下幸之助个人及其家庭的物质生活条件不断改善，再也不用为衣食而忧了，可这样一来，他反倒失去了前进的动力。用他自己的话说，有了几辈子都花不完的钱，干吗还要继续努力经营公司呢？

直到1932年的某一天，松下幸之助参加了一个宗教活动，深深地被信徒们所表现出的虔诚感动了。晚上回家后浮想联翩，他突然想到公司与宗教的相通之处：宗教满足人们的精神需求，而公司满足人们的物质需求，二者都是造福社会的神圣事业。企业家应该通过向顾客提供物美价廉的商品这种方式来服务社会，这才是办公司的意义。想到这里，松下幸之助豁然开朗，兴奋不已，"我懂得了真正的使命，心情无比激动，这同以前曾有过的无数次创新时所感觉到的喜悦心情一样，是无法形容的。我热血沸腾，深深感到工作的崇高和严肃"。第二天上班后，松下幸之助将全体员工召集在一起，发表了热情洋溢的讲话，宣布了松下电器公司的宗旨，强调公司从此有了新的生命，并将那一天——即1932年5月5日，定为公司的诞辰。此后，每年的5月5日就是松下公司正式的创业纪念日。可以说，松下公司能有今日的成就，与松下幸之助的使命感有莫大的关系。

正如亚洲工商界第一名嘴张锦贵先生所说的："一个只知道赚钱不懂得回馈的人，自然得不到人们的尊重，因为他只是有钱的贫穷人。"优秀的人在取得成就的时候要想到，这些成就里有多少是拜他人所赐，有多少是在别人的帮助下取得的，而自己又应该承担怎样的社会责任。一个

人只有不时地想想这些问题，才能跳出工作的狭小圈子，获得更崇高的使命感。一个人努力奋斗，如果仅仅是为了养活自己，那他的存在对社会便没有多大的意义。

松下公司的愿景是"战胜贫穷，实现民众富有"；微软的愿景是"让计算机进入家庭，并放在每一张桌子上"；福特公司的愿景是"制造一辆适合大众的汽车，价格低廉，谁都买得起"……每一家成功公司的背后都有着沉甸甸的社会责任，它们告诉员工，应该牢记自己的责任与使命，通过自己的工作为社会的进步贡献一份力量。有社会担当的员工不但能够以追求卓越、创造品牌为目标，而且在社会需要的时候能挺身而出，努力地回报社会。

2003 年抗击"非典"的时候，蒙牛毫不犹豫地捐出总计 1200 万元的现金与物资；捐助赤峰地震灾区时，蒙牛又将价值 30 万元的 10000 箱蒙牛纯牛奶直接送到灾民手中；温情教师节，蒙牛牛奶大派送，向全国 17 个省市的 120 余万名教职工赠送牛奶；2008 年汶川大地震，蒙牛员工为地震灾区捐款 1010 多万元，随后紧急调运 20 万箱奶粉送达什邡、德阳、绵阳等重灾区……在企业的倡导与示范下，蒙牛的员工也踊跃捐钱捐物，有些人甚至申请奔赴灾区做志愿者，为服务社会贡献自己的绵薄之力。

如果你身处这种有社会担当的企业，那你是幸运的。你应该像老板和同事们一样，懂得感恩，知道回报，积极主动地承担属于自己的社会责任。如果你的企业并不是一个积极主动、热心于公益事业的企业，那你也不必气馁，因为企业的生产活动本身便是在为社会提供服务。你的每份工作都与回报社会紧密联系。回报社会的方式有很多种，最重要的一种是竭力做好手头的工作，用最好的产品和服务回报社会！

法则二
忠诚

忠诚胜于能力

从西点毕业的巴顿将军说："我不需要一个才华横溢的班子，我要的是忠诚和执行。"西点军校认为：一个合格的美国军官，必须是"一个无敌的战士、一个忠诚服务于国家的仆人、一个掌握高技能的专业人才、一个有品德情操的领袖"。

一个人，不管他的智慧多么超群，也不管他的能力如何，没有忠诚的品质，都无法为集体和国家贡献他的力量。这样的人也不可能被集体和国家接纳，因为没有一个领导会喜欢不忠诚的部下，没有一个人会喜欢不忠实的朋友。

王明曾是一家企业的技术人员，因公司效益不好失业了，于是他到杜邦公司应聘。面对考题他并不担心，外文、专业技术类考题他都答得不错。唯有第二张考卷的两道题令他头疼："你所在的企业或者曾任过职的企业经营成功的诀窍是什么？技术秘密是什么？"

这类题对于曾在企业从事过技术工作的王明来说并不难，可王明手中的笔始终落不下去。多年的职业道德在约束着他。最终王明还是没有作答，交了白卷。可是，两天后，王明被录取了。

原来，杜邦公司出这道题的用意就是要考验应聘者的忠诚度。抵不住诱惑而出卖原公司利益的人，杜邦是绝对不会要的。

王明以一张忠诚的白卷为他赢得了职场的满分。每一个企业都可能有商业机密，只有大家都遵守忠诚的原则，保守商业机密，企业才能在市场竞争中占优势。企业需要的正是王明那样忠诚的人。

一家著名公司的人力资源部经理曾说："当我看到应聘者的简历上写着一连串的工作经历，而且是在短短的时间内，我的第一感觉就是他的工作换得太频繁了。在这份简历中，我看不到他的忠诚，一个忠诚的人是不会如此频繁跳槽的。"

有一位才华出众的双料博士，他先在北京大学修完了法律课程，后又在清华大学修完了工程管理课程。

按说这样优秀的人才，理应工作顺利，飞黄腾达。可是，事实并非如此，他最后竟然上了多家企业的黑名单，成为这些企业永不录用的对象。

为什么会这样呢？原来，他毕业后，去了一家研究所，凭借自己的才华，研发出了一项重要技术。但他觉得研究所的待遇太差，就跳槽到了一家私企，并以出让那项技术做了公司的副总。不到3年，他又带着公司机密跳槽了。就这样，他先后背叛了不下5家公司，以至于许多大公司都知道了他

的品行，拒绝录用他。

直到最后他才发现，受打击最严重的是他自己，因为他被贴上了"不忠诚"的标签，被多个行业的企业列入了黑名单，几乎每一个了解他情况的老板都明确表示绝对不会聘用他。

如此才华出众的人才实属难得，但如果聘用他，给公司带来的损失可能会比他创造的价值还大，相信没有哪个公司愿意冒这个险。被贴上"不忠诚"标签的人，即使才华再出众也无法赢得好的事业。双料博士之所以找不到工作，就在于他缺乏对企业的忠诚。忠诚远远比能力更重要，只有能力而缺乏职业道德的人终究会让所有企业敬而远之。

小张和小林高中毕业后来到深圳打工，但却一直没有找到工作。当口袋里的钱所剩无几时，他们只好来到一个建筑工地上找到包工头推销自己。

老板说："我这里目前没有适合你们的工作，如果愿意的话，倒可以在我的工地上做小工，每天给你们30元钱。"无奈之下，两个人同意了。

第二天，老板给他们分配了任务——把木工钉模时落在地上的钉子捡起来。就这样每天小张和小林除吃饭的半个小时外，其他时间都一刻不停地捡着钉子。几天下来，小张暗暗算了一笔账，发现老板这样做十分不合算，根本达不到节流的目的。小张决定和老板谈一谈这个问题，但小林极力阻止他："还是别找老板的好，否则我们又得失业了。"小张没同意，直接找到老板。

"老板，恕我直言，企业需要效益，表面看来，捡回落下的钉子是一件合理的事，但它实际上给您带来的只是负值。我老老实实捡了几天钉子，每天最多不超过10斤。这种钉子的市场价是每斤2.5元，这样算下来，我一天能制造20元的价值，您却给我30元的工资。这不仅对您是损失，对我们也不公平。如果现在您算透了这笔账打算辞退我，请您直说。"

没想到，老板竟哈哈大笑起来，说："小伙子，你过关了！我手头上正缺一名施工员，捡钉子这笔账其实我也会算，我知道你们也都算出来了。我一直等着你们过来告诉我。如果一个月后你仍然不来找我，你们都会被辞退。企业需要效益，更需要像你这样忠于企业、一心为企业谋利益的人才，我希望你留下。至于小林，我只能说抱歉了。"

拥有相同技能与经历的小张和小林，干着同样的工作，小张为什么被老板留下而小林没有呢？因为小林不具备小张所特有的忠诚。忠诚是一种能力，且这种能力并不是每一个人都具备的，因此对于同一件事情，忠诚和不忠诚的人会有截然不同的看法，而表现在外的，则是不同的行为和举止。忠诚的人是不会只想着自己的，他们看重的是企业或集体的利益。而不忠诚的人总是对自己的利益严防死守，生怕损失一丝一毫，更有甚者，会为了牟取私利而出卖国家、出卖企业、出卖朋友，这样的人，你敢用吗？

3年前欣宜大学毕业，学的是国贸专业，虽是大专，可她在校时就已通过了英语六级和计算机二级，另外还有多项奖励证书。带着这些材料和发表的十几篇文章，欣宜很顺利地进入了一家公司担任秘书。

刚开始上班时，欣宜还有一股新鲜劲，可随着日子一天天过去，整天做的就是会议纪要、打扫清洁、来客端茶这一类初中生都可以干的事情，加上是新员工，对公司不熟悉，领导也不怎么信任，欣宜渐渐觉得工作像白开水一样无味。

烦躁之中，欣宜将心思告诉了好友阿华，并说想立即辞职跳槽到其他公司。阿华思考了片刻问欣宜："你认为跳槽后能找到比这更好的单位吗？要知道你所在的公司也算小有名气。"后来他又建议："你别忙着跳槽，先熟悉公司的各种管理制度和管理方式，多学点东西，比如怎样写公文、怎样操作和修理传真机等。等你学会了本事、有了本钱再跳槽也不迟，那时有了经验，身价也会有所提高。"

欣宜听了阿华的劝告，又在公司待了一年。一年后的一个周末下午，阿华邀欣宜坐在当初一起谈心的小酒店，问欣宜是否决定要跳槽了。欣宜很奇怪："我在这家公司干得好好的，现在领导器重我，委以重任，工资提高了，福利也好了，干吗要跳槽？"

欣宜的故事让我们明白：忠诚其实也是一种能力，它可以通过说教慢慢培养，只不过这类忠诚总是用一种我们不易发现的形式表现出来，比如说跳槽。频繁跳槽其实并不能从实质上改变我们的境遇，只有通过提高自身的能力和素质，才能得到别人的青睐。成功离不开积累，知识需要积累，财富需要积累，人生的体验也需要积累，而积累总是在一定的时期内才能完成的。对许多就业者来说，在一个企业待上3~4个月，对企业才刚刚了解，岗位的技能也才刚刚上手，这时候跳槽，对个人来说，是一种时间和精力上的浪费，也是对企业的不负责任。

如今，随着竞争的日趋激烈和个人生存能力的不断提升，企业已经不再缺乏那些能力出众、文武双全的人才了，可是，我们仍然可以看到很多企业喊着招募人才的口号进行着一轮又一轮的招聘。为什么这些企业总是在不断招聘、不断纳贤呢？为什么本不缺少人才的企业总是遭受人才饥荒呢？原因很简单：能者易得，忠者难求。

企业缺少的，恰恰是那些对公司忠心耿耿、至死不渝的"忠臣"，而那些看似人才的人，总是这山望着那山高，将企业作为自己登上更高山峰的跳板，在不断跳槽中"实现"自身的价值。对此，企业只能通过一轮又一轮的招聘来解决，因此，老板们总是在摇头叹息："这个社会，真是能者易得，忠者难求啊！"

能者宜得，忠者难求。就连比尔·盖茨都曾发出过这样的感叹："这个社会不缺乏有能力、有智慧的人，缺的是既有能力又忠诚的人。相比而言，员工的忠诚对于一个企业来说更重要，因为智慧和能力并不代表一个人的品质，对企业来说，忠诚比智慧更有价值。"

1998年，赵荣所在的机械厂开发出了新产品。产品推向市场后，迅速占领了国内市场，订单蜂拥而至。作为机械厂的骨干，赵荣带领其他员工挥汗如雨地加班加点工作，不顾疾病缠身，出色地完成订单任务，帮助公司奠定了市场基础。

2001年12月，厂里接到北京某客户的订单，但要求机械厂选派得力人手进行现场制作，赵荣奉命前往，仅用了4天时间就完成了制作任务。紧接着，领导又派他赶往湖南的一个工地，对设备部件进行更换、调试，他又马不停蹄地赶去处理，每天工作12小时以上，顺利地完成了任务。当他拖着疲惫的身体迈进家门时，新年的钟声已经敲响了。赵荣常说："企业给了我太多，我应该尽自己所能回报企业。"

一位客户两年多前购买的一台设备，由于工地调转，丢失了大部分部件，并在运输过程中被挤压变形。客户问他能不能修。他明知难度大、技术要求高，还是接下了任务。凭着过硬的技术，仅用了一周时间就使该设备正常运转了。随即，业主将一份大合同郑重地交给赵荣，请他将合同带回厂里，并说："与你们合作，我们放心！"赵荣凭着对企业的赤诚，为企业赢得了市场，赢得了尊重。

2007年，一些私人厂家找到赵荣许诺高薪聘请他，他一一回绝了，他说："我不能对不起企业，是企业养育了我。企业利益高于一切，我粉身碎骨也不能报答。"

日前，厂里选派全厂精英组建新产品学习组，赵荣顺利入围。在即将开始的新领域里，赵荣信心满怀，决心一如既往，踏实勤恳，为企业作出更大的贡献。

一个人，如果心里有忠诚的品质，就能在工作中焕发出勃勃生机，从而激发出强烈的进取心和求知欲，通过不断地学习提高自身能力，最终成为一个德才兼备的优秀人才。

从一个名不见经传的医院小护士成长为跨国企业的著名职业经理人，吴士宏成长的经历告诉我们：只要勤奋努力，不断超越自我，不断提升自身的业务能力，为企业作出最大的贡献，就能赢得公司老板的信任，获得成功。

最初进入IBM时，吴士宏做的是最基层办事员的工作，具体内容就是行政勤务，俗称是公司打杂的。然而，即使面对如此繁琐、单调的工作，她也总是想尽办法把它们做到最好。"一个月跑下来，腿都跑肿了。"吴士宏曾经这样描述那段艰难的创业历程。

可是，面对困难，吴士宏没有退缩，她利用业余时间不断学习自己工作以外的知识，不断积极进取，追求卓越，又将自己的所学所得全部用在工作之中，将工作做得完美至极。吴士宏知道：自己只有做到最好，才有机会赢得上司的关注，才会让上级注意到自己的才华，才有可能得到上

级的大力栽培。而现在自己所做的这一切，只不过是通向成功的铺路砖而已。

就这样，吴士宏依靠自己的不断努力一步步走向了成功，这种努力和坚持源于她对企业不屈的忠诚。对此，吴士宏说："我从每个经理身上都学到很多的东西，同时又把这套培养的方法像接力似的一茬一茬地传下去，IBM就是这样成长为蓝色巨人的。如果没有我的经理发现我、培养我，我的提高和提升是不可能如此快的。"

因为忠诚，吴士宏才能有如此大的动力去学习、去探索。同样，也正是因为忠诚，吴士宏才能最终取得如此大的进步，荣升为跨国企业著名职业经理人。忠诚是员工能力的催化剂，只有心中充满忠诚的员工才会如此敬业，才会为了工作不断地提升自我。忠诚能催化人的能力，但是能力却未必能带来忠诚，所以忠诚远比能力更重要。

忠诚是一种义务

西点人认为，对于军人来说，恐怕没有比忠诚更加重要的品质了，它的重要性甚至超过了听从指挥、纪律严明、艰苦奋斗一类的东西。爱人有了忠诚，爱情才会牢固；朋友有了忠诚，友情才会长久；战士只有具备了忠诚的品质，才值得人们信赖，否则，他就是一个潜在的敌人，说不定什么时候就会掉转枪口，自相残杀！

忠诚，既是无上的光荣，也是沉甸甸的责任。身在一个团队中，就是同生共死、荣辱与共的关系，无论是为了团队的良性发展，还是为了自己的卓越成长，都需要我们用生命去实践，以此捍卫忠诚的尊严。

1916年，作为美国墨西哥远征军总司令潘兴将军的副官的巴顿，有过一次相当惊险的送信经历。巴顿将军在他的日记中写道：

"有一天，潘兴将军派我去给豪兹将军送信。但我们所了解的关于豪兹将军的情报只是他已通过普罗维登西区牧场。天黑前我赶到了牧场，碰到第7骑兵团的骡马运输队。我要了2名士兵和3匹马，顺着这个连队的车辙前进。走了不多远，又碰到了第10骑兵团的一支侦察巡逻兵。他们告诉我们不要再往前走了，因为前面的树林里到处都是维利斯塔人。我没有听，沿着峡谷继续前进。途中遇到了费切特将军（当时是少校）指挥的第7骑兵团的一支巡逻队。他们劝我们不要往前走了，因为峡谷里到处都是维利斯塔人，而他们也不知道豪兹将军在哪里。但是我们继续前进，最后终于找到了豪兹将军。"

很难想象，一名士兵要是没有忠诚意识，是否还可以像巴顿将军那样把任务执行到底。对于优秀的士兵来说，忠诚就像是他的第二生命，丝毫亵渎不得。哪怕前面有再多的困难、再大的危险，他的心中也只有一个念头：忠于职守，听从命令！

忠诚不仅是个人道德水平的体现，同时也是个人魅力的展现。没有人不喜欢忠心耿耿的部下，也没有人会喜欢随时可能背叛自己的人。在生活中，如果你对别人不够忠诚，别说是企业老板，就连朋友都会对你敬而远之，因为你是不值得信赖的。在这种情况下，你的聪明程度便跟你的危险程度成正比，人们最理性的选择当然是躲得远远的！

在西点的宣传材料上，我们经常可以看到概括军校职责的一句话："为国家培养有道德品格的领袖。"不管出于什么目的，不管做出什么变革，西点在这方面的要求始终如一，把效忠军队、报效祖国作为军人的第一要义，这也使西点赢得了社会各界和国家领导人的广泛赞誉。就如同西点校训所提醒的，一名军人只有时刻把国家放在心头，忠于你的国家与人民，你才是一名合格的战士，才有可能在战场上与战场下发挥作用、实现价值。

西点军校历来重视忠诚教育，几乎没有叛军叛将出现。哪怕是放眼到200多年的美国历史上，也只有建国初期本尼迪克·阿诺德这样的守将才制造过叛变事件，可谓屈指可数。本尼迪克·阿诺德的下场同其他背叛者一样，流亡他国，最后落得个名利双输、郁郁而终的下场。

对于西点人来说，忠诚不是个抽象的概念，而是实实在在的行动，它首先体现为忠于你所在的团队，尊重和帮助你身边的每一个人。在西点军校，大家信奉的是：我们这样团结起来，可以营造一种集体观念的气氛。军官在人行道上相遇，总是彼此问候致意；学员们总是自觉地帮助学习较差的同学；如果某学员的汽车坏在路上，毫无疑问，过路者一定会伸出援助之手。这使得西点军校上下级的关系变得十分牢固，在战斗中显得更加紧密团结。

此外，在军旅甚至是退役后的日常生活里，西点校友间的相互提携、指引照料也是很普遍的现象。西点是这样教育未来的军官们的：做你的"士兵"的坚强后盾，因为这是建立互信与产生忠诚的最有效的途径。因此，西点军校的忠诚不是单向的、片面的，而是双向的，既要忠于上级，也要忠于下级。一个时时维护同学、同事乃至下属利益的军官懂得利用西点军校的"辩护概念"，维护学员的合法权益，用自己的忠诚赢得他人的忠诚。

亨利·奥西恩·弗利波尔自1856年出生以来就是奴隶身份，在内战结束后获准进入西点军校就读，他是西点军校第一个非洲裔美国人。战争对西点军校的影响也很大，校内分成了北方和南方两派，有些人等着看亨利·奥西恩·弗利波尔的笑话，看他如何逃离西点军校。但是有些善良的西点人站了出来，向这个昔日的黑奴伸出了友谊之手。在大家的帮助下，亨利·奥西恩·弗利波尔成长得很快，成为1900年之前西点毕业的仅有的3名黑人军校生之一。毕业之后，亨利·奥西恩·弗利波尔一直恪守西点校训，对国家忠心耿耿，跟着塞耶教官做出了许多不平凡的成就，成为美国军中的一名出色干将。

当同事或下属面临困境时，西点人总是毫不犹豫地站出来，为他说话，给他帮助，就是这种互相帮助的举动塑造了西点人牢固的忠诚意识。无论走到哪里，无论退役与否，西点人永远记得他们的母校，永远记得他们的校训！

一个人，只有忠诚于团队，才能获得良好的工作环境与前进的动力，才能赢得他人的支持与帮助。一个拥有忠诚员工的企业必定是个高度团结、执行有力的团队。

很多人都认为，选择了忠诚就意味着放弃了利益；选择了忠诚就意味着永远奉献甚至牺牲……其实，这是一种狭隘的忠诚，甚至可以说是一种错误的忠诚！真正的忠诚是能够带来利益的，而且忠诚所带来的利益是最为丰厚的！只要我们将忠诚投资于我们的岗位，将忠诚投资于我们的企业，我们就一定能够得到丰厚的回报，只不过有时候这种回报不一定是立竿见影的，却一定是最为厚重、最为长久的！

美国商界名人约翰·洛克菲勒曾对工作做过这样的注解："工作是一个人施展才华的舞台。我们寒窗苦读来的知识、我们的应变力、我们的决断力、我们的适应力以及我们的协调能力都将在这样的一个舞台上得到展示……"但是，我们怎样才能够让这些才能有机会展示出来呢？这就需要忠诚！只有让公司信任你，认为你足够忠诚，你才会被委以重任，才会最终得到这些能够让自己自立自强的发展平台，最终实现自己的人生抱负。

但是在很多企业里，被老板重点培养并指望他有朝一日能够接班的"精英"，却突然在某一天带走了公司大批骨干和大量市场资源，另立门户和老板打起了竞争战的情况时有发生。在很多企业里，接到任务的员工不是消极应付就是推诿，"这事不该我负责"、"为什么不叫张三去做"、"李四正闲着"、"我太忙"。有的虽然什么也不说，心里却根本不打算把工作做好。这些员工，首先缺乏的是敬业精神，又何来忠诚可言？

忠诚是人类最重要、价值最高的美德之一。作为企业的一员，不管你是否优秀，都应该把忠诚作为自己的第一要职。面对一点小小的诱惑，也许你会很自然地选择不违背你的道德观的做法。但当体面的工作、家庭的幸福、自己的价值观都处在危险之中时，你能保证坚持原则吗？然而，越是这样，我们越要坚持自己做人的原则，坚守我们的职业良心，对企业忠诚，因为这也是职业和命运考核我们的时候。

有一天，有个承包松下公司零件制造的厂家老板，偶然向松下幸之助提到他的企业里有一个高级人才老是与他唱反调，使他很烦恼。"我制订的计划，他总是说这样不好那样又不对，他什么都反对，不停地唱反调。"

松下幸之助对那老板说："如果你不想用他的话，把他介绍给我好不好？"

这个爱唱反调的人是名叫中尾哲二郎的26岁青年，松下幸之助发现虽然他事事都跟管理者作对，可是，他并不是故意刁难或懒散不做事，相反，他提出的"反调论"的确是经过深思熟虑的，并且要比公司既定的方案好得多。

于是，松下幸之助很诚恳地邀请中尾哲二郎到松下公司工作。

刚开始，中尾哲二郎在松下公司担任技术员。在工作中，他依然爱提反对意见，时常因技术问题跟管理者或者同事甚至是松下幸之助发生争执。不过，中尾哲二郎在工作上十分投入，他的提议也显示出他具备了专业技术人员的最重要条件。

8年后，松下幸之助看重他为公司尽心尽力的工作态度，邀他加入松下电器公司的执行董事会，他也毫不客气地接受了这项邀请。当时他还十分年轻，只有34岁。

两年之后，中尾哲二郎成为决策部门的高级董事。到1952年，他已经成为松下企业的副总裁。在他去世之前，仍会与松下幸之助为工作上的事情发生争执，甚至与董事会唱反调。但是，连松下幸之助自己也承认，如果没有中尾哲二郎加入他的事业，如果没有中尾哲二郎中肯的意见，松下企业的发展可能要打个很大的折扣。

现在人们才明白，其实松下幸之助早就认识到，敢唱反调的人不一定都是破坏者，唱反调者并非因为不同意公司的决策就故意不做事或中伤公司的声誉。相反，他们是为了企业的振兴才努力找出所存在的问题。

如果人生是一趟没有回头路的火车，那么每一次诱惑都是会诱惑火车出轨的歧路。有的人利令智昏，有的人心存侥幸，背离了自己的职业良心，背叛了培养自己的企业与老板。他们看似奔向了一条康庄大道，却误入歧途，走上了一条职场不归路。

某公司销售部刘经理和董事会发生意见冲突，双方一直未能妥善处理，为此，刘经理耿耿于怀，准备跳槽到竞争对手那里。

刘经理一方面是为了泄私愤，另一方面是为了向未来的"主子"表忠心，想尽一切办法把公司的机密文件和客户电话全部透露给各市场经销商，使得市场乱成一团麻，并引发了很多市场纠纷，各地市场上的电话几乎将公司电话打爆。

这还不算，他还打电话给当地工商、税务部门，说公司的账目有问题，虽然最后查证没有问题，但毕竟给公司带来了很大的名誉损失。

刘经理带着满意的"成果"去向竞争对手公司邀功请赏，没想到遭受了一番冷遇。新老板见刘经理如此对待老东家，也不能保证他以后不会如法炮制地对待自己的公司，身边有这样的一个人，不就像是埋下了一个随时可以爆炸的定时炸弹吗？自然不敢录用他。

戴尔是一家大型跨国集团公司的人事主管，他在谈到员工录用与晋升方面的尺度时说："在我们公司，录用一名员工时，很注重他在工作和生活中的诚信程度。假如一个人在这方面有不良记录，我们公司是不会录用他的。其实，很多公司也跟我们一样，也很注重一个人在这方面的表现，并以此作为晋升和任用的标准。假如他在这一方面出现了污点，即使他工作经验丰富，能力卓越，大部分公司也不会聘用他。通常情况下，我们之所以这样做，有以下几个理由：首先，一个人在工作和生活上失去了诚信、毁约背信，说明他人格上有缺陷，是一个品质不健全的人，不值得录用。其次，一个人一旦不守诺言、毁约背信，会让公司遭受重大的名誉损失。另外，一个人失去了诚信，不能信守诺言，就会打乱工作秩序，为公司的管理带来隐患。最后一点，也是很重要的，就是一个人一旦失去了诚信，就会玩忽职守，从而影响了公司的健康发展。"

戴尔所说的诚信，其实也就是员工对企业的忠诚度。莎士比亚说："忠诚你的所爱，你就会得到忠诚的爱。"有了忠诚，人就会关心企业发展，忧心企业兴衰，产生强烈的主人翁精神与责任感，与企业共同成长。只有大家风雨同舟、荣辱与共，企业才会无坚不摧、战无不胜。也只有那些既有才能又能与组织风雨同舟、荣辱与共的人，才是老板心中重要岗位的最佳人选。

忠诚是立身之本

作为从西点走出的军人，对战友的忠诚是这个世界上其他感情无法比拟的。那是一种永远也不会被抛弃的感觉。不管发生什么事情，总会有人走过来帮助你。这种相互间的关系是一个耿直的承诺。当你受伤后躺在一个荒无人烟的地方时，你知道部队里总会有人来寻找你，甚至不惜付出自己生命的代价。这就是士兵之间的忠诚。

军队孕育的是一种强烈的忠诚感，其中的底线就是：作为一支部队，你们必须完成任务。你们所在的部队必须是一个可以发挥最大功效的军队，每个士兵都是训练有素的，并且知道该怎样做完自己的事情。伦西斯·利克特认为："团队中的每一位成员对整体团队的忠诚度越高，成员们共同达到团队目标的动力就越强，团队达到目标的可能性也就更大。"

美国海军陆战队在美国乃至全世界几乎无人不知、无人不晓。海军陆战队并不是从一开始就如此功勋卓著的，在创立之初，它甚至多次面临被解散的危机，那么，是什么让它度过了一次次危机并发展成为美国的"精锐之师"的呢？

因为海军陆战队有忠诚的士兵。一批又一批有着世界一流军事技能的海军陆战队队员怀揣着一颗报效祖国的赤胆忠心，投入美国军事建设事业的滚滚洪流中，他们的奉献和努力推动了整个海军陆战队的发展，同时也促使美国国防力量蒸蒸日上。

安德鲁·杰克逊是第一位提议撤销海军陆战队并在 1829 年设法实施提议的美国总统。在第二次世界大战后，哈里·杜鲁门总统也做了同样的事情，他签署了一项由陆军拟订的计划，该计划准备将所有的武装部队合并成一个战争部，并由一个人统一指挥，这意味着海军陆战队的消失。但是，海军陆战队每一次都以其忠诚和超强的作战能力证明了他们存在的价值，并且发展成为美国首屈一指的"精锐之师"。

"海军陆战队为什么能够挺过一次又一次被解散的难关，成长为美国的'精锐之师'呢？原因在于海军陆战队中有一批世界一流的士兵和军官，他们伴随着海军陆战队的成长！"罗尔杰斯上尉对洛里·西尔弗及其他新兵说。

正是忠诚推动了这支精英部队的快速发展，缔造了海军陆战队不死的神话。同样，忠诚也是个人的立身之本。因为团队是船，只有团队这只大船运行良好了，个人才能扬帆远航。

李霞从大学毕业后，南下珠海打工，经过几番周折，她终于在一家房地产公司获得了电脑打字员的工作。打字室与老板的办公室之间隔着一块大玻璃，老板的举止她只要愿意就可以看得清清楚楚。但她很少向那边多看一眼，每天只是埋头工作。

在珠海，老板是一个成功人士，有数千万身价，又有一个美丽的女友。而李霞，只是一个刚来珠海打工的女孩子，努力工作，只为了挣够每天的伙食钱……她每天都有打不完的材料。工作认真刻苦是她唯一可以和别人一争短长的资本了。而且，在公司里，她也处处为公司打算，打印纸从来都不舍得浪费一张。如果不是要紧的文件，一张打印纸都是两面使用。后来，老板才告诉李霞，其实他特别欣赏她这种节俭的作风。

两年之后，受大气候影响，珠海的房地产市场大滑坡，在全珠海都很难找到一家生意红火的房地产公司。老板在一项工程上投入的 4000 万元被牢牢套住。资金运作困难重重，员工的工资开始告急。

"良禽择木而栖"——许多员工都因此跳槽了。到第三年 8 月底，公司总经理办公室的人员就只剩下李霞一个了。人少了，她的工作量也就更大了，除了打字，还要管接听电话、为老板整理文件等杂活儿。李霞却无一丝怨言，这缘于她身上那种北方人豪爽、仗义和忠诚的性格特点。公司还没有彻底垮掉，那些人就纷纷背叛，李霞从心里瞧不起这种不忠诚的人。

有一天，李霞直截了当地问老板："您认为您的公司已经垮了吗？"

老板很惊讶，说："没有！"

"既然没有，您就不应该这样消沉。现在的情况确实不好，可许多公司都面临着同样的问题，并非只是我们一家。而且，虽然你的4000万砸在了工程上，成了一笔死钱，可公司并没有全死呀！在深圳，我们不是还有一个公寓项目吗？只要好好做，这个项目就可以成为公司重整旗鼓的资本。"她说完，拿出关于深圳项目的策划方案。老板埋头看了好一会儿，然后抬起头，满脸都是惊讶："对不起，我真是没有想到。以前我太疏忽你了！"

一个星期之后，李霞被派往深圳。在深圳，她整整干了3个月。结果，那片位置并不算好的公寓全部先期售出。她带着3000万元的现金支票，飞回珠海。公司重整旗鼓。

在以后的几年时间里，李霞不断被提升，一直升到了公司副总，帮着老板做成了好几个大项目。后来，公司改为股份制公司，老板当了董事长，李霞则成了新公司的总经理。10月1日，老板与相恋多年的女友举行了婚礼。在婚礼上，老板让李霞为在场数百名公司员工讲几句话。

李霞说："世上有些道理本是相通的。比如，夫妻双方应该彼此忠诚，公司和员工也应该彼此忠诚。只有这样，家庭才能和睦，公司才能发达。我们在任何时候都不能失去忠诚，因为忠诚是我们的做人之本！"

忠诚可以点燃企业的希望，可以帮助企业一步步走出困境，因此，忠诚的团队成员是企业爱不释手的宝贝，为了能够充分激发这些忠诚员工的潜质，企业会为这些忠诚的人提供最为广阔的发展空间，让他们也得到最丰硕的回报。

谭丁是沃尔玛在中国的总商品经理。1995年，沃尔玛在中国开始筹备的时候，刚刚从上海交通大学毕业的谭丁就加入了这家公司。由于对采购工作没有任何经验，谭丁的工作进行得极其艰难，但是，她始终坚持一个原则，那就是随时都要想着为公司争取到最大的利益。

正是有了这种忠于企业的心态，谭丁在工作中不断学习并逐渐积累经验，掌握了谈判的要诀和技巧，一步步融入到自己的工作中。同时，谭丁还充分考虑到了供货商的利益，在谈判中力求达成一种双赢的效果。就这样，谭丁终于为自己打开了采购工作的局面，由一个普通的采购员晋升为助理采购经理，再到采购经理，后来成为总商品经理。这一路走来，谭丁靠的是对工作的无限忠诚和热爱。如今，她已经成为沃尔玛的TMAP计划培训人员，这个培训计划的目标就是培养接班人，可能是上一级主管，也可能是更高的管理层，这就意味着谭丁将会有无限量的晋升空间，她一定会前途无量的。

因为忠诚，谭丁将自己充分融入工作中，在主动学习中不断摸索、不断钻研，终于走出了一条适合本企业发展的道路；也正是因为忠诚，谭丁得到了上级领导的赏识和厚爱，为自己赢得了无限量的发展空间。

但是，忠诚，这个包含着付出、责任甚至牺牲的字眼，曾几何时已被遗忘在无人的角落。许多人蔑视敬业精神，嘲讽忠诚，消极懒惰，最终自毁前程。当一个人失掉忠诚时，一同失去的还有一个人的尊严、诚信、荣誉以及立身之本。

李克是一家公司的业务部副经理，刚刚上任不久。他年轻能干，毕业两年就能够有这样的成绩算是表现不俗了。然而半年后，他却悄悄离开了公司，没有人知道他为什么离开。

李克离开公司之后，找到了和他原来关系不错的同事彼得，在酒吧里，李克喝得烂醉，他对彼得说："知道我为什么离开吗？我非常喜欢这份工作，但是我犯了一个错误，我为了获得一点小利，失去了作为公司职员最重要的东西。虽然总经理没有追究我的责任，也没有公开我的事情，但我真的很后悔，你千万别犯我这样的低级错误，不值得啊！"

彼得尽管听得不甚明白，但是他知道这一定和钱有关。后来，彼得知道了，李克在担任业务部副经理时，曾经收过一笔钱，业务部经理说可以不入账："没事，大家都这么干，你还年轻，以后多学着点。"李克虽然觉得这么做不妥，但他也没拒绝，半推半就地拿了那笔钱。当然，业务部经理拿到的更多。没多久，业务部经理就辞职了。后来，总经理发现了这件事，李克只得离开了公司。

彼得看着李克落寞的神情，知道李克一定很后悔，但是有些东西失去了就很难弥补回来。

故事中的李克失去的恰恰是他对公司的忠诚，东窗事发后，他还能奢望公司再相信他吗？还能继续在公司工作下去吗？不能！因为他放弃了作为员工最起码的忠诚，用背叛亲手堵死了自己在公司继续发展下去的路。李克的故事同时也告诉我们：只要你放弃了忠诚，放弃了做人的最基本原则，你就会失去人们对你的信任，同时也会失去你事业上成功的机会。

不要为背叛忠诚所获得的利益而沾沾自喜，其实坚守忠诚，你才可能获得更多。因此，任何时候都不要放弃忠诚，因为放弃忠诚就等于放弃成功、放弃一切。而且，你放弃忠诚，错失的不仅仅是成功的机会，更严重的还会有牢狱之灾、众叛亲离……这样的代价，实在是太惨重了。

此外，成功学家们通过研究还发现，在决定一个人成功的诸多因素中，能力大小及知识素养占 20%，专业技能占 40%，态度也仅占 40%，而 100% 的忠诚敬业是一个人获得上述成功因素的唯一途径，是实现和创造自我价值的最大秘诀，因此，只有忠诚敬业，才是安身立命的根本，才有可能收获成功，才有可能实现自己的人生价值。

忠诚就是要全力以赴

毕业于西点军校的美国前国务卿鲍威尔年轻的时候，为了帮家里补贴生计，经常从事各种繁重的工作。

有一年夏天，鲍威尔在一家汽水厂当杂工。除了洗瓶子外，老板还要他擦地板、搞清洁等。但是他都毫无怨言、很认真地去干。有一天，有人在搬运产品中打碎了 50 瓶汽水，弄得车间里到处都是泡沫和玻璃碎片。按照常规，这得让弄翻产品的工人清理打扫。但是老板为了节省人力，就让干活麻利爽快的鲍威尔去打扫。鲍威尔当时很郁闷，想大发脾气硬是不干。但是转念想想，自己是厂里的清洁工，这也是自己分内的活，就心平气和地把满地狼藉的赃物扫除揩拭得干干净净了。

过了两天，厂里的负责人通知他：他已经被晋升为装瓶部主管。从那以后，他就记住了一条真理：凡事全力以赴，总会有人注意到自己的。

不久之后，鲍威尔以优异的成绩考上了西点军校。之后官至美国参谋长联席会议主席，衔领四星上将，北大西洋公约组织、欧洲盟军总司令和美国国务卿。

即便是取得了这么高的地位，他也一直没有忘记全力以赴这个工作信念。他每天都是最早上班，又是最晚下班的。鲍威尔在西点军校演说的时候，曾以"凡事全力以赴"为题，对学员们讲述了这样一个故事：

在建筑工地上，有 3 个挖沟的工人。一个志比天高，每挖一阵就拄着铲子说："我将来一定会做房地产老板！"第二个整天都在抱怨工作辛苦，报酬低。第三个一声不响挥汗如雨地埋头苦干，与此同时，他的脑子也在不停琢磨着如何挖好沟坑让地基更加牢固……

若干年后，第一个人仍然还在拿着铲子干着挖沟的苦活；第二个虚报工伤，找个借口提前病退，每月领着仅可糊口的微薄退休金；第三个成了一家建筑工地的老板。

这个故事以及鲍威尔的亲身经历最后成了西点军校教育学员"凡事都要全力以赴"的活教材。因为西点人知道，一个人是否能变得优秀，一个人能够在工作中创造出怎样的成绩，关键不在于这个人的能力是否卓越，也不在于外界的环境是否优越，关键在于他是否竭尽全力。一个人只要竭尽全力，即使他所从事的只是简单平凡的工作，即使他的能力并不突出，即使外界条件并不有利，他仍然可以在工作中创造出骄人的成绩。

阿尔伯特·哈伯德先生在《把信送给加西亚》里讲述了这么一个故事：

"一切有关古巴的事情中，有一个人常常从我的记忆中冒出来，让我难以忘怀。

"美西战争爆发时，美国总统必须立即与古巴的起义军首领加西亚取得联系。加西亚在古巴广阔的山脉里——没有人确切地知道他在哪里，也没有任何邮件或电报能够送到他手上。而美国总统麦金莱又必须尽快地得到他的合作。

"怎么办呢？

　　"有人对总统说：'如果有人能够找到加西亚的话，那么这个人就是罗文。'

　　"于是总统把罗文找来，交给他一封写给加西亚的信。至于那个名叫罗文的人，如何拿了信，用油纸袋包装好、打封，放在胸口藏好；如何经过4天的船路到达古巴，再经过3个星期，徒步穿过这个危险的岛国，终于把那封信送给加西亚——这些细节都不是我想说的。我要强调的重点是：

　　"美国总统把一封写给加西亚的信交给罗文；而罗文接过信之后，并没有问：'他在什么地方？'

　　"像罗文这样的人，我们应该为他塑造铜像，放在所有的大学里，以表彰他的精神。年轻人所需要的不仅仅是从书本上学习来的知识，也不仅仅是他人的种种教诲，而是要塑造一种精神：忠于上级的托付，迅速地采取行动，全力以赴地完成任务——'把信送给加西亚'。

　　"加西亚将军已经不在人世，但现在还有其他的'加西亚'。没有人能够经营好这样的企业——在那里虽然有众多人手，但是令人惊讶的是，其中充满了许多碌碌无为的人，这些人要么没有能力，要么不情愿去集中精力做好一件事。

　　"工作上拖拖拉拉、漫不经心、三心二意似乎已成常态；没有人能够成功，除非威逼诱惑地强迫他人帮忙；或者，请上帝大发慈悲创造奇迹，派一名天使相助。

　　"你可以就此做个试验：

　　"你正坐在办公室里——你可以随时给6名职员安排任务。你把其中任何一名叫过来，对他说：'请帮我查一查百科全书，把克里吉奥的生平做成一篇摘要。'

　　"他会静静地说：'好的，先生。'

　　"然后他会去执行吗？

　　"我敢说他绝对不会，他会用死鱼般的眼睛盯着你，然后满脸疑惑地提出一个或数个问题：

　　"'他是谁呀？'

　　"'哪套百科全书？'

　　"'百科全书放在哪儿？'

　　"'这是我的工作吗？'

　　"'为什么不叫乔治去做呢？'

　　"'急不急？'

　　"'需不需要我拿书过来你自己查？'

　　"'你为什么要查他？'

　　"我敢以10∶1的赌注跟你打赌，在你回答了他提出的所有问题，解释了怎样去查那些资料以及你为什么要查的理由之后，那个职员会走开，吩咐另外一个职员去帮他'寻找加西亚'，然后回来向你复命：没有这样一个人。当然，我可能会输掉赌注，但是根据平均概率法则，我不会输。

　　"现在，如果你足够聪明，你就不必费神地对你的'助理'解释：克里吉奥编在什么类，而不是什么类。你会微笑着说：'没关系！'然后自己去查。

　　"这种自主行动的无能，这种道德上的愚行，这种意志上的脆弱和惰性，就是未来社会被带到崩溃境地的根源。如果人们不能为了自己而自主行动，人们又怎么可能心甘情愿地为他人服务呢？

　　"乍看起来，所有的公司都有许多可以委以任务的人选，但是事实真是如此吗？你刊登广告招聘一名速记员，应聘者中，十有八九不会拼也不会写，他们甚至认为这些都无所谓。

　　"这种人能够写出一封致加西亚的信吗？

　　"'你看那个职员。'一家大工厂的主管对我说。

　　"'我看到了，他怎么样？'

　　"'他是个很好的会计，不过如果我让他去城里办个小差事，他可能会完成任务，但很可能在途中走进酒吧，而到了市区，他还可能根本忘记了他自己是来干什么的。'

　　"这种人你能把给加西亚送信的任务交给他吗？

　　"近来，我们听到了许多人对'在苦力工厂工作的可怜人'和'那些为了寻找一份舒适的工作而频繁跳槽的人'表示同情，但是从来没有人提到，那些年龄正在不断变老的雇主们白费了多

少时间和精力去促使那些不求上进的懒虫们勤奋起来；也没有人提到，雇主们持久而耐心地期待那些当他一转身就投机取巧、敷衍了事的员工能够振奋起来。

"在每家商店和工厂，都有一些常规性的整顿工作。雇主们经常送走那些不能对公司有所助益的员工，同时也会接纳一些新的成员。不论有多忙，这种淘汰工作都要进行。只是当经济不景气、就业机会不多的时候，整顿才会有明显的绩效——那些不能胜任、没有才能的人，都被摈弃于公司大门之外，只有最能干的人，才会被留下来。这是一个优胜劣汰的机制。雇主们为了自己的利益，只会保留那些最佳的职员——那些能'把信送给加西亚'的人。

"我认识一个有真才实学的人，但他没有独自经营企业的能力，并且对他人也没有丝毫的价值，因为他总是偏执地怀疑他的雇主在压榨他，或有压榨他的倾向。他没有能力指挥他人，也不愿意被他人指挥。如果你要他去'把信送给加西亚'，他的回答很可能是：'你自己去吧！'

"当然，我知道像这种道德残缺的人比那些肢体残缺的人更不值得同情；但是，我们对那些用毕生精力去经营一个伟大企业的人应该予以同情：下班的铃声不能够停止他们的工作，他们因为努力维持那些漫不经心、拖拖拉拉、不知感激的员工的工作而白发日增。那些员工从来不愿想一想，如果没有雇主们付出的心血，他们是否将挨饿和无家可归？

"我是否说得太严重了？可能如此。但是，就算整个世界变成贫民窟之时，我也要为成功者说几句同情的话——他们承受巨大的压力，导引众人的力量，终于获得了成功；但他从成功中得到了什么呢？除了食物和衣服，其他什么也没有。

"我曾经为了衣食而为他人工作，也曾经当过一些雇员的老板，我深知其中的甘甜苦乐。贫穷没有什么优越之处，也不值得赞美，衣衫褴褛更不值得骄傲。并非所有的雇主都是采取高压手段极力压榨员工，并且我敢说，大多数雇主都更富有美德。

"我敬佩的是那些不论老板在与不在都会坚持工作的人。当你交给他一封致加西亚的信时，他会迅速地接受任务，不会问任何愚蠢的问题，更不会随手把信扔到水坑里，而是全力以赴地把信送到。这样的人永远不会被解雇，也永远不会为加薪而罢工。

"文明，就是孜孜不倦地寻找这种人才的一段长久过程。

"这样的人无论有什么愿望都能够得以实现。每个城市、乡镇、村庄，以及每个办公室、商店、工厂，都需要他参与其中。世界呼唤这种人才——非常需要并且急需——这种能够把信送给加西亚的人。"

一位经理在描述自己心目中的理想员工时说："我们所急需的人才，是意志坚定、工作起来全力以赴、有奋斗进取精神的人。我发现，最能干的人大体是那些天资一般、没有受过高深教育的人，他们拥有全力以赴的做事态度和永远进取的工作精神。做事全力以赴的人获得成功的几率大约占到九成，剩下一成的成功者靠的是天资过人。"这种说法代表了大多数管理者的用人标准：除了忠诚以外还应加上全力以赴。

最近，沃尔玛的市场部新来了一位文员琳达，因为原来的那位文员被辞退了，而辞退的原因是她工作不够认真负责，经常对工作敷衍了事。

事情是这样的：几天前，市场部经理格里坐飞机去多伦多谈判，他给办公室那个负责资料的文员打电话，问谈判的资料有没有送到多伦多，她回答说："别着急，我已经送出去了。"可是她没有将事情确认落实，资料确实已经寄出，但是并没有到达多伦多，这一失误让公司损失了一大笔钱。

同样，格里又要去多伦多采购一些货物，飞机在芝加哥停下来之后，格里担心这次再出现意外，于是拨通了文员琳达的电话，问："我的资料到了吗？"

琳达回答道："到了，您的助理已经收到了，助理说，这次谈判的人数比预计的要多12人，不过别着急，我已经把多出来的准备好并已经寄出。同时，助理问你是否需要提前发资料？他告诉我你通常是这样做的，但是这是一个新的谈判，所以我也不确定。如果你还有别的要求，无论什么时候，都可以联系我。"

琳达的一番话，让格里彻底放下心来。同时，他决定提拔琳达当自己的助理，因为她的认真

态度让他十分放心。

琳达因工作认真、不敷衍了事、尽职尽责而被经理提拔为主管，相反，那位糊弄工作的员工失去了工作。由此可见，糊弄工作就是在糊弄我们自己。相反的，全力以赴，专注于某个目标，并全身心地投入工作的人，往往会创造出奇迹。

孙宁原来是公司的生产工人，1992年的时候，他主动请缨，申请加入营销行列。当时，公司正在招聘营销人员，经理便同意了，而且各项测试显示他也适合从事营销工作。那时，公司还很小，只有30多个人，面临着许多要开发的市场，而公司却没有足够的财力和人力。因此，孙宁只身一人被派往西部一个市场——其他许多市场，也只派出一个人。

在这个城市里，孙宁一个人也不认识，吃住都成问题，但是个性坚忍的他丝毫没有退缩。没有钱乘车，他就步行，一家一家单位去拜访，向他们介绍公司的电器产品。他经常为了等一个约好见面的人而顾不上吃饭，因此得了胃病。他租住的是一个闲置的车库，由于只有一扇卷帘门，而且没有电灯，晚上门一关，屋子里就没有一丝光线，倒有老鼠成群结队地"载歌载舞"。那个城市的春天多有沙尘暴，夏天经常下冰雹，冬天则经常下雨，对于一个物质贫乏的推销员，这样的气候无疑是沉重的考验。有一次，孙宁差点被冰雹击晕。

公司的条件差到超乎孙宁的想象，有一段时间，连产品宣传资料都供不上，孙宁只好买来复印纸，自己用手写宣传资料，好在他写得一手好字。在这样艰苦的条件下，人不动摇是不可能的。但每次动摇时，孙宁都对自己说：一定要全力以赴地去做，坚持到底，不能放弃。一年后，派往各地的营销人员回到公司——当然，其中有六成人员早已不堪工作艰辛而悄无声息地离职了——孙宁的成绩竟然是最好的。

忠诚的员工，身上有一股强烈的责任感和使命感，他们热爱自己的工作，无论岗位多么平凡，工作多么卑微，他们都会始终如一地坚守自己的岗位，尽职尽责地完成自己的工作。试问：假如你是老板，这样的员工你能不喜欢吗？

著名商人李嘉诚曾经说过："做生意不需要学历，重要的是全力以赴。"世界著名CEO杰克·韦尔奇也曾经说过："干事业实际上并不依靠过人的智慧，关键在于你能否全身心地投入，并且不怕辛苦。实际上，经营一家企业不是一项脑力工作，而是体力工作。"可见，在我们的工作中，学历和能力并不一定是最重要的，最重要的是抱着忠诚的态度全力以赴地去做事。

西点军校经典法则

法则三
责 任

绝不推卸责任

毕业于西点军校的麦克阿瑟将军曾是西点军校的校长。《责任、荣誉、国家》是麦克阿瑟将军在西点军校发表的一篇激动人心的演讲，其中讲道：

"你们的任务就是坚定地赢得战争的胜利。你们的职业中只有这个生死攸关的献身，此外什么也没有。其余的一切公共目的、公共计划、公共需求，无论大小，都可以寻找其他的办法去完成；而你们就是训练好参加战斗的，你们的职业就是战斗——决心取胜。在战争中明确的认识就是为了胜利，这是代替不了的。假如你失败了，国家就要遭到破坏，唯一缠住你的公务就是责任、荣誉、国家。"

责任是西点军校对学员的基本要求。它要求所有的学员从入校的那天起，都要以服务的精神自觉自愿地去做那些应该做的事，都有义务、有责任履行自己的职责，而且在履行职责时，其出发点不应是为了获得奖赏或避免惩罚，而是出于发自内心的责任感。正是西点军校多年来向其学员实施的这种责任感的教育，为学员毕业后忠实地履行报效祖国的职责和义务奠定了坚实的思想基础。

西点人勇于承担责任，在执行任务中，不论要面对多么艰巨的困难，他们都会毫不犹豫地应承下来，而非推卸责任。对西点军人来说，责任是一种义务，也是一种荣誉。西点军人历来视能够承担责任的军人为勇士，与为国捐躯一样光荣。

毕业于西点的海军中将纳尔逊1870年参加海军，21岁升为上尉，1894年在一次海战中失去了右眼，1896年晋升为分舰队司令，次年授予海军少将衔。在一次战役中他失去右臂，复员返乡。1896年，他重返军队时晋升为海军中将。1898年10月21日，在古巴特拉法尔加角海战中，他率军大败法西联合舰队，最终挫败西班牙入侵美国的计划，英勇献身。作为一名西点人，他的遗言是"感谢上帝，我履行了我的职责"。

纳尔逊习惯在战争中祈祷，祈祷内容包括：期望海军以人道的方式获胜，以区分于他国。他是这么说的，也是这么做的，两次下令停止炮击"无敌号"舰，因为他认为该舰被击中了，已丧失战斗力。可惜的是，他最终死于这艘他两次手下留情的炮舰。当两舰甲板之间的距离不超过15码（1码＝0.9144米）的时候，敌舰从尾桅顶部开火，击中了他的肩膀。更糟糕的是，他的前胸也不断涌出鲜血。

经过检查，大家发现这是致命伤。这事除了哈定舰长、牧师和医务人员知道外，向所有人保密。但纳尔逊似乎已经意识到回天无术了，所以他坚持让外科医生离开，代之以那些他认为有用的人。

哈定说毕提医生可能还有希望挽救他的生命。"哦，不！"他说，"这不可能，我的胸全被打透了，毕提会告诉你的。"然后哈定再次和他握手，痛苦得难以自制，匆匆地返回甲板。

毕提问他是不是非常痛。"是的，痛得我恨不得死掉。"他低声回答说，"虽然希望多活一会儿。"

哈定舰长离开船舱15分钟后又回来了。纳尔逊很费力地低声对他说："不要把我扔到大海里。"他说最好把他埋葬在父母墓边。然后，他流露了个人感情："关照亲爱的汉密尔顿夫人，哈定，关照可怜的汉密尔顿夫人。哈定，吻我。"

哈定跪下去吻他的脸。纳尔逊说："现在我满意了，感谢上帝，我履行了我的职责！"

他说话越来越困难了，但他仍然清晰地说："感谢上帝，我履行了我的职责！"他几次重复这句话，这也是他留给世人的光辉榜样。

西点的优秀军人纳尔逊用生命诠释了职责的神圣含义。

对于西点人来说，推卸责任是一种耻辱。当一个国家把自己的安危交付给他们的时候，西点人觉得没有任何事情能比承担起这个责任更为重要和伟大。就如西点毕业生罗伯特·爱德华·李所说的，"责任在我们的语言里是一个最崇高的字眼。做所有的事情都应尽职尽责；你不能越俎代庖，你也永远不要期盼得过且过"。

事实上，不管做什么事情，只要我们像西点人一样怀着一颗勇担责任的心，全心全意，尽职尽责，那么我们的事业便会变得一帆风顺，而生活也会变得更加充实和意义非凡。

无论我们做什么工作，处在什么岗位上，都应该尽职尽责，勇敢地承担起责任。一个人如果缺乏责任感，他就不可能以认真的态度去处理事情。很多员工总是游离在公司之外，就是因为他从来没有对公司的事情负起过责任。试想：一个不负责任的员工怎么可能具备主动精神呢？怎么可能创造出良好的业绩呢？又怎么可能赢得老板的赏识呢？

相反，如果我们像西点军校的学员们那样对企业充满责任感，一切就会大不相同。即使你的工作环境很困苦，但如果你能勇于承担责任，全身心地投入工作，你最后收获的肯定不仅仅是经济上的补偿，还有职位上的提升、人格的自我完善。

俄国作家列夫·托尔斯泰曾说："如果你做某事，那就把它做好；如果不会或不愿做它，那最好不要去做。"对于一个人来说，从他进入公司的那一天起，他便已经选择了接受，接受了一份工作，接受了一份责任。员工的义务便是尽职尽责，竭尽所能地把工作做好。

每一个人的职责连缀起来，就构成了集体的职责。任何一个岗位的疏忽和延误，都不可小视。"千里之堤，溃于蚁穴。"在企业中，许多大问题的产生都是由一些小问题累积而成的。正如印度小说家普列姆昌德所说："责任感常常会纠正人的狭隘性。当我们徘徊于迷途的时候，它会成为可靠的向导师。"坚守岗位，尽职尽责，能够激发我们每个人最大的潜能，能让我们及时发现潜伏着的危机和问题。

一家人力资源管理机构曾经做过一次这样的试验：试验的参加者们都被告知连续跑完5个400米接力赛是他们这次行动的使命。参加试验的人被分成两个团队，每个团队又按照4人一组的方式分成若干小组，其中一个团队的各小组成员均被告知"在规定时间内跑完全部赛程，这是你们必须尽到的责任，不能尽到自己职责的人将被淘汰"。而另一个团队则没有接到任何有关责任的提示。

试验结果表明，第一个团队90%的小组都在规定时间内跑完了全程，另外的10%虽然超过了规定时间，但他们仍然尽全力跑完了全程。而在第二个团队中，只有20%的小组在规定时间内跑完了全程，另外还有20%的小组跑完了全程，但是所用的时间远远超过了规定时间。

责任就像一座警钟，时时提醒我们兢兢业业，不可懈怠。责任又像一部发动机，永远推动我们克服困难，勇往直前。只有把责任放在心中，我们才不会放过任何一个细节，不会草率地处理任何一件事情。责任意识强的员工必定是个工作认真、高度负责的人，能够在每一个岗位上做出

优秀的业绩，也最容易被老板赏识、为机会所垂青。

老吴是个退伍军人，几年前经朋友介绍来到一家工厂做仓库保管员。虽然工作不繁重，无非就是按时关灯、关好门窗、注意防火防盗等，但老吴却做得非常认真。他不仅每天做好来往的工作人员提货日志，将货物摆放整齐，还从不间断地对仓库的各个角落进行打扫清理。

3年下来，仓库居然没有发生过一起失火失盗案件，其他工作人员每次提货都能在最短的时间内找到所提的货物。就在工厂建厂20周年庆功会上，厂长按老员工的级别亲自为老吴颁发了5000元奖金。好多老职工不理解，老吴才来厂里3年，凭什么能够拿到这个老员工的奖项？

厂长看出了大家的不满，于是说道："你们知道我这3年中检查过几次咱们厂的仓库吗？一次没有！这不是说我工作没做到，其实我一直很了解咱们厂的仓库保管情况。作为一名普通的仓库保管员，老吴能够做到3年如一日地不出差错，而且积极配合其他部门人员的工作，对自己的岗位忠于职守，比起一些老职工来说，老吴真正做到了高度负责、爱厂如家，我觉得他得到这个奖励是当之无愧的！"

责任不像政绩一般摆在明处、轰轰烈烈，而是深藏于心，需要用耐性在岁月中逐渐沉淀。我们的工作岗位可能很平凡，所做的工作也比较枯燥单一、重复率高，但没有任何一项工作是无关紧要的，没有任何一个时刻是可以随便应付的。罗曼·罗兰说过："在这个世界上，最渺小的人与最伟大的人同样有一种责任。"我们接受了一份工作，便要承担起相应的责任，对企业负责，对他人负责，同时也对自己负责。让使命感深植于心中，哪怕是在平凡的岗位上，我们一样可以做出不平凡的业绩。

大连市公共汽车联营公司702路422号双层巴士司机黄志全，在行车的途中突发心脏病。在生命的最后一分钟，他做了3件事。

第一件事：把车缓缓地停在路边，并用生命最后的力气拉下了手动刹车闸。

第二件事：用尽全身力气把车门打开，让乘客可以安全地下车。

第三件事：将发动机熄火，确保了车和乘客的安全。

他做完这3件事后，趴在方向盘上停止了呼吸。

他只是一名平凡的公共汽车司机，他在生命的最后一分钟里所做的一切也并不惊天动地，然而他却是有责任心、有使命感的人的榜样与骄傲。

美国作家马克·吐温说："我们来到这个世界是为了一个聪明和高尚的目的，即必须好好地尽我们的责任。"走出企业这一个小团队，我们又何时不是在承担着责任，对家庭负责、对朋友负责、对社会负责……一个对工作负责的人也必定是一个勇于担当社会责任的人，也是一个受人尊敬的人。

责任是一种与生俱来的使命

爱默生说："责任具有至高无上的价值，它是一种伟大的品格，在所有价值中它处于最高的位置。"科尔顿说："人生中只有一种追求，一种至高无上的追求—就是对责任的追求。"

责任，从本质上说，是一种与生俱来的使命，它伴随着每一个生命的始终。事实上，只有那些能够勇于承担责任的人，才有可能被赋予更多的使命，才有资格获得更大的荣誉。一个缺乏责任感的人，或者一个不负责任的人，首先失去的是社会对自己的基本认可，其次失去的是别人对自己的信任与尊重，甚至也失去了自身的立命之本——信誉和尊严。

清醒地意识到自己的责任，并勇敢地扛起它，无论对于自己还是对于社会都将是问心无愧的。人可以不伟大，人也可以清贫，但我们不可以没有责任。任何时候，我们不能放弃肩上的责任，扛着它，就是扛着自己生命的信念。

责任让人坚强，责任让人勇敢，责任也让人知道关怀和理解。因为我们对别人负有责任的同时，别人也在为我们承担责任。无论你所做的是什么样的工作，只要你能认真地、勇敢地担负起责任，你所做的就是有价值的，你就会获得尊重。有的责任担当起来很难，有的却很容易，无论难与易，

不在于工作的类别，而在于做事的人。只要你想、你愿意，你就会做得很好。

世界上所有的人都是相互依存的，只有所有人共同努力，郑重地担当起自己的责任，才会有生活的宁静和美好。任何一个人懈怠了自己的责任，都会给别人带来不便和麻烦，甚至是生命的威胁。

我们的家庭需要责任，因为责任让家庭充满爱；我们的社会需要责任，因为责任能够让社会平安、稳健地发展；我们的企业需要责任，因为责任让企业更有凝聚力、战斗力和竞争力。

有一个叫责任者的游戏。游戏的规则是两个人一组，两个人相距一米远的距离。整个游戏必须在黑暗中进行，一个人向另一个人的正面平躺倒下去，另一个人站在原地不动，只是用手接着对方的肩膀，并说："放心吧，我是责任者。"接人者要确保能扶住倒下者。游戏的寓意是让每个人意识到承担责任的重要性，让每个人做一个责任者。那责任到底是什么？我们每一个人都在生活中饰演着不同的角色。无论一个人担任何种职务，做什么样的工作，他都对他人负有责任，这是社会法则，这是道德法则，这还是心灵法则。

在这个世界上，每个人都扮演了不同的角色，每一种角色又都承担了不同的责任，从某种程度上说，对角色饰演的最大成功就是对责任的完成。正是责任，让我们在困难时能够坚持，让我们在成功时保持冷静，让我们在绝望时懂得不放弃，因为我们的努力和坚持不仅仅为了自己，还为了别人。

社会学家戴维斯说："放弃了自己对社会的责任，就意味着放弃自身在这个社会中更好地生存的机会。"放弃承担责任，或者蔑视自身的责任，就等于在可以自由通行的路上自设路障，摔跤绊倒的也只能是自己。

责任就是对自己所负使命的忠诚和信守，责任就是对自己工作出色的完成，责任就是忘我的坚守，责任就是人性的升华。实际上，当一个人怀着宗教一般的虔诚去对待生活和工作时，他是能够感受到责任所带来的力量的。

古希腊雕刻家菲迪亚斯被委任雕刻一座雕像，当菲迪亚斯完成雕像后要求支付薪酬时，雅典市的会计官却以任何人都没看见菲迪亚斯的工作过程为由拒绝支付薪水。菲迪亚斯反驳说："你错了，上帝看见了！上帝在把这项工作委派给我的时候，他就一直在旁边注视着我的灵魂！他知道我是如何一点一滴地完成这座雕像的。"

每个人心中都有一个上帝，菲迪亚斯相信自己的努力上帝看见了，同时他坚信自己的雕像是一件完美的作品。事实证明了菲迪亚斯的伟大，这座雕像在2400年后的今天，仍然伫立在神殿的屋顶上，成为受人敬仰的艺术杰作。

雕刻雕像是神赋予菲迪亚斯的伟大使命，他不仅出色地完成了这个使命，而且还把使命的意义向人们传达出来。使命这个词来自拉丁语，它的意思是呼唤。它触及了工作的实质——向你发出的呼唤，表达了你是谁，你想对世界说什么。

在斯特拉特福子爵为克里米亚战争举办的晚宴上，人们做了一个游戏，军官们被要求在各自的纸片上秘密地写下一个人的名字，这个人要与那场战争有关，并且要他认为此人是这场战争中最有可能流芳百世的人。结果每一张纸上都写着同一个名字："南丁格尔。"带来光明的天使——南丁格尔，她是那场战争中赢得最高声誉的妇女。下面是一段关于南丁格尔的故事：

她带着护士小分队来到了这里，在几个小时内，成百上千的伤员从巴拉克战役中被运了回来，而南丁格尔的任务就是要在这个痛苦嘈杂的环境中把事情弄得井井有条。不一会儿，又有更多的伤员从印克曼战场中被运了回来。什么事情也没有准备好，一切都需要从头安排。而当各种事务都在有序地进行着时，她自己就又会去处理其他更危险、更严重的事情。在她负责的第一个星期，有时她要连续站立20多个小时来分派任务。

"南丁格尔的感觉系统非常敏锐。"一位和她一起工作过的外科医生说，"我曾经和她一起做过很多非常重大的手术，她可以在做事的过程中把事情做到非常准确的程度……特别是救护一个垂死的重伤员，我们常常可以看见她穿着制服出现在那个伤员面前，俯下身子凝视着他，用尽

她全部的力量，使用各种方法来减轻他的疼痛。"

一个士兵说："她和一个又一个的伤员说话，向更多的伤员点头微笑，我们每个人都可以看着她落在地面上的那亲切的影子，然后满意地将自己的脑袋放回到枕头上安睡。"另外一个士兵说："在她到来之前，那里总是乱糟糟的，但在她来过之后，那儿圣洁得如同一座教堂。"

南丁格尔被誉为"护理学之母"，她创立了真正意义上的现代护理学，使护理工作成为妇女的一种受尊敬的正式社会职业。她的故事告诉我们，一个人来到世上并不是为了享受，而是为了完成自己的使命，正是在对她所热爱的护理工作的强烈使命感的驱使下，在短短3个月的时间内，她使伤员的死亡率从42%迅速下降到2%，创造了当时的奇迹。

1968年墨西哥奥运会比赛中，最后跑完马拉松赛跑的一位选手是来自非洲坦桑尼亚的约翰·亚卡威。他在赛跑中不慎跌倒了，拖着摔伤且流血的腿，一拐一拐地跑着。其他选手都跑完全程后很久了，直到当晚7点半，约翰才最后一个跑到终点。这时看台上只剩下不到1000位观众，当他跑完全程的时候，全体观众起立为他鼓掌欢呼。之后有人问他："为何你不放弃比赛呢？"他回答道："国家派我由非洲绕行了7000里来此参加比赛，不是仅为起跑而已——乃是要完成整个赛程！"

是的，他肩负着国家给予的责任来参加比赛，虽然拿不到冠军，但是强烈的使命感使他不允许自己做逃兵。

责任就是做好你被赋予的任何有意义的事情。

责任感本身就是一种能力

我们首先要明确一点：责任比能力更重要，但责任感本身也是一种能力。

现任北京外交学院副院长的任小萍女士说，在她的职业生涯中，每一步都是组织上安排的，自己并没有什么自主权。但在每一个岗位上，她都有自己的选择，那就是要比别人做得更好。

大学毕业那年，她被分到英国大使馆做接线员。在很多人眼里，接线员是一个很没出息的工作，然而任小萍在这个普通的工作岗位上却做出了不平凡的业绩。她把使馆所有人的名字、电话、工作范围甚至连他们家属的名字都背得滚瓜烂熟。当有些打电话的人不知道该找谁时，她就会多问，尽量帮他（她）准确地找到要找的人。慢慢地，使馆人员有事外出时并不告诉他们的翻译，而是给她打电话，告诉她谁会来电话，请转告些什么，等等。不久，使馆人员的很多公事、私事也开始委托她通知，使她成了全面负责的留言点、大秘书。

有一天，大使竟然跑到电话间，笑眯眯地表扬她，这可是一件破天荒的事。结果没多久，她就因工作出色而被破格调去给英国某大报记者处做翻译。

该报的首席记者是位名气很大的老太太，得过战地勋章，授过勋爵，本事大，脾气也大，甚至把前任翻译给赶跑了。刚开始时她也不接受任小萍，看不上她的资历，后来才勉强同意一试。结果一年后，老太太逢人就说："我的翻译比你的好上10倍。"不久，工作出色的任小萍又被破例调到美国驻华联络处，她干得同样出色，不久即获得外交部嘉奖。

当你在为公司工作时，无论老板安排你在哪个位置上，都不要轻视自己的工作，都要担负起工作的责任来。那些在工作中推三阻四，老是埋怨环境，寻找各种借口为自己开脱，对这也不满意，那也不满意的人，往往是职场的被动者，他们即使工作一辈子也不会有出色的业绩。因为他们不知道用奋斗来担负起自己的责任，而自身的能力只有通过尽职尽责的工作才能完美地展现。能力，永远由责任感来承载，而责任感本身就是一种能力。

萨拉想当一名护士，她对在地方医院担任夜间领班护士的邻居羡慕不已。这位护士由于工作勤奋——认真完成自己的本职工作，多次获得荣誉称号。萨拉十分渴望能够像她的邻居那样做出成绩。萨拉决定向她理想中的目标迈出第一步，即穿上条纹制服，到医院里去担任服务工作。萨拉坚信自己适合干护士工作，因为在她看来，穿上条纹制服是那么有趣。她总是跟伙伴们一起叽

叽喳喳地谈天，在公共食堂里休息，而在履行自己的职责时则显得拖拖沓沓。病人抱怨说，由于她贪看病房里的电视，病人想喝水也不得不长时间地等待。她受到院方的警告，随后就退出了服务活动。萨拉在医院的表现状况不佳，这对她日后进入护士学校是个不小的障碍。为了证明她有能力担负起自己的职责，她不得不比同学们做出更大的努力。

护士的工作需要具备极强的责任感和使命感，而这正是萨拉所没有意识到的。她把护士工作作为理想，却没有用行动去实现这个理想。萨拉的故事告诉我们，履行职责是最大的能力，责任感即能力！

一位在某公司担任人力资源总监的先生讲述了这样一件事情：

2002年10月，我们公司的营销部经理带领一支队伍去参加某国际产品展示会。在开展之前，有很多事情要做，包括展位设计和布置、产品组装、资料整理和分装等，需要加班加点地工作。可营销部经理带去的那一帮安装工人中的大多数人，却和平日在公司时一样，不肯多干一分钟，一到下班时间，就溜回宾馆，或者逛大街去了。经理要求他们干活，他们竟然说："没加班工资，凭什么干啊。"更有甚者还说："你也是打工仔，不过职位比我们高一点而已，何必那么卖命呢？"

在开展的前一天晚上，公司老板亲自来到展场，检查展场的准备情况。

到达展场时已经是凌晨一点，让老板感动的是，营销部经理和一个安装工人正挥汗如雨地趴在地板上，细心地擦着装修时粘在地板上的涂料。而让老板吃惊的是，其他人则一个也没看到。见到老板，营销部经理站起来对老总说："我失职了，我没能够让所有人都来参加工作。"老板拍拍他的肩膀，没有责怪他，而指着那个工人问："他是在你的要求下才留下来工作的吗？"

经理把情况大致说了一遍。这个工人是主动留下来工作的，在他留下来时，其他工人还一个劲地嘲笑他是傻瓜："你卖什么命啊，老板不在这里，你累死老板也不会看到啊！还不如回宾馆美美地睡上一觉！"

老板听了叙述，没有做出任何表示，只是招呼他的秘书和其他几名随行人员加入到工作中去。

但参展结束，一回到公司，老板就开除了那天晚上没有参加劳动的所有工人和工作人员，同时，将与营销部经理一同打扫卫生的那名普通工人提拔为安装分厂的厂长。

当时我是公司的人力资源总监，那一帮被开除的人很不服气，来找我理论。"我们不就是多睡了几个小时的觉吗，凭什么处罚这么重？而他不过是多干了几个小时的活，凭什么当厂长？"他们说的"他"就是那个被提拔的工人。

我对他们说："用前途去换取几个小时的懒觉，是你们的主动行为，没有人逼迫你们那么做，怪不得谁。而且，我可以由这件事情推断，你们在平时的工作里偷了很多懒。他虽然只是多干了几个小时的活，但据我们考察，他一直都是一个积极主动的人，他在平日里默默地奉献了许多，比你们多干了许多活，提拔他，是对他过去默默工作的回报！"

这是多么生动的事例啊！在这里，多一分责任感，就多一分回报，对于那个主动留下来的工人来说，虽然他只是一个普通职工，但是他表现出的强烈的责任感，却是他远胜于别人的能力的表现。

很久以前，只有教堂里才有风琴，而且必须派一个人躲在幕后"鼓风"，风琴才能发出声音。

有一次，一位音乐家在教堂举行演奏会，一曲终了，观众报以热烈的掌声，音乐家走到后台休息。负责鼓风的人兴高采烈地对音乐家说："你看，我们的表现蛮不错嘛！"音乐家不屑地说："你说我们？那是什么意思？"说完他又重回台前，准备演奏下一首曲子。但当他按下琴键，却没有发出任何声音。音乐家焦急地跑回后台，对鼓风的人说："是的，我们真的表现得不错。"

这个故事显示了责任感的重要性，只有团体中的每个人都履行职责，才能使每个人的能力得到发挥。在这里，无论是音乐家还是鼓风师，他们对工作的责任感让能力得到展现，他们的责任感本身就是一种能力。

西点强调：没有做不好的事情，只有不负责任的人。想证明自己的最好方式就是去承担责任。

不管做什么事情，都要时刻记住自己的责任，无论在什么样的工作岗位上，都要对自己的工作负责。

没有责任，就没有压力；没有压力，就没有动力。各行各业都需要全心全意、尽职尽责的人。年轻人应该记住：无论做什么工作，都能沉下心来，脚踏实地地去做。一个不愿承担责任的人是不可能得到领导的赏识的，更不可能创造出卓越的成绩。

一艘返航的空货轮在大海上行驶时突然遭遇巨大风暴。船长下达命令："打开所有货舱，往里面灌水。"水手们担心地说："往船里灌水很容易造成倾船，这不是增加危险系数吗？"船长自信地说："我有经验，这个办法绝对可行，你们就按我说的做！"水手们半信半疑地照着做了。虽然狂风巨浪非常猛烈，但随着货舱里的水越来越多，货轮渐渐地平稳下来。船长告诉水手："一只空木桶，是很容易被风吹翻的，如果装满水负重了，风是吹不倒的。船在负重的时候，是最安全的；空船才是最危险的。"

可见，那些负重的人大多都遇事坚定，是沉重的责任感使他们的人生脚步更加坚稳。而那些不愿意承担责任的人，遇事就很容易失去分寸，乱成一团。拥有强烈的责任感可以使人卓越。一个不负责任、没有责任意识的人，不但不会为自己所在的团体作出贡献，而且会给团体带来很大的损失。

一位大型超市的经理到超市视察工作时，正好碰到一位员工和一个顾客发生了争执。问及原因才知道，这位结账员对前来购物的顾客极为冷淡，还因顾客的询问发了脾气，顾客对她的服务很不满意，因此发生了争吵。

经理对这位员工说："为顾客服务，让顾客满意，并让顾客下次还到我们这里来，这就是你的责任。不管顾客的态度如何，你都应该做到热情服务。你的所作所为会让我们的顾客感到很不舒服。你这样做，不仅没有承担起自己的责任，而且使超市的信誉和利益蒙受了损失。你这种不负责任的工作态度，使我们公司对你失去了信任。你可以离开了。"

一个不把自己当成公司的主人的员工，公司也不会把他当成自己的人。如果你不愿意负责任，你就不能当领导。这是一个常识，也是一种人生态度。你愿意负责任的事越多，你的能力就越大。负责任是扩大自己能力的一个入口。一个人有多重要，通常与他所负的责任多少成正比。决定一个人成功的最重要因素不是智商、领导力、沟通技巧、组织能力、控制能力等，而是责任感——一种努力行动、使事情的结果变得更积极的心理。

一位王子半夜起来去看望生病的父亲，在父亲的房间里，他看到一个仆人正紧紧地抱着父亲的拖鞋睡觉。他不明白这个仆人在做些什么。于是，他上去试图把那双拖鞋从仆人手里拽出来，却把仆人给惊醒了。他问仆人为什么要抱着父亲的鞋子睡觉，仆人说："我怕主人有事出去，而我不知道，这样主人会着凉的。"王子被这个仆人的责任心感动了。不久他便把那个仆人任命为自己的贴身侍卫。

王子对于仆人的信任正是源于他的负责精神。任何团体都不需要逃避责任的员工，同样，社会也不能接纳不负责任的人。一个企业的老板在谈及他心目中的优秀员工时说："有责任意识的员工才是优秀的员工，处在某一职位、某一岗位的干部或员工，能自觉地意识到自己所担负的责任。有了自觉的责任意识之后，才会产生积极、圆满的工作效果。没有责任意识或不能承担责任的员工，不可能成为优秀的员工。"

责任比能力更重要

一位伟人曾说过："人生所有的履历都必须排在勇于负责的精神之后。"责任感能够让一个人具有最佳的精神状态，精力旺盛地投入工作，并将自己的潜能发挥到极致。

一位化妆品公司的老板费拉尔先生重金聘请了一位叫杰西的副总裁，他虽然非常有能力，但到公司一年多来，几乎没有创造什么价值。

当然，杰西的确是一个人才。从他的档案上显示，他毕业于哈佛大学，到费拉尔公司之前，曾经在3家企业担任高层主管。他非常擅长资本运作，曾经带领一个5人团队，用3年时间将一

个20人的小企业发展成为员工上千人、年营业额5亿多美元的中型企业，创造了令同行称道的"杰西速度"；在1998年至2000年间，他更是叱咤华尔街，掀起一阵"杰西旋风"。这样出色的人才，怎么会创造不了价值呢？

"在个人能力方面，我是绝对信任他的。"费拉尔先生说。

"你了解他具备哪些能力吗？"一位人力资源咨询师问他。

"当然了解，在请他来之前，我是非常慎重的，我请专业猎头公司对他进行了全面的能力测试，测试结果令我非常满意。"费拉尔说，他还详细列举了杰西具备的各种能力，并举出了杰西以前工作中的很多成功案例来佐证。

确实，费拉尔先生对杰西的能力是非常了解和倚重的，但是作为一名高层主管，杰西所需要的，绝不仅仅是薪水，单靠薪水，是难以建立他这种综合能力很高的人才的责任感的。后来经过深入的沟通，那位咨询师发现，杰西是一个勇于接受挑战的人，工作的难度越大，越能激起他奋斗的欲望，他随时都有一种准备冲锋陷阵的冲动。应该说，这样的人才是企业的宝贵财富。

"在进入公司之初，我满怀激情，决心干一番大事业。后来，我发现一切都不是我想象的那样，越来越觉得没意思，对公司也渐渐失去了认同，对自己的工作失去了兴趣。"杰西终于说出了心里的想法。他说："我希望有一个能够放开手脚大干一场的工作环境，而不喜欢太多的束缚。"

原来，杰西的上司费拉尔先生有两个致命的弱点：一是对所用之人难以放心，害怕能人挖公司的墙脚；二是喜欢亲力亲为，经常越级指挥。在很多事情上，使杰西感觉自己形同虚设。

杰西最需要的，应该是需求层次中的"自我实现的需求"，如果能够以业绩来证明自己，就是他人生最大的快乐。找到问题之后，咨询师把费拉尔和杰西请到一起，共同分析公司授权和指挥系统方面的问题，明确了作为董事长兼总裁的费拉尔的职权范围和作为副总裁的杰西的职权范围，共同制定了公司的授权制度，以及组织指挥原则。通过他们的共同努力，情形发生了很大的变化。杰西几乎是变了一个人，他做出了很多成绩，而且，费拉尔先生和他已经成了不可分离的亲密战友。

这个故事很有启发意义。杰西的转变，使他自身出众的才能得以充分发挥。而促使他转变的关键因素，则是重新唤起了他对公司的责任感。实际上，杰西本人是极富责任感的——他的能力也是一流的，但他在费拉尔先生的公司里起初的无所作为和之后的成功表现证明了责任感胜于能力。然而，让我们感到万分遗憾的是，在现实生活以及工作中，责任感经常被忽视，人们总是片面地强调能力。

的确，战场上直接打击敌人的，是能力；商场上直接为公司创造效益的，也是能力。而责任感，似乎没有起到直接打击敌人和创造效益的作用。可能正是因为这一点，导致人们重能力而轻责任意识。

人力资源考官在招聘新职员时，关注的总是"你有什么能力"、"你能胜任什么工作"、"你有什么特长"之类关于能力方面的问题，而很少关注"你能融入到我们公司的文化中吗"、"你认同我们公司的理念吗"、"你如何理解对公司的热爱"等关于责任感的问题。主管们在分派任务时，也在无意识中犯着类似的错误。他们过分强调员工"能够做什么"，而忽视了员工"愿意做什么"。

一个员工能力再强，如果他不愿意付出，他就不能为企业创造价值，而一个愿意为企业全身心付出的员工，即使能力稍逊一筹，也能够创造出最大的价值来。这就是我们常说的"用B级人才办A级事情"，"用A级人才却办不成B级事情"。一个人是不是人才固然很关键，但最关键的还在于这个人才是不是一个企业真正意义上负责任的员工。

当然，责任感胜于能力，并不是对能力的否定。一个只有责任感而无能力的人，是无用之人。而责任感则需要用业绩来证明，业绩是靠能力去创造的。对一个企业来说，员工的能力和责任感都是动态的。

卡尔先生是美国一家航运公司的总裁，他提拔了一位非常有潜质的人到一个生产落后的船厂

担任厂长。可是半年过后，这个船厂的生产状况依然不能够达到生产指标。

"怎么回事？"卡尔先生在听了厂长的汇报之后问道，"像你这样能干的人才，为什么不能够拿出一个可行的办法，激励他们完成规定的生产指标呢？"

"我也不知道。"厂长回答说，"我也曾用加大奖金力度的方法引诱，也曾经用强迫压制的手段威逼，甚至以开除或责骂的方式来恐吓他们，无论我采取什么方式，都改变不了工人们懒惰的现状。他们就是不愿意干活，实在不行就招聘新人吧，让他们走人！"

这时恰逢太阳西沉，夜班工人已经陆陆续续向厂里走来。"给我一支粉笔！"卡尔先生说，然后他转向离自己最近的一个白班工人，"你们今天完成了几个生产单位？"

"6个。"

卡尔先生在地板上写了一个大大的、醒目的"6"字以后，一言未发就走开了。当夜班工人进到车间时，他们一看到这个"6"字，就问是什么意思。

"卡尔先生今天来这里视察，"白班工人说，"他问我们完成了几个单位的工作量，我们告诉他6个，他就在地板上写了这个6字。"

次日早晨卡尔先生又走进了这个车间，夜班工人已经将"6"字擦掉，换上了一个大大的"7"字。下一个早晨白班工人来上班的时候，他们看到一个大大的"7"字写在地板上。

夜班工人以为他们比白班工人好，是不是？好，他们要给夜班工人点颜色瞧瞧！他们全力以赴地加紧工作，下班前，留下了一个神气活现的"10"字。生产状况就这样逐渐好起来了。不久，这个一度生产落后的厂子比公司别的工厂产出还要多。

卡尔先生就这样巧妙地达到了提升生产效率的效果，是因为他用一个数字激起了员工对企业的责任意识。而这种责任感使得员工充分发挥出他们的能力，创造出骄人的业绩。

责任感胜于能力，我们要重视它，还因为另一个原因：能力永远由责任感承载。

如果你的领导让你去执行某一个命令或者指示，而你却发现这样做可能会大大影响公司的利益，那么你一定要理直气壮地提出来，不必去想你的意见可能会让你的上司大为恼火或者就此冲撞了你的上司。大胆地说出你的想法，让你的领导明白，作为员工，你不是在刻板地执行他的命令，你一直都在斟酌考虑，考虑怎样做才能更好地维护公司的利益和领导的利益。同样，如果你有能力为公司创造更多的效益或避免不必要的损失，你也一定要付诸行动。因为，没有哪一个领导会因为员工的责任感而批评或者责难他。相反，你的领导会因为你的这种责任感而对你青睐有加。因为职业的责任感会让你的能力得到充分的发挥，这种人将被委以重任,而且大概也永远不会失业。

一个主管过磅称重的小职员，也许会因为怀疑计量工具的准确性，而使计量工具得到修正，从而为公司挽回巨大的损失，尽管计量工具的准确性属于总机械师的职责范围。正是因为这种责任感，才会让你得到别人的刮目相看，或许这正是你脱颖而出的一个好机会。相反，如果你没有这种责任意识，也就不会有这样的机会了。成功，在某种程度上说，就是来自责任感。

一位人力资源部主管正在对应聘者进行面试。除了专业知识方面的问题之外，还有一道在很多应聘者看来似乎是小孩子都能回答的问题。不过正是这个问题将很多人拒之于公司的大门之外。题目是这样的：

在你面前有两种选择：第一种选择是，担两担水上山给山上的树浇水，你有这个能力完成，但会很费劲；第二种选择是，担一担水上山，你会轻松自如，而且你还会有时间回家睡一觉。你会选择哪一种？

很多人选择了第二种。

当人力资源部主管问道："担一担水上山，没有想到这会让你的树苗很缺水吗？"遗憾的是，很多人都没想到这个问题。一个小伙子却选了第一种做法，当人力资源部主管问他为什么时，他说："担两担水虽然很辛苦，但这是我能做到的，既然能做到的事为什么不去做呢？何况，让树苗多喝一些水，它们就会长得很好。为什么不这么做呢？"最后，这个小伙子被留了下来。而其他的人，没有通过这次面试。

人力资源部主管是这么解释的："一个人有能力或者通过一些努力就有能力承担两份责任，但他却不愿意这么做，而只选择承担一份责任，因为这样可以不必努力，而且很轻松。这样的人，我们可以认为他是一个责任感较差的人。"当你能够尽自己的努力承担两份责任时，你所得到的收获可能就是绿树成林；相反，你看起来也在做事，可是由于没有尽心尽力，你所获得的可能就是满眼荒芜。这就是责任感不同的差距。

这个题目很简单，但其中蕴含着丰富的内容，往往越是简单的问题越能看到一个人的本质。如果你有能力承担更多的责任，就别为只承担一份责任而庆幸，因为你只知道这样会很轻松，却没有想到会因此失去更多的东西。

所以，学着认识责任感的价值，认识它对能力的重要意义，有了强烈的责任感，个人能力才能得到最大化体现。从这个角度讲，责任感确实重于能力，而我们也理应给予重视。

坚守责任的力量

这是一个有关大象的故事，尽管它们只是动物，但却和人类一样，也懂得责任。

在非洲大草原上，生活着一群大象。这些大象相依为命，别看它们身形巨大，但是它们的生存能力并不像它们的身形一样强大。有一年夏天，雨很少，而大象需要的水却特别多。它们生活的地方已经没有多少水了，它们必须找到新的水源。这一群大象开始了流浪，因为它们也不知道哪个地方水更多。在他们寻找水源的时候，一头母象产下了一只小象。整个大象群都很开心，它们不时地用鼻子发出喜悦的声音。但是，母象却很担心，因为它担心小象支撑不到找到水的那一天。非洲的夏天热得不得了，大象们无精打采地走啊走，它们已经没有多少力气了。

很多大象已经慢慢地倒下了，还有一些大象趁着自己还没倒下，就悄悄地离开了，因为它们不忍心让别的大象看到自己死去的样子，就独自离群了。这些大象找到水，就让小象喝，因为小象比它们更虚弱。但是，每一次的水都太少了，小象没喝几口，水就没了，所以很多大象一直都没有水喝。

大象群里的大象越来越少了，但是剩下的大象并没有放弃，一旦找到充足的水源，它们就得救了，为了小象，为了彼此的伙伴。

坚守责任能够使动物的世界生生不息，对人类来说，承担责任，则是守住生命最高的价值。

将责任感根植于内心，让它成为我们脑海中一种强烈的意识，在日常行为和工作中，这种责任意识会让我们表现得更加卓越。我们经常可以见到这样的人，他们在谈到自己的公司时，使用的代名词通常都是"他们"而不是"我们"，"他们业务部怎么怎么样"，"他们财务部怎么怎么样"，这是一种缺乏责任感的典型表现，这样的员工至少没有一种"我们就是整个机构"的认同感。

一位著名的企业家说："当我们的公司遭遇到了前所未有的危机时，我突然不知道什么叫害怕了，我知道必须依靠我的智慧和勇气去战胜它，因为在我的身后还有那么多人，可能就因为我，他们从此倒下。我不能让他们倒下，这是我的责任，所以我在最艰难的时候，才变得异常的勇敢。当我们走出困境的时候，我对自己的勇敢难以置信，我会这么勇敢吗？是的，那一次遭遇让我真正明白了，唯有责任，才会让你超越自身的懦弱，真正勇敢起来。"

这是一个民间登山队，他们要对世界第一峰——珠穆朗玛峰发起进攻。虽然人类攀登珠峰已经不止一次了，但这是他们第一次攀登世界最高峰。队员们既激动又信心十足，他们有决心征服珠穆朗玛峰。

经过考察后，他们选择自己状态很好，天气也很好的一天出发了。攀登一直很顺利，队员们彼此互相照应，没有出现什么问题，高原缺氧的情况也基本能够适应，在预定时间，他们到达了1号营地。大家都很高兴，因为有了一个良好的开始，就等于成功了一半。

法则三：责任

第二天，天气突然发生了变化，风很大，还下着雪。登山队长征求大家的意见，要不要回去，因为要确保大家的生命安全。生命只有一次，登山却还有机会。但是大家都建议继续攀登，登山本来就是对生命极限的一种挑战。

于是，登山队继续向上攀登。尽管环境很恶劣，但是队员征服自然、征服珠穆朗玛峰的信心却十足，大家小心翼翼地向上攀登。"队长，你看！"一个队员大喊，大家循声望去，在离他们很远的地方发生了雪崩。虽然很远，但雪崩的巨大冲击力波及了登山队，一名队员突然滑向另一边的山崖，还好，在快落下山崖的那一刻，他的冰锥紧紧地插进了雪层里，他没有滑落下去，但他随时有可能被雪崩的冲击力推下去。

形势严峻，如果其他队员来营救山崖边的队员，有可能雪崩的冲击力会将别的队员冲下山崖；如果不救，这名队员将在生死边缘徘徊。队长说："还是我来吧，我有经验，你们帮我。大家把冰锥都死死地插进雪层里，然后用绳子绑住我。""这很危险，队长。"队员们说。

"已经没有犹豫的时间了，快！"队长下了死命令。大家迅速动起手来，队长系着绳子滑向悬崖边，他死命地拉住了抱住冰锥的队员，其他队员使劲把他俩往上拉。就在下一轮雪崩冲击到来之前，队长救出了这名队员。全队沸腾了，经过了生死的考验，大家变得更坚强了。最终，登山队征服了珠峰。站在山峰上，他们把队旗插在山峰的那一刻，也把他们的荣誉和责任留在了世界上最纯净的地方。后来，队长说："当时我也非常恐惧，随时可能尸骨无还，但我知道，我有责任去救他，我必须这么做。责任的力量太大了，它战胜了死亡和恐惧。真的。"

责任感不仅让人勇敢，还能让人战胜死亡和恐惧。面对责任，我们无从逃避，只有勇敢地迎上前去，能够这样挑战生命及困难的人，他应该成为一个坚强的人。

但是，坚守责任并不容易，需要付出很多代价，最关键的是，只有认清责任，才能更好地承担它，坚守责任的力量。

有一个故事这样讲，上帝创造了世界之后，也创造了动物，于是召开动物大会，来给动物安排寿命。上帝说："人的寿命是20年，牛的寿命是30年，鸡的寿命是25年。"

人说："上帝呀，我非常尊敬您，但是我的寿命也太短了，人生的很多乐趣享受不了。"上帝还没有说话，牛就说了："上帝呀，我每天都要干活，您给我30年的寿命，我就要做30年的活儿，太辛苦了，能不能少点。"鸡也说："我每天报晓也很辛苦，能不能少点寿命。"上帝说："好吧，牛和鸡，把你们20年的寿命给人吧。"从此以后，人就有了60年的寿命。在前20年"像人一样"快乐地活着，下一个20年是为家庭活着，像牛一样辛劳，最后20年是报晓的鸡，起来得最早，叫全家人起床。

我们每一个人都有责任。有些责任是与生俱来的，有些责任是因为工作、朋友而产生的，这些责任是每个人都无法推脱的。

在这个世界上，没有不须承担责任的工作，相反，你的职位越高、权力越大，你肩负的责任就越重。不要害怕承担责任，要立下决心，你一定可以承担任何正常职业生涯中的责任，你一定可以比前人完成得更出色。

只有认清自己的责任，才能知道该如何承担自己的责任，正所谓"责任明确，利益直接"。也只有认清自己的责任时，才能知道自己究竟能不能承担责任。因为，并不是所有的责任自己都能承担的，也不会有那么多的责任要你来承担，生活只是把你能够承担的那一部分给你。

学会认清责任，是为了更好地承担责任，坚守责任。要想做到这点，首先要知道自己能够做什么，然后才知道自己该如何去做，最后再去想我怎样做才能够做得更好。

在一家公司里，每个人都有自己的责任。但要区分责任和责任感是不一样的概念，责任是对任务的一种负责和承担，而责任感则是指一个人对待任务的态度，一个人不可能去为整个公司的生存承担责任，但你不能说他缺乏责任感。所以，认清每一个人的责任是很有必要的。

只有读懂了它，我们才能按照它的规则去做事，去全力完成我们该完成的事情，这就是责任，也是责任所带给我们的莫大力量。因为有责任，我们不再恐慌和彷徨，做事有目标性和方向感。这就是责任给我们的益处，因此，要时刻让自己具有责任感。

有一次，一个小伙子向一位作家自荐，想做他的抄写员。小伙子看起来对抄写工作是完全胜任的。条件谈妥之后，作家就让那个小伙子坐下来开始工作，但是小伙子却朝外边看了看教堂上的钟，然后心急火燎地对他说："我现在不能待在这里，我要去吃饭。"于是作家说："噢，你必须去吃饭，你必须去！你就一直为了今天你等着去吃的那顿饭祈祷吧，我们两个永远都不可能在一起工作了。"小伙子曾因自己得不到雇佣而感到特别沮丧，但是当他有了一点点起色的时候却只想着提前去吃饭，而把自己说过的话和应承担的责任忘得一干二净。

西点学员章程规定：每个学员无论在什么时候，无论在什么地方，无论穿军装与否，也无论是在担任警卫、值勤等公务，还是在进行自己的私人活动，都有责任履行自己的职责和义务。这种履行必须是发自内心的责任感，而不是为了获得奖赏或别的什么。

这样的要求是非常高的。但西点认为，没有责任感的军官不是合格的军官，没有责任感的员工不是优秀的员工，没有责任感的公民不是好公民。在任何时候，责任感对自己、对国家、对社会都不可或缺。正是这样严格的要求，让每一个从西点毕业的学员获益匪浅。

西点认为，一个人要成为一个好军人，就必须遵守纪律，有自尊心，对于他的部队和国家感到自豪，对于他的同志们和上级有高度的责任义务感，对于自己表现出的能力有自信。这样的要求，对每一个企业的员工同样适用。

一个商人需要招聘一个小伙计，他在商店的窗户上贴了一张独特的广告——"招聘：一个能自我克制的男士。每星期40美元，合适者可以拿60美元。"

每个求职者都要经过一个特别的考试。卡特也来应聘，他忐忑地等待着，终于，该他出场了。

"能阅读吗？"

"能，先生。"

"你能读一读这一段吗？"商店老板把一张报纸放在卡特面前。

"可以，先生。"

"你能一刻不停顿地朗读吗？"

"可以，先生。"

"很好，跟我来。"商人把卡特带到他的私人办公室，然后把门关上。他把这张报纸送到卡特手上，上面印着卡特要读的一段文字。

阅读刚一开始，商人就放出6只可爱的小狗，小狗跑到卡特的脚边，相互嬉戏吵闹。许多应聘者都因受不住诱惑要看看美丽的小狗，视线离开了阅读材料，因此而被淘汰。但是，卡特始终没有忘记自己的角色，他知道自己当下是求职者，他不受诱惑一口气读完了材料。

商人很高兴，他问卡特："你在读报的时候没有注意到你脚边的小狗吗？"

卡特答道："是的，我注意到了，先生。"

"我想你应该知道它们的存在，对吗？"

"对，先生。"

"那么，为什么你不看一看它们？"

"因为你告诉过我要不停顿地读完这一段。"

"你总是遵守你的诺言吗？"

"的确是，我总是努力地去做，先生。"

商人在办公室里来回走着，突然高兴地说道："你就是我想要找的人。"

卡特是商人想要雇用的人，因为他一旦知道了自己的工作职责，就会带着强烈的责任感去完成它。

生活中我们常常听见别人说："过一天算一天吧，不至于丢掉饭碗就行了！"这种人实际上已经失去了强烈的责任感，承认了自己人生的失败。

有这样一个故事：在一列火车上，有一位妇女将要临盆。列车员广播通知，紧急寻找一位妇产科医生。这个时候，有一位妇女站出来了，说她是妇产科的，列车长赶忙把她带入一间用床单隔开的病房。

毛巾、热水、剪刀、钳子什么都到位了，只等最关键的时刻到来。那位自称妇产科医生的女子此刻非常着急，将列车长拉到产房外，说明产妇的情况紧急，并告诉列车长自己其实是妇产科的一名护士，并且由于一次医疗事故而被医院开除了。今天这个产妇情况不好，人命关天，她自知能力不够，建议立即送往医院抢救。此时，产妇由于难产而非常痛苦地尖叫着，而列车行驶在京广线上，距最近的一站还要行驶一个多小时。列车长郑重地对她说："你虽然只是一名护士，但在这趟列车上，你就是医生，我们相信你！"

列车长的话感染了这名护士，她准备了一下，走进产房时又问："如果在不得已时，是保小孩还是保大人？"

"我们相信你！"列车长又郑重地重复了一遍。这位妇女明白了，她坚定地走进产房。列车长轻轻地安慰产妇，说现在正由一名专家给她助产，请产妇安静下来好好配合。

出乎意料的是，那位妇女几乎单独完成了这个手术，婴儿的啼哭声宣告母子的平安，而强烈的责任心让这位妇女完成了她有生以来最为成功的手术。

强烈的责任感能唤醒一个人的良知，也能激发一个人的潜能。但在生活和工作中，随处可以见到这样一些人，他们失去了自己的责任感，只有等别人强迫他们工作时，他们才会工作，他们从来没有真正考虑过自己身体内到底有多少潜能。

一个有责任感的员工，当他面临挑战和困难时，他会迸发出比以往强大若干倍的能力和勇气，因为他知道，很可能因为他的懦弱让企业承受巨大的损失，只有勇敢地面对，才有可能真正担当起责任，不让企业遭受损失。这就是责任带给我们的力量，也是我们坚守它的原因。

责任感是卓越的原动力

一位人力资源部经理，在给职员培训时讲了他的一次亲身经历。他对职员说，他一辈子都不能忘记这次经历，他要组织公司的人也接受这样的一次训练。他想让每个人都知道，责任是什么。

这是一次野外拓展训练：

一群陌生的人组成一个团队。我们需要完成4项任务，每一项任务都需要集体来完成。如果有一个人没有完成，那么输掉的将是整个团队。每一项任务极为艰难。不过还好，我们这支叫做"狂飙"的队伍已经完成了艰难的3项，只剩下最后一项任务了。任务名曰："一线生机。"要求队员必须爬到10米高的一个立柱上，然后站到立柱顶端的一个圆盘上，接着向斜前方纵身一跃，凌空抓住距离自己有1.2米远的一根横木，算完成任务。据这里的管理人员说，有很多人站到圆盘上不敢站起来，甚至都吓哭了，更别说完成任务。

没有一个队员有足够的把握完成任务，很多人甚至连勇气都不足。但是必须完成，否则所有的努力都将前功尽弃。

总会有一个人敢吃螃蟹，在其他队员近乎喊破嗓子的呐喊加油声中，这个敢吃螃蟹的人成功了。大家相互鼓励，一个接一个都完成了任务。

轮到最后一位了，她是个娇小的女生。

当她刚刚爬上立柱的时候，我们就看到她的腿在发抖，而且越抖越厉害。我知道，其实很多人都知道，我们输了。但大家还是给了她最坚决、最热烈、最振奋人心的支持和鼓励还有指导，因为那个时候输赢已经不重要了，大家就是觉得不能让她一个人落下。这是我们的责任，她是我们的队员，我们有责任带她一起走。

当我们的心已经提到嗓子眼儿的时候，她已经蹲在圆盘上了。看得出，仅是站起来对她来讲都是极为艰难的事情。大家还在拼命加油，虽然大家都知道，对于站在10米高的地方的她而言，我们的声音已经很微小了，甚至根本听不清我们在说什么，但我们能做的只有这些了，而且我们必须把我们能做的做好，这是责任。

她真的站了起来。我们知道，一个人站在上面真的很困难，无依无靠，甚至有些孤独，尽管

仅仅是一刹那间，所有人都屏住了呼吸。好像是在等了好久之后，她纵身一跃。我们都闭上了眼睛。我觉得那一刻，我比她更紧张。

她成功了！之后是雷鸣般的掌声，我还记得当时我的手都拍疼了。不光是因为胜利，最重要的是完成了任务。我们的任务，还有她的任务。我们没有丢下她，她也没让我们失望。

后来，这个女生对我们说她有轻度的恐高症，"但是，我不能放弃，我的放弃会使整个集体输掉"。她的话像锤子一样重重地砸在了我们的心里，我们知道，那是责任的力量。

我们赢得了最后的胜利，而且只有我们一支队伍完成了任务，也是迄今为止第一支完成任务的队伍。我们被授予了勇士勋章。勋章上写着：责任即荣誉。

责任感是一种精神，也是卓越的原动力。责任感能让人战胜胆怯，一个人的责任感可以让别人也懂得什么是责任。一个人承担起责任，并时时保持一种高度的责任感，会让其他的人受到感染，树立起自己的责任感。

虽然承担责任不是做给别人看的，但是一旦你做到了这一点，就会影响到其他人。别人可能没有你做得好，但你只要做了，就能看出他已经意识到自己的责任了。

这就是责任的力量。

丽莎和凯琳是一对姐妹。在一个风雪交加的下午，丽莎从家里的邮筒中取出了一封信。可是这信不是她家的。信上赫然写道："K市大河沿路60号"，而丽莎的家是在"K市小河沿路60号"。

"姐姐，这可怎么办？"丽莎问。

"等邮递员下次来时再取走吧。"凯琳说。

"可姐姐，邮递员3天才来一次呢？要是有什么急事，那不就耽误了吗？"

"那你说怎么办，爸爸妈妈又不在家。"

姐妹俩一时也不知该怎么办？送去，外面风雪交加，两个孩子有些胆怯，因为丽莎9岁，凯琳也只有11岁。不送，要是人家有急事耽误了可怎么办呢？

"我觉得我们还是应该送去，虽说和他们是陌生人，但我们收到了别人的信，理应给别人送去，这也是我们应该做的，你说呢？"凯琳说。

"姐姐，我也是这么想的。我们一起去吧。"

就这样，两个小女孩穿好衣服，带着这封信就走进了风雪中。她们俩也不知道大河沿路到底有多远，她们俩一路走一路打听。

"嘿，我说小孩，这么大的雪还出来干吗？大河沿路，远着呢，怎么不让你们的父母带你们去？一直走，到第5个路口向右拐，然后再打听。"一个陌生人这样对姐妹俩说。

丽莎和凯琳深一脚浅一脚地扶着往前走，雪太大了，她们看不清前方。

"丽莎，我们一定会把信送到的，对吗？"凯琳问。

"我也是这么想的，姐姐，一定会的。"丽莎坚定地说。

她们走了很长时间，终于来到了大河沿路60号。姐妹俩高兴极了。门开了，出来了一位年轻的女人。"你好，孩子，你们有事吗？"年轻的女人问。

"这是大河沿路60号吗？"

"对呀，有事吗？"

"是这样的，我们家住在小河沿路60号，邮递员把你家的信送到了我家，我们给您送来了，怕您着急。"凯琳说。

年轻的女人向外看了看："就你们俩，没有大人吗？"姐妹俩点点头。

年轻的女人感激地看着这两个孩子，不停地说谢谢。

这件事情过了一个月之后，有一天，一个陌生的男子来到了丽莎的家。爸爸妈妈并不认识这个来访的人。这个陌生人说："我是住在大河沿路60号的，一个月前，我的信被误送到你家，是你的两个孩子冒着大雪给我送回家的，多亏了这两个孩子，当时我的父亲病重急需一笔钱，那封信是让家里给送钱的，晚了我的父亲就活不了了，太谢谢孩子们了。"

爸爸妈妈笑了，他们并不知道自己的孩子做了一件这么伟大的事情。

"还有一封你家的信。"这个男人掏出了一封丽莎家的信。"如果没有这两个孩子的这种责任感，我想我是不会给您送过来的，而是要等到邮递员来取走，你的孩子让我懂得了什么是责任。"

在我们的生活中，有些事情我们可以不去做，但责任要求我们去做，甚至要求我们完成一些我们能力很难完成的事情。如果你做到了，得到的不仅仅是心理上的坦荡和安然，你的精神和责任感会感染别人，然后别人会因为你的感染也更有责任感。责任感作为卓越的原动力，具有传递的效果。我们的公司同样需要这种责任感的传递。

在一个公司中，并不是所有的员工都能对自己的工作有强烈的责任感，但是如果他周围的同事，整个公司环境都是一种充满责任感的氛围，那么这样的职员也会被别人的精神所感染，进而能够承担起自己的责任。他会发现，承担责任并不是件困难和痛苦的事情，相反，担当起责任会给他一种骄傲的感觉，因为他在这个公司中同样是重要的、不可或缺的。与其逃避责任，不如勇敢地承担起来，说不定你的勇敢会成为你成功的契机。

这就是一种责任感的传递，这就是成功的原动力，明白这点后努力去做才是最重要的。

责任就是要用结果说话

在西点军校，无论从哪方面讲，对学员的评价和座位的排定都是以对他们的定量考核为基础的，而不是看他们在社交场合是否活跃。他们的体能训练成绩（俯卧撑、仰卧起坐和两公里跑）要计入学业等级。他们的平均学业积分要作为他们在同班同学中排名的依据——这个排名位置决定着每个人可供选择的军官职位的多少，以及每名学员在第一次分配工作时可以在多少职位间进行挑选。可以说，从"报到日"到"毕业日"，对学员的评估和界定都是以实际表现而不是以语言或社交能力为基础的。这种教育模式力图告诉学员们：在这里，结果才是最重要的！

这种"只重结果"的思想会带入新军官第一次分配的工作中，往往还要相伴终生。作为军人，他们深知，完美复命比什么都重要。许多深孚众望的领导者往往通过持续不断的完美表现，而不是通过大声发表空洞的政治宣言来表现自己。

美西战争时，哈里中尉被派驻南部高地担任陆军连长，负责带领150名美军士兵参加战斗。后来，他曾这样描述发生在那次战争中的一个故事：

上级命令我们在最短的时间内在一个偏远的地方修建一个临时跑道。长官希尔中校和我们一样，承受着巨大的压力。有一天，他前来视察进度，看到用有孔钢板搭建的地基，他认为我们做得不对，便怒声问道："是谁下令这样建的？"我马上回答："报告长官，是我。"

由于在西点所受的训练，让我养成了勇于复命和承担责任的习惯。如今，发生这种情况，我还是按以前的习惯回答，当然，我也希望可以有另外的回答，以避免这样直率地暴露我的失误。中校听后非常生气，不过他并未再说什么。大家都认真地讨论，以求找出一种合适的弥补方法。其实，当时我可以不必去复命，我有很多借口可找，完全可以把责任推到别人头上，从而开脱我自己，但最终我没有那样做，我选择了相对于我们这个团队来说是最好的决定，尽管这样我的自尊会受到一定的伤害。

一个月以后，在我的团队中又发生了另外一件事情。那天，我接到上级的命令，让我们放下手头的工作，把所有人员和设备转移到距此地50公里外的一个非常偏僻的地方，去修建一座被损坏的大桥，以便能迅速恢复高地的粮食和其他供应。而就在要转移的时候，负责驾驶用来搬运挖土机的挂车的普列向我报告："长官，我的车子刹车坏了。"我们俩对视了一会儿，心里都明白，季风季节刚刚过去，而在这个季节中，受雨水和泥土浸泡的机车已受到极大的损坏，并且在这样艰苦的情况下，根本没有配件可换。但任何车辆没有刹车都是绝对致命的，更何况这辆挂车还得负重一辆40多吨重的挖土机，跋涉泥泞不堪的山路，没有刹车就等于自杀。最后，我对普列说："如果不把那个挖土机拉过去，在那边我们就根本没法工作，只有靠它才能把损坏的桥梁挪开。

我们是否还有别的办法呢？"

后来，他无奈地说："长官，我可以试一下用引擎减速，但如果那样的话，到那边后，这辆车就彻底损坏了。"我考虑了一会儿，问道："普列，那样的话，你能确保成功吗？"我很明白，这样就是要他用生命做代价去换取这次任务的成功，我也等着他可能拒绝的回答，到时，我就只能再去想别的解决办法——但其实已没有别的办法可想了。出乎我意料的是，普列说："长官，我试试看吧！"

队伍出发后，我和普列都提心吊胆，在一种极其紧张的心态下走完50公里的路程，未敢松一口气。到达目的地后，那辆车的确报废了，但普列总算活过来了，挖土机也完好如初。当普列走下挂车的那一刻，我看见他摇摇晃晃，似乎快要崩溃了。的确，在这以前，我从未要求过我的部属冒这么大的风险，以后也再没有过，我以普列为荣，真的！

让普列去冒这样的生命危险，当时我的内心其实还是经过一番斗争的。同在战场上出生入死，这种感情如同手足，我碰到的是一件棘手的事情——我为什么要求我的兄弟去冒这样大的危险？为什么？

但我现在也一直认为，我那次的决定是对的，如果事情会重现一次，我还会那样去做，当然这种想法并不是因为普列的平安无事，而是一种团队责任、一种集体精神、一种执行力、一种复命精神。从感情上讲，我还是很高兴，他并未因此而丧生，否则我会终生内疚。如果他牺牲了，我也不会怀疑我的决定，但我会感到自责。既然决定是对的，那我就会果断地决定去做，不管结果如何。对我来讲，这件事情是对我一生的考验。而普列选择的是服从和执行，他表现得更加伟大，并且他最后还是成功了。

在情况紧急时发布绝对服从的命令，没有任何借口可言，这是在西点军校一点一滴地培养出来的。我们要对所有的事情不断反省、质疑、分析，然后作出合适的决定。

我不知道普列当时是怎样考虑的，并决定执行的。其实，在此之前的普列并没有什么特别的地方，并且在连队中是出了名的不修边幅。但那件事情之后，他成了我眼中的英雄。事情的结果证明他是一个没有任何借口的人、勇于负责的人，他提升了他人生的价值，使千千万万的人从中获益。

在普列就要退伍离队时，他找到我说："长官，我最近就要退伍回家了，如果我能从四级升到五级，我回到家乡一定会很荣耀。"可能是他原来的不修边幅和学历不高，他的军士长一直没有提升他。现在他希望我能提升他一级。我牢记着他那一次的服从和奉献，牢记着我们同甘共苦的经历，我叫他先回去，然后我叫来他的军士长，我说："莱克，我想晋升普列一级。"他立刻说了一大堆不同意的理由。听完后，我冷静地说："莱克，让普列升一级。"

普列回家时，已经升为五级专员了，后来我再也没有听到有关他的消息，但我认为，他是一个品德高尚的人。

哈里中尉讲的故事给我们提供了一个完美复命的范本。有复命意识的人，也必定是负责、高效能、执行力强、忠于使命、热忱、自动自发、没有任何借口、敢于挑战困难、尽一切办法完成任务的人。在复命精神的内在力量驱使下，我们常常更容易油然而生一种崇高的职业道德与精神。

勇于承担与执行，是一种基本的职业操守，是一种忠于使命的精神，是一种源自内心的价值观，是一种不折不扣的执行力，是一种积极主动的意识，是一种拒绝借口的态度，是一种重视结果的责任，是一种蔑视困难和问题的心智，是一种高效完成任务的策略，是一种无往不胜的竞争力，是一种走向成功的模式。

在工作中，我们随时会接到来自上司的命令。这种明确任务最常见的指挥形式所带来的指向性，让我们在工作中直接面对要达到的目标，全力以赴地去执行。命令下达后，我们成了任务的"终端"承担者，任务执行与否，执行好坏，有否延误，有否变数，与我们的每一步行动息息相关。一名优秀的职员会像一名优秀的战士一样，不管任务有多艰巨，他的回答永远是："保证完成任务！"这就是一种责任感的体现。

一汽集团的"一汽卓越员工"宋国华就是一个勇于接受挑战、保证完成任务的好榜样。2000年，为实现"三化"的新目标，已走过50多年历史的一汽集团决定正式启动"一汽大财务管理信息系统"项目，以代替原有的、标准不统一的各种财务管理软件。

负责这个重点科技项目的就是宋国华。接下重担的他带领项目组的成员经过3年的拼搏和奋斗，终于在2002年12月28日研发出了"一汽大财务管理信息系统"。经过一年的推广，一汽集团下属6个单位的试点工作取得了明显的效果。2004年，集团公司决定在集团全资子公司和职能处室范围内73家单位全面推广实施小闭环，并且集团公司领导对宋国华郑重要求："只许成功，不许失败。"

众多的困难，令许多人都摇头、叹息，说这事想都不敢想，更别提完成了，这根本就不可能。他们纷纷劝宋国华不要接这个任务或者对领导说明困难，延长时间，但宋国华却依然坚持自己的选择：勇敢面对，迎难而上，保证完成任务！

经过几天几夜的分析和整理，宋国华的头脑在一片困顿中有了清晰的工作思路：他决定在公司内部和社会公开招聘，按照实施要求对招聘人员进行超常规魔鬼式培训。有了思路后，宋国华立即着手实施，招到了120名优秀员工。

解决了人员和技术问题，宋国华开始带领项目组140多名员工全面实施推广任务。在推广实施中，各种问题接踵而来。由于之前各单位管理基础薄弱，因此，账实不符、往来账不清、编码混乱等现象比较严重，为了保证账实相符，项目组人员进行了长达两个月的反复核对与盘点。有的单位原材料像山一样横七竖八地堆在仓库里，在整理库容时，用两辆吊车吊了半个月才清理出头绪。

在小闭环财务管理信息系统推广实施的日子里，项目组成员面对各有难处的基层单位，每天都要工作12小时以上，"群雁高飞头雁领"，作为项目经理，宋国华更是身先士卒，"飞"在前头。

每天深夜，只要有项目组人员加班的地方，都会看到宋国华那不知疲倦的身影。在长期的超负荷工作中，身体本来就不是很好的他病痛更加严重了，但他从来不告诉周围的同志，每天都笑容满面地面对大家，而他办公桌上的药瓶却日益增多。

有一次，由于脚趾疾患发作，宋国华不得不入院做手术。为了不惊动项目组的伙伴，每天清晨，他都穿着拖鞋先来到办公室打个照面儿，安排好工作后再去医院打点滴。每当大家有事需要与他协商时，他顾不得继续治疗，就在电话里说："我就在附近呢，马上就到。"随即便赶到办公室。

就这样，在宋国华的带领下，"大财务管理信息系统"项目组实施人员通过努力，靠着信念、意志、智慧和勤勉，硬是在人们认为"不可能"的情况下，不但圆满完成任务，而且超额完成，一年内在全集团范围内推广实施83家单位，在业界创造了一个奇迹。项目组因此被授予"第一汽车卓越团队"荣誉称号，而宋国华本人也被评为"一汽卓越员工"。

优秀的人懂得，只有完成任务才能说明一切，唯有优秀业绩方能证明自己。一个人不管有多高的才华、多诚的心意和多大的决心，如果没有优秀的业绩做基础，一切都将归于零。

在工作中，业绩才是检验职员的重要标准。对公司来说，拥有业绩突出的优秀职员，公司的发展才能蒸蒸日上。同样，拥有那些逃避责任不敢执行的末流员工而又不及时剔除的话，他们就会像一个烂苹果一样，迅速将箱子里的其他苹果腐烂掉，而公司也就会被慢慢腐蚀掉。所以，公司的管理者对"烂苹果"——末流员工必须毫不犹豫地剔除！

美国作家艾尔伯特·哈伯德是《把信送给加西亚》一书的作者。在一次公开演讲中，他讲述了到某个小镇参观的经历：

"我们参观了那里的法庭、第一国家银行、砖场、医院和监狱。之后，他们带我参观了当地的水电站。那是一个壮观的钢混结构工程，大部分的时间都利用水力发电。水电站的负责人是一个年仅21岁的年轻人。我注意到他的纽扣处别着一枚发光的朱比特徽章，所以我们的话题就从朱比特开始了。

"我注意到通往水电站的公路旁250米处有一条砖路，这个年轻的负责人无意中提到，那是他和他的工友们一起铺筑的。他开玩笑地说，他们这样做仅仅是为了消磨时间。

"通常，那样的工作都是交由包工队完成的，但我发现在这里却是由这个年轻人掌控着全局，他很有经济头脑。

"我问了他几个问题，诸如他是哪里人，但他微笑着将话题避开，然后又将我的注意力拉回到他们新引进的发电机组上。在回城的路上，一个组委会官员对我说：'你最好注意一下那个孩子，他是 3 年前才来到这里的，当时我们正在建设发电厂，包工头就雇佣他当送水员，第二周他就当上了计时员。'

"一天晚上，老板看到他撕开几米长的红色法兰绒布，然后将它们包在日光灯上，看起来他们没有足够的红灯照明。他很抱歉地解释说他们没有足够的资金购买相应的设备以替换已损坏的那些。

"这就是他所有的回答，他从不多说什么无益的话，但总是能将事情做得很好。每天，他总是很早便来到电厂上班，而且往往是晚上最后一个离开。他在水电厂勤勤恳恳地工作了一年，当包工队将要离开的时候，这个小伙子已经当上了包工队的老板助理。

"每次老板去芝加哥开会的时候都会把所有的事情都交给他处理。没有什么所谓的'任命'，他就那么自然而然地临时接替了老板的职务。"

听完艾尔伯特·哈伯德的这一段经历，你是否有所感触呢？这个年轻人很低调、很勤奋，只知道用行动、用业绩来证明自己。这种人最容易受到老板青睐，也最接近成功。

在工作中按时完成任务、创造优秀业绩的员工永远是公司的支柱。对一个公司来说，这样的员工是老板最重要的资本——品牌、设备或产品都无法和他们相比。正是他们创造了这一切，包括产品、服务、客户等。因此，每一名员工唯有严格要求自己、保证完成任务、努力提升业绩，才能在激烈的竞争中立于不败之地，成为企业不可或缺的一员，而不是随时可能被剔除掉的"烂苹果"。

西点军校经典法则

法则四

服从

将服从训练成习惯

　　威灵顿公爵是拿破仑战争时期的英军将领，曾任英国第25、第27任首相，因治军严格被称为"铁公爵"。他曾说："服从命令是一个军人的天职，这是我们的责任，并不是侮辱。军人必须把服从训练成本能，训练成习惯。"

　　"一切行动听指挥"是军人的一种本能，每一名军人要学会的第一件事情就是服从。服从就是无条件执行上司的命令。在西点军校的观念中，服从是一种至高无上的道德。对西点人来讲，对权威的服从是百分之百的正确，因为军人就是要执行作战命令，要带领士兵向设有坚固防御之敌进攻，没有服从就没有胜利。

　　西点退役上校唐尼索恩在他的回忆录里描述过他当年刚进西点时的一个小故事：

　　1962年，当时我还是一个对未来充满幻想的18岁青年，报到那一天我穿着一件红色T恤和短裤，提着一个小皮箱来到西点军校。在体育馆办理完报到手续之后，我就走向校园中央的大操场。

　　在操场边上我看到了一位身穿制服的学长，他当时的样子只能用完美无瑕来形容：他肩上披着红色的值星带，表明他是新生训练的负责人之一。他远远看到我就说："嘿，穿红衣服的那个，到这边来。"我一面走向他，一面伸出手说："嗨，我叫唐尼索恩。"我面带笑容，期待着他对我亲切地问候。结果出乎我的意料，他非常严厉地对我说："菜鸟，你以为这里有谁会管你叫什么名字吗？"你可以想象得到，我当场被他驳得哑口无言。紧接着他命令我把皮箱丢在地上，单是这个动作就折腾了我半天。我弯下腰把皮箱放在地上。他说："菜鸟，我是叫你把皮箱丢下。"这一次，我弯下身，在皮箱离地面5厘米左右松手让它掉下去，他却还是不满意。我一再地重复这个动作，直到最后一动不动地只把手指松开让皮箱自己掉下去，他才终于满意。

　　这种"斯巴达式"的训练方式是西点军校的一大特色，它使学员们的身体疲惫不堪，而这正是训练学员们服从权威的有效手段。西点强调服从，训练学员们通过服从统一意志，统一行动，进而达成既定的目标。在西点为了培养服从意识，每个学员都被要求切记避免"对总统、国会或自己的直接上司作任何贬低的评论"。西点教诲学员："不要传递那种不受上司欢迎的文件和报告，更不要发表使上司讨厌的讲话。"如果摸不准自己的报告或发表的讲话是否符合上司口味，可以事先征求一下上司的意见。西点军校还教育学员养成"公务员的性格"，坚信当权者是完美无缺

的人，是有识之士，对当权者不要有任何怀疑。这一做人原则是西点的传统道德。

一位知名的西点教官对服从作了非常生动的描述："上司的命令，好似大炮发射出的炮弹，在命令面前你无理可言，必须绝对服从。"西点经常教育学员："我们不过是枪里的一颗子弹，枪就是美国整个社会，枪的扳机由总统和国会来扣动，是他们发射我们。他们决定我们打谁，我们就打谁。"尼克松总统非常欣赏黑格将军，就是因为他的服从精神和严守纪律的品格——需要发表意见的时候，坦而言之，尽其所能；当上司决定了什么事情，就坚决服从，努力执行，绝不表现自己的聪明。

巴顿将军在他的《我所知道的战争》这本战争回忆录中曾写到这样一个细节："我要提拔人时常常把所有的候选人排到一起，给他们提一个我想要他们解决的问题。我说：'伙计们，我要在仓库后面挖一条98英尺长、3英尺宽、6英寸深的战壕。'我就告诉他们那么多。我有一个有窗户或有大节孔的仓库。候选人正在检查工具时，我走进仓库，通过窗户或节孔观察他们。我看到伙计们把锹和镐都放到仓库后面的地上。他们休息几分钟后开始议论我为什么要他们挖这么浅的战壕。他们有的说6英寸深还不够当火炮掩体。其他人争论说，这样的战壕太热或太冷。如果伙计们是军官，他们会抱怨他们不该干挖战壕这么普通的体力劳动。最后，有个伙计对别人下命令：'让我们把战壕挖好后离开这里吧。那个老家伙想用战壕干什么都没关系。'"最后，巴顿写到："那个伙计得到了提拔。我必须挑选坚决服从命令，不找任何借口地去完成任务的人。"

巴顿将军不仅要求别人服从他的命令，同时他自己也是以身作则。布雷德利将军就曾经给巴顿写过这样一个评语："他总是乐于并且全力支持上级的计划，而不管他自己对这些计划的看法如何。"巴顿将军之所以被喻为西点军校最杰出的学员之一，被历代西点学员所崇拜，其中最重要的原因之一就是他的这种坚决服从命令的职业军人风范。

经过4年的学习与训练，西点学员们已经把服从训练成了一种本能的习惯，西点学员在个人权威与集体权威产生矛盾时，他们最终服从的是集体权威。西点军校提出的"服从"，绝不仅仅是指单纯的"听话"，也不仅仅是指机械地遵照上级的指示。服从需要个人付出相当大的努力，它需要在一定限度内牺牲个人的自由、利益，甚至生命。

能够进入西点军校的学生无一不是在高中时代的优秀分子，他们不论是在学业还是课外活动的表现上，都是名列前茅的高才生。具有这样优越条件的青年，也可能变成刚愎自用、自高自大的管理者。但是西点军校却严格打压个人主义，服从对任何人来讲都是无条件的。西点军校对刚入校的新学员要进行极为严格的服从训练。这些训练让他们明白，他们只不过是西点这个大团队中的一分子罢了，并且需要有一定的法规和传统来约束他们，并让他们知道自己对国家负有重大的使命。

为了使新学员具有这种坚定的服从意识，西点军校需要进行近乎残酷的训练。在训练的过程中，他们失去了"自由"，不准保留有任何最基本的个人财物，不准保留任何代表个人特色的象征。在最初训练的几个星期里，所有的新学员都像新生儿一样，无名无姓，也没有任何独立的个性。

军人必须服从，不会服从，不养成服从观念和习惯，就无法在军队立足。并不是所有上司的指令都千真万确，上司也会犯错误，但上司的地位、责任使他有权发号施令；上司的权威，整体的利益，不允许部属抗令而行。因此，服从观念要在西点学员身上打下深深的烙印，忍受不了"服从"这种军人特殊的美德，就请走人。

对于我们一般人来说，服从也依然是一种重要的美德，尤其是在职场中，在团队合作中。在企业中，服从是行动的第一步，放弃个人的一些观念，而完全融入组织的价值观念中去。无条件地执行才是企业所需要的好员工，而作为一名领导者，也必须学会服从。只有学会了服从，领导者才有可能以最佳的方式和方法处理好个人权威与集体权威、个人利益与集体利益的关系。服从命令并且立刻着手去做，这样才能更好地完成工作。

服从是一个优秀员工必须接受的严峻考验。会服从的员工也并不是凡事都唯命是从，服从强调的是对公司文化的认同感。每个公司都有自己独特的公司文化，正像西点的校训一样，全体员工要有自己的共同愿景。企业文化是公司之魂，它可以把所有原本个性迥异的员工团结成一个整体，

这就是公司发展的驱动力。

企业的动作也同军队一样是由一个命令系统构建的。如果下属不能无条件地服从上司的命令，那么在达成共同目标时，则可能产生障碍。反之，如能完全发挥命令系统的机能，此团队必可胜人一筹。

服从是最主要的一种团队精神。西点军校培养的是未来军队中的管理者，这些未来的管理者们，还在军校接受服从训练时，就失去了自由和个性。换句话说，他们在个人自由和保持个性独立遭受威胁的时候，仍然能够为了维护团队的利益和形象做到绝对的服从。西点军校的学员进行了这一系列训练，在他们成为管理者之后，才能够真正以国家和民众利益为重，并坚决服从国家和民众所交给他们的任务！

同样企业的管理也必须以服从作为根本。西点军校有一个理念：一个管理者的成败，有很多地方就是取决于有没有学会服从的角色。这一点对于很多经营并不顺利的企业及其工作并不顺利的员工有着很强的借鉴意义——缺乏服从意识是他们失败的重要原因。服从是对人的一种考验，经受住了这种考验并能把服从训练成习惯的人，将能够自在地立足于这个社会，不断地走向成功。

服从没有条件

美国劳恩钢铁公司总裁卡尔·劳恩是西点军校第52届毕业生，他曾对服从精神作过这样的描述："军人的第一件事情就是学会服从，整体的巨大力量来源于个体的服从精神。在企业中，我们同样需要这种服从精神，上层的意识通过下属的服从很快会变成一股强大的执行力。"

众所周知，军队素以服从命令、听从指挥闻名。但在西点，凡是遇到军官问话，士兵却只能有3种回答："报告长官：是"、"报告长官：不是"、"报告长官：没有任何借口"。

绝对的服从意味着你要无条件地服从一切命令，为自己的一切行动负责，不可有任何逃避或对抗的情绪。将军只有让士兵们绝对服从指挥，才有可能塑造出一支纪律严明、执行有力的威武之师。下级在接到命令时，"保证完成任务"是他们唯一的选择；遇到困难时，他们要努力寻找方法；违反纪律时，他们要勇于承担责任；面临挫折时，他们还要挺身而出！

西点军校的莱瑞·杜瑞松上校在第一次赴外地服役的时候，有一天连长派他到营部去，交代给他7项任务：要去见一些人，要请示上级一些事，还有些东西要申请，包括地图和醋酸盐。

接到这些任务之后，莱瑞·杜瑞松没说什么，立即出发了。这让连长感到有些意外，因为当时醋酸盐严重缺货，莱瑞·杜瑞松完全可以找个借口推托一下，可是他没有。

顺利地解决其中6项任务之后，莱瑞·杜瑞松找到了负责补给的中士，希望他能从仅有的存货中拨出一点醋酸盐，但是中士拒绝了。于是，莱瑞·杜瑞松一直缠着他，滔滔不绝地向中士说明理由。到最后，也不知道是被杜瑞松说服了，相信醋酸盐确实有重要的用途，还是眼看没有其他办法能够摆脱杜瑞松，中士终于给了他一些醋酸盐。就这样，莱瑞·杜瑞松坚决地服从并执行了长官交代的任务，带着完美的结果回去向连长复命了。

服从指挥，具有强大执行力的人必定是优秀的军人，他对待任务的态度就是不折不扣地去执行，不说一句废话，不找任何借口。这种强大的执行力来源于军人心目中"服从没有条件"的训诫，来源于令出必从的严明纪律。因此，西点人在强化士兵们的服从意识时也是先从军队纪律抓起的。

"二战"中，美军在卡塞林山口战役中惨败，第二军军长弗雷登道尔被就地撤职，巴顿临危受命，要求在11天内将美军整顿成为"一支能执行战斗任务的部队"。巴顿是在1943年3月6日正式接管第二军的，而战役的总指挥亚历山大将军把军事进攻的日期定在3月17日，也就是说，他只有11天的时间整顿军队，进行战斗准备。当务之急是使委靡不振的军队恢复士气，提高战斗力。任务是十分艰巨的。根据自己长期的治军经验，巴顿认为，一支纪律松懈、军容不整的军队是不会有所作为的。因此，他决心从整顿军纪入手，采取"不民主和非美国的方式"，对这群"乌合之众"进行整顿。

他首先从严格作息时间抓起，并以身作则。到任后的第二天早上7点钟，巴顿按作息规定准时到食堂就餐，发现只有他的参谋长加菲来了。他当即命令厨师马上开饭，1小时后停火，并发布命令："从明天起，全体人员准时吃饭，半小时之内完毕。"由于巴顿抓住了吃早饭这一环节，从而杜绝了军人迟到的现象。

接着，巴顿发布了强制性的着装令，规定：凡在战区，每个军人都必须戴钢盔、系领带、打绑腿，后勤人员亦不例外。这项命令还适用于战区的医务人员和兵器修理工。对于违反此命令者规定了罚款数额：军官50美元，士兵30美元。巴顿半开玩笑地说："当你要动一个人腰包的时候，他的反应最快。"

尽管如此，还是有些人不断出现违纪现象。听到这一情况后，巴顿亲自带人四处巡视，把不执行命令的人强制集中起来，进行训斥，话语不免十分粗鲁："各位听着：我绝不会容忍任何一个不执行命令的兔崽子。现在给你们一个选择的机会，要么罚款25美元，要么送交军事法庭，并记入档案，你们自己看着办吧！"这些士兵只好乖乖认罚。

尽管巴顿的这些做法招致许多人的反感和咒骂，但他这种雷厉风行的作风震动了第二军，部队军官一扫过去那种松松垮垮的拖拉作风，精神面貌发生了巨大改观。

巴顿继续以他特有的方式激励他的部队。他跑遍了4个师的每一个营，督促军官，鞭策士兵，顺便还要检查军容风纪的执行情况。他的检查极为彻底，甚至连厕所也不放过，因为上厕所的人最容易忘戴钢盔。他鼓励官兵们要有攻击精神，像狮子一样残酷无情地打击敌人，号召他们"为人类进步事业而冲杀，但不是为之死亡"。虽然官兵们对巴顿这种做法一时还难以理解，但他的"高压电休克疗法"确实给他们留下了深刻的印象，并使他们与过去大不相同。

巴顿将军必须这样残酷无情，因为时间不允许他动半点恻隐之心。只有采取非常规的方式，才能将这群"乌合之众"锤炼成无坚不摧的战争机器。他的目的达到了。他把自己的战斗精神输入了这支部队，以自己的尚武精神激励了全体官兵。虽然有人恨他，但是官兵都很尊重他，并开始效仿他。部队有了铁一样的纪律和秩序，士兵们恢复了自信和勇气。巴顿欣喜地看到，在短短的几天内，第二军的面貌已经焕然一新了，将士们装备精良，士气高涨，军纪严明。他们已被锤炼成了真正的军人，进入了他所说的"战斗竞技状态"。

战斗打响后，德军再度发起强大攻势，但遭到第二军的顽强抵抗，他们寸土不让，表现得十分英勇。最后，德军无功而返。这是美军在北非战场取得的又一次胜利，它以此证明：第二军已经不是十几天前的那群"乌合之众"了。巴顿为他们的杰出表现感到十分骄傲，他自豪地指出："硝烟一散，我们看到没有一个美军士兵放弃阵地一步。"

巴顿能在11天内改变一支部队的战斗力，依靠的就是对军队纪律和士兵服从意识的强调与重视。一个士兵如果不遵守纪律，没有服从意识，那么军队的执行力就没有保障。战斗力不是幻想，而是在服从指挥、遵守纪律的前提下实现的。

无条件地服从命令，严格遵守纪律是军人最基本的品格。同样这种品格在日常生活中，在一个人的工作中，在企业的组织运行中也扮演着重要角色。

一家企业想获得强大的执行力与竞争力，便要让员工具备强烈的服从意识，无条件地听从指挥，严格遵守纪律，相信公司的决定，不要有任何猜疑。当老板决定做什么事情以后，就要坚决服从，努力执行。作为员工，如果和老板处处对着干，那将会既不利于企业的发展，也不利于个人事业的发展。"尊师才能信道"，在企业里，一名员工只有尊重、信任领导，才能努力地去做好自己的工作。这是一种主动的服从精神，也是双赢的选择。

在工作中，每一名员工都如一名战士，一样需要无条件服从意识与令行禁止的严明纪律。优秀的员工具有很强的使命感，绝对服从，拒绝借口，视完美复命为天职；相反，末流员工喜欢找借口，喜欢推卸责任，对自己的任务无动于衷，在执行的时候敷衍塞责。

罗杰·布莱克是一位体育界的成功人士，他曾获奥林匹克运动会400米银牌和世界锦标赛400米接力赛的金牌，可他的出色并不仅仅是因为他那令人瞩目的竞技成绩。更让人为之动容的是，

他所有的成绩都是在他患心脏病的情况下取得的，他没有把患病当做自己的借口。

除了家人、医生和几个亲密的朋友外，没有人知道他的病情，他也没向外界公布任何消息。当第一次获得银牌之后，他对自己并不满意，倘若他如实地告诉人们他的身体状况，即使他在运动生涯中半途而废，也同样会得到人们的理解与体谅，可罗杰并没有这样做，他说："我不想强调我的疾病，即使我失败了，也不想以此为借口。"

在生活中，不知有多少人一直抱怨自己缺乏机会，并努力为自己的失败寻找借口。殊不知，正是他们不讲服从、爱找借口导致了他们的失败，导致了机会一再地与他们擦肩而过。成功者则相反，他们不善于也无须编造任何借口。对于自己的任务和目标，他们能够绝对服从，承担起责任，也因此经常享受到自己的勤奋和努力所获得的成果。他们不见得有超凡的能力，却绝对有着超凡的心态。他们坦率地应承下任务，积极主动地寻找方法，并对自己的执行结果及时回复，而不是一遇到困难就逃避、退缩，为自己寻找借口。

王光和张颐同时供职于一家音像公司，他们能力相当。有一次，公司从德国进口了一套当时最先进的采编设备，比公司现在用的老式采编设备要高好几个档次。但是说明书是用德文写的，公司里没有人能看得懂。老板把王光叫到办公室，告诉他："我们公司新引进了一套数字采编系统，希望你做第一个吃螃蟹的人，然后再带领大家一起吃。"王光连忙摇头说："我觉得不太合适，一方面我对德语一窍不通，连说明书都看不懂；另一方面，我怕把设备搞出毛病来。"老板眼里流露出失望的神色。他又叫来了张颐，张颐很爽快地答应了，老板很高兴。

张颐接下任务后就马不停蹄地忙碌起来。他对德文也是一窍不通，于是就去附近一所大学的外语学院，请德语系的教授帮忙，把德文的说明书翻译成中文。在摸索新设备的过程中，他有很多不明白的地方，就在教授的帮助下，通过电子邮件，向德国厂家的技术专家请教。短短一个月下来，张颐已经能够熟练使用新的采编设备。在他的指导下，同事们也都很快学会了使用方法。张颐因此得到了老板的赞赏。以后，有了什么任务，老板总是第一时间找到张颐。因为他知道，张颐不会让他失望。王光用一个借口逃避了一个难题，同时也把加薪晋升的机会给丢弃了。

服从是没有条件的，很多人喜欢煞费苦心地寻找借口，却无法将同样的时间与精力放在工作上面。要知道，寻找借口的唯一好处，就是把属于自己的过失掩饰掉，把应该自己承担的责任转嫁给他人或社会，但这样也会把到手的机会给丢掉。我们很难想象，一个喜欢找借口的人会成为企业的称职员工，为社会所信赖和尊重。许多事实告诉我们：一个喜欢找借口的人注定是职场与生活中的失败者。

一个没有无条件服从意识的人，就会习惯于寻找借口，而不断地寻找借口总是和悲观主义、无助感等消极因素相伴而行。找借口也许是一种症状，悲观和无助则是潜在的习惯和感觉。无论它们之间的关系如何，这些要素总是会一起出现，它们是个人责任感的敌人，也是成功复命的敌人。事实上，这些悲观、无助、恐惧的感觉，都是一些虚妄的东西。我们恐惧的对象并不是工作中的困难，而是我们在自己头脑里架构的那个悲剧，它像脑海里的鬼影，令我们忧虑、胆怯。

无条件服从是一种自信与勇敢的体现，是勇敢负责和果断执行的表现。这表明了一个人对自己的职责和使命的态度。思想影响态度，态度影响行动，一个服从命令、不找借口的员工，肯定是一个高度负责和执行力很强的员工。对他来说，工作就是不打折扣地去执行。

很多人认为自己也能够服从上级的命令，但他们所谓的服从是有条件的，他们认为"对的就服从，不对的就不服从"，或者"能做的就服从，不能做的就不服从"。这种观点是大错特错。服从是无条件的，接到指令我们应该第一时间去执行，自作聪明只能是搬起石头砸自己的脚。

有一次，TCL公司决定撤出某型号机器，所有的店面都接到通知，并于规定日期内完成。某日，TCL一位高级经理在到店面巡视时发现其中一家并未将那个型号的机器撤下架，询问其原因，该店面的负责人高某解释道："主要是我认为此种机器的机型还比较新颖，只要给我一周的时间，我一定能将其以合理的价格售出。"此事的结果也正如高某所承诺的那样，机器在很短的时间内即以较高的价格售出，但高某并未受到嘉奖，反而挨了上头一通批评。

对于这件事，那名高级经理在接受采访时如是说："虽然说这名负责人成功售出了该机器，

但我依然不太赞成他的做法。因为对于公司的决定，有时员工并不能了解全部情况，因此我们需要的是员工能尊重、执行公司的决定。即便是站在为公司利益考虑的角度，也不鼓励这种行为。有好的建议、想法可以向公司反映，但不能不执行我们作出的决定。"

工作中每个人都会碰到上司交代任务的情况，这时，你会很自然地想到两个问题：第一，这是一个非常艰巨的任务，需要花费很多的精力和时间，我能不能办或者应该怎样去办？第二，向你布置任务的上司正在等待你表态，等待你给他一个明确的答复，你是尽自己最大努力去做，还是对上司说"不"？

那个挨批评的高某便是典型的自作聪明、不懂服从的人。他的言行无异于宣告他比上司更具判断力，而且他使用的判断标准其实就是他自己的标准，而非上司的。这样的人又怎能叫上司放心呢？

当然，上层的决策也有发生错误的时候，但是，作为一名下属，你还是应该遵从执行。你既不能事先加以肯定或指责，也不要事后抱怨或轻视他的决定，或者寻找各种借口来推托，因为上级作决定前是经过了周密的考虑和计划的。更何况，作为一个普通的员工，你很难断定决策是对的还是错的，因为很多东西在没有最终答案之前是无法确定的。身为员工，你的第一任务便是"坚决服从，马上执行"。

服从是一种美德

学会服从是一种美德，尤其对于职场中的员工来说，具有服从精神是通往优秀员工之路的必要条件。《论语》里有一句话："其为人也孝悌，而好犯上者，鲜矣；不好犯上而好作乱者，未之有也。"对于关系全局利益的指令的服从，对于规则的遵守，宏观上讲是整个人类社会组成的根本，微观上讲也是生活于组织中的人必须具备的一种品质。

在企业中，能够毫无怨言地接受任务、服从领导并能主动自发地进行工作的一定是优秀员工。卡耐基曾说："有两种员工是根本不会成大器的：一种是除非别人要他做，不然打死也不主动做事的员工；另一种则是即使别人要他做，也做不好事情的员工。"那些不需要别人催促，就会主动自发地去做自己该做的事，并且还是不会半途而废的员工，即使自己是企业内最底层的一名没人注意的普通员工，到最后也是会成功的。因为这种员工懂得要求自己多付出一点点，而且做得比别人预期的更多。

个人进取心，是员工实现自己目标必不可少的要素，它可以使你进步，使你受到注意并会给你带来机会。工作中，服从、诚实、责任、敬业、能够主动自发地去工作都是员工不可缺少的内在品质，体现一个员工的修养，更是扎根在员工内心的宝贵财富。在这些高贵品质的指引下，怀抱一颗感恩的心，始终保持对企业至高无上的荣誉感，全力以赴、自觉主动地去工作。如果能够在没有任何外界的压力、驱动或别人引导的情况下，一个人能够自觉地认真干好分内分外的工作，这就是主动性，这就是一名员工所应有的工作心态。

每一个员工都要明白上司的命令必须服从。但这种服从通常带来的是效率而并不一定是效益，员工可能尽力而不尽心，做到而不一定能够做好。"服从是金"对于企业员工来说好处非常大。如果一个员工不懂得服从，思想上没有服从的观念，那么将会被企业所淘汰。服从是自制的一种形式，每一个员工都应去深刻体会，作为企业的一名员工，即使是很小的一分子具有什么样的意义。

每一个企业都有自己的一套工作系统，每一个人都是这个系统不可分割的一部分，如果不能服从领导，各自为政，最后只能是导致无政府主义，目标混乱，一事无成。每个员工都要有高度的荣誉感和使命感，具有道德感并且遵从自己的良知，有勇气坚持自己的信念，自觉自愿地服从于领导，为自己的目标坚持不懈，勇于承担责任。服从领导时一定要顾全大局，真正做到"公司兴则我兴，公司亡我的责任"，与公司共命运。只有这样你的事业才会获得很大的成功。

狼是群居的动物，通常七八只为一群，采取集体狩猎的方式来猎食。这多少弥补它们力量和速度方面的不足。每群狼由一只健壮的成年公狼率领，捕食大多由母狼完成。在集体行动当中，

每只狼在族群里的地位都不相同。动物学家习惯将狼群之中的领袖称为"阿尔发狼"，族群中包括食物的分配、纷争的平息、乃至后代繁殖的责任，都要靠它。其余的狼也都安于在族群之中的地位，并服从"阿尔发狼"的领导，这就是狼的社会。所以，那些所谓的独狼，一般都是为角逐"阿尔发狼"地位或者爱情斗技场上的失败者，带着身心的双重创伤，只好自我放逐：要么在自省中积累力量，要么就是死路一条。因此，独狼展示出来的造型就具有个人英雄主义的特色，很容易获得生活中失意人物的好感。草原上没有一条狼会越出这道界限，向人投降。拒绝服从，拒绝被牵，是作为一条真正狼的绝对准则，即便是条从未受过狼群教导的小狼也是如此。

在下属和上司的关系中，服从是第一位的，是天经地义的。下属服从上司，是上下级开展工作，保持正常工作关系的前提，是融洽相处的一种默契，也是上司观察和评价自己下属的一个尺度。因此，作为一个合格的员工，必须服从上司的命令。

员工要服从领导，认认真真地做好每一件事。要敢于挑战、难事、棘事面前不低头，不管问题再多、困难再大、矛盾再复杂、任务再艰巨，也要努力克服，尽量不把矛盾上交，一定要避免和防止推诿扯皮、敷衍推卸的不负责任的言行。

服从是一种美德，它可以让人放弃任何借口，放弃惰性，摆正自己的位置，调整自己的情绪，让目标更明朗，让思绪更直接。对于命令，首先要服从，执行后方知效果；还未执行，就发挥自己的"聪明才智"，大谈见解和不可执行的理由，走到哪里都是不受欢迎的角色。对于有瑕疵的命令，首先还是服从，在服从后与领导交流意见，就是完成任务后的总结。这种总结是尤其可贵的，它让你更成熟、更优秀，并逐步显露出你的价值。企业就是如此，在服从、执行、总结的过程中攻克一个个目标，并相应调整策略，为完成下一个任务做准备。服从是成功的第一步。

中国有句老话：恭敬不如从命。服从是对领导最好的赞美。谦恭地敬重领导，不如顺从领导的意志和命令。对高明的赞美者而言，服从是金，语言是银。这是由领导与下属的特殊关系决定的。每个领导都喜欢听赞美的话，但善于用语言来赞美领导的人却未必是领导最喜欢的下属，也未必能得到领导的信任和赏识。有些人在意平时对领导说恭维的话，也常常使领导感到开心，但关键时候却又违背领导的旨意，不同意领导的决策，不服从领导的命令。这类人可以说是语言上的巨人、行动上的矮子。这是一种最不合时宜的称赞领导的策略。不服从领导就是不尊重领导。领导是工作上的权威，很重视自身威信，下属的赞扬无疑是对领导的维护和尊重，但言行不一，不服从领导实际上就是无视领导的权威，损害领导的尊严。

当然人非圣贤，孰能无过？领导也必然会有犯错的时候。当你发现领导有错时，你怎么办？这时我们依然要牢记服从是一种美德，面对领导的错误我们的第一选择仍然是服从，至于如何改正，则是服从之后需要做的事情。我们要谨记一点：不要在众人面前指出领导的错误。组织的动作需要领导的权威，每一个下属都要维护其尊严，古今中外皆然。即使一件公事的处理，碰巧是领导的错，他也应该被尊重，下属不可以摇晃着谁错谁就应该受到谴责的旗帜，而不为老板留些情面，更不能事后对同事谈论老板的错误，用嘲弄的口吻让流言四散传播，并用贬损老板的话来证明自己的聪明与正确。如果一定要让领导知道他的错误，你应该在适当的场合、适当的时间私下找上司聊，谈谈自己的意见和看法。另外面对领导的错误我们不必据理力争。如果领导说错了话，不管在什么场合，这些错话并不影响大局以及你所负责的工作，你不必据理力争，可以采取装聋作哑的方法，即装作没听见或没听明白。这是一种揣着明白装糊涂的办法，它可让你避免一些是非，也避免让老板陷入尴尬和困窘。

服从的根本目的是保证一个组织责任明确，令行禁止。领导犯错，则他要为此负责；而如果你认为他有错却不去服从，那么你同样也犯了错误。每一级都对自己的上级服从，每一个上级都对自己的下级负责，只有这样，组织才会明晰内部的结构，形成一个有战斗力的团队。

"一切从零开始"，服从要有归零心态

西点军校在给新学员家长的一封信中明确写道："您的儿子选择进入美国陆军军官学校，就

是选择作出牺牲，选择忘掉过去所有的成绩，选择一切从头开始。"每位学员在进入西点之前必须对这个问题做好思想上的准备：或者迎接挑战，作出牺牲，或者放弃西点，没有中间道路可供选择。

一位西点教官曾对新学员说："在西点军校他们首先会剥光你的衣服，但是他们还不肯就此罢休。他们要把你身上仅有的一点点自尊心绞干——你将失去不受别人干预、自由自在生活的正当权利。"

Free Markets 公司的高级副总裁戴夫·麦考梅克是西点军校 1987 年毕业生，他回忆起刚进西点时的情景说："西点军校是特别能打消傲气的地方。我来自一个小镇，在那里，我是优等生，而且还是一个运动队的头儿。我来到西点后发现，我的同学中 60% 是运动队的头儿，20% 是所在中学的尖子。今天你还是一个地方的明星，明天你就只是数千强者中微不足道的一个。不管新学员的社会经历，不管是什么背景的学员，即便是总统的儿子、陆军部长的儿子，只要一进西点就一律平等，就得一样进'兽营'，一样训练，一样学习，吃穿住行完全一致，任何特权都必须放弃。新学员都将被视为如同白纸一样的婴儿，新学员受训刚开始时只有编号而没有名字，没有一切个人的特殊物品，日程安排得满满的，让学员只有时间去执行命令而没时间去思考。走进西点军校每个人都要抛弃曾经的荣誉、家世和背景，所有一切都将从零开始，任何长官的命令你都必须服从，每个人在这里都没有特权可言。"

西点军校告诫每位学员：过去的一切只能代表你现在是一个什么样的人，至于你在 4 年后会如何，那取决你从现在开始的表现。如果说服从是一个组织健康动作的基础，那么"一切从零开始"的心态就是服从的基础。一个人只有明白自己的知识相对于世界来说不过是沧海一粟，将自己贬到最低点，学会服从新的权威与规则，然后才能重塑一个新的自己。

我们在生活中、工作中不断要面对新的环境，既然服从是我们在社会组织中正常生存的必备条件，那么保持一个"归零心态"是我们适应环境的最好选择。

许多刚参加工作的人容易犯的一个"毛病"就是好高骛远，忽视做"打水扫地"这样的零碎工作，认为是"大材小用"，老想做大事，结果是眼高手低、常常碰壁。实际上，人的特长应当成为适应环境的催化剂，而不该成为挑剔工作的资本。

刘先生从一所大学毕业后，被分配在一家银行。他学电脑，会编程序，可谓是"玩"计算机的一把好手。不料，他被"发配"到银行下属的一个支行，做柜台出纳。这下他有些"懵"了。整天与客户打交道，一笔又一笔的收进付出，让他感到十分枯燥。实际上，单位领导知道他是学电脑的，也想让他担负起一个支行的电脑管理的工作，之所以安排他"下基层"做出纳、会计，目的是让他熟悉业务，为今后的工作打下基础。

随着一些先进科技成果的运用，人们的工作效率普遍提高，人才市场供大于求，许多人都难以找到真正与自己所学专业对口的工作。对于初涉社会的年轻人来说，任何一个岗位都是新的，都需要熟悉。要记住一个道理：做好一份工作，需要了解比该工作广泛得多的知识。许多人盲目自信，高估自己，强调"发挥特长"。但如果不顾眼前的现实，绝对地强调发挥特长，则不利于自己的发展。其实，要求"发挥特长"，是可以理解的，找一份自己熟悉的、可以发挥自己特长的工作，干起来会得心应手。

小马大学毕业后到一家广告公司去就职，报到的那一天，他对经理说的第一句话便是要求专业对口，而且要"充分注意到我的特长"。这位在大学美术系因为专业成绩不错而大受青睐的人，很坦率地要求让他到广告设计部门，以为这才能发挥他的优势。可是，公司经理首先让他到业务部门实习，过了试用期后再决定。小马听后觉得不开心，认为这样做难以发挥自己的特长。到了业务部门既不安心工作，又不虚心学习，结果给人留下了"工作态度差，能力欠缺"的印象。

按照常理，分配工作岗位应与职员的特长相符合。但这个特长只是个人所"认可"的，有时候并不是单位所立即需要的，因为每个单位都有个结构完整、最佳组合的问题。个人特长，只有

让单位了解，并作为构成整体的一部分时，才能成为人才发展的方向。应该是特长服从需要，而不是需要迁就特长。如果你也碰上了"用非所学"的情况，或不能发挥自己所谓特长的问题，最好的处理办法就是"舍弃"你的专业，"掩埋"你的特长，把自己归零，重新开始，边学边做。不求"一步到位"，但求"步步到位"，并且要有从底层做起的思想准备。正像"万丈高楼平地起"一样，要极有耐心地从砌一块砖、一堵墙做起。一心想速成为一名"建筑师"是不现实的，只有在砌墙加瓦中才能学到真本领，逐步锻炼自己具备"未来建筑师"的素质。同时，也要有安心工作的良好心态。对眼前的工作有一个正确的态度，并视之为理想岗位的"阶梯"。学会在日常工作中逐渐发挥自己的能力，让别人真正认识到你是一个有素质的人。

就像刚刚学会挪步的孩子，几乎所有的初涉工作岗位的人在"菜鸟"阶段，都曾闹过不少笑话，甚至惹上麻烦。根据心理专家研究，刚出校门踏入工作领域的大中专毕业生，或多或少都曾有过一些适应不良的症状。即使给他们一份专业对口或能发挥特长的工作，还是会出现这类情况。

很多人都感到自己的第一份工作与自己想象中的差之甚远。因为许多人的想象往往呈理想化状态，从美好的愿望出发做了一系列美好的假设。但是现实往往不能让他如愿。因为多一次经验就等于多一次学习，重要的是先学会把自己归零，这样才有可能成长。所以，很多有经验的人指出，面对这些不适应，你最好先调整自己的工作心态，千万不要动气或者感到心灰意冷。

当一个人已经积累了一定的经验，依然要保持一颗归零的心，服从于新的需要并通过不断学习新知识、新技能给自己"充电"。世事难料，沧海桑田，唯一不变的是"物竟天择，适者生存"。但在现代社会中，知识更新和淘汰的速度之快令人难以想象，过去所学的知识、技能难以完全使你胜任目前的工作，所以如果原地踏步，不学习新知识，将很容易被这个社会"淘汰出局"。

现在知识呈爆炸式增长，当你对某项工作熟悉时你的知识其实已经过时了大半。因此我们要不断告诫自己——一切从零开始，学会服从和认同。

西点军校告诫每一个学员：选择到西点军校来，就选择了服从。西点是一个大熔炉，它要求西点学员在这里重塑一个全新的自我，其目的就是要让每一个学员都能够真正认识自己，从而为日后的成功打下坚实的基础。西点人相信在服从命令的同时，也就具备了解决问题的能力。服从不是盲目地遵从，而是睁大眼睛，审时度势，寻找解决办法。一名忠实的服从者——愉悦地接受命令，从不错过扫除障碍的机会——当然会成为一位出色的管理者。

西点军校经典法则

法则五

纪律

制度才是根本

西点校友著名工程技术专家乔治·W.戈瑟尔斯说过："在好规则面前，懂得捍卫和遵守，生活中才会享受更多的明媚阳光。"对于一个组织来说合理的制度是根本，组织内的人也必须要有很强的纪律观念，服从于制度，这样一个组织才能真正地良性运行。军队是最典型的依靠严密的制度与严格的纪律运行的高度集中化的组织，西点军校便是其一。从西点毕业的学员都对西点的规章制度印象深刻。他们认为是西点的制度造就了西点，或干脆就认为制度是整个西点体系的核心。规章制度在西点确实举足轻重。

西点军校的第三任校长塞耶被誉为真正的"西点之父"，是他建立了西点的一系列严密的制度，才使得西点逐渐走向辉煌。

塞耶担任校长后进行了一系列的改革，使得西点的规章制度日益完善，规范中透着威严，而且条条框框无所不达，举手投足均有明确的规定，整个军校就在制度中有条不紊地发展。

塞耶首先明确了办学方针和原则，制定了以土木工程技术为主的四年制教育计划，建立了完整的教学体制，首创将学员分为十几人一班的小班教学法，并根据学习成绩评定学员的名次。这样既有利于教官因材施教，也能激发学员奋发上进。他还制定了严格的考试和考核制度。新入学的候补生要进行基本智力考试，具备熟练的读、写、算能力，合格者才能被编入学员团。他还创建了著名的"荣誉制度"，强调学员纪律养成主要靠自我约束，并建立了严格的过失惩罚制度。此外，他扩建了图书馆，吸引和保留了一批十分优秀的教员。

塞耶的整顿和改革是全面的、成功的，其影响也是深远的。从下面这个案例中我们就可窥一知百。当时的西点，有相当一部分学员来自地位显赫的名门望族。1818年，塞耶写信给托马斯·平尼克将军，因为他的儿子没有按时返校，西点决定令其退学。平尼克将军解释说，由于天气不好，是他把儿子留下的，而且老校长威斯夫特也答应作为例外处理。但塞耶明白，迎合权势绝对办不好军校，谁的面子也不能给，所以他开除了小平尼克。

按照西点新的标准，塞耶对学员团进行了大胆的清理、整肃。当时有学员213人，经严格审查，103人被开除或勒令退学。他们当中多数人是因为学习不及格而退学，少数则因为行为不轨而被强迫离校。这种大胆的举动招来许多非议。尽管辱骂声四起，但塞耶仍不为所动。他在给陆军部长的报告中详细介绍了被退学或开除学员的情况，认为这不是对"军校和国家公共社会"的浪费，而是一种必要的行为。

1829 年从纽约入学的学员诺里斯多次不服从西点军校的命令。他的家庭对当时杰克逊竞选总统具有举足轻重的作用，他因此成了特殊的学员。一天晚上吹熄灯号后，诺里斯偷偷跑到教练场，在正中竖起了"山胡桃木"。这里有个典故要补充说明一下：1815 年战争期间，安德鲁·杰克逊率军在新奥尔良大败英军，为美国争得了荣誉，并最终迫使英国人坐下来谈判，签订了合约。杰克逊因此声誉鹊起，并被人们戏称为坚硬的"老山胡桃木"。

第二天早上吹起床号后，全校人员大吃一惊，诺里斯对此洋洋自得。塞耶为维护学校的纪律，对他进行了严厉批评。但同时一个小报告也立即到了总统手中，说塞耶打击无辜。总统大发雷霆，宣布诺里斯在西点军校有绝对的行动自由。这显然更加背离了军校的纪律，是塞耶绝对不能容忍的。

塞耶和学员队司令希契科克对西点军校纪律的松弛心急如焚。希契科克决定找总统反映情况，塞耶批准他前往纽约。于是，出现了如下一幕：

1832 年 11 月 24 日，总统白宫书房。"西尔韦纳斯·塞耶，是个暴君，俄国所有的独裁者没有一个能超过他！"杰克逊总统咆哮道。"总统先生，在这个问题上，您了解的情况是错误的，您不了解实情。"希契科克大声反驳。"不，他是独裁者！"杰克逊气得脸色发白。

但后来，杰克逊总统还是派人调查了西点军校，了解其规章制度的内容及执行情况。结果，调查者报告说，西点军校的规章制度很好，没有改变的必要，而诺里斯也很快被开除了。

西点纪律的严格人所共知，而且花样甚多，令人敬而远之。轻微的违纪只作记录，不付诸具体处罚措施，但累积到一定程度便要处罚。对高年级学员来说，一个月中如被记过 9 次，就意味着失去享受周末的权利；如被记过超过每月的最高限额——13 次，则每超过一次就将受罚，一般至少要扛着步枪不停地走在空地上走一个小时。处罚的手段还有禁闭，并分为"普通禁闭"和"特别禁闭"两种。正如小心谨慎的学员们必须遵守的规章制度是没完没了的一样，发布上述处分的特别命令也是没完没了的。警钟长鸣，红灯频闪，每个学员都在紧张的气氛中完成学业。

西点的做法看似苛刻，不近人情，但西点是"金字招牌"，容不得一点污渍。每个西点人都必须以发扬光大西点为己任，如果在校学习期间不能牢固这种观念，以后就会缺乏坚定的理性基础，就很难成为对部属，对军队，乃至对国家负责的军人。完整的制度、严明的纪律，成就了西点军校，也为培养众多杰出的人才提供了保障。

没有规矩不成方圆，在日常的社会生活中制度与纪律也是建构组织和社会非常重要的手段。一个企业能够健康地成长、稳定地前进，必须要有优良的制度作为后盾。在制度的大是大非面前，谁也不能例外。对于员工来说，这些制度可能是些大原则，也可能是事关迟到、早退、上班干私活等具体规定，但无论是哪一种，我们都应该视若圭臬，严格遵守，共同维护与完善企业的规章制度。一个有原则、守纪律的员工必定是个让人放心、受人尊重的人，能够自觉地维护企业的利益。这样的员工能够跟随企业一起成长，永远受人青睐。

人是社会动物，我们的生活被不同的组织所规范，因此我们应该严格遵守规章制度。对于一个企业来说，唯有先进的制度、严明的纪律才能保证企业顺利地发展。

远大公司总裁张跃说："伟大的公司要面临很多挑战，那些基础的质量、技术的挑战，我都觉得不大，价值观的挑战是最大的。在中国要做公司，要做一个真正百分之百符合常人道德观的公司很不容易，但是我们一直在坚持这样做，并且会永远地坚持下去。"最终，远大公司选择了靠完善制度来落实自己的价值观，靠纪律约束全体员工。远大设立了制度统筹委员会，统一文件制度的审计和管理，制定出的正式制度文本有 300 多份，1900 多条，共 70 万字。

对于优秀的企业来说，没有比制度更重要的东西，也没有比挑战企业的制度更让人愤怒的事情。身为企业的一员，我们必须牢牢树立这样的观念：制度是企业的生命之本，绝对疏忽不得。我们绝不能以身试法，否则只能搬起石头砸自己的脚，自食恶果。

2005 年，张小风一毕业就顺利进入一家外企在武汉设立的办事处，不菲的薪水，较大的发展空间，令很多同学美慕不已。公司不大，人尽其才，张小风渐渐成长为一个合格的销售助理，辅助销售人员做一些货运、文档方面的工作，可以独当一面。

然而，张小凤也渐渐骄傲起来，对销售人员，乃至部门经理安排的事情，要么就是有选择性地做，要么就是忘在脑后，态度甚至有点傲慢。好在张小凤是公司里唯一的女性，她长得也漂亮，有时跟同事产生矛盾，只要不关原则，总经理总是以"男士要有绅士风度，不要跟女孩子计较"为由，让男同事礼让张小凤几分。

有一次，张小凤和4个同事一起去参加北京的展会，开展当天，由张小凤负责的好几个文档都遗留在家忘记拿，虽说事后有在武汉的同事的邮件补救，但也对工作小有耽搁，几个同事因不满说了她几句，回武汉后，张小凤竟赌气递上辞呈。总经理为稳定团队，挽留了她，张小凤因赢得"胜利"而得意洋洋。可没想到此后，递辞呈成了张小凤的撒手锏，一有不如意就赌气辞职。2006年年底，总经理终于在辞职信上签名准许，竟然弄假成真，张小凤叫苦不迭。

张小凤被辞退，是"罪"有应得，因为她把企业的制度视若尘土、把纪律看成儿戏。一个不尊重企业制度、不遵守企业纪律的人，根本不可能是一个有团队精神、对企业负责的好员工。巴顿将军说："纪律只有一种，就是完善的纪律。假如你不执行、不维护纪律，你就是潜在的杀人犯。"诚然，目无制度、不守纪律者的言行不仅会害了企业，还会给他人、给社会带来严重的灾难。

2004年，一家商厦发生特大火灾，造成54人死亡、70人受伤，直接经济损失400余万元。然而，这么一起严重的事故，竟然是因为一个小小的烟头：一位员工到仓库内放包装箱时，不慎将吸剩下的烟头掉落在地上，随意踩了两脚，在没有确认烟头是否被踩灭的情况下匆匆离开了仓库。烟头将仓库内的物品引燃。恰恰这时，这家商厦保卫科工作人员违反单位规章制度，擅自离开值班室，未在消防监控室监控，没能及时发现起火并报警，从而延误了抢险时机。

在我们的生活中，很多像上述故事中乱扔烟头的员工及保卫科工作人员一样，觉得偶尔违反一下制度不是什么大不了的事。但恰恰是这些漫不经心、目无制度的行为给企业和社会埋下了安全的隐患，像一颗不定时炸弹一样，随时可能爆炸，害人害己！对此，所有的人都应该有高度的警醒。

一家企业的竞争力来源于生产过程中的点点滴滴，一名员工的价值体现在劳动的每个细节中，唯有制度与纪律是检验这一切的试金石。一个有原则、守法纪的企业必定是个重视产品质量的单位，一名制度常存心中、严格遵守纪律的员工必定是对企业负责、对社会负责的人。这样的企业与员工总是让人放心，让人感动。

一家企业的人力资源总监被某企业的员工遵守纪律的行为所感动，记录下了那次经历："集团每年都要拿出一部分预算，从社会上的培训公司采购一些有影响力的课程。在一次培训招标中，一家外国培训公司给我留下了深刻的印象。当时正是夏天，中午气温达到32℃，而这家公司的几个代表都着白衬衫、领带和深色西装。虽然他们已是大汗淋漓，但没有像其他公司的代表那样脱掉外套。调试电脑时，他们发现手提电脑的电源线太短，够不到墙上的电源插座。于是有人拿出了一个接线板接好电源。之后，其中的一个美国人又从书包里拿出了一卷胶带。我们当时一头雾水，不知道胶带是干什么用的。只见这个身材很胖的美国人吃力地蹲下来，用胶带把电源线一点一点粘在地板上。原来，他是怕从这里经过的人被电源线绊倒。离开的时候，这家公司的每个人都自觉地把自己使用过的一次性水杯带出会场，丢在垃圾箱里。"

这家外国培训公司的员工做了公司规定自己要做的事，对公司负了应负的责任。而他们遵守纪律的行动体现出来的公司对客户的责任心深深地打动了其所服务的企业。只有这样的公司才可能对客户、对社会负责。

商海中有大风大浪，制度与纪律就像巨大的船锚一样，能够让企业稳若泰山，化险为夷。身为企业的一员，我们更要把企业的制度化为自己的制度，把纪律视为自己的纪律，相信制度的边缘便是崩溃，纪律的外面便是悬崖，永远不要出轨。唯有如此，我们才能共同把企业办得更好，在成就企业的同时也成就自己。

纪律就是圣旨

纪律至高无上。世界上没有任何事情是绝对的，自由也是。没有纪律的约束，自由就会泛滥成为堕落。一个组织的运转必须要有严格的纪律作为保障，否则人人各自为政，一盘散沙，最后只能导致组织的瓦解。我们不要把纪律视为洪水猛兽，它并不那么恐怖。英国克莱尔公司在新员工培训中，总是先介绍本公司的纪律。首席培训师总是这样说："纪律就是高压线，它高高地悬在那里，只要你稍微注意一下，或者不是故意去碰它的话，你就是一个遵守纪律的人。"

"工欲善其事，必先利其器"，一个组织只有先构建有纪律的、团结有力的、无坚不摧的团队，才能保证任务的最终完成。团队中每个成员必须有无比坚强的信念，用严明的纪律来约束自己。

西点军校向来以制度完善、纪律严明著称，每一位新学员进入西点第一个需要明确的校规就是严格遵守纪律、坚决服从上级的命令。西点人认为自觉自律是意志成熟的标志。

西点一位毕业生讲述了在西点军校的亲历亲闻：西点军校制定了严格的规章制度。从学员的选拔、录取、淘汰到学员的日常生活、行为准则、服装与仪表、营房与宿舍、人身与财产安全、假期、教学程序、待遇与特殊待遇等都作了详尽明确的规定。这些规章制度像是高悬的达摩之剑，准备随时刺向违规者，对于学员的行为有着很强的约束力。

"我们要做的是让纪律看守西点，而不是教官时刻监视学员。"这是西点人的宣言。西点军校认为：纪律使士兵成为自由国度战争时可以信赖的对象，一支有纪律的队伍才是最优秀的。

巴顿将军认为："纪律是保持部队战斗力的重要因素，也是士兵们发挥最大潜力的关键。所以，纪律应该是根深蒂固的，它甚至比战斗的激烈程度和死亡的可怕性质还要强烈。"他要求部队必须有铁一般的纪律，不能有一丝含糊，他认为遵守纪律是一个军人的基本素质。

纪律应该是人们心中的一种自觉的道德认识，而不仅仅是出于对惩罚的恐惧的无奈选择。对于一个纪律严明的团队来说，从最开始成员出于不受惩罚而遵守纪律，到把纪律变成个人目标，把原本强制的行为变成一种自然的行为，这时，纪律就成为了一种风气，这个团队的精神面貌也会变得昂扬向上。

美国著名的培训专家拿破仑·希尔曾讲述过这样一个真实的故事：华盛顿一家百货公司专门开设了一个柜台受理顾客的投诉，很多女士排着长队，争着向柜台后的那位小姐诉说自己受到的不公平待遇以及对公司服务的诸多不满。其中很多顾客说话粗暴、蛮横无理。但柜台后的这位小姐一直微笑着接待这些愤怒的顾客。她优雅而又从容，微笑着告诉这些顾客应该找公司的哪个部门去解决问题。她的亲切和随和，很好地安抚了那些妇女的不满情绪。通过观察，我发现她的身后站着另外一个女郎，不断地在纸条上写着什么，然后把写好的纸条递给她。原来纸条上写的就是这些妇女抱怨的内容，但是，省略了她们尖酸刻薄的言语。

后来我才知道，这位一直微笑着的小姐是个聋子，后面的人是她的助手。出于好奇，我去拜访了百货公司的经理。经理说，这个接待顾客投诉的岗位曾经有很多人尝试过，即使他告诉过她们应该怎么做，但一直没有人能够胜任。只有这个耳聋的员工才有足够的"自制力"来出色地完成这个艰巨的任务。

把外在的纪律条文内化成为内心的道德，成为一种自觉自为的行为，这才是真正树立起了纪律观念，具备严守纪律的精神。纪律的最终目的是让人们即便是不在别人的监视和控制之下，也能懂得什么是正确的。

西点认为，年轻人血气方刚，很容易意气用事，结果毁掉了自己的前程，而通过纪律锻炼可以迫使一个人学会在艰苦的环境下怎样工作和生活。我们应该认识到纪律不是枷锁，严谨的态度和优良的作风来源于对纪律的严格遵守。一个不遵守纪律的人，一定是一个没有自制力的人，而自制力的缺乏正是导致失败的罪魁祸首。纪律的终极目的就是达到这种自制力。在任何情况下，要能稳住自己，就必须使你身上的情绪和自制力达到平稳。长期在纪律的严格要求下行事，你才会具有自制精神。而这种自制精神，是做任何事情都不能缺少的。

遵守纪律同时也是一种责任精神的体现。

在海上，船队的纪律是极其严明的，有时甚至是残酷的。正是由于这种严明的纪律，才造就了一支又一支优良的船队，成为船队战无不胜的强有力保证。自觉遵守纪律是船队上所有成员的优良品质。自觉遵守纪律之所以这样重要，是因为这是一个优秀士兵所必须具备的素质，也是他们本身所具有的执行能力的保证。在他们心里，纪律是至高无上的。

一个人是能够并愿意做出多种选择的，比如奋斗胜于安逸，真理胜于错误，勤奋胜于荒废。这每一项都要求一个人认真考虑和选择，在自觉自愿的情况下懂得什么才是正确的，什么才是团队所希望的。简而言之，这就叫做遵守纪律。

遵守纪律关键不仅是要有责任心和自制力，更重要的是能够认同组织的价值观，并且实践组织的目标，也就是说要对组织有了解。只有在共同价值观的引导下，纪律才不会引起心中的怨恨。为了共同的目标而遵守纪律，组织成员间的关系将会更加融洽。请记住塞尼加的话："只有服从纪律的人，才能执行纪律。"

纪律是执行力的根本保证

"言必行，行必果"是优秀军人的风范，而"令行禁止"是培养这种风范的前提。严格的纪律性造就一个人严谨的工作作风，同时严格的纪律也是有效执行的根本保证。IBM 总裁鲁·郭士纳认为："一个成功的企业和管理者应该具备三个基本特征：即明确业务核心、卓越的执行力及优秀的领导能力。"执行力是一个人从平凡走向卓越的重要指标，是一个人经营生活、纵横职场的王牌。

东北一家国有企业破产，被日本财团收购。厂里的人都翘首盼望着日方能带来让人耳目一新的管理办法。出人意料的是，日本人来了，却什么都没有变。制度没变，人没变，机器设备没变。日方就一个要求：把先前制定的制度坚定不移地执行下去。结果怎么样？不到一年，企业就扭亏为盈。日本人的绝招是什么？执行，无条件地执行。

仅有战略，并不能让企业在激烈的市场竞争中脱颖而出，而只有执行力才能使企业创造出实质的价值。失去执行力，就丢失了企业长久生存和发展的必要条件，没有执行力，就没有企业核心竞争力。如果一个战略规划不能得以执行，或者执行不力，它再正确，也无异于"纸上谈兵"，最终只会付之东流，从而使企业丧失发展成长的机会。所以，如果想要战略计划得到有效的实施，最关键的就是员工要有纪律意识，这是执行力的根本保证。

企业的制度是否完善、纪律是否严明关乎企业的生死。一个科学的制度是执行理念，不是形而上学的摆设，更不是可有可无的装饰品。他不仅是执行的依据，更是贯穿着整个执行过程的核心精神。许多的执行不利都是没有把制度和纪律贯彻到底的结果。

执行力因纪律意识的淡薄而成为无源之水、无本之木，没纪律意识的表现主要有三：

第一，违背规章，投机取巧。在一些企业经常出现这样的情况：员工经常牢骚满腹，抱怨老板的苛刻和公司制度的严格，而不愿兢兢业业、尽心尽力地工作，一会儿工夫就要偷懒或投机取巧，没人监督几乎就不能工作。

一般人都有正常的能力和智力，但很多人为什么没有获得成功呢？很大一部分原因就是他们习惯于违背规章、投机取巧，并且不愿意付出与成功相对应的努力。他们渴望到达顶峰，却又不愿走艰难的道路；他们渴求胜利，又不愿为胜利做任何一点牺牲。投机取巧和无所事事都会令人退步，只有努力而勤奋踏实地工作，才能带给人真正的幸福和快乐，并为个人的职业发展打下良好的基础。一个想要获得自由空间的人，是必须以严格遵守纪律为前提的。

第二，无视纪律，做事轻率。许多人之所以失败，往往归咎于他们的粗心大意、莽撞轻率。许多员工做事不求最好，只求差不多，没有把纪律放在心上，也不严格要求自己。这种懒散、马虎的做事风格很容易转化为习惯，人一旦染上了这种坏习惯，就会变得不诚实，这对执行力、对执行结果都是一种极大的伤害。现代社会，企业如果没有核心竞争力，将会逐渐走向衰落，同样

不具备核心竞争能力的人，也注定不会有太大的职业发展。

第三，疏忽职守，好高骛远。曾经有人说过："无知和好高骛远是年轻人最容易犯的两个错误，也常常是导致他们失败的原因。"许多人内心充满梦想与激情，可当他们面对平凡的生活和实际的工作时，就会无计可施、无从下手。他们常常聚在一起，畅谈他们的未来和梦想，好像博古通今、才能非凡，但一旦面对具体问题和事情或涉及自己实际工作的行业情形，就茫然不知所措。

企业的营运和发展固然需要有整体性的规划和全局性的战略思考，但更需要有将种种规划与构想加以实施、完成的执行力。"说话的巨人，行动的矮子"式的员工，永远不会给企业带来实质性的作用。作为员工，不管未来发展的前途如何，都不要好高骛远，而要脚踏实地，忠于职守，做好每一件小事，具备绝对高效的执行能力。凡是事业上有所作为的人，都是踏踏实实地从简单工作开始，慢慢发展起来的。他们通过做一些微不足道的小事找到自我发展的平衡点和支点，调整心态，积蓄力量，逐步迈进成功的大门。请记住：优秀员工遵守纪律，末流员工无视纪律。

纪律意识是执行力的保证，你的执行力又决定着你工作的绩效和人生的成败。执行的关键在团队。企业是一个执行的团队，这个团队的执行力分解到个人就是执行，企业的团队执行力最终表现为在市场中的竞争力。一个团队的执行力，不仅取决于每一名成员的能力，更取决于成员与成员之间的相互协作、相互配合，这样才能均衡、紧密地结合成一个强大的整体，"心往一处想、劲往一处使"、"全心全意，令行禁止"，这样才能保证团队行动方向的一致性，行动步伐的统一性。一个人能力再强，如果不能与企业这个团队荣辱与共，没有纪律意识，不能与团队其他成员合辙合拍，最终只会是企业的"拖累"，企业前进的"负力"。

不守纪律是拖延的温床。遇到问题应立即处理，绝不可拖延。虽然拖延的原因有很多种，如懒惰、畏难等，但不守纪律却是最本质、最内在的原因。如果要避免拖延带来的恶果，就应该从守纪律做起。毕竟，撤掉恶习滋生的温床乃制胜的根本之道。

小李是一家餐厅的老板，他平日里最反感的就是那些消极怠工、怠慢客人的员工。当客人们提出要些餐巾纸、换双筷子、添点茶水时，这些员工要么动作慢慢吞吞，甚至摆出一副极不耐烦的面孔，事情能拖则拖，服务环节能省则省，其结果自然无法让客人满意。只要发现这样的员工，小李立马就会让他们卷铺盖走人。因为这些员工目无纪律，更不守纪律，如果这种拖延的习性任由它蔓延下去，就会严重伤害其他员工的积极性，影响餐厅的生意。

不守纪律的人常常将前天该完成的事情拖延敷衍到后天。其实，在工作中，有许多重要的事情，不是没有想到，而是不愿立刻去做，时过境迁，渐渐地就淡忘了。

一家外贸公司的老板要到美国办事，且要在一个国际性的商务会议上发表演说。他身边的几名要员忙得头晕眼花，甲负责演讲稿的草拟，乙负责拟订一份与美国公司的谈判方案，丙负责后勤工作。在该老板出国的那天早晨，各部门主管也来送行，有人问甲："你负责的文件打好了没有？"

甲睁着惺忪睡眼说道："今早只有4个小时睡眠，我熬不住睡去了。反正我负责的文件是以英文撰写的，老板看不懂英文，在飞机上不可能复读一遍。待他上飞机后，我回公司去把文件打好，再以电讯传过去就可以了。"谁知转眼之间，老板驾到，第一件事就问这位主管甲："你负责预备的那份文件和数据呢？"这位主管甲按他的想法回答了老板。老板闻言，脸色大变："怎么会这样？我已计划好利用在飞机上的时间，与同行的外籍顾问研究一下报告和数据，别白白浪费坐飞机的时间！"天！甲的脸色一片惨白。

到了美国后，老板与要员一同讨论了乙的谈判方案，整个方案既全面又有针对性，既包括了对方的背景调查，也包括了谈判中可能发生的问题和策略，还包括如何选择谈判地点等很多细致的因素。乙的这份方案大大超过了老板和众人的期望，谁都没见到过这么完备而又有针对性的方案。后来的谈判虽然艰苦，但因为对各项问题都有细致的准备，所以这家公司最终赢得了谈判。

出差结束，回到国内后，乙得到了重用，而甲却受到了老板的冷落。如果当时心中有纪律，并能刻不容缓地立即执行，也不会一拖再拖，以致最后误了大事。

凡事都留待明天处理的态度就是拖延，这是一种很坏的工作习惯。每当要付出劳动时，或要作出抉择时，总会为自己找出一些借口来安慰自己，总想让自己轻松些、舒服些。奇怪的是，这些经常喊累的拖延者，却可以在健身房、酒吧或购物中心流连数个小时而毫无倦意。但是，看看他们上班的模样！你是否常听他们说："天啊，真希望明天不用上班。"带着这样的念头从健身房、酒吧、购物中心回来，只会感觉工作压力越来越大。

作为一名优秀的员工，任何时候都不要自作聪明地设想或期望工作的完成期限会按照你的计划而后延。优秀的员工都会谨记工作期限，并清楚地明白，在所有老板的心目中，最理想的任务完成方式是：不要让今天的事过夜，今天的事今天完成。

如果你存心拖延逃避，你就能找出成千上万个理由来辩解为什么事情无法完成，而对事情应该完成的理由却想得少之又少。因为把"事情太困难、太昂贵、太花时间"等种种理由合理化，要比相信"只要我们更努力、更聪明、信心更强，就能完成任何事"的念头容易得多。

拖延的习惯体现在日常工作中的以下几个方面：

（1）等待上级的指示。上级不安排工作，员工就坐等；上级不指示，员工就不执行；上级不询问，员工就不汇报；上级不检查，员工就拖着办。多干事情多吃亏，多干事情多出问题，大多数拖延之人都抱着这样的观点。大多数情况下，其工作往往是在多次检查和催办下才完成的。

（2）等待对方的回复。"我已与对方联系过，什么时候得到回复我无法决定。""延误工作的责任应该由对方负责，我只能等。""追究责任也不怕，我某月某日把这份文件送给对方，这里记录得很清楚，对方不回复我能怎么办？"将责任推给别人，是拖延之人惯用的伎俩。

（3）等待生产现场的联系。不主动去为现场提供服务，不主动到一线了解实际情况，而是坐等他人来报告，等久了还不耐烦，对他人妄加指责。他们从不设身处地去为他人着想，从来不想如何及时处理问题，最终严重地影响了生产现场问题的及时解决。

拖延的习惯不仅影响工作效率，而且会造成个人精神上的重大负担。事情未能随到随做，随做随了，渐渐堆积在心上，既不去做，又不能忘，实在比早做多做更加疲劳，反而白白浪费了宝贵时间和精力。懒惰不仅无法让人放松，相反却使人心力交瘁。

拖延还会消磨人的意志，使你对自己越来越失去信心，怀疑自己的毅力，怀疑自己的目标，甚至会使自己的性格变得犹豫不决。懒惰和拖延对于一位渴望成功的人来说具有很大的破坏性，它使人丧失进取心，与自己的奋斗目标背道而驰。

因此，任何情况下都不要自作聪明地以为工作会按照自己的意愿发展，而是要清醒地认识到，一厢情愿地拖延与等待，不仅会影响自己的前程，而且还会给他人造成巨大的损失。遇到问题应立即处理，绝不可拖延。因为不论用多少种方法来逃避责任，该做的事还是得做。拖延是一种相当累人的折磨，随着完成期限的迫近，工作的压力反而与日俱增，这会让人觉得更加疲倦不堪。

没有纪律意识是拖延乃至缺乏执行力的根本原因。克服拖延，有效执行，应该从守纪律做起。

纪律是敬业的基础

敬业，就是尊重自己的职业，遵守职业纪律。如果一个人能够遵守职业纪律，他就能够以虔诚的心对待职业，甚至对职业有一种敬畏的态度，他就已经具有敬业精神。但是，他的敬畏心态如果不是以纪律为基础，那么他的敬业精神就还不彻底，还没有掌握精髓。一个人没有真正的敬业精神，就不会将眼前的普通工作与自己的人生意义联系起来，就不会产生对工作的敬畏态度，当然就不会产生神圣感和使命感。

一个团结协作、富有战斗力和进取心的团队，必定是一个有纪律的团队；同样，一个积极主动、忠诚敬业的员工，也必定是一个具有强烈纪律观念的员工。可以说，纪律永远是忠诚、敬业、创造力和团队精神的基础。对企业而言，没有纪律，便没有了一切。有了纪律，就可以由此打造一个忠诚敬业的团队。

在西点军校，具有很强纪律约束的军事训练贯穿在历时 4 年的军校生活之中，有紧张严格的

夏季训练，也有室内军事理论训练。纪律在西点军校具有特别重要的意义。西点军校非常注重对学员进行纪律锻炼，为了保障纪律的实施，西点有一整套详细的规章制度和惩罚措施。比如，如果学员违反军纪军容，校方通常惩罚他们身着军装、肩扛步枪，在校园内的一个院子里正步绕圈走，少则几个小时，多则几十个小时。

纪律锻炼主要是在新生入学后的第一年内完成。西点认为，通过纪律锻炼，可以迫使一个人学会在艰苦条件下怎样工作与生活。比如日常的着装训练，由高年级学员管新生。他们一会儿下令集合站队，一会儿又指令新生返回宿舍换穿白灰组合制服，限定在5分钟内返回原地并报告。在整个过程中，必须无条件地完成指令，不得有任何借口。这样的训练整整持续一年，纪律观念就由此深深地根植于每个人的大脑中。同时，与之而来的是每个人强烈的敬业心、自尊心、自信心和责任感，这是一些让人受益终身的精神和品质。很多经过西点军校4年严格训练的学员毕业后，在其所服务的公司、企业都创造了不凡的成绩，缔造了很多神话。这跟他们曾经在西点受训而养成的根深蒂固的纪律观念是分不开的。他们在公司、企业内部能够成功地将这种纪律观念灌输给他们的每一个下属，使整个团队、每个员工都能够严守纪律，高效率地工作。

企业的每一个员工都要具有强烈的纪律意识，在不允许妥协的地方绝不妥协，在不需要借口时绝不找任何借口，比如质量问题，比如对工作的态度等，那么，工作便会因此而有一个崭新的局面。伟大的巴顿将军所说："我们不可能等到2018年再开始训练纪律性，因为德国人早就这样做了。你必须做个聪明人：动作迅速、精神高涨、自觉遵守纪律，这样才不至于在战争到来的前几天为生死而忧心忡忡。你不该在思虑后才去行动，而是应该尽可能地先行动，再思考。只有纪律才能使你所有的努力、所有的爱国之心不致白费。没有纪律就没有英雄，你会毫无意义地死去。有了纪律，你们才真正的不可抵挡。"

在这个竞争激烈的时代，员工的纪律观念十分重要。有一位刚进企业的女员工因为忍受不了严格的制度约束，不肯接受领导下达的命令，便辞职走人了。这个女孩后来到好几家企业工作，都同样做不好，转来转去，现在仍然一事无成。员工若是没有服从纪律、遵守规定的习惯，就会像一盘散沙一样自由行事，这样企业就难有发展；只有员工们团结一致，高质量地完成企业的任务，为共同目标而努力奋斗，企业才能基业常青。

敬业的基础是纪律，纪律观念必须深深地植根于每个人的大脑中。遵守纪律不仅是每个人生存的基本需要，也是帮助公司和个人走向成功的关键因素。纪律不仅是敬业的基础，纪律同样也是责任的源泉。纪律的缺失实质上就是责任的推卸。工作就意味着责任，责任在身就要求你守纪律、承担责任，不守纪律的实质就是推卸责任。我们可以选择多承担一些责任，也可以选择少承担一些责任，但是，总会有人根本不愿意承担任何责任，责任一到身边就选择逃避和推卸，这是不守纪律的实质表现。

美国总统杜鲁门上任后，在自己的办公桌上摆了个牌子，上面写着："问题到此为止。"意思就是说：你的责任就是你的责任，不能再推。

有一个著名的企业家说："职员必须停止把问题推给别人，应该学会运用自己的纪律观念和责任感，着手行动，处理这些问题，让自己真正承担起自己的责任来。"

在工作和生活中，有些人总是抱着付出更少、得到较多的思想行事。在这种情况下，不负责任的问题就出现了。如果他们能够花点时间，仔细考虑一番，就会发现，人生的因果法则首先排除了不劳而获。因此，我们必须要为自己身上发生的一切负责。

许多人都不愿意承担责任，尤其是一些公司里的员工。在工作的过程中，他们假装不知道有责任和任务的存在，当事情中途出现了糟糕的局面后，便推说自己并不知道有关的任务或责任，以此来逃避，或者推卸自己应该承担的责任。

杰克是一家家具销售公司的部门经理，有一次，他在公司里偷偷获取到一个情报：公司高层决定安排他们部门的人员到外地去处理一项难缠的业务事件。他知道这项事务非常棘手，要想处理妥善，并非那么容易的一件事，所以，提前一天告假。第二天，上面安排任务，恰好他不在，

便直接把任务交代给他的助手，让他的助手转达。当他的助手打他的手机，向他汇报这件事情时，他便在电话中给他的助手安排了工作，以自己生病为借口，让他顶替自己带一帮人去处理这项事务。处理这项事务的具体操作办法，他在电话中也教给了这位助手。

半个月后，事情办砸了，他怕公司高层追究这件事的责任，便以自己告假为由，言称自己不知道这件事情的具体情况，一切都是助手自作主张，带领一帮人去处理的。按他的想法，助手是总裁安排到自己身边的人，出了事，让他顶着，在公司高层面前还有一个回旋的余地，假若让自己来承担这件事的责任，恐怕有被降职罚薪的情况发生。总裁听了助手的具体阐述，对这位经理的人品产生了怀疑，害怕他把这种手段当做惯伎，影响了公司的团结和业务发展，所以再也没有给过他一份富有挑战性的工作。

一个没有纪律观念的员工，就是一个推卸责任、逃避困难、不敢面对挑战的员工，很难让人相信他会真正为企业担当什么责任，作为企业的领导，有谁敢赋予他更大的使命呢？作为企业的一员，拿着公司的薪水，就应该把企业的事业当成自己的事业，在做事的时候，也应该站在公司的立场上为企业的稳定和发展谋划考虑。假若一碰到棘手问题，便筹划对策，考虑逃避责任的方法，以此来回避责任，当事情办砸了，便以不知道为借口来推卸自己的责任，这样做只会为自己的事业发展埋下"祸根"。

也许逃避一次责任会让你窃喜，以为聪明本来就是属于你的，而别人是傻瓜。可是，当发现此后责任再也不会在你面前出现的时候你才会明白，那些承担过责任的人有了更丰富的经验，有了更好的职务，甚至老板都和他称兄道弟，他们其实并不傻。在平日工作中，最愚蠢的行为就是推卸责任。在需要你承担责任的时候，勇敢地去承担它，这时你可能就抓住了最好的机会。

美国塞文机器公司前董事长保罗·查莱顿曾经这样说："我不止一次警告我手下的员工，如果有谁说：'那不是我的错，那是他（其他的同事）的责任。'这样的话被我听到，我就会毫不留情地开除他，因为说这话的人显然对我们公司没有足够的兴趣。你愿意站在那里，眼睁睁地看着一个醉鬼坐进车里去开车，或是一个两岁大的小孩单独在码头上玩耍吗？我是绝不允许你那么做的，你必须去制止那个醉鬼的行动，必须跑过去保护那个两岁的小孩才行。同样的，不论是不是你的责任，只要关系到公司的利益，你就不可以置身事外，你都该毫不迟疑地加以维护。因为，如果一个员工想得到提升，任何一件事情都与你有关联。如果你想使老板相信你是个可造之才，最好、最快的方法，莫过于积极寻找并抓牢促进公司发展的机会，哪怕不关你的责任，你也要这么做。"

巴顿将军有句名言："自以为了不起的人一文不值。遇到这种军官，我会马上调换他的职务。每个人都必须遵守纪律，必须心甘情愿地为完成任务而献身。"他所强调的是，每个人都应该付出，要到最需要你的地方去，时刻不能忘记你的责任。承担责任在不同的工作状态下有不同的形式。但一个总的原则是要熟悉自己的岗位职责，明了自己的权限，发现自己的工作职责内的任何事情都要主动地予以解决，除非出现信息不对称的情况，否则等领导来安排你去工作时，就是你的失职。如一个花匠，定期浇水、修剪，花草出现枯萎等情况要及时救治或要搬离现场，这些工作统统都是无须安排的，不管什么理由，你做不到，就是失职，就是没有承担起应承担的责任，因为你的工作让你的领导费了心。

春草是公司质管部经理，人非常聪明，也很能干，就是有一个缺点，凡事都想给自己留好退路，对比较棘手的事情，可能要承担责任的事情，会想办法推给其他部门或自己的上司。她非常善于用与你商量商量或汇报汇报的语气沟通工作，一旦你有什么意见比较符合她的心愿，她就会去执行，而一旦出现了问题，她便会把责任往你身上推。

她的这种思想和做法最终还是酿成了大错。一次，市场上的产品出现了质量问题，她检查了一下，认为工艺原料等都没有差错，就觉得是技术问题。技术部门检查后说技术也没问题，她就认为是技术中心不配合，问题不好解决，就把事情搁置起来了。后来质量问题在市场上暴露得越来越严重，并最终造成大批量的退货，给公司造成了巨大的损失。在追究责任时，她还坚持认为

是技术中心不配合导致的结果，丝毫没有认识到对质量负总责的她，应该在这个过程中充当一个什么样的角色。由于她缺乏管理者的基本素质，当场就被老总解雇了。

我们每个人必须明白自己的责任就是自己的，只要有错就去勇敢承认，不进行任何推卸和辩解，也不要去找任何客观理由。一个有着很强纪律观念的人必然不会推卸责任，一个勇于承担责任的人必然是一个敬业的人。责任与敬业是一个人生存之本，纪律则是立本之土壤。

西点军校经典法则

法则六

信念

有必胜的信念才有胜利的结果

西点毕业生著名作家爱伦坡说过："强烈的成功欲望会使一个人忘记一切苦痛，迎来成功的一天。"信念，是一种内心的力量，它牵引着你不停地往某一个方向前进，支撑着你把 0.1% 的希望变成 100% 的现实。

信念，就是在绝望的黑暗中相信那仅存的 0.1% 的光亮。在电影《肖申克的救赎》里为我们讲述了这样一个故事。

1947 年，银行家安迪被指控枪杀了妻子及其情人，被判无期徒刑，这意味着他将在肖申克监狱中度过余生。

然而，在体验了监狱里的黑暗和残暴时，他没有放弃过对自由的向往，因为他知道自己是清白的，他不属于这里。他心中一直都存在一种回归自由的强烈信念！

在监狱里，他认识了因谋杀罪被判终身监禁的瑞德，瑞德答应了安迪的要求，帮他弄到了一把岩石锤，让他雕刻石头来消磨监狱里的时光。后来，安迪从一个新囚犯那里得知自己有望洗刷冤屈，于是向典狱长提出要求重新审理此案，却没想到典狱长为阻止安迪获释而不惜设计害死知情人。面对残酷的现实，安迪决定采取行动。原来精通地质的安迪早就发现牢房的墙很易挖掘，于是借用明星海报的掩饰，整整 20 年，他在每天晚上固定的时间靠那把小小的岩石锤挖出了一条逃生隧道；写了整整 6 年信，为监狱的囚犯们争取到了一座图书馆；利用自己的财务知识，使得典狱长重用自己，并为自己逃生后的生活做了一切安排；将一个不识字的青年培养成为一个合格的学生……以上的一切均在似长不长、似短不短的 20 年中完成了，就是这种争取自由和幸福的信念支撑着安迪在一个四面高墙、充满黑暗和绝望的恶劣环境中坚持了下来。

最后在一个风雨交加的夜晚，安迪爬过 500 码的下水道，逃出监狱。获得自由的安迪揭发了典狱长的恶行，并且利用典狱长贪污受贿的钱买了座小岛。

在最易磨灭希望的监狱里，安迪用各种方式提醒自己和身边的人们——这世上还有不用高墙铁栏围起的地方，这是任何人都无法触摸的，是属于自己的心中无刻不在的信念！片中瑞德说了这么一句旁白："有一种鸟儿是永远也关不住的，因为它的每片羽翼上都沾满了自由的光辉！"信念的力量是如此之强，当安迪爬出下水道重获自由的那一刻，就是他重生的那一刻。每个人都是

凤凰，但是只有经过命运烈火的煎熬和痛苦的考验，才能浴火重生，并在重生中达到升华。只有心中充满了胜利的希望，才不会被任何世俗偏见、艰难困苦所打倒。

赵小兰，美国劳工部部长，是进入美国总统内阁的华裔第一人。初到美国，生活非常困难，条件简陋，语言不通，没有朋友。面对陌生的土地、陌生的文化，赵小兰总是这样鼓励自己：相信明天会更好。她从未觉得困难不可战胜。

为了家庭和明天，赵小兰的父亲同时打着3份工，承担着重担，奋力地拼搏。在美国的中国移民，尤其是第一代移民，为了下一代过上美好的生活，他们非常努力地工作，付出了常人难以想象的艰辛，这给了赵小兰战胜困难的坚定信念和巨大力量。

美国的华人移民历来难以进入美国主流社会。赵小兰的父母也曾鼓励她向工程科学领域发展，在这方面语言不是大的障碍，华裔有着巨大的发展空间，但她却选择了从政。

赵小兰说，人只要有信念，敢于选择，勇于坚持，就能显示出决心和魄力，就能自己从内心勉励自己克服困难，就一定会"自己有想法"，就"自己知道什么是最重要的"。

几十年来，赵小兰凭着"相信明天会更好"的信念，成就了辉煌的事业。赵小兰经常鼓励新移民："种族歧视当然会有，但重要的是不要让这样的挑战击败你。种族歧视不会将你击败，唯一能击败你的是你自己。"

是的，只要抱着必胜的信念，只要不被自己击败，那还有什么能够击败你呢？也许，每个人都曾有过绝望的感觉。它可能是一种无能为力的彻底挫败，是一种走投无路的困顿无望，是一种从天上掉进悬崖的巨大反差，是一种刻骨铭心的心痛心碎，是一种寒风呼啸中看不到任何光明和温暖的黑色记忆……这种绝望很容易让人破罐子破摔，自暴自弃放任自己的堕落。但是，有成功信念的人是永远不会堕落的，因为他的脚下踩着坚硬的岩石，无法堕落。即使是被扔到了北极，照样能在温暖的花丛中悠然自得地晒太阳。因为他们在北极圈里为自己建了一个开满鲜花的温室，在最绝望的时间、地点保持乐观的信念，从未放弃过对美丽人生的执著追求。

每一个人都是蝴蝶，也许只有经历了暗无天日的绝望时光才能最终破茧而出。心中的强大信念，是陪伴我们度过那些最艰难时光的温暖光亮。

永远追求第一

西点意味着卓越。新学员一入校，西点就向他们灌输这个理念。就如西点军校前校长潘莫将军所说的："给我任何一个人，只要不是精神病人，我都能把他们练成一个优秀的人才。"

走进西点，便意味着告别平庸，走向卓越。当然，这种卓越是建立在道德的基础之上的。在西点，学员们一直对那些成就显赫、德行高尚的校友推崇备至。在称得上美国民族英雄的西点名将中，麦克阿瑟是军事上最具天赋的人物。1962年，他对西点学员说了下面这些话：

"你们要以军旅为家，要一心想着胜利。在战争中，你们必须知道是没有任何东西能代替胜利的，如果战败了，我们整个国家就会灭亡；你们必须牢记责任、荣誉、国家。那些能挑起争论的国际国内问题让别人去喋喋不休地辩论吧，你们要沉着、冷静、清醒，坚守在自己的岗位上，你们是国家防范侵略的卫士。在国际冲突的惊涛骇浪中，你们是国家的救生员；在战争的竞技场上，你们是国家的斗士。在一个半世纪的漫长岁月中，你们日夜戒备，英勇御敌，保卫了国家解放、自由、正义和公平的神圣传统。让公众去争论政府的功与过吧。让他们去争论连年的财政赤字、联邦政府日益增长的家长作风、各种权力机构变得十分傲慢、社会道德水准降得太低、各种税收增长得太快、过激分子变得更加肆无忌惮，等等。这是否削弱了我们国家的力量，伤了国家的元气？让他们去争论个人自由是否已经达到了应有的彻底和完整。这些重大的国家问题不是靠你们职业军人或军队来解决的。你们的座右铭就像茫茫黑夜中光芒万丈的灯塔——责任、荣誉、国家。"

比起夸夸其谈，西点人更看重实际行动，努力追求完美结果。麦克阿瑟本人便是这样的。

　　1899年6月13日,麦克阿瑟来到西点军校报到。当时他已是一个风流倜傥、潇洒漂亮的小伙子,被人称为"军校有史以来最英俊的学员"、"典型的西部牛仔"。有人说他像王子一样神气,黑头发黑眼睛,即使只穿游泳裤,别人也能一眼看出他是个军人。为了管住这位漂亮的士官生,使之不受风流韵事的干扰,他母亲也一同跟着来到西点,住在学校附近的一家旅馆里,一陪就是两年,直到丈夫从菲律宾回国后,她才离开。在母亲的督促下,麦克阿瑟进步飞快。

　　麦克阿瑟善于在群体中树立自己的形象,竞争越激烈,他越能脱颖而出。在学业上,他比班上其他人更用功,常在熄灯号吹过、瓦斯停止供应后,还点着蜡烛读书。为了不被察觉或影响他人休息,他就用军毯把床围起来。由于他思维敏捷,反应快,加之学习用功,其接受能力、理解能力、背诵能力和表达能力都很强。第一学年结束时,在全班134名学员中,麦克阿瑟的成绩名列第一,并得到与一位四年级学员同住一个寝室的优待。因为四年级学员允许比其他年级的学员晚休息一个小时,这样麦克阿瑟就可以多一个小时的学习时间。在其后的3年中,麦克阿瑟的学习成绩除第三年降到第四名外,均为全班第一。到毕业时,他的总成绩平均为98.14分,据说是25年来西点学员所取得的最高成绩,在以后的许多年里也无人能够超越。

　　麦克阿瑟不但在文化课方面出类拔萃,而且在军事训练和体育运动上也表现不凡。由于从小在军营里长大,他在耳濡目染中掌握了一定的军事知识和训练技巧,因此他的军事科目样样优秀,无可匹敌,尤其擅长射击和骑术。他是学校棒球队的一员,曾赢过多次比赛。他还加入过足球队和橄榄球队,曾担任橄榄球队的领队。

　　麦克阿瑟在西点军校的另一引人注目之处是他所展示的领导才能。他曾连续3年获得同年级学员中的最高军阶:二年级时任学员下士,三年级时任第一上士,四年级时任全学员队的第一上尉和第一队长。在西点军校百年史上,获得学员第一上尉和毕业成绩第一这一双重荣誉的,在他之前只有3个人。

　　麦克阿瑟在第一、第二次世界大战中也有卓越的表现。在第一次世界大战中,他率领的彩虹师战功卓著,他本人成为大战中受勋最多的军官之一,也是被提升为准将的最年轻的军官之一。

　　西点人明白,胜利是最好的说明。唯有卓越的成绩可以说明一切。所以西点的教官十分注重向学员们灌输卓越的意识,让所有的学员明白全力以赴,夺得第一,才能带来荣誉。

　　前总统吉米·卡特在海军服役的时候,曾经申请参与核动力潜艇计划。那时候负责这个计划的是海军上将海曼·里科弗,他的标准严厉以及要求之高在军中无人不知。吉米·卡特那时候必须和这位传奇色彩浓厚的将军面谈,只要是跟这位将军面试过的申请者走出大门,都是满脸的疑惧,显然是被吓坏了。但是要想获得录取,就得先过了海曼·里科弗这一关。

　　吉米·卡特回忆说,在他和海曼·里科弗上将的谈话过程中,将军大多让他自由发挥,挑他自己比较熟悉的话题谈。不过将军问他的问题越来越难,而且都是吉米·卡特不怎么熟悉的领域。

　　就在访谈即将结束的时候,将军问他:"你在军校里头的成绩怎么样?"吉米·卡特非常骄傲地回答说:"我在820名的学员当中排名第59。"他满心以为将军会对这样的成绩表示赞赏,没想到将军却说:"看来你没有全力以赴。"

　　吉米·卡特起初回答说:"不,我尽了全力。"但是后来他想了想,其实在盟邦、敌人、武器以及战略等领域的认识上,他都还有加强的空间,因此后来他回答说:"是,我不是一直都如此全力以赴。"

　　海曼·里科弗上将盯着吉米·卡特看了一会儿,然后转身表示访谈结束,不过他丢了一个问题给吉米·卡特:"为什么不?"

　　海曼·里科弗上将是不是太过严厉了?他对年轻的海军军官是否要求太高?他的期望是否不切实际呢?吉米·卡特可没想这么多,海曼·里科弗上将那天所说的话令他毕生难忘。好几年之后,吉米·卡特索性以这句话作为他的新书标题——《为什么不出类拔萃》。

　　约翰·马克斯韦尔上校在《开发心中的领袖潜能》一书当中写道:"大多数的人都会想要找些借口来搪塞,而不是努力成为人上人。"事实上,西点人必须付出全部的心力才能成为卓越的士兵,如果只是找个借口来搪塞自己为什么不全力以赴,那真是不用费什么力气。同样的,如果

你想要在事业上出类拔萃，那就一定要付出相当的代价，舍此之外，别无捷径。

美国 NBA 迈阿密热火队总经理兼主教练帕特·莱利这么说："卓越是不断追求更优越表现的累积'结果'。"值得注意的是，帕特·莱利并没有说"如果你这么做，你就能够掌握卓越的'配方'"。你必须一步一个脚印地成长，为更优越的表现做好准备，最后才能够达到顶尖的水平。

尽管注重胜利，要求所有的学员都努力争取第一，但是西点并不提倡"胜者王侯，败者寇"的观念。追求卓越，重视胜利，同时也关心成功中的道德因素，或失败中的道德评价，这也表现了西点人的豁达和宽容。

所以，如果你要想在工作上有所作为、在事业上有所建树，就必须像西点军人一样，无论何时都要全力以赴，勇争第一。

就像澳柯玛的广告词一样："没有最好，只有更好"，如今它已随着产品飞入了千家万户，成为人们追求完美与卓越的座右铭。不管做哪一行哪一业，我们只有怀着一颗追求完美的心，精益求精，才能取得更大的成绩。

纳迪亚·科马内奇是第一个在奥运会上赢得满分的体操选手，她在 1976 年蒙特利尔奥运会上完美无瑕的表现令全世界疯狂。

纳迪亚·科马内奇在接受记者采访，谈到她为自己所设定的标准以及如何维持这样的高标准时说："我总是告诉自己'我能够做得更好'，不断驱策自己更上一层楼，要拿下奥运金牌，我不能过正常人的生活，必须比其他人更努力才行。对我而言，做个正常人意味着必须过得很无聊，一点儿意思也没有。我有自创的人生哲学：'别指望一帆风顺的生命历程，要期盼成为坚强的人。'"

"一个人追求的目标越高，他的能力就发展得越快，对社会就越有益。"高尔基的这句话在今天听来仍未过时。我们随时都需要 100% 的投入才有希望杰出。仅仅完成工作中规定的任务，并不是一个能够激励人心的目标。如果你想要别人注意到你的努力，那你就得努力超越自己，达到卓越。

林达，国内 IT 界的风云人物。30 岁出头就当上了公司的总裁，统领国内顶尖的软件公司，他所率领的研发小组开发了适用于个人用户和企业用户的多款知名软件。林达心里铭刻着一句话——让优秀成为习惯。

进入大学的时候，他是他们专业年龄最小的一个，却是成绩最好、最努力刻苦的一个。他每天天不亮就跑到学校的操场上，大声地背诵英语，上课时他永远是坐在第一排的最认真的学生，他的实验做得是最认真的，他的试卷永远都是最漂亮的。当这个已经让优秀成为习惯的小伙子以全优的成绩从大学毕业时，才 20 岁出头。

进入现在这家公司后，他以"让优秀成为习惯"的信念时刻鞭策着自己。"要做一件事，就要把它做到最好，否则还不如什么都不做！"他总是这样对同事说。在公司里，他对自己的要求最为严格，是最敬业的一个，所以他的工作也是最出色的。当然，林达也成了公司里晋升最快的人，24 岁就成为公司的部门经理，28 岁的时候又升为公司的总经理。公司改组后，刚刚 30 岁的他成了公司的总裁。

地位变了，但"让优秀成为习惯"的信念没有改变，他带领企业涉足信息安全、桌面办公、游戏娱乐等诸多领域，自主研发了适用于个人用户和企业用户的多款知名软件，都取得了不俗的业绩。企业在应用软件领域的技术实力和市场营销能力在业界一直保持着领先地位，营业规模持续高速增长。现在，公司的营销网络已经遍布全国乃至世界各地，并且与国内外几十家知名的 IT 企业建立了紧密的合作伙伴关系。在林达的带领下，他所在的公司已经发展成为具有国际影响力的大型专业化软件公司。母校百年校庆时，林达作为杰出校友被邀请回校，在那些被邀请的杰出校友中，他是最年轻的一个。林达为母校的学子们作了精彩的演讲，主题就是：让优秀成为习惯。

被誉为"全美最杰出大学篮球教练员"的约翰·伍登说："成功，就是知道自己已经倾注全力，达到自己能够达到的最极致的境界。"对于优秀的人来说，成功并非最终的结果，而在于追求卓

越的过程。一个永远用最严苛标准要求自己的人才是最优秀的，也才是最让人放心的。

国内某房地产公司的老总曾回忆道："1987年，一个与我们公司合作的外资公司的工程师，来拍项目的全景，本来在楼上就可以拍到，但他硬是徒步爬到一座山上才拍。当时我问他为什么要这么做，他只回答了一句：'回去后董事会成员会向我提问，我要把整个项目的情况告诉他们才算完成任务，不然就是工作没有做到完美。'"这位工程师的个人信条就是："我要做的事情，不会让任何人操心。任何事情，只有做到完美才是合格的。"我们在职场中，又何尝不应该像这位工程师一样，不用别人督促，事事追求完美？一个人只有不断提升自己的标准，鞭策自己更上一层楼，才有可能摆脱平庸的桎梏。

虽然，人类永远不能达到完美，但在我们不断增强自身实力的过程中，那种永争第一的信念会促使我们不断登峰，而我们也会朝着一个又一个胜利奔去。

不服输的人才有赢的希望

对于一个人来说，成功的信念和积极的心态比什么都重要。只有这样，你才能在困难中坚持，在坚持中成功。世界上最伟大的人，通常也是失败次数最多的人。面对各种不利，只要有一点点成功的可能，就要永不放弃。

西点人认为："任何事情只要你认为是正确的，事前切勿顾虑过多，最重要的是，拿出勇气全力冲过去。过分谨慎，反而成不了大事。"

纽约华尔街是全世界最著名的金融街，这里流传着这样一句话："华尔街不是女人待的地方。"可以想见，一名女性想在这里立足之艰辛。但是没有任何金融背景的裔锦声不仅在华尔街立足，还书写了一段华尔街的职场传奇。

刚刚在美国读完中文博士的裔锦声，在找工作时看到舒利文公司的招聘广告：要求求职者商学院毕业；至少有3年的金融专业或银行工作经验；能开辟亚洲地区的业务。

显然，裔锦声没有达到要求，尽管如此，她还是很快整理好个人资料寄给舒利文公司。结果当然是石沉大海。但她还是不停亮剑，每天都给舒利文公司打联系电话，以至于人事部门一听到是她的声音，便想着各种理由婉拒。

最后，她鼓起勇气拨了舒利文公司总裁的电话。在电话里她坦言："我没有商学院的学位，也没有在金融业的工作经验，但我有文学博士学位。文学就是人学，长期的文学熏陶使我善解人意。在获得博士学位的过程中，我知道怎样发现问题，解决问题。我是一个女性，经受了许多困难和歧视，我不仅没有退缩，反而变得更加坚强。基于我拥有的这些优点，我将成为公司的财富，而且相信公司也一定会为我提供这个机会，这对双方都是有益的事情。我很想到你们公司工作，但打了好多次电话都被拒绝了，请您给我一次机会吧。公司聘用我而我没有干好，最多损失几个月的薪水。如果公司认为在我身上投资有风险，那你们可以先不付我薪水呀。"她噼里啪啦一口气说完了这些话。

半个小时后，舒利文公司通知她去面试，经过整整7次严格的面试后，舒利文公司拒绝了100多名有金融背景的求职者，录用了她这个对金融一无所知的文学博士。结果大出人们的意料。

经过5年的艰苦奋斗，她因业绩突出被破格提升为副总裁，成为该公司创立以来的首位外籍女性高级主管。

后来，裔锦声问舒利文公司总裁为什么最终会聘用她，总裁告诉她，正是她连珠炮似的话，尤其是最后一句话感动了他。"因为你是一个不会向生活妥协的人，而我们公司需要的正是这样的人。专业知识可以学习，但永不言败的性格却不是人人都具有的。你的勇气和信念已经远远超出了求职本身。"

任何事情都不简单，如果一遇到困难和失败就认输了，撤退了，那么哪里才有成功的希望呢？

本田创业的过程，可说尝够了失败的滋味，一次次打击接踵而来，换了别人，可能早被击垮了，但本田却从来没有灰心丧气过。

在"好梦"号摩托车诞生之前，本田公司投入新机械的资金已达4.5亿日元。一家从家庭式工厂起步的公司如此大胆，至今想起来让人不寒而栗。新机械大量地购入了，占了许多资金，但公司却业务不振，连薪水都发不出，实在狼狈不堪。本田深感肩上担子的沉重，他表情严峻，把希望寄托在自己研制的"好梦"号摩托车上。试车那天，"好梦"号终于上山了，本田和同事们抱在一起又哭又叫。"好梦"号成功了！这是本田公司的第一辆真正的摩托车，由本田和河岛设计。新车设计出来了，但销路不畅，工人大部分时间无所事事，令本田大为悲愤。但他不是那种能被困难吓倒的人，他战胜悲愤的方法，就是参加在代代木公园举行的摩托车赛，以此来宣传自己的产品。

本田将摩托车开得狂驰如飞，遥遥领先，可是在转弯时却被树木绊倒，人被摔出10多米远。当人们把他送往医院时，他却狂呼道："放下我！我要赛到底！"

这样险象环生的车祸至少发生过四五次，但本田从来没有被吓倒过。

1954年，本田公司费了九牛二虎之力，使自己的摩托车得以参加国际比赛，结果被淘汰出局。

本田又用行动战胜了惨败带来的恐惧。7年以后，本田摩托车终于在罗马大获全胜，囊括了大赛的前5名。本田摩托车在一夜之间名声大噪，订货单源源而来，不到5年，外销金额突破了1亿日元大关。

本田成了媒介宣传的英雄。但他自己却说，他只不过是一个普通人，那种失败的滋味儿并不好受。失败对于每一个人来说都不好受，唯一的区别就是本田即使失败了也以一股不服输的劲头，继续努力。

《亮剑》中的李云龙更是一个永不言败、宁死不屈的铮铮铁汉。

在李家坡战役中，八路军伤亡惨重，李云龙向386旅旅长陈赓请缨："师属炮兵营暂时由我指挥，就这点儿要求。拿不下李家坡我也用不着提着头来见你，因为那时我肯定已经躺在山坡上啦。我只能向你保证，我们独立团全团一千多号人绝不会有人活着退出战斗。"

这种不服输的敢死队精神，使李云龙的独立团在李家坡之战中大获全胜。

不怕死的人往往不会死，同样，不怕输的人往往也不会输。只有拿出李云龙那样的亮剑精神，才能在职场中克服万难，取得成功。

初生牛犊不怕虎的蒙牛选择的第一个重点市场，不是家门口的内蒙古首府呼和浩特，也不是附近的首都北京，而是需要辗转3300公里才能将货送达售点的深圳——改革开放的前沿阵地。

在深圳叱咤风云的经销商乌日娜，起步时却不知道"分销"为何物，但她愣是成长为蒙牛经销商中的"三大闯将"之一。我们来听听她本人在接受《蒙牛内幕》作者张治国采访时叙述的酸甜苦辣：

1999年4月29日，乌日娜给杨文俊及牛根生打电话，决定开始做牛奶。

那时市场不太好，伊利在深圳没几天就失败了。乌日娜对牛根生说，相信我吧，我一定干好。

5月8日，牛、杨、邓三人拎着十几箱牛奶来到深圳，到（孙先红）先行人广告公司落脚。大家一起在市场上买了各种品牌的牛奶，进行盲测，结果每个人都感觉蒙牛是最好的。大家充满了信心。

一个月后，乌日娜穿着皮鞋将所有商场走了一遍，一说内蒙古的产品，都不要。说，我们老板就喝澳牛，喝保利，内蒙古的牛奶不喝。

万事开头难，没有促销费，乌日娜自己做T恤衫，登报纸广告，印DM单，穿蒙古袍促销……

沃尔玛当时就要1件小奶，1件大奶。第三次，要了3件。没有送货车，乌日娜就坐公共汽车送，骑自行车送。

一天走十件八件货。第一批10吨牛奶，乌日娜没卖出去。但不想让大家对她失去信心，又进了第二批货，20吨。

困难接踵而至，乌日娜咬牙坚持。由于是先赊货，后付钱，十几个分销商，有两家欠了八九万元，

始终没给钱。有个被辞掉的分销商还开车撞乌日娜的房门。

刚开始做促销时缺乏经验，用低工资雇佣的促销员，卷走了货款，住宅小区内做促销丢得更多。7、8月间，深圳下大雨，箱底都开始长毛，又损失了一批货。

但乌日娜没有被困难打倒，她从失败中作总结，找教训，第一年下来，300万的合同，她完成了600万。第二年，合同一下就订了3600万。这可是个"天文数字"！听了这样的消息，本来应该在呼市治疗脚疾的乌日娜，当日就赶回了深圳。当时，原先的一批骨干听了这样的合同，都走了，只留下了一个人。

但这一年下来，乌日娜把"天书"做成了"地书"，3600万的数字也不是什么神话！

乌日娜用这种"敢死队"式的亮剑精神打开了蒙牛在深圳的市场，将深圳战役演绎成了传奇。

只有不怕苦，不怕累，不妥协，不服输，不放弃，想一切办法完成公司任务的人才能开拓出一条辉煌的事业之路。条件再困难，可以创造条件；希望再渺茫，也能找出许多方法去解决。

有个记者访问一位500强的优秀员工："为什么你在事业上经历了如此多的艰难和阻力，却从不放弃呢？"这位500强员工答道："你观察过一个正在凿石的石匠吗？他在石块的同一位置上恐怕已敲过了100次，却毫无动静。但是就在那第101次的时候，石头突然裂成两块。并不是这第101下使石头裂开，而是先前敲的那100下。"

拿破仑·希尔发现，他访问过的成功人士都有个共同的特征，在他们成功之前，都遭遇过非常大的险阻。表面上看来，事情是应该罢手了，放弃算了，殊不知此时仅仅差一步就能到达终点了。

水烧到99度的时候可能还没有开，这时候如果你绝望了，不愿意再等待了，那么就很容易在几秒钟的差距里与成功擦肩而过。在绝望的时候，一定要学会多点耐心，再等待一下，再努力一下。

希拉斯·菲尔德先生想在大西洋的海底铺设一条连接欧洲和美国的电缆。随后，他就开始全身心地推动这项事业。

前期基础性的工作包括建造一条1000英里长、从纽约到纽芬兰圣约翰的电报线路。纽芬兰400英里长的电报线路要从人迹罕至的森林中穿过，所以，要完成这项工作不仅包括建一条电报线路，还包括建同样长的一条公路。此外，还包括穿越布雷顿角全岛共440英里长的线路，再加上铺设跨越圣劳伦斯海峡的电缆，整个工程十分浩大。

菲尔德使尽浑身解数，总算从英国政府那里得到了资助。然而，他的方案在议会上遭到了强烈的反对，在上院仅以一票多数通过。随后，菲尔德的铺设工作就开始了。电缆一头搁在停泊于塞巴斯托波尔港的英国旗舰"阿伽门农"号上，另一头放在美国海军新造的豪华护卫舰"尼亚加拉"号上，不过，就在电缆铺设到5英里的时候，它突然被卷到了机器里面，断了。菲尔德不甘心，进行了第二次试验。在这次试验中，铺到200英里长的时候，电流突然中断了，船上的人们在甲板上焦急地踱来踱去，好像死神就要降临一样。就在菲尔德先生即将命令割断电缆、放弃这次试验时，电流突然又神奇地出现，一如它神奇地消失一样。夜间，船以每小时4英里的速度缓缓航行，电缆的铺设也以每小时4英里的速度进行。这时，轮船突然发生了一次严重倾斜，制动器紧急制动，不巧又割断了电缆。

但菲尔德相信事情一定会有转机。他又订购了700英里的电缆，而且聘请了一位专家，请他设计一台更好的机器，以完成这么长的铺设任务。后来，英美两国的发明天才联手才把机器赶制出来。最终，两艘军舰在大西洋上会合了，电缆也接上了头；随后，两艘船继续航行，一艘驶向爱尔兰，另一艘驶向纽芬兰，结果它们都把电线用完了。两船分开不到3英里，电缆又断开了；再次接上后，两船继续航行，到了相隔8英里的时候，电流又没有了。电缆第三次接上后，铺了200英里，在距离"阿伽门农"号20英尺处又断开了，两艘船最后不得不返回爱尔兰海岸。

参与此事的很多人都泄了气，公众舆论也对此流露出怀疑的态度，投资者也对这一项目没有了信心，不愿再投资。这时候，如果不是菲尔德先生坚持，这一项目很可能就此放弃了。菲尔德为此日夜操劳，甚至到了废寝忘食的地步，他决不甘心失败。

于是，又一次尝试开始了，这次总算一切顺利，全部电缆铺设完毕，而没有任何中断，几条消息也通过这条漫长的海底电缆发送了出去，一切似乎就要大功告成了，但突然电流又中断了。

这时候，除了菲尔德和他的一两个朋友外，几乎没有人不感到绝望。但菲尔德仍然坚持不懈地努力，他又找到了投资人，开始了新的一次尝试。他们买来了质量更好的电缆，这次执行铺设任务的是"大东方"号，它缓缓驶向大洋，一路把电缆铺设下去。一切都很顺利，但最后在铺设横跨纽芬兰60英里电缆线路时，电缆突然又折断了，掉入了海底。他们打捞了几次，但都没有成功。于是，这项工作就耽搁了下来，而且一搁就是一年。

好一个菲尔德，这一切困难都没有吓倒他。他又组建了一个新的公司，继续从事这项工作，而且制造出了一种性能远优于普通电缆的新型电缆。1866年7月13日，新一次试验开始了，并顺利接通，发出了第一份横跨大西洋的电报！电报内容是："7月27日。我们晚上9点到达目的地，一切顺利，感谢上帝！电缆都铺好了，运行完全正常。希拉斯·菲尔德。"不久以后，原先那条落入海底的电缆被打捞上来了，重新接上，一直连到纽芬兰。

人生从来就没有真正的绝境，不服输的人才有希望。如果你始终在绝望的边缘徘徊，请别放弃，再为自己加一加油，也许就是这最后的临门一脚为你创造了奇迹。

一个人的成就不会超过他的信念

喷泉的高度不会超过它的源头，一个人的成就不会超过他的信念。有信心的人，可以化渺小为伟大，化平庸为神奇。相反，你若认为连最简单的事也无能为力，那小山对你而言，也会变成不可攀登的高山。

西点人重视荣誉，渴望通过胜利来获得荣誉，正是这样的信念支持着西点人追求胜利的脚步。

拿破仑曾指着地图上的一条小路问"如果通过这条路直接穿过去有没有可能"时，那些探寻过的工程师们吞吞吐吐地回答："可能行的……还是存在一定可能性的。""那就前进吧。"身材不高的拿破仑坚定地说，丝毫没有因为工程师的弦外之音而动摇。谁都知道穿过那条道路的难度有多大，在此之前还没有人能够征服这座天然的屏障。

当英国人和奥地利人听到拿破仑想要跨过阿尔卑斯山的消息时，都轻蔑地报以无声的冷笑："那是一个从未有过任何车轮碾过，也从未有过车轮能够从那碾过的地方，更何况他还率领着7万人的军队，拉着笨重的大炮，带着成吨的炮弹和装备，还有大量的战备物资和弹药呢？"然而就当被困的马塞纳将军在热那亚陷于疾困交加的境地时，拿破仑的军队犹如天兵一样出现了。一向认为胜利在望的奥地利人不禁目瞪口呆，军心大乱，他们几乎不敢相信，眼前这个不到1.60米的小个子竟然征服了高不可攀的山峰。

你的成就大小，往往不会超出你自信心的大小。

在大学课堂上，教授问同学们："有谁知道世界第一高峰？对于如此小儿科的问题大家当然不屑一答，仅用最低的分贝附和：珠穆朗玛峰。谁知教授紧接着追问："世界第二高峰呢？"这下，大家回答不上来了。教授转过了身，在黑板上写下了：屈居第二与默默无闻毫无区别！

教授曾在12年前做过一项试验，他要求他的学生毫无顺序地进入一个宽敞的大礼堂并自由找座位坐下。反复几次后，教授发现有的学生总爱坐前排，有的学生则盲目随意，四处都坐，还有一些学生似乎特别钟情于后面的位置，教授仔细记下他们的名字。

等到10年之后，教授对他们的调查结果显示：爱坐前排的学生成功的比例比其他学生高出好多倍。

教授认为："不是说一定要站在最前、永远第一，而是说这种积极向上的心态十分重要。在漫长的人生中，只有永争第一，积极坐在前排的人才更容易出类拔萃。"

在电视剧《大长今》里，无论是做御膳房的尚宫还是做医女，长今都把自己做到了最好。在现实生活中的"长今"李英爱也是一样努力把自己做到最好，与她共事7年的经纪人李周烈说："她总是努力把事情做到最好，无论多么小的事。"《大长今》的导演李丙勋也对她的这种精神印象非常深刻。他回忆说，有一次出外景，在零下几度的气温里，为了要进入表演情境，李英爱特地提早一两个小时到现场，裹着大披肩在旁边练台词、看他人演出。刚开拍《大长今》的时候，有

一幕需要女主角表现悲伤的心情，李英爱全身心投入自己的角色，"她不到 10 秒就掉下了眼泪"。让旁边的工作人员都对她精湛的演技大感佩服。"不过李英爱也很固执，不演她不能认可的角色。"

每一个中国人，或多或少都会受到传统观点的影响，把淡泊名利当成一种美德，甚至觉得追求功名利禄就是庸俗。这种观点也许会让那些已经腰缠万贯的人窃笑不已。对于这点，我们一定要提前醒悟，不要还傻乎乎地蹲在那里像阿 Q 一样施行精神胜利法穷开心。

一个牧师曾讲过这么一个故事：

约翰死后来到了天堂，天使带他来到了一个小房间，并告诉他这是他生前所获得的东西，但是却要求他不要打开另外 3 个宽敞明亮的大房间。经过他的多次追问，天使才告诉他："另外 3 个房间里装满了无尽的财富，那原本是属于你的，但遗憾的是你没有去争取。我怕你看了那些财富再对比现在这个简陋的房间会很难过，所以不让你打开。"

讲完之后，牧师意味深长地说："近代西方突飞猛进的财富增长，与他们这种积极进取的精神是分不开的。"

只有心里有坚定的信念，才会有努力的方向。在某些方面太过于无欲无求并非是好事情。

也许，绝大部分人都认为穷人最缺少的是金钱，因为有了钱之后穷人就不再是穷人了。也有人会认为穷人最缺的是机会，因为没有机会所以注定受穷。或者还会有人认为穷人最缺少的是技能，一无所长，无法迅速致富，当然只能做穷人。但实际上，最根本的一点还是：穷人缺少成为富人的那个信念，缺少富人的对于成功的渴望。

一位心理学教授让其最得意的两位学生做实验。他把两人找来，给每人 5 只白老鼠，然后说，他想要看他们能在一个月之内教会老鼠做什么事。

教授对其中一名学生说："你很幸运，因为你的老鼠是由杰出的基因培养出来的。一个月之后，我希望你能教会它们任何狗都学得会的东西——坐下、翻身、装死等。"

教授对另一名学生说，他分到的是 5 只普通的老鼠，要想教会它们什么，只是白费心机而已。一个月之后，两名学生带着他们的白老鼠回来。第一位学生为他的成果感到很兴奋，他教出的老鼠简直就像训练有素的马戏团成员，坐下、翻身、装死等把戏都很拿手，一个口令一个动作。而第二名学生则对教授说："你说得对，我分到的老鼠真是笨老鼠，成天缩在角落里，给它们食物也不敢过来吃，我教不会它们做任何事。"

这名教授笑着对两位学生说道："这一切只不过是一个实验而已。10 只老鼠都是一样的，唯一的差别只在于你们，一个注意力放在怎样才能教会它们上，而另一个注意力则放在怎样不能教会它们上。"

对于一个人来说，成功的信念最重要。如果有坚强的自信，往往能使平凡的男女做出惊人的事业来。胆怯和意志不坚定的人即使有出众的才干、优良的天赋、高尚的品格，也终难成就伟大的事业。

伯特·郭恩达当上了可口可乐的 CEO 后告诉员工："我们的竞争对象不是百事可乐，我们需要做的是在那块市场上提高占有率，要占掉市场剩余的水、茶、咖啡、牛奶及果汁等。当大家想要喝一点什么时，就应该去找可口可乐。可口可乐要将市场份额指标纳入到世界液体饮料市场上来。"为此，可口可乐采取了一些新的竞争战略，如在每个街头摆上贩卖机，结果销售量节节上升，再次将百事可乐远远抛在了后面。

一位武术高手参加比赛，自负地认为一定可以夺冠军。当打到了中途，武术高手警觉到，自己竟然找不到对手的破绽，而对方的攻击却往往能突破自己的漏洞。

比赛结果可想而知，武术高手失去了冠军奖杯。他愤愤不平地回去找师父，央求师父帮他找出对方的破绽，好在下次比赛时打倒对方。师父却笑而不语，只是在地上画了一条线，要他在不擦掉这条线的情况下，设法让线变短。他百思不得其解，最后还是请教了师父。

师父笑着在原先那条线的旁边，又画了一道更长的线。两相比较之下，原来那条线，看起来短

了很多。这时师父说道："夺得冠军的重点，不在于如何攻击对方的弱点，正如地上的线一样，只要你自己变得更强，对方也就在无形中变弱了。如何使自己更强，才是你需要苦练的。"

"人外有人，山外有山"，没有谁可以成为最强，要想常胜，就必须不断努力，攀登新的高峰。

孔子曰："欲得其中，必求其上；欲得其上，必求上上。"如果你要求中游，就必须按照上游的要求去做；如果要求上游，就必须要用上上游的标准去努力。一个人的成就不会超过他的信念，把成功的标准定高一点，用高标准要求自己，才能出类拔萃。

我们应该把目标定得高一点，虽然最终可能达不到高的目标，但也能达到比这个目标低一点的目标。比如，你的目标是100分，并且你能按照100分的标准去努力，那么，最终就算得不到满分，至少也能得个八九十分吧。

那些成功的政治家、著名的企业家、优秀的艺术家、杰出的科学家、创造纪录的运动员……都有一种一般人所没有的成就动机，求上、求优、求高，高标准地要求自己，并且付出了常人难以想象的努力，使自己一步一步向目标前进。"欲得其上，必求上上"是一种高瞻远瞩、积极进取的心态，是一种永不停顿的满足。"霜冻知柳脆，雪寒觉松贞"。具有积极心态的人能承受住各种挫折和困难的考验，不灰心，不动摇，迎着困难上，并笑对困难。

一个人只有敢于设定更高的目标，才有可能完成自己的使命。戴尔·卡耐基说："世界上最重要的事，不在于我们身在何处，而在于我们朝着什么方向走。"

电脑行业龙头企业联想的前总裁柳传志常常挂在嘴边的一句话就是："联想要做百年老字号！"将自己的企业办成"百年老字号"并不是每一个企业家都有勇气立下的目标，尤其是在我国科学技术还处于相对落后的国情下，谁还敢说创"百年老字号"呢？但柳传志敢。

针对当时不少人对中国计算机产业"红旗到底能打多久"的疑问，柳传志在各种场合都阐述了同一个观点：联想应该是一个长久性的公司。对于联想来说，立长志是第一位的，联想绝不做短跑运动员：今年的利润很高，明年就垮掉。

1995年11月30日，联想惠州板卡基地举行开业典礼。在这个本应欢庆的日子，柳传志结合联想的志向与当时的形势发表了一篇语气颇为沉重的演讲：

"对于我们来说，现在正面临着大兵压境的态势。我们曾经面临过八国联军，现在则变成了十二国联军、三十六国联军，这种感觉之所以如此沉重，是因为我们还来不及壮大自己就必须承受重压。我们现在是科技不如人家，奖金不如人家，基础不如人家，人才、奖金、实力统统不如人家，这个仗怎么打？民族工业到底怎样生存？现在我们还没有体会到收获的喜悦，但我们坚信今后会有收获！因为我们心中毕竟有一口气——中华民族要求进取的志气！"

"扛起民族工业这杆旗，将联想办成'百年老字号'，逐步融入国际竞争"，这就是联想的战略目标，也是柳传志的志向所在。

提到柳传志的志向，就不能不说起联想创业阶段的第一次"年终分红"。1985年底，联想集团的前身——中科院计算所公司的20多名员工以"卖苦力"的方式赚到了70万人民币和7万美元。按规定，这笔钱中的一部分可以作为"红利"分配给每个员工。根据当时中国人的收入，这笔红利对每个人都是很大的一笔收入，是相当有诱惑力的。

在年终会议上，联想的创业者专门就这笔钱的分配进行了一次讨论。有人主张分掉，有人主张存起来……柳传志始终没有表态，等到大家都发表了意见，柳传志站了起来："首先，大家都清楚，这笔钱是大家流血流汗挣来的，对于它的处理一定要慎重。其次，我们办公司的目的是什么？是为了改善一下生活条件吗？还有，我们想不想得到长远发展？我们的'汉卡'靠什么去开发、推广？"

短短的几句话，拨云见日，把大家的意见归为统一。正是在这次会议上，柳传志第一次明确提出了更大更强的志向。

置身职场，我们更应该培养"欲得其上，必求上上"的心态，以更高的目标要求自己，不要只是朝着阻力最小的方向行事，只会"和老鼠比较"，那样只会使你成为大多数的普通人，而不是第一流的人物。不论从事什么职业，你都要明白：使你成功或失败的不是某种职业，而是你对

自己以及职业的态度。只有向更高更远的目标看齐，只有追求卓越，你才能优秀。

100%的成功等于100%的意愿

西点军校有一条走廊，墙上全是像艾森豪威尔一样的杰出将领的事迹及画像。他们的口号是"和伟人同行"。西点军校通过这种方式来激励学员们的荣誉感和成功意识。

拿破仑说过："不想当将军的士兵不是好士兵。"成功的关键字眼便是"只要你愿意"5个字。

要成功，你必须要有强烈的成功的欲望，就像一个溺水的人有强烈的求生欲望，一个优秀的足球前锋有强烈的射门意识一样。

美国著名的田径选手卡尔·刘易斯在1984年洛杉矶奥运会开幕前就向新闻媒介透露，他立志要夺得4枚金牌并打破欧文斯数年前创造的"神话"。结果，他最终如愿以偿。所以，获得一个良好的心理状态，寻求心理上的动力，很重要的一点就是要始终保持一个成功者的心态，设定自己是个成功的人物，这样，你就会发挥出极大的热情和自信去面对前进道路上遇到的种种艰难险阻。虽然你还未成功，但这种自我造就的心理成就感会促使你朝着成功的目标迈进。

几年以前，一个世界探险队准备攀登马特峰的北峰，在此之前从来没有人到达过那里。记者对这些来自世界各地的探险者进行了采访。

一位记者问其中的一名探险者："你打算登上马特峰的北峰吗？"他回答说："我将尽力而为。"

记者问另一名探险者："你打算登上马特峰的北峰吗？"这名探险者答道："我会全力以赴。"

记者问了第三名探险者同样的问题。他说："我将竭尽全力。"

最后，记者问一名美国青年："你打算登上马特峰的北峰吗？"这个美国青年直视着记者说："我将要登上马特峰的北峰。"

结果，最后只有一个人登上了北峰，就是那个说"我将要登上马特峰的北峰"的美国青年。他想象自己到达了北峰，结果他真做到了。

成功的秘诀就是，当你渴望成功的欲望就像你需要空气的愿望那样强烈的时候，你就会成功。谁拥有了自信，谁就成功了一半。对于成功者来说，他们不是想要成功，而是一定要成功。成功的第一个秘诀就是要下定决心。当一个人决定一定要怎样的时候，他的潜能才可以真正被激发出来。

1492年2月，当哥伦布失望地离开了爱尔罕布拉宫，当他争取西班牙国王斐迪南和王后伊萨帆拉支持的努力失败后，他骑着骡子，缓缓地出了宫门，考虑应该往哪里去。他此时此刻看上去头发花白，精神也十分委靡，脑袋耷拉着，几乎碰到了骡子的背上。他从幼年开始就抱着一个念头，认为地球是个球体。当时，人们在葡萄牙海滨发现了两具尸体，从人体特征上判断，他们和欧洲大陆的人种都不一样。哥伦布相信，这些尸体就是从遥远的西部一些还不为欧洲人所知的岛屿上漂流过来的。他曾经指望葡萄牙国王能够资助他进行海上航行，以便发现那些遥远的岛屿。然而，葡萄牙国王约翰二世一方面假惺惺地答应帮助他，另一方面却暗地里派出了自己的考察队。哥伦布失望透顶。

在经历了这次失败之后，哥伦布四处乞讨，靠给别人画各种图表为生。他的妻子离他而去，他的朋友也都把他当成疯子，对他不闻不问。斐迪南和伊萨帆拉夫妇身边的智囊人物，也对他所谓的往西航行就可以到达东方的理论嗤之以鼻。只有哥伦布对自己的信念坚定不移，坚持不懈。

"可是，既然太阳、月亮都是圆的，为什么地球不能是圆的？"哥伦布问道。"如果地球是球体，靠什么支撑它？"那些智囊问。"那太阳、月亮又是靠什么来支撑的呢？"哥伦布反问道。"如果一个人头朝上，脚朝下，就像天花板上的苍蝇一样，你觉得这可能吗？"一位博士继续问哥伦布，"树根如果生在上边，它可能生长吗？"

"如果地球是圆的，那么池塘里的水也都会流出来，我们也就站不起来了。"另一位哲学家补充道，"这也不符合《圣经》上的说法。《以赛亚书》上说：'苍穹铺张如幔'，这说明地球显然是平直的，说它是圆的，那是异端。"牧师也开始攻击哥伦布。哥伦布对他们不再抱任何希望，但是他并没有放弃，就在他转念想去为查理七世效力的时候，突然出现了转机。伊萨帆拉的一个

朋友对她建议说，万一哥伦布的说法是对的，那么，只要一笔很小的花费，就可以大大地抬高她统治的声望。伊萨帆拉觉得很对，于是她同意把她的珠宝作为抵押，用做哥伦布的航行经费。

就这样，哥伦布转过了身子，同时世界也转了个身。可是，他的航行还有别的问题，没有一个水手愿意和他一起出海，幸好国王和王后用强制手段下了命令，让他们必须去。就这样，一次伟大的航行开始了，他们乘坐"平塔"号帆船出了海。但是旅途中却是充满了艰难险阻。他们的船很小，比平常的帆船大不了多少，刚刚起程3天，船舵就断了。水手们内心都有一种不祥之兆，一时情绪非常低落。哥伦布就向他们描述了一番他所知的印度的景象，描述了一番那儿遍地的金银珠宝，好不容易才让水手们的情绪稳定下来。船驶过加那利群岛以西200英里后，他们的磁针不再是朝着北极星的方向了。水手们说什么也不肯再往前走，一场叛乱几乎迫在眉睫。这时候哥伦布又向他们解释，说北极星实际并不在正北方，最后总算说服了他们。当船航行到距离出发地2300英里远（哥伦布故意骗他们说只有1700英里远）的时候，他们发现了有樱桃木在水面上漂流，船周围时常有一些陆上的鸟类飞过，还从水里打捞起了一块很奇怪的雕有图案的木片。就这样他们找到了新大陆，在12月12日这天，哥伦布把西班牙王国的旗帜插在了新大陆上。

无论黑夜多么漫长，朝阳总会冉冉升起；无论风雪怎样肆虐，春风终会缓缓吹拂。当挫折接连不断，当失败如影随形，当命运之门一扇接一扇地关闭，永远也不要怀疑：总有一扇窗会为你打开。这种信念是我们坚持下去的动力，也是我们成功的必备条件。

2002年，年仅32岁的卫哲出任世界500强企业、欧洲排名第一的零售业巨头——英国翠丰集团百安居的中国公司总裁，2004年由卫哲领导的百安居将另一家世界500强欧倍德兼并旗下，成为中国建材零售业的"巨无霸"。这一惊动业界的并购事件，也将百安居中国区的年轻总裁——卫哲推到幕前。

卫哲刚走出大学校门时的第一份工作是翻译兼秘书，从普通职员到高管，卫哲一直在金领的快车道领跑，每一步职业提升都比一般人要快得多。24岁担任万国证券资产管理总部副总经理；27岁赴英国伦敦，担当普华永道会计财务咨询公司收购及兼并部高级经理；28岁担任东方证券投资银行总部董事总经理，成为中国七大证券公司中最年轻的投资银行总经理；32岁担任百安居中国区总裁，成为世界500强企业最年轻的中国总裁。

从普通职员、主管、部门经理、总监、副总裁到总裁，卫哲几乎走完了许多人毕生都无法企及的台阶。但是卫哲并没有乘坐"直升机"，他坦言脚踏实地、一步一个脚印是唯一要义。"没有捷径、没有秘籍，我能做的是在自己选择的道路上辛苦地走，看自己每天是不是能付出得比别人更多。刚开始，我每天工作的时间是14~15个小时，现在大概是每天10小时。但是，走的方法有技巧，是走和跑相结合还是怎么样，将决定一个人在不同阶段上花费时间的不同。"

卫哲回忆第一份工作时说，当时老板不让我干什么，翻译个年报，剪剪报纸，但你要看那么多剪报，老板哪几篇是看过的，你就要往这个方向引导，到后来就是他不看我的剪报中午就吃不下饭。

秘书的工作很繁琐，但是卫哲却做得与众不同，比如文件的传阅，一般的秘书会按照时间先后顺序，放在老板的桌子上；卫哲的做法不一样，他会按照自己理解的重要性来排序，并且找出文件之间的关联性，把内容有关联的文件放在一起。

"不这么做，并没有人认为不对，但是如果能为老板的工作提高效率，那就是你分内的事，"卫哲说，"更重要的是，如果你能以老板的视角，而不是秘书的视角来看那些文件，你也就学到了一些管理者的经验。"

100%的成功等于100%的意愿，卫哲这种自动自发的学习精神与他想获得成功的意愿是分不开的。普通人忽视的事情，如果当事人能从潜意识里去重视，相信自己可以从中汲取到力量，那么这种信念就能引导他走向成功。

绝不轻言放弃

西点著名校友国际银行主席奥姆斯特德说过："以顽强的毅力和百折不挠的奋斗精神去迎接生活中的各种挑战,你才能免遭淘汰。"西点的录用标准是极其苛刻的,其淘汰机制更加严格。毫不夸张地说,考入西点与考入美国的一流大学一样难。在 1999 年美国公布的全国大学录取率统计中,西点军校的录取率为 11%,与哈佛大学、耶鲁大学、哥伦比亚大学等常春藤高校一起,被列为美国最难考的大学。

尽管西点军校接受议员的推荐名单,但议员的推荐名额也有明确的法律规定:每个州 10 个名额,由 2 名参议员从该州各推荐 5 名;每个国会选区 5 个名额,由该选区选出的众议员从该选区推荐;副总统可从全国范围内挑选 5 人。如果不超出招生名额,总统可从连续服役 8 年以上军人的子女中挑选 30 人。军种部长可从该军种士兵中挑选 30 人。

对这些优秀分子,西点军校也有指标清晰的淘汰规定:4 个学年结束时总淘汰率要保持在25% 左右,其中第一年就必须淘汰 10% 的学员。全程淘汰制度保证了能够通过 4 年学业的人基本上都是能够在艰苦条件下承担重任、绝不轻言放弃的人。

因此,每一个真正的西点人,都是长跑中的胜利者。西点的学校生活就是战争生活,训练场就是战场,训练中体现了战场上的严格与残酷。西点学员要经历大量的痛苦和折磨,要与阻碍、困苦作大量的斗争。在他们的词典里,没有"放弃"这一个词。

走进西点大门的学员,很快就知道什么叫坚忍了。坚忍就是必须达到训练的要求,没有任何通融。因为军事活动是真刀真枪的活动,拿生命与困难拼搏的时候,谁降低标准,谁就会失败,甚至死亡。同时,军事活动是充满困难的领域,不确定因素很多,比如地形复杂、气候恶劣、对手强大、部队不精、装备较差,它们时刻考验着指挥官,没有坚强的意志力就顶不住,就可能垮下来。因此,西点不管外界怎样批评,在设置训练的难度和强度上不减分毫。他们提出,在这些困难面前,格兰特过去了,潘兴过去了,麦克阿瑟过去了,布莱德雷过去了……你们也要过去。

一天早上,一位将军受命在天黑之前拿下一个高地。于是他率领部队向高地发起了进攻,无数次的冲锋,都被敌人一一击退了。最后一次冲锋,他所有的战友都牺牲了,他自己也在战壕前几米处,被一枚地雷炸断了一条腿,而对方的军旗,仍在山顶上飘扬,于是他绝望地朝自己开了枪。过了半小时,增援部队来了。当他们冲上山顶时,发现对方的官兵已全部战死,只剩下一个奄奄一息的火夫,正绝望地抱着自己的军旗……

很显然这位将军是被自己打败的。别人无法把你真正打败,只有自己才是你走向胜利的最大敌人。选择一种战胜自己的姿态,是每一个渴望成功的人必须完成的功课。

其实,竞争有时就是意志的较量,咬牙挺住了,胜利就很可能属于你。一切贵在有恒,只要坚持,再弱小的力量也能创造出意想不到的效果。永不言败是一种不达目的誓不罢休的勇气,更是一种智慧,一种坚持到底、开拓进取的动力源泉。

第二次世界大战后,功成身退的英国首相丘吉尔应邀在剑桥大学毕业典礼上发表演讲。经过邀请方一番隆重但稍显冗长的介绍之后,丘吉尔走上讲台。只见他两手抓住讲台,注视着观众,大约在沉默了两分钟后,他开口说:"永远,永远,永远不要放弃!"接着又是长长的沉默,然后他又一次强调:"永远,永远,不要放弃!"最后,他在再度注视观众片刻后回座。场下的人这才明白过来,紧接着便是雷鸣般的掌声。

这场演讲是演讲史上的经典之作,也是丘吉尔最脍炙人口的一次演讲。丘吉尔用他一生的成功经验告诉人们:成功根本没有秘诀,如果有的话,也只有两个,第一个是坚持到底,永不放弃;第二个就是当你想放弃的时候,回过头来照着第一个秘诀去做,坚持到底,永不放弃。

歌德也曾用激励的语言这样描述坚忍不拔的意义:"不苟且地坚持下去,严厉地驱策自己继续下去,就是我们当中最渺小的人这样去做,也一定会达到目标。因为坚忍不拔是一种无声的力量,这种力量会随着时间而增长,是任何失败和挫折都无法阻挡的。"

职场不相信眼泪,只有勇敢地挺过来的人,才有希望看到胜利的曙光。任何事情都是开头容

法则六：信念

易完成难，所以要评判一个人业绩是否优良，不能看他所做事情的多少，而要看他最终完成的有多少。例如，在赛跑中，裁判并不计算选手起跑时如何快，而是计算他从起点到终点需要多少时间。

邓亚萍小时候因为身高的原因，被省乒乓球队退回，这让邓亚萍深受打击，但她没有认输，而是谨记爸爸的话："先天不足后天补，只要有特长和扎实的基本功，何愁不会脱颖而出！"她开始了刻苦的训练。

当时，郑州市乒乓球队的条件十分艰苦，连一个固定的训练场地都没有。邓亚萍和她的队友们一开始在一间暂时不用的澡堂里练球，后来又转移到一个小学的礼堂，最后才搬到市体育场靶场二楼的训练房。夏天，训练房里的温度非常高，可队员们在里面一待就是一整天，挥汗如雨，连衣服都湿透了。冬天，室内十分寒冷，队员们的双手常常肿得像个面包，甚至开裂。

无论训练多么严格、条件多么艰苦，全队年纪最小、个头最矮的邓亚萍都咬牙坚持下来，甚至比别人做得更出色。训练房离邓亚萍的家不远，但她从不擅自回家，她那不服输的拼劲，让很多比她大的队员都自叹不如。正是在这里，邓亚萍练出了"快、怪、狠"的战术，那就是正手球快、反手球怪、攻球狠，这成了她以后打球最突出的风格。

功夫不负有心人。1986年，在全国"乒乓协杯"比赛上，邓亚萍战胜了当时的世界冠军戴丽丽，从而一战成名！河南省乒乓球队最终向邓亚萍敞开了大门。回想起3年来的辛苦训练，邓亚萍自信地说："我一定要更加努力，取得更好的成绩！"从此，她更加刻苦了，拼命地练球，休息的时间被一缩再缩。

邓亚萍的努力得到了丰厚的回报，1988年，15岁的邓亚萍在国际、国内各项大赛上所向披靡，并夺得了第六届亚洲杯乒乓球比赛的女子单打冠军。进入国家队后，邓亚萍依然保持着勤奋、刻苦的精神，经常因为训练错过吃饭的时间，有时食堂会为她专设"晚灶"，但很多时候她只能用方便面对付一下。

一次次的南征北战，邓亚萍捧回了一枚枚金牌，并又一次次地把目光投向更远的目标。在1992年巴塞罗那奥运会和1996年的亚特兰大奥运会上，邓亚萍蝉联了乒乓球女子单打、双打的冠军。

邓亚萍虽然没有出色的先天优势，但有着远大的志向和坚强的毅力，通过自己的坚持不懈取得了成功。富兰克林说："有耐心的人，无往而不利。"只有坚持到底、绝不言弃的员工才能取得成功；只有不到最后，绝不放弃的企业才能赢得每一次商机。

日本丰田汽车公司是当今世界汽车工业三大巨头之一，取得这样的成绩，一个重要原因就是坚持。

20世纪20年代，丰田喜一郎选择了汽车制造业。他到美国学习以后，回到日本名古屋试制，但他失败了。丰田喜一郎决定坚持下去。

他分析了失败的原因。当时落后的工业无法制造引擎，为了突破这一难关，他开始自行设计引擎，并制造出来。有了引擎，他开始制造汽车。从1933年开始到1936年，他造出了第一辆卡车和第一辆公共汽车。投放市场以后，因油耗高、噪音大、速度慢而反应不佳。

面对又一次的失败，丰田喜一郎决定坚持下去。

日本对外侵略战争开始以后，军队需要大量军用卡车，这为丰田喜一郎提供了机会，他开始生产军用卡车。1938年，美国年产350万辆汽车，日本只能生产几千辆。1945年日本无条件投降，战争结束，丰田喜一郎只好停止生产军用卡车，当时日本经济不景气，民用汽车很难卖出去，丰田濒临破产。

面对这一次挫折，丰田喜一郎还是决定坚持下去。直到1950年，朝鲜战争爆发，美国向日本购买卡车，丰田喜一郎才迎来了又一次机遇。20世纪60年代，丰田开始试着进入美国市场。但刚一进入，就遭到惨败。皇冠轿车马力不足，根本无法在美国的高速公路上行驶。是否就此止步？是否就此放弃整个计划？丰田决定坚持。丰田说，即使只有公司名称在美国登记也好，哪怕只卖

75

出 50 辆或 100 辆也行。

这一坚持就是 7 年。丰田公司花了 7 年时间才推出第一辆在美国销售成功的汽车。现在，丰田已经走过了 80 多年的历程。在这漫长的岁月中，在任何一次需要坚持的时候，如果放弃了，世界汽车工业的三大巨头之一就会与丰田无缘了。

正如俄国作家车尔尼雪夫斯基所说的："只有毅力才能使我们成功……而毅力的来源又在于毫不动摇，坚决采取为达到成功所需要的手段。"丰田公司成功的秘诀无非是"坚持、坚持、再坚持"。这道理很简单，但缺乏毅力的人知道却做不到，而成功与否往往就由这一点决定。

一家著名企业招聘推销员时，公司人事经理只粗略地看了一下应聘人员的自荐材料，便推说"电梯坏了"，于是带着几十个应聘者从 1 楼往位于 32 楼的办公室爬去。结果大多数人不是待在一楼等电梯修好，就是走了一半就放弃了。望着坚持到最后的几位应聘者，人事经理当场宣布：你们被聘用了——其他人则全部被淘汰。

以爬楼梯来考核一个员工是否具有坚持不懈的精神，再合适不过了。一个连几层楼都不愿爬的人，是成不了优秀的推销员的。

推销员、业务员是最容易受挫、最容易遭拒绝的工作，也是最容易让人厌倦的工作。许多推销员忙忙碌碌，并没有获得成功，他们大多都败在自己手中，败在遇到挫折时放弃自己的追求，败在缺乏坚持不懈的精神。

美国销售员协会的一项调查研究指出，不能坚持是销售失败的主要原因。请看以下的统计数字：

有 48% 的推销员找过一个客户之后就不干了。

有 25% 的推销员找过两个客户之后就不干了。

有 15% 的推销员找过 3 个客户之后就不干了。

有 12% 的推销员找过 3 个人之后，继续干下去，而 80% 的生意恰恰就是这些推销员做成的。

坚持不懈地付出努力，是优秀推销员取得良好业绩的不二法门。而另一项调查显示："只制定目标而不执行"是 98% 的人不成功的主要原因。

（1）17% 的人一生之中对目标只抱着愿望而已，这些愿望就像一阵风一样，没有办法成就任何事情。

（2）21% 的人将他们的愿望转变成欲望，他们一再地想得到喜欢的东西，但欲望也仅此而已。

（3）大约有 8% 的人把愿望和欲望变成了希望，但他们害怕想象他们的美梦成为现实的过程。

（4）极少数的人把希望转变成确信，他们期待真的得到所想要的东西，这些人只占 6%。

（5）4% 的人将他们的愿望、欲望和希望转变成确信之后又再进一步将确信转变成强烈的欲望，最后转变成一种信心。

（6）只有 2% 的人除了采取最后两个步骤之外，还制定达到目标的计划，他们以积极的心态去执行他们的计划。

一个人想干成任何事，都要有恒心和毅力，只有坚持不懈才能取得成功。一个人做一点事不难，难的是能够持之以恒地做下去，直到最后成功。"成大事不在于力量的大小，而在于坚持多久。"英国思想家塞·约翰生说。

不到最后，绝不放弃，这需要对工作满怀激情，对自己的事业充满信心。对工作负责就是对自己负责。工作中，我们难免会碰到各种困难与挑战，但只有坚持到底、绝不言弃的人才会成功。

必胜的信念

西点人崇尚第一，要求每个人都努力争取第一。战场上除了胜利就是失败，没有平局可言。西点不需要弱者，唯有胜利能证明一切。因此，每个人都要具备强者心态。西点校内一直流行着这样一句名言：只要你不认输，就有机会！

以比赛为例，西点军校队从来不会说要在某时某地与某某队比赛，而是一律宣称："西点军校队将要在某时某地打败某某队。"连失败的任何可能性都从语言里去除了。西点军校道德品格

教育的另一个突出点，是军校一直大力培养竞争意识、取胜精神和必胜态度。

1961 年，西点军校橄榄球队在一系列比赛中连连败阵，军校当局撤掉了文斯·隆巴迪的教练之职，同时让受人欢迎的波尔·迪茨尔任新教练。校长威斯特摩兰解释说："委任迪茨尔担任西点军校橄榄球队的教练，是为了国事的利益，为了陆军的利益，为了西点军校的利益。经过我们大家的共同努力，总算找到了一位能'取胜'的理想教练。"

西点人注重胜利，并且在学员中不断强化胜利的意识，他们在认识到获得球赛的胜利和获得战争的胜利有许多相似之处时，就把体育运动广泛地引入到学员生活中。体育和战争的本质都是双方通过对抗，最后决出胜负，而其关键就是"获胜"。在竞争激烈的社会里，并非每个人都能成为第一，但是每个人都可以拥有成为第一的梦想。只有争取第一才是一种积极向上的心态。它为西点人甚至所有人创造了一个奋斗的目标，提供了一种前进的动力。

长久以来，人们一直认为要在 4 分钟内跑完 1 英里是件不可能的事。但在 1954 年，著名的短跑名将罗杰·班纳斯特却做到了。他之所以能创造这项佳绩，一是得益于体能上的苦练，二是归功于精神上的突破。在此之前，他曾在脑海里多次模拟 4 分钟跑完 1 英里，后来这成为一种强烈的信念，从而对神经系统下了一道死命令，必须完成这项使命。后来，他果然做到了大家认为不可能做到的事。谁也没有想到，在班纳斯特打破纪录的第二年里，竟然有近千人先后达到了这项纪录。

正如西点著名教官约翰·阿比扎伊德中将所说，一个人想要征服世界，首先要战胜自己。只有不断强化必胜的信念，你才能保持前进的动力，努力寻找方法，克服一切艰难险阻，向成功逐渐靠拢。

曾任西点校长的道格拉斯·麦克阿瑟说过："信念不坚定，难有大的作为。"

麦克阿瑟出生于军人家庭，父母从小就鼓励他成为"伟人"，他在少年时就确立了人生的目标：做一个军人，当一名将军。

麦克阿瑟为实现目标，从小就刻苦读书。他 17 岁考入西点军校，在西点军校 4 年中有 3 年学习成绩名列全班第一，创西点军校 25 年来学员最高学分的纪录。毕业后，麦克阿瑟开始了他的军旅生涯。

第一次世界大战爆发时，美国开始积蓄军事力量，麦克阿瑟担任了陆军部的"新闻检察官"，工作做得十分出色，后晋升为少将，任西点军校校长。

麦克阿瑟在西点军校的改革，遭到了来自国会、陆军部、校友会等保守分子的责难，他被排挤到菲律宾执行海外任务。

1925 年，麦克阿瑟又受命回到美国。这时他的妻子对军旅生活十分厌倦，力劝他退出军界，创办私人企业赚大钱。凭借他和夫人的经济实力和社会关系，要做生意是十分容易的。麦克阿瑟如果同意夫人的意见，既可以带来家庭的和睦，又可以成为一个富翁。但麦克阿瑟面临种种诱惑，一点也不心动，做军人、成为将军的愿望在他心中是如此强烈，他仍然对军人的奔波生活一往情深。最后他的夫人离开了他。

1928 年夏天，麦克阿瑟再次被派往马尼拉，担任菲律宾部队司令。

半年后，他收到美国陆军参谋长萨默罗尔将军的电报："总统很想任命你为工程部主任。"麦克阿瑟清楚地知道，若接受这一职务，他在军界发展的希望将十分渺茫，而他当时是盯着参谋长这一职位的，可若不接受这一职务，又很可能被认为不忠诚。考虑再三，他拒绝了这一职务，他的这一决定使他终于在 1930 年 8 月被任命为陆军参谋长，此时，他年仅 50 岁，成为陆军历史上最年轻的参谋长。

第二次世界大战爆发后，麦克阿瑟充分发挥了他的才智，取得了辉煌的战果，成为历史上有名的将军，终于实现了自己的抱负。

坚持下来，相信自己能够实现梦想，是麦克阿瑟成功的原因。懦弱心理较重的人，除了要努

力培养自己坚强的意志、丰富的想象力和激荡的热情之外，还必须培养战胜胆怯的勇气和绝不向困难妥协的精神。

消除畏惧，是一个人成功的前提。无所畏惧的人，在一切社会环境、自然环境中，有着按自己的意图行事的坚忍生命力。他们可以抛弃一切、无所顾忌地向着奋斗目标英勇前进。他们由强烈的自信生出不怕危险和失败、大胆猛进的勇气，具有敢于挑战的伟大精神。他们不断改造社会，钻研自己的工作。他们力图寻找自己的对手，打垮对方，以此来激发自己的斗志，发挥自己的才能。

信念是一种无坚不摧的力量，当你坚信自己能成功时，你必能成功。许多人一事无成，就是因为他们低估了自己的能力，妄自菲薄，以至于难以取得大的成就。信心能使人产生勇气，克服所有的障碍，从而获得成功。

所以，人最大的敌人是自己，在工作上遇到的最大问题是缺乏自信。缺乏自信的现象包括"告诉自己做不到"、"怀疑自己无法获得成功"、"对自己的现状不满意"、"担心自己会失败"、"觉得自己没有目标和安全感"，这一切都会影响人的行动，让人缺乏应有的活力，从而限制了潜能最大程度的发挥。

我们必须意识到，一个人的积极行动，包括最终的成功，总是跟他的自信心紧密相关的。唯有怀着必胜的信心，我们才能担负起责任，勇敢地面对一切艰难险阻。只要怀有必胜的信心，哪怕是一个平凡的人，也会成就惊人的事业。

一位年轻人去一家广告公司应聘文案策划工作。老板问他："你以前做过这类工作吗？"年轻人说："没有，但我有信心做好。"

"既然你没做过，信心何来？"

"以前我也是搞文化工作的，跟文案策划类似。这样吧，如果我干得不能让您满意，我一分钱不要就卷铺盖走人。"

老板同意了，并交给他一项文案创意的任务。他不敢掉以轻心，先借来公司以前的成功个案细细揣摩，直到心里有底了才着手工作。他一边揣摸老板的意图，一边调动所有的灵感细胞，精心制作，觉得无懈可击了才交给老板。结果老板只改动了几个字就通过了，同时交给他一个更加复杂的广告文案创意任务。因为有了初次成功的鼓舞，他不像第一次接任务那样拘谨了，思路活跃了起来，也不局限于老板的口味，完全依照自己的感觉创作。

当他把作品交给老板时，老板仔细看了一遍，半天没吭声。年轻人心里不禁紧张起来：难道老板不满意？

这时，老板吁了一口气，说："你是这方面的天才，好好干吧！"

拥有自信，并不是鼓吹"人有多大胆，地有多大产"，而是相信事情并非毫无可能，成功并非毫无希望。只要我们能够带着激情与梦想，寻找方法，然后对症下药，总能解决遇到的问题。只要自信，只要肯努力，这世上便没有什么不可以尝试的东西，成功当然也不会冷漠地拒绝你。

2001年5月20日，美国一位名叫乔治·赫伯特的推销员成功地把一把斧子推销给了当时还任总统的小布什。他所在的布鲁金斯学会得知这一消息，把刻有"最伟大推销员"的一只金靴子赠与他。这是自1975年以来，该学会一名学员成功地把一台微型录音机卖给尼克松后，又一学员跨过如此高的门槛。

布鲁金斯学会以培养世界上最杰出的推销员闻名于世。它有一个传统，在每期学员毕业时，设计一道最能体现推销员能力的实习题，让学员去完成。克林顿当政期间，他们出了这么一道题目：把一条三角裤推销给现任总统。8年间，有无数个学员为此绞尽脑汁，可是，最后都无功而返。克林顿卸任后，布鲁金斯学会把题目换成：请把一把斧子推销给小布什总统。鉴于前8年的失败，许多学员放弃了争夺金靴子奖，个别学员甚至认为，这道毕业实习题会和克林顿当政期间一样毫无结果，因为现在的总统什么都不缺，再说即使缺少，也用不着他们亲自购买。

然而，乔治·赫伯特做到了，并且没有花多少工夫。一位记者采访他时，他说："我认为，把一把斧子推销给小布什总统是完全可能的，因为布什总统在得克萨斯州有一个农场，里面长着许多树。于是我给他写了一封信，说：有一次，我有幸参观您的农场，发现里面长着许多大树，

有些已经死掉，木质已变得松软。我想，您一定需要一把小斧头，但是从您现在的体质来看，这种小斧头显然太轻，因此您仍然需要一把不甚锋利的老斧头。现在我这儿正好有一把这样的斧头，很适合砍伐枯树。假如您有兴趣的话，请按这封信所留的信箱，给予回复……最后他就给我汇来了15美元。"

乔治·赫伯特成功后，布鲁金斯学会在表彰他的时候说，金靴子奖已空置了26年。在哥伦布成功之前，谁也不相信大洋彼岸还有一片绿洲；在乔治·赫伯特成功之前，谁也不相信他能将一把斧头卖给总统。有些人之所以不能成功，是因为他们在尝试之前就给自己预设了一种可能：这件事情绝不可能成功！就这样，失败的念头抢占了他们脑海中的高地，堵塞了他们努力的道路。而满怀信心的人永远相信，如果想要追求梦想，首先要做一个敢于做梦的人。在追求的路上，唯有必胜的信念能够放进随身的行囊。

信念代表着一个人在事业中的精神状态、把握工作的热情，以及对自己能力的正确认知。只有怀着必胜的信念，我们工作起来才能充满热情、干劲十足，无所畏惧地勇往直前。在这个过程中，我们难免会碰到一些小麻烦、小挫折，但这些都将成为我们走向成功的垫脚石、助推器。决心就是力量，信念就是成功，拥有必胜信念的人永远比别人更容易走向成功。

西点军校经典法则

法则七

意志力

意志力是成功的先导

拥有坚强的意志是一个合格军人的核心素质之一。西点军校每届新生的淘汰率很高，其中有很多都是在著名的"兽营"——为期几周的强化军事训练中——被淘汰出局的。西点军校的"兽营"就是要让新学员们在严酷的环境下生存下来，通过者才能被西点军校正式录取。在严酷的环境下什么才是支持一个人生存下来的真正力量？是体能？是智慧？其实这些都只是外在的因素，而真正的核心力量就是——意志力。正如西点的一位教官所讲："'兽营'就是让你处在接近死亡的威胁中，打垮你的精神，摧毁你的意志，折磨你的肉体。能够走出'兽营'的人，被证明是拥有超强意志力的人，他们才是西点军校的真正学员。"

意志力是成功的先导，是一种自我引导的力量。罗素·赫尔曼·康维尔是美国一名演说家和牧师。他的《钻石就在你家后院》，发表于 1888 年，被用作 6000 多次的励志演讲，他说："古往今来，人们都在不停地谈论着成功的秘诀。但其实，成功并没有什么秘诀。成功的声音一直在芸芸众生的耳边萦绕，只是没有人理会它罢了。而它反复述说的就是一个词——意志力。任何一个人，只要听见了它的声音并且用心去体会，就会获得足够的能量去攀越生命的巅峰。这些年来，我一直致力于一项事业——试图在人们的思想中植入这样一种观念：只要给予意志力以支配生命的自由，那么我们就会无坚不摧，无往不利。"

意志力是一种普遍的"心智功能"，我们每天都能感受到它的存在。很多哲学家都指出人在本质上是一种精神动物，事实上在生活中，很少有人会怀疑自己的行为或多或少要受自己意志力的影响。意志力本身包含了许多精神的力量。尽管不同的人对于意志力的源泉，对于意志力如何影响人，以及对于意志力的积极作用和局限性有着不同的看法，但大家都认同这样的看法：意志力本身是人类精神领域中一个不可或缺的组成部分，甚至在我们每个人的生命中，意志力都发挥着超乎寻常的重要作用。

心理学的研究认为意志力是"一种有意识的心理机能，其作用尤其体现在经过深思熟虑的行动上"。但意志力并不一定是"有意识"作用的结果，许多看似无意识的举动，可能正是一个人意志力的体现；而另外一些脱离人的意志力指引的行为却肯定是有意识的。人的一切有意识的行动都是经过考虑的，因为即便这一行动是在瞬间做出的，思考的因素仍然在其中发挥着作用。所以说，意志力是自我引导的力量。

意志力不仅是一个人下决心的决断力，不仅是用来感悟理解的感受力，也不仅是进行构思的

想象力，意志力是所有进行自我引导的精神力量本身。美国哲学家罗伊斯这样说："从某种意义上说，意志力通常是指我们全部的精神生活，而正是这种精神生活在引导着我们行为的方方面面。"所以说，意志力是引导我们精神生活的伟大力量，同时这种力量也帮助我们面对现实中的各种情况。

人的身体器官或心理功能在意志力的引导下对自己的决心服从。意志力首先是面对某一个决心要完成的任务时表现出来的精神力量。如果一个人拥有强大的意志力，那么他就能通过意志力本身、通过自己的身体或通过其他事物，利用这种巨大的精神力量来实现自己的目标。正如爱默生所讲："意志力是'鼓舞士气、振奋人心的冲劲'。"

我们可以把意志力比喻为充电电池，其放电能量的大小取决于它的容量和它的疏导系统。它可以积聚很多的能量，在恰当的操作下可以释放出强劲的电流。在某个事件或者某种特殊的情况刺激下，一个人可能会表现出强大的意志力，而由这种意志力又引发了超常的能量。从这个意义上讲意志力被看做是一种积累起来的能力，一种在量上能够增加、在质上能够提高的能量。爱德华·克拉克博士说过："意志力是一位天生的国王，在特定的范围内，人全身的各个部分都要受其引导。像大多数国王那样，他一旦决定要扩展自己的疆域或是增加自己的权力，往往能通过各种方式来办到。只要他动用行政权和执法权，采取直接而有力的措施，便能使每一个组织器官心悦诚服地接受他的支配。相反，如果他对所处的地位毫不在意、偷懒马虎，对经常性的警戒和辛劳感到厌倦，他就会发现，自己手中的权威在慢慢地消失，直至最终沦为其他官能的奴仆。"

意志力是可以通过修炼得到加强和提升的。一个有心修炼和提升自己意志力的人，将获得无比巨大的力量，这种力量不仅能够完全地控制一个人的精神世界，而且能够引导人的心智达到前所未有的高度——此时，一个人从未设想能拥有的智能、天赋或能力都变成了现实；所有那些人们长久以来都无法看见的东西其实就存在于人的自身，而这把能够开启人的洞察力和征服力的神奇钥匙就是意志力。

正如爱默生告诉我们的："只有当人和他的意志相互沟通，融为一体时，这个世界才有驱动力。"作为一种自我引导的精神力量，意志力是引导我们成功的伟大力量。如果你拥有强大的意志力，那么你全身的能量都可以在它的召唤下聚合起来，从而实现你的成功。

意志力是一种自我引导的精神力量，同时也是引导我们走向成功的精神力量。对于每一个人来说意志力扮演着三种重要的角色：强大的意志力是身体的主人；正确的意志力是心智的统帅；完善的意志力是道德的导师。

美国上将杜威和他的水手们也是自愿以自己的血肉之躯，冒着枪林弹雨抵达了马尼拉港，而且没有丝毫的退缩和畏惧之意。哈姆雷特的掘墓工人是心甘情愿地选择了掘墓这种繁重的体力活的。殉教者可以无畏地将自己的身体奉献于熊熊烈火。音乐家帕格尼尼能够自由地指挥他的手指在小提琴上演奏出令人叹服的乐章。同样，受过训练的运动员也能够自如地运用身体各部位的力量，而在训练的最初，这些不同部位的身体力量就如同脱缰的野马一样难以控制。

强大的意志力是身体的主人，它总是借助于各种欲望或理念指挥着我们的身躯。顽强的意志力对于生命有着重要的意义，它可以引导一个人的身体去完成许多难以想象的事业。强大的意志力可以促成良好的行为习惯，这就是意志力对人体的支配作用的证据。尽管对一些人来说，某一种习惯可能已经成为自然而然的行为了，但这常常是意志力持久地发挥作用的结果，一旦你失去意志力的作用，习惯也就会慢慢消失；而且意志力还可能引导着我们的某种行为，使其不断地固化为习惯——尽管人们很多时候意识不到这一点。

意志力还可以通过压抑自我实现对身体的支配进而创造奇迹。自豪和骄傲可以使人克制住疼痛的呻吟；爱会让身患绝症的人强忍住泪水；甚至在一些足以令人发狂的情况下，受到刺激的神经也可以被意志力牢牢地控制住；当你沉浸在阅读中时，如果你的意志力足够强大，外界的声响就仿佛被隔绝在耳膜之外；在你全身心投入做一件事时，可以不顾肚子对饥饿的抗议。

在某些非常特殊的情况下，人的一些非常明显的倾向也可以被改变，甚至变得完全不同，这同样是来自意志力的巨大作用。另外，人为了坚持自己的观点，不背叛自己的信仰，甚至可以付出很大的代价，这也是意志力在起作用。

正确的意志力是心智的统帅，注意力的集中是对此最好的注解。在集中注意力时，思想就会将它的能量集中在一个物体或者一组物体上。比如把滴了两种不同香水的纸条凑到鼻孔边，我们可以嗅到两种香水的不同味道。但当我们集中注意力，用心去感受其中一种香水的味道时，那么，我们真的就只会嗅到其中的一种香味，而另外一种香味由于意志力的作用而被忽略了。意志力还可以引起人的抽象思维。人的思维在某种单一的行为中所显示出来的专注程度和力度，往往体现了意志力持久作用的结果。从这一点来说，意志力的强弱就体现在"集中注意力"的强弱上，或者说意志力的强弱表现在思考过程中，表现在人对动机、事实、原则、手段的把握中，表现在人的自我控制能力的大小上。

很多非凡的人物都具有在强大意志力支配下的卓越的思考能力。

拿破仑在打仗之前，他总是全身心地沉浸在对战争形势、战略打法的思索中，而完全不问其他的事。美国威斯康星州的参议员卡本特在有重要决议要表决的前一天晚上，总是把自己隔绝在满是法典的书房中，完全沉浸于对问题的思考中，直至第二天早晨都不会理会和考虑决议以外的东西。诗人拜伦习惯于将自己与外界隔离，只与白兰地和水为伴，连续几个小时沉迷于艰苦的诗歌创作。黑格尔拿着一部书的手稿去找他在耶拿的出版商，而那一天正是耶拿战役的爆发日，当黑格尔在街上看到凯旋的拿破仑军队时，感到非常惊奇——因为在此之前，他对这一吸引全欧洲注意力的重大事件竟然一无所知！

只有让思想隔离外界的纷扰而完全集中在一件事情上，才会产生伟大的思想结晶。而做到这一点，强大的意志力是根本。作为心智的统帅，意志力的作用同样还显著地表现在记忆这一行为上。在"记忆"的过程中，意志力常常会用其能量给人的精神"充电"。但一些事实也会由于兴趣本身的巨大影响，而增强大脑对其的记忆。在记忆的过程中，大脑格外需要意志力的激励。单纯的重复是不能真正提高记忆力的，只有通过意志力把注意力、集中的思维和兴趣的有益影响都积极地参与到记忆过程中，才能让记忆产生质的飞跃。

著名历史学家威廉·普雷斯科特为了弥补视力缺陷，而将自己的记忆功能训练得十分强大，以至于可以将长达600页的巨著从记忆库中直接取出口述出来。弗朗西斯·帕克曼和达尔文的视力也很差，却都显示了惊人的记忆力。真正强大的记忆力必须依赖于意志力的驱动和坚持不懈的努力。

完善的意志力是道德的导师。对于意志力的真正磨砺不可能离开高尚的品质和正直的观念。忽视对良好道德的培养，可能不会影响一个人造就强大的意志力；但若没有高层次的道德情操的要求，则不可能培养出完善的意志力。意志力的最高境界就是既合乎高尚道德的要求又十分强大。

意志力如果仅仅具有巨大的力量和不懈的恒心，而失去了理性和道德的约束，那么只有一种可能，就是——只会凭着一种愚勇、狂热和顽固的做法来实践它的主张。只有合乎道德要求的高尚的意志力才能引导我们获得更加经久的胜利——这种正义的意志向人们证明：所有满足它正直的要求的人都能够分享到共同的进步与好处。相反，如果运用意志力而毫不顾及他人的利益——穿着粗硬的鞋，随意践踏沿路的一切，那么这种人只有可能成为人类的残渣。

坚定的意志力从来就藐视"不可能"，勇敢地宣告：有志者事竟成。意志力是成功的先导，是我们永远向前的动力之源。我们要运用自己的意志力、磨炼自己的意志力，同时也要学会控制自己的意志力。

一个有着坚强意志力的人，便有无穷的力量。不论做什么事都应当坚信任何事情只要付出极大的努力就能获得成功。不论所经历的时间有多长，付出的代价有多大，无坚不摧的意志力终能帮助人们到达成功的彼岸。一个能控制自己意志力的人，也就拥有了自我引导的伟大力量。这种巨大的力量可以引导他朝着自己的目标前进，解决面对的一切困难，从而实现他的期待，达到他的目标。

如果你见到一个年轻人，他用斩钉截铁的态度去实施他的计划，而丝毫没有"如果"、"或者"、"但是"、"可能"的念头，那么这样的年轻人，成功也必定会属于他。凡有明确目标，并能照着既定程序去做的人，便能坚定自己的意志力，而这种意志力足以支撑他的成功。

人人都应该去争取理想的自由，因为只有自由地张扬自己的理想，才能创造出宏大、完美的成就。如果一个人不去争取理想的自由，不以实现最高人生目标为要务，那么不论他多么尽心尽职，多么发奋努力，他的一生也不会有大的成就。

一个人不能任由意志力漫无目的地狂奔，他必须学会对其加以控制。如果一个人无法控制自己的意志力，那么他就很难获得持之以恒的恒心，也就失去了发明与创造的可能性。有许多年轻人最初很热心于他们自己的事业，但是由于缺乏意志力与恒心，竟然在一夜之间就放弃了自己原有的事业，而去进行别的事业。他们常常对自己所处的位置、所拥有的才能表示怀疑，不知道怎样最有价值地利用他们的才能。面对困难，他们常常感到灰心，甚至是沮丧。当他们听到某人成就了某项事业，他们便开始埋怨自己为何不也去做同样的事业，而不检讨自己由于意志力不坚定，错过了多少成就事业的机会。可以肯定地说，如果一个人经常放弃他一贯期待的目标，经常松懈自己的意志力，他就决不会成为一个成功者。要使自己的生命具有特殊意义，要与众不同，就要做高尚的事情。无论历时多么久远，无论面临多少艰难曲折，绝不可放弃成功的志向和希望。任何想要获得成功的人都必须谨记下面这句话：有志者，事竟成，破釜沉舟百二秦关终属楚；苦心人，天不负，卧薪尝胆三千越甲可吞吴。

绝不惧怕失败

一个人的生命旅程中不可能一帆风顺，挫折与失败会与你相伴一生。人们往往羡慕成功者功成名就时的光彩，却不曾想过他们通向成功的道路上那布满的荆棘。世界是一个矛盾的统一体，任何事物都不能脱离他的对立面而独立存在，同样任何事物都会在一定条件下向着它的对立面转化。成功与失败这一对矛盾体也是如此。没有失败的积累，不可能见到成功的曙光，同样把失败转化为成功，需要的条件就是——强大的意志力。一个人只有养成一种不惧怕失败、永不放弃的精神，才能披荆斩棘向前进，拨开云雾见太阳。

"畏惧失败就是毁灭进步"是西点军校非常流行的一句话。在西点的每个人都渴望胜利和荣誉，每个人都希望成为第一，每个人都不会惧怕失败，每个人都不会被困难所击倒。西点学员的眼中只有胜利，在没有赢得胜利时，都只会问自己这样的问题：我尽力了吗？我还可以做得更好吗？失败对一个真正的西点人来说不过是通向胜利之路上一个不起眼儿的障碍而已。

人生就像是一场漫长的马拉松比赛，或许有一段你落在了队伍的后面，但是只要没有结束，你就永远有机会赶超。一次的失败并不代表终身的失败，哪怕你从未获得过胜利，你依然不应惧怕失败。当年爱迪生发明电灯，他尝试了几百种乃至上千种材料做灯丝都没有成功，但别人嘲笑他的失败的时候，他却说："我至少知道了那些材料不适合做灯丝。"失败只是一个事实，并不能代表什么，只要继续努力，胜利终将属于锲而不舍的人。

伟大的航海家哥伦布年轻时在意大利北部城市帕维亚的帕维亚大学攻读天文学、几何学和宇宙志。当时已在欧洲流传甚广的《马可·波罗游记》激起了哥伦布梦想的火焰。他又阅读了大量地理学家的理论、海员的报告和传说、由海外传来的非欧洲血统的有关海事的艺术和技艺的著作，这些文献更加坚定了他出海寻找新世界的梦想。

在学习了多年之后，哥伦布逐渐产生了一个坚定的信念：根据归纳推理，世界是一个球体；根据演绎推理，可知从西班牙向西航行能到达亚洲大陆，正像马可·波罗向东航行到达了亚洲大陆一样。他怀着炽热的心情想去证实他的理论。他开始寻找必要的财政后盾、船只和人员，以便去探索未知的东西，寻找更多的东西。

哥伦布开始为了他的梦想与信念积极准备，他把心力大部分投入到目标的实现上。在长达10年的时间内，他总是差一点就取得了成功，但总是功亏一篑。国王的欺诈、人们的嘲笑和怀疑、政府官员的恐吓，还有商人缺乏诚信给哥伦布带来了一连串的失败。但他没有放弃，仍然不断地努力。

直到1492年，他的坚持不懈终于得到了回报，西班牙王室决定资助他的远航计划。同年8月，

他开始向西航行，打算前往日本、中国和印度。哥伦布在加勒比海登陆以后，就带着金子、棉花、鹦鹉、珍奇的武器、神秘的植物、不知名的小鸟和野兽以及几个土人回到了西班牙。哥伦布认为他已到达了他的目的地，已经到达了印度以外的岛屿，但实际上他没有到达亚洲。哥伦布虽然未能在事实上实现自己的梦想，但对于他个人而言，他通过不懈的努力和永不放弃的精神实现了自己的梦想，他没有被失败和困难打倒，他因为发现了美洲大陆而被载入史册。

孟子曰："故天将降大任于斯人也，必先苦其心志，劳其筋骨，饿其体肤，空乏其身，行弗乱其所为，所以动心忍性，曾益其所不能。"只有那些不畏惧失败和挫折，化不利为动力，能够在战胜困难和不幸中锤炼意志的人，才能有所作为，成就事业。

在成功的道路上，人们随时会碰到事业上的失败和挫折以及生活中的困难和不幸。人生之路，不如意事常八九，一帆风顺者少，曲折坎坷者多，成功是由无数次失败构成的。在追求成功的过程中，还须正确面对失败。乐观和自我超越就成为能否战胜自卑、走向自信的关键。正如美国通用电气公司创始人沃特所说："通向成功的路，即把你失败的次数增加一倍。"

1832年，一个普通的美国人失业了，面对生存的压力他很伤心，不过他没有放弃继续向前的努力，他下决心从政。他参选州议员，结果以失败告终；他不得已创立自己的公司，不曾想一年不到公司即宣告破产，为此他背上了沉重的债务，而在接下来的几年为偿还债务而到处奔波。

经过几年的风风雨雨，他重整旗鼓再次参加州议员竞选，这一次他当选了，他内心升起一丝希望，认定生活有了转机，并于1851年与一位美丽的姑娘订婚。谁曾想命运之神再次和他开了个玩笑：离结婚日期还有几个月的时候，未婚妻不幸去世，这使他大受打击，心灰意冷，卧床数月不起。但是挫折并没有击垮他，他在重拾自信之后，再次为了自己的政治理想而起身奋斗。

1852年他决定竞选美国国会议员，结果落选。但他没有就此放弃，而是问自己："失败了，接下去该怎么做才能获得成功？"1856年，他再度竞选国会议员，他认为自己争取作为国会议员的表现是出色的，相信选民会选举他，但还是落选了。为了挣回竞选中花销的一大笔钱，他向州政府申请担任本州的土地官员。州政府退回了他的申请报告，上面的批文是："本州的土地官员要求具有卓越的才能、超常的智慧。"这是对一个人能力的全面否定，对人的打击之大可想而知。然而连续的失败并没有使他气馁。他奋发图强，两年之后，他再次竞选美国参议员，却仍然遭到失败。

也许你会认为这个"不幸"的人从此会一蹶不振，但恰恰相反，他在失败中不断总结自己的得失，反而不断地在进步。终于他在1860年当选为美国总统。他就是至今仍让美国人深深怀念的亚伯拉罕·林肯。

在林肯一生经历的11次重大事件中，只成功了两次，其他都是以失败告终，可他始终没有停止追求。我们不谈林肯的才华，而只看走向成功的道路，是那种不畏惧失败的强大意志和永不放弃的坚强品格让他获得了非凡的成功。

坚忍不拔的人，总是微笑着面对失败，不肯放弃，不肯停止，并以更大的决心，冲向前去。一个不知失败为何物的人，一个不知何时才算受挫的人，一个要将"不能"、"不可能"等字眼从他的字典中抹去的人，一个任何困难与阻碍都不足以使他跌倒的人，一个任何灾难、不幸都不足以使他灰心的人，肯定是前途无量的。

艾森豪威尔在"二战"期间曾任盟军最高统帅，他曾说过："我曾经因为仰慕霍华德·韩德利克斯，决定参加一个他参与主持的讲习班，他的风格、诚意、才华和信心，都从他所说的每一句话中充分表露了出来。他可真是我见过的最出色的教师。但听得越多我越没有自信，认为自己永远不可能比得上他。

"有一天，霍华德似乎察觉到了我的心意，同时他也认识到大部分学员可能都有这种感受，因此他停止了授课，开始坦诚地对我们说起自己的经历。他平静地叙述他的失败，又说他曾几次想放弃教学生涯。我们听了都不禁笑了起来，但随即就觉得心里很难受并且很同情他。我了解到他也是血肉之躯，不是完人，和我们大家没有两样。

"'人生不是百米短跑,'他对我们说,'它是一场马拉松比赛,最后到达终点的通常都是那些像你我那样拖着沉重脚步慢慢奔跑的人。'"

真正的失败是放弃,是犯了错误但不能从中吸取教训。我们所面对的失败并不可怕,可怕的是我们就此被失败所吓倒。没有经历过失败又怎么能感受到成功的喜悦。如果你现在正处于人生的低潮,请不要畏惧你的失败和面前的困难;如果你现在正享受胜利的喜悦,也请继续努力,还有更高的山峰等待你去攀越。

面对挫折和失败,唯有乐观积极的心态,才是正确的选择。其一,采用自我心理调适法,提高心理承受能力;其二,注意审视、完善策略;其三,用"局部成功"来激励自己;其四,做到坚忍不拔,不因挫折而放弃追求。

要战胜失败所带来的挫折感,就要善于挖掘、利用自身的"资源"。应该说当今社会已大大增加了这方面的发展机遇,只要敢于尝试,勇于拼搏,就一定会有所作为。虽然有时个体不能改变环境的安排,但谁也无法剥夺其作为自我主人的权利。屈原放逐乃赋《离骚》,司马迁受宫刑乃成《史记》,就是因为他们无论什么时候都不气馁、不自卑,都有坚忍不拔的意志。有了这一点,就会挣脱困境的束缚,迎来光明的前景。

若每次失败之后都能有所领悟,把每一次失败都当做成功的前奏,那么你就能化消极为积极,变自卑为自信。作为一个现代人,应具有迎接失败的心理准备。世界充满了成功的机遇,也充满了失败的风险,所以要有恒心,以不断提高应付挫折与干扰的能力,调整自己,增强社会适应力,坚信失败乃成功之母。

成功之路难免坎坷和曲折,有些人把痛苦和不幸作为退却的借口,也有人在痛苦和不幸面前寻得复活和再生。只有勇敢地面对不幸,超越痛苦,永葆青春的朝气和活力,用理智去战胜不幸,用坚持去战胜失败,我们才能真正成为自己命运的主宰。其实失败就是强者和弱者的一块试金石,强者可以愈挫愈勇,弱者则是一蹶不振。想成功,就必须面对失败,必须在千万次失败面前站起来,用恒心战胜一切。

马里奥·科摩于1982年当选美国纽约州州长,连任12年。他的父母都是20世纪20年代末期才移民美国的,马里奥说他父亲的经历就是一个追求美国梦的经历,就是不断超越自我、超越失败的经历。

马里奥·科摩曾在他的日记中记录了这样一个故事:那天我们刚搬到豪尔乌斯的山区大约一个星期,因为一场非常可怕的暴风雨,门前原来那棵40英尺高的大树几乎被狂风连根拔出地面,向前倾斜着。父亲把我们几个孩子叫到树的根前。我们站在街道上俯视那棵树足足有2分钟。之后父亲郑重地宣布:"好了,我们现在把它扶起来。"当时我觉得非常不可思议,大树的根都露出地面了,它就要死了,把它扶起来还有什么用。可是父亲却说了这样的话:"谁说它死掉了?只要我们把它扶起来,它会继续生长。"我们不能对父亲说"不",因为我们是他的儿子,而他已经决定了这件事。我们从房间里取来绳子,把绳子拴在那棵倒了的大树树冠的一端,然后父亲和我站在房子旁边一起拉绳子,而弗兰基则在雨中的街上帮助把这棵大树扶起来。虽然我们失败了好几次,但是父亲总是鼓励我们再试一次,结果我们真的就把它扶了起来。当时我真不敢相信我们竟然做到了。接着我们又和父亲一起把它重新种植好,并用绳子固定好。最后父亲对我们说:"不用担心了,它又开始生长了。这不是很简单吗?"

一位哲学家说过:"人的身心都可以从背阴处移到阳光普照的地方。稍有思想的人都能办得到。"人生中的不幸,成功道路上遇到的失败,往往会给我们带来极大的痛苦,只有设法尽快摆脱痛苦,才能坚定不移地向既定的目标进发。卡耐基曾经说过,很多人成功的秘诀,就在于他们不怕失败。他心中想要做一件事时,总是用全部的热诚,全力以赴,从来想不到有任何失败的可能。即便他失败了,也会立刻站起来,抱持更大的决心,向前奋斗,直到最终迎来辉煌。

有很多人,他们在失败面前意志消沉,一蹶不振;而那些有坚忍力的人,则能够坚持不懈。那些不知怎样才算受挫的人,是不会一败涂地的。他们纵有失败,也从不以那个失败作为最终的命运。每次失败之后,他们会以更大的决心、更多的勇气,站起来向前进发,这种人是永远不会

被困难击倒的！坚忍、无畏，永远是成就大事的人的特征，而不敢冒险、逃避困苦的人，自然一生只能做些小事。

只要我们坚持不懈，再尝试一次，最终我们会成功的，做任何事情都是这样。因为短暂的失败而惊慌失措只能乱中添乱，因为没有坚忍的毅力而中途放弃只能一事无成，这些都将导致你走向更大的失败。世界上没有常胜将军，同样也没有永远的失败者。现在的胜利代表的是对你过去的肯定，而现在的失败同样只代表过去，只要继续努力，胜利就有可能属于你。

投降的永远不是我

西点军校的学员都明白一个道理：第一永远只有一个，在追求胜利和第一的同时，只有依靠自身强大的意志力破除一个又一个障碍，才能最终取得成功。西点军校的教官时常告诫学员：作为一名军人，荣誉高于一切，军人只有战死沙场，没有苟且偷生，军人的字典里没有"投降"一词。

在第二次世界大战后期，战争进入了一种微妙的局面，每一步的行动都必须小心谨慎，否则可能造成无法挽回的局面。1944 年，时任盟军最高统帅的艾森豪威尔将军指挥的盟军正准备横渡英吉利海峡，在法国诺曼底登陆，开始进行全面反攻。这次的登陆事关重大，英国和美国合作无间，为这场战斗投入了巨大的人力物力。然而天公不作美，就在一切准备就绪、蓄势待发的时候，英吉利海峡却突然风云变色、巨浪翻天，数千艘船舰只好退回海湾，等待海上恢复平静。这么一等，足足等了 4 天，天空像是被闪电劈开了一道裂缝，倾盆大雨连绵不绝，数 10 万名军人被困在岸上，进退两难，每日所消耗的经费、物资更是天文数字。

艾森豪威尔正在苦思对策之时，气象专家送来最新的报告，资料中显示天气即将出现好转，狂风暴雨将在 3 个小时之后停止。艾森豪威尔立即明白这是千载难逢的好机会，可以攻敌人于不备。但正所谓福祸相倚，太平之下也潜藏着危机，万一气候不是预期中这么快好转，很可能会导致全军覆没。艾森豪威尔经过慎重的考虑之后，他斩钉截铁地向陆、海、空三军下达了横渡英吉利海峡的命令。倾盆大雨果然在 3 个小时后停止了，海面上一片风平浪静，盟军顺利地登上诺曼底，掌握了这场战争得胜的关键。

事后艾森豪威尔接受记者采访时谈到当时的情境，他说："对阵的双方必须有一个人投降，但投降的绝不是我。"

"绝不投降"是一种精神。很多时候，我们面对的并不是你死我活的敌人，而是我们自己的妥协。对于我们心中萌生出的妥协之意，我们的选择是绝不投降。如果你对困难投降，妥协就占据了上风，最终的胜利将离你远去。不认输、不放弃是一种强烈的获胜信念，它是一种巨大的动力，它可以推动你去做别人认为不可能成功的事情。生命是一艘巨轮，只要我们的信念不沉没，我们的船就永远不会沉没。

人生中充满了困难与逆境。很多人明白只有战胜困难才能走向成功，而他们也真的能做到这一点。但困难并不是只有一次降临到你的头上，面对无穷无尽的命运的折磨，你将如何选择？你要靠什么来支撑你一路走向终点？答案只有一个——强大的意志力。意志力让你决不向敌人投降，意志力让阻碍你的一切跪倒在你的面前。

不经历风雨，怎能见彩虹！人要是没有遇到失败，就不会发现自己真正的才干。人们若不遇到对他们生命本质的打击，就不知道怎样焕发自己内部贮藏的力量。要测验一个人的品格，最好是看他失败以后怎样行动。失败是一块试金石，失败以后，能否激发他的更多的计谋与新的智慧？能否激发他潜在的力量？是增加了他的决断力，还是使他心灰意冷？

"绝不投降"，"跌倒了再站起来，在失败中求胜利。"这是历代伟人的成功秘诀。只有敢于与失败抗争，才有可能锻造非凡的意志力，才有可能打通成功的隧道，使得个人成功，使得军队胜利。跌倒不算失败，跌倒了站不起来，才是失败。有人问一个孩子，他是怎样学会溜冰的？

那孩子回答道："哦，跌倒了爬起来，爬起来再跌倒，就学会了。"

也许过去的一切，对某些人来说是一部极痛苦、极失望的伤心史。他们在回想过去时，总会觉得自己碌碌无为，一事无成。他们竟然在衷心希望成功的事情上失败了；他们所至亲至爱的亲属朋友，竟然离他而去；他们曾经失掉了职位，或是营业失败，或是因为种种原因而不能使自己的家庭得以维系。在这些人看来，自己就是一个十足的失败者，自己的前途似乎十分惨淡。然而即便有上述的种种失败与不幸，只要你不甘永远屈服，则胜利就在前方，就在向你招手。

失败是人格的试验，在一个人除了自己的生命以外，一切都已丧失的情况下，就能清楚地知道他内在的力量到底还有多少。没有勇气继续奋斗的人、自认失败的人，他所有的能力便会全部消失；而只有那些毫无畏惧、勇往直前、永不放弃人生责任的人，才会在自己的生命里有伟大的进展。有人认为，试了这么多次都以失败告终，再试也是徒劳无益，这种想法是自暴自弃！对意志永不屈服的人而言，是不存在失败的。无论成功是多么遥远，无论失败多少次，最后的胜利仍然在他的期待之中。

狄更斯在他小说里讲到一个守财奴斯克鲁奇，他最初是个爱财如命、一毛不拔、残酷无情的家伙，他甚至把所有的精神都钻在钱眼里。可是到了晚年，他竟然变成一个慷慨的慈善家、一个宽宏大量的人、一个真诚爱人的人。狄更斯的这部小说并非完全虚构，世界上也真有这样的人存在。人的本性都可以由恶劣变为善良，人的事业又何尝不能由失败变为成功呢？现实生活中这样的例子也不少，许多人失败了再起来，凭着不屈不挠的意志力，向前奋进，最终竟然获得了成功。

世界上有无数人，即使丧失了他们所拥有的一切东西，也还不能把他们叫做失败者，因为他们仍然有一个不可屈服的意志，有着一种坚忍不拔的精神，而这些足以使他们从失败中崛起，走向更伟大的成功。世间真正伟大的人，对于所谓的是非成败并不介意，他们能够做到"不以物喜，不以己悲"。这种人无论面对多么大的失败，绝不失去镇静，这样的人终能获得最后的胜利。在狂风暴雨的袭击下，心灵脆弱的人们唯有束手待毙，但这些人的自信、镇静，却依然存在，这种精神使得他们能够克服外在的一切境遇，而得以成功。

温特·菲力说："失败，是走上更高地位的开始。"许多人之所以获得最后的胜利，都说受恩于他们的屡败屡战。对于没有遇见过大失败的人，有时反而让他不知道什么是大胜利。

"战胜失败，决不投降"是成功者应有的精神，但在用意志对抗困难时同样需要智慧。要想真正战胜失败，关键是要从失败中吸取教训，下次不再犯同样的错误，只有愚蠢到不可救药的人才会在同一个地方被同一块石头绊倒两次，这样的人也不会从失败中把握未来，实现命运的转折。要想战胜失败，首先必须找出失败的原因。

（1）糊里糊涂，没有明确的生活目标；

（2）爱管他人闲事；没有一定的教育程度；缺乏自律自立，显现出不控制饮食和对机会漠不关心的倾向；

（3）缺乏雄心壮志；

（4）因颓废思想和不良饮食习惯造成的疾病；

（5）儿时的不良影响；

（6）缺乏贯彻始终的意志力；

（7）缺乏控制情绪的能力；

（8）有不劳而获的念头；

（9）当所有必需条件都具备时，仍然无法迅速果敢地作决定；

（10）心中怀有以下7项基本恐惧中的任何一项或几项：贫穷、批评、疾病、失去爱、年老、失去自由和死亡；

（11）选择了不适当的配偶；

（12）太过谨慎或不够谨慎；

（13）选到不合自己兴趣与能力的职业；

（14）不珍惜光阴和金钱；

（15）措辞不慎；

（16）缺乏忍耐力；

（17）无法以和谐的精神与他人合作；

（18）不忠诚；

（19）缺乏洞察力和想象力；

（20）自私而且自负；

（21）报复欲强；

（22）不愿多付出一点点。

心理学家总结出了这些失败的一些主要原因，看看你自己是否占据了其中的某些条呢？当然，你必须了解，失败的原因并不止这些，而且导致一个人失败的原因，通常不止一种。

奥里森·马登年轻的时候，曾经在芝加哥创办了一份成功学的杂志，当时他没有足够的资本创办这份杂志，所以他就和印刷工厂建立了合伙关系。后来事实证明这是一份成功的杂志。然而，他却没有注意到，他的杂志对其他出版商造成了威胁。而且在他不知情的情况下，一家出版商买走了他合伙人的股份，并接收了这份杂志。当时他是以一种感到非常耻辱的心态，离开了他那份以爱为出发点的工作。

上面所列的22项失败原因中，有好几项都是造成马登失败的原因。其中，最大的原因在于，他忽略了以和谐的精神与他的合伙人合作（第17项），他常因为一些出版方面的小事而和他争吵。当机会出现在他面前时，他并没有掌握住它（第2项）。他应该对自己的自私和自负负起责任。而他在业务上不够谨慎（第12项），以及说话语气太强烈（第15项），也都是造成他失败的原因。但是，马登却能够从这次的失败中，找到原因，并从中吸取教训。

他离开芝加哥前往纽约，在这里他又创办了一份杂志。为了达到完全控制业务的目的，他必须激励其他只出资但没有实权的合伙人共同努力。他同样必须谨慎地拟定他的营业计划，因为现在他只能依赖他自己的资源了。短短的一年时间，这份杂志的发行量就比以前那份杂志多了两倍多。其中一项主要获利来源，是他所想出来的一系列函授课程，而这一系列的函授课程，就成了成功学的第一笔编纂资料。当马登被挤出芝加哥的事业时，曾经一度彷徨。他可以从此放弃创办杂志并接受他太太的主意，安稳地从事律师工作。但是，他在失败中找到了原因与教训，并且就在失败的地方勇敢地再次站了起来，实现了他人生最大的梦想。

失败显露出坏的习惯，改正它，就可以从好习惯重新出发。失败驱除了傲慢自大，并以谦恭取而代之，而谦恭可使你得到更和谐的人际关系。失败使你重新检讨你在身心方面的资产和能力。最重要的是，失败借着使你接受更大挑战的机会，增强你的意志力。看来失败也是一种收获，因为你可以从失败中学到很多。

举杠铃的人都知道，光将杠铃举起来是没有用的，练习者必须在举起杠铃之后，以比举起时慢两倍的速度，将杠铃放回举起前的位置，这种训练称为"阻抗训练"，这所需要的力量的控制力，比举起杠铃时还要多。利用此方法，可使自己经历失败后，能有长足的进步。失败就是你的阻抗训练，当你再度回到原点时，不要主动将自己拉回原点，而应将注意力集中到拉回原点的过程上。从上述可知，每当你失败一次，离成大事者就近了一步，在成大事者与失败者的互换推动与转化中，你的人生将日益成熟与完美。

百折不断才是利剑

西点校友著名企业家威廉·B.富兰克林说过："努力不懈，是奔向梦想和目标的唯一坦途。"

一位年轻人去拜见一位智者寻求成功之法。"大师，我如何才能取得成功呢？"年轻人问。智者笑了一笑，并没有直接回答年轻人的问题，而是递给年轻人一颗花生，问道：它有什么特点？"年轻人愕然。"用力捏捏它。"智者说。年轻人用力一捏，花生壳碎裂，但留下的花生仁完好无损。"再搓搓它。"智者说。年轻人照着他的话做，花生红色的种皮也被搓掉，只留下白白的果实。"再

用手捏它。"智者说。年轻人用力捏着，但是他的手无法再将花生仁破坏。"用手搓搓看。"智者说。然而年轻人再也无法破坏这颗小小的花生仁。"成功的秘密很简单：屡遭挫折，却有一颗百折不挠的心。"智者如是说。

一把上好的宝剑总是在炉火与冷水中经过千锤百炼方能铸就，百折而不断方为剑中上品。其实铸剑与做人相似，如果你要想成为一个"完人"，那么就必须在冷热夹攻中站立不倒，并不断除去身上的杂质，最后不仅内在变得纯粹，整个身体也变得坚忍异常，这时你方能被称为一口"好剑"。

西点毕业生天才画家詹姆斯·A.M.惠斯勒说过："信心与意志是一种心理状态，是一种可以用自我暗示诱导和修炼出来的积极的心理状态。"军人都有着英雄情结，在西点军校中，那些不断冲破困难和阻力、经受重大挫折和打击却坚持到底的人，会得到全体西点人的敬佩甚至崇拜。西点教育学员——唯有坚强的意志是成功路上最不可替代的品质。

一块铁块之所以能最终成为利剑，关键就在于它能挺过高温与寒冷的折磨，凭借"意志"坚持下来。其实对于一个人来说，在生命旅程中，有一次坚持到底就算是成功。一个人一直坚持到最后实在是比较困难的。世界上成功者微乎其微，平庸者多如牛毛就是最好的说明。成功的秘诀就是如此简单。

坚持到底是一种态度，它需要一种品格来支撑，那就是忍耐。没有顽强忍耐的品格，任何人都是脆弱的，都经不起挫折和磨难的考验，也不可能实现自己的人生规划。坚定的意志和强烈的成功欲望永远是成功的不二法则。虽屡遭挫折，却有一颗坚强的百折不挠的心——这就是成功的秘诀。

没有一次成功是一劳永逸地完成的，成功是一种每天重复不断的行动，要一天又一天地坚持，不然就会消失。正所谓是："千淘万漉虽辛苦，吹尽狂沙始到金。"

张德培是网球历史上最年轻的男子单打世界冠军。当年，这个不满20岁的黄皮肤小伙子在巴黎成为法国网球公开赛男单冠军的时候，整个球场为之沸腾了，他也成为第一个在这里获得冠军的华裔选手。在其后16年的网球生涯里，他一共赢得34个冠军和近2000万美元的奖金，并在1996年年终的ATP男单总排名榜上名列第二位。其实，张德培的身体条件并不适合网球运动。他1.75米的个头，即便放到女选手中也只算是中等身材，再加上亚洲人先天性的力量不足，使他在高手如林的男子网坛显得十分单薄。体格的缺陷迫使他必须要用速度和坚忍弥补弱势，这没有捷径，只能依靠超过常人的刻苦训练。于是日复一日，年复一年，人们看到这名黄皮肤的小伙子从来不给自己放假。当桑普拉斯躺在希腊海滩上晒太阳时，当阿加西赴拉斯维加斯观看拳击比赛时，张德培都是在球场上训练。训练的过程是极其艰辛的，但他坚持了下来！在此后的十余年里，张德培凭借灵活的步法和不懈的跑动，运用娴熟的底线技术与对手周旋，一有机会就击出大角度的回球置对手于死地，在男子网坛杀出了一片属于自己的天地。

很多人都渴望成功，而成功的不二法门就是不断努力。如果希望一劳永逸，浅尝辄止，则很可能一事无成。看似紧锣密鼓的工作挑战、永不停歇的环境压力，就在不知不觉间培养了今日的诸多能力。人的潜力无穷，能否最大限度地挖掘这些潜能，关键在于是否善于强迫自己、经营自己。

希望成功，必须加倍努力。只有不懈努力，才会有丰厚的收获。

没有挫折，任何成功都是不堪一击的！从挫折中汲取教训，是迈向成大事者的踏脚石。当我们观察成大事者时，会发现他们的背景各不相同。那些大公司的经理、政府的高级官员以及每一行业的知名人士都可能来自于清寒家庭、破碎家庭、偏僻的乡村甚至贫民窟。这些人现在都是社会上的领导人物，他们都经历过艰难困苦的阶段。

"平凡"与"伟大"其实只有一线之隔，它们之间的分水岭就是面对挫折时的反应不同。如果一个人在跌倒后就无法再爬起来，并且只会躺在地上骂个没完，那么他是失败的；如果一个人在跌倒后起身跪在地上，准备伺机逃跑，以免再次受到打击，那么他仅可能是一个"平凡"人；如果一个人在跌倒后立即反弹起来，同时汲取这个宝贵的经验，立即往前冲刺，那么他终将成就"伟大"。

有一个非常有名的管理顾问，他办公室内的各种豪华的摆饰、考究的地毯、忙进忙出的人潮以及知名的顾客名单都在告诉你，他的公司的确成就非凡。但是，就是这样一家鼎鼎有名的公司的背后，也藏着无数的辛酸血泪：这位管理顾问在创业之初的头6个月就把自己10年的积蓄用得一干二净，并且一连几个月都以办公室为家，因为他付不起房租。他也婉拒过无数的好工作，因为他坚持实现自己的理想。他也被拒绝过上百次，拒绝他的和欢迎他的顾客几乎一样多。就在这整整7年的艰苦挣扎中，谁也没有听他说过一句怨言，他反而说："我还在学习啊。这是一种无形的、捉摸不定的生意，竞争很激烈，实在不好做。但不管怎样，我还是要继续学下去。"他真的做到了，而且做得轰轰烈烈。有一次朋友问他："那些挫折把你折磨得疲惫不堪了吧？"他却说："没有啊！我并不觉得那很辛苦，反而觉得那是受用无穷的经验。"

看看"美国名人榜"的生平就知道，那些功业彪炳史册的名人，都受过一连串的无情打击。只是因为他们都坚持到底、百折不挠，才终于获得了辉煌成果。天下哪有不劳而获的事？如果能利用种种挫折与失败来驱使自己更上一层楼，那么一定可以实现你的理想。

很多人之所以在老年时回首往事感慨人生之不如意，大多因为他在经历几次挫折后便宣布放弃。如果林肯在以前的竞选失利后便折断自己的精神，那么，他能成功吗？他能成为美国总统吗？不能。

我们都可以化失败为胜利。从挫折中汲取教训，好好利用，这样就可以对失败泰然处之。千万不要把失败的责任推给你的命运，要仔细研究失败的实例。如果你失败了，那么继续学习吧！这可能是你的修养或火候还不够好的缘故。世界上有无数人，一辈子浑浑噩噩、碌碌无为，他们对自己一直平庸的解释不外是"运气不好"、"命运坎坷"、"好运未到"，这些人仍然像小孩那样幼稚与不成熟。他们只想得到别人的同情，简直没有一点主见。由于他们一直想不通这一点，所以一直找不到使他们变得更伟大、更坚强的机会。马上停止诅咒命运吧！因为诅咒命运的人永远得不到他想要的任何东西。

在普通情形下，"失败"一词是消极性的，但我们要赋予这两个字以新的意义。因为这两个字经常被人误用，给数以百万计的人带来了许多不必要的悲哀与困扰。

我们可以比较一下"失败"与"暂时挫折"之间的差别：且让我们看看，那种经常被视为是"失败"的事，是否在实际上只不过是"暂时性的挫折"而已。还有，这种"暂时性的挫折"在实际上是不是就是一种幸福？因为它会使我们振作起来，调整我们努力的方向，使我们向着不同，但更美好的方向前进。

不管是暂时的挫折还是逆境，一个人都可以不把其视为失败，只要这个人把它当做是一种教训。事实上，在每一种逆境及每一次挫折中都存在着一个持久性的大教训。而且，通常说来，这种教训是无法以挫折以外的其他方式获得的。挫折通常以一种"哑语"向我们说话，而这种语言却是我们所不了解的。如果我们了解这种语言的话，就不会把同样的错误犯了一次又一次，而且又不知从这些错误中吸取教训。只有在把挫折当做失败来加以接受时，挫折才会成为一股破坏性的力量。而如果把它当做是教导我们的教师，那么，它将成为一种祝福。

"挫折"是大自然的计划，它经由这些"挫折"来考验人类，使他们能够获得充分的准备，以便进行他们的工作；"挫折"是大自然对人类的严格考验，它借此烧掉人们心中的残渣，使人类这块"金属"因此而变得纯净，并可以经得起严格的使用。每个人都会遇到困难、挫折，但挫折不等于失败，只有放弃才会失败。只要把从挫折中获得的教训善加利用，就会走向成功。

百折不断才终成利剑，跌倒了再爬起来，你的力量也在一次次的跌倒和爬起过程中不断增长。顽强忍耐者，定能走过大风大浪，最终成就大事。一个人最终是否成功不在于是否具有聪慧的头脑和超人的才华，而在于有没有坚持到底的意志力。遇到困难不退缩，遇挫跌倒再起身，利剑百炼方乃成。

逆境中炼就通向成功的敲门砖

世事常变化，人生多艰辛。在漫长的人生之旅中，尽管人们期盼能一帆风顺，但在现实生活中，却往往令人不期然地遭遇逆境。逆境是理想的幻灭，事业的挫败；是人生的暗夜，征程的低谷。就像寒潮往往伴随着大风一样，逆境往往是通过名誉与地位的下降、金钱与物资的损失、身体与家庭的变故而表现出来的。逆境是人们的理想与现实的严重背离，是人们的过去与现在的巨大反差。

每个人都会遇到逆境，以为逆境是人生不可承受的打击的人，必不能挺过这一关，可能会因此而颓废下去；而以为逆境只不过是人生的一个小坎儿的人，就会想尽一切办法去找到一条可迈过去的路。这种人，多迈过几个小坎儿，就会不怕大坎儿，最终就能成就大事。通往成功的道路从来就不会是一帆风顺，人生必须渡过逆流才能走向更高的层次，最重要的是永远看得起自己。当人生遭遇逆境的时候，你要直面挫折，挺直脊梁，以昂扬的斗志和积极的心态，从逆境中闯过来。

西点军校这样教育学员："面对逆境你必须振作精神，跟命运搏斗，只有把痛苦化为力量，才能有所建树。成功者大都起始于不好的环境并经历许多令人心碎的挣扎和奋斗。他们生命的转折点通常都是在危急时刻才降临。经历了这些沧桑之后，他们才具有了更健全的人格和更强大的力量。"

明代洪应明在《菜根谭》中说过一段话，耐人寻味："横逆困劳，是锻炼豪杰的一副炉锤，能受其锻炼者则身心交益；不受锻炼者则身心交损。"如果一个人生活太优裕，人生之路太过顺畅，那么他的身心便不能承受重压，他的意志将无法抗击风暴，一旦遭到坎坷和挫折，往往会一筹莫展，驻足不前，甚至长期地沉落在苦闷之中。一个人只有在磨难和挫折中成长，才能具备应付逆境的意志和驾驭生活的能力，面对人生中的大小磨难，他会无所畏惧，勇往直前。

对一个人身体的磨难有时还让人可以忍受，但一个人往往被精神的磨难击垮。也许一个人面临的最大逆境就是走一条没人认可的道路，没有人支持，孤独地前行，甚至做出了成绩却无人为自己喝彩。精神的折磨与压抑最容易让人再无站立起来的信心。

成大事者往往会心胸豁达，以风清月明的态度从从容容地对待别人不公正的批评。这是因为他们相信天空是宽广的，走过去，前面便是一片蓝天。一个人在生活、工作、学习以及与他人交往中，总不免被人批评，受人指责。

美国许多成就卓越的著名人物都被人骂过：美国的国父乔治·华盛顿曾经被人骂做"伪君子"、"大骗子"和"只比谋杀犯好一点。"《独立宣言》的撰写人托马斯·杰弗逊曾被人骂道："如果他成为总统，那么我们就会看见我们的妻子和女儿成为合法卖淫的牺牲者；我们会大受羞辱，受到严重的损害；我们的自尊和德行都会消失殆尽，使人神共愤。"格兰特将军在带领北军赢得第一场决定性的胜利、成为美国人民的偶像之后，却遭到嫉妒、逮捕和羞辱，被夺去兵权。威廉·布慈将军被人诬告侵占了某个女人募捐而来为救济穷人的800万元的捐款。这些人非但没有被批评、辱骂所吓倒，反而更加保持乐观和自信的态度，做出了影响深远的成就。

在你被人恶意批评时请记住，他们之所以做这种事情，是因为这件事能使他们有一种自以为重要的感觉，这通常也就意味着你已经有所成就，而且值得别人注意。你应该记住哲学家叔本华的话："庸俗的人在伟大的错误和愚行中，得到最大的快感。"

多年前有个《太阳报》的记者来参观卡耐基的成人教育的示范班，后来在报上撰文讽刺卡耐基。卡耐基在看了报纸之后怒不可遏，认为那是最大的人身攻击，便立刻打电话到报社去抗议，要求他们刊登事实，而不是讥诮。卡耐基骂他们这种做法太伤人格了。后来，卡耐基对当初自己的反应只觉汗颜。卡耐基了解了，买那份报纸的人有一半不会注意到那篇文章，另外看过的那些，半数也只当它是茶余饭后的消遣而已，看过就算了，没有人会记得它多久。卡耐基给我们总结道："别人不会注意你、注意我、注意人家怎么说我们，他们心心念念想的都是自己。他们宁可关心自己的一点皮毛之伤，也不会在意你我的死活。我们只是一些不相干的其他人而已。"

卡耐基认为，虽然我们不能禁止别人对自己有不公平的责难，但是却可以决定要不要让那些

不公平的责难困扰自己。情感智商高的人，往往从积极的方面去理解别人的批评，包括那些不公正的责骂。他们会把别人的批评，看做是改进自己的工作、完善个性、克制情绪、提高心理承受力以及激发斗志的机会。

在美国历史上，林肯总统恐怕是受人责难、怨恨、诬陷和批评最多的总统。也许应付批评的最佳典范该推林肯总统才是。南北战争期间，国事艰难，林肯若不是有一套应付批评之道，只怕不等战争打完，他已经先垮了。他应付批评的那一段话已成了经典之作，麦克阿瑟将军把它当做座右铭，丘吉尔也当它是传世箴言，高挂在自己书房的墙上。林肯是这么说的："别说是回答，就算是我试着去听每一句攻击我的话，那么这里早就可以开店，改做别的营生去了。我只能做到我所知道的最好的地步，尽力而为而已，而且我将坚持到底。如果临了证明我是对的，那么所有反对我的意见都无关紧要了。如果证明我是错的，那么就算有一打天使宣称我是对的，又有什么差别呢？"

林肯不仅能正确应付别人不公正的批评，而且从来不以他自己的好恶来批判别人。如果有什么任务待做，他也会想到他的敌人可以做得像别人一样好。如果一个以前曾经羞辱过他的人，或者对他个人有不敬的人，却是某个位置的最佳人选，林肯还是会让他去担任那个职务，就像他会委派他的朋友去做这件事一样。而且，他也从来没有因为某人是他的敌人，或者因为他不喜欢某个人而解除那个人的职务。在林肯所任命的高职位的人物中，有不少是曾经批评过他的人。但林肯相信：没有人会因为他做了什么而被歌颂，或者因为他做了什么或没有做什么而被罢黜。因为所有的人都受条件、情况、环境、教育、生活习惯和遗传的影响，使他们成为现在的这个样子，将来也永远是这个样子。

曾任美国华尔街40号美国国际公司总裁的马歇尔·布拉肯先生在回忆受批评的经历时说："我早年对别人的批评非常敏感。我当时急于让公司的每个人都觉得我是十分完美的。如果他们有一个人不这样认为的话，我就感到忧虑，于是我会想办法去取悦他。可是我讨好他的结果，又会使另一个人生气；而等我想满足这个人的时候，又会使其他一两个人生气。最后我发现，我越想去讨好别人，以免去他们对我的批评，就越会使我的敌人增加。因此我对自己说：'只要你超群出众，你就一定会受到批评，所以还是趁早习惯的好。'这一点对我的帮助很大。从那以后，我就决定凡事尽力而为，然后张一把心灵的保护伞，躲开非难的雨滴，不让它沿着我的脖子滑落，湿透全身。"

罗斯福总统的夫人曾向她的姨妈请教对待别人的不公正的批评有什么秘诀。她的姨妈说："不要管别人怎么说，只要你自己心里知道你是对的就行了。"避免所有批评的唯一方法就是只管做你心中认为对的事——因为你反正是会受到批评的。知道自己在做什么是很重要的，别人如何看待你的工作、决定、努力、动机或成就，这些都不要紧，因为只有我们自己最清楚自己所作所为的重要性。即使在上帝面前，我们也必须依据自己的价值观及信念来评估自己一生的作为。

面对非议却坚定自己的信念，坚持自己的选择，你就已经具备了冲破逆境的桎梏，走向成功的精神力量。人言并不可畏，挫折只是暂时，只有经历风雨才能见到天边美丽的彩虹。

荷马是古希腊伟大的诗人，《荷马史诗》是全人类的文化遗产，而荷马本身的经历同样是人类历史上不可多得的精神财富。公元前870年，荷马出生于希腊境内小亚细亚的一个世袭贵族家庭，从小就受到良好的教育。然而，正所谓天妒英才，幸运的女神并没有一直垂青这个孩子。就在他风华正茂的少年时代，小亚细亚城邦发生了一场可怕的瘟疫，这场灾难整整持续了半年多，一个又一个鲜活的生命被死神带向了黑暗的深渊。荷马也不幸染上了瘟疫，父母请来了最好的医生为他诊治，然而虽然荷马的生命保住了，但他一双明亮的眼睛却永远失去了光彩。

面对命运的不公，荷马曾选择了放弃，但母亲的一席话让他又重燃生命之火，"厄运是魔鬼，它夺走了你的光明。厄运也是天使，它是一座深不可测的宝藏。要在厄运中赶走魔鬼、拥抱天使，最重要的美德就是坚忍。"

通过3年的学习，聪慧的荷马已经比较熟练地掌握了弹琴的技巧，并且学会了用诗歌来吟唱故事。他的琴声和歌声都极有魅力，很快就引起了人们的关注。为了吟唱诗歌和收集古老的故事，

17 岁的荷马离家远行。从此，他风餐露宿，历尽千辛万苦，走遍了整个希腊的大地。在广泛收集民间故事的基础上，荷马用自己丰富的想象力和非凡的文学才华，创作出了两部史诗——《伊利亚特》和《奥德赛》，这两部永留青史的辉煌史诗，成为了人类文明中的一枝奇葩，它的光辉永远照耀着人们的心灵。

面对逆境这条人生的畏途，不同的人有着不同的观点和态度。就悲观者而言，逆境是生存的炼狱，是前途的深渊；就乐观的人而言，逆境是人生的良师，是前进的阶梯。逆境如霜雪，它既可以凋叶摧草，也可使菊香梅艳；逆境似激流，它既可以溺人殒命，也能够济舟远航。

逆境具有二重性，就看人们怎样正确地去认识和把握。古往今来，凡立大志、成大功者，往往都饱经磨难，备尝艰辛。逆境成就了"天将降大任者"。如果我们不想在逆境中沉沦，那么我们便应直面逆境，奋起抗争，只要我们能以坚忍不拔的意志奋力拼搏，就一定能冲出逆境。

费希特在年轻时，曾去拜访大名鼎鼎的康德，想向他讨教，不料康德对他很冷漠，拒绝了他。费希特求教无门，但他并没有灰心，也不怨天尤人，而是从自己身上找原因。他想："我没有成果，两手空空，人家当然怕打搅喽！我为什么不拿出成果来呢？"于是他埋头苦学，完成了一篇《天启的批判》的论文，呈献给康德，并附上一封信。信中说："我是为了拜见自己最崇拜的大哲学家而来的，但仔细一想，对本身是否有这种资格都未审慎考虑，使我感到万分抱歉。虽然我也可以索求其他名人的函介，但我决心毛遂自荐，这篇论文就是我自己的介绍信。"康德细读了费希特的论文，不禁拍案叫绝。他为其才华和独特的求学方式所震动，便决定"录取"，亲笔写了一封热情洋溢的回信，邀请费希特前来一起探讨哲理。由此，费希特获得了成大事者的机会，后来成为了德国著名的教育家和哲学家。

但凡一个杰出的人物，都产生在重重的磨难里，产生在十分恶劣的人生境况之下。人生的风雨是立世的训喻，恶劣的境遇是人生的老师。

瑞典科学家阿列纽斯于 1882 年在瑞典科学院物理学家爱德龙德的指导下，进行了测定电解质导电率的研究工作。他把测定结果写成一篇博士论文寄给母校乌普沙拉大学，由于该校学位评议委员会的成员们还不理解论文的深刻意义，因而错误地将其评为四等。"四等"就意味着参加博士考试的失败，但是，阿列纽斯在逆境面前没有退却，没有消沉，他将这篇落选的博士论文和一封附信一起寄给了德国加里工学院的物理化学家奥斯特瓦尔德。奥斯特瓦尔德在仔细地阅读了论文和来信后，被深深地打动了，连呼"真了不起"。1884 年 8 月，他亲自去瑞典访问了阿列纽斯，对那篇落选的论文给予了高度的评价，并代表加里工学院授予他博士学位。阿列纽斯在此基础上继续努力，1903 年因这一成就获得了诺贝尔奖。

人间不平事，不知有多少。逆境吞噬意志薄弱的失败者，而常常造就毅力超群的事业成功者。矢志进取的人，面对逆境没有抱怨，没有烦恼，没有退却。这是因为他们深信，风雨过后必能见彩虹。从逆境中奋起，靠你坚定的意志和决心，不断斗争拼搏，不因为疲倦和失败停止前进的脚步，这样你就能最终获得成功的奖赏。

万事皆由人的意志创造

西点军校经营管理顾问考克斯说："如果我们用你渡过最艰苦时刻的状态去应对现在的困难，你将会很快渡过面前的这个难关。"人的意志力拥有无限的潜力，它可以创造出超乎人想象的奇迹。取得卓越成就的人，无一不是具有超强意志力和控制力的人。他们饱受挫折，但是却越挫越勇，以更加饱满的昂扬斗志向着既定的目标大步前行，所以他们总能到达胜利的彼岸。意志坚强的人用"世上无难事"的人生观来思考问题，越是遭受悲痛打击，越是表现得坚强。他们能把痛苦化为力量，振作精神，继续奋斗。不屈服挫折和命运的挑战精神，使人成为世人所敬仰的强者。

托尔斯泰在他的散文名篇《我的忏悔》中讲了这样一个故事：一个男人被一只老虎追赶而掉下悬崖，庆幸的是，在跌落的过程中他抓住了一棵生长在悬崖边的小灌木。此时，他发现，头顶上，

那只老虎正虎视眈眈，低头一看，悬崖底下还有一只老虎，更糟的是，有两只老鼠正忙着啃咬悬着他生命的小灌木的根须。绝望中，他突然发现附近生长着一簇野草莓，伸手可及。于是，这人揪下草莓，塞进嘴里，自语道："多甜啊！"

在生命的进程中，当痛苦、绝望、不幸和危难向你逼近的时候，你是否还能顾及享受一下野草莓的滋味？你是否拥有这样的意志和信心把苦难变为快乐？意志是灵魂的一种杰出的力量，它能使一个人在任何情况下都勇敢地面对人生，无论遭遇到什么，都保持不屈的奋斗精神。对于成功者而言，他们有一种"非成功不可"的意志，所有困难，所有自己现有的缺陷，都不构成放弃追求成功的理由。

"二战"期间，一位名叫伊丽莎白·康黎的女士在庆祝盟军在北非获胜的那一天收到了国际部的一份电报，她的侄儿，她最爱的一个人死在了战场上。她无法接受这个事实，她决定放弃工作，远离家乡，把自己永远藏在孤独和眼泪之中。正当她清理东西，准备辞职的时候，忽然发现了一封早年的信，那是她侄儿在她母亲去世时写给她的。信上这样写道："我知道你会撑过去的。我永远不会忘记你曾教导我的：'不论在哪里，都要勇敢地面对生活。'我永远记着你的微笑，像男子汉那样，能够承受一切的微笑。"她把这封信读了一遍又一遍，似乎他就在她身边，一双炽热的眼睛在望着她："你为什么不照你教导我的去做。"

康黎打消了辞职的念头，一再对自己说："我应该把悲痛藏在微笑下面，继续生活，因为事情已经是这样了，我虽没有能力去改变它，但我有能力继续生活下去。"

我们经常看到脆弱的生命不堪一击，看到许多美丽人生尚未开始便堕入无尽的黑暗，有限的你我在无限悲剧命运的面前，让人不能不在沉重的痛苦中苟且生存。人生是一张单程车票，一去无返。在荷兰首都阿姆斯特丹的一座15世纪的教堂废墟上留着一行字："事情是这样的，就不会那样。藏在痛苦泥潭里不能自拔，只会与快乐无缘。人必然走向死亡，但不能等待死亡，在死神夺去生命色彩之前，何妨尽情涂抹自己的人生画布，这样才不枉来世一遭。但告别痛苦的手得由你自己来挥动，享受今天盛开的玫瑰的捷径只有一条：坚决与过去分手。"

惠特曼说过："只有受过寒冻的人才感觉得到阳光的温暖，也唯有在人生战场上受过挫败、痛苦的人才知道生命的珍贵，才可以感受到生活之中的真正快乐。"

中国有句老话叫"祸兮福之所倚，福兮祸之所伏"，成功与失败一体两面，最终你将走向哪一方，则看你的意志，万事皆由人的意志创造。

艾柯卡是美国汽车业的传奇人物，而他的奋斗经历更是在美国家喻户晓，激励着年轻人不断向成功迈进。

艾柯卡的父亲尼古拉于1902年从意大利来到美国，后来在宾夕法尼亚州定居，并加入了美国籍。尼古拉从小喜爱汽车，很早就拥有一辆福特汽车公司最早期的产品——福特T型车。平时一有空，就摆弄汽车。这一嗜好无疑也传给了儿子。早期的意大利移民在美国备受歧视，艾柯卡是个有骨气的人，在学校里一直奋发向上。艾柯卡从美国利哈伊大学取得了工程技术和商业学两个学士学位。后又在普林斯顿大学获硕士学位，其间，还学过心理学。

1946年8月，21岁的艾柯卡到福特汽车公司当了一名见习工程师。但是他最感兴趣的工作不在技术而在营销，他把这个想法告诉了主管，却被拒绝，但他坚持自己的理想终于让公司妥协，分配他当了一名推销员。1949年，艾柯卡当上了宾夕法尼亚州一个小地区的经理，他的任务是同当地的汽车商取得密切合作。这是他一生中一个重要的阶段。在此期间，艾柯卡受到了福特公司东海岸经理查利·比彻姆的重要影响。他也是工程师出身，后来转入推销和市场工作。查利对艾柯卡说："为什么垂头丧气？总有人要得最后一名的，何必如此烦恼！但请你听着，可不要连续两个月得最后一名！"在查利的激励下，艾柯卡想出了一个推销汽车的绝妙办法：谁购买一辆1956年型的福特汽车，只要先付20%的货款，其余部分每月付56美元，3年付清。这样，一般的消费者都负担得起。艾柯卡把这个办法称为"花56元钱买五六型福特车"。这个广告口号像火箭一般受到人们的瞩目。仅仅3个月时间，艾柯卡从原来的末位扶摇直上，销售势头一跃而居榜首。他受到了当时的副总经理麦克纳马拉的赏识，在全国推广他的办法，并提升他为福特总公司车辆

销售部主任。

艾柯卡在福特的事业蒸蒸日上，他主持设计了全新的"野马"汽车，1965 年"野马"车的销售量打破了福特公司的纪录。"野马"车大功告成。艾柯卡靠自己的奋斗，终于当上了福特公司的总经理。当时，艾柯卡真有点儿得意忘形。然而 1978 年 7 月 13 日，他被大老板亨利·福特开除了。艾柯卡几乎把整个事业生涯都奉献给了福特，这次变故让他无所适从。

他被解雇之后，仿佛他在世界上已不复存在。"野马之父"一类的话再也听不到了。昨天他还是英雄，今天却好像成了麻风病患者，人人远而避之。他开始喝酒，对自己失去了信心，认为自己要彻底崩溃了。

但是艾柯卡没有向命运屈服，他对自己说"艰苦的日子一旦来临，除了做个深呼吸、咬紧牙关尽其所能外，实在也别无选择。"艾柯卡没有倒下去。他接受了一个新的挑战——应聘到濒临破产的克莱斯勒汽车公司出任总经理。当时，许多大公司诸如洛克希德、国际纸业公司等，都对他发出过邀请。但艾柯卡认为，54 岁是个尴尬的年龄：退休太年轻，在别的行业里另起炉灶又太老，况且汽车的一切已经在他的血液里流动了。因此，他还是选择了汽车业这一老行当。艾柯卡，这位在世界第二大汽车公司当了 8 年总经理的人，凭他的智慧、胆识和魄力，大刀阔斧地对企业进行了整顿、改革，并向政府求援，舌战国会议员，取得了巨额贷款，重振企业雄风。

艾柯卡主持了 K 型车的制造计划，经历了艰难困苦之后，凭借着艾柯卡和他的团队的顽强意志终于成功了。K 型车的推出，使克莱斯勒起死回生，使这家公司名副其实地成为在美国仅次于通用汽车公司、福特汽车公司的第三大汽车公司。1983 年 8 月 15 日，艾柯卡把他生平仅见的面额高达 8.1348 亿多美元的支票，交给银行代表手里。至此，克莱斯勒还清了所有债务。而恰恰是 5 年前的这一天，亨利·福特开除了他。1984 年，艾柯卡用他惯有的表情和手势，宣布克莱斯勒公司这一年盈利 24 亿美元——打破了公司历年纪录的总和。

人的意志力可以创造奇迹，它让你在痛苦之中也能品味人生的甘甜。古人讲："不知生，焉知死？"不知苦痛，怎能体会到快乐？痛苦就像一枚青青的橄榄，品尝后才知其甘甜，但这品尝需要意志来支撑！

意志力可以产生这样一种力量，一种自为地进行自我激励的力量，我们靠意志力激发自己、鼓励自己，自己激发自己的动机，充实动力源，使自己的精神振作起来。而这种自我激励又反过来培养了意志力，激发你成功的信心与欲望，从而使你具备一往无前的动机。

美国心理学家詹姆士的研究表明，一个没有受到自我激励的人，仅能发挥其能力的 20%~30%，而当他受到这种激励时，其能力可以发挥出 90%，相当于前者的 3~4 倍。可见，自我激励不仅对培养意志力，而且对开发潜能也大有影响。

在现代社会中，学会自我激励是很重要的，这是因为剧变的社会既为人们创造了大量的发展机会，也为人们设置了种种的"陷阱"。当人们处于顺境时，一般容易兴高采烈，甚至忘乎所以；而当人们陷于逆境时，往往不知所措、消极悲观。想干一番事业，干出一点成绩来，也许就会有许多意想不到的事情发生。挫折、打击会突然降临到你的头上，流言蜚语、造谣中伤会接踵而来，如果碰到一些很会耍心计、玩权术的顶头上司，那么难堪的小鞋、莫名其妙的打击，就会一个接一个。此时，尤其需要自励，使自己保持一颗平常心，重新取得心理平衡，使精神振作起来，保持自己旺盛的斗志。

对于那些意志力不是很强，稍有一点"风吹草动"、稍稍遭到失败就无法忍受的人，特别需要使用自我激励这种辅助手段来培养意志力。我们必须首先学会正确认识自己。古人曰："君子不患人之不己知，患不自知也。"认识自己就是认识自己的长处和短处，不将长处当短处，不将短处当长处，决不护短，决不自己原谅自己。只有知道自己遭到失败、挫折的原因在哪儿，才会有的放矢地重新起步，也才有可能培养你的意志力。

认真反省是认识自我的一个关键。自我激励的重要因素是要自己看得起自己。有许多人有这样一个毛病：风平浪静时，自贵、自爱甚至自夸得不得了，一遇到问题，就妄自菲薄、自暴自弃、消极颓废，有时甚至还想用一些激化矛盾的方式进行对抗。为什么会这样？其实就是因为自己的

内心过于自卑，过于自馁，认为自己这也不行那也不行，什么都干不了。因此一定要自尊，要采取切实措施自己帮助自己，这是自我激励得以实现的重要手段。也就是说，在遇到挫折失败之后，在认真吸取教训的基础上，重新设定奋斗目标，采取一些切实可行的措施，拟定可行性的计划，用一点一滴的成功来激励自己，用社会的承认来增强信心，脚踏实地，一步一步前进。只要你认真地抱着"我希望自己能成功"，或是"我希望自己成为首屈一指的人"这样的信念，你就一定能找到成功的方法，这就是"贾金斯法则"。

贾金斯博士说："睡眠之前留在脑海中的知识或意识，会成为潜意识，深刻地留在自己的脑海中，并可转化成行动力。"我们可将贾金斯法则应用在自我激励和意志力的培养上面。如果你认为自己的意志薄弱，那就对自己说："我一定可以加强自己的意志。"意志力的培养就是在生活的点滴中进行的。意志力产生自我激励的力量，自我激励培养锻炼了本身的意志力，通过这样的相互作用，一个人将获得强大的精神力量，面对任何困难都可笑看风云，从容应对。钢铁般的意志造就钢铁般的人生，钢铁般的人生才能奏出生命最强音。相信自己，超越命运，用你的意志去创造奇迹。

西点军校经典法则

法则八

勇气

世界从来都给无畏的人让路

西点军校有一句名言:"合理的要求是训练,不合理的要求是磨炼。"无论是怎么严苛的训练,在西点人眼里都是"勇敢者的游戏",只有凭借勇气才能克服这些考验。

在培养勇气方面,西点有它独特的方法。教官知道学员有一种理性克服恐惧的方法,他会故意加重学员的焦虑。没有恐惧,勇气是培养不出来的。如果你不能忍受而选择逃避或是放弃,你就是一个逃兵,一个胆小鬼,你必须选择离开。因为西点需要勇者和荣誉,不需要逃兵,世界从来都只给无畏的人让路。

1941年冬,身穿单薄夏装、顶着刺骨寒风的独立团一营,以破釜沉舟的决死精神面对强敌,以一营之兵力率先向关东军两个中队发起攻击,进行了一场惨烈的白刃战。这场战斗,独立团一营几乎全军覆没,其惨烈程度可谓"惊天地,泣鬼神"。

在这场战斗之前,赵刚问李云龙:"万一情报不准,鬼子不是一个押车小队,而是一个中队或一个大队作战部队,你怎么办?"

李云龙道:"古代剑客和高手狭路相逢,假定这个对手是天下第一剑客,你明知不敌该怎么办?是转身逃走还是求饶?"

"当然不能退缩,要不你凭什么当剑客?"

"这就对了,明知是个死,也要宝剑出鞘,这叫亮剑,没这个勇气你就别当剑客。倒在对手剑下算不上丢脸,那叫虽败犹荣,要是不敢亮剑你以后就别在江湖里混啦。咱独立团不当孬种,鬼子来一个小队咱亮剑,来一个大队也照样亮剑。"

"明知是个死,也要宝剑出鞘",正是这样的亮剑精神,独立团才屡建奇功,在敌我力量悬殊,外界环境极度不利的情况下,披荆斩棘,开辟出了一条胜利之路;正是有这样的亮剑团体,在艰苦卓绝的8年抗战中,我们的民族才逾越重重障碍,捍卫了自己的尊严,保卫了自己的国土。

"面对敌手,毅然亮剑",一个人如果没有这种精神,遇到困难便会止步不前,被内心的恐惧摧毁,这样的人,怎么能在人生中获得让自己满意的成就呢?

约翰是一个世界500强企业里非常平凡的上班族,却在40岁那年做出了一个疯狂的举动,放弃他薪水优厚的办公室工作,并把身上仅有的几美元捐给街角的乞丐,只带了换洗的衣裤,从自己的老家——阳光灿烂的加州出发,靠搭便车与陌生人的好心,穿越美国东西,到达东岸一处叫

做"恐怖角"的地方。

他之所以作出这样仓促的决定，完全是因为自己精神即将崩溃。虽然他有好工作、温柔美丽的妻子、善良可敬的亲友，但他发现自己这辈子从来没有下过什么赌注，平顺的人生从没有高峰或谷底，他觉得自己的前半生在懦弱中虚度了。

他选择北卡罗来纳的"恐怖角"作为最终目的，借以象征他征服生命中所有恐惧的决心。为了检讨自己的懦弱，他很诚实地为自己的"恐惧"开出一张清单：从小时候开始算起，他就怕保姆、怕邮差、怕鸟、怕猫、怕蛇、怕蝙蝠、怕黑暗、怕大海、怕飞、怕城市、怕荒野、怕热闹又怕孤独、怕失败又怕成功、怕精神崩溃……他无所不怕，唯一"英勇"的一次是他当众向妻子表白求婚。

这个懦弱的40岁男人上路前竟还接到母亲的纸条："你一定会在路上被人杀掉。"但他成功了，4000多里路，78顿餐，仰赖82个陌生人的好心。身无分文的他从没接受过别人在金钱上的帮助，在暴风骤雨中睡在潮湿的睡袋里，风餐露宿只是小事，他还曾经碰到精神病患者的骚扰，遇到几个怪异诡秘的家庭，甚至还会时不时觉得有人像杀人狂魔和银行抢劫犯。经历这无数的"恐惧"之后，他终于来到"恐怖角"，接到妻子寄给他的提款卡（他看见那个包裹时恨不得跳上柜台拥抱邮局职员）。他不是为了证明金钱无用，只是用这种正常人会觉得"无聊"的艰辛旅程来使自己面对所有恐惧。

"恐怖角"到了，但令人意外的是，"恐怖角"并不恐怖，原来"恐怖角"这个名称，是由一位探险家取的，本来叫"Cape Faire"，被讹写为"Cape Fear"，只是一个失误。约翰终于明白："这名字的不当，就像我自己的恐惧一样。我现在明白自己一直害怕做错事，我最大的耻辱不是恐惧死亡，而是恐惧生命。"

地位、声望、财富、鲜花……这些美好的东西都是给富于勇气的人准备的。一个被恐惧控制的人是无法成功的，因为他不敢尝试新事物，不敢争取自己渴望的东西，自然也就与成功无缘。胆怯、逃避是毫无用处的，只有直面恐惧，才能战胜恐惧。

恐惧有时候就像是一道虚掩着的门，实际上你没有必要害怕，那扇门是虚掩着的。很多人都会对"不可能"产生一种恐惧，绝不敢越雷池一步。因为太难，所以畏难；因为畏难，所以根本不敢尝试，不但自己不敢去尝试，认为别人也做不到。事实上并非如此。

1965年，一位韩国学生到剑桥大学主修心理学。他经常有意识地到学校的咖啡厅或茶座听一些成功人士聊天。这些成功人士包括诺贝尔奖获得者、学术权威人士和一些创造了经济神话的人，这些人幽默风趣，举重若轻，把自己的成功都看得非常自然和顺理成章。时间长了，他慢慢发现自己被本国内的那些成功人士给欺骗了。那些人为了让正在追求成功的人知难而退，普遍把失败给夸大，把成功的艰辛给夸大了，他们故意用自己的成功的经历吓唬那些还没有成功的人。而这种现象虽然在东方甚至在世界各地都是普遍存在的，实际上这种现象在此前并没有人大胆地提出来并加以研究。

于是，经过5年的研究分析，他把《成功并不像你想象的那么难》作为毕业论文，这篇论文交到了现代经济心理学的创始人威尔·布雷登教授手里之后，让这位教授大为惊喜，教授把这篇论文发给他的剑桥校友——当时正坐在韩国政坛第一把交椅上的人——朴正熙，并在信中说："我不敢说这部著作对你有多大的帮助，但我敢肯定它比你的任何一个政令都能产生震动。"

在追求成功的道路中，内心的恐惧就会对你说："你绝对办不到。"消除恐惧的办法只有一个，那就是往前冲。假如对某个事物心怀恐惧，更应强迫自己去面对它，以后碰上更难的问题时，你就不会再那么恐惧了。

罗马曾是欧洲最强大的城邦。罗马人征服了地中海北岸的所有国家和南岸的大部分国家，他们同时还占有海中的岛屿和现在属于土耳其的亚细亚部分。那时恺撒已成为罗马的英雄。他率领大军进入高卢，即现在包括法国、比利时和瑞士的欧洲地区，把高卢变成罗马的一个省。他穿过莱茵河，征服了德国的一部分。恺撒的军队甚至还到达了被罗马人视为蛮荒之地的不列颠，并在那里建立起殖民地。

恺撒和他的军队一直对罗马尽忠尽责。但在罗马他有许多敌人，他们害怕他的雄心壮志，忌妒他的丰功伟绩，每当他们听到有人称赞恺撒为英雄，便会气得浑身发抖。

这些人中就包括庞培，他是罗马最富权势的人。像恺撒一样，他也是一个军队的指挥官，但他的军队并没有赢得人们太多的赞誉。庞培知道，如果不采取行动加以制止，恺撒迟早会成为罗马的主人。于是他开始谋划陷害恺撒的计划。再过一年，恺撒在高卢的任期就要结束。大家都认为，届时他将返回意大利并被选为罗马共和国的执政官。那他就会成为罗马最有权力的人。

庞培和恺撒的其他敌人决定阻止这件事。他们说服罗马的元老院发出命令，让恺撒离开高卢的军队立即返回罗马。"如果你不服从这个命令，"元老院称，"就将被视为共和国的敌人。"

恺撒知道那是什么意思。如果他单独返回罗马，敌人就会陷害他。他们会以叛国的罪名审判他，不让他当选执政官。他把效忠自己的士兵们召集起来，把有人试图谋害他的阴谋告诉了他们。那些跟随他经历无数风险、帮助他取得无数胜利的老兵们都宣称不会离开他。他们要同他一起前往罗马，看着他得到应得的奖赏。他们不要军饷，甚至还分担起长途行军的费用。恺撒的军队扬起军旗向意大利进发，士兵们甚至比恺撒更加斗志昂扬。他们为了自己的领袖长途跋涉，不畏艰险。

最后他们来到一条叫做卢比孔的小河。它是高卢省的边界，对岸就是意大利。恺撒在岸边停了一下。他知道越过这条河就等于对庞培和元老院宣战，那将使整个罗马陷入纷争，其结果是无法预料的。"我们还能够回去，"他对自己说道，"我们身后是安全的，一旦越过卢比孔河，我们就不能再回去。我必须在这里作出决定。"

他没有迟疑太久。他发出命令，勇敢地纵马穿过这条浅浅的小河。"我们越过了卢比孔河，"当他到达对岸时大声喊道，"就不会再回头！"

这消息一直传到了罗马：恺撒越过了卢比孔河。一路上，每个城镇和村庄的人们都出来欢迎归来的英雄。离罗马越近，他受到的欢迎就越热烈。最终恺撒和他的军队到达了罗马城门，没有军队出来迎战，恺撒没有遇到丝毫抵抗就开进了罗马城。庞培和他的同伙早已逃走了。

勇敢造就了恺撒，也造就了罗马的辉煌。我们的每一点进步都需要勇气做先导，勇敢，也必将造就未来的你！

勇气对于职场中的每一个人都很重要。其实，在职场和生活当中并不缺少成功的机会，只缺乏不怕挑战，勇于亮剑的员工。在职场中，只有勇敢地亮出你自己，用自己的意志和智慧面对工作中的一切困难和阻碍，你才能一次次战胜怯懦，走向成功。

很多时候，成功就像攀附铁索，失败的原因，不是因为智商的低下，也不是因为力量的薄弱，而是威慑于环境，被周围的声势吓破了胆，或者是被黎明即将来临之前的那段黑暗所吓倒。成功，并不像传说中的那么困难。很多时候，并不是因为事情难我们不敢做，而是因为我们被传说中的假想敌给无形压垮了，还没开始做就因为畏惧而后撤了。

有人说，天才不敢走的路，傻子一步就跨过了，大概这就是傻人有傻福的来历吧。相反那些没有把困难完全看清楚的人，更能够勇往直前，也不会觉得成功会有多困难。

平时我们总会或多或少有这样的感觉：似乎每个创业者都会有一大堆苦水，但是当有人问到泡泡网的年轻总裁李想诸如在创业过程中遇到哪些困难，公司发展遇到什么瓶颈等问题的时候，李想都是毫不含糊地回答："没有。"他说，"我没有遇到什么困难，或者，我始终认为困难是应该的，所以就积极地去面对困难，自然也就不是困难了。"在2003年的时候，泡泡网经历了人事动荡，当时有一半员工离职，有人说李想完了，泡泡网完了。对此李想认为，我觉得没有什么难和不难的，当时我要做的就是赶快调和，另外就是招新人快速进行培养，我们只用了一周的时间就把这个阶段度过了。回头看这个阶段是由于自己管理经验不足，把自己的观点强加到别人身上造成的。但是如果说危机之类的东西我倒不这么认为，困难克了也就忘了。现在我们公司的员工离职率非常低，高层没有一个离开的。这位身价上亿的年轻总裁就这样把困难给略读过去了。

很多东西，你越是觉得它难，它越是像三座大山那样把你活活压垮。相反，你不把它放在眼里，也许早已轻舟已过万重山了。

没什么都不能没有勇气

西点前校长伊·L.班尼迪克说过："遭遇挫折并不可怕，可怕的是因挫折而产生的对自己能力的怀疑。只要精神不倒，敢于放手一搏，就有胜利的希望。"勇气这种滋补剂是世界上最好的精神药物，如果你以一种充满希望、充满自信的精神进行工作的话，如果你期待着自己的伟业，并且你相信你能够成就这番伟业的话，如果你能展现出自己的勇气,任何事情都不能阻挡你向前进。你可能遇到的任何失败，都只是暂时性的，你最终必定会取得胜利。

另一方面，如果你觉得自己非常渺小，如果你认为自己是一个效率很低、微不足道的人，并且你不相信自己可以出色地完成任务——这就会限制你可能达到的人生高度。你不可能超越你的想象。自我贬低和害羞怯懦不但阻止了你的进步，而且严重损害了你的整个职业生涯，甚至还会损害你的身体健康。

自信和勇气是积极的品质，而恐惧和焦虑则是消极的品质。二者在人的大脑中水火不容。你要么强大有力、充满信心，要么就虚弱和感伤，面对一项重大的工作你总是采取回避态度，任何破坏你勇气的东西都会破坏你的力量、你的效率及工作效能。

"勇气是在偶然的机会中激发出来的"，莎士比亚说。除非你让自己时刻保持一种接受勇气的态度，否则，你不要指望自己的身上会时时刻刻体现出巨大的勇气。在就寝前的每个夜晚，在起床时的每个清晨，你都要对自己说："我会做到的，我能行。"并以此作为自己坚定的信条，然后带着自信勇敢去前进，相信任何事情都不会拒绝你的。

"我曾经是个战斗者——进行了很多的战斗——成为最好的一个和最后的一个！"勃朗宁说，他准备带着微笑面对死亡本身。值得一读的人类历史更是充满了有关勇气、磨难、胆量、坚定和那些大多数人认为不可能克服的困难的故事。引领着这个世界的大多数领导者都曾经做过或者正在做着一些在常人看来不可能的、不能成就的事情。这就是他们会成为真正的领导者的原因。"前面不应该有阿尔卑斯山挡着我们的去路！"拿破仑说。于是，他率领着部队翻越了阿尔卑斯山，到达了意大利境内，并取得了胜利。在近代的世界战争中，真正的领导者和他们的随从也表现出同样的不屈不挠的精神。

你能够克服多少困难、多少侮辱、多少误解和多少诽谤呢？别人的反对意见是否让你退缩，或者只是使你更坚强，更支撑起你的决心呢？你可以毫不退缩地坚持到一种什么样的程度呢？这就是衡量你所能达到的成功水平的考验。即使所有的人都反对你，你也可以继续战斗；即使你生活在最黑暗的日子里，也可以让勇气的大旗继续迎风飘扬，那么，就没有任何敌人能够打败你。

那么，什么是勇气呢？它是产生于人的意识深处的对自我力量的确信，是对我们的能力能压倒一切的信念，是相信自己可以面对一切紧急状况、处理一切障碍并能控制任何局面的信心。通过培养自尊、自信、自我肯定的意识，我们可以有效地增强自己的勇气。任何使我们更多地思考、认识到自己能力的事物，都会给我们带来更大的勇气。

任何一个不相信自己的人都不会成为勇敢的人。培养和增强一种能力的方法，首先是培养那些与这种能力相关的品质。在一个人的个性因素中，勇气是一种合成的品质。勇气不是指处理一件事情的能力本身，而是指一种如何对待这件事情的态度，而正是这种态度在很多情况下在成功和失败之间标出了一道分水岭。一个人也许知道如何去完美地处理一件事情，但是如果他用一种胆怯的、缺乏自信的方式去对待这件事，那么在他一开始做时也许就已经失败了一半。

孩子教育的一个最重要部分，就是培养他的自信和勇气。一个人生命的幼年期还不懂事，但一旦孩子稍微大了一些，会走路了，你就可以教他不要害怕任何事情，要他学会相信自己。而这种信心会在他的体内唤起"我可以做到"这样一种信念，一旦"我可以做到"成为他心中不可动摇的观念，那么他就已经赢得了一半战斗。我们应该从一开始就把力量灌输到孩子的体内，如果这种力量是强大的，那么他的生命也将更加健康和充满活力；但如果这种力量是虚弱的，那么他的生命也将是虚弱的，甚至是不堪一击的。勇气统治着他的整个精神领域，所有其他的能力都服

从于勇气。

如果你有一个不可战胜的灵魂，那么无论在你身上发生什么事，都无法影响到你。当你意识到自己从伟大的造物主那里获得源源不断的能量时，能真正影响到你的事情根本没几件。因为，无论什么事情降临在你身上，你都可以保持住你内心的平静。勇气这一滋补剂也来自全面的准备。

一个外科医生相信他可以执行一个困难而危险的手术，只是因为他已做了多年的准备。而如果我们能意识到，自己是某行业的专业人士，并且可以比周围的人更好地完成所担任的工作，那么我们就会极大地增强自己的勇气。

美国童子军的座右铭，也是他们获得成功的一个秘密，就是那几个字——"做好准备"。我们意识到自己在生活中还没有做好充分的准备，无法胜任手头的工作任务，这往往是让我们感到虚弱和胆怯的原因之一。意识到我们自身存在着的巨大的潜力，会大大地增加我们的勇气，就好像低人一等的感觉会加深我们的羞怯一样。满怀信心地去依靠这种带有神秘色彩的人类潜能，无疑会给我们带来自信，带来对克服所有恐惧的信心。无论发生了什么事情，带着微笑去面对这个世界，这需要极大的勇气。永远相信自己，不要随波逐流，这更需要勇气。我们同样需要在日常生活中拥有非凡的勇气。

坚持做一个诚实的人，往往像面对枪声一样，需要勇气；让别人确切地知道我们的立场，我们相信什么，我们如何生活，并且以真实的面目示人，不带有任何的虚情假意，这需要勇气；与良师益友进行健康的交流，而不是轻易地随波逐流，这需要勇气；不管我们身边的人、我们的朋友怎么说、怎么看，总是去维护正确的东西，这需要勇气。

总而言之，与很多重大时刻相比，面对生活中的小事往往需要更大的勇气。也正是在这些微不足道的事情中，真正的领导者诞生了。于是，在重大的紧急情况出现时，他们作为人类的领导者做好了一切准备，等待着去确立自己应有的地位。

所以，努力锻造我们的勇气和胆识吧，只有这样我们才能成功。而为了让我们心中真正地鼓起勇气，我们必须有渴望成功的原动力，也就是欲望和梦想，要有不断进取的决心，要不满足于现状，不断挑战自我。要将自我已建立起的小天地置于宏观的世界中考虑，要用大成功衡量自己的小成绩。许多人偏爱自己的小世界，过分满足于自我，满足于现状，他们喜欢自我欣赏，而不愿与人比较。他们知道一句话叫"知足者常乐"，还知道另一句话叫"人比人，气死人"。这种人，满足的背后，是畏首畏尾，生怕会失去什么；当然，一般来说这种人没有什么可以失去的，他们拥有的，只是一种幻想，他们喜欢的，是欣赏自己的满足感。如果你恰好也是这种人，那么，抓紧时间，砸碎这种幻觉，让现实来证明你的价值，用成功博取自己的满足。

提倡勇气，却不鼓励鲁莽。勇气，应当适当借鉴别人的成功经验。要不断地充实自己，提高自己。艺高，人方能胆大。勇气自然要求行动，实践出真知。勇气自身就以行动为必要条件。

人生，不论到了哪一步境地，只要你还有勇气向成功挑战，你就还没有败。所谓失败，都可以算做你的宝贵的经验，可以创造财富。所以，只要勇气还在，你就可以立于不败之地！

别被自己吓倒，让自己征服自己

巴顿将军说过："训练时多流一加仑汗，战场上少流一加仑血。"恐惧能摧残一个人的意志和生命，它能打破人的希望、消退人的意志，而使人的心力"衰弱"至不能创造或从事任何事业。许多人似乎对一切都怀着恐惧之心：他们怕风，怕受寒；他们吃东西时怕有毒，经营商业时怕赔钱；他们怕人言，怕舆论；他们怕困苦的时候来到，怕贫穷，怕失败，怕收获不佳，怕雷电，怕暴风……他们的生命，充满了怕，怕，怕！恐惧能摧残人的创造精神，足以杀灭个性而使人的精神机能趋于衰弱。一旦心怀恐惧、不祥的预感，则做什么事都不可能有效率。恐惧代表着、指示着人的无能与胆怯。这个恶魔，从古到今，都是人类最可怕的敌人，是人类文明事业的破坏者。

卫斯里为了领略山间的野趣，一个人来到一片陌生的山林，左转右转，迷失了方向。正当他

一筹莫展的时候，迎面走来了一个挑山货的美丽少女。少女嫣然一笑，问道："先生是从景点那边迷失的吧？请跟我来吧，我带你抄小路往山下赶，那里有旅游公司的汽车在等着你。"卫斯里跟着少女穿越丛林，阳光在林间映出千万道漂亮的光柱，晶莹的水汽在光柱里飘飘忽忽。正当他陶醉于这美妙的景致时，少女开口说话了："先生，前面就是我们这儿的鬼谷，是这片山林中最危险的路段，一不小心就会摔进万丈深渊。我们这儿的规矩是路过此地，一定要挑点或者扛点什么东西。"

卫斯里惊问："这么危险的地方，再负重前行，那不是更危险吗？"少女笑了，解释道："只有你意识到危险了，才会更加集中精力，那样反而会更安全。这儿发生过好几起坠谷事件，都是迷路的游客在毫无压力的情况下一不小心摔下去的。我们每天都挑东西来来去去，却从来没人出事。"

卫斯里冒出一身冷汗，对少女的解释并不相信。他让少女先走，自己去寻找别的路，企图绕过鬼谷。少女无奈，只好一个人走了。卫斯里在山间来回绕了两圈，也没有找到下山的路。眼看天色将晚，卫斯里还在犹豫不决。夜里的山间极不安全，在山里过夜，他恐惧；过鬼谷下山，他也恐惧，况且，此时只有他一个人。后来，山间又走来一个挑山货的少女。极度恐惧的卫斯里拦住少女，让她帮自己拿主意。少女沉默着将两根沉沉的木条递到卫斯里的手上。卫斯里胆战心惊地跟在少女身后，小心翼翼地走过了这段"鬼谷"。

过了一段时间，卫斯里故意挑着东西又走了一次"鬼谷"。这时，他才发现"鬼谷"没有想象中那么深，最深的是自己心中的恐惧。

恐惧是人生命情感中难解的症结之一。面对自然界和人类社会，生命的进程从来都不是一帆风顺、平安无事的，总会遭到各种各样、意想不到的挫折、失败和痛苦。当一个人预料将会有某种不良后果产生或受到威胁时，就会产生这种不愉快情绪，并为此紧张不安，程度从轻微的忧虑一直到惊慌失措。现实生活中每个人都可能经历某种困难或危险的处境，从而体验不同程度的焦虑。恐惧作为一种生命情感的痛苦体验，是一种心理折磨。人们往往并不为已经到来的，或正在经历的事而惧怕，而是对结果的预感产生恐慌。人们生怕无助、生怕排斥、生怕孤独、生怕伤害、生怕死亡的突然降临；同时人们也生怕失官、生怕失职、生怕失恋、生怕失亲、生怕声誉的瞬息失落。

马克·富莱顿说："人的内心隐藏任何一点恐惧，都会使他受魔鬼的利用。"美国著名作家、诺贝尔文学奖获得者福克纳说："世界上最懦弱的事情就是害怕，应该忘了恐惧感，而把全部身心放在属于人类情感的真理上。"爱因斯坦说："人只有献身社会，才能找出那实际上是短暂而有风险的生命的意义。"循着哲人们的脚步，聆听他们智慧的声音，我们还有什么可以恐惧的理由？

而克服了恐惧，意志力的另一大敌人——绝望就出现了，它成为你前进的最后一重障碍，战胜了它，你就获得了真正无坚不摧、无往不利的意志力，你的人生也终将辉煌。

"天啊，面对厄运，我彻底绝望了！"这是懦弱者最常有的心态。的确，每个人都不希望厄运降临，希望自己顺顺利利地做成自己想做的事，但在现实生活中，这无疑是天方夜谭。正确的观念应该是——每个人都会遭遇厄运，都会面临绝望的境地，但对成大事者而言，厄运与绝望并不能置人于死地，相反是另一种命运的开始！

"马拉松人"约翰·布伦迪战胜了绝望，这是众所周知的事实。

1973年6月6日那天，约翰照常做20分钟的晨跑运动，然而他没想到的是，这次晨跑成了他一生中的最后一次跑步。

那天早晨跑完以后，约翰照旧到工地去，他和另外3人一同在屋顶上工作。天气非常炎热，工作也很艰苦，这时监工叫约翰拿一样工具给他，约翰便移动双脚，不料房顶水泥尚未凝固，就这样，他从上面掉下去了。

约翰失去了控制，他头朝下坠入空中。约翰事后回忆说："那时候我听到很多杂音和脊骨折碎的声音……现在想起来真是害怕，我整个身体一直往下掉，整个人就像饼干一样，那一瞬间我发现脚一点知觉也没有。以后的数秒之中恐怖、愤怒、绝望——向我袭来，我很想站起来，可是

心有余而力不足，能听从脑部指挥的只有头部，其他部位已完全没有知觉。我好像听到有人在上面说：'唉哟! 约翰掉下去了。'我心里不断期望，也不断诅咒。我把头转向左边，看到10公分远的地方有穿着鞋子的双脚，脚尖就在眼前，好像是我的脚，可是怎么会在这里呢? 那一刻，我绝望了。醒来时，我发现头部两侧的针头已经取出来，原来我已经在医院里。当时我想，只要安静下来，痛苦会逐渐减轻。令我惊讶的是，我全身竟像木乃伊一样，被白布包裹起来，而我一点知觉也没有。"

经过几个星期之后，约翰的伤势已被认定终生无法痊愈，可是他并未因此而绝望，而且依旧充满希望，盼望奇迹出现，使他的脊椎再度恢复健康，因此他专心致志地接受治疗。约翰急切地想知道自己的病情，唯一的方法只有向护士打听，有一天他听到护士指着他房间的方向对助手说："四肢麻痹就是像他那个样子。"约翰从来没有见过四肢麻痹的人，他甚至没有想过四肢会同时麻痹，更未曾想到自己竟变成这个样子。

简单的一句话揭开了真相。原来他是一个年轻又健康的丈夫和父亲，可是现在他头部以下全部麻痹，完全形同废人。虽然如此，约翰仍然决定活下去，虽然痛苦不曾减轻，可是他活得比谁都坚强。约翰说："我之所以决心生存下来，是因为有3个老师作为我人生的指针，这3个老师是愿望、献身、意志。我想活下去，想治好病，想知道自己究竟可以做什么事，我有这些愿望，这3个老师经常在心中，我为此而奋斗，并相信有一天我可以得到胜利，所以我永不绝望。"

如今约翰坐在轮椅上已经11年了，从人生的观点上来看，他实在太伟大了。他的心中没有埋怨，没有苦恼，也没有憎恨。他认为如果相信宿命或憎恨别人，对自己并没有好处; 相反地，应该爱护他人，自己的身体虽然受到伤害，但是自己的心理却很正常。事实上，约翰证明了一件事，那就是即使你身处厄运与绝望之中，你仍然能够成功，仍然可以掌握自己的命运。

约翰一直这样告诉自己，厄运与绝望是不可避免的。他又这么想，厄运是自己一生的转折点，命运的不公不能让自己失去生存的勇气，失去生命的希望。自己应该下定决心努力。这种想法是既健康又正确的，所以约翰总是这么勉励自己。其实他认为自己并不是受害者，自己只是很自然地接受这个安排而已。当约翰骑电动轮椅进入超级市场或通过马路时，轮椅不断发出声音，引起许多孩子们的注意，他们有的在笑，有的一脸迷惑，也有的说："蛮不错嘛!"像是很羡慕的样子。遇到这种情形，约翰会做各种鬼脸逗孩子们发笑，但是他并不是整天和小孩玩，他还经营公司，为附近社区做介绍婴儿保姆的工作。另外，他还在一家教会里，做"新希望电话商谈中心"之类的服务，他对人生充满新希望，非常愿意帮助那些绝望中的人寻找希望。

约翰胜利了，因为他能生存下去。他曾说过："艰苦的日子总有结束的时候。心中充满希望并能继续为生活而努力的人，才能享有新生命。"他不但明白这个道理，而且也是努力把厄运与绝望视为命运重新开始、希望重新孕育的人。要想战胜绝望，你必须寻找并抓住希望，哪怕是百分之一的希望。

一个饱经风霜的老人讲过这样一个故事：

"战时在桂林，等车非常困难。有一天，在马路上看到一张海报，说有一部车子开入昆明，还有3个空位。贴海报的日子已经过了好几天了，哪里还有什么希望。谁知，正是人人看了都以为没有希望的这3个位子，居然还有两个空着，正等着我和一位女同学两个抱着何妨一试的心理去碰碰运气的人。而且，由于这次长途旅行，那位女同学变成了我的妻子。希望就是希望，无所谓百分之一、千分之一。"

在成功者的词汇里，从来就没有给困难与恐惧、挫折、失败、绝望以地位。如果你拥有无坚不摧、无往不利的意志力，那么困难与逆境可以成为强项，挫折可以化作动力，而失败也可以转化为成功，绝望之中也会孕育着希望。同样的，如果你能将这四重难关一一渡过，你将真正拥有一颗强大的内心，你就不会自己把自己吓到，到了那个时候，成功离你就不远了。

在困境中，更要勇敢出击

勇敢就是在面临危险的时候临危不惧，就是客观评估风险之后的果断行动，就是在困难面前绝不后退，就是在狂风暴雨里始终走在最前面。这是一种积极的态度，是一种敢为天下先的勇气。当胆小者掉头逃跑了的时候，勇敢者选择的却是越是危险越向前。

人的一生中不可能一帆风顺，不遇艰难险阻。问题是，有的人在面临困难时，无所畏惧，百折不挠，将困难视为生活中的一种考验，并从中锻炼自己的意志力；而有些人在遇到困难时，首先就会畏惧退缩，并且抱怨，他们把困难当做一种无法逾越的障碍，没有克服困难的意志力。一个不成熟的人随时可以把自己与众不同的地方看成是缺陷，是障碍，然后期望自己能享受特别的待遇。成熟的人则不然，他们先认清自己的不同之处，然后看是要接受它们，还是应加以改进。

美国南北战争时的名将格兰特有"战场上的想象大师"之称，他创造了无数影响后人的经典战役。在维克斯堡战役中，格兰特曾经历两次失败，但他没有气馁，而是再次进行了精心策划。格兰特在仔细地研究过地图，聆听过大家谈论维克斯堡后，对部下说出了他决定再次攻打维克斯堡的意图。大多数人都反对他再这样做，说他的计划太冒险了。他们说，格兰特的计划会毁掉北方打胜这场战争的全部可能性。但是，格兰特还是出兵来到密西西比河西岸，从维克斯堡城前经过。他让部队在城南的一个地方乘上炮舰，渡过了河。部队在东岸登陆，在司令官的催促下，向内陆突进。为了闪电般地袭击敌军，任何非必需的物品都不准携带。格兰特本人只带了一把梳子和一柄牙刷，没有替换的衣服，没有毯子，甚至没有坐骑，军队从维克斯堡南面向内陆进发。格兰特在城北的活动已经麻痹了南方军，他们不明白他在要塞南面登陆的用意。南方军指挥官慌忙南下，想摧毁格兰特的给养线，却发现根本没有什么给养线。因为格兰特违背了一条基本的作战原则：进攻部队的活动不能脱离掩护得很好的给养基地。他完全不受条条框框的约束，他以这片土地为生，一边前进，一边就地征集他所需要的食物和马匹。这场战役的胜利改变了南北双方力量的对比，是使北方走向胜利的转折点。

莎士比亚说："本来无望的事，大胆尝试，往往能成功。"大胆尝试常常会带给你更多的机会。在困境中，不要把自己当做老鼠，否则肯定会被猫吃掉。

人生充满了各种各样的困境，贫穷就是其中之一。美国总统赫伯特·胡佛是爱荷华一名铁匠的儿子，后来又成了孤儿；IBM的董事长托马斯·沃森，年轻时曾担任过簿记员，每星期只赚两美元。但是贫穷并没有成为他们成功的障碍。他们把所有的精力都用在工作上面，因此根本没有时间去自怜。

有时这种困境表现为疾病，或者某种身体的缺陷。罗伯·路易·史蒂文森，他一生多病，却不愿让疾病影响自己的生活和工作。与他交往的人，都认为他十分开朗、有精力，并且他所写的每一行文字也充分流露出这种精神。正是由于他不愿向身体的缺陷屈服，因此他的文学作品更精彩，更丰厚。

有个男孩，长得十分高大英俊，就是自小患有口吃的毛病。他在学校里的成绩一向很好，也很受同学们欢迎。从小学开始，他的父母就为他找过许多心理专家和口吃治疗专家来帮忙，却都没有什么成效。

一天，男孩回家兴致勃勃地告诉父母，说他将代表全体毕业学生在毕业典礼上致辞，并开始着手准备演讲稿。男孩的父母也提供不少意见帮助他准备，但一直都没有提到该如何在演讲时避免口吃这个毛病。毕业典礼的当天晚上，男孩起立，开始发表演讲。他站得挺直、端正，会场观众都鸦雀无声地注视着他，因为许多人都知道男孩患有口吃的毛病。男孩一开始讲得很慢，但很有信心，接着便很顺利地把15分钟的演讲说完，没有丝毫停顿或含混不清的地方。等他演讲完，全场报以热烈的掌声，因为大家都知道，这男孩患有口吃，而他却克服了自身的缺陷，将演讲进

法则八：勇气

行得如此完美。

历史上还有着无数克服自身困难与缺陷而取得伟大成就的光辉事迹。贝多芬30岁便失去了听觉，耳朵聋到听不见一个音节的程度，但他仍为世界谱写了宏伟壮丽的《第九交响乐》。托马斯·爱迪生是个聋子，他要听到自己发明的留声机唱片的声音，只能靠用牙齿咬住留声机盒子的边缘，通过头盖骨骨头受到震动，才得到声响的感觉。

美国科学家弗罗斯特教授不屈不挠地苦斗了25年，硬是用数学方法推算出太空星群以及银河系的活动、变化规律，他是个盲人，看不见他终生热爱着的天空。英国辞典编纂家塞缪尔·约翰生视力衰弱，但他顽强地编纂了全世界第一本真正堪称伟大的《英语词典》。英国大诗人密尔顿最完美的杰作也是诞生于他双目失明之后。达尔文被病魔缠身40年，可是他从未间断过对改变整个世界观念的科学预想的探索。爱默生一身多病，包括患有眼疾，但是他留下了美国文学史上第一流的诗文集。查理斯·狄更斯，病魔没有一刻离开过他，却正是他在小说中为世界创造了许多最健康的人物。莫里哀有肺结核，米开朗基罗肠功能紊乱，易卜生有糖尿病……或许你对这些都不屑一顾，你会觉得自己也可以轻而易举地克服，那么下面的例子你一定会感动。

埃及著名文学家塔哈·侯赛因，号称"阿拉伯文学之柱"，他代表了20世纪30年代以来阿拉伯文学的新方向。但就是这样一位伟大文豪，竟是一位双目失明的人。塔哈由于患眼疾，在三四岁时就双目失明。但性格倔强的小塔哈，没有向命运屈服，他以惊人的毅力，顽强地闯出了一条光明之路。他刻苦认真地学习，课余时间从不荒废。他经常到邻居中间，学习来自民间的淳朴、生动的语言。他听别人朗诵诗歌，就默默在心里记下，并请别人帮助自己朗读。这一切为他进入大学进一步深造打下了坚实的基础。塔哈凭着自己的努力，进入了著名的埃及大学，毕业时获得了埃及历史上第一个博士学位，并得到国王的亲准，到法国巴黎留学，后又获法国的博士学位。

塔哈通过个人不懈的努力和奋斗，为阿拉伯文学宝库留下了不朽的伟大诗篇。

爱尔兰著名作家、诗人斯蒂·布朗一生中用左脚趾写成了5部巨著，其间的艰辛不言而喻。布朗生下来就全身瘫痪，头、身体、四肢不能动弹，不会说话，长到5岁还不会走路。但5岁的小布朗就会用左脚趾夹着粉笔在地上乱画了。在母亲的耐心教导下，布朗学会了26个字母，并对文学产生了浓厚的兴趣。

布朗努力克服因身体残疾带来的不便，用超出常人的毅力，进行刻苦顽强的磨炼，学会了用左脚打字、画画，也开始了作文和写诗。他写作时，自己坐在高椅上，把打字机放在地上，用左脚上纸、下纸、打字、整理稿纸。经过艰苦的努力，终于创作了大量的优秀文学作品，尤其是他的自传体小说《生不逢辰》面世后，轰动了世界文坛，被译成了15种文字，广泛流传，并且拍成电影，鼓舞着世界人民。这位一生都在与病魔做着顽强斗争的伟大诗人和作家，在他短暂的一生中，一直都在写作，直到他最后完成了小说《锦绣前程》，为我们留下了宝贵的精神财富。

困难并不能成为借口。贝多芬说过"我要扼住命运的咽喉"，命运其实掌握在自己手中，只要凭着坚强的意志力和无比的勇气，就一定能克服困难，成就伟业。和困难一样，逆境也不应成为成功的阻力。"自古英雄多磨难，从来纨绔少伟男"说的就是逆境造就人才，许多家境贫寒、环境不利的人，都能通过自己的努力奋斗而最终取得成功。

逆境是把双刃剑，它既能使人坚强，也能使人脆弱，从来没有人能在经历逆境后而毫无改变。只是有的人能够战胜和超越逆境并站立起来，而有些人则被逆境击垮。在逆境中站起来的是强者，正如鲁迅所说："真的猛士敢于直面惨淡的人生，敢于正视淋漓的鲜血。"古今中外，强者战胜逆境的感人事迹不胜枚举，而被逆境击垮的则是弱者。弱者在逆境面前只看到困难和威胁，只看到所遭受的损失，只会后悔自己的行为或怨天尤人，因而整天处于焦虑不安、悲观失望、精神沮丧等情绪之中；而强者却能战胜逆境，坚持到最后。

只有经历了风雨的彩虹才会放出美丽的光彩，只有从困境中走出的人才是真正的强者。"宝剑锋从磨砺出，梅花香自苦寒来。""好事多磨"，人世间最多磨的好事莫过于爱情了。古往今来，多少真心相爱的人却遇到重重逆境，屈服者有之，自杀者有之，相思成病者亦有之。如果说"梁山伯与祝英台"是中国爱情悲剧的典范，那么莎士比亚笔下的"罗密欧与朱丽叶"就是外国爱情

悲剧的代表。他们是爱情逆境的勇敢抗争者，可谓是爱情上的强者，但悲惨的是，他们最终是以死来求得爱情的圆满。他们不是真正的强者，是悲壮的强者。真正的强者是勇敢地与逆境抗争，并最终赢得真正的爱情。就这一标准而言，在爱情上真正的强者莫过于宋庆龄与孙中山。宋庆龄与孙中山的爱情故事世人皆知，人们都被宋庆龄那不畏家庭阻力、勇敢地追求爱情的强者风范深深打动。那么，宋庆龄以及与她相同的爱情上的强者的风范来源于什么呢？是什么让她们突破逆境的呢？

首先，强者对爱情的追求有明确的独立性。独立性是思维的独立性与意志的自觉性有机结合的心理品质。孙中山坦荡正直，以为天下人民谋幸福为己任，一生致力于民主和革命事业，他的人品在海内外中国人中都是有口皆碑的。正是这些品质打动了大家闺秀宋庆龄。她认准了自己选择的爱情是正确的，不因别人的阻挠和反对而动摇。

其次，强者在高压下对爱情有正确的决断能力。心理学家研究表明，在高压下个体反而选择了与压力完全相反的对象，这是一种叛逆心理，这种心理是对高压的逆反。对于真正的强者来说，这种逆反却是理智清醒的反抗，他们能清醒地判断压力的程度，然后采取理智的方式顶住压力，而不轻易采取以死抗争的对策，因为死是什么问题也解决不了的。为了获得自己真正的爱情，他们对压力有极强的心理承受力。

最后，强者能采取应付压力的理智行动，去到达爱河的彼岸。梁山伯与祝英台也向爱情的阻力反抗，但是他们采取的是不理性的行动，而真正的强者采取的是理智的行动，即采取巧妙的方式避开压力。宋庆龄在被锁在家中的情况下，不是以死抗争，而是想办法与身处日本的孙中山谋得见面，并在女佣人的帮助下，在一个静静的夜晚，偷偷地打开窗户跳下阳台，利用床单结绳，顺绳坠下二楼，翻墙而出，乘船去日本与孙中山完婚。这种理智的反抗行为，浸透着宋庆龄的聪明智慧，不失为是强者的独特风范。

逆境不会持久，而强者必将胜利。逆境，是阻止人前进的阻力，同时也是造就强者的动力。肖伯纳对那些时常抱怨逆境的人很不耐烦。他说："人们时常抱怨自己的环境不顺利，使他们没有什么成就。我是不相信这种说法的。假如你得不到所要的环境，可以制造出一个来啊！"面对困难与逆境，我们要勇敢出击。

"理性"的勇气更胜一筹

西点智能发展方针有三个目标，第一个是："高水平的智能、精神承受力和果断性、带有理性的勇气和正直、责任心和主动性。"在军事教育发展方针中，西点也明确提出培养学员"理性的勇敢"。"理性的勇敢"不是那种路见不平、拔刀相助的勇敢，不是那种"有所不惬"就出手相搏的勇敢，或者说不是简单的血气之勇，不是三分钟热血的冲动。

巴顿被人称为"铁血将军"，在电影里端着机枪打飞机，显得十分鲁莽。其实他的勇敢之中虽有"血气"成分，但一点也不乏智慧的内涵。他不仅在西点时学习成绩不错，还留学过法国，主办过坦克学校，当过旅长、师长、军长、集团军司令官，他的学历、阅历、资历，是他"血气"的基础。中国人说"艺高人胆大"，巴顿是真正学过"艺"的，他的勇敢是在"艺"的基础上或者是在"艺"与"血气"结合起来后形成的勇敢。

任何职业都不会一帆风顺，都有艰难，但任何职业都没有军事领导者面临的困难艰险多。军事斗争看上去打打杀杀，实际比任何职业承受的心理负荷都大，付出的心理能量都多。特别是随着现代科学技术广泛应用于军事领域后，现代战争的复杂性与日俱增，对指挥官的要求越来越高。军官是军队的领导者，他的勇敢不是单纯的个人行为，而是一个整体效应，是带有责任的勇敢。克劳塞维茨在《战争论》中指出，军官的职位越高，就越需要深思熟虑的智力来指导胆量，使胆量具有内在的动力，在追求目标的时候不至于冒很大的风险。因为军官的职位越高，涉及个人牺牲的问题就越少，涉及他人和全体安危的问题就越多。在高级军官的活动中，智力、意志力和认识能力起主导作用。这种有卓越智力指导的胆量是英雄的标志，智力和认识能力受到胆量的鼓舞

越大，它们的作用也就越大，眼界也就越开阔，结论也就越正确。

没有胆量就根本谈不上成为杰出的军官。西点是深知个中深味的。他们通过一系列军事训练、体育活动，包括惊险的"生存滑降"等，不断激发学员的内在勇敢，使他们能够在战争需要的紧急关头，无所畏惧地冲上去。同时，在文化教育过程中，西点重视智力开发、思维训练，不断提高学员认识问题的层次，使他们在有胆中有识。

在查塔努加之战中，麦克阿瑟所在团奉命向一座陡峭的高地发起冲锋，因受到猛烈火力的压制而溃退下来。副官麦克阿瑟中尉深知被压在高地上进退维谷，十分危险，只有占领高地，才能保存自己。于是，他带领3名掌旗兵突然出现在山坡上，挥旗挺进。第一个士兵倒下了，第二个、第三个士兵也倒下了，这时，麦克阿瑟毫不畏惧地从倒下的士兵手中接过军旗继续前进，并高声呐喊："冲啊！威斯康星！"部队如梦初醒，怒吼着冲上高地。

胜利了，麦克阿瑟却精疲力竭地倒在地上，烟尘满面，血染征衣。司令官谢里登奔上山顶，一把抱起这位年轻的副官，哽咽着对士兵说："要好好照顾他，他的实际行动真正无愧于任何荣誉勋章。"

看上去，麦克阿瑟在逞血气之勇，实际恰恰相反。他很清楚，被压制在火力之下，敌人的援军一到他们谁也别想活，冲上去夺取阵地，抢到先机就能立于不败之地。牺牲在所难免，但这牺牲是必要的、值得的，也是必需的选择。因此，他成了团里的英雄，一年之内连续得到晋升，成为该军中最年轻的团长和上校。此时，他年仅19岁，从"娃娃副官"变成了"娃娃上校"。

勇气很重要，但是理性的勇气更胜一筹，所以要把谋略当成勇气的朋友。

唐海北，曾任冰箱股份公司二分厂厂长助理，1995年5月他被推到了这样一个严峻的现实面前：二厂正在进行无氟生产线的改造，德国专家已为此工作了一段时间，在调试全线的时候，突然提出了停产两周的要求。

"停产两周？"对于产品在市场上供不应求的冰箱股份公司来说，这几乎是不可能的。公司提出的时间表是"顶多3天"。"3天？"德国专家直摇头，认为根本不现实。

在这关键时刻，既与无氟线改造有关，又与产量有关的重要设备——箱体发泡线成了重中之重。唐海北分管二厂设备，自然成了主要矛盾中的主要人物。于是，在6月3日凌晨，他被一阵急促的传呼声呼到了生产现场。

箱体发泡设备的核心问题是进口径向注塞泵老化了。在场的德国专家贝克说："这种泵，在我们那儿从不打开，我也不会修，早该换新的了！"进口新的电机，这可以做到，但是等不起。怎么办？唐海北等一时陷入沉思。

时间分分秒秒地流逝，唐海北的脑子飞快地转着，他不断地提出新方案，随即又不断地否定自己——他就这样来来回回地在生产线上走着。平日练就的对自动化设备性能烂熟于心的功夫，使他灵感顿生，突然一个大胆的设想出现在脑海里："何不来个调包，将门体发泡的电机挪到箱体线上？"他赶紧将这个想法和同伴们说了，大家一致认为可行，于是在二分厂厂长马坚的办公桌上，唐海北提出了他们连夜想出的改造设备的两套方案。

方案是设计出来了，但还需决策层的认可。时间紧急，马坚又叫来设备处处长助理曲志龙，3人又合计论证了一番，认为确实可行，于当晚12点汇报给副总经理柴永森。柴听了汇报，提出了几个需要注意的问题后，当即决定按唐海北的方案实施。

一个重大的设备改造方案就这么迅速而慎重地决定了。

方案通过了，从哪儿先入手？一番冥思苦想之后，唐海北他们决定先弄清箱体和门体径向注塞泵的油流量。为了保证准确无误，他们在生产线前就地搭起了试验台，不厌其烦地进行测试，一遍一遍地用磅秤测流量，一次次地校对油的黏度，胳膊酸了，腿麻了——几个小时过去了，终于证实了门体电机的性能指标与箱体线的要求相近。大家满心喜悦地将门体的电机挪到了箱体上，生产线重新运作起来。

但是事先考虑到可能出现的问题终于显露：换到箱体生产线上的注塞泵虽然运行正常，但仍

不理想，生产能力只达到设计目标的一半。唐海北立即执行预备方案，果断地决定再挂一个国产泵"接力"。他们风风火火地购回了国产泵。还是老办法——

一秒一秒地测算……

一桶一桶地称油……

一次一次地变换压力……

每一个参数动一次，就需变动6种方案，唐海北和同伴们衣服湿了，汗水顺着脸颊滴到设备上……经过8小时的调整，终于将国产泵的状态调到了最佳位置。试车时，生产线运行正常，生产能力达标，比进口原装设备高出一倍。大家欣喜异常！就在这时，劳累过度的唐海北一下栽倒在发泡线上。

相处数日的德国专家，目睹此情此景，不禁一扫往日脸上的阴霾，竖起拇指，连连感慨："不可思议，真了不起！"

有勇无谋是匹夫，有勇有谋才是企业需要的猛将。那种既能决战疆场，又能运筹帷幄的员工是永远最受企业欢迎的，是永远不会失业的。人们常说：一件事情需要三分的苦干加七分的巧干才能完美。勇气加上谋略才是现代人的最佳生存之道。勇气是剑，谋略是术，懂剑术的人才能天下无敌。

今天，一提起奥运会，所有的城市都会感到兴奋。每届奥运会，都有许多城市争相申办。但是1984年的第23届奥运会让许多国家及城市望而生畏，不敢接办，因为以往举办奥运会都是"赔本赚吆喝"的生意，还有可能赔得一塌糊涂。1976年，加拿大蒙特利尔亏损了10亿美元，巨额债务差点让市政府破产，该市用了10多年时间才还清那笔债。1980年，莫斯科举办奥运会，苏联当局花费了90亿美元。巨大的成本和风险，使奥运会成了中看不中用的烫手山芋，各城市市长对奥运会敬而远之。

1978年，申办下一届奥运会的，只有美国的洛杉矶一家，自然就轻松取得了主办权。取得主办权后，洛杉矶一点也高兴不起来，反而愁眉苦脸。

尤伯罗斯在当时只能算是个普通的百万富翁，美国人爱冒险的天性让他把自己的企业卖掉，开始搞起奥运经济。

尤伯罗斯接手奥运组办工作之后，发现组委会竟连一家皮包公司都不如，没有秘书、没有电话、没有办公室，甚至连一个账号都没有。一切都得从零开始，尤伯罗斯决定破釜沉舟。他以1060万美元的价格将自己的旅游公司股份卖掉，开始招募雇佣人员，把奥运会商业化，进行市场运作。

第一步，开源节流。

尤伯罗斯认为，自1932年洛杉矶奥运会以来，规模大、虚浮、奢华和浪费成为时尚，他决定想尽一切办法节省不必要的开支。首先，他本人以身作则不领薪水，在这种精神感召下，有数万名工作人员甘当义工；其次，沿用洛杉矶现成的体育场；最后，把当地的3所大学宿舍做奥运村。仅后两项措施就节约了数以十亿计的美元。

第二步，举行声势浩大的"圣火传递"活动。

奥运圣火在希腊点燃后，在美国举行横贯美国本土的1.5万公里圣火接力跑。用捐款的办法，谁出钱谁就可以举着火炬跑上一程。全程圣火传递权以每公里3000美元出售，1.5万公里共售得4500万美元。尤伯罗斯实际上是在卖百年奥运的历史、荣誉等巨大的无形资产。

第三步，别具一格的融资、盈利模式。

尤伯罗斯创造了别具一格的融资和盈利模式，让奥运会为主办方带来了滚滚财源。尤伯罗斯出人意料地提出，赞助金额不得低于500万美元，而且不许在场地内包括其空中做商业广告。这些苛刻的条件反而刺激了赞助商的热情。一家公司急于加入赞助，甚至还没弄清所赞助的室内赛车比赛程序如何，就匆匆签字。尤伯罗斯最终从150家赞助商中选定30家。此举共筹到1.17亿美元。

最大的收益来自独家电视转播权转让。尤伯罗斯采取美国三大电视网竞投的方式，结果，美国广播公司以2.25亿美元夺得电视转播权。尤伯罗斯又首次打破奥运会广播电台免费转播比赛的

惯例，以 7000 万美元把广播转播权卖给美国、欧洲及澳大利亚的广播公司。门票收入，通过强大的广告宣传和新闻炒作也取得了历史最高水平。

第四步，出售与本届奥运会相关的吉祥物和纪念品。

尤伯罗斯联合一些商家，发行了一些以本届奥运会吉祥物山姆鹰为主要标志的纪念品。

通过这 4 步卓有成效的市场运作，在短短的十几天内，第 23 届奥运会总支出 5.1 亿美元，盈利 2.5 亿美元，是原计划的 10 倍。尤伯罗斯本人也得到 47.5 万美元的红利。在闭幕式上，时任国际奥委会主席的萨马兰奇向尤伯罗斯颁发了一枚特别的金牌，报界称此为"本届奥运最大的一枚金牌"。

尤伯罗斯这一系列有勇有谋的行动，使得第 23 届奥运会在没有任何政府资助的情况下，创造了 2.25 亿美元的盈利，开创了奥运盈利的先河，把奥运会变成了人见人爱的摇钱树。

勇敢，但同时也需要谋略。有勇有谋地去做事，才能有更大的获胜可能。

大胆迎接挑战

"没有什么不可能"，这是西点人的名言。西点军校教官鲁斯对学生这样说："没有办法或不可能对你没有任何好处，它只能使事情画上句号，所以请马上删除这样的想法。无论遇到什么事情，总有一种最合适的办法。它使事情有突破的可能，你应该把它加入到你的大脑中。"

第二次世界大战后期，盟军发动了一次进攻，当时的盟军统帅艾森豪威尔正在莱茵河附近散步，他遇到了一位看上去心事重重的上尉。"你有什么心事吗？"艾森豪威尔将军问道。

"将军，"那年轻人回答，"我心情很糟糕。"

"是你的士兵让你心烦吗？"艾森豪威尔将军问道。

"不是的，将军，是我的长官，他让我率领少得可怜的士兵执行一个艰巨的任务。我认为这不大可能。"

听到这里，艾森豪威尔将军忍不住给这位年轻的上尉讲述了自己的经历："当年，我曾率领不到百名士兵攻占敌人的军事重地。在出发前，我也曾经疑虑重重，觉得根本没有可能攻下来。于是，我向长官解释敌人的地形，我军的劣势……但我的长官只说了一句话，'没有什么不可能'。所以，我只能带着军队出发了，在激战中，我军马上就要被击垮了，但我始终记得长官的那句话，最后以不可思议的顽强战斗完成了任务。"

每个人的内心始终存在着两股力量，其中一股是："我天生是来做伟人的，我应该什么都可以做到"；另一股力量却时时在打击我们："你办不到！"两股力量的斗争在遇到困境与失败时会变得更加激烈。其实，我们每个人最大的敌人就是自我怀疑和畏惧失败。

"不让恐惧左右自己"，这是美国著名将领巴顿用以激励自己的格言。

在西点军校学习期间，巴顿有意锻炼自己的勇气。在骑术练习和比赛中，他总是挑最难越过的障碍和最高的跨栏。在学校的最后一年里，有几次狙击训练时，他突然站起来把头伸进火线区之内，要试试自己的胆量。他为此受到父亲的责备，却总是满不在乎地说："我只是想看看我会不会害怕，我想锻炼自己，使自己不胆怯。"

巴顿的锻炼，使他的性格变得异常刚毅果断。巴顿在作战中总结出两条成功经验，那就是："果断，果断，永远果断！"和"攻击，攻击，再攻击！"在进攻德军并取得胜利的布列塔尼战役中，他的这种指挥思想得到了充分的体现。在布列塔尼战役中，身为集团军司令的巴顿，命令第八军冒着两翼和后方暴露挨打的危险，向两英里外德军防守的布雷斯特进攻。这使得那些参谋们顿生忧愁，认为这是铤而走险的做法。但巴顿认为，战机稍纵即逝，当时德空军已被逐出诺曼底地区，德军大部分装甲部队也被牵制于其他战场无法脱身，故正面之敌实不堪一击，因而要果断进攻，而不能畏缩不前。

巴顿抓住战机，果断地指挥部队快速挺进攻击，使德军措手不及，从而把德军赶出了布列塔尼半岛的内陆，取得了此次战役的胜利。

他的勇猛果断,使他赢得了"血胆将军"的称号。巴顿在"不让恐惧左右自己"这一格言的激励下,实现了自己的雄心壮志。

西点的学员非常欣赏古罗马哲学家塞尼卡的一句名言:"真正的伟人,是像神一样无所畏惧的凡人。"一个人在任何情况下都勇敢地面对人生,无论遭遇到什么,依然保持生活的勇气,保持不屈的奋斗精神,他就是生活中的强者,一个离成功最近的人。

西点《学员祷词》中有一句话:"竭力鞭策我们在生活急流中勇进。"这是对上帝的请求,也是对人生的标示。西点的用意在于,培养学员永远进取、永不畏惧,挑战一切别人看起来不可能的事情,为国家和民族多作贡献的品格。

在职场中,随时可能碰到和战场上一样的艰难险阻,接到攻克暗堡似的艰巨任务,但是对于勇敢的人来说,没有什么是不可能的。困难可以克服,敌人可以打倒,关键是要具备迎难而上的勇气。勇敢面对一切挑战的人,是勇敢的人,也必定是有决心和方法的智者。他懂得冷静思考,懂得寻找一个最为缜密、保险的方法攻克一切。每当攻克一个困难,他的脚底便会多一块走向成功的垫脚石。一个逃避困难、不敢面对挑战的人,很难让人相信,他会真正为公司担当什么责任。公司的领导,又怎会赋予他更大的使命呢?

在职场中的每个人一定要树立这样的观念:承担责任光荣,推卸责任可耻;迎接挑战光荣,规避风险可耻。我受到的挑战越大,承担的责任越大,说明我的能力越强,公司对我越重视,我今后在公司的机会就越多。很难想象一个不敢迎接挑战、不能承担责任的人会有好的发展前景。

在瞬息万变的职场中,我们每天都会碰到各种突发状况,遇到各种困难与挑战。但只要我们勇敢地面对这一切,不利的因素终会在我们的努力之下变小、变弱直至消失无踪。一个勇于面对困难、接受挑战的员工也必定是个能够为企业解决麻烦、创造业绩的员工,是企业不可或缺的一员。

罗萍是一家连锁餐饮集团公司的普通营业员,因为工作表现好曾多次被评为最佳店员。有一次,这家连锁店里发生了一起意外事件,一位食客在进餐时突然倒地,四肢抽搐,口吐白沫,众人纷纷怀疑是食品中毒,甚至有人拿出电话通知报社和电视台。在这关键的时刻,罗萍镇定自若,一方面指挥其他店员打急救电话,一方面竭力安抚顾客,保证不是食物中毒。她告诉大家,食物绝对没有毒,并当场吃下很多饭菜。为了防止谣言扩散,她还请求大家等待急救车的到来,由医生评判。

不久,急救车来了,经验丰富的医生告诉大家,所谓"中毒"的顾客实际上是羊角风发作,不过凑巧赶在这样一个场合,大家尽可放心。一场危机就这样过去了。罗萍勇敢而机智地避免了一场危机,后来受到公司领导的高度赞扬,不久,她被升为店长了。

在工作中,员工要有承担责任的胆量,不能推脱、逃避。因为对于员工来说,工作本身便是一种信任与机遇。为了报答这种信任,员工应该勇敢地迎接挑战;为了抓住这种机遇,员工更应该积极主动地帮企业解决一切难题。

有时候,困难与挑战并非来自外部,而是来自企业内部与员工自己。工作久了,我们习惯了以往的方法与模式,甚至忍不住想躺在功劳簿上睡一觉。但恰恰是这些念头麻痹了我们的神经,让我们放松了警惕,丧失了迎接困难、挑战自我的勇气与能力。优秀的员工不仅要随时准备应对来自外部的压力与挑战,还要保持清醒的头脑,不断挑战自我,学会在职场中逆风飞翔。

亨利·福特准备制造 V-8 汽缸引擎时,交给他的工程师去设计,要求把 8 个汽缸放在一起。图纸很快画出来了,但是工程师们却异口同声地说:"8 个汽缸放在一起,是根本不可能的事情。"

"天下没有办不到的事,无论如何要做出来。"福特没有理会他们。

"但是,那真的是不可能的啊!"工程师们坚持说。

"现在就动手去做,不论花多少时间,都必须完成。"福特没有妥协。

工程师们只得着手去做。因为他们知道福特的脾气,不按他的话去做,就会丢掉饭碗。过了半年时间,一点动静也没有。然后又过了半年,还是没有一点进展。工程师想尽了一切办法,都没有成功,很多人都想放弃了,只是不敢提出来。接着,又过了一年,工程师实在没有办法了,

来到福特面前，说："那根本是不可能的。"

"继续做！"福特的口气没有丝毫商量的余地，"我要8汽缸引擎，一定要做出来！"

工程师们只好再次动手做起来，这一回，他们想到办法了，并很快做了出来，V-8汽缸宣告诞生。

美国著名钢铁大王安德鲁·卡内基在描述他心目中的优秀员工时说："我们所急需的人才，不是那些有着多么高贵的血统或者多么高学历的人，而是那些有着钢铁般的意志，勇于向工作中的'不可能'挑战的人。"这是多么掷地有声、发人深省的一句话啊！挑战的最高级别便是挑战自我、挑战已有的成功，把"不可能"的事情变成可能。每一位在职场中拼搏并希望获得成功的员工，都应该把这句话铭记在心！事实上，我们每个人的身上都蕴涵着极大的能量。勇于向不可能的任务挑战，有利于我们不断打破自我限制，充分发挥出自我潜能。

世上没有绝对不可能的事情

西点流行着这样一句话："没有绝对不可能的事情，只要你勇敢地尝试了，你就有达成目标的可能。你要想办法创造可能性，这样事情才可能得到解决。"

巴顿作战有一条座右铭，那就是"攻击，攻击，再攻击！"在布列塔尼战役中，巴顿命令第八军冒着两翼和后方暴露挨打的危险，向2英里外德军防守的布雷斯特进攻。这让他众参谋们顿生疑虑，认为是铤而走险的做法，能够获胜的几率几乎为零。但巴顿却认为，只要存在一线可能，就要果断地进攻。

最后的结局是，巴顿这一看似冒险的决策，使整个战局发生了根本性的变化，巴顿最终取得了胜利。

正如一位西点人所说："只要你想，那你就一定能。"西点不需要那些"不可能"或是"我办不到"之类的话，他们要求把这些不可能的借口永远丢掉，他们把"不可能"视为傻瓜才用的词！世界上没有绝对不可能的事情。

西方有句名言："一个人的思想决定一个人的命运。"勇于向"不可能完成"的任务挑战，是事业成功的基础。不敢向高难度的工作挑战，是对自己潜能的画地为牢，结果使自己无限的潜能化为有限的成就，终其一生，也只能从事一些低层的平庸工作。

英特尔1968年8月在美国创立。公司一成立，就将自己定位在高科技领域，其名称的由来，就是由英文"集成电子"两个词组成，象征英特尔公司在集成电路市场上乘风破浪，无往不胜。全球最大的微处理器事业部的灵魂人物、华裔副总裁虞有澄，他在英特尔工作的20多年里，不仅在技术的深奥研究和不断创新上发挥了主导作用，而且在管理上也作出了重要贡献，成为英特尔价值的具体实践者。这位副总裁总是将学生时代学的一条物理学定律作为座右铭："非绝禁止者就有可能发生。"他认为，这条定律代表着无尽的尝试和无限的可能性。

曾经有一本非常畅销的励志书《方法总比问题多》，在"雅虎"里能够搜索到多达1100万条的读后感，更是在1年多的时间里再版19次之多。这本书为什么能够如此受欢迎？

在众多的读者评论中可以发现，是因为书中有些理念引起了读者的共鸣，成为成功道路的指向标："这世界上没有什么不可能，只是暂时还没有想到方法！""只为成功找方法，不为失败找借口。""改变你的发问方式，'绝不可能'就变为'绝对可能'！"其实，把这些掷地有声的口号归结成一条，就是：没有不可能，积极进取，把"不可能"变成"不，可能"！只要敢于蔑视困难，把问题踩在脚下，你会发现，所有的"不可能"，最终都会变为"可能"！

李宁说："一切皆有可能！""不可能"只是失败者心中的禁锢，具有积极态度的人，从不将"不可能"当做一回事。曾经，航空业对个人来说，是遥不可及的，想要进入这一领域更是天方夜谭。但有一个人，打破了这个规律，他就是中国民航史上第一个民间包飞机的人——王均瑶。

1991年，王均瑶还只是一个在湖南做生意的小本商人。春节前，他和一帮温州朋友从湖南包

"大巴"回家过年，但长沙距温州路途非常遥远，且道路十分崎岖，这令他和他的朋友都苦不堪言。面对漫长的路程，王均瑶失落地说了句："唉！这汽车实在是太慢了。慢腾腾地，得走好几天才能到家，真累啊！"

另一位老乡听了之后，嘲笑挖苦道："飞机快，你坐飞机回去好了。"

"对啊，我为什么不能包飞机呢？"

说干就干，王均瑶就这样踏进了湖南省民航局的大门。经历了常人难以想象的艰难后，王均瑶终于包机成功了。

1991年7月28日，25岁的王均瑶首开了中国民航史上私人包机的先河，承包了长沙至温州的航线，而这一天也是相当有纪念意义的。10年之后，他又进行了一项石破天惊的举措，成为民营资本进入航空业的第一人，他的均瑶集团投资18%的股份，成为中国东方航空武汉有限责任公司的股东，这是国内首家民营企业参股国有航空运输业。

王均瑶真可谓"胆大包天"，在他的头脑中，没有"不可能"一词。别人的一句玩笑话，反而成了他进取的一个目标，从而实现了"不可能"变"可能"的巨大转变，也创造出一片"奇迹"的天空。

在积极者的眼中，永远没有"不可能"，取而代之的是"不，可能"。积极者用他们的意志、他们的行动，证明了"不，可能"的"可能性"。

W.克勒蒙特·史东在自己办的杂志《成功》中谈到："不必理睬向你说'不可能'这些悲观字眼的人。"然后提出好的方法来证明"那种事不可能"乃是谎言。"有数百万人在他们的人生中拥有能力却不能实现更高的目标，这是为什么呢？

"听到别人对他说'那种事是不可能的'，自己也就相信了，并且未曾学习和应用'积极思考法'来振奋自己。如果他们能有意识地树立积极的态度，周围纵然满是荆棘，也能在不侵犯他人权益的情况下，达到所有目标。"

1895年10月的一天，一个年轻人到美国全国现金出纳机公司办事，遇到了该公司设在布法罗市营业处的约翰·兰奇先生，他向约翰·兰奇先生表示："我……我希望能当一名推销员。"

"可以试一试。"约翰·兰奇先生没有太多时间跟他说话。

两个星期过去了，年轻人走街串巷，一台出纳机也没有卖出去。他来到约翰·兰奇的办公室，希望这个前辈能够给予指教。

"哼，我早就看出你不是干推销的那块料。瞧你一副呆头呆脑的样子，还不赶快给我从办公室里滚出去！你呀，老老实实地回家种地去吧。"约翰·兰奇竟然劈头大骂。

这个年轻人身材高大，此时却无地自容。不过，他没有因为被数落而不满，只是默默地站在那里……最后，约翰·兰奇没有再发脾气，而是和蔼地说："年轻人，不要太着急了，让我们来好好地分析一下，为什么没有人买出纳机呢？"

约翰·兰奇像换了一个人，他请年轻人坐下，接着说："记住，推销不是一件轻松容易的事。如果零售商都愿意要出纳机，他们就会主动购买，用不着让推销员去费劲了。推销是一门学问，而且学问很深。这样吧，改日，我和你走一趟。如果我们俩一台出纳机都不能卖出去，你和我都回家吧。"

约翰·兰奇没有失言，过了几天，他带着年轻人上路了。年轻人非常珍惜这个宝贵的机会，他认真地观察这个老推销员的一举一动。在一位顾客那里，约翰·兰奇平静地说："买一台出纳机可以防止现金丢失，还能帮助老板有条理地保管记录，这不是很好吗？再有，这出纳机每收一笔款子，就会发出非常好听的铃声，让人心情愉快……"年轻人睁大眼睛看着一笔生意就这样谈成了。后来，约翰·兰奇又带着这个年轻人出外推销，都成功了。

年轻人后来知道，约翰·兰奇那天对他的粗暴，是对推销员的一种训练方式——他先是将人的脸面彻底撕碎，然后告诉你应该怎样去做，以此来突破人心中的障碍，激发人的热忱和决心，调动人的全部潜能和智慧。

法则八：勇 气

1913 年，这个年轻人被人诬陷，被公司老板冷落了好几个月，最后被开除。那一年他已经 39 岁了。他决定东山再起，没用多长时间，他负责经营一家只有 13 个人组成的计算制表记录公司。但经营并不顺利，几年后，公司几乎要破产，是靠着大量借贷才熬过了 1921 年的经济衰退期。1924 年，已经不再年轻的他将公司更名，他希望公司提高眼界，更上一层楼，成为真正具有全球地位的大公司。这似乎有点滑稽，听听他的儿子是怎么描述他的：

"父亲下班回来，拥抱母亲，骄傲地宣布：从此之后，计算制表记录公司改称为名字比较响亮的——国际商用机器公司。我站在客厅的走廊上想道：就凭那家小公司也配称国际？父亲心里想的一定是未来的国际商用机器公司。他实际经营的公司仍然到处是叼着雪茄的家伙，卖的是咖啡研磨机和屠夫用的磅秤。"

然而，无论当时的人们怎样不理解，他最终还是取得了成功，他就是 IBM 的创始人——托马斯·约翰·沃森。

伏尔泰说："不经历巨大的痛苦，不会有伟大的事业。"我们做每一件事，都有两道墙会出现在前方，一道是外显的墙，那是关于整个外部大环境的围墙；另一道是内隐的墙，这是我们心中的障碍，而决胜的关键往往在于我们是否能翻越心中的那一道墙。

很多人花费许多力气去找寻"没有可能成功"的原因，其实他们不知道最大的原因就来源于自己心中的障碍。当我们遇到瓶颈的时候总是容易被"不可能"画地为牢，停在原地无法再有突破。但事实上看似不可能的东西并不像我们想象中的那样没有任何解决的可能性，关键在于我们是否努力去尝试了，是否在尝试中懂得变通地解决问题。

很多时候，"不可能"其实是我们自己给自己设的一个假想敌，一个不可穿越的死亡沙漠。正如彭端淑所说的那样："天下事有难易乎？为之，则难者亦易矣；不为，则易者亦难矣。""可能"与"不可能"的分界线往往就是做与不做的区别。工作中从来就不曾有推不倒的大山，啃不动的骨头，关键就在于你是否去推了，是否去啃了，是否用对了方法。

法则九

团队

团队的力量让你无往而不胜

在西点的训练中，会尽量模拟学生将来在战场上可能经历的情景，并以此来培养学生们的团队精神和默契感。

对学生而言，没有个人的私心杂念，只有团队的目标。如果一个新生动作比别人快，做得比别人好，但是同组的其他人却比他晚到，那么他不仅不会因为个人的表现获得奖励，相反会因为遗弃队友而受到训斥，甚至受到处罚。

在西点校区旁边的波波洛本湖岸上，西点专门设了一个巴克纳营，里面的设备非常简单，学生要在这里接受6个星期的密集战地演习，训练的目的是让学生充分体会到团队的重要性。西点人认为，团队的利益高于一切，所以他们尽力加强学生的团队精神，让他们了解共享一切的重要性。

在巴克纳营的训练中，最开始时就这么一项障碍课程：让学生自己去体会团队合作的根本障碍，共同想出解决之道。其中一项活动是让学生6人一组，爬上一个10多米的高台，每个人都必须爬上去再爬下来。教官事先并不会告诉学生们如何完成任务，不过学生们看到这个10多米的高台，就立即明白了：无论用什么办法，一定得靠通力合作才能跨过这个障碍。

在这个训练中，每个团队要克服两大阻碍。第一个障碍是技术问题：他们要以叠罗汉的方式，把最高的一个人送上去，然后再由他把大家拉上去。第二个是人的问题：他们需要个别人的弱点，比如个子矮或者是身体重的人。还有就是如何统一大家的意见，选出一个理想的解决办法维持团队精神和士气。

这些项目意在训练西点人的团队合作能力，因为一个团队就好比是一个木桶，由很多块木板组成。如果组成木桶的这些木板长短不一，那么这个木桶的最大容量只能取决于最短的那块木板。团队的最大力量往往不取决于某几个超群和突出的人，更取决于它的整体状况，甚至是取决于这个团队是否存在某些突出的薄弱环节。唯有团结合作，才能发挥出团队的最大的力量。团队合作的意义，不仅在于"人多好办事"，它的巨大作用在于团队行动可以达到个人无法独立完成的成就。

通用电气公司一个名叫唐·琼斯的员工高二的时候，曾是学校篮球队的女篮队员，球打得相当不错，身高也足以成为大学篮球队的首发队员了。她有一个好朋友玛琳，也被选入大学篮球队，当首发队员。

琼斯比较擅长中远距离投球，常在10英尺外投篮，一场球打下来琼斯能投四五个这样的球，这得到了大家的一致赞赏。但是，玛琳非常不喜欢琼斯在球场上成为观众注意的中心，无论有多

好的投篮机会，玛琳都不再将球传给琼斯了。

一天晚上，在一场激烈的比赛之后，由于玛琳在比赛中一直不给琼斯球，琼斯像以往一样都快气疯了。琼斯的爸爸告诉她，最好的办法就是琼斯一得到球就传给玛琳。琼斯认为这是最愚蠢的一个建议。

很快就要打下一场比赛了，琼斯决心让玛琳在比赛中出丑。她做了周密的策划，并开始着手实施让玛琳丢脸的行动。但是当琼斯第一次拿到球时，她听到爸爸在观众席上不停大叫："把球传给玛琳！"琼斯犹豫了一下，还是把球传给了玛琳。玛琳愣了一下，然后转身投篮，手起球落，2分。琼斯在回防时突然产生了一种从未有过的感觉——为另一个人的成功而由衷地感到高兴。更重要的是，她们的比分领先了。赢球的感觉真好！后来，琼斯继续同玛琳合作，一有机会就将球传给她，除非适于别人投篮或由琼斯直接投篮更好。她们赢得了这场比赛。在以后的比赛中，玛琳开始向琼斯传球，而且也一样一有机会就传给琼斯。她们的配合变得越来越默契，两人之间的友谊也越来越深。那一年，她们赢了大多数的比赛，并且两人也同时成了家乡小镇中的传奇人物。当地报纸甚至还专门写了一篇有关她们两人默契配合的报道。

在团队中，如果没有其他人的协助与合作，任何人都无法取得持久性的成就。当两个或两个以上的人在任何方面都把他们自己联合起来，建立在和谐与谅解的精神上之后，这一团队中的每一个人将因此倍增他们自己的成就能力。

2004年8月11日，意大利排协技术专家卡尔罗·里西先生在观看中国女排训练后认为，中国队在奥运会上的成败很大程度上取决于赵蕊蕊。但是在奥运会开始后，中国女排的第一次比赛中，中国女排第一主力、身高1.97米的赵蕊蕊因腿伤复发，无法上场参加比赛了。媒体惊呼：中国女排的网上"长城"坍塌。中国女排只好一场场去拼，在小组赛中，中国队输给了古巴队，这时，国人已经对女排夺冠没有多大信心了。

然而，在最终与俄罗斯争夺冠军的决赛中，身高仅1.82米的张越红一记重扣穿越了2.02米的加莫娃的头顶，宣告这场历时2小时零19分钟、出现过50次平局的巅峰对决的结束。经过了漫长的艰辛的20年以后，中国女排再次夺得奥运会金牌。观众们熬夜看完了整场比赛，惊心动魄后是激动的泪水，就像在20年前看到郎平、周晓兰、张蓉芳等老一辈中国女排夺冠时一样激动。

女排夺冠后，中国女排教练陈忠和放声痛哭了两次。男儿有泪不轻弹，其中的艰辛，只有陈忠和及女排姑娘们最清楚。

那么，中国女排凭什么战胜了那些世界强队，凭什么反败为胜，最终战胜俄罗斯队？陈忠和赛后说："我们没有绝对的实力去战胜对手，只能靠团队精神，靠拼搏精神去赢得胜利。用两个字来概括队员们能够反败为胜的原因，那就是'忘我'。"

相传佛教创始人释迦牟尼曾问他的弟子："一滴水怎样才能不干涸？"弟子们面面相觑，无法回答。释迦牟尼说："把它放到大海里去。"

一个人再完美，也只是一滴水；一个团队就是大海，一个人只有融入团队中才能发挥他的潜能，才能实现他的人生价值。如果工作中我们只会自己埋头单干，不懂得依靠团队的力量，那么我们的忙碌很有可能只是低效率的蛮干。

在市场竞争中，有冲在市场一线的销售人员，也有在后方从事产品研发的技术人员和从事制造的一线工人。产品是生产部门生产出来的，却是市场部门销售出去的。生产部门是需要"花钱"的部门，市场部门是"挣钱"的部门。生产的资金需要市场部门从市场赚回，但市场部门销售的商品需要生产部门提供。生产与销售，有如后方与前方，又如军队的保障与作战，是两个不可或缺的轮子。正是这样一个完整的链条，构成了企业参与竞争的全部家底。

织田小山刚进索尼公司时，索尼还是一个只有20多人的小企业。但老板却充满信心地对他说："我知道你是一个优秀的电子技术专家，就像好钢要用在刀刃上一样，我要把你安排在最重要的岗位上——由你来全权负责新产品的研发，希望你能发挥榜样的作用，充分调动其他人。如果你把这一步走好了，企业也就有希望了！"

"我？我还很不成熟，虽然我很愿意担此重任，但实在怕有负重托呀！"虽然织田小山对自

己的能力充满信心，但是他清楚老板给他的担子有多重——那绝对不是靠一个人的力量能应付过来的。

"新的领域对每个人都是陌生的，关键在于你要和大家联起手来，这才是你的优势所在！众人的智慧合起来，还有什么困难不能战胜呢？"老板很自信地说道。

织田小山一下子豁然开朗："对呀，我怎么光想自己？不是还有 20 多位员工吗？为什么不虚心向他们求教，和他们一同奋斗呢？"

他找到市场部的同事一同探讨销路不畅的问题，市场部的人告诉他："磁带录音机之所以不好卖，一是太笨重，一台大约 45 公斤；二是价钱太贵，每台售价 16 万日元，一般人很难接受，半年也卖不出一台。你能不能往轻便和低廉上考虑？"织田小山点头称是。

然后他又找到信息部的同事了解情况，信息部的人告诉他："目前美国已采用晶体管生产技术，不但大大降低了成本，而且非常轻便。我们建议你在这方面下工夫。"他回答："谢谢，我会朝着这方面努力的！"

在研制过程中，他又和生产第一线的工人团结合作，终于一起攻克了一道道难关，在 1954 年试制成功日本最早的晶体管收音机，并成功地推向市场。索尼公司由此开始了企业发展的新纪元！

织田小山依靠团队合作的力量，终于取得了伟大的成就，而他自己也荣升为索尼公司的副总裁。

俗话说："鸟枪打不过排射炮，沙子挡不住洪水冲。"同样，一个公司的团队的力量就是"排射炮"、"洪水"，可以形成一股合力，让公司上下拧成一股绳，心往一处想，劲往一处使。团队精神可以推动工作顺利进行，可以促进团队有效运作和发展，它对成员的集体共同意识具有一种强化作用，能形成强大的内在凝聚力。

团队的合作力量是无往不胜的坚强后盾，群蚁可以打败巨蟒，群狼可以天下无敌。一个人能力再强，也只有当他融入团队后才能发挥出最大的力量。背靠着团队的强大力量，单个的忙碌才不会变成杯水车薪，才能忙到点子上，才能把每个人的忙碌汇聚成大海一般广阔的面积，浇灭一切瞎忙的火焰。所以我们在夺取成功的道路中，一定要学会与人合作。

没有一个成功者是"独行侠"

在西点的第一年，新生们只有一个共同目标：做一个优秀的服从者，以免受到学长特别的注意（服装仪容经常被纠正，或是被罚背诵新生知识）。新生同心协力，决心打败这个共同的"敌人"。正如新生所说，生存的关键就在于"合作以毕业"。

在西点，军官在人行道上相遇，总是彼此问候致意；学员们总是自觉地帮助学习较差的同学；如果某人汽车坏在路上，毫无疑问，过路者一定会伸出援助之手。这是一种基本素养，是西点军校长时间形成的习惯。

这个时代最优秀的人才，不是那些独来独往的"独行侠"，而是具有合作和互助精神的人。

有一家著名的公司招聘市场业务人员，有 12 名优秀应聘者过关斩将，从众多应聘者中脱颖而出。经理看过这 12 个人详细的资料和初试成绩后，相当满意，但此次招聘只能录取 4 个人。所以最后又加了一道测试：经理把这 12 个人随机分成甲、乙、丙三组，指定甲组的 4 个人去调查本市婴儿用品市场；乙组的 4 个人调查妇女用品市场；丙组的 4 个人调查老年人用品市场。经理解释说："为避免大家盲目开展调查，我已经叫秘书准备了一份相关行业的资料，走的时候自己到秘书那里去取！"

到了规定日期，12 个人都把自己的市场分析报告送到了经理那里。经理看完后，站起身来，走向丙组的 4 个人，向他们祝贺道："恭喜 4 位，你们已经被本公司录取了！"经理看着大家疑惑的表情，呵呵一笑，说："请大家打开我叫秘书给你们的资料，互相看看。"

原来，每个人得到的资料都不一样，甲组的 4 个人得到的分别是本市婴儿用品市场过去、现在、将来和总结性的分析，其他两组的也类似。经理说："丙组的 4 个人很聪明，互相借用了对方的资料，

补全了自己的分析报告。而甲、乙两组的应聘者却分别行事，抛开队友，自己做自己的。我出这样一个题目，其实最主要的目的，是想看看大家的团队合作意识。甲、乙两组失败的原因在于，他们没有合作，忽视了队友的存在！要知道，团队合作精神才是现代企业成功的保障！"

在专业化分工越来越细、竞争日益激烈的今天，靠一个人的力量是无法面对千头万绪的工作的。一个人可以凭着自己的能力取得一定的成就，但是如果把你的能力与别人的能力结合起来，就会取得更大的令人意想不到的成就。

很多人对于输赢的看法都是绝对化的，非此即彼，赢便是代表其他所有人都得输。运动场上非赢即输的角逐、学习成绩的分布曲线向我们灌输"永争第一名"的思维方式，于是我们便通过这副非赢即输的眼镜看人生，倘若没能唤醒你内在的知觉，就会只为了争一口气，一辈子拼个你死我活。但是在成功的道路上是没有"独行侠"的，通过合作的手段，才能让彼此得到更大的利益。

江仪在竞争记者部主任一职时败给了竞争对手苏乐，心里很不是滋味。她担心自己以后没有好日子过，就想调离记者部去做专职编辑，可是又不甘心放下风云浪尖般的记者生涯。正在犹豫不决之时，忽然得到一项重要任务：负责一个重大选题的采访，并被任命为首席记者。

这就是记者部主任苏乐对待同事兼竞争对手的策略："如果我不任命她为首席记者，不委以重任，部门里就会形成以她和我为中心的两个帮派。有了这样一个对峙的小团体，工作还怎么展开？我的目标就是让我这个部门做得更出色，取得更大的成绩，而不是打击我的对手。只有让我这个部门的人同心协力，我才能做得更好，才能有更大的发展。所以我尽量对江仪委以重任，给她一些重大且富有挑战性的采访任务，让她有受到器重的感觉。何况她还是整个部里最有实力的记者，工作能力很强，又有威望，处理得好，会成为我最得力的助手。"

果然，很快江仪就对苏乐心服口服，忠心辅助苏乐，办公室里的向心力也大大增强。苏乐也因此在事业上如鱼得水。

当今时代不是靠一个人单打独斗打天下的时代，我们需要合作，毕竟我们不能准备一切的资源和条件。只有通过合作联盟才能造就英雄和强者。

著名企业家松下幸之助访问美国时，《芝加哥邮报》的一名记者问："您觉得美国人和日本人哪一个更优秀？"这是一个相当尴尬的问题，说美国人优秀，无疑伤害了日本人民的民族感情，说日本人优秀，肯定会惹恼美国人，说差不多，又显得搪塞。

这位深谙员工管理之道的企业家说："美国人很优秀，他们强壮、精力充沛、富于幻想，时刻都充满着激情和创造力，如果一个日本人和一个美国人比试的话，日本人是绝对不如美国人的。"

"谢谢您的夸奖。"正当周围的美国人正沾沾自喜的时候，松下幸之助继续说："但是日本人很坚强，他们富有韧性，就好像山上的松柏，日本人十分注重集体的力量，他们可以为团体，为国家牺牲一切。如果10个日本人和10个美国人比试的话，肯定可以势均力敌，如果100个日本人和100个美国人比试的话，我相信日本人会略胜一筹。"美国记者们目瞪口呆。

在松下电器公司里，招聘、选拔人才的时候是十分注重团队精神的培养的，那些眼高手低、特立独行的罗宾汉式的员工，不管他有多大的才能，松下幸之助一概把他们拒之门外。任何企业都不需要"罗宾汉"，善于团结与分享的员工才是"成功至宝"。

几年前的一天，金军业从原单位辞职，来到民营的宁夏力成公司，默默无闻地当起了一名技术员。

当时，刚到岗的金军业对图纸还十分陌生，于是他向老员工虚心请教，希望他们能给自己一些指点，可是那些老员工非但不指点与帮助他，反而对新来的他排斥与"欺生"。他只好想别的法子学技术，突然他想到，技术部的图纸出来以后，一般直接转到车间，工人师傅经常接触，一定知道怎样做！

此后，金军业就没在办公室里待过。他穿着满身油污的工作服，与工人师傅们一起扛钢板，一起手握电锯冲孔，虽然很累，但金军业却感到越来越充实。

通过实践，他迅速掌握了产品的生产流程，甚至还发现工作中存在的问题：由于工人师傅看

不懂图纸，只能照葫芦画瓢，所以做产品既费时间，质量又得不到保证，这种情况发展下去，公司会面临很大的威胁。

怎么办？如何办？

"分享！只有把自己的所得与别人分享，才能让自己收获得更多！"金军业是这么想的，也是这么做的。

"看不懂也要看，即使我今天什么事也不做，也要陪着你们把图纸给看懂！"这是金军业在车间里常说的一句话。"军业在我们面前，从来不摆大学生架子，一起工作6年了，他一直像刚来那会儿一样，朴实，不藏私，你问他什么，只要他懂，就全心全意地教你。"车间里的工人师傅介绍说。

现在车间里的工人师傅人人都能看懂图纸，会的工人教不会的，互帮互助，形成了很好的团队氛围。拥有如此强大的团队做后盾，居高不下的生产成本也降下来了，企业的竞争力得到很大的提高，宁夏力成公司也由小规模发展到大型企业。

金军业如果也像其他老员工一样以骄傲、眼高手低的态度对待所面对的团体，即使他的实力足够强，其前途也必将是黯淡的。只有把自己融入团队中去的人才能取得大的成功。融入团队要有团队意识，要让自己拥有团队意识，首先就要摒弃"罗宾汉式独行侠"的思想，要和"狂妄"、"自视清高"、"刚愎自用"坚决作别，代之以"众人拾柴火焰高"、"众志成城"、"齐心协力"的团队意识。

那么，如何才能将自己与团队联合起来呢？

1. 适应对方是合作的开端

在人际交往过程中，必然会碰到与自己性格、志趣不合的人，或者说是自己讨厌的人。这个时候，你为了更好地合作就必须努力去适应对方。

（1）尽可能让对方说"是的"。

与人交往时要想办法让对方立即就说"是的，是的"，这样对方就会忘掉争执，并乐意接受你的建议。一个有技巧的人会让对方在开始时觉得他的话很有道理，而回答一连串肯定的答案。这样会使他的心情松弛，就好比打球，只能依着球杆的力量前进，而无法倒退。奥佛斯屈特教授曾说："'不'是最难克服的障碍，一个人一旦说'不'以后，即使想反悔，也得为先前的自尊付出代价。所以最好的办法就是一开始就将对方导入肯定的方向，而不要让他持否定的论点。"

当一个人说"不"的时候，他全身的神经、肌肉系统都会处于紧张状态，而欲采取抵制的态度来防卫外力的干扰。但是，一个人说"是"或"对"的时候，却恰恰相反，是处于松弛状态，它能以开放的胸襟接受新的意见。所以，我们愈能使对方说"对"、"是的"，就愈能达到说服的目的。其实这方法很简单，但大多数人却忽视了它的重要。难道只有唱反调才能显示出自己不同于常人吗？这有什么好处呢？只为了自己高兴？也许你会为此而沾沾自喜，但别梦想它会为人带来任何帮助。

因此，在我们一开始与人交往时就不应该讨论那些意见相左的问题，要以意见相同的话题作为开头，如果有可能的话，最好一直讲些对方同意的见解，使得他没有机会说"不"。这样做就能使他放松防备、连连同意你的看法，而在这种"友好"的氛围中接受你的建议，顺服你的要求，达到最终的目的。

（2）根据性格类型，采取与之相应的交往法则。

比如，对于心思细密、重视礼节的人，若采取无所顾忌的粗鲁的态度，那你们之间就不可能建立起和谐融洽的关系。相反，对于不拘小节的人，自己神经质地首鼠两端，对方会很厌烦，自然也不会建立起良好的人际关系。要想使自己的人际关系和谐，要想使自己轻松愉快地工作，那就一定要根据不同的性格类型，采取与之相应的交往法则，努力适应别人。

（3）让对方认为是自己的创造。

尤金·威森为一家专门替服装设计师和纺织品制造商设计花样的画室推销草图。一连3年，

他每个礼拜都去拜访纽约一位著名的服装设计师。"他从不拒绝接见我，"他说，"但他也从来不买我的东西。他总是很仔细地看我的草图，然后说：'不行，威森，我想我们谈不拢了。'"

经过一连50次的失败，他终于明白自己过于保守；于是他下定决心，每个星期拨出一个晚上去研究做人处世的哲学，以及发展观念，创造新的热忱。

不久，他就急于尝试一项新方法。他随手抓起6张画家们未完成的草图，冲入买主的办公室。"如果你愿意的话，希望你帮我一个小忙，"他说，"这是一些尚未完成的草图，我们应该如何把它们完成，才能对你有所帮助呢？"

这位挑剔的买主默默地看了那些草图一会儿，然后说："把这些图留在这儿几天，威森，然后再回来见我。"

3天以后他又去了，获得买主的建议，取了草图回到画室，按照买主的意思把它们完成。结果可想而知，买主全部都接受了。

从那时候起，这位买主已订购了许多其他的图案，这全是根据他的想法画成的——而威森却净赚了许多的佣金。威森说："我现在明白，这么多年来，为什么我一直无法和这位买主做成买卖，我以前只是催促他买下我认为他应该买的东西。我现在的做法正好完全相反。我鼓励他把他的想法交给我。他现在觉得这些图案是他创造的，确实也是如此。我现在用不着去向他推销，他会主动上门购买。"

（4）尊重差异。

适应对方最重要的是重视不同个体的不同心理、情绪与智能，以及个人眼中所见到的不同世界。

自以为是的人总以为自己最客观，别人都失之偏执，这种想法无疑是在画地自限。反之，虚怀若谷的人承认自己有不足之处，乐于在与人交往中汲取丰富的知识，重视不同的意见，从而增广见闻。

尊重差异是适应对方的前提，如果都不能尊重对方与你的差异，适应对方就无从谈起。教育家李维斯著名寓言《动物学校》中阐述了个别差异的重要性：

有一天，动物们决定设立学校，以应付未来的挑战。校方规定的课程包括飞行、跑步、游泳及爬树等本领，为方便管理，所有动物一律要修全部课程。

兔子在跑步课上名列前茅，可是对游泳一筹莫展，甚至精神崩溃。

鸭子游泳技术一流，飞行课的成绩也不错，可是跑步就无计可施。为了补救，只好课余加强练习，甚至放弃游泳课来练跑步。到最后磨坏了脚掌，游泳成绩也变得平庸。校方可以接受平庸的成绩，只有鸭子自己深感不值。

松鼠爬树最拿手，可是飞行课的老师一定要它自地面起飞，不准从树顶下降，弄得它神经紧张，肌肉抽搐。最后爬树得丙，跑步更只有丁等。

老鹰是个问题儿童，必须严加管教。在爬树课上，它第一个到达树顶，可是坚持用最拿手的方式，不理会老师的要求。

到学期结束时，一条怪异的鳗鱼以高超的泳技，加上勉强能飞、能跑、能爬的成绩，反而获得平均最高分，还代表毕业班致词。

另一方面，地鼠为抗议学校未把掘土打洞列为必修课，而集体抵制。它们先把子女交给獾做学徒，然后与土拨鼠合作另设学校。

2. 集思广益是合作的前提

乔治·布什在就职演说中这样说道：

"我以圣徒之所望自勉：

"对关键性事务——整合；

"对重大的事务——求变；

"对所有的事务——宽大。"

布什之所以这样说，在于他真正懂得集思广益的重要性。集思广益是人类最了不起的能耐，也是赢得合作的关键。唯有兼具人类的特有天赋、利人利己的动机及设身处地的沟通技巧，才能达到集思广益的最高境界。集思广益不但可以创造奇迹，开辟前所未有的新天地，也能激发人的最大潜能，即使面对人生再大的挑战都不足惧。

集思广益的观念源自人类社会交往中再普通不过的一条常识：全体大于部分之和。

有些不同种的植物生长在一起，根部会互相缠绕，土质因而改善，植物也比单独生长时更为茂盛。两块木头所能承受的力量大于个别承受力的总和，两种药物并用的疗效也可能大于分开使用之和……这一切都在告诉我们：合作的力量是无穷的。

当然，集思广益也有缺陷。集思广益，也就是集体创新，最令人不安的正是创造的结果吉凶难卜。冒险、探索与创新的精神必须以高度安全感为后盾。不入虎穴，焉得虎子。唯有肯放弃眼前安适环境的勇者，才能开疆拓土，迈向新境界。

集思广益需要沟通。其沟通，是指敞开胸怀，接纳一切稀奇古怪的想法，同时也贡献自己的浅见。谁也不能确定事情会如何变化，最后结果又如何。但安全感与信心使你相信，一切会变得更好，这正是你心中的目标。

很少人曾在家庭或其他人际关系中，体验过集体创作之乐，反而习于多疑闭锁的个性。这常造成一生中最大的不幸——空有无尽的潜力，却无用武之地。

真诚和尊重是合作的前提

西点军人的义气是出了名的。他们的团体意识相当的强烈，他们甚至会为自己同为西点的学生而感到异常亲切。即使相互之间从未谋面，但是校友一旦有要求，都会尽力相助、互相捧场和互相引荐。

西点对团队合作的理解不是每一个成员做好自己分内的事情，整个团队就没有问题了。西点非常注重个人对整体的影响。他们相信，真诚和尊重是合作的前提条件，没有这种团队精神作为前提，团队只是形同虚设。每个人都希望被真诚相待，都希望能够得到别人的尊重。

一般来说，人们对于自尊往往存有不容侵犯的保护意识。因此，一旦个人的自尊遭受侵犯或攻击时，即使对方过后表示歉意，恐怕也无法弥补双方已损伤的关系，更谈不上合作基础了。

举例来说，当大伙正在围桌谈笑时，有一个人讲了一个笑话，结果使得全场捧腹大笑，气氛十分欢乐。然而，在这些笑声还未平息之际，突然有另一个人说道："这的确是一则有趣的笑话，不过我在上个月的某本杂志中早就看过了。"或许这人的目的在于表现其博闻广识，但他所获得的真正评价是什么呢？而那个当初说笑话的人，此时的感受又如何呢？

大体而言，后者的行动仿佛掠夺者一般，因为他毫不顾及前者的立场，不留余地地夺走前者曾在众人心中建立的地位；而且此举对于前者而言，无异使其颜面有损，甚至严重影响个人的自尊。至于那些在场的听众，相信既不会由于后者的优势作风而倾向后者，也不可能因此降低对前者的评价。

世人大都爱自尊，这是不分贫富贵贱的。

每个人的想法都是不一样的，尊重别人是一种最基本的素质。这种素质是别人喜欢你，愿意靠近你，愿意与你合作的前提。

富兰克林在青年时代时，有一天，一位老教友把他喊到一边，诚恳地告诉他说道："你常常凭着你自己的情感去攻击人家的错误，这是不对的。你的朋友们都感到你不在的时候是十分快乐的；因为，他们觉得你知道的较多，所以没有谁敢对你说话，怕被你反驳得哑口无言。你想，这样，你将失去你的朋友，你将不会比现在知道的更多了；实际上，你知道的也仅仅是一点而已。"富兰克林听了这些话，觉得自己如不痛改前非，那将永远交不到真正的朋友，也没有人愿意与他合作共事了。

所以他就定下了一条规律，就是不用率直的言词来作肯定的论断，而且在措词方面，竭力地

避免去抵触他人。不久，他觉得这种改变了的态度有着很大的好处，和人家谈起话来愈来愈融洽，而且这种谦逊的态度，极易使人接受，即使自己有了说错的地方，也不会受到怎样的屈辱了。

用歪理说服别人，只会让对方"口服心不服"。捏造的理由是无法打动人心的。所以，为了得到对方心理上真正的认同，还必须考虑到不能让对方只是表面上的认同，而内心抗拒。实际上，爱说服别人的人总是一味地说出自己的意见，而对方只是"嗯！嗯！"地附和着，你便误以为对方已认同自己的意见。为什么会产生这种误会呢？因为太过于无视对方的存在，造成了不了解对方心里的真正想法、真实感受的窘境。聪明的人都知道合作并不只是单方面的。它是双方相互沟通，以致达成共识的结果。

克洛里是纽约泰勒木材公司的销售人员。他承认：多年来，他总是尖刻地指责那些大发脾气的木材检验人员的错误，他也赢得了辩论，可这一点好处也没有。因为那些检验人员和"棒球裁判"一样，一旦判决下去，他绝不肯更改。

克洛里虽然在口舌上获胜，却使公司损失了成千上万的金钱。他决定改变这种习惯。他说："有一天早上，我办公室的电话响了。一位愤怒的主顾在电话那头抱怨我们运去的一车木材完全不符合他们的要求。他的公司已经下令停止卸货，请我们立刻把木材运回来。在木材卸下25％后，他们的木材检验员报告说，55％的木材不合规格。在这种情况下，他们拒绝接受。

"挂了电话，我立刻去对方的工厂。途中，我一直思考着一个解决问题的最佳办法。通常，在那种情形下，我会以我的工作经验和知识来说服检验员。然而，我又想，还是把在课堂上学到的为人处世原则运用一番看看。

"到了工厂，我见购料主任和检验员正闷闷不乐，一副等着抬杠的姿态。我走到卸货的卡车前面，要他们继续卸货，让我看看木材的情况。我请检验员继续把不合格的木料挑出来，把合格的放到另一堆。

"看了一会儿，我才知道是他们的检查太严格了，而且把检验规格也搞错了。那批木材是白松，虽然我知道那位检验员对硬木的知识很丰富，但检验白松却不够格，而白松碰巧是我最内行的。我能以此来指责对方检验员评定白松等级的方式吗？不行，绝对不能！我继续观看，慢慢地开始问他某些木料不合格的理由是什么，我一点也没有暗示他检查错了。我强调，我请教他是希望以后送货时，能确实满足他们公司的要求。

"以一种非常友好而合作的语气请教，并且坚持把他们不满意的部分挑出来，使他们感到高兴。于是，我们之间剑拔弩张的空气消散了。偶尔，我小心地提问几句，让他自己觉得有些不能接受的木料可能是合格的，但是，我非常小心不让他认为我是有意为难他。

"他的整个态度渐渐地改变了。他最后向我承认，他对白松的检验经验不多，而且问我有关白松木板的问题。我对他解释为什么那些白松木板都是合格的，但是我仍然坚持：如果他们认为不合格，我们不要他收下。他终于到了每挑出一块不合格的木材就有一种罪恶感的地步。最后他终于明白，错误在于他们自己没有指明他们所需要的是什么等级的木材。

"结果，在我走之后，他把卸下的木料又重新检验一遍，全部接受了，于是我们收到了一张全额支票。

"就这件事来说，讲究一点技巧，尽量控制自己对别人的指责，尊重别人的意见，就可以使我们的公司减少损失，而我们所获得的良好的关系，是非金钱所能衡量的。"

每个人都有虚荣心，爱慕虚荣是一种非常普遍的心理现象。从心理学的角度分析，人们爱面子、好虚荣其实都是一种深层的心理需求的反应。因为在社会生活中，人们不仅要满足基本的生存需求，更要满足各种心理上的需求。特别需要得到别人的尊重和认可、关心和爱护，得到赞美，在交往中体现自身的价值等。

许多事业上卓有成就的人成功的原因是他懂得驭人之术。而其中最重要的一点，也即最有效的一点就是：让别人感到自己很重要。因为每个人都想获得来自他人的尊重，得到别人的重视。

罗斯福是一位懂得使别人感到自己很重要的人。只要是去过牡蛎湾拜访过罗斯福的人，无不为他那博大精深的学识所折服。不管对方从事多么重要或卑微的工作，也不管对方有着什么样显赫或低下的地位，罗斯福和他们的谈话总能进行得非常顺利。

也许你会感到十分的疑惑，其实这不难回答，每当他要接见某人时，他都会利用前一天晚上的时间仔细研读对方的个人资料，以充分了解对方的兴趣所在，在交谈中有意涉及对方感兴趣的话题，从而让对方感觉到自己被重视了。这样精心准备怎能不使会面皆大欢喜呢！

总统尚且如此，我们凡人为何不肯承认别人的重要？所以，要使他人真心地尊敬和喜欢你，非常乐意为你做事，原则上是要拿对方感兴趣之事当话题，让他感觉到自己的重要。在满足别人的重要感之后，再谈合作的事情，很多事情都会迎刃而解了。

据一些权威人士表示，有人会借着发疯来从他们的梦幻世界中寻求自我满足。一家规模不小的精神病院的医生说："有不少人进入疯人院，是为了寻求他们在正常生活中无法获得的受重视的感觉。"人们为求受重视，连发疯都在所不惜，试想如果我们肯多给对方一分尊重、一些真诚的赞美，对他的影响该有多大？

在通常情况下，人们内心所想的东西，即使不用嘴说出来，不用笔写出来，也会被对方觉察体会出来。假如你对对方有厌恶之情，尽管你没有说出来，但是由于你这种心理的支配，多少会露出一些"蛛丝马迹"，被对方捕捉住，或被对方体察出来，不久，他对你也会产生坏印象的。这跟照镜子是一样的道理，你对它皱眉头，它也对你皱眉头，你对它露出笑脸，它也还你一张同样的笑脸。同样的，如果我们怀着一颗真诚的心去肯定对方，对方也会同样从内心感激你，用心回报你，直至将你所交代的事情做到完美为止。

当年老罗斯福当纽约州长时，同政党领袖们相处极好，而又能使他们改革他们一向最不赞成的政事。

当一个重要的官职空缺应该填补时，他就约请政党首脑为之推荐人选。老罗斯福说："起初他们提出一位政党的小人物，我便对他们说用这样一位小人物不合乎良好的政治，民众一定不赞成。然后他们又会提出一个名字来，比第一位好不了多少。我就告诉他们说，任命这样一个人，恐怕还不合众望，不晓得他们还能不能再推荐一位更适宜的人。他们第三次推荐的人差不多可以了。但还不十分理想。于是我表示很感谢他们，请求他们再试一次，第四回说出来的人就很不错了。以后他们也许推出一位恰好就是我自己要挑选的那一位。

"表示感激之后，我便正式任用这人，而且我要让他们享受荣誉。我就对他们说：'我已经做了使你们高兴的事，现在轮到你们该给我做一点高兴的事了。'

"他们当真如此做了。他们赞成了重大的改革方案，如选举方案、税法及市公务法案等。"

老罗斯福遇事都同别人商量，并且尊重他们的意见，维护他们的自尊。老罗斯福遇到任命重要官吏时，他让政党首脑们感觉到人选是他们挑定的，意见也是他们给的。

佛里特银行董事长托马斯·多尔蒂说："平常对人的态度才是最重要的。每个人都希望被当做独特的个人。在我30年前加入银行界时如此，但我相信即使100年后，这一点也是不会改变的。"

多尔蒂认为："最重要的是对人的尊重。即使像问好或说声'谢谢'这样的小事，也是表示对人的尊重。我认为创造出人们愿意努力工作的环境，本来就是管理者的职责。"只有当人们感受到被人尊重，并被当做一个独特的个体对待时，他们才会喜欢与你相处，愿意与你共事，合作便成了自然而然的事情。

大部分成功的人都从经验中证实，要维护他人的自尊，绝非一两次的表态可以奏效，它是由许多次日常接触所形成的一种过程。

多年前薛佛曾任职于一家国际保险公司——麦卡比公司。当公司迁入一座新大楼后，跟以前不同的是这大楼中还有几家其他的公司。薛佛希望在搬迁之后，原来所维持的重要的个人接触并不因迁移而疏忽。所以，他到新大楼上班的第一天，第一件事就是走到安全人员台前。薛佛回忆当时的情景："当时有10来位安全人员，我请他们都围拢来，结果发现他们除了知道我们公司的名称之外，连我们从事保险业都并不清楚。于是我对他们说：'各位！我们在底特律市有几位很

重要的业务代表，如果你们发现来的人是业务代表，一定得给予最隆重的欢迎，我是说尽量让他觉得备受重视，如此便得劳驾你们亲自送他上7楼找到他所要会见的人，也请你们一定要配合帮忙。'后来我听到一些业务代表谈起他们来到这栋大楼所受到的礼遇，他们感到很高兴。"

所有的这些小动作加起来就是一个很重要的整体结果，那就是——人们会对自己所处的环境与团队感觉很满意。员工只要相信公司关心他们、了解他们的需要、维护他们的自尊，就会以努力工作达到公司目标作为回应。

每一个人都有着他的自尊心，如果你对他所说的话能够表示同意，这就是尊重他的意见，在无形中把他自己抬高了，而这抬高他的便是你，自然他对你十分感激，愿意和你做朋友。反过来，你不能对他表示同意，这显然是你站在和他敌对的立场，你是他的敌人而不是友人，他能不和你为难吗？所以，在说话的时候，这一点人们是应该要加以注意的。

总之，顾及他人的心态及立场，尊重他人的自尊，乃是相当重要的为人之道，也是促成合作不可或缺的要素之一。因此，你要促使别人与你合作就必须维护他人的自尊。

集体荣誉至上

在美国海军陆战队，每个队员都持有一种卡片，正面写着："荣誉、勇气、责任、诚信"，反面写着陆战队员需恪守的8项准则。这就是陆战队的核心价值卡。

海军陆战队使用核心价值卡的惯例始于1995年。每个队员都要在卡片上署上姓名，并随身携带。各级长官会不时地抽查，要求队员背诵或解释卡片上的内容。在新兵训练营中，教官们更是想尽一切办法，随时要求学员背诵卡片上的内容。

每个海军陆战队员都在核心价值卡上签名，都代表着一种承诺、一种责任，也都意味着他们必须始终考虑到集体的荣誉！一个人进入了西点，就进入了荣誉环境，必须以维护集体荣誉为己任。就如马修·李奇微将军所说的："西点军校一直是美国陆军高尚道德精神无穷无尽的源泉，是陆军军官中的西点毕业生，把这种精神反复灌输给了全体军官、军士。我认为，再没有什么别的东西可以代替这种道德力量。我们绝不能为了向某种低下的社会道德让步而放弃西点军校的荣誉道德准则。"

在这样的环境里，每个学员都知道如何坚持以高标准的诚实来建立自信、信任和彼此间的尊重。每个人都能享受集体荣誉所带来的光荣，也有义务维护这种荣誉，节省管理成本，增强团队凝聚力与战斗力。当我们时刻考虑集体荣誉的时候，它也会反过来带给我们信心和力量。

西点毕业生杰夫·基恩是华盛顿特区联邦住宅公司监督办公室的一位管理人员。基恩还记得他人生中的一个转折点，经过那次转折，集体这一理念在他脑海中变得更加具体化和人性化了。

20世纪80年代，基恩还是一名年轻的西点学员，在佐治亚州本宁堡的美国陆军步兵学校完成空降基础课程。降落伞是按固定位置列队摆放的，这意味着所有伞兵需要做的就是跳出舱门，降落伞会在几秒钟内打开。在规定的夜间跳伞训练中，基恩很庆幸自己位于准备跳伞的受训者行列中间，因为排在中间是最有利于缓解紧张情绪的。

"如果有恐惧感，那么排在队伍后面的人会觉得跳伞太过困难，而你也没有躲避、退让的机会，位于队列前面意味着你可以看到舱外，这对你的勇气也是十分严峻的考验。"他如是说。

看着让人迷茫的黑色夜空会让排在前面的人更难完成任务。在一个人挨着一个人的队列中，站在中间位置可以使人得到些许的安慰，前后人群的不停移动可以帮助他克服跳出机舱的强烈恐惧感——随着每个人的跳离，这种恐惧感不是越来越弱，而是越来越强烈。

当飞机飞临跳伞区上空，在跳伞长的指挥下，队列移动得轻快起来，学员们一个接着一个迅捷成功地跳出舱门。基恩快速地跑到门口，他知道自己一旦离开舱门，就没有别的选择，剩下的就是检查降落伞，体会那种传遍全身的兴奋感觉，享受滑向地面的喜悦。就在此时，跳伞长忽然拦住了他。"停下！"跳伞长叫道，"我们会再飞回来的！现在你们到下一个降落区降落！"

到下一个跳伞区，基恩就排到了队伍的最前面，离开飞机的所有恐惧感一下子摆在了他的面前，

寒冷的空气、漆黑的夜空,还有飞机如惊鸿般掠过的战栗。飞机穿过了几朵云层后,跳伞长看着基恩:"你——站到门口去!"

基恩犹豫了一下,用双手紧紧抓住打开的舱门两边,好不容易才站稳了,这时夜风猛烈地向他扑了过来。脚底下除了黑暗什么也看不见,就像一个无底深渊。跳伞长看出了他的恐惧,走到基恩的跟前,问道:"很害怕,是吗?"

回想起那一时刻,基恩仍心有余悸:"说实话,我真的都快退缩了,可我也将因为没有完成这项训练而被取消成绩。"

那么,是什么让他没有退缩呢?"我回头看了看站在我后面的受训同伴,"他说,"那一刻,我比以前有着一种更为强烈的体会,我是这个团体的一分子。胆小退缩,拖我们团队的后腿,脑子里哪怕闪过这样的偏差都让我马上觉得羞愧难当。我知道这听起来有些俗气,但我那天晚上的一跳真的不是为了我自己,而是为了一群我几乎不认识的美国士兵。谢天谢地,我与我的团队一起跳出了飞机舱门,为我的团队!"

基恩跳了下去,融进了夜空,一分钟后,他顺利地落到了伸手不见五指的草原上。第二天太阳出来后,他们将完成第五跳也是最后一跳,戴着空降联队的徽章毕业。

脱离了团队的基恩是胆怯的,而集体的荣誉感让他恢复了勇气与力量。

为了维护西点的荣誉,西点人还成立了荣誉委员会,处理一切有关荣誉的问题。凡是发现了有损集体荣誉的事后交给审判庭裁决。一旦发现违背荣誉原则的事情,一定严惩不贷。在这种以荣誉立样、以名誉为本的环境里,西点人对自身的声誉也很看重。军校各系的许多举措、活动和传统都反映了西点人关心自身形象和陆军声誉的心态。为了把好言论关,避免不必要的麻烦和影响,西点军校的官兵在接受采访时都必须得到上司的批准,否则不能以西点的名义接受采访。西点教官在任何学术会议上宣读论文或发言之前,都必须做一个简短的声明:"我的文章、发言不代表美国政府、美国国防部、美国陆军或美国军队的观点。"此外,为了搞好与老百姓的"公共关系",保持一个良好的军队形象,美军一些基地或军舰常常搞些公开参观活动。无论谁来访,西点人总是毕恭毕敬,口口声声地"感谢支持",并反复解释他们如何保家卫国,用他们的言行表明他们一点也没有浪费纳税人的钱。为了维护其形象,美军对一些被报道和揭露的军中丑闻,也是反应迅速、处理果断。比如一群醉酒的海军航空兵军官在拉斯维加斯的饭店里对女性军人不恭;一个陆军训练军士长引诱多名女性新兵和他发生关系;一艘海军潜艇不慎撞沉日本的渔船,等等,当事人大多被迅速地严肃处理,如受罚、受审,乃至开除军籍。

可以说,西点在维护集体荣誉方面是不遗余力的。上至校长,下至普通学员,莫不以西点为荣,自觉地维护着学校的荣誉。

荣誉可以增强团队的向心力。每个人都应该把企业视为自己最重要的平台,珍惜它的荣誉,重视它的成败,从心底对企业的文化产生认同感。一个人如果致力于企业的发展,用自己的努力为企业添砖加瓦,而非鼠目寸光、得过且过地生活,那他必定是个能给企业带来巨大荣誉的人。在企业兴旺发达的时候,他就会有巨大的成就感和荣誉感,而公司也将以拥有这样的员工为荣。

优秀的人不会因为一己之利或一时疏忽,导致企业形象受损,也绝不允许有损企业荣誉的事情发生。他知道,企业的形象就是自己的形象,企业的荣誉就是自己的荣誉,没有什么是我们可以置身事外的。每一名员工应该像捍卫自己生命一样,勇敢地承担起维护企业形象的重任。

任何企业都有一个属于自己的独特形象。或美或丑,或卓越优异,或平凡普通;或美名远扬,或默默无闻……良好的企业形象可以使企业在市场竞争中处于有利地位,受益无穷;而平庸乃至坏的企业形象无疑会使企业在生产经营中举步维艰,贻害无穷。优秀的员工视企业为家,像爱惜自己的眼睛一样爱惜着企业的名誉、维护着企业的形象。

在一个下雨天,丰田员工基德下班回家,发现一辆丰田轿车的刮雨器失灵了,车主正在修理,或许是麻烦比较大,车主放弃了修理,而到路边去询问附近有没有近一点的修理站。而此时,基德直奔那辆丰田轿车,拿出工具进行修理。车主返回时还误以为基德是偷车贼,差点报了警。片刻之后,丰田员工基德在雨中将汽车刮雨器修好了,并且拒绝收车主给的小费。丰田员工的这种

敬业精神深深地打动了这位车主。

而就在这之后的一天，基德在回家的路上，突然发现本公司生产的一辆小汽车停靠在路边，车上溅了一些泥点。基德马上走过去掏出手帕仔细地擦起来。在此时，一位警察觉得奇怪，走过来问："这是你的车吗？"

"不是！"基德回答说。

"那你为什么在这儿擦别人的车？"

"因为我是丰田人，这辆车是我们生产的！"

一时间，丰田公司的美誉传遍整个日本。

基德在工作之余也时刻牵挂着自己的企业，不忘自己是丰田人。在他看来，企业形象就好比自己的眼睛，不允许它沾染任何灰尘，否则他便会感到不舒服。从故事中我们看到的是一个热爱工作、热爱企业的员工，一个把企业形象与自身荣誉融为一体的优秀员工。

形象，是一个企业最重要的无形资产。形象好的企业，门庭若市；形象差的企业，门可罗雀。如果一个企业在顾客心目中臭名昭著，那它离破产已经不远了。企业的形象往往决定了企业的发展决策和进一步的发展前景。

在工作中，大家千万不要以为自己仅仅是一个雇员，维护和宣传企业形象只是管理层的责任。要知道，罗马不是一天建成的，那些国际知名品牌也不是从天上掉下来的，而是经过企业全体员工小心翼翼地呵护，才有了今天的誉满全球。作为一名员工，我们有责任时刻注意自己的言行，以免给企业造成不良的影响，也影响了自己的发展。

杨易曾经遇到过一个给他印象很深的跑保险的销售人员，他是杨易一个朋友的亲戚，听说杨易有意要买保险，便相约在中关村的一个肯德基店面谈。

杨易提前10分钟到了那里——他们约定的时间是晚上7点。到了7点的时候那名销售员匆匆地赶来，满头大汗，杨易认为他是个很勤奋的员工。

他满脸歉意地说："真对不住，让你久等了！"

杨易微笑着表示没有关系，何况他也没有迟到。他们接着就开始像聊天一样展开了他们的对话。杨易注意到他穿着一身名牌西装，领带的颜色是让他信赖的暗红色。杨易是个喜欢观察的人，总是喜欢用他的眼睛来判断一切。至此，他给杨易的印象可以说是非常完美。可是杨易偶然的一个发现令他觉得有点尴尬，甚至是坐立不安，销售员那满是油污的头发真是让他倒尽了胃口，杨易再仔细一看，他那套昂贵的西装上有星星点点的头皮屑。为此，杨易只得如同一个害羞的人一样，低着头和他进行看似轻松的谈话。

事后，杨易这样对他的一个朋友说："这真是我一次痛苦的经历，为了表示对他的尊重和重视，我要不时地抬头看他的脸，可是这样我就要面对他那毫不卫生的头发。其实，在我看来个人卫生是一种生活品位的象征，因为这个是需要花费时间和精力的。有很多看似不起眼的小事，其实是可以影响整个大局的。中国有句老话叫'一屋不扫，何以扫天下'，说的就是这样看似简单而实际对我们又有深刻影响的事情。正是那些不被人注意的卫生小节，能够喧宾夺主地吸引人们的注意力，它们会比你那昂贵的西服和华美的首饰更让人印象深刻。那些平日养成的、被你忽视的不良卫生习惯可以无声地摧毁你自以为是优秀形象的基底。"

当然，我们不用猜测就能知道原来没问题的保险单随之化成泡影，杨易也会因此对那家保险公司产生怀疑。因为员工有如公司一幅流动的画面一样，一个人不注重仪表和形象的小节也会影响到全局，人们一般通过员工的个人形象来判断该公司的形象。

爱惜企业名誉的人从来不会轻视这些小节，生怕别人对自己的企业产生误解。同样的，对于那些不懂得爱惜企业名誉的人，老板通常会毫不留情地将他解雇！

麦迪的个人工作能力十分出众，可是他进惠普公司工作时间不长就被主管解聘了。问题究竟出在哪里呢？

他在觉得很没面子的情况下，一脚踢开主管的门，拍着桌子向主管卡尔咆哮："凭什么解聘我？

是我的能力差么？可是我认为我比其他同事出色多了！"

不等卡尔解释，他又大声喝问："是我没有创新意识吗？我们部门几项重要的创新措施都是我最先提议的。难道你眼瞎了吗？"怒气冲冲的麦迪两眼喷火，手指着卡尔的鼻子恶声恶气道："听着，你这样对我太不公平！混蛋！"

"请你不要激动，听我解释。"卡尔冷静地回答，"请原谅我的坦白，我从未怀疑过你的能力，因为你的能力是很突出的，但遗憾的是你太过于傲慢无礼了。你要明白，我们公司一直以形象良好、口碑极佳著称。而你，不但在公司内粗鲁、散漫，而且还蛮横无理地对待客户，这是任何企业都坚决不允许的！不仅如此，周围的同事都很难和你相处。我们的企业是很重视员工的工作能力，可是我们也同样重视员工的职业道德和修养。"

"可……这是我的私事，我想我的工作并没有受到影响。"麦迪争辩道。

"如果你在家里，是的，我并没有否认这一点，但问题是你已经是惠普公司的一名员工了。"卡尔耸耸肩，"实在抱歉，因为你缺乏起码的做人修养和道德，已经严重地影响了他人的工作，而且也破坏了我们公司的形象，我们只能请你另谋高就！"

可以说，麦迪被辞退是一件很令人遗憾的事，毕竟他的工作能力是如此突出。可是工作能力一旦和公司形象比起来，便要退居次要地位了。麦迪的错误在于他恃才傲物，以为自己能力突出，就可以粗鲁、散漫一些，因为那是"私事"。殊不知，正是这一点害了别人，也害了他自己。

英特尔公司总裁安迪·葛洛夫曾经应邀对加州大学伯克利分校毕业生作演讲，提出了非常积极的建议："不管你到哪里工作，都不应该只把自己当成员工——应该把公司看做自己开的一样。"作为一名员工就应如他所说的，首先要有一个企业属于自己的心态，视企业为自己的事业，视企业的形象为自己的形象，像爱惜眼睛一样呵护它。如果你能做到这一点，那么老板将会乐于雇用你，乐于给你升职的机会——这就是在职场出类拔萃的重要秘诀。

团队精神至高无上

西点军校里流传着这么一句话——"精诚团结直到毕业"。可见，团队精神在西点人心目中占有多么重要的位置！

说起西点人的团队精神，我们便不得不提到"西点之父"——西点军校的第三任校长塞耶。接管西点军校之后，塞耶进行了一系列的改革措施，把西点军校导向了发展的正轨。但是如何增强西点人的团队精神却成了一个困扰他多时的大问题。

塞耶设想建立一种新型的学员团。在这个团体里，每个人都能光明正大、公正合理地展开竞争，任何人都不可为谋取个人利益而弄虚作假、耍阴谋手段。塞耶认为，培养学员的基本方法是斯巴达式的组织纪律。学员团的领导必须很公正，富有感染力，能够与学员一起为一个明确的目标同甘共苦，协同努力。由此出发，塞耶强调培养学员"我为人人，人人为我"的精神。他指出，没有这种精神就没有资格指挥他人。

怎样造就这种精神呢？经过一番冥思苦想，塞耶提出了"拱顶石"的理论。拱顶石，连接、维持、亲和结构的关键之石。用塞耶的话说，拱顶石必须是坚硬的石块，而这些石块还必须紧紧地结合在一起。一旦培养出这样的"拱顶石"，学员团就会不断发展，军校就会不断前进。

塞耶以健全完善的规章制度为结合剂，把"拱顶石"很好地结合起来。他对学员学习、生活、娱乐等方面，对教学、管理、责任等林林总总的问题，都进行了有益的规范性建设。毫无疑问，这项工作是非常成功的。

为了让"拱顶石"更紧密地结合起来，上下一心，共同奋斗，塞耶又采用了一系列方法加强战术教官与学员之间的联系。通过战术教官的作用，西点很快达成教学目标一致的信念。1820年12月，在塞耶的努力下，战术教官的人数明显增加，他又马上采取措施，任命中尉泽拜纳·J.D.金斯和亨利·W.格里斯沃尔德为助理战术教官，分赴两个连队，与学员同吃、同住、同操练。

这两位教官都是西点军校毕业的学员，乐于为军校的发展贡献才智，也真诚地赞同与支持他们的校长。他们一天24小时与学员泡在一起，关注着学员的一举一动，学员有什么意愿可以及时上达。这种体制真正成了塞耶造就"拱顶石"的结合剂。

在塞耶的不断努力下，"拱顶石"计划成功了。西点军校开始走上正轨。

时至今日，西点人有关促进合作、加强团结的方法已经越来越多，也越发成熟起来。入学之初，新学员尽管来自不同的社会阶层，有着不同的肤色、信仰、教育背景，但很快就会变成一样，融为一体。

男生要剪成短发；女生则要将头发盘到脑后。他们都要当场试穿那些灰白的制服，制服也是当场缝制的，这些军校新生穿上它们，将便服装进包里，只有等到夏天放假时再穿了。西点还发给他们黑色的皮鞋、白色的帽子和白色的手套。

他们被分配到各自的训练连。整个下午，他们都在接受一个速成科目训练，学习如何按照低音鼓的节奏列队行进。

就这样，半天不到，这些新学员便融为一体，甚至能为前来观礼的师友们演奏"西点进行曲"！

到了二年级，他们还将被送往树木葱茏的巴克纳营地。巴克纳营地是西点军校的地产，与构成西点军校中心区域的那些颇负盛名的花岗岩建筑和阅兵场相距甚远。二年级学员的训练由高年级学员和许多正规陆军军官或军士组成的教官团队组织实施。训练内容包括地图判读与方位确定、安排战术以及轻武器的使用。新学员入学的那个夏天主要是学习如何成为一名军校生，但二年级学员的这个夏天要学习的是如何成为一名军官。

巴克纳营地的生活条件相当艰苦。这个树木丛生的偏僻场所人迹罕至、死气沉沉，又十分潮湿。居住的营房是"二战"时期建造的。这里的蚊子非常多，而且"大得能把小动物搬走"。不过，训练也有让人振奋的时候，不管是低年级还是高年级，西点学员在夏季里最感兴趣的始终是能与真正的陆军部队一起训练。

巴克纳营地的受训经历能让这些西点学员明白一个非常重要的道理：每个人都能贡献与众不同的才能，一旦融合到一起，便能很好地完成某些训练任务。例如，每个班里都有一个天生具有良好方位感的人，那么将此人安排到带领小组成员的"岗位"上，就能使这个班在日落西山之后避免迷失方向。每个班都有一个能说会道的演讲者，专门负责鼓舞士气与打探情报。总之，人尽其能，各守其职，而又紧密配合，共同为了实现某个目标而努力。

也许，展示这种协同性的最佳方式是障碍跑道，这是二年级学员进行班训练时必须完成的课目。这一课目以班为单位，要么全班顺利通过，要么全班都不及格。其中一个典型的障碍物是在一个场地内按不同高度、不同距离布置了数个固定的柱子，还有很多长度不同的木板。要想成功地通过这些柱子，就必须讲究放置木板的方式：一旦所有人通过一两个木板后，这些木板便可以用不同方式重新组合、使用，以便顺利通过下一组柱子。在这里，策略显得非常重要，因为没有机会回头再捡任何东西，有时为了前进，有必要将木板丢在身后。此外，班成员必须想好谁在最前头、谁能帮助其他人通过障碍，因为有时候体力是最关键的因素，而有时候体形较小的领头者可以扭动着穿过某个障碍并安放某块木板，以备体形较大的成员通过。这种练习体现得最鲜明的一点是：每个成员的大声提醒、一致思想以及共同贡献使全班顺利地从地点 A 移到了地点 B。即便最敏捷、最健壮的班成员也不能独自跨越所有障碍。

西点人通过这样的训练迅速加深了学员之间的认识与友谊，提高了他们协同作战的能力。

有时候，为了让大家更加团结，西点军校还会创造出一个团队"共同的敌人"，激励众人一起来打倒它。例如，西点新学员就常常以学长为"共同的敌人"，建立起团队精神。

通过如此众多的训练，西点军校让每一位学员在训练中体验到团结的力量有多大。这种在实际行动中所亲自体验到的团队力量，比长篇大论地分析团队合作如何增强个人的力量要管用得多。具有团队精神的集体，可以实现个人无法独立取得的成就。

一样的价值观和一样的目标，尤其是荣誉守则共同构成了团队合作的基础。西点尽力加强学员的团队精神，对学员而言，行动中没有个人的动机，只有团队的目标。

在生活中，一加一等于二；可在职场中，一加一却可能等于三，等于四，甚至等于一百。这就是团队合作的巨大作用。一家企业要是能像日本人那样，成为"一个由晶体管操纵的蚂蚁王国"（管理大师弗兰克·布尼语），那么它又何惧没有强大的生产力与竞争力呢？在工作中，有些人害怕别人赶上自己，习惯了"单打独斗"，以为这样一来就可以把别人远远地甩在后面。殊不知，这种做法不仅害了企业，也耽误了自己。邹韬奋先生说过："自己无论怎样'进步'，不能使周围的人随着进步，这个人对社会的贡献就是极有限的。""离于众庶，则无英雄"（李大钊语），没有谁能够脱离他人的帮助，凭一己之力纵横职场。一个没有团队意识、只顾开拓自己成功之路的职场人士，不但难以取得成功，相反，他们还可能没法跟同事们很好地配合、共同进步，对企业的发展产生一定的阻碍作用。对于这样的员工，老板们往往会毫不犹豫地剔除掉。

　　刘芳应聘到一家公司做销售员。上司交给她一项任务，让她在本市作一下公司产品的市场调查，然后策划一份市场营销活动方案。

　　刘芳是第一天上班，工作又是上司亲自交代的，因此她不敢有丝毫懈怠。她一个人来到各大商场做了一番调查，然后带着资料躲进写字间，策划起方案来。很长时间过去了，她的方案还是没有做出来。

　　实际上，她收集的那些资料公司都有，她只要向有关部门借阅一下即可，而她却不懂得向他人寻求帮助，用别人的智慧来帮自己克服工作中的困难，只是一个人像没头苍蝇似的蛮干，当然理不出任何头绪。

　　今天，像刘芳这样的"罗宾汉"已无法生存，或者无法更好地生存。不可否认，个人能力是事业成功的基础。然而，离开他人的协作，任何人都不可能成就大业。

　　在专业化分工越来越细、竞争日益激烈的现代职场，团队与团队的竞争、企业与企业的对决才是市场的主流，崇尚团队合作，才是现代职场人士获得成功的保证。对于企业来说，一个懂得和他人配合作战的员工才是对企业最有益处的人，因为他不仅善于借助团队的力量来成就自己，而且能够带动其他人乃至整个企业向前发展。说到这里，我们便不得不提到著名的"米格-25效应"。

　　"米格-25效应"源于前苏联研制的"米格-25"喷气式战斗机，这种喷气式战斗机性能优越，可以和美国当时最先进的战斗机相媲美，因而受到世界各国的广泛青睐。然而，众多飞机制造专家惊奇地发现："米格-25"战斗机所使用的许多零部件与美国战斗机相比要落后得多！它之所以能和美国当时最先进的战斗机相抗衡，其秘诀便在于米格公司从整体考虑，对战斗机的各种零部件进行了更为协调的组合设计，使该机在升降、速度、应急反应等诸方面反超美机而成为当时世界一流的战斗机。这一因组合协调而产生的意想不到的效果，被后人称之为"米格-25"效应。

　　可以说，"米格-25"效应对于现代职场的启发是巨大的。人们逐渐意识到员工之间的良好配合和优势互补，远比许多优秀员工的简单组合重要。如果分工合作得好，一些看似能力一般的员工也可以创造出一流企业才拥有的生产力和竞争力，即"整体大于部分之和"。身处职场，我们首先要做的就是努力做个合格的"零件"，配合其他同事和部门，让企业变成一架"米格-25"战斗机！

　　闻名全球的美国联邦快递公司便是这么一架"米格-25"。很难想象，如果联邦快递的员工没有做"米格-25"战斗机一个零件的想法，没有团结一心、使命必达的团队精神，那么它是无论如何也罩不上世界"五百强"的彩色光环的。

　　众所周知，美国联邦快递团队随着业务的扩展分布在全球220个国家和地区，货物必须在24~48小时内就能从地球一端的发件人手里送到地球另一端的收件人手里，因为这是使命必达的承诺。时间是如此之短，区域跨度又是如此之大，而且当货物出境后，运送环节上的团队成员就会变成另外一个国度的人。此时，如果没有各个国家和地区团队的合作精神，是不可能完成任务的。这种不同国家和地区的合作塑造了一个虚拟的联邦快递团队。在这个虚拟团队里，每天几百万个包裹通过几百架飞机在全球5万个投递点间流转，联邦快递要求，无论你是哪个国家的雇员，无

论你身处何地，只要是联邦快递的员工，那就同属一个团队，共担一份使命，就要去为"使命必达"贡献力量。

例如，中国的联邦快递职员可能在午夜时分突然接到西半球某个国家的联邦快递职员打来的长途，对方用地道的英语或含糊的英语（母语非英语的国家）急迫地询问某个包裹是否运抵中国，而这个包裹现在需要紧急转运至第三国。这时，中国的联邦快递职员必须首先努力听清对方的意思后迅速查实货物的准确位置，因为可能因某种失误导致电脑记录失真，查实的难度就会加大，查实之后与对方甚至是第三方进行确认，再进行相应操作。这样的工作在联邦快递内网 COSMOS 系统上更是司空见惯，而当问题发生时，不借助团队的力量根本就没办法解决。

联邦快递的团队为了"使命必达"这一共同目标，成功地运用现代通讯技术手段，依靠虚拟团队，互动地解决了跨越时间、空间和组织边界的各种问题，不仅保护了客户利益，确保了组织目标的实现，更增进了团队与团队之间的信任、理解与支持，从而增强了团队精神与团队协同战斗力。

美国作家韦伯斯特说："人们在一起可以做出单独一个人所不能做出的事业。智慧、双手、力量结合在一起，几乎是万能的。"一个分工明确、精诚合作的企业可以让无数平凡的员工像"米格-25"战斗机一样，以最优的方式组合起来，从而产生最强大的战斗力。在这样的格局当中，单兵作战、打小算盘的行为是绝对与企业不相容的。因此，员工融入团队当中，不仅是自我实现、自我提升的重要途径，而且是让企业更好地前进、让自己得以继续发展的必由之路。

"就招聘员工而言，我们有一套很严格的标准，最重要的是团队精神。"微软中国研发的张湘辉博士说："如果一个人是天才，但其团队精神比较差，这样的人我们不要。中国 IT 业有很多年轻聪明的人才，但团队精神不够，所以每个简单的程序都能编得很好，但编大型程序就不行了。微软开发 WindowsXP 时有 500 名工程师奋斗了 2 年，有 5000 万行编码。软件开发需要协调不同类型、不同个性的人员共同奋斗，缺乏领军型的人才，缺乏合作精神是难以取得成功的。"

一个不懂得合作的人不仅不能很好地完成任务、实现自我价值的提升，反而可能成为阻碍企业发展的因素，等待他的只能是黯然离去。张湘辉博士的这些话应该引起每一位职场中人的警醒与重视！

掌握合作的技巧

西点毕业生、西尔斯公司第三代管理者罗伯特·伍德说："不论一个士兵多么强大都无法战胜敌人的围剿，但我们联合起来就可以战胜一切困难，就像行军蚁一样把阻挡在眼前的一切障碍消除掉。"但是在具体的合作中，西点也是非常讲究技巧的。

2008 年，毕业于西点军校的林塞·格雷厄姆抵达伊拉克北部城市拜伊吉，她的任务是帮助培训伊拉克警察提高巡逻程序的效率，改进其设备维修方案，并确保他们能独立展开反暴动行动。格雷厄姆到伊拉克的第一件事就是邀请当地警察局的头头们来美军基地共进晚餐。

之后，格雷厄姆率领排里 40 多名士兵，花时间与伊拉克警官共处，例如一起打排球等。不到 4 个月，警察局局长们就封她为部落的名誉成员，并送给她一个阿拉伯名字，意思是"聪明的女人"。在她的服务期结束时，伊拉克警方已不需要美军的协助就能独自运作了。

合作讲究的是如何有效地与他人沟通，正如西点毕业生阿拉姆所说的："我可以把胜利定义为'我打败你了。'但接下来我们的沟通会怎样？我们之间真的称得上关系吗？互相有多信任？要想得到最佳结果，我就必须花时间听对方诉说担心、需求和恐惧。"

西点毕业生特罗塔也曾在 2004 年被派往伊拉克，他说："我学会了纵观全局，试着设身处地站在对方的角度考虑问题。这并不是过早让步或软弱的表现，而是试着找到最佳解决方案，实现'双赢'。"

美国著名人际关系专家彭特斯在《合作的六大习惯》一书中说："合作的可能性只有一条：站在同一立场上。"因此说合作的技巧很重要。

现实社会中，有好人缘的人，人们都愿意与他们合作；而有的人正好相反。其实不是是否有

个好人缘的问题，而是合作中对合作技巧的掌握是否熟练的问题，也是人们良好习惯的体现。

一般来说，缺少安全感的人往往坚持己见，一意孤行，处处要别人顺从与附和。他们不了解，合作最可贵的正是接触不同的观点。一致并不代表团结，相同也不意味着齐心；团结才能互补，合作也应该尊重差异。

创造性组合不仅对事业非常重要，对个人也十分重要。凡擅长语言、逻辑，即左脑较为发达的人终会发现，有些需要创造力来解决的问题，理性是无能为力的。唯有运用闲置已久的右脑，使右脑主司的直觉与左脑相配合，协调运作，才能解决更多的问题。只有创造性的合作，才能获得合作的成果。

董子是一位有志向的青年。她是精装图书推销商，主要从事美术设计类图书的推销。每个礼拜，她都要去拜访京城几位著名的美术家。这些人从来不拒绝见她，但也从来不买她的书籍。他们总是仔细地翻看董子带去的图书，然后告诉她："很遗憾，我不能买这些图书。"

经过多次失败，董子感到有些奇怪。于是她就去一位学习心理学与人际关系学的朋友那儿请教。这位朋友仔细问了她推销的经过后对她说："你把他们给镇住了，所以他们不敢买。"董子应该是个很敬业的姑娘，她原来就有较为不错的美术功底，但她说话缺少技巧。每次推销时，她总是很热情地告诉对方："这一部画册你一定没有见过，它是现代最……图书。"朋友告诉董子："你不妨把书送上门，让他们自己去品评。"董子意识到过去的方法有错误。于是她又带着几本画册经朋友介绍，去了一位新客户家中。到了那里后，她并不忙着推销书籍，而是仔细观摩，用心欣赏这位美术家朋友的美术作品。对一些模糊的地方，她总是及时提出来请教这位美术家。这位美术家来了兴致，不知不觉中，两人已经聊了两个多小时。最后，董子请教这位美术家道："以您这么多年的美术设计经验，你能否帮我看一下这几本书，看看它们中到底哪一本更实用、更权威。"

因为时间不多了，两人约定第二天再见面。第二天，董子再去取书时，这位美术家已经认认真真地打了一份评价意见，字数不多，但是很中肯。董子谢过了这位美术家，这位美术家主动告诉董子："我自己想订购几本这种画册。另外，我和我的几个朋友都联系了一下，他们也愿意看一看。"

董子听了很感谢，并在这位美术家的帮助下，连续又推销出了好几套大型画册。董子后来说："以前我只忙着介绍图书，总认为他们没见过的就一定是他们需要的。现在我才明白，如果虚心请教他们，他们会觉得你是把他们当专家来看待。他们觉得这些图书是通过他们自己的眼光鉴别出来的。用不着我去向他们推销，他们自己也会买。"

合作的技巧其实很简单，就看你是否愿意去掌握它。如果总觉得自己如何了不起，而不去考虑别人的感受，是不会受到别人欢迎和喜欢的，当然就不会有"人缘儿"。

1. 求同存异

求同存异，不但适合于大的国家之间的交往，也适用于我们每个人之间的交往。和人相处，如果总是在强调差异，就不会相处融洽。强调差异会使人与人之间距离越来越远，甚至最终走向冲突。如果把注意力放在别人和自己的共同点上，与人相处就会容易一些。要减少差异就要设身处地地为别人着想，以达成共识。为别人着想，就会产生同化，彼此间的关系就会更加融洽。把自己融进对方，让两人变为一人。这个时候，无需恳求、命令，俩人自然就会去合作做某件事情。

在与人沟通之前，你可以先找到共同的立场，这样会使你们相处容易些。其实你和周围的人，不论是朋友，还是难缠的人物，都有发生冲突的可能，主要差别在于朋友之间的冲突会因彼此之间共同的立场而逐渐缓和。而对于难缠的人最好的办法就是减少差异，寻找两者共同的立场。

同化能使双方的关系更加融洽；转向能利用融洽的关系来改变互动的方式。同化是人们沟通立场、加深关系时用途很广的基本沟通技巧。同化无时不在你我身边。

这样的例子很多。比如说，你在与别人交谈的时候，说不定会发现，你们俩是同一地方长大的，

这样双方之间的感情距离一下子就拉近了。这就是同化的结果。

当你与别人一同进餐时，你会说："你吃什么？"其实你是在发送友谊的讯号，而不是真的在乎对方的口味。如果对方要了点饮料，那么你也会跟着来点。这也是同化的例子。在你与乡音很重的人交谈时，你说话的腔调也时不时地会出现点乡音的味道。其实这是你想和喜欢的人打成一片的本能反应。当你西装革履地去某个地方，发现当地人都穿短裤、T恤时，你就会感到自己太格格不入了。

可以用许多方法来同化。脸部的表情、反应的多寡、肢体语言、语言上的音量和速度，以及言辞都可以用来与别人同化。如果我们不能消除彼此之间的差异，那么就很难收到同化的效果，甚至造成差异的扩大，那是很严重的。

没有人会跟与自己对立的人合作。人际关系中根本就没有中间地带，你我之间不是冷漠就是熟悉；不是差之千里，就是观点相同，没有别的选择。无论你在倾心了解他人，还是要他人了解自己，同化总是处于第一位的。只有先利用同化作用，与他人建立一些关系之后，才能启发转变的方向，获得意料不到的结果。

2. 用肢体语言

你付出什么，就收获什么。如果同合作者合作愉快的话，那么他们之间就有着某种默契，或者说有一种感应，他们彼此的动作、表情和神韵自然都会很相似。如果你把和自己沟通良好的人的交谈情形录下来，再倒过来看看，你会发现这种交谈很像是在上表演课。一个人摆出了某种动作，另一个自然地就跟了上来。

通常只有当你和别人相处融洽时，才会产生这种默契。通过这种体态语言的一致，你和你的交谈对象完全进入了合作状态。

你可以观察自己是如何被别人同化，而别人又是如何被你同化的，尤其要注意双方非语言动作同化的过程。非语言的同化大都是自然发生的，一般双方都觉察不到。不知大家注意到没有：当人们相处甚欢时，他们的动作、表情乃至神韵都十分相似。比如说，如果你对别人笑，别人也会报以微笑；如果你同一种跷着二郎腿的人交谈甚欢，过不了多长时间，你也会把脚跷起来，当他放下脚后，你也会随着做同样的动作；更有甚者，当对方挠头时，你也可能会感到头上同一地方很痒痒。

同化使人们之间产生信任和合作的气氛，但如果处理不当的话，人们之间就会出现信任危机。

非语言的同化是不是运用得越多越好呢？其实不是那样的，那只会让对方觉得在讥讽对方。要运用得恰到好处，不要引起对方的注意。要注意的是，对有敌意的动作、不良的动作，你要克制，千万不要被同化。人们对于强暴、侵略性的同化是不赞成的。

为了与别人加强沟通，我们必须加强在音量和速度上的同化。如果对方说话声音越说越大，你的声音也会随之越来越大；如果对方越说越快，你也会越说越快，说话快的人要的是速度，否则会感到别扭；说话慢的人喜欢享受自在感。安静的人不喜欢和爱热闹的人在一起，爱热闹的人讨厌和安静的人在一块。你必须尽最大努力去和别人在音量和速度上同化，否则可能会产生极大的误会。

3. 做一个倾听者

学会聆听是一种美德。人人都希望有一个倾诉对象，也希望别人了解自己。但是如果两个人都希望倾诉和被了解，却没有一个人愿意去听对方的话，这样，两个人就很难达成共识。因此，如果你想被别人了解，你先得学会听别人倾诉。只有愿意了解别人的人，别人才愿意了解你。

倾听是一门艺术，只有懂得并掌握这门艺术，才易于沟通、交流与合作。倾听时要保持注意力，随时注意对方谈话的重点，在对方兴致正浓的时候，你要用眼、手或简短的语言来加以反馈，尤其是要表达出你关注的内容正是对方谈话的要害所在。能够以听为主的同时，还不要妄下结论。在知道别人准确意思前，不要急于提出自己的看法。等别人讲完，让他把意思讲清了，自己再作评价。

许多人说话是十分含蓄的，这就要在倾听时，注意言外之意。有些话，别人嘴上没说，但会通过表情或肢体语言流露出来。把自己孤立起来的人，就犹如一些孤苦无依的珍稀动物，由于缺少了交流与撞击，他们的生命力变得越来越脆弱。只有过群居生活的人，才能在与他人的协作中锻炼自己，使自己适应环境，生存下来。你应该有活力和热情，发挥你的长处与人合作，养成良好的习惯，从而与他人携手，共创美好明天！

4. 要让对方具有责任感

据心理学家说，人们都愿意得到别人的注意，给人以好印象。

有一次，在赫尔逊工厂做了一个试验。首先选择一批姑娘参加试验小组。最初改善了试验小组的照明条件，生产搞上去了。但是，后来把照明条件恢复到原样，生产仍然上去了。从而得知照明条件并没有什么特别的效果。以后又进行了缩短工时的试验，生产还是上升了，增加休息时间后，生产又上升了。以后，管理部门对试验小组又延长了劳动时间，这时的生产还是上升。尽管时间长了，但是姑娘们仍然辛勤劳动。看起来似乎没有什么特别的原因让姑娘们那么辛勤劳动。提供给她们的伙食，不论好坏，生产效率都提高了。最后，这个谜终于被解开了。那就是姑娘们因为被选为试验小组，从而产生了责任感。从前，没有什么人去理睬她们，但是，现在她们得到人们的公认和重视。这正是让姑娘们更加努力的原因所在。

5. 置身于对方的立场

重视人们喜欢的东西，要教给他们得到所喜欢的东西的方法，没有人喜欢被别人指使。要争取得到对方的合作，就应站在对方的立场上为他考虑，从而调动其积极性。应站在对方立场上考虑，说不定对方也有几分道理。许多人不论自己有多大错误，往往不愿承认自己是不对的。掌握了这一点，也许你会获得更多的合作。

6. 真诚的赞赏

一位狱长曾经说过："对于罪犯的努力给予适当的称赞，比严厉的批评与惩罚，能得到他更大的合作。"如果我们将这个方法应用于人际关系，就不应过于挑剔别人的行为，而应更多地看到别人的优点，即使是最微小的优点和进步，我们也要称赞，这比起责罚的做法聪明得多。

7. 不可贪天之功

许多荣誉，往往是经过许多人的共同合作取得的，即使是自己的成绩最为显著，也不要独揽荣誉。下面让我们来看一看在一次颁奖大会上两名获奖的推销员如何向与会者介绍取得成绩的经验。第一位站起来，开始说明自己是如何取得成绩的。他极力说明只有他自己的能力和努力才是增加推销额的原因。而第二位受奖者和前一位形成明显的对照。他首先说明，他那个单位之所以取得成功是全体推销员热心努力的结果。请注意他们两者之间的不同，第一位企图独揽荣誉，因而得罪了其他人；第二位把荣誉分给他人，因而鼓励了大家继续合作的积极性。

8. 诚信

我们要与别人合作，一个基本前提就是要守信用。假如甲有管理才能，乙有一笔资金，有了这两个条件，两人就有合作的可能了。但是两人未必就能合作成功，还必须有一个信任关系。比如甲拿了钱，得让乙相信他不会挪作他用，更不会逃之夭夭。所以我们东方最早的信贷关系是发生在本家族之内，需要有可靠的保人。

与人合作，守信是第一大原则。守信，会使人对你产生敬意，也因之会使人愿意公平地与你合作。和一个不守信用的人合作，考虑到有失信的危险，人们通常会把合作的费用提高，以防万一。比如你是一个信用程度不是特别高的人，那你要拉别人的货物，一般是要先付款。但是如果别人知道你很讲信用，或者另一个商界同行出面说你非常可信，那么打交道的对方就可能很放心地让你

把货先拉走，卖完货后再付款。一个要占用大量资金，另一个几乎等于白手赚钱，这中间的出入，就是信用的价值。

当然，有人会说，在商场上，假定我守信用，而别人却不守信用，结果不是与我也不守信用一样吗？从理智上分析，每个人都在算计着自己的利益，在利益驱使下会选择背信弃义，随时见好就走。但是这样一来，人与人之间无法合作，也就不能实现利益共享与最大化，这种选择就成了短视。所以人们实际上总选择信守诺言而不选择背信弃义。

美国科学家发现，理论上，无论经过多少次博弈，人类行为合作的概率与不合作的概率总是近似相等的。但他们通过实际调查却发现，一旦有了一次或数次进行合作的良好回忆，在后来的博弈过程中，参与合作的双方总会依靠记忆来主动寻找善于合作的伙伴。这一点可以称作路径依赖。

曾经帮助过你的人，你会把他牢记在心里。下一次再见面时，你会一下子认出他。你和他之间再次合作的可能性非常大。擦肩而过的人，你和他之间没有任何瓜葛，过去了就过去了，就是再次打照面，也会谁也认不出谁来。曾经背信弃义的人，你也会对他印象深刻。下次再见面时，你也会一下子认出他来。但是你是对他充满戒备和冷漠，你们之间合作的可能性还不如你与陌生人之间合作的可能性大。正是在这样的淘汰选择中，你逐步认识了许多愿意与你合作的人，并把他们列入自己的朋友圈儿，逐步形成一个合作协进的氛围。

西点军校经典法则

法则十

果断

果断是积累成功的资本

西点一位军官说："果断，是指一个人能适时地作出经过深思熟虑的决定，并且彻底地实行这一决定，在行动上没有任何不必要的踌躇和疑虑。"果断是成大事者积累成功的资本。果断的个性，能使我们在遇到困难时，克服不必要的犹豫和顾虑，勇往直前。

有的人面对困难，左顾右盼，顾虑重重，看起来思虑全面，实际上渺无头绪，不但分散了同困难做斗争的精力，更重要的是会销蚀同困难做斗争的勇气。果断的个性在这种情况下，则表现为沿着明确的思想轨道，摆脱对立动机的冲突，克服犹豫和动摇，坚定地采纳在深思熟虑基础上拟定的克服困难的方法，并立即行动起来同困难进行斗争，以取得克服困难的最大效果。

果断的个性能够帮助我们在执行工作和学习计划的过程中，克服和排除同计划相对立的思想和动机，保证善始善终地将计划执行到底。思想上的冲突和精力上的分散，是优柔寡断的人的重要特点。这种人没有力量克服内心矛盾着的思想和情感，在执行计划过程中，尤其是在碰到困难时，往往长时间地苦恼着怎么办，怀疑自己所作决定的正确性，担心决定本身的后果和实现决定的结果，老是往坏的方面想，犹犹豫豫，因而计划老是执行不好。而果断的个性，则能帮助我们坚定有力地排斥上述这种胆小怕事、顾虑过多的庸人自扰，把自己的思想和精力集中于执行计划本身，从而加强了自己实现计划、执行计划的能力。

果断的个性，可以使我们在形势突然变化的情况下，能够很快地分析形势，当机立断，不失时机地对计划、方法、策略等做出正确的改变，使其能迅速地适应变化了的情况。而优柔寡断者，一到形势发生剧烈变化时就惊慌失措，无所适从。他们不能及时根据变化了的情况重新作出决策，而是左顾右盼，等待观望，以致坐失良机，常常被飞速发展的情势远远抛在后面。

可见，果断的个性无论是对领导者，还是对普通劳动者，无论是对于工作，还是对于生活和学习，都是需要的。果断的个性，产生于勇敢、大胆、坚定和顽强等多种意志素质的综合。果断的个性，是在克服优柔寡断的过程中不断增强的。

人有发达的大脑，行动具有目的性、计划性，但过多的事前考虑，往往使人们犹豫不决，陷入优柔寡断的境地。许多人在采取决定时，常常感到这样做也有不妥，那样做也有困难，无休止地纠缠于细节问题，在诸方案中徘徊犹豫，陷入束手无策和茫然不知所措的境地，这就是事前思虑过多的缘故。大事情是需要深思熟虑的，然而生活中真正称得上大事的并不多。况且，任何事情，总不能等待形势完全明朗时才作决定。事前多想固然重要，但"多谋"还要"善断"，要放弃在

事前追求"万全之策"的想法。

实际上，事前追求百分之百的把握，结果却常常是一个真正有把握的办法也拿不出来。果断的人在采取决定时，他的决定开始时也不可能会是什么"万全之策"，只不过是诸方案中较好的一种。但是在执行过程中，他可以随时依据变化的情况对原方案进行调整和补充，从而使原来的方案逐步完善起来。"万事开头难"，许多事情开始之前想来想去，这样也无把握，那样也不保险。当减少那些不必要的顾虑后真正下决心干起来，做着做着事情自然就做顺了。

果断的个性，是在克服胆怯和懦弱的过程中实现的。果断要以果敢为基础，特别是在情况紧急时，要求人们当机立断，迅速地采取决定并且执行决定。比如在军事行动中就需要这样，因为战机常在分秒之间，抓住战机就必须果断。大方向看准了，有七分把握，就要果断地下定决心。

果断的个性，要从干脆利落、斩钉截铁的行为习惯开始养成。无论什么事情，不行就是不行，要做就坚决做。生活中不少事情确实既可以这样又可以那样，遇上这样的小事，就不必考虑再三，大可当机立断。否则，连日常的生活琐事也是不干不脆，拖泥带水，你又怎么能够培养出果断的性格来呢？要果断，还必须经常地排除各种内外部的干扰。果断不是一时的冲动，它必须贯穿于行为的三个环节（确定目的、计划和执行），在确定目的的时候需要同各种动机进行斗争，这时果断表现为能够抑制与目的相反的意向，抑制错误的动机，保证作出正确的决断。

在决断作出后，还会有许多因素不断地动摇我们的决心，如舆论、压力、困难、诱惑等。周围的人们可能会对我们的决心评头论足，来自各个方面的各种压力都有可能使我们已经作出的决定发生动摇。并且，在执行决断时排除内外干扰的果断性，有时比果断地确定目标和初下决心还要难。因此，在执行决定的时候应当特别注意果断性的培养。要养成决心既下就不轻易改变的习惯，不要让一些本来微不足道的因素干扰我们的决心，把自己弄得手足无措。

果断并不等于轻率。有人认为，果断就是决定问题快，实际上，在情况不要求立即行动，或者对于行动的方法和结果未加足够的考虑就仓促地决定，这并不是果断，而是轻率、冲动和冒失，是意志薄弱的表现。这种表现在优柔寡断的人身上可以观察出来，因为深思熟虑对于一个优柔寡断的人来说，乃是一个复杂而痛苦的过程，所以总想力求尽快地从其中解脱出来，他的行动常常是仓促、急躁、莽撞的。果断的人作决定时的迅速，和意志薄弱的人的仓促决定毫无共同之处。

必须把果断和武断加以区别。有的人刚愎自用，自以为是，遇到事情既不调查研究，也不深思熟虑，就说一不二地定下来，贸然从事。从表面看，好像果断得很，可实际上却同果断南辕北辙。果断并不排斥深思熟虑和虚心听取别人意见，正因为多想、多问、多商量，才能使人们对事情更有把握，从而更加果断。自以为是、主观武断的人，有果断的外表，无果断的实质，往往把事情办坏，是我们应当努力避免的。

在生命漫长的海岸线上，我们可以看见许多搁浅在岩石或暗礁上的船只，它们建造得很完美，而且装备得也不错，但就是无力航行。我们看到有些人的生命之舟搁浅在岸边，破败不堪，原因就在于，他们允许自己在生命的某个旋涡里回旋，允许自己被突然遭遇的湍急水流带入潮水中去，从而无法开始他们自己的航程。就像树叶或漂浮的木头随着水流漂动一样，他们每遇到一个阻碍就改变自己的航向。意志软弱而犹豫不决的人，就像风车受控于风向一样，被各种各样的诱惑、公众的舆论或外在的压力支配着。他往往无法说出"是"，但他更不敢说一个"不"。

约翰逊博士说："当你站在那儿，谨慎地考虑你的孩子应该首先读哪本书时，说不定别的孩子已经把两本书都读完了。"

能够成就大事的秘诀是：先看到了问题，然后下定决心去解决问题。法国圣女贞德的力量并非主要来自于她的勇气或先见之明，而是来自于她出色的决断力，或者说是善于决策的出色品质。她以上帝的名义宣布，法国的王位继承人是查理七世，从而确保了查理统治的合法性基础，并且，通过在战争中击败英国人，而使得这一宣告显得更为神圣。在殖民地面临危机的那段黑暗岁月里，美国殖民地要获得独立和主权似乎永远都做不到。历史很少会再展现像当初的"建国之父"们所表现出来的那么明确的"决心"和那么崇高的决定：他们制定了美国的宪法框架，并签署了《独立宣言》，从而为我们今天的自由奠定了坚实的基础。而那种犹豫不决、摇摆不定、优柔寡断的

生活态度，足以毁掉最聪明的天才。

幸运的人应该是这样的人，他拥有超越于犹豫不决和变化不定之上的非凡意志力；他鄙视所有的清闲和安逸，他嘲笑所有的反对和抨击；他深感内心里涌动着去希冀和行动的力量，他相信自己是幸运星，他对自己拥有实现愿望的能力深信不疑；他知道，没有任何怯懦的拖延，没有任何怀疑的阴影，没有任何"如果"或"但是"之类的辩解，没有任何疑虑或恐惧能够阻止他去尝试；他嘲笑那些充满恐吓意味的横眉，顾虑就被甩到后面去了。

在作出决定时总是要请求别人的帮助，这比懦弱无能更加糟糕。一个人必须训练自己养成这样的习惯，即紧急关头依赖自己的勇气和决断力。当有人问亚历山大是如何征服世界时，他回答说，他只是毫不迟疑地去做这件事。拿破仑在紧急情况下从来不会踌躇不定。他总是立即抓住自己认为最明智的做法，而牺牲了其他所有可能的计划和目标，因为他从不允许其他的计划和目标来不断地扰乱自己的思维和行动。这真是一种有效的方法，充分体现了勇敢决断的力量，换句话说，也就是要立即选择最明智的做法和计划，而放弃其他所有可能的行动方案。拿破仑一度是雄霸欧洲的主人，而根据历史记载，他之所以遭遇滑铁卢的惨败，原因之一就是因为他没有作出快速的决断，而在此之前他总能在紧急关头以快速的决断能力化险为夷，在此之前他总是能当机立断地迅速作出选择而牺牲其他的一些方面。

凭借他那伟大的意志力，拿破仑的铁军几乎征服了整个欧洲。无论是在重要的战役中，还是在最微小的命令细节上，他同样能作出迅速的判断与决策。这就像是一块巨大的凸透镜，它能聚集太阳的光线，甚至可以熔化最坚硬的钻石，没有任何东西能不屈服于它。

不让生命之舟搁浅的奥秘就是在生命的某些旋涡里，抓住稍纵即逝的时机作出决定，并立即行动。从容果断不仅意味着临危不乱、当机立断，而且意味着辩证取舍。鱼与熊掌不可兼得时，是舍鱼还是舍熊掌，必须作出果断的决策。一个人只有明辨取舍，有所不为才能有所为。

"有所不为"的人，方能大有作为。一个人只有做到以超脱的态度对待世事的纷繁和扰动，才有可能倾其全力攻关于重点领域，在这一领域作出突破。每一位渴求成功的人，尤其是处于创业阶段的奋进者，务要时时防范自己，不要滥铺摊子，滥用精力，不要以为到处出击才有收获，而应当像锥子那样，钻其一点，各个击破，让自己在某一方面展示出自己的特长，这样才能赢得更大的成功。那些自认为是多才多艺、精力超群的人，结果反而是看起来样样通，实际上什么都不懂，这样，别人以令人耀眼的特长立足于世，而你却难以与其匹敌，因此痛失获得成功的各种机会。

任何有所为的人，都不是在一切领域里都能有作为的。即使在某一领域里，也不是每一方面都能有所建树。想全知全能，不过是天真的幻想。聪明的人，绝不会四处出击，样样都深入，门门争第一。你的每一种欲望，都会跟你的另一些欲望发生冲突。如果你穷于应付，你就会被折磨得烦恼丛生。长期东一榔头，西一棒子，你的心甚至会被撕成碎片，你的精力被空耗至尽，最终将一事无成。

除了极少数才能极高的天才，能在不少领域创获极丰外，多数人，即使是才气过人的智者，也不可能样样都精通。

老舍是个大作家，他的文史知识、社会经历丰富，各个时代的人物都活灵活现地跃动在他的笔底波澜之中。然而，他的几个孩子谈起自然科学的话题时，他却插不上嘴。因为这方面他知之甚少。夏衍写戏剧、报告文学、杂文等，是轻车熟路，然而，他对京剧门类却是外行，一次在审查一台出国演出的京剧剧目时，讲了不少外行话，结果被老友抢白了一顿。看来，企求全知全能是不现实的。任何人才，总是聚焦于某一处而做出成就的。

高尔基说得实在："天文学和物理学家，不一定要懂得地质学和医学；火车头和桥梁的建造者也许不必懂得人种学或动物学。"德国诗人歌德形象地说："一个人不能骑两匹马，骑上这匹，就要丢掉那匹。""限制里方显出大师的身手。"我们不可能无限地拥有生命，人的精力、时间总是有限的，生命也是有限的。只有开发好自己的精力，科学地管理好自己的精力，只有把有限的精力集中于某一项工作，才能取得突破的进展，才能获得持久的成功。

从千百万个成功者身上，我们可以发现一个共同的事实，他们几乎都是从自己的兴趣、特长起步，果断进行自己的战略决策，明确自己的主攻目标，再"缩小包围圈"，向此目标步步逼近，最后一举成功。

那些在事业上有所作为的人，无不是知道限制自己的人。无不是在确立了明确目标后，根据自身的兴趣、特长和现实的需要，在众多的选择中，撷取其一，集中"优势兵力"，围追攻克某一领地。他们都会聚起自己所有的精力，倾心相投，目标如一，敬业不渝，终有所成。

有些人在一生中，任何时候都懂得取舍的辨证关系，知道自己应追求什么，舍弃什么，总是将自己的精力、才能集中于一个领域，创出骄人的业绩。如德国哲学家黑格尔终生在哲学的矿藏中掘进，终成大师。他的体会非常实在："一个志在有大成就的人，他必须……知道限制自己。反之，那些什么事情都想做的人，其实什么事都不能做，而终归于失败。他必须专注于一事，而不可分散他的精力于多方面。"

优柔寡断是成功的大敌

世间最可怜的就是那些遇事举棋不定，犹豫不决，莫知所趋的人；就是那些自己不能抉择，而唯人言是听的人。对于那些总是摇摆不定、犹豫不定的人来说，世界上没有什么东西能帮助他们形成迅速决断的行动习惯。

因此，一个人永远不要在冥思苦想中一会儿提出问题的这一方面，一会儿又提出问题的那一方面，试图面面俱到、万事平衡的人作出的无益而琐碎的分析，是抓不住事物的本质的。决策最好是决定性的、不可更改的，一旦作出之后就要用所有的力量去执行，就算有时候会犯错，也比某些人那种事事求平衡、总是思来想去和拖延不决的习惯要好。当我们致力于形成一种快速决策的习惯时，哪怕在最初的一段时间里这种做法显得有些机械，它也会让我们产生对自己判断力的信心。

习惯于犹豫的人，对于自己完全失去自信，所以在比较重要的事件当前，他们总没有决断。有些素质、人品及机会都很好的人，就因为寡断的个性，一生也就给糟蹋了。威廉·沃特说："如果一个人永远徘徊于两件事之间，对自己先做哪一件犹豫不决，他将会一件事情都做不成。如果一个人原本作了决定，但在听到自己朋友的反对意见时犹豫动摇、举棋不定——在一种意见和另一种意见、这个计划和那个计划之间跳来跳去，像风标一样摇摆不定，每一阵微风都能影响它。那么，这样的人肯定是个性软弱、没有主见的人，他在任何事情上都只能是一无所成，无论是举足轻重的大事还是微不足道的小事，概莫能外。

他不是在一切事情上积极进取，而是宁愿在原地踏步，或者说干脆是倒退。古罗马诗人卢坎笔下描写了一种具有恺撒式坚忍不拔精神的人，实际上也只有这种人才能获得最后的成功——这种人会首先聪明地请教别人，并与他人进行商议，然后果断地决策，再以毫不妥协的勇气和坚强的意志力来执行他的决策。"

莎士比亚笔下的哈姆雷特就是优柔寡断个性的典型例子。他实际的精神能力和他的理想之间存在着很大的差距。有些人只看见事物一面就很容易作出决定，也很容易分辨出该采取什么样的措施，但哈姆雷特看见了事物的所有方面。他的头脑里充斥了各种各样的观念、恐惧和臆测，他的性格变得优柔寡断、拖泥带水。他无法断定自己看到的鬼魂是否真的就是父亲的冤魂，也无法断定自己的决定是好是坏，是吉是凶，因而他一遍遍地问自己："是活着还是死去？"墙头草般左右不定的人，无论他在其他方面有多强大，在生命的竞赛中，他总是容易被那些坚持自己的意志且永不动摇的人挤到一边，因为后者明白自己想要做什么并立刻着手去做。甚至可以这样说，连最睿智的头脑都要让位于果敢的判断力。毕竟，站在河的此岸犹豫不决的人，是永远不会渡登彼岸的。

数不胜数的成功商人就是因为在某个关键点上，冒着巨大的风险，快速地作出决定，从而创造了财富。而成千上万的人之所以在生命的战场中溃败而归，仅仅是因为耽搁和延误。果断决策

的个性对我们非常重要,以至于我们经常要准备冒一些作出不成熟的判断或采取不利行动的风险。对一个人来说,偶尔作出错误的决定,总比从来不作出决定要好。如果一个人的决策永远是错误的,那么他在智力上或精神上肯定有问题。但在一般情况下,决策当中总是包含了精确的洞察和清晰的逻辑,所以几乎不用担心决策老是会引起坏的结果。快速的决策和异常的大胆使许多成功人士渡过了危机和难关。

尼古拉斯在对圣彼得堡和莫斯科之间的铁路线进行初次勘测时意识到,那些对此次任务信心不足的官员,其原因多数是出于对自身利益的考虑而不是对技术问题的担心。于是,他决定快刀斩乱麻,以大刀阔斧的做法来解决这一复杂问题。当部长把铁路路线勘察的地图摆在他的面前,试图解释铁路的铺设方案时,他拿出了一把尺子,在起点和终点之间画了一条直线,然后用不容辩驳的语气斩钉截铁地宣布:"你们必须这样铺设铁路。"于是,路线就这样确定了。

林肯总统在安特塔姆战役刚刚结束后就对国会说:"宣布解放奴隶法的时刻已经到了,不能再拖延下去了。"他认为,公众的情感将会支持这一法令,并且他还对着上帝发誓,自己一定会采纳这一政策。他庄严地宣誓,如果李将军被赶出宾夕法尼亚州的话,他将以解放奴隶来表彰这一胜利。

果断的个性的确让人受惠无穷。也许一开始,你的决断不免有错误,但是你从中得到的经验和益处,足以补偿你因错误而蒙受的损失。而且更为重要的是,你关键时刻作出决断的自信,会赢得他人的信任。再也没有什么比总是对自己的决定没有信心更糟糕的了,因为有这种个性的人作出的决定从来不会得到他人的信任与支持,因而也就从来不会被贯彻到底。

莎士比亚说:"我记得,当恺撒说'做这个'时,就意味着事情已经做了。"乔治·艾略特则这样判断一个人:"等到事情有了确定的结果才肯做事的人,永远都不可能成就大事。"淮阴侯韩信身经百战,战无不胜,攻无不克,是一员颇具大智大勇的战将,可是,他的"大智大勇"却掩盖了他优柔寡断、妇人之仁的性格。在长达四年的楚汉相争期间,如果韩信既不从项羽也不属刘邦,自树一帜,即可同刘、项形成三足鼎立之势,而且当时的环境也为他自立提供了多次机遇。正是由于他优柔寡断的性格,才使他最终不仅失去了自立为王的机会,还惨死于女人的刀下。

韩信率兵伐齐,斩了齐王田广,占领了齐国,不仅扩大了疆域,也壮大了自己的势力。这时,他已有数十万大军,成为举足轻重的人物。当时楚汉相争的形势是,韩信叛刘归项则刘灭,向刘背项则项亡。如果韩信自树一帜就会形成三足鼎立之势。在刘邦与项羽相争得最激烈时期,诸侯各据一方,或叛项归刘,或背刘降项,或自立为王,群雄逐鹿,各逞其能。在风云变幻的楚汉相争中,英雄辈出,而一个不起眼的小人物——蒯通,把当时天下的形势看得极为透彻。他深知"天下权在信"。于是拜见韩信,从当时的形势、韩信所处的环境与他的实力,以及他将来得天下的利益等诸方面苦口婆心地规劝他造反自立。可是韩信考虑许久还是说:"先生言之有理,容我权衡一下,再作决定。"蒯通见韩信已被自己说服,便告辞了。

蒯通本以为韩信是个胸怀大志的人,将来一定能做出经天纬地的大事业,可他等了数日,却不见韩信有要自立为王的迹象,便又找韩信,说:"希望将军快作决定,机不可失,时不再来。"韩信当即回答说:"先生请不要再费心了。我考虑再三,自从归汉后,刘邦肯把将军大印交给我,统领数万大军,现在又封我为齐王,如果忘恩负义,必遭报应。况且我擒魏豹、平赵、定燕、灭齐,立下累累战功,又一向以忠信对待他。我想汉王不会亏待我的。"

蒯通听后,明知再劝也没用,转身告退。他担心招惹是非,便仰天长叹,佯装疯癫,逃离汉营。韩信本人智勇超常,手握重兵数十万,又雄踞齐地,有能力、有把握自立为王;还有蒯通为他出谋划策,可以说这是一位不可多得的谋士。其时,天时、地利、人和都具备,而他仍然优柔寡断、迟疑不决。正如韩信自己所说:"我若负德,必至不祥。"后来的事实证明,他的命运果然"不祥",但绝不是因"负德",而是由于他优柔、怯弱的性格所致,岂不是咎由自取?

后来韩信又一次错失良机。刘邦追杀项羽旧部钟离昧,韩信出于同乡之谊收留了他。这招致了刘邦的不满,而此时韩信若能当机立断,肯与钟离昧联手共同抗汉,那不仅保护了钟离昧的性

命，他自己日后也能幸免于难，或许他们的前程似锦。可惜的是，韩信在这次机遇面前仍犹豫不决，于是不仅失去了朋友，又眼睁睁地失去了成功的机会。

韩信不听蒯通的规劝，不理钟离昧的指点，只因他优柔寡断、胆小怯弱的性格致使两次机遇都失去了。

也许，对于韩信来说，最理想的行为方式，就是让别人先反，自己在一旁优柔地观看，败则与己无关，胜则乘势而起，韩信确实这样做了。然而，刘邦和吕后却不优柔，他们快刀斩乱麻，处决了韩信。韩信在优柔中被杀，其实他到死都没有真反，而只是在犹豫，他是被半推半就硬拉上刑场的，直到临死一刻，韩信才仰天长叹："悔不听蒯通言，反被女人以计诛杀，呜呼哀哉！"

"金无足赤，人无完人。"世上没有完美的人，要成功也不必事事追求完美。优柔寡断之人无论大事还是小事都难以作出决定，究其原因，就是因为他们总事事追求完美，总希望作出正确的选择，他们以为通过推迟选择便可以避免犯错误，从而避免缺憾。

你或许觉得自己在很多事情上也难以作出决定，甚至在小事上也是如此。这是习惯于以是非标准衡量事物的直接后果。如果当你要作出某些决定时，你能抛开一些僵化的观念，而不顾忌什么是是非非，你将轻而易举地作出自己的决定。如果你在报考大学时竭力要作出正确的选择，则很可能不知所措，即使做出决定后，也还会担心自己的选择可能是错误的。因此，你可以这样改变自己的思维方法："所谓最好、最合适的大学是不存在的，每一所大学都可能有其利与弊。"这种选择谈不上对与错，仅仅是各有不同而已。

要消除优柔寡断，你就不要将各种可能的结果都用对与错、好与坏，甚至最好与最坏来衡量，所有选择的结果只是它们各自不同而已。例如，你到商店购买了一件衣服，当你穿给父母、朋友或孩子们看后，他们会表露出不同的观点，而你无法判断他们哪一个人的观点是对的，哪一个是错的。关键一点，你自己喜欢最为重要。

如果采用自我挫败性的是非标准，你就会认识到，每当你作出一项决定时，你只须权衡选择其中的一种结果。倘若你事后对自己的决定感到后悔，并且认识到后悔是浪费时间，下一次你就会作出不同的决定，以达到你的期望。但是无论如何，你绝不会以"正确"或"错误"来自己作出决定。

你可能会认为，错误的思想是不好的，甚至根本不应提出来，应当鼓励正确的思想。你或许会对孩子、朋友或妻子说："不对的话就不要说，不对的事就不要做。"问题恰恰出在这里。因为这种对与错、是非曲直的标准应该由谁来确定呢？这是我们每个人都无法肯定回答的问题。法律只能决定一件事是否合法，却不能决定它的对错。一个多世纪以前，穆勒在《论自由》一书中指出：

"我们永远无法确定我们所压制的是不是错误的意见。即使我们压制的是错误的意见，压制意见的做法比错误意见本身更为邪恶。"衡量真正成功与否的标准并不在于能否作出正确、完美的选择。你在作出选择之后，控制情感的能力则更为明确地反映出自我抑制能力，因为一种所谓正确的标准包含着我们前面谈到的"条条框框"，而你应当努力打破这些条条框框，这样你便能够更加果断地作出各种决定。

该出手时就出手

一些伟大的人物都是一些果敢决策的高手，即使面对突然变故，仍然镇定自若，该出手时就出手。而有些人简直是无可救药的狐疑寡断之辈，他们不敢决定各种事件，因为他们不知道这决定的结果究竟是好是坏，是吉是凶。有些人本领不差，人格也好，但因为寡断，他们的一生就给糟蹋了。

该出手时不出手，究其原因，就是怕犯错，而怕犯错，又是一个人易犯的大错。犹豫不决是避免责任与犯错的一种"方法"，它有一个谬误的前提：不作决定，不会犯错。犹豫不决的人有

两种类型，第一种类型的人尽量不作太多的决定，而且尽量拖延决定，他们根本做不了事情，因为他们一点也没有行动。第二种类型的人习惯仓促地作决定，但他们所作的决定大都不成熟，而且一定半途而废，他们时常在冲动与考虑欠周的行动之间自寻麻烦。你也许听说过那匹可怜的毛驴的故事：一匹毛驴幸运地得到了两堆草料，然而幸运却毁了这可怜的家伙，它站在两堆草料中间，犹豫着不知先吃哪一堆才好，就这样，守着近在嘴边的食物，这匹毛驴活活饿死了。世间最可怜的，是那些遇事举棋不定、犹豫不决、经常彷徨歧路、不知所措的人；是那些自己没有主意，不能抉择，依赖别人的人。这种主意不定、自信不坚的人，也难于得到别人的信任。

　　一份分析 2500 名尝到败绩的人的报告显示，迟疑不决、该出手时不出手几乎高居 31 种失败原因的榜首；而另一份分析数百名百万富翁的报告显示，这其中每一个人都有迅速下定决心的个性，即使改变初衷也会慢慢来。累积财富失败的人则毫无例外地遇事迟疑不决、犹豫再三，就算是终于下了决心，也是推三阻四、拖泥带水，一点也不干脆利落，而且又习惯于朝令夕改，一日数变。

　　亨利·福特最醒目的个性之一，即是迅速达成确切决定。福特先生的这一个性出名到背上顽固不通的骂名。也就是这一个性使得他在所有顾问的反对下，在许多购车人力促他改变下，仍一意孤行，继续制造他有名的 T 型车种（世界上最丑陋的车）。也许福特先生在改变这一项决定的时候拖了太久，但是故事的另一面反过来说，正是他的坚定不移为他赚得巨额财富。这些财富早在 T 型车有必要改变造型之前，已使他成为"汽车大王"。无疑地，福特先生决心之坚定，已几近刚愎自用的程度，但是这份个性还是比迟疑下决定又朝令夕改来得好。

　　该作决定的时候怎么办？要决定的事，简单的如今天该穿什么衣服，到哪儿吃午饭；慎重的，譬如要不要辞职等，你是不是既作决定，就按部就班接着做下去？还是过分担忧会有什么后果？由于恐惧自主，恐惧批评，恐惧改变，迟迟不能决定，而愈是犹豫就愈恐惧。人产生犹豫的缘故十之八九是因为有某种怕犯错的恐惧感。头脑好、有才气的人多半有这种困扰。如有位书读得不错的女孩，不知道该学医还是学声乐，为了考虑好，就暂时做些杂工，一做就是 5 年，仍决定不了。最后她读了医，但是，白白浪费了 5 年时间，如果读医或学声乐，都该有点成就了。

　　恐惧、后悔、效率差都和缺乏决断力有连带关系。先耗了时间和精神去想该不该去这么做，又要耗时间和精神去想要不要那样做。心情整日被这些事压得沉重了，人也变得郁闷无趣。可能因为拿不定主意而爱听别人的意见，依赖别人，久而久之，觉得别人都在找你的别扭，随时等着挑你的毛病，以至于仇视他人。

　　决断敏捷、该出手时就出手的人，即使犯错误，也不要紧。因为他对事业的推动作用，总比那些胆小狐疑、不敢冒险的人敏捷得多。站在河边，待着不动的人，永远不会渡过河去。

　　假使你有寡断的倾向，你应该立刻奋起击败这个恶魔，因为它足以破坏你各种进取的机会。在你决定某一件事情以前，你应该对各方面情况有所了解，你应该运用全部的常识与理智，郑重考虑，一旦决定以后，就不要轻易反悔。

　　练习敏捷、坚毅的决断，你会受益无穷。那时，你不但对自己有自信，而且也能得到别人的信任。敏捷、坚毅、决断的力量，是一切力量中的力量。要成就事业，必须学会该出手时就出手，使你的正确决断，坚定、稳固得像山岳一样。情感意气的波浪不能震荡它，别人的反对意见以及种种外界的侵袭，都不能打动它。

　　东晋名相谢安做事从容不迫，处变不惊，决策果断。

　　东晋宁康元年（公元 373 年），简文帝司马昱死，孝武帝司马曜刚刚即位，早就觊觎皇位的大司马桓温，便调兵遣将，炫耀武力，想趁此机会夺取皇位。他率兵进驻到了新亭，而新亭就在京城建康的近郊，地近江滨，依山为城垒，是军事及交通重地。桓温大兵抵达此处，自然引起朝廷恐慌。

　　当时朝廷的重望所在，在吏部有尚书谢安和侍中王坦之二人。而此次桓温带兵前来，京城朝野议论纷纷，认为桓温带兵前来，不是要废黜幼主，就是要诛杀王、谢。王坦之坐立不安，而谢安则不同，他听了众人的议论，不以为忧，神色表情一如平常。实际上，谢安曾经做过征西大将

军桓温的司马，桓温十分了解他的才干，明白谢安才是他篡权的最大障碍。果不出所料，桓温此来确是想借机杀掉王坦之和谢安。不久，他便派人传话：要王坦之和谢安两人去新亭见他。

王坦之接到桓温的通知，不知如何是好，就去找谢安商量说："桓将军这次带兵前来，恐怕凶多吉少。现在又要我们两人去新亭见他，恐怕是有去无回，如何是好？"谢安却神色不变，态度安详地笑道："你我同受国家俸禄，当为国家效力。晋室江山的存亡，就看我们这一回的作为了！"说完，谢安牵着王坦之的手一起出门，直去新亭，朝廷官员也有许多人相随同去。

刚走进桓温阵容严密的大营，几位稍有声望的官员，唯恐得罪桓温，马上远远地向桓温叩拜，战战兢兢，脸都变了色。王坦之也吓出一身冷汗。他勉强移着脚步走到桓温面前，向他行礼，慌乱中竟然把手版都拿倒了。只有谢安态度自若，不拘形迹。他稳步走到桓温前，不卑不亢地对桓温说："明公别来无恙？"桓温虽然知道谢安是个不同寻常的人物，但未料到他居然能如此处变不惊，自己反倒有些吃惊了，连连说："好，好，谢大人请坐，请坐。"

谢安从容就座。这时，王坦之等人惊魂未定，还在浑身哆嗦。谢安在席间，说东道西，谈笑自如，所言之事，滴水不漏，桓温和他的谋士们找不到岔子，无法下手。而谢安却在闲谈时观察左右，早已看到壁后埋伏着武士。他见已经到了应该说破的时机，便转身笑着对桓温说："我听人讲：'诸侯有道，守在四邻（意思是说如果诸侯有道德的话，那么四邻都会帮你防守，是用不着自己到处设防的）。'明公又何须在壁后藏人呢？"

这是对桓温的绝大的讽刺，他显得极为尴尬，急忙说："在军中这已经成了习惯，恐怕有突发事变，不得不如此啊！谢大人这么说，就赶快撤走吧！"

谢安又和桓温谈笑了大半天，他那么风度翩翩，安详稳重，使桓温始终不能加害于他。而王坦之却一直呆若木鸡，一言不发，待到和谢安一同回建康时，冷汗已把里衣都湿透了。王坦之与谢安本来在治国、为人等方面两人都是齐名的，但经过这次风波，两人的优劣便分出来了。

后来谢安又果断地采取了拖延策略使桓温篡位阴谋未能得逞。谢安从容果断，气度恢弘，履险若夷，曾以八万之众破前秦近百万大军，又在不动声色中挫败了桓温，屡安晋室，实在算得上是从容的人。

世间永远没有绝对完美的事，"万事俱备"只不过是"永远不可能做到"的代名词。一旦延迟，愚蠢地去满足"万事俱备"这一先行条件，不但辛苦加倍，还会使灵感失去应有的乐趣。以周密的思考来掩饰自己的不行动，甚至比一时冲动还要错误。很多时候，你若立即进入工作的主题，将会惊讶地发现，如果拿浪费在"万事俱备"上的时间去全力处理手中的工作，往往绰绰有余。而且，许多事情你若立即动手去做，就会感到快乐、有趣，加大成功几率。

马上去做，亲自去做，是现代成功人士的做事理念，任何规划和蓝图都不能保证你成功。很多企业之所以能取得今天的成就，不是事先规划出来的，而是在行动中一步一步经过不断调整和实践出来的。因为任何规划都有缺陷，规划的东西是纸上的，与实际总是有距离的，规划可以在执行中修改，但关键还是要马上去做！根据你的目标马上行动，没有行动，再好的计划也是白日梦。现在就动手做吧！

关键时刻善拍板

凡是从容果断的人，都在关键时刻敢于并善于拍板拿主意，表现出非凡的决策能力。"夫英雄者，胸怀大志，腹有良谋，有包藏宇宙之机，吞吐天地之志也"，曹操的这番话，说的正是成大事者的果断决策能力。

西点名将格兰特说："从容果断个性的人之所以在关键时刻不退缩，这是因为他们具有统筹全局的战略头脑和多谋善断的敏捷思维。"

从历史上来看，凡是成大事者，都非常重视战略问题。古今中外杰出领导者大凡都是战略家，都是成大事者，他们具有开阔的视野，统筹全局的能力。只有具有统帅全局的战略头脑，才能从

客观上把握事物发展的趋势和规律，作出正确的决策。

三国时期，刘备三顾茅庐，请诸葛亮出山为相，与他共图大业，诸葛亮帮助刘备分析天下形势，说："今操已拥有百万之众，挟天子而令诸侯，此诚不可与争锋；孙权据有江东，已历三世，国险而民附，贤能为之用，此可以为援而不可图也；荆州北据汉沔，利尽南海，东连吴会，西通巴、蜀，此用武之地，而其主不能守，此殆天所以资将军也，将军岂有意乎？"随后，诸葛亮帮助刘备制定了夺取荆州地盘，巩固势力，再联吴攻魏的战略计划，这是诸葛亮根据天下的形势作出正确的判断和制定的正确计划，充分显示了诸葛亮统帅全局的战略头脑。正是由于他的战略头脑，才使他能从客观上掌握和驾驭全局的发展规律，作出正确的决策，从而最终帮助刘备确立了三分天下的局面。

国外许多著名的资产阶级政治家、军事家也很有战略眼光。英国著名的资产阶级政治家温斯顿·丘吉尔就是其中一位。在第二次世界大战中，面对法西斯德国的严峻的军事威胁，丘吉尔以其对政治的敏感以及无与伦比的大局观，首先发现了纳粹德国的狼子野心，于是从反法西斯的全局战略出发，主张同苏联化敌为友，正是由于他的这种战略眼光，最终促成了世界反法西斯同盟的建立，为赢得世界反法西斯的胜利作出了重要的贡献。

"不畏浮云遮望眼，只缘身在最高层。"成大事者需要站得高，望得远，要善于掌握事物的发展规律，按照事物的连续性、因果性的联系，预见它的发展趋势，而且事物是多变的，要根据其时间、地点不同以及整体利益与局部各利益的差异来作出战略决策。这就需要有统帅全局的战略头脑。诸葛亮、萧何、丘吉尔、戴高乐正是由于拥有这样的战略头脑而成为杰出的成大事者。

一个人的多谋善断主要体现在他能深刻认识事物间的内在联系及事物的本质属性及发展规律，从而在纷繁复杂的各种事物中，透过现象看本质，并抓住主要矛盾，运用创造性思维方法，进行科学的归纳、概括、分析和判断，举一反三，触类旁通，找出解决问题的关键所在。

是否多谋善断其实反映着一个人决策水平的高低。成大事者的日常活动中，有一项便是要经常作决策，因此领导者往往需要较强的当机立断的决策能力，即成大事者决定采取哪一种最有效方式的决断能力。

当机立断需要有选择最佳方案的决策能力，决策就是方案选优。不过，这个选择不是简单地在是非之间挑选，而往往是在一种方案不一定全优于其他方案的情况下进行。科学决策必须建立在对多种方案对比选优的基础上，这就要求领导者具有方案对比选优的能力。

当机立断需要有风险决策的精神。客观情况，往往是纷繁复杂的，有一些情况是不可能让人事先作出百分之百正确判断的。现实生活中，成大事者常常遇到的是一些不确定型、风险型的决策，这就要求决策者有敢想敢干、敢冒风险的精神，不能追求四平八稳，因循守旧。"当断不断，反受其乱。"决策是不能一拖再拖的，它需要在有效的时间、地点内完成。否则，正确的决策一旦错过了时机就会成为错误的方案。

关键时刻善拍板是成大事者必备的能力。成大事者善于当机立断，有敏捷的思维，才能在复杂多变的情况下，应付自如。现代社会是信息社会，信息瞬息万变，机会稍纵即逝，尤其是在实行市场经济的今天，市场形势变化多端，就更需要现代领导者善于抓住机遇，当机立断，取得成功。

成功的人做事之所以从容，是因为他们能趁热打铁，因此也就不会有火烧眉毛后的手忙脚乱及"我应该做它，但应付它现在已经太晚"的遗憾。美国哈佛大学人才学家哈里克说："世上有93%的人都因为拖拉的个性而一事无成，这是因为拖拉能杀伤人的积极性。"你有没有办事拖拉的毛病？一件任务布置下来，你不是抓紧去做，而是想离限定的时间还早呢，于是不急不忙，甚至先扔到一边。只是期限快到了，才临阵磨枪，突击去做。

或者，你遇一个难题，非常棘手，于是就想，先放放吧，以后再解决。结果一放，就是十天半月，甚至遥遥无期。再或者，你一直想给某人打个电话，但不凑巧，你记不清他的电话号码，你想起放在家里的记事本上有。于是决定回家后查查再打。但回到家后，又有别的事，打电话就这样耽误了，这个电话自然又没打成，如此种种，都是办事拖拉的毛病。

你可能会认为，办事拖拉，虽然不好，但也不是什么大毛病。其实，拖拉是人性的一种弱点，

它在生活中不仅随时显现而且杀伤力极强。要想克服它，在做事的时候就要抱有热忱。

有经验的铁匠知道，打铁须趁热。人们做事也是如此，有热忱的时候去做一件事，与在热忱消失以后去做一件事，其中的难易苦乐要相差很大。趁着热忱最高的时候，做一件事情往往是一种乐趣。热情消失后再去做，可能就成为一种痛苦，也不易办成。

放着今天的事情不做，非得留到以后去做，在拖延中所耗去的时间和精力，就足以把今日的工作做好。所以，把今日的事情拖延到明日去做，是不合算的。人生和命运也是这样，好的机会往往稍纵即逝，犹如昙花一现。如果当时不善加利用，错过之后就会后悔莫及。决断好了的事情拖延不去做，还往往会对我们的品格产生不良的影响，例如不守时、办事效率低、不能承担重任、甚至不堪信赖等。唯有按照既定计划去执行的人，才能增进自己的品格，才能使其人格受到他人的敬仰。其实，人人都能下决心做大事，但只有少数人能够一以贯之地去执行自己的决心，而也只有这少数人是最后的成大事者。

当一个生动而强烈的意念突然闪耀在一个作家脑海时，他就会生出一种不可遏制的冲动，提起笔来，把那意念描写在白纸上。如果他那时因为有些不便，无暇执笔来写，一拖再拖，那么，到了后来那意念就会变得模糊，最后，竟完全从思想里消逝了。一个神奇美妙的幻想突然跃入一个艺术家的思想里，迅速得如同闪电一般，如果在那一刹那间他把幻想画在纸上，必定有意外的收获。但如果他拖延着，不愿在当时动笔，那么过了许多日子后，即使再想画，可留在他思想里的好作品或许早已消失了。

灵感往往转瞬即逝，所以应该及时抓住，趁热打铁，立即行动。我们每个人在自己的一生中，有着种种的憧憬、种种的理想、种种的计划，如果我们能够将这一切的憧憬、理想与计划，迅速地加以执行，那么我们在事业上的成就不知道会有怎样的伟大！然而，人们往往有了好的计划后，不去迅速地执行，而是一味地拖延，以致让一开始充满热情的事情冷淡下去，使幻想逐渐消失，使计划最后破灭，成功也就这样失之交臂。

某个高尚的理想、有效的思想、宏伟的理想，是在某一瞬间从一个人的头脑中跃出的，这些想法刚出现的时候也是很完整的，但拖拉的人迟迟不去执行，不去使之实现，而是留待将来再去做。其实，这些人都是缺乏意志力的弱者。而那些有能力并且意志坚定的人，往往趁着热情最高的时候就去把理想付诸实施。

一日有一日的理想和决断，昨日有昨日的事，今日有今日的事，明日有明日的事。今日的理想、今日的决断，就要趁今日的时机去做，一定不要拖延到明日，因为明日还有新的理想与新的决断。有人问一个法国政治家，你怎么能够在职业上取得巨大成就的同时还承担多种社会职务，他回答说："我只是从不把今天可以做的事情拖到明天，如此而已。"这是美国成功学家奥里森·马登讲的一个事例。他说："有两句充满智慧的俗话说得好，一句是'趁热打铁'，另一句是'趁阳光灿烂的时候晒干草'。"他还讲了一句格言，那就是："任何时候都可以做的事情往往永远都不会有时间去做。"

"趁热打铁"这是一个成大事的格言。那么如何趁热打铁呢？要想做事不拖拉，最好的办法就是为自己设定期限，并在期限内完成它。《围炉夜话》里讲：人生时光消逝得很快，要给自己及早定下一个成器（或曰成功）的日期。这是指为大目标定期限。具体到一件件事情，也应制定期限，并尽可能严格遵守它。

人常说：要读书，买书不如借书。为什么？就是因为借书有期限，会逼迫你抓紧去读。而自己买来的书，则因没有期限压力，结果很可能会长期地被束之高阁。在新闻界，有一个对记者和编辑都不可逾越的时间界限，这就是"最后截稿时间"。如果你不抢在这个时间之前发稿，那你的稿件再好，也只有"死"。当然，遇到重大突发新闻，打破原来的工作程序的情况也是有的，但那只是偶然为之。给自己定一个完成期限并在期限内做好事情，有助于锻炼自己今后遇到别人给限定期限时从容应对的能力。

许多作家起先都是给报刊当特约撰稿人，而报刊对他们都有交稿的时间限定。特别是连载小说，每天都得完成一定字数。就是在这种压力下，逼出了一些作家的灵感和天赋，写出了受读者欢迎

的作品。比如金庸的武侠小说，就是这样被"逼"出来的。有时为了帮助自己克服拖拉的毛病，你可以把自己的工作期限宣布出来，让家人或朋友来监督。你要遵守你的期限，不要自我宽容。如果你按照期限完成了工作，你就会有一种成就感。这将鼓励你信心百倍地去面对今后的生活和工作。

西点军校经典法则

法则十一

尊重

尊重每一个人

西点毕业生、美国汽车保险公司总经理麦克·德莫特认为，军人并不是一个让人敬而远之的角色，事实上，当人们有困难时，肯定会把我们当做上帝的使者。军人永远是受大家欢迎的。

西点队员不管在回答什么问题时总是加上"长官"这一称呼。在新兵训练营的最初12个星期里，他们便被天天教导要这么做。一些来自粗野不文明的社区或家庭的年轻学员认为，向他人表示敬意是一种软弱的表现，可他们现在也要"长官、长官"地叫个不停，并向他们遇见的每一个人敬礼。

对于参观西点军校的普通民众来说，他们习惯了受到冷漠的待遇，初次看到身着军服的西点人所表现出的礼貌时，无不感到惊讶和满足。他们从来没有这么多人称他们为"先生"的经历，而这只有在他们再度参观军营的时候才有可能发生。在驱车离开基地的时候，他们甚至觉得自己很有地位，并且有点受保护的感觉。

西点学员的礼貌不是矫揉造作，而是一种习惯，但这种习惯来源于谦逊和自尊，以及为他人服务的愿望。这些都是在接受教官训练时养成的习惯。新兵训练营是一所优秀的礼仪学校，新兵在这里经过3个月的训练之后，从一个爱说俏皮话、爱高谈阔论的年轻人，变成了一个礼貌有加的西点人，张口就是"先生、女士"。当他人起身时也会起身，这种巨大的转变不仅让他们的父母、朋友大吃一惊，就连士兵自己也会觉得诧异。

西点军校对新学员有一项特殊的要求，每个人必须记住1400多名新学员的名字，这可不是件容易的事情。但事实上，每个学员经过一年的训练后，基本上能把基地4000多名学员的名字记得一清二楚，包括他们来自哪个州、是否单身。对于大多数人来说，没有比听到别人准确无误地说出自己的姓名更愉快的感觉了。

西点学员明白：记住其他学员的名字，而且很轻易地叫出来，等于给别人一个巧妙的肯定——因为人们对自己的姓名十分看重。不少人拼着命也要使自己的名字永垂不朽，这就是人性可以"抓住"的一个"弱点"。

每当西点学员新认识一个学员，就问清楚这个人的名字和相关情况，把这些牢牢地记在脑海里。即使一年以后，他还是能够拍拍这个人的肩膀，问他父亲和母亲好——难怪有这么多人对西点培养出来的学员感到不可思议！

相反，如果你不重视别人的名字，又有谁来重视你的名字呢？如果有一天你把别人的名字忘掉了，那你也很快会被他们遗忘。记住别人的名字，对他人来说，是所有语言中最甜蜜、最重要

的声音。一个跟你谈话的人对他自己的需求和问题，要比对你的需求和问题感兴趣得多。

西点的学员都能做到专心地听讲，真诚地对不了解的事情产生兴趣，这一点是许多人能够感觉到的。这种专心诚意地听别人讲话，正意味着西点人能给予别人最大的赞美。它之所以难以被人发现，是因为这种"暗示性赞美"恰恰是人类隐秘的"通病"所需要的处方。许多人十分需要别人的重视，一旦得到满足，他便会对人十分客气，问题也会得以顺利解决。

胡佛执政期间，1932年5月，25000名第一次世界大战的退伍老兵请愿，要求给予"退伍军人补助金"。政府与他们多次对话，但双方互不相让。最后胡佛拒绝了退伍兵的一切要求，并于7月28日出动军队将退伍兵们赶出了华盛顿，但事情并没有解决。富兰克林·D.罗斯福上台后，退伍兵们又以更大的声势来请愿。同样，几次谈判未果。最后，罗斯福与其夫人埃莉诺商定由埃莉诺出马。埃莉诺与总统助手路易斯一同前往，到了退伍兵聚集地时，埃莉诺让路易斯留在车上，她独自一人下了车，毫不犹豫地踩着齐踝深的泥水，微笑着向退伍兵们走去。退伍兵见到满身泥水的总统夫人，备受感动，忙过去把她扶了过来。埃莉诺询问了他们的疾苦，倾听了他们的诉说，气氛非常融洽。他们还一齐唱了歌。最后，退伍兵们作出了让步，问题得到协商解决。

西点人知道，微笑是无所不能的通行证。当你尊重别人的时候，也能赢得别人的尊重。在互相尊重、融洽的环境里，没有什么困难是克服不了的。

根据马斯洛的需求层次理论，尊重和自我实现的需要是人最高层次的需要。人们都有一种"身份"意识，希望得到他人的认可和尊重。只有尊重他人，才能赢得他人的尊重，别人才会跟你交朋友、做生意。

对于企业来说，只有建立起老板尊重员工、员工尊重老板，以及大家共同尊重客户的价值理念，才能更好地凝聚所有成员，共同为企业的愿景奋斗。在这方面，IBM是大家学习的范式。

1914年，托马斯·沃森创办了闻名于世的IBM公司，同时沃森提出了"必须尊重每一个人"的宗旨。沃森认为，尊重人就要讲公平，只有平等对待、互相尊重，才能形成团结友爱的氛围。尤其是IBM公司的管理人员，对公司里任何员工都必须尊重，同时也希望每一位员工尊重顾客，即使同行竞争对象也应同等对待。

在IBM公司里，每间办公室、每张桌子上都没有任何头衔字样，洗手间也没有写着什么高层使用，停车场也没有为主管预留位置，也没有主管专用餐厅。IBM公司有这样一个非常民主的环境，每个人都同样受人尊敬。

一个尊重每一个人的企业必定拥有温馨的工作环境，每个人都在这里感到舒适与温暖，从而加强对企业的认同，提高工作效率。对待老板，对待同事，对待客户，我们又何尝不应该带上我们的尊重之心呢？它将使我们变得更加宽容、乐观，与人更好地接触交流、精诚合作。相反，如果你自视甚高，目中无人，不顾及他人面子，总有一天会吃苦头。

小田和小方在同一单位工作，在工作能力上小田比小方稍胜一筹，这让小方生出一些嫉妒。工作中，小田经常获得奖励，小方最喜欢对他说："脑袋那么好使，叫咱这样的笨蛋脸往哪儿搁呀？"在背后，小方好像开玩笑似的对其他同事说："小田拍马屁的功夫了不得，弄得领导们服服帖帖……"

在一次讨论方案的会议上，小田刚刚说完自己的设想，请大家发表意见，小方就用不阴不阳的口气说："你下了这么大的工夫，搞了这么一堆材料，一定很辛苦，我怎么一句也没听懂呢？是不是我的水平太低，需要小田给我再来一点启蒙教育？"

顿时，小田的脸就气红了，说："有意见可以提，你用这种口气是什么意思？"显然，小方的话太刺激人了。

后来，小田升级的速度比小方快，当上了小方的上司。终于有一天，小田逮住小方的错误，借机将他调到单位下属的一个小厂接受锻炼去了。

小方就是吃了不尊重人的苦头。如果他不改掉这个毛病，恐怕以后还会得罪更多的人，更不用说跟人友好相处、紧密合作了。

美国诗人惠特曼说过："对人不尊敬，首先就是对自己的不尊敬。"你希望别人怎样对待你，你就应该怎样对待别人。你尊重人家，人家尊重你。不尊重别人就会深深地刺伤别人的自尊心，并且让别人翻脸，这样对自己也没有什么好处。与其如此，为什么不让我们换一种眼光，站在对方的位置上想问题，给别人一点尊重呢？要知道，尊重是人际关系的润滑剂，它将使许多问题变得更加容易解决。

解决问题的办法很简单，只要少一点抱怨，多一分尊重，事情就变得简单了。在这里，尊重并不是一种谄媚，而是理解与包容，是一种高明的解决之道，一种自尊自爱的表现。因为只有你尊重别人了，别人才会尊重你，才会觉得你有解决问题的诚意，愿意跟你商谈合作。

面对别人的批评，我们要用诚恳的态度来接受；面对别人的过失，我们不妨多一些理解与宽容；面对别人的疑惑，我们不妨热情地伸出我们的双手。别人就是一面镜子，在尊重他人的言行里，我们可以照出自己的人格，也能照出自己的锦绣前程。

了解你身边的每一个人

西点人并不直接拿起手头的工作就干，而是先评估团队的才能、成员的品性优劣、他们的抱负以及勇气。在新生训练营里，教官会让新生们坐在篝火旁介绍他们来到西点的目的。还有诸如"你是从美国哪个地区来的？你有什么爱好？你为什么到这里来？你想通过什么途径离开这个地方"等问题。

学员们详细的自我介绍有助于教官更好地了解认识全班的成员。这样的闲聊让学员们完全放松下来，逐渐消除了戒心，说出了自己心里的真实想法。如果说团队成员内心的真实想法是其表现的基础和预兆，那么，教官就有机会在训练之前了解他们将来处理问题的能力如何，并进行一些恰当的调整。

西点毕业生马克·麦克里西在陆军服役期间是陆军特种部队一位甲级队长。他现在担任通用电气公司客户产品部技术经理。麦克里西很早就懂得了评估团队成员性格品行的重要性。他说："你可以通过一两次交谈判断一个人。交流结束时，你大体上就能知道与你沟通的是头狗熊还是个英雄。"虽然性格魅力并不总与良好的工作表现完全相符。但是，如果一个人意志十分坚定，渴望一头扎进事业当中去，那么这个人要么多半是有能力的人，要么就是非常努力的人。从另一方面讲，如果一个团队成员表现得畏首畏尾、自信心不足，那么领导者就应该认识到这种缺点，并帮助其改进，必要时还要狠下工夫。把你周围的人当做平等的人去了解，可以帮助你弥合哪些对团队重要与哪些对组织或任务重要两者之间的鸿沟。

职业培训人迈克尔·拉姆恩多在他的著作《激励他人之完全傻瓜手册》中说："你必须知道什么对他们重要，并了解他们对于热点问题和形势有何感觉。"有时不可能做到将某项任务与团队成员的利益直接挂钩。但是，如果你不知道他们的利益是什么，你就永远不会将二者联系到一起。

2006年5月的一天上午，齐齐哈尔某机械公司一名张姓的副总经理正在会议室与同事研究工作，他们认真、专注，以至于连会议室悄然进来一个人都没有觉察到。进来的这个是公司的普通职工李某。李某手中拿着一个没有盖子的矿泉水瓶，偷偷摸摸地坐到张副总经理身边，随后，他将瓶子端起来，作出似乎要喝水的样子。就在这紧要关头，公司保卫人员冲进来，大喊："快夺下，他瓶子里装的是汽油。"张副总经理一听，立即将李某推倒，奋力抢夺他手中的瓶子。李某左手护住瓶子，右手从兜中掏出打火机。瞬间，汽油被点燃，火苗立刻蹿起来，张副总经理和李某的手均被烧伤，工作人员立即跳窗将室外正在浇花的水龙头扯进来，将火浇灭。接到报警及时赶到的民警将嫌疑人控制住。询问得知，李某放火的动机是因为他觉得企业现在推行的工作制度没有尊重他的个人权益。

了解你所在团队的利益和意见还可以窥探出他们的行为动机——以及他们的不满来自何处！管理人员受到的阻力莫过于没有事先预料到的团体的敌意或是团队整体表现出的冷漠。了解团队成员的喜好、嫌恶、偏爱可以帮助管理者预测团队成员的反应，并相应地修订计划。它还能帮助

领导者决定如何向团队布置任务——如何使该项任务更生动、更具吸引力。迈克尔·拉姆恩多说："你应该能预测他们将对事态和问题有何反应。这非常重要，因为他们对事态的反应会影响到你介绍这些事态的方式。"

松下电器公司前总经理松下幸之助人称"经营之神"，他有句口头禅："让员工把不满讲出来。"如何让员工把不满讲出来，这就需要企业了解员工到底需要的是什么，怎么做才是对他的尊重。这是一个沟通了解的过程。企业管理者要学会与下属之间建立一种诚信关系。假如与员工建立起诚信关系，就会促使下属带着责任感去工作，而不是消极地服从。由此可使人际关系多了和谐，少了摩擦；上下级之间多了沟通，少了隔阂；使管理工作多了快乐，少了焦虑；公司与员工之间多了理解，少了误会。

在森林里，有一只两头鸟。这是个奇怪的动物，别的动物都觉得自己很笨拙，觉得两头鸟应该很聪明——毕竟比别人多了一个头，大家都很羡慕它。这只鸟的两个头"相依为命"，但是两个头却有不同的习惯：一个爱吃肉，一个爱吃果。遇事向来两个"头"都会讨论一番，才会采取一致行动，比如到哪里去找食物，在哪儿筑巢栖息等。

有一天，一个"头"不知为何对另一个"头"发生了很大误会，造成谁也不理谁的仇视局面。马上到了觅食的时间了，爱吃果的头希望能飞到果园里去，爱吃肉的那个头不干，非要在树底下寻找蚯蚓。结果，为了吃什么，两个头开始争执。爱吃果的"头"很生气，找到一颗毒草开始大吃起来，以求毒死对方消除心中怒气。结果可想而知，两个头都被毒死了。

不尊重对方，哪怕是一个生命躯体上的两个头，也难以达到和谐。创造良好的工作氛围，作为企业管理者，首先要尊重下属、尊重员工。现代管理学著名的霍桑实验证明，与改善工作环境、实行计件工资、严明奖罚等措施比起来，经常与员工进行访谈沟通，给员工以"主人翁"的尊严和损益共担的归属感，更能广泛而持久地促进企业生产效率的提高。心理学知识也告诉我们：人性中最深切的心理动机是受人尊重、得到肯定和被人赏识的渴望。如果无视这个动机，漠视这种渴望，提高员工的积极性就缺乏有力的心理支撑。如果习惯于以训斥求驯服，结果只能是压而不服。不尊重员工，管理者也不会得到员工的尊重。双方之间没有尊重，创建良好的工作氛围将是一句空话。

在尊重员工的基础之上，管理者还要秉公办事。绝大部分员工不怕苦、不怕累，最怕领导不讲原则，从个人利益、个人好恶出发，待人分亲疏、处事有厚薄，提拔、使用、奖励不公正，不公开，从而使员工失去公平竞争的机会。这也正是有些管理者"其身不正，虽令不从"的原因所在。领导者只有公道正派、公正廉明，员工才能口服心服、无怨无悔、安心本职、干好工作。

微软是一家非常懂得尊重员工的企业。为了让员工有一个优良的工作氛围，比尔·盖茨营造了舒适的工作环境，这包括了自然环境和人文环境。微软的研究所被称为"campus"，这与"大学校园"的英文单词是一样的，也正是微软自然环境的真实写照。在微软的研究所内，不仅拥有大量鲜花、草坪的园区，还有美丽的比尔湖，篮球场、足球场更充满校园气氛。舒适的自然环境，造就了微软优雅的工作环境，同时也成就了微软员工的高效率工作。

在人与人之间的工作交流上，微软的做法很有特色。比尔·盖茨认为，交流是一切沟通的核心，是解决问题的有效途径以及团队精神的体现。在微软中，最典型的沟通方式是"白板文化"。"白板文化"是指在微软的办公室、会议室，甚至休息室都有专门的可供书写的白板，以便随时可记录某些思想火花或建议。这样一来，有任何问题都可及时沟通，及时解决。"白板文化"不仅使员工充分得到了尊重，而且使交流成为一种令人赏心悦目的艺术。

看着美丽的风景，享受着舒适的环境，感受着轻松自在的工作氛围，员工们自然心情愉悦，工作的效率得到大大提高。比尔·盖茨曾说过："我们有意营造一种校园般的感觉，这样会让员工产生亲切感和归属感，为他们创造一个舒适、亲切的工作氛围。"他甚至将微软的总部直接称呼为"微软校园"。

　　了解成员是懂得如何尊重他的前提。如果想了解你的成员，重要的一点是不要先入为主地相信关于他们的谣言。这些谣言也许有其真实的一面，也许没有。但是，从你自身角度了解对方是个什么样的人，可以使此人从一开始便有一段清白的历史，并对其他人的主观看法和可能存在的狭隘心胸不予理睬。此外，别人认为是事实，在你这里却不一定是事实。假设某人告诉你说，你的新成员约翰动机不纯。那好，可能他所处的环境不一样——包括所在团队的领导者不一样。新环境也许能打造出一个全新的、进步的约翰。正如马克·麦克里西所言："如果他们已经名声在外，不妨让他们开始建立新的名声——一个更好的名声。"

　　评估你的团队成员时，要发现他们的个人抱负和愿望。他们想在1年内取得什么样的成绩？5年内？如果他们满足于原地踏步，你也应该知道。他们看重的是什么？一个士兵曾对我说："长官，我每个月的目标就是能让这30天顺利地度过，没有人干扰我喝啤酒、与女友交往、还有占用我的业余时间。"这种话乍听起来也许有些粗鄙，但细一想，他不过想说他很注重自身休闲、友情和自己支配的时间——对于每位员工而言，这也是一种很明确的生活目标。

　　当然，这种了解不是单方面的。要获得团队成员的尊重，你要去了解他们，同时也要让他们了解你，要多沟通，这样才能达到彼此之间的相互尊重。

　　京都陶瓷公司总裁稻盛和夫是个非常有意思的企业家。他能把自己的施政纲领向员工们慷慨陈词，也敢于大胆披露自己往昔的"隐私"和"丑闻"。

　　他都有哪些隐私和丑闻呢？这可不是别人刻意揭短，全都是他自己说的，例如：

　　"小学求知时期，在上学途中曾顽皮地用小木棍挑撩女同学的裙子。"

　　大家瞪大了眼睛，尤其是女职员。

　　"战后混乱时期，曾心惊胆战地从木材商店偷窃过木材。"

　　"大学深造时期，为了看体育比赛，乘车超过规定区间而被没收月票。"

　　这回，大家好像可以理解了，企业里许多人都这么干过。

　　"经商创业初期，因为偷税逃税而被税务局批评警告。"

　　偷税的事可以说，被罚月票的事也可以说……那偷木头和用小木棍挑撩女同学的裙子的事怎么能说呀！稻盛和夫是不是很傻？其实，这正是稻盛和夫的高明之处，正是这种勇于解剖自己的胆识，才使得员工们产生了"总经理也不是个完人，与我们一样会经常犯错误"的亲近感。这种感觉潜移默化地增进了上下级的心理融合度。也正是在这种劳资关系的催化下，京都陶瓷公司才能出现上下同心同德，并肩携手创大业的勃勃态势，一动而全动，一呼而百应，一步一步地走向繁荣与昌盛。

　　沟通的成败不仅取决于对沟通的理解以及沟通时的态度，也取决于沟通技巧以及方法是否妥当，技巧不好会造成沟通不畅。任何时候，沟通都是双方面的，是心与心的撞击，是相互的包容与接纳。

　　沟通时时存在，在不同的时间、地点，与不同的人发生着。如何能保持较好的效果呢？

　　（1）要以诚相待。

　　发讯者要心怀坦诚，言而可信，向对方传递真实、可靠的信息，并以自己的实际行动维护信息的说服力。不仅如此，发讯者还要诚恳地争取对方的反馈信息，尤其要真心实意地听取不同意见，建立沟通双方的信任和感情。

　　（2）沟通要选择有利的时机，采取适宜的方式。

　　沟通效果不仅取决于信息的内容，还受环境条件的制约。影响沟通的环境因素很多，如组织氛围、沟通双方的关系、社会风气和习惯等。

　　（3）沟通要增强下级对领导者的信任度。

　　下级对领导者是否信任，信任程度如何，对于改善沟通有很重要的作用。如果没有信任，完全真实的信息可能变成不可接受的，而不真实的信息倒可能变成可接受的。

　　（4）沟通要讲究"听"的艺术。

　　作为一名领导者，在与员工的沟通过程中，首先应该主动听取意见并善于聆听，只有善于听

取信息，才能成为有洞察力的领导者。其次，不要心存成见，也不要打断对方讲话，急于作出评价，或者表现出不耐烦，这样会使对方不愿把沟通进行下去。最后，要善解人意，体味对方的情感变化和言外之意，做到心领神会。

（5）沟通要讲究"说"的艺术。

与人沟通，不仅要会听，还得会说，会表达自己的意见。在表达自己的意见时，要诚恳谦虚。讲话时要力求简明扼要，用简单明了的词句表明自己的意思，语调要婉转，态度也要和蔼。

珍视友情

在人类各式各样的感情中，战友情是很特殊的。因为战友之情是在生命的黄金时期、生活的浪漫时期、社会的特殊需要时期结下的。战友聚会之所以迷人，就因为它像一条倒流的时光隧道，让我们重回当年，重温青春时期的种种梦想和碰碎梦想的命运……平的变奇，淡的变浓，甚至连受到的挫折和打击也变成一种有味道的东西。

没有战友情，就无法支持一场战争。战友情在任何一个国家的政权和军队中都起着重要作用。谁是西点军校几期的，谁是哪个班的，这些在他们看来都是那么地亲切。在西点军校里，新生们每天都要面对唠唠叨叨，受到无情的批评和挑战。但是最终他们都会发现，这一切都有点像游戏，尽管是一出严肃的游戏。在西点点点滴滴的友情，最后都会成为他们记忆中最美好的回忆。

影片《南北乱世情》虽然讲的是两个家族的故事，但是其中最为感人的地方却是两个西点男人之间的友情。乔治和梅在去西点军校报到的路上认识，当时梅为自己能否合格而苦恼，乔治就将一张10美元的钞票撕开，跟梅打赌，以此鼓励他。在西点做同学时，他们两个互相帮助，共同对付欺负人的学长。毕业后两人亦时有来往，合伙做生意，乔治偕全家去梅的庄园做客。战争要开始了，梅冒生命危险带上合伙做生意所赚的钱去北方，将钱交给乔治；后来梅被激进的弗吉尼亚告发，遭到北方人的围攻，乔治为了好朋友，不惜与邻里作对，只希望梅能安全地离开北方。在战争中，乔治被南方军队俘虏，受尽折磨，康坦去找梅求助。梅立刻来到监狱，私下放走了乔治。整个连续剧的结尾就是，乔治和梅各拿半张10美元的钞票，将两张钞票拼在一起。

与甜蜜的爱情相比，友情显得平淡无奇；与温馨的亲情相比，友情难免索然寡味。爱情如美酒，亲情似浓汤，友情只能是凉白开。然而，对于口干舌燥的人来说，最需要的莫过于一杯沁润心脾的水；当一个人苦闷不堪的时候，像支柱一样的朋友若能向你伸出手，往往胜过恋人的热吻和亲人的慰藉。

陈平和孟娜从小一起长大，而且还是中学同学。曾经在学校的时候，孟娜是一个特别热心的人，谁有了困难她都会主动去帮忙，在集体中很有人缘。看到孟娜人非常好，而且性格也和自己比较投缘，陈平便主动去结交她，并和她成了非常要好的朋友。

结婚以后，陈平随丈夫一起搬出了她们居住的小镇，去了离小镇更远的另一个城市，她和孟娜一年也难得见上一面，但仍然时常打电话联系。后来，陈平的父母相继死于意外，她更把孟娜当成了她的亲姐姐，有什么烦心的事情，就找孟娜聊一聊。一天，是陈平母亲的祭日，她又一个人在异地他乡，感到孤独和失落，晚上在家里喝了些红酒，结果喝多了。然后，她就号啕大哭，她老公怎么劝也没有用，于是她老公就给孟娜打了电话，让她和陈平说说话。

陈平在电话里边哭边向孟娜诉说她的苦闷，10分钟过去了，她说："和你说完了，我舒服多了，不知道怎么了，就想家，可是家里却没有别人了。"孟娜说："以后就把我这里当成你家吧！有什么事情就来找我。"从此以后，陈平常常来打电话给孟娜，讲讲家里的事情，说说孩子的情况，虽然是相隔几百公里，但是，彼此的情况却常常沟通，也常常做感情的交流。

陈平在最痛苦的时候，甚至难以接受丈夫的劝慰，但她只愿意把内心的痛苦告诉孟娜，这就是一种情感上的依赖。在你最脆弱的时候，你希望从哪个人的身上寻找安慰和力量，哪个人就是你的支柱。每个人的人生都需要一定的物质和精神支撑，爱惜你的支柱朋友也是爱惜自己，人的感情始终都是需要一个支撑的。

前重量级拳王杰克·登普西曾经蝉联好几届冠军，但是最后，他还是把拳王的头衔输给西尼。

事后，他对朋友说出他被打败时的感受："在拳赛进行过程中，我忽然发现我变成了一个老人，毕竟我已经在擂台上打滚好多年了。到第十回合了，我虽然还没有倒下去，可是也只差一点点而已。我的脸已经肿起来，身上有很多处伤痕，两只眼睛眯成一条线，几乎无法睁开，有好几个西尼在我眼前不停地晃来晃去。我看见裁判员举起西尼的手，宣布他获胜。那一秒钟，我意识到，我已经不再是世界拳王。比赛结果后，我在雨中落寞地走着，穿过人群回到自己的休息间。

"一路上，有些人挤过来想跟我握手，另外一些人的眼睛里含着泪水。只是，我像个幽魂一样，已经没有任何一点感觉。一年之后，我又跟西尼比赛一场，本来以为可以借这场比赛一洗前耻，夺回我拳王的宝座，但是一点儿用处也没有，我再次败在西尼手下。我知道，属于我的时代已经过去了，我就这样永远地完了……"

杰克的朋友看到他痛苦的惨状觉得十分痛心，便开导他说："要自己完全不去想这件事情实在很困难，说不在意是骗人的，但是，你应该对自己说：'我不打算生活在过去里，我要能承受这个打击，不能让它把我打倒。'"

后来，杰克终于明白了：他已经不是世界拳王，但是他还是他，他知道自己仍然可以过得很好。他终于走出了失败的阴影，成了一个快乐的普通人。

友情的基础是信任，支柱就是那个始终信任你的朋友。在你痛苦、失望、挫折感较强的时候，去找支柱朋友，坦诚地说出你的感受并表明希望得到帮助的态度，支柱在这个时候绝对不会袖手旁观，得到他竭尽全力的帮助，你将会更快告别悲伤，重新坚强起来。

古希腊有这样一则神话故事：

亚逊斯有一次来到阿尔卑斯山下，遇到了几位天神。天神说："亚逊斯，你有过朋友吗？"亚逊斯回答说："有，他爱我胜过爱你们。"这句话激怒了天神们，他们决心杀掉亚逊斯的朋友，便询问这位朋友是谁。

亚逊斯看出了天神们的用意，就闭口不谈。天神们拿出了各自的宝贝引诱亚逊斯，许诺他将有一位美貌无比的妻子，成为一个威严无比的国王，等等。这一切都没有打动亚逊斯的心。但神通无比的天神们还是抓到了亚逊斯的朋友，只是没有立刻杀死他。对亚逊斯的话，他们并不十分相信，于是以同样的手段去引诱亚逊斯的朋友，告诉他亚逊斯已经背叛了他，只要他同意背叛亚逊斯，他将得到他所要的一切：美色、财富、权势。

哪知这位朋友并没有相信他们的话，也丝毫未动心。天神们既羡慕又惭愧，却没有一位天神去杀他们，而是悄悄地将他们放下了山。亚逊斯说："我们彼此忠诚、信任，没有什么比我们的友谊更重要。"

忠诚的友谊能够震惊天神，真正的朋友，不会任由小人挑拨离间，因为他了解你，知道你的为人，所以不会为谣言欺骗，始终信任你，支柱就是这样的朋友。

可能有许多朋友当面赞美你，但其中肯定有一部分是为了取得你的信任和好感，而不一定发自内心地认为你有一定的过人之处。但是知音却不一样，他是真正倾心欣赏你的人。或许你从仆如云，一呼百应，但未必有一个知音；或许你高朋满座，珠玑妙语，但知音不是虚位以待就能得来；或许你在亲情的环绕下，有人嘘寒问暖，但他们不一定真懂你；或许你佳人携手，如花美眷，但爱人不一定能解人意。《高山流水》的典故体现着千百年来人们重情谊的渴求——知音。

春秋时期，身为晋国大夫的俞伯牙与楚国的樵夫钟子期偶然相遇。伯牙操琴，其意在高山，他弹琴的手刚停，钟子期马上感慨地说："多美啊！展现在我眼前的巍峨高山。"伯牙不语，又弹奏一曲，其意在流水，余音尚存，钟子期赞叹道："多美啊！我的面前又展现出一条浩浩荡荡的江河。"俞伯牙惊喜若狂，总算找到了"知音"。他们于是结为"契友"，不顾身份、地位的悬殊，以兄弟相称。不幸钟子期因病去世，俞伯牙闻知"五内崩裂，泪如涌泉，傍山崖跌倒，皆绝于地"。而后到钟子期坟前跪拜，挥泪为已故的知音弹了一首悲哀的曲子，以吊唁亡友，他忽然感到从此再无知音了，于是悲愤、绝望地将琴弦割断，将琴摔碎，终身不再弹琴。

茫茫人海，找一个朋友容易，获得一个知己却很难。知己是和我们同心合契、共创奇迹的那个人；知己是同我们和谐相处、分享成果的那个人。常言道："人生得一知己足矣。"知己是生命的另一半，是人生项圈上那颗最耀眼的钻石。

有两位著名的心理学家曾经做过一个有名的实验。

在实验中，他们把两名实验助手有意安排在被实验的人中，并让被实验的人误以为，这两位助手也是参加实验的人。让我们假设被试者叫艾米尔，两个助手分别叫吉姆、贝利。

实验的过程是这样的：假装让三个人合作去完成一项预定的工作。在第一次"合作"后，三个人被安排去休息。

在这段时间，两个助手（吉姆和贝利）有意在艾米尔的背后谈论起他，而且设法让艾米尔听到这段谈话。

吉姆用赞扬的口气说自己很欣赏艾米尔，而另一助手则用否定的态度评价艾米尔。在休息结束后，他们进行了第二项合作。在所有的合作结束后，艾米尔被要求评价自己的两位合作伙伴，并表示自己对他们的喜爱程度。艾米尔的评价并不让人吃惊，他喜欢吉姆，即那个曾表示欣赏自己的人，而不喜欢那个对自己持否定态度的贝利。在心理学上，把这一结果称为"人际吸引的相互性原则"，即"我们喜欢那些喜欢我们的人"。

可以说"相互欣赏"，即是所谓的"志同道合"，这是人们结交朋友的一个重要方面。其实，每个人都有自己的优点，并且希望其他人认识和欣赏自己的优点。所以，"相互欣赏"的两个人之间容易产生强烈的认同感，从而建立深厚的友谊。

在人际交往过程中，人们的态度、观点、文化背景、年龄、性别、兴趣、爱好、地位和经历等方面的相似性，可以增加彼此之间的吸引力。这种相似性类似于物理学上所说的"固有频率"，当两个物体之间的频率达到一致时，它们之间就会引起共鸣，这个频率就叫做"固有频率"。如果在与知己进行交往时，能找到和对方一致的"固有频率"，就更容易交到真知己。

当然，并不是只有性情相投、志趣相同的人才能成为朋友，在现实生活中，爱好不一的人结为密友的并不少见。这种类型的朋友被我们称为"互补者"。

互补的人不仅可以成为朋友，还能在事业上互相促进。

弗洛尔和吉姆就是这样的一对好朋友。弗洛尔念大学时，认识了吉姆，自认识以来，弗洛尔便喜欢吉姆。弗洛尔聪明、稳重又积极，他们一起梦想开创事业。弗洛尔满脑子主意，就像盛暑热浪底下布鲁克林区消火栓的水倾流而出，吉姆知道怎样规划那些源源而来的主意，他适当地提问、建议，集中和引导彼此的力量，他们成为合作伙伴和好朋友。他们互相合作，促使事业发展到高峰。

这就是"互补"朋友的最好例子，优势互补可以成为结交朋友的重要理由。

在现实生活中，性格不同的朋友可以成为互补者。这种互补关系如果能够善加利用，就可以帮助人们取得事业的成功。

1953年3月7日，美国生物学家沃森和英国生物物理学家克里克夜以继日、废寝忘食地工作，终于将他们想象中的美丽无比的DNA模型搭建成功了。

DNA结构的发现是科学史上最传奇的"章节"之一，沃森和克里克也因此打造了科学合作史上的"完美双璧"。

尽管沃森和克里克是相异的一对，但这并不妨碍他们之间默契的配合，他俩正像DNA链中的互补碱基一样。

他们的性格并不相同，沃森的发散思维独步天下，经常能有异想天开的创举，对他来讲，没有思维和科学的框架，他天马行空一样，根本不按常理出牌；而克里克正好相反，以严谨的逻辑推理著称，没有用严密的推理得出的结论，是不会被他认可的。

但是，他们确实是互补的一对。沃森的突发奇想，经过克里克的严密论证，造就了DNA双螺旋结构的问世。假设他们分开来研究，就不可能取得这么大的成就。

可见，"性格互补"也可以成为事业进步的一种助力。能拥有一位性格不同的互补者朋友，是一件幸运的事。

"互补"主要有以下几种类型：

第一类是需求互补。每个人在特定条件下的具体需求不尽相同，这使得人与人之间在某些条件下可以互补，这是友谊关系得以建立的基础。一个人若打算从事某项工作，或者筹办一个小企业，那么他一般会选择与具有他所缺乏的才干和能力的人合作。比如，你是个技术员，你会找一个在管理方面是行家的人合作，这样，两者能取长补短，各得其所，有利于事业的发展，这种"互补"形成了人才最佳配合。

第二类是作风和性格上的互补。这是指，双方作风和性格不同，但是，一方对待另一方的方式和态度，并不影响另一方以个人的心愿处世行事，甚至有助于他实现自己的愿望。如一个控制欲强烈的人与一个依赖性较强的人，就是很典型的作风和性格上可以"互补"的一对伙伴。因为这样两个人在一起，前者的控制欲可以得到满足，而后者感到有人可以依赖。下列这样一些不同类型的人，都可以"互补"，并结为合作伙伴：

（1）支配型、关怀型和依赖型、顺从型；

（2）自信自强型和优柔寡断型；

（3）急躁型和耐心型；

（4）外向型和内向型；

（5）左脑型（思维清晰、逻辑性强）和右脑型（想象力丰富、综合能力强）。

"金无足赤，人无完人。"如果在交往中，我们总是吹毛求疵，鸡蛋里挑骨头，大家相互指责、相互埋怨，则只能破坏朋友之间的感情，进而阻碍自己的进步。相反，如果人们能够心存感激地记住朋友的优点，宽容地忘记朋友的缺点，才可能使关系更加亲密，从而促进我们生存质量和个人能力的提高。

尊重你的工作

无论是在校的还是已经毕业的，无论是活着的还是已经去世的，无论是在军事领域还是在其他领域的西点人，都有一种共通性，那就是尊重他们自己的事业，并为之感到自豪。

西点67届毕业生、现为通泰电子集团首席执行长威蒙顿尔说："我必须承认我的员工很好，他们活得很轻松。我经常强调，在公司中无论你是什么身份，是贵为CEO，还是身为普通员工，都要看重自己所从事的工作，否定自己的劳动是个巨大的错误。罗马演说家德勒普立特说过：'所有的手工劳动都是卑贱的。'从此，罗马的辉煌历史就烟消云散。"

黎巴嫩著名哲理诗人纪伯伦在《先知》一书中，对工作的真谛做了深刻的诠释。诗中，当一位农夫请求上帝的先知给他讲一讲什么是劳作时，先知说道：

你们劳作，故能与大地的精神同步。

你们慵懒，就会变为季节的生客，落伍于生命的行列；那行列正带着庄严、豪迈和骄傲的顺从向永恒前进。

劳作时你们便是一管笛，时间的低语通过你的心化作音乐。

你们中谁愿做一根芦苇，当万物齐声合唱时，唯独自己沉寂无声？

总有人对你们说：工作是一种诅咒，劳动是一种不幸。

但我要对你们说：当你们工作时，你们便实现了大地最悠远的梦想，在梦想成形之初，这部分便已分派给你。

你们辛勤劳动，便是真正热爱生命。

在劳动中热爱生命，便是通晓了生命最深处的秘密。

然而，如果你们在痛苦中把降生称作折磨，把维持肉体生存当成写在额头的诅咒，那么我要回答，只有你们额头上的汗水，才能洗去那些字迹。

也有人对你们说生活是黑暗的，你们疲惫时重复疲惫者的话。

而我说生活的确是黑暗的，除非有了渴望；

所有渴望都是盲目的，除非有了知识；

一切知识都是徒然的，除非有了工作；

所有工作都是空虚的，除非有了爱。

当你们带着爱工作时，你们就与自己、与他人、与上帝合为一体。

……

工作就是有形可见的爱。工作是一个人在宇宙中的职责，通过热爱工作，人们真正融入宇宙之大爱，无论蜜蜂、蚂蚁还是灌木丛，他们都是宇宙中的一个小小职员，我们生命的本质与工作结合在一起。正所谓"在其位，谋其政"，如果不能工作或者很好地履行工作的任务，那么一天两天，人们也许会感到轻松舒适，但是长此以往，必定会无比空虚，觉得活着失去了应有的意义。

诺贝尔经济学奖得主布堪纳特别迷恋橄榄球，是一位铁杆球迷，他从不错过每年1月间的季后赛。原本一场60分钟的比赛，少不了犯规、换场、中场休息、伤停补时、教练叫停等，这样要耗费很多时间。花这么长的时间在电视机前看比赛，布堪纳感到很浪费时间，甚至产生了罪恶感。然而，球赛又不能不看，为了在心理上找到平衡，他决定给自己找点事干。他记得曾经从后院捡了两大桶核桃，于是就把这些核桃搬到客厅里，一边看电视，一边敲核桃，这样或许能心安理得一些。

布堪纳边看球边敲核桃，还在不停地思考：为什么自己长时间坐在电视机前会有罪恶感？为什么自己这么一会儿没工作心里就觉得不踏实？布堪纳在不断地敲核桃的过程中悟出一个道理：社会赞许工作，工作不仅对个人有好处，对其他人也有好处。如果一个人饱食终日，无所事事，那么除了他自己的得失之外，别人也享受不到他从事生产带来的"交易价值"。

工作很辛苦，但同时工作也能给人带来充实与快乐，因为工作是自我价值实现的一种方式，是我们生存的根本。很难想象，一个失去工作的人能够真的获得安全感。

阿那哈斯是古希腊最知名的智者之一。有一次，一个人问他："尊敬的阿那哈斯，请问什么样的船才是最安全的船？"阿那哈斯回答："是那些离开了大海的船。"

那人说："哦，我明白了，按这个道理来说，那些离开道路的车辆，离开战场的士兵，同样是最安全的。"

阿那哈斯告诉他："是的。但是，有多少人愿意得到这样的安全呢？丧失工作的权利、没有激情、无所事事，也无所用心，这对于一个人来说也许是最悲惨不过的事了。"

工作是合乎本性的事情，不但工作需要我们，我们也需要工作，有工作信仰的人才是一个完整、高贵、气宇轩昂、直立行走的人。

在毕淑敏的《美容师的作品》中有这么一个故事：

一个著名商家为了举行一个从服装到化妆品的盛大促销会，别出心裁地想出了一个很吸引人的项目——造就绅士。他们从城市某个最肮脏的角落里找来了一个衣衫褴褛、面容晦暗的流浪汉，并给他拍照存档。

之后，公司又请来了一名高级美容师。这位称职的美容师用芬芳的洗液给流浪汉沐浴理发，用名牌剃须刀给他刮胡子，给他做了彻底的面部毛孔清洁，做面部面膜保养，并给他敷上一层又一层特效的润肤品、面霜和眼霜……然后根据他的身高、体型和肤色，搭配了最适宜的衬衣、西装、领带，甚至还有一支很棒的手杖和一顶昂贵的帽子……

于是，众目睽睽之下，一个肮脏颓废的流浪汉变成了一位仪表堂堂的绅士。这种包装转变让消费者心动不已，公司的销售业绩立即飙升。

同时，参会的一位经理决定雇用这名容光焕发的绅士，让他第二天到公司报到，但是这个流浪汉一直没来。一个星期之后，这位经理在垃圾桶边找到了正在掏垃圾吃的流浪汉，他的全身都散发着恶浊的气味，一切的华美荡然无存。

但是好心的经理还是决定把他带走，并给他安排了工作，因为只有工作和信仰才能真正改变

一个人。

两年之后，当人们看到这位流浪汉的时候，他已经是那家公司的副经理，并正在宽敞明亮的办公室里与经理优雅地商谈着公司的未来规划。

当我们每天忙得疲惫不堪的时候，我们常常希望以后再也不用工作，可以天天睡到自然醒。但是，正如蜜蜂天生就要采集花粉酿蜜、小鹿天生就要在森林里奔跑、雄鹰天生就要在天空翱翔、鱼儿天生就要在水里游翔那样，工作原本就是人存在于宇宙中的形式与职分。每个人都需要通过工作来实现自我价值。

造物主是最伟大的，当它赋予每个人工作权利的同时，也为每个人都留下了一个根，这个根就是存在于工作背后的一种无形的精神力量。人类就是靠着这股生生不息的力量从蒙昧野蛮一步步走进了文明时代。我们也是靠着这股力量不断地在工作中超越自我。

罗马皇帝马可·奥勒留在他的《沉思录》中是这样说的："那些热爱他们各自的技艺的人都在工作中忙得筋疲力尽，他们没有洗浴，没有食物；而你对你的本性的尊重甚至还不如杂耍艺人尊重杂耍技艺，舞蹈家尊重舞蹈技艺，聚财者尊重他的金钱，或者虚荣者尊重他小小的光荣。这些人，当他们对一件事怀有一种强烈的爱好时，宁肯不吃不睡也要完善他们所关心的事情。"

大发明家爱迪生说："在我的一生中，从未感觉是在工作，一切都是对我的安慰……"对工作的尊重是一种高贵的品质，那些尊重并热爱他们技艺的人总是在工作中忙得筋疲力尽，而他们自己也没有把这种忙碌当做是苦役，而是一种追逐快乐的过程。因为工作给其成就感，工作令其兴奋、令其感到生命的充实，感到不断超越的骄傲。

比尔·盖茨考入哈佛大学之后，由于对计算机的热爱，他选择了退学，进入计算机行业。这种热爱和全身心的投入使他一跃成了世界巨富。即使钱财无数，比尔·盖茨最感兴趣的是他的事业，他每周的工作时间都在60~80个小时之间，他的生活极其忙碌，3天不睡觉对他来说如同家常便饭。据一位朋友说，他通常36个小时不睡觉，然后倒头睡上10来个小时。以至于微软公司里的一名资深女职员在私底下抱怨说："当你看到盖茨时，总忍不住感到疑惑，昨晚他睡在哪里？办公室？"你总想走上前去问他："嗨，盖茨，我不知你是否每天淋浴，如果是，为啥不顺便洗洗头？"正是在比尔·盖茨的强烈感召下，忙碌工作成了微软的作风。一名程序员说："你身处这样一个环境，周围的人都是这样刻苦，连掌管这个公司的人也是如此，那么你也不得不如此。"在最繁忙的阶段，甚至有人把睡袋放进工作室，整整一个月足不出户。当然这种忙碌也是有回报的，在微软公司，已有200多名员工成了百万富翁。

我们想要在工作中取得成就，首先就要从尊重自己的工作开始，只有尊重自己的工作，我们才会用心地去做工作中的每一件事情，使工作更有意义，使成功离我们更近！为了这个信念而忙碌的人即使是退休了，也不会停止工作。

1943年，由于美国威斯康星大学规定老教授年满70岁便要强制退休，所以该校的植物学教授德格博士被迫退休。但是，退休丝毫不能减退他对工作的热爱与执著。退休后他又受聘于雷德里化验所的制药厂，作为顾问并担任独立工作。经过无数个昼夜的单调忙碌之后，他终于研究出了金霉素和四环素，挽救了无数的生命。

人生苦短，当你热爱你的工作的时候，一切的人生哀愁都显得那么微不足道。如果短暂的生命只是黑夜里划过天际的一颗流星，那么你就有必要燃烧你所有的热情，让它更加明亮璀璨、动人心魄。

如果一个人轻视自己的工作，将它当成低贱的事情，那么他绝不会尊敬自己。因为看不起自己的工作，所以倍感工作艰辛、烦闷，自然也不会做好工作。

美国独立企业联盟主席杰克·法里斯曾对人说起少年时的一段经历。

在杰克·法里斯13岁时，他开始在他父母的加油站工作。那个加油站里有3个加油泵、两条修车地沟和一间打蜡房。法里斯想学修车，但他父亲让他在前台接待顾客。

当有汽车开进来时，法里斯必须在车子停稳前就站到车门前，然后检查油量、蓄电池、传动带、胶皮管和水箱。法里斯注意到，如果他干得好的话，顾客大多还会再来。于是，法里斯总是多干一些，帮助顾客擦去车身、挡风玻璃和车灯上的污渍。

有段时间，每周都有一位老太太开着她的车来清洗和打蜡，这个车的车内地板凹陷极深，很难打扫。而且，与这位老太太极难打交道，每次当法里斯给她把车准备好时，她都要再仔细检查一遍，让法里斯重新打扫，直到清除完每一缕棉绒和灰尘她才满意。

终于，有一次，法里斯实在忍受不了了，他不愿意再伺候她了。法里斯回忆道，他的父亲告诫他说："孩子，记住，这就是你的工作！不管顾客说什么或做什么，你都要做好你的工作，并以应有的礼貌去对待顾客。"

父亲的话让法里斯深受震动，法里斯说道："正是在加油站的工作使我学习到了严格的职业道德和应该如何对待顾客，这些东西在我以后的职业生涯中起到了非常重要的作用。"

那些看不起自己工作的人，往往是一些被动适应生活的人，他们不愿意奋力崛起，努力改善自己的生存环境。对于他们来说，在政府部门工作更体面，更有权威性；他们不喜欢商业和服务业，不喜欢体力劳动，自认为应该活得更加轻松，应该有一个更好的职位，工作时间更自由。他们总是固执地认为自己在某些方面更有优势，会有更广泛的前途，但事实上并非如此。莱伯特对这种人曾提出过警告："如果人们只追求高薪与社会地位，是非常危险的。它说明这个民族的独立精神已经枯竭，说得更严重些，一个国家的国民如果只是苦心孤诣地追求这些职位，会使整个民族像奴隶一般地生活。"

反观那些严肃对待工作的人，在他们的心中，职业象征着一个人的尊严，工作使他们更深刻地理解了"人生来是平等的"意义。他们把工作当成人生中极为重要的一部分，兢兢业业，一丝不苟，竭尽全力做好每一件工作，在其所从事的领域中表现卓越。当然，他们的付出也得到了相应的回报，这是毋庸置疑的。

在宗教改革领袖路德及其后来路德教派对德国人的职业精神的影响中，有3个层面非常重要：

一是将工作视为神圣之事，并以虔诚的态度去从事工作；

二是尊重自然形成的分工与合作，不过分注重职业的形式；

三是安心于本职工作，有良好的职业精神。

正是凭借工作态度最好的工人，最好的分工与合作精神，以及最优秀的职业精神，德国产品后来居上，成为全世界精良产品的代名词。

抱怨现实的人们，往往不能做到这一点，他们常常自诩具备合作精神，但是却不能承担自己的工作，他们认为只有独自完成伟大的事业才是值得尊重的，对于那些由整体分工形成的被世俗标准看低的工作任务不能虔诚对待。这当然不是一种值得欣赏的职业精神。

其实，任何一项伟大的工作，都被划分为无数个部分，尤其是在现代这个分工精细化的时代。微软公司在向世界正式推出Windows98产品时，进行了一场声势浩大的市场推广活动，在这个大团体之中，每一位员工都有明确的分工，例如，销售主管负责销售业务的拓展，商务主管负责与分公司协调，客户主管负责完成客户服务方面的工作等。这次活动也整合了营销沟通中的各个层面，包括公共关系、事件行销、广告和零售刺激。所有这些沟通活动体现了微软营销部门和所有参与这次活动的其他公司的统一团队精神。这场令人赞叹不已的营销活动在全球持续进行，前后历时24个小时，活动费用超过2亿美元。

分工之后，每一项小而具体的工作的意义都与整个工作的意义等同。同理，在宇宙间，每一种生灵都各司其职，每一个种群中的各个具体生物也都有自己的工作，宇宙的义务就这样被具体地分为不同的部分和方面，遵循这些部分，是每个人的义务。

只要心不卑微，任何工作都是重要的，只是内容不同而已。一旦用心去做了，就一定能够从中寻找到快乐和价值感！

世界著名的希尔顿饭店有位清洁员，他在这家饭店工作了将近20年，一直在洗手间做保洁工作。洗手间总是被他打扫得干干净净，他甚至自己掏钱在洗手间放上一瓶高级香水，每次客人进

来都能闻到一股芳香的味道。客人们对他的服务交口称赞，有的甚至冲着他的良好服务而专门住进这家饭店。他的朋友都替他惋惜，劝他换份工作，他却骄傲地说："我为什么要换工作呢？我的工作就是最好的，看到客人们对我的工作的认可，这就是我最大的幸福了，我又何必换工作呢？"

这位清洁员只是做着一份平凡的工作，却因为良好的工作态度而使自己脱颖而出，得到老板与顾客的好评。

古罗马斯多葛派哲学家们曾经说过："没有卑微的工作，只有卑微的工作态度。"如果一个人轻视他自己的工作，那么他就会将自己的工作做得一团糟。如果一个人认为他的工作辛苦、烦闷，那么他不会做好工作，在这一工作岗位上也无法发挥他内在的特长。其实任何一种工作都有它存在的价值，工作没有高低贵贱之分，对待自己的工作，我们要存一份敬畏之心。

尊重他人才能赢得尊重

西点的教员们教导学员们：每个人都有受人尊重的愿望，希望能有更多的自我表现机会，以实现自身的价值，如果这种愿望能充分地得到满足，就会产生一种新的鼓舞力量。

毕业于西点的艾森豪威尔曾发函邀请著名作家詹姆斯·米契纳来白宫做客。

米契纳先生收到邀请后给艾森豪威尔写了一封信："亲爱的总统先生，我3天前接到了您的邀请函。但很遗憾，我不能如期来白宫赴约，因为我已经答应在那一天出席我高中老师的晚宴，是她教会了我写作。我想您的晚宴缺了我无关紧要，但我不想令我的老师觉得遗憾。"

艾森豪威尔提笔给米契纳回了一封信："是的，我很理解并赞同你的做法，毕竟一个人的一生会经历十五六个总统，而有幸遇见的好老师并不多。"

艾森豪威尔很懂得尊重人，他不强迫他人，并且非常理解他人。这种品德让他受到了很多人的尊重。

要成为令人敬重的人，必须将你的注意力从自己的身上转到别人身上去。一个人如果只关心自己，他很难成为一个被人尊重的人。哲学家威廉·詹姆斯说："人性中最强烈的欲望便是希望得到他人的尊重。"这句话对于别人也同样适用，他人也希望得到你的尊重。如果你只是过度地关心你自己，就没有时间和精力去关心别人。别人想获得你的关心，却无法从你这里得到，当然也不会去注意你。

如果你希望别人喜欢你、敬重你，你必须先学会尊重别人。那样，正如不求报酬做善事，终会有所回报一样，别人也会加倍地尊重你、爱护你。最好的朋友是能将你心中最好的潜质引导出来的人。你必须透过表面现象，看清一个人的本来面貌。如果你帮助他，使他达到他内心所期望的境界，你当然可以赢得他的尊重和信赖；如果在一个艰难的处境中，你能对一个人表现出你的理解和耐心，则不只是那个人，其他的人也同样会对你非常尊重，你也会由此赢得别人的喜爱。

一个人的行动和语言一样能表明思想，有时甚至比语言更明白、更直接。人们大都只是听人说话，而没有注意到行动也是一种语言，因此使人与人之间的沟通受到阻碍。更不幸的是，当别人有问题来找人们时，我们常说得太多。人总是试着提出太多建议，其实大多数时候最重要的也许只是沉默，同时把耐心、宽容和爱传达给对方。我们大多数人甚至不知道如何倾听别人谈话。倾听的艺术是受人喜欢的秘诀之一。

受欢迎的人大多都拥有一种特质，就是尊重他人。所以，过分以自我为中心的人总会令自己不快乐。而且以自我为中心的人，常常想让别人尊重他，这种心境常会产生悲悯和受挫感。因为一个人内心感到痛苦，其他人往往会不自觉地加剧他的紧张情绪，并且他也决不能与其他人一起获得成功；至少他在这样想的过程中更加造成了一种不令人满意的人际关系。

每个人都期望别人尊重自己，但你应该知道，要想赢得别人的友谊或感情，必须先不去担心别人是否尊重自己，而是要用心去改善自己的态度，并增进能让别人喜欢你的品质。生活中不是

别人有没有尊重我们，而是我们是否值得他人去尊重。

著名作家荷马·克洛维十分懂得交友之道。凡是碰到他的人，无论是百万富翁、清道夫，还是妇孺老幼，都会在与他相处的短短15分钟之内，对他产生好感并因此非常尊重他。为什么呢？他既不英俊，又不年轻，更不是百万富翁，他有什么魅力可以吸引人呢？很简单，因为他一点也不矫揉造作，并且能让别人感觉到他真的喜欢、尊重、关心他们。

小孩会爬到他的膝上，朋友家的仆人会特别用心为他准备餐点。而且，假如有人宣布："今晚荷马·克洛维会到这里来！"则当天的宴会一定没有人缺席。除了朋友间深厚的感情之外，荷马·克洛维的家人也都十分敬重他。他的妻子、儿女，还有好几个孙儿女，全都对他称赞不已。

究竟这位作家是如何赢得这种幸福的？说来也很简单，那就是他懂得尊重他人，喜欢他人。对他来说，对方是什么人，做什么事，他都不会在意。只要是身为一个人，对他便意义重大，便值得付出关爱。每次他遇见陌生人，很快就能像老朋友一样交谈起来——并不是专谈自己的事，而是尽量谈对方的事。他借由问问题，可以知道对方是从哪里来，做什么事，有没有什么家人等。他也不会唠叨个不停，只是向对方表示自己的兴趣和关心，借以建立起友谊。

假如销售员的注意力是集中在服务顾客，其产生的力量会较大，也比较不会遭到拒绝。想想看，谁会拒绝一个尊重自己的人呢？

克拉司雷没成功之前，只是一家零售店里的普通伙计，后来拥有了自己的克拉司雷汽车公司，成为美国最大的汽车公司之一。

他究竟用什么方法，使全国人民都青睐他的汽车呢？

其实，方法很简单，任何人都可以运用，只是一般的人不注意去应用罢了。

克拉司雷说："像我这样依靠千万个主顾的满意而得到事业上成功的人，最好的方法之一就是将这千万个主顾看成是一个主顾。如果某个人及其建议和意见与我们的事业有关，那么我们就应认真听取、谨慎从事，尽量地使他感到满意。长此下去，坚持这样做，就会有成千上万的人对我们满意。将整个营业对象设想成一个人，这一点没有更深奥的意义，而在当时却能决定你事业上的成功。"

众所周知，克拉司雷平常很注重研究他主顾们的趣味和需求。他挑选一个典型的主顾作为对象，以他的观点、虚荣心、习惯、道德及嗜好等，去计划他的事业，去实施他的工作及努力方针。

因为克拉司雷深深知道，对于每个人来说，无论商人或是工程人员、教师或管理员、编辑或作家、银行家或实业家，展现在他们面前的所有感应的人群，常常是一片朦胧的、变化无端的形象。因此，我们中间无论哪一位，要想以千万人为对象进行小单元的研究，清楚地想出一个应付的方案来，实际上是不太可能的事情。这样做的结果，只能是被自己的需要及兴趣所左右，而不能真正地考虑到别人的需要和兴趣。

大凡成功的人，都是这样运用不同的方法去观察、研究他所要影响的一些人，然后反过来按照他们的心理需求去满足他们。

"人非草木，孰能无情？"换位思考中很重要的一个原则就是我们要将心比心，推己及人，站在别人的立场上去感受和体会。"会痛"就是我们心中的感受，即所谓的"感同身受"，然后，在这个基础上加以"表达"，也就是让别人明白"我感同身受"。只要有心，不管从大处还是小处均可以学习和运用同理心，不知不觉中你就能够很轻松地了解他人的目的。

心理学教授坎贝尔说："我始终不明白，为什么要有机器人这个说法。只要词语中带有'人'字，无疑意味着人为地拔高了物质的高度。我认为应该把'机器人'称为'机器鬼'，这样就不至于把机器和人搅和在一起。反正'机器人'这个说法令人觉得别扭。"

既然他人不是机器人，他人理所当然应该受到你的尊重，而尊重他人的妙招应该算是将心比心。将心比心就是推己及人，是一种根据自身的情况来推断他人的情况的沟通技巧，是为了保全他人自尊时采取的一种比较含蓄的不直接指责、指使他人的方法，也就是间接地让人做你希望他做的事。将心比心可以让人心甘情愿地和你交流他们的想法。

在工作和生活中，我们每个人都要求得到承认。我们有情感，希望被喜欢、被爱、被尊重。

要求别人不把我们看做是个机器人。作为一个人，每个人都有自己特有的抱负、渴望和情感。你的下级会说："我没有你那么高的权位，没挣你那么多的钱，没有你那么大的房子，也没受过你那么高的教育程度，但和你一样，我也是人。我有家庭，当和孩子闹翻后，我心里难过，心猿意马，无法专心工作。当孩子获得奖学金时，我感到自豪，想站在屋顶上大喊。"

因此在沟通的过程中我们应该重视别人的心理需要，将心比心，这样才不至于在别人眼里成为一个"自以为是的家伙"。

例如，你的同事小王是个很优秀的北区主管，在公司业绩领先，但他最近有点消沉。下班以后，在办公室，他找你聊天。

小王说："我用了整整一周的时间做这个客户，但客户的销售量还是不高。"

这时你怎么理解这句话，怎样来回应呢？你是建议他怎么做吗？你是点头倾听吗？你是一起来抱怨销售政策吗？其实表达同样的这句话，其中蕴藏了很多种不同的感情成分，有抱怨、无奈、表达建议、征求建议、希望指导等。能听懂他表面的意思是初级水平，关键的是听懂他说这句话背后可能隐藏的内容。下面是用不同的方式说"用了一周的时间，客户的销量还是不高"的事实，看看不同的说话方式表达的意思是否相同。

小王说："嗨，我用了整整一周的时间，做这个客户，也不知道怎么搞的，客户的销售量还不高。"这样的说法，对方可能表达的是无奈，小王不知道怎样来做这个客户，他已经没有办法了。

小王说："看来是麻烦了，我用了整整一周的时间，做这个客户，客户的销量还是不高。"这样的说法，可能对方是想切换这个客户了，可能小王心中已经有候选客户了。

小王说："说来也奇怪，我用了一周的时间做这个客户，销量还是不高。"这样的说法，可能小王想从你这里得到建议，希望和你探讨一下，怎样做这个客户。

也就是说，对方表达的"信息"是同样的，但是因为表达的语气不同，所以带给你的感受是不一样的。在实际工作中，我们给对方回应最多的是"给出建议"。当对方仅仅是向你抱怨的时候，你给出了指导的建议。这时小王心里会怎么想呢？他可能想："就你厉害，就你能，难道我不知道怎么做业务吗？你又不是销售经理，上个月你的销售额还没我的高呢，凭什么指导我？"但是他不会和你说的，表面上他会附和你的说法，很可能其中有很多不耐烦，最后的结果是你好心帮他，可是还落下了坏的印象和一个"好为人师"的绰号，这样是很不值得的。

当小王在抱怨时，他其实自己知道怎么做，就只是想发泄一下而已。这个时候他需要一个很好的倾听者，你只要听着就可以了，适当的时候也可以发表一些无关痛痒的抱怨。

当对方无奈的时候，可能对客户的能力有怀疑，可能需要和你分析一下客户的实际情况和公司的策略，这个时候你只要安慰和一起分析就可以了。当对方想切换客户时，可能是对直接切换的信心不足，需要你给他鼓励。这个时候你只要鼓励他，并分享你曾经切换客户的经验就可以了。当对方是真正寻求你的帮助的时候，你可以和他一起来分析这个市场的情况，给出你的建议。但是要说明，仅仅是你的建议而已。

我们强调的将心比心，推己及人，也就是我们要学会用同理心思考，设法了解他人的意见与需求。只有这样，我们才能得到别人的尊重。

尊重来自于爱心

西点规定，学员必须具备的三种技能是：定向技能（目标、方向）、装备使用技能、人际关系技能。

西点认为，官兵间的亲密关系是十分必要的，特别是在战斗中更是如此。战斗中占统治地位的恐惧不是害怕惩罚，而是害怕负伤或是死亡。在大多数令人畏惧的战斗情形中，只有那些尊重和信赖自己领导和同伴的士兵，才能有目的地进行战斗，甚至以死相拼。

《美国陆军军官手册》明示："每个士兵都想确信无疑得到自己指挥官的公平对待。"最能引起士兵响应的是得到指挥官的信任、保护和尊重，并与他们同甘共苦，生死与共。

尊重来自于爱心，施予爱心才能得到别人的真正尊重。

美国一位著名的慈善家、富翁里卡得曾经救了一个流浪汉的命,这件事直到他死后大家才知道。他之所以做这件事,完全是出于他的爱心。在里卡得去世以后的第二天晚上,在盐湖城监狱的卧室的铁栏后面,一个穿着破靴、没有神采的名叫多嘴老墨的犯人,对人说起昨夜在迈阿密去世的那个里卡得先生,曾经救过他的命,要是没有他的救助,恐怕他早就被冻死了。

老墨说:"这件事的大致经过是这样的,在 15 年以前的一个冬天,我睡在欧非兰铁路公司火车车厢的裸露的铁板上,那时如果不是里卡得把我拖进来,我肯定就冻死了。哎!他是那么的仁慈!上帝保佑,他会进入天堂的!

"冬天的铁板可不是旅馆里的席梦思。睡在上面像躺在冰块上一样。可是我还是睡着了,我困极了。3 个钟头之后,忽然觉得有人抓着我的领子,把我提了起来,我还以为是被铁路上的巡查捉住了。那些经常在火车上揩油的老手说,他对我什么也没有说,只叫了一个茶房来,让他给我泡一杯热茶,并把我安放在一张床上。第二天早上我在奥格登下了车,茶房给了我 5 块钱,说是里卡得先生送给我的。这些钱足可以让我过上几天温饱的日子……"

一个有爱心的人即使是死了,人们对于他所做的那些小事,比他曾经做过的那些大事记得更清楚,在人们脑海中留下的印象更深。

不要吝啬你的爱心,或许会有极少数的人不喜欢看你几眼,但是绝大多数人对你而言,永远是最重要的,绝大多数人是不喜欢那些冰冷、自私的人的。

有一个人在校时很不受人欢迎。在他 24 岁的时候,得了绝症,他想起了老师说的话,回到学校找老师。他曾经对老师说,他要找上帝。老师认为他品行不端正,所以找不到。得病后,他更想找到上帝了,想知道死后能否去天堂。

他费尽心思也没有找到上帝,他索性不去找了。他想起了老师的一句话——活过而没有爱过将是最大的遗憾。

他觉得自己的日子不多了,一定要爱过,不能留下遗憾。他先从爸爸开始。他回想起自己的 24 年,从来没有向爸爸表示过爱。当他认真地向爸爸说"爸爸,我很爱你"的时候,爸爸激动了,正在阅读着的报纸掉落到了地上。他们彻夜长谈。接着他又向妈妈、弟弟、妹妹表达了自己的爱。他们拥抱在一起,任热泪长流,幸福的感觉浸润全身。

就这样,在他转身的时候,他发现了上帝,令他踏破铁鞋无觅处的上帝,在心里滋生了爱以后,不再在乎找不找上帝的时候,上帝却出现了。

他来到学校,向老师说:"我的日子不多了,我知道您以前不喜欢我,我还是要来表达我的爱意,我爱您,并感谢您对我的教诲。"

老师感动了,不喜欢他的情绪也烟消云散。以后,老师到他家里看望了他一次。他对老师说:"我拜托您一件事。我死后,您要告诉所有的人,告诉全世界,上帝不是紧急时刻的救星,上帝是敞开心扉去爱别人。"

爱自己,也爱别人,才能体现出生命的最大价值。这是追求成功者需要的心态之一。这些来自于正确思想的巨大力量可以巩固和完善我们的优良品格。懂得这一人生秘密的人往往抓住了通行于世界的根本原则,能够认识到世间事物的美好与真实性,并过上一种真实的生活。

我们很难估量施予的心态对我们生命的价值大小。无论发生什么,我们都应该用健康、快乐、乐观的思想去直面生命,都应该满怀希望,坚信生命中充满了阳光雨露。传播成功思想、快乐思想和鼓舞人心思想的人,无论到哪里都敞开心扉,真诚地爱他人,去宽慰失意的人,安抚受伤的人,激励沮丧泄气的人。他们是世界的救助者,是负担的减轻者。

要学会敞开心扉爱他人,让施予心就像玫瑰花儿一样散发芬芳。当关爱的思想治愈疾病、为创伤止痛的时候,当那些与此相反的心态带来痛苦、郁闷和孤独的时候,我们就真正领悟到了博爱的真谛。

一些人多年以来对其他人怀有仇恨或深深的嫉妒,尽管他们也许没有意识到这一点,但这种

心态使他们无法最充分地展现自己的才能，并因而破坏了他们的幸福。不仅如此，他们还营造了一种充满敌意的氛围，容易使对他们有成见的人群起而攻之，容易引发冲突，这样，他们的事业及身心都会因此受到束缚。

当一个人对他人怀有不友善甚或仇恨的思想时，他就无法做好他的工作。我们的各种能力唯有在身心和谐的情况下才能发挥到最佳的水平。仇恨、怨愤和嫉妒可称得上是毒药，而这些毒药对我们身上那些崇高的东西又是致命的，正如化学性的毒药对我们的身体是致命的一样。对他人施予爱心，是一种善意的情感，能使我们有效地摆脱会给自己带来痛苦的仇恨思想或中伤他人的思想，因为仇恨思想或中伤他人的思想是无法穿透我们用友爱所铸就的盾牌的，是无法穿透我们用爱所铸就的城墙的。

有些人一辈子都少有恼怒，有些人一辈子都保持着心境平和的状态，他们的生活轻松、快乐、美好，充满幸福和甜蜜。这是因为他们爱天下的人，所以天下的人也爱他们、发自内心地尊重他们。

故事发生在佛罗伦萨市的一座公共建筑物的台阶上，有一位年老残废的士兵正坐着拉小提琴。在他的身边站着一条忠诚的狗，它的嘴上衔着这个老兵的帽子，不时地经过这里的人向帽子里放上一枚硬币。这时有一个绅士路过，他停了下来，向老兵要来了小提琴。他先调了调音，接着就演奏起来。

于是就出现了这样的景观：在这样一个简陋的场所，一位穿着体面的绅士正在拉小提琴，这真是两个毫不相关的事物！人们纷纷停下了脚步。小提琴拉得太棒了！路人们都情不自禁陶醉于其中。于是，捐给那个老兵的钱的数目也大量增加了。帽子变得非常沉重，以至于那条狗都开始发出呜呜声。帽子里的钱被老兵取空了，但很快地又被装满了，聚集到这里的人越来越多。这位演奏者又演奏了《祖国的天空》系列曲中的一首，然后将小提琴归还给它的主人，然后飘然而去。

其中一个围观者终于从美妙的琴声中醒来："这个人就是世界闻名的小提琴家阿玛德·布切。他出于善意做了这件好事，让我们向他学习吧！"于是，帽子在一个又一个人的手中被传递着，很快又收集到了一大笔捐款，这笔捐款全部给了这个老兵。

布切先生以一种众生平等的慈爱之心牵动了其他人的爱心，让老兵的一天都在一种充满了幸福的心情中度过，同时也让自己获得了人们的尊重。

瑞典杰出的歌唱家詹妮·林德有一天正在和一个朋友散步时，她看见了一个老妇人摇摇晃晃地走进了一间救济院的大门。于是，她的同情心突然之间被激发了，然后，她也走进这扇大门，假装是要在那儿休息一会儿，她希望借此机会帮助一下这个穷妇人。

然而，意料之外的事情发生了，这个老妇人随即开始和她谈起了她所仰慕的詹妮·林德。那老妇人说："我已经在世上活了很长很长时间了，在我死之前，我没有别的想法，我特别想听听詹妮·林德的歌声。"

詹妮问她："那会让你感到快乐吗？"

"是啊。但像我这样的穷人是没办法去音乐厅的，也许我永远听不到她的歌声了。"

"请别那么肯定，"詹妮说，"请坐，我的朋友，听我唱一首吧！"

歌声响起来了，詹妮·林德带着一种真诚的喜悦唱了她最拿手的一支歌曲。老妇人非常高兴，但接着又觉得有一点儿困惑，因为那年轻的女子竟然对她说："现在，你已经听过詹妮·林德的歌声了。"

诗人阿姆斯贝理说："具有善良、温柔、优雅的个性，在同情他人时表现得慷慨大方，并且时刻关注你身边的人——那么你将受到人们对你的崇敬和赞美。"比玫瑰花的香更为甜美的是名誉，而这种名誉是人类善良、仁慈和无私的爱心所带来的；一种随时准备为他人做好事的施予心态会转化为你自己的力量。赫伯特说："思想上的甜美，会作用于你的身体、服饰和居室。"所以，塞万提斯谈到某个人时，曾经说他的脸就像是对人的一个祝福。贺拉斯·史密斯说："彬彬有礼、温文尔雅看起来非常好。"

1983年11月1日，里根总统的办公室里请进了一位小客人。他叫比利，只有7岁。小比利心中有一个美好的梦想——当美国总统。但小比利患了一种绝症，医生说他不会活过10岁生日。

得知此事后，里根总统决定让小比利临时当一天美国总统，而自己则做这位"小总统"的助手。小比利很高兴，终于"实现"了他的总统梦。里根向"新总统"详细介绍了日常工作和职责范围，随后就忠实地侍候在小比利的身边。部下呈上的文件，"小总统"都请里根参加讨论，取得一致意见后，请里根代签并盖章。在办公之余，里根与"小总统"进行了友好的交谈。里根告诉比利，他自己7岁时，只梦想过成为一名消防队长，还未曾想到过当总统。

美国总统作为世界上最有权势和最忙碌的人之一，却能安排出一天的时间，以这样的一种方式帮助他的一位普通公民——7岁的小孩实现梦想，这种爱心让人对他又多了一层敬意。

人生的道路起伏不定，逆境常多于顺境。身处逆境，面对不幸，当事者不仅需要加强自信心，也迫切需要别人的劝慰。当亲朋好友遭受不幸时，及时送上真诚的安慰，多谈谈对方关心、感兴趣的事，以转移对方的注意力，减轻其精神负担。安慰如雪中送炭，能给不幸者以温暖、光明和力量。给不幸者以安慰，是为人处世的一种美德。

胡洛克是美国最佳的音乐经纪人之一。20多年来，他一直跟许多艺术家有来往，像查理·亚宾、伊落朵拉、邓肯，以及拨夫洛华这些世界闻名的艺术家。胡洛克认为，他和这些脾气暴躁的明星们接触，所学到的第一件事就是同情，对他们那些荒谬的怪癖更是需要同情。所以，有时适当的安慰也是化解矛盾的良方。

胡洛克曾担任查理·亚宾的经纪人长达3年之久。一次，按照合同，查理·亚宾要在当天晚上演出，但他嗓子因病受到影响，觉得很不舒服，不准备参加晚上的演出，于是他打电话给胡洛克说明了情况。胡洛克并没有因此而与之吵架，他知道一个经纪人不能以这种方式对待艺术家。于是，他马上赶到查理·亚宾的旅馆，表现得十分同情，对查理·亚宾说："我的朋友，你不能演唱，我可以把这场演唱会取消，损失不过一两千万而已，这与你的名誉相比，根本算不了什么。"结果是查理·亚宾按时参加了演出，并且对胡洛克更加敬重，他们之间的友谊也加深了。

作为一名经纪人，胡洛克没有把钱放在最重要的位置，而是设身处地去为艺术家着想，体谅他的困难，尊重他的选择，结果得到的不仅是艺术家的回报，还有对他的尊重。在人的一生中，你所遇到的人大都渴望得到爱心的呵护，得到别人的尊重。那么，当你给予爱心的时候，也会得到相同的回馈。

学会赞美别人

作为一代名将，格兰特将军深深懂得如何通过赞美的方式来表达对别人的尊重。格兰特将军不但赞美了李将军的态度，而且也没有轻视他的战绩。他认为自己的成功和李将军的失败，都是偶然的机会造成。他说："这次胜负是由极凑巧的环境决定的，当时敌方军队在弗吉尼亚，几乎天天遇到阴雨天气，害得他们不得不陷在泥淖中作战。相反的，我们军队所到之处，几乎每天都是好天气，行军异常方便，而且有许多地方往往是在我军离开一两天后便下起雨来，这不是幸运是什么！"

格兰特将军把一场决定最后命运的大胜利，归功于天气和命运，这正表示他有充分的自知之明，始终没有被名利的欲念所埋没，同时也以此来表达对昔日同窗的安慰。这种行为会让人对他产生更多的尊重。

获得赞美是很多人潜意识里的心理需求。真诚的赞美，于人于己都有重要意义。对别人来说，他的优点和长处因你的赞美显得有光彩；对自己来说，表明了你已被别人的优点和长处所吸引了。生活中，我们应该学会去称赞别人。

赞美是一种重要的交际手段，它能在瞬间沟通人与人之间的感情。

赞美是一种艺术，关键之处在于根据人的不同心理需求和具体情况来选择和斟酌自己的话语，让自己无论怎么说，别人都爱听。

赞美最有效的一招就是在背后赞美，因为在背后说别人的好话，能使被说者在听到别人"传播"过来的好话后，更感到这种赞扬的真情和诚意，从而在荣誉感得到满足的同时，增强了上进心和

对说好话者的信任感。

如《红楼梦》中有这么一段：

史湘云、薛宝钗劝贾宝玉做官为宦，贾宝玉大为反感，对着史湘云和薛宝钗赞美林黛玉说："林姑娘从来没有说过这些混账话！要是她说这些混账话，我早和她生分了。"

凑巧这时黛玉正来到窗外，无意中听见贾宝玉说自己的好话，"不觉又惊又喜，又悲又是叹。"结果宝黛两人互诉肺腑，感情大增。

因为在林黛玉看来，宝玉在湘云、宝钗、自己三人中只赞美自己，而且不知道自己会听到，这种好话就不但是难得的，还是无意的。倘若宝玉当着黛玉的面说这番话，好猜疑、小性子的林黛玉怕还会说宝玉打趣她或想讨好她呢。

表面的赞美有时会令人很尴尬，但背后的赞美会收到奇效。

宁伟比较热心，经常利用休息时间去看望邻居家的孤寡老人，帮助他们做事。在一年前，他递交了入党申请书。一天，他的同事蔺英发现了这个秘密，回来后对其他同事装作不经意之中谈起这件事情。宁伟照顾孤寡老人的事情不胫而走，不久，公司党委鉴于其表现，同意接受宁伟为预备党员，并且任命其为公司团委书记。后来，宁伟得知是由于蔺英的"告密"自己才走上这条坦途的，对蔺英心存感激，不久，蔺英被任命为部门负责人。

有很多领导喜欢在背地里打听其他同事的情况，此时应该多加赞美。对于那些原来在领导心目中很普通的同事更应该如此。那么这样会不会使能力强的同事失宠呢？答案是否定的，领导自有自己的打算，你的话他只作为参考。

当领导当众批评了某位同事后，在有机会的条件下，与领导单独相处时，不妨在领导面前替他美言几句。领导毕竟了解有限，也许只了解到同事的一面，这时，你的赞美就成为领导的另一个窗口，对同事的帮助能起到关键性的作用。

赞美能赢得人们的尊重和好感，那么到底该怎么赞美才算是恰到好处呢？

1. 赞美要适度，不要过分地赞美对方，否则会加剧对方的反感

一个气球再漂亮、再鲜艳，吹得太小，不会好看；吹得太大很容易爆炸。赞美就如吹气球，应点到为止，适度为佳。

因此，在赞美他人时一定要坚持适度的原则。夸奖或赞美一个人时，有时候稍微夸张一点更能充分地表达自己的赞美之情，别人也会乐意接受。但如果过分夸张，你的赞美就脱离了实际情况，让人感觉到缺乏真诚的东西在里面，而且会加剧别人对你的防备。因为真诚的赞美往往是比较朴实的、发自内心的。只有恭维、讨好才是过分夸张和矫揉造作的。

据说有一个年轻人曾经给恩格斯写了一封热情洋溢的信，信中称赞恩格斯是一位无与伦比的革命导师，一位伟大的思想家，甚至称其为马克思的再现等，恩格斯并没有因为这封信而有丝毫的感动，反而生气地回信说："我不是什么导师、思想家，我的名字叫恩格斯。"

恩格斯作为一位杰出的思想家，他不喜欢别人在赞美他时用似乎有些夸张的词汇，又因为他和马克思近几十年的友谊，他是非常尊敬马克思的，当然会忌讳别人称他为"马克思的再现"。

历史上有一位臭名昭著的马屁精冯希乐，他是一个热衷于夸张拍马的人，有一次，他去拜访长林县令，赞叹道："仁风所感，猛兽出境。昨日入县界，见虎狼相尾而去。"刚夸过不久，就有村民来报告："昨夜大虫连食三人！"长林县令很不高兴地责问冯希乐究竟是怎么回事？冯希乐面红耳赤地回答说："是必便道掠食。"冯希乐夸张得脱离了实际情况，无视野兽吃人的本性，信口雌黄，说野兽已被县太爷的仁义教化所感动，所以离县而去，结果是抡起巴掌，自己打自己的脸，这就是所说的轻言取辱。

2. 赞美要委婉自然

赞美不是生搬硬套，七拐八绕，硬拍强拍，说出来的话荒谬可笑，很容易引起别人的厌恶和鄙视。人们常说的那个"局长，您也亲自上厕所"的笑话便是一例。赞美必须讲究委婉自然的风格，

顺理成章，似不经意，却又不一语中的，才能让别人心满意足地接受。

如果你和你的对象之间的地位越悬殊，赞美就得越含蓄。

以下是你要避免的6种低级赞美现象：

（1）同意上司或同事提出的每一件事，经常说的一句话是"我完全赞成"，从不发表不同意见或建议。

（2）经常赞颂上司或同事，而且用贬低自己或其他上司或同事的方法来赞美，同时表情丰富，挂着夸张的笑容。

（3）用赞美的话语来使别人为你办事，不该表扬的时候也大加赞赏，而对自己的平庸千方百计地遮掩。

（4）有意在上司面前出同事的洋相，仅为博取上司一笑，使自己出风头。

（5）如果上司说了个笑话，哪怕是很没趣的笑话，也笑得像真的一样。

（6）工作时挑肥拣瘦，但总是在上司面前述说自己干的工作最重要、最吃力。

3. 尊重事实，用词得体

赞美只能在事实的基础上进行。在开口称赞别人之前，先要掂量一下，这种赞美有没有事实根据，对方听了是否相信，第三者听了是否不以为然。一旦出现异议，你有无足够的证据来证明自己的赞美是站得住脚的。

用词也要得体。一位母亲赞美孩子："你是一个好孩子，有了你，我感到很欣慰。"这种话就很有分寸，不会使孩子骄傲。但是如果这位母亲说："你真是一个天才，在我看到的小孩子中，没有一个赶得上你。"那可能就会使孩子因过分骄纵而导致相反的结果。

4. 曲线赞美他人

在赞美别人时，如果太直截了当，有时反而会使他感到虚假，或者会使人疑心你不是真诚的。一般来说，曲线赞美无论在大众场合，或在个别场合，都能传达到本人，除了起到赞美的鼓舞作用外，还能使对方感到你的赞美是发自肺腑的。

5. 内容热诚具体

缺乏热诚的空洞的称赞并不能使对方感到高兴，有时甚至会由于你的敷衍而引起对方的反感和不满。比如，我们经常看到有人在称赞别人时所表现出来的漫不经心："你这篇文章写得蛮好的。""你的歌唱得不错。""你这件衣服很好看。"

用不很真诚的态度说出敷衍的话是赞美别人时最忌讳的。例如，你看到你的女友今天穿了一件新衣服，你只说了句："你的衣服很好看。"那是效果不大的，你不妨加上："这衣服配你的肤色特别好看！""你买这件新衣服特别有眼光！"等随兴发挥的话，那一定会把你的女友逗得心里美滋滋的。

内容热诚具体是赞美别人的诀窍。比如，上述三句称赞的话可以分别改成："这篇文章写得好，特别是后面一个问题特别有新意。""你的歌唱得不错，不熟悉你的人没准还以为你是个专业演员哩。""你这件衣服很好看，这种款式很适合你的年龄。"

6. 巧用比较性的赞美

两个人或两件事相比较，在夸奖对方的同时，让他意识到自己的优点和存在的差距，使对方对你的赞美深信不疑。

有一次，汉高祖刘邦与韩信谈论诸将才能高下。刘邦问道："你看我能指挥多少兵马？"韩信回答："陛下至多能指挥十万兵马。"刘邦又问："那你能指挥多少兵马呢？"韩信自豪地回答："臣多多益善耳。"刘邦笑道："既然你带兵的本领比我大，却为什么被我控制呢？"

韩信很诚实地说："陛下不善于指挥兵，但善于驾驭将，这就是我被陛下控制的原因。"刘邦自己也曾说过，统一指挥百万军队，战无不胜，攻无不克，他不如韩信。这是他做了皇帝以后对自己的评价。韩信的赞美，首先肯定了刘邦控制大臣为自己效命的能力，但又指明了他在带兵作战方面与自己相比有不足之处，正与刘邦的自我评价相吻合。话说得很实在、很坦诚，刘邦不但不怒，反而很满意。此时，韩信与刘邦关系已很紧张，如果他违心地恭维刘邦，调兵遣将无所不能，恐怕刘邦不愿意听，甚至会怀疑他在吹捧、麻痹自己。

7. 根据对方的优缺点提出自己的希望

"金无足赤，人无完人。"有所保留的赞美应既要看对方的优点和长处，同时还要看到他的弱点和不足，讲究辩证法。常言道："瑕不掩瑜。"指出对方的缺点和不足，并提出一定的希望，不仅不会损害你赞美的力度，相反，却使你的赞美显得更真诚、实在，易为人接受。尤其是领导称赞下属时，要有一是一，有二是二，把握分寸，要有所保留。可以多用"比较级"，千万慎用"最高级"。领导可以在表扬下属时，把批评和希望提出来。

有效的赞美不应该总是绝对化。像"最好"、"第一"、"天下无双"这类的帽子别乱戴。有个企业的广告词说："只有更好，没有最好。"就显示了企业的真诚承诺，而不是哗众取宠、华而不实，在消费者中影响很好。实际上，一般人都对自己有个客观的认识和评价，如果你的赞美毫无遮拦，就会让人感觉你曲意奉承，难以让人接受。赞美时必须记住：一个人的成绩和优点毕竟是有限的。许多伟人看自己时，也都是有所保留。毛泽东曾说过，他能够做到三七开就可以了，更何况一般人呢？因此，赞美别人，应当一分为二，有成绩肯定成绩，有不足也要说明不足，控制好赞美的度。

自信

人之所以能，是因为相信能

一次西点军校学员的军事演习正在进行。一位指挥官的吉普车陷进了泥里，他看见附近几个学员正懒洋洋地坐在地上，便叫他们来帮忙。

"很抱歉，先生，我们已经阵亡了，什么也不能干。"

指挥官转向他的司机："卫兵！赶快从这些死尸里找两具出来垫到轮子底下，好让我们快点上路。"

他的车很快就被推了出来。

"没有什么不可能"，是西点军校传授给每位学员的工作理念。它强化的是每一位学员积极动脑，想尽一切办法，付出艰辛的努力去完成任何一项任务，而不是为没有完成任务去寻找托辞。

据说西点军校和美国陆军不管遇到什么事、什么任务都只有一个口号和一个态度，那就是"We can do it"（我们肯定能完成它）。

北京大学国际 MBA 美方院长杨壮，曾访问一个退休的西点将军，问了他这样一个问题："一生当中，最让你感到沮丧的事是什么？"老将军思索了长达 10 秒钟，然后坚定地说："没有，我从来都蔑视任何挑战。"

每一个从西点走出来的人，自信都来自于实实在在的"4 年的苦日子生涯"，来自于百折不挠地完成许多"不可能完成的任务"。

人之所以能，是因为相信能。生命的能量到底有多大？也就是人的潜能到底可以开发到何种程度？相信下面的故事会给你一个答案。

一个铁块的最佳用途是什么呢？第一个人是个技艺不纯熟的铁匠，而且没有要提高技艺的雄心壮志。在他的眼中，这个铁块的最佳用途莫过于把它制成马掌，他为此竟还自鸣得意。他认为这个粗铁块每磅只值两三分钱，所以不值得花太多的时间和精力去加工它。他强健的肌肉和三脚猫的技术已经把这块铁的价值从 1 美元提高到 10 美元了，对此他已经很满意。此时，来了一个磨刀匠，他受过一点更好的训练，有一点雄心和一点更高的眼光，他对铁匠说："这就是你在那块铁里见到的一切吗？给我一块铁，我来告诉你，头脑、技艺和辛劳能把它变成什么。"他对这块粗铁看得更深些，他研究过很多煅冶的工序，他有工具——有压磨抛光的轮子，有烧制的炉子。于是，铁被熔化掉，碳化成钢，然后被取出来，经过煅冶，被加热到白热状态，然后投入到冷水

或石油中以增强韧度，最后细致耐心地进行压磨抛光。当所有这些都完成之后，奇迹出现了，他竟然制成了价值2000美元的刀片。铁匠惊讶万分，因为自己只能做出价值仅10美元的粗制马掌。经过提炼加工，这块铁的价值被大大提高了。另一个工匠看了磨刀匠的出色成果后说："如果依你的技术做不出更好的产品，那么能做成刀片也已经相当不错了。但是你应该明白这块铁的价值你连一半都还没挖掘出来，它还有更好的用途。我研究过铁，知道它里面藏着什么，知道能用它做出什么来。"

与前两个工匠相比，这个匠人的技艺更精湛，眼光也更犀利，他受过更好的训练，有更高的理想和更坚忍的意志力，他能更深入地看到这块铁的价值——不再囿于马掌和刀片——他把生铁变成了最精致的绣花针。他已使磨刀匠的产品的价值翻了数倍，他认为他已经榨尽了这块铁的价值。当然，制作肉眼看不见的针头需要有比制造刀片更精细的工序和更高超的技艺。但是，这时又来了一个技艺更高超的工匠，他的头脑更灵活，手艺更精湛，更有耐心，而且受过顶级训练，他对马掌、刀片、绣花针不屑一顾，他用这块铁做成了精细的钟表发条。别的工匠只能看到价值仅几千美元的刀片或绣花针，他那双犀利的眼睛却看到了价值10万美元的产品。

也许你会认为故事应该结束了，然而，故事还没有结束，又一个更出色的工匠出现了。他告诉我们，这块生铁还没有物尽其用，他可以让这块铁造出更有价值的东西。在他的眼里，即使钟表发条也算不上上乘之作。他知道用这种生铁可以制成一种弹性物质，而一般粗通冶金学的人是无能为力的。他知道，如果煅铁时再细心些，它就不会再坚硬锋利，而会变成一种特殊的金属，富含许多新的品质。这个工匠用一种犀利的、几近明察秋毫的眼光看出，钟表发条的每一道制作工序还可以改进；每一个加工步骤还能更完善；金属质地还可以精益求精，它的每一条纤维、每一个纹理都能做得更完善。于是，他采用了许多精加工和细致煅冶的工序，成功地把他的产品变成了几乎看不见的精细的游丝线圈。一番艰苦劳作之后，他梦想成真，把仅值1美元的铁块变成了价值100万美元的产品，同样重量的黄金的价格都比不上它。

但是，铁块的价值还没有完全被发掘，还有一个工人，他的工艺水平已是登峰造极。他拿来一块钢，精雕细刻之下所呈现出的东西使钟表发条和游丝线圈都黯然失色。待他的工作完成之后，你见到了几个牙医常用来勾出最细微牙神经的精致钩状物。1磅这种柔细的带钩钢丝，如果能收集到的话，要比黄金贵几百倍。

铁块尚有如此挖掘不尽的财富，何况人呢？我们每个人的体内都隐藏着无限丰富的生命能量，只要我们有自信，不断去开发，它就可以是无限大。工匠们都在生铁里看到了经过加工后的成品，我们也应该在自己的生活中看到灿烂的前途，并去把它化为现实。如果我们只目光短浅地看到马掌或刀片，我们所有的努力与辛劳都不可能产生"钟表发条"与"游丝"。我们必须目光远大，必须勇于拼搏、经受考验并付出必要的代价，这样我们就能把我们的生命能量发挥到极致，而且还要坚信，我们所经受的痛苦和所做的努力最终都会成为一种财富。

在普通人看来不可能的事，如果当事人能从潜意识去认为"可能"，也就是相信可能做到的话，事情就会按照那个人信念的强度如何，而从潜意识中流出极大的力量来。这时，即使表面看来不可能的事，也可以完成。

希尔认为一个人是否成功，就看他的态度了！成功人士与失败者之间的差别是：成功人士始终用最积极的思考、最乐观的精神和最辉煌的经验支配和控制自己的人生。失败者刚好相反，他们的人生是受过去的种种失败与疑虑所引导和支配的。

有些人总喜欢说，他们现在的境况是别人造成的，环境决定了他们的人生位置。但是，我们的境况不是周围环境造成的。说到底，如何看待人生，由我们自己决定。纳粹德国集中营的一位幸存者维克托·弗兰克尔说过："在任何特定的环境中，人们还有一种最后的自由，就是选择自己的态度。"

马尔比·D.巴布科克说："最常见同时也是代价最高昂的一个错误，是认为成功有赖于某种天才、某种魔力、某些我们不具备的东西。"可是成功的要素其实掌握在我们自己的手中，成功是正确

思维的结果。一个人能飞多高，并非由人的其他因素，而是由他自己的态度所决定的。

被人们称为"全球第一CEO"的美国通用电气公司前首席执行官杰克·韦尔奇说过："所有的管理都是围绕'自信'展开的。"凭着这种自信，在担任通用电气公司首席执行官的20年中，韦尔奇显示了非凡的领导才能。韦尔奇的自信，与他所受的家庭教育是分不开的。韦尔奇的母亲对儿子的关心主要体现在培养他的自信心方面。因为她懂得：有自信，然后才能有一切。

韦尔奇从小就患有口吃症，说话口齿不清，因此经常闹笑话。韦尔奇的母亲想方设法将儿子这个缺陷转变为一种激励。她常对韦尔奇说："这是因为你太聪明，没有任何一个人的舌头可以跟得上你这样聪明的脑袋。"于是从小到大，韦尔奇从未对自己的口吃有过丝毫的忧虑。因为他从心底相信母亲的话：他的大脑比别人的舌头转得快。在母亲的鼓励下，口吃的毛病并没有阻碍韦尔奇学业与事业的发展。而且注意到他这个弱点的人大都对他产生了某种敬意，因为他竟能克服这个缺陷，在商界出类拔萃。美国全国广播公司新闻部总裁迈克尔就对韦尔奇十分敬佩，他甚至开玩笑说："杰克真有力量，真有效率，我恨不得自己也口吃。"

韦尔奇的个子不高，却从小酷爱体育运动。读小学的时候，他想报名参加校篮球队，当他把这想法告诉母亲时，母亲便鼓励他说："你想做什么就尽管去做好了，你一定会成功的！"于是，韦尔奇参加了篮球队。当时，他的个头几乎只有其他队员的四分之三高。然而，由于充满自信，韦尔奇对此始终没有丝毫察觉，以至几十年后，当他翻看自己青少年时代在运动队与其他队友的合影时，才惊奇地发现自己几乎一直是整个球队中最为弱小的那一个。

青少年时代在学校运动队的经历对韦尔奇的成长很重要。他认为自己的才能是在球场上训练出来的。他说："我们所经历的一切都会成为我们信心建立的基石。"在整个学生时代，韦尔奇的母亲始终是韦尔奇最热情的拥护者。亲戚、朋友和邻居几乎都听过韦尔奇母亲告诉他们的关于她儿子的故事，而且在每一个故事的结尾，她都会说，她为自己的儿子感到骄傲。

在培养儿子自信心的同时，她还告诉儿子，人生是一次没有终点的奋斗历程，你要充满自信，但无须对成败过于在意。

韦尔奇的自信源于他从小培养起来的一种心态，而这样的心态又让韦尔奇受益终生，最终帮助他成为商界精英、一代奇才，这就是自信的力量。

西点军校教官约翰·哈利在教导学生的时候说，"没有办法"或"不可能"使事情画上句号，"总有办法"则使事情有突破的可能。

人之所以能，是相信能。再冷的石头坐上3年也是会热的，关键在于你相信石头会热，然后再坚持去做。这里有很重要的两点：相信和坚持。如果你只是相信能而不坚持去做，那么这句话就失去了它的意义了。很多人知道做什么事是正确的、是能够做到的、是会成功的，但真正坚持下去的没几个。坚定自己的信念，持之以恒不放弃，你就会进步、成长、成功。

信心有多大，世界就有多大

在西点军校的考试前夜，麦克阿瑟感到非常焦虑，母亲告诉他："我的儿子，你必须相信你自己，否则没有人相信你；只要你抛弃了内心的怯懦，你一定能赢；尽管你没有把握成为第一，但你必须做最好的自己。"当西点军校的考试成绩公布时，麦克阿瑟名列第一，后来，凭着自信，他成为美国著名的将军。

西点的学生都很"阳光"、"积极"、意气风发、沉着稳健。当他看着你时，眼睛总是明亮中透着坚毅，焦距在你的眼睛上，没有任何恍惚的目光，让你立刻感到他积极的心态和战胜一切的能力和信心。

西点军校是这样定义自信的："自信心就是相信自己在任何情况下，即便是受到压力，又得不到所需要信息的情况下，也能够正确无误地采取行动。"自信心来自于个人的能力，它是以掌握的技能为基础的，有能力才能担当艰巨的任务，贡献个人的力量。自信也来源于主动寻求各种可以考验能力、提供学习机会的挑战。没有任何挑战能让你投降，这就是自信的精髓。

人与人交往，常常是意志力与意志力的较量，不是你影响他，就是他影响你。而我们要想让别人相信自己，首先你就得相信自己。只有强大的自信才能感染别人，影响别人，进而征服别人，让别人因为受到你的影响而相信你。

1988 年 6 月，中国科学院院长周光召到香港访问，柳传志得知后，马上让当时联想的外事负责人王晓琴盯住负责安排周光召行程的特别助理马雪征，想办法说服她让周院长给联想剪彩。

但马雪征并不想去，马雪征比香港人清楚，联想只是一家小公司，不是外界纷传的大集团，在等级森严的科学院中，联想的总经理最多算个处级干部，与部级的周院长隔着遥远距离。

周光召在香港见的是威尔逊总督，见完威尔逊总督，就开始挨个见大学的校长，然后见贸易发展局局长。他的行程安排已满，联想名气又小，马雪征哪里愿意周光召去为柳传志的小公司剪彩。

然而王晓琴黏在那里，她并不理会马雪征的借口。她笑眯眯地站在门口不走，马雪征没办法只好让她坐。王晓琴一坐下就开始说联想现在怎么困难，但前景如何光明。马雪征被她说动了。

当马雪征第一次接触联想，印象极其深刻。她原以为既然香港灯红酒绿，香港联想一定甚是阔气，谁知竟如此破烂。她在柴湾见识了联想的那间小办公室。"我确实没有想到，科学院的科学家柳传志，能在这地方上班，而且他自豪得不得了。"

柳传志邀请周光召参观公司的办事处。马雪征想，那办事处再差也得是玻璃墙的写字楼才是，谁料想完全不是。她被柴湾吓了一跳，觉得那是在深圳都见不着的破地方。"甭说深圳，"她说，"像惠州都见不着，破成那样。叫做工业大厦，其实只有一部客梯，剩下全是货梯。"那些大货梯的大台阶都很高，为了铲车"卡板"。

她随周光召走进去，还以为人人西装革履，谁知那儿的人全光着膀子，搭条毛巾，踏双人字拖鞋，穿着大裤衩，推着卡板。马雪征记得，柳传志对周光召客气道："您先进。"他的确得让周光召先进去，然后卡板才能进去。周光召跟他们一起挤到电梯最里边。电梯停下来的时候，得卡板先出去，他们才能出去。

参观完了办公室，柳传志又颇为戏剧性地邀请周光召坐船游河，说是要汇报工作。坐在船上，风拂浪激，乘长风破万里浪的感觉与在柴湾破办公室中有天壤之别。柳传志向周光召讲了他的三部曲，讲了整个联想战略布局。他斩钉截铁的语气宣告着仿佛一切尽在掌握之中。

马雪征想起这段往事就想笑："你要坐在船上听，会觉得这是一家有宏伟蓝图的公司。但想到那部电梯和那间办公室，你根本不可能觉得它会很伟大。怎么在那种地方办公的人会有这么一个蓝图？"她开始觉得柳传志是一个奇特人物。

马雪征后来在海淀剧院参加了联想的一次誓师会，听了柳传志的讲话。柳传志在那里声嘶力竭，讲的话又特别震撼。她又在想：这个公司怎么这么奇特？那么丁点儿的一个公司，为什么会有那么多人在那儿？她不知道那些人是公司员工还是从外面弄来凑数的。

在为香港联想剪彩后，过了两年，马雪征加入了这家奇特的公司。

信心有多大，舞台就有多大。自信，是一种感染力，是一种通向成功的先兆。即使是身处困境，别人也会从你的自信中看到你未来的希望。相反，如果连你自己都不相信自己了，还如何能企望别人来相信自己？

福布斯集团的主编大卫·梅克在下属们忙着组稿时，他总会传话说："在这期杂志出版之前，你们中有一个人将被解雇。"听到这话，大家都很紧张。有一次，一个员工实在紧张得受不了，就去问大卫·梅克："大卫，你要解雇的人是不是我？"没想到大卫·梅克却说："我本来还没有考虑谁被解雇，既然你找上门来，那就是你了。"就这样，那名员工被解雇了。

这就是不自信的代价，如果你没有自信，觉得自己很弱的话，别人也往往会随着你的思路和暗示认为你就是那个最差的人。不要抱怨，这就是事实。

相信自己，是相信自己的优势，相信自己的能力，相信自己有权占据一个空间。只有相信自己才能让周围形成一股通往成功的暖流。

信心是成功的秘诀。拿破仑·希尔说："我成功，因为我志在战斗。"若没有毅力和信心，成功便会离他而去。

从22岁到54岁，罗纳德·里根从电台体育播音员到好莱坞电影明星，整个青年到中年的岁月都陷在文艺圈内，从来没想过要从政，更没有什么经验可谈。这一现实，几乎成为里根涉足政坛的一大拦路虎。然而，共和党内保守派和一些富豪们看中了里根的从政潜质，竭力怂恿他竞选加州州长，于是里根毅然决定放弃大半辈子赖以为生的影视职业，开始了他的政治生涯。

当然，里根要改变自己的生活道路，并非突发奇想，而是与他的知识、能力、经历、胆识分不开的。因为信心毕竟只是一种自我激励的精神力量，若离开了自己所具有的条件，信心也就失去了依托，难以变希望为现实。大凡想大有作为的人，都须脚踏实地，从自己的脚下踏出一条远行的路来。有两件事树立了里根角逐政界的信心：

第一件事是他受聘担任通用电气公司的电视节目主持人。这使得他有大量机会认识社会各界人士，全面了解社会的政治、经济情况。他从中获得了大量信息，从工厂生产、职工收入、社会福利到政府与企业的关系、税收政策，等等。里根把这些话题吸收消化后，通过节目主持人身份反映出来，立刻引起了强烈的共鸣。为此，该公司一位董事长曾意味深长地对里根说："认真总结一下这方面的经验体会，为自己立下几条哲理，然后身体力行地去做，将来必有收获。"这番话对里根产生弃影从政的信心功不可没。

另一件事是他加入共和党后，为帮助保守派头目竞选议员、募集资金，他利用演员身份在电视上发表了一篇题为《可供选择的时代》的演讲。专业化的表演才能使他大获成功，演说后立即募集到100万美元，以后又陆续收到不少捐款，总数达600万美元。《纽约时报》称之为美国竞选史上筹款最多的一篇演说。里根一夜之间成为共和党保守派心目中的代言人，得到了党内大多数人的支持。

里根在好莱坞的好友乔治·墨菲，这个地道的电影明星，与担任过肯尼迪和约翰逊总统新闻秘书的老牌政治家塞林格竞选加州议员。在政治实力悬殊巨大的情况下，乔治·墨菲凭着38年的舞台经验，唤起了早已熟悉他形象的老观众们的支持，从而大获成功。结果表明，演员的经历不但不是从政的障碍，而且如果运用得当，还会为争取选票、赢得民众发挥作用。里根发现了这一秘密，决定在塑造形象上作文章，充分利用自己的优势——五官端正、轮廓分明的好莱坞"典型的美男子"的风度和魅力，还邀约了一批著名的大影星、歌星、画家等艺术名流来助阵，使共和党的竞选活动别开生面、大放异彩，得到了众多选民的支持。

但里根的对手、多年来一直连任加州州长的老政治家布朗却对里根的表现不以为然，认为这只不过是"二流戏子"的滑稽表演。他认为无论里根的外部形象怎样光辉，其政治形象毕竟还只是一个稚嫩的婴儿。于是他抓住这一点，以毫无政坛工作经验为实进行攻击。而里根却因势利导，干脆扮演一个朴实无华、诚实热心的"平民政治家"。里根固然没有从政的经历，但有从政经历的布朗恰恰有更多的失误，给人留下把柄，让里根得以辉煌。二者形象的对照是如此的鲜明，里根再一次清除了障碍。

里根在竞选过程中，曾与竞争对手卡特进行过长达几十分钟的电视辩论。面对摄像机，里根淋漓尽致地发挥出表演才能，妙语连珠、挥洒自如，在亿万选民面前完全凭着当演员的本领，占尽上风。相比之下，从政时间长、但缺少表演经历的卡特却显得黯然失色。

里根成功的根源是自信，自信使他超越了障碍本身——缺少从政经验。经历固然是人生宝贵的财富，但有时也会成为成功的障碍。只是有的人将经历视为追求未来的障碍，有的人则将经历视为实现目标的法宝，里根选择了后者。

其实成功者也同样遭遇过失败，但坚定的信心使他们能够通过搜寻薄弱环节和隐藏的"门"，或通过吸取教训来获得成功。鸿运高照其实是他们信心坚定的结果。里根的成功经验表明：信心对于立志成功者具有重要意义。信心的力量在战斗者的斗争过程中起决定作用，事业有成之人必定拥有无坚不摧的信心。有人说："成功的欲望是造就财富的源泉。"这种自我暗示和潜意识被激发后会形成一种信心，转化为"积极的情感"，它会激发人们无穷的热情、精力和智慧，帮人

成就事业，所以信心常常能改变人的命运。

事实上，每个成功者都具备一股巨大的力量——信心，在支持并推动他们不断前进。拿破仑·希尔说："成功者就是那些拥有坚定自信心的普通人。"

一个有眼力的人，能够从过路人中识别出成功者来。因为一个成功者，他走路的姿势、举止，无不显示出他的自信心，从他的气势上，可以看出他是能够自己做主、有自信心和决心完成任何工作的人。一个能自主、有自信心和决心的人，就拥有了成功的资本，因为自信能够让他的潜能全部燃烧、释放。

要想获取事业的成功，必须拥有坚定的自信心，有了它，你的潜能就可以取之不尽、用之不竭。一个没有自信心的人，无论有多大潜能，都无法开发、利用，也就不能抓住任何机会。当遇到重要关头时，总是无从把所有的潜能都表现出来，因此明明可以成功的事，往往弄得惨不忍睹。你之所以缺乏自信心，是因为你不相信自己具有自信力的缘故。你必须从心理、言行、态度上显示出你强大的自信力，这样在不知不觉中，别人就会开始对你产生信任，而你自己也会逐渐觉得自己确实是可以信赖的人了。

一个光明磊落、充满生气、坚信成功的人，到处都受人欢迎；一个老是唉声叹气、专想失败的人，谁都不愿跟他来往。世上唯有那些满怀希望、愉快活泼的青年，才能持续不断地发展自己的事业。对于那些满面愁容、无精打采的人，人们总是盼望能早些避开。一个有决心的人，他的行为谈吐无不表现出他的坚定与自信。自信的人往往意志坚强，觉得自己有战胜一切的把握。世上最受人信任、令人钦佩的就是这种人。最遭人厌恶、鄙视的则是那些犹豫多疑、拿不定主意的人。一切成功和胜利都属于在各方面都自信的人。那些即使遇到机会也没有自信必能成功的人，只能得到失败。唯有打定主意、有勇气奋斗的人，才能对事业发生兴趣，才能自信一定能够成功。

那些在生存竞争中获得胜利的人，他们的一举一动无不充满信心，他们的非凡姿态也定将使你敬仰有加。一眼望去，就可以看出他们浑身充满活力。那些被挤倒在地、打了败仗的人，却永远是那副不死不活的样子；他们没有决断力、自信力；他们从自己的行动举止、谈吐、态度上，给人留下的就是一副懦弱无能的印象。喷泉的高度是无法超过它的源头的，一个人做事也是一样，他的成就绝不会超过自己所相信的程度。如果你已经有了适当的发展基础，而且坚信自己的力量确能愉快地胜任，就应该立刻打定主意，不要再发生丝毫动摇。即使你遭遇一些困难和阻力，也千万不要想到后退。只有这样，才能完全发挥你的潜能，取得成功。

在迈向成功的征途中，荆棘有时比玫瑰花的刺还要多。它们挡在你面前，正是考验你究竟意志是否坚定，力量是否雄厚的时候。这时你应当坚信，任何障碍，只要你不气馁、不灰心，终究有法子排除。只要两眼紧盯着目标，有自信力，一定有成就事业的能力，那就说明你在精神上已经到了成功的地步，而事实上的成功也会尾随而至。你要排除一切旁人的意见，打消一切莫须有的空念头，遇事立刻作出判断，时时显现出对任何事都有把握的态度，切勿气馁。你所下的决心，必须坚定如山，无论你受到何种打击与引诱，都不可再动摇——这是战胜一切的诀窍。世上真不知有多少失败者，只因没有坚强的自信力，最终只能成为心神不定、犹豫怯懦之辈，他们三心二意，永无决定事情的能力。他们自身明明有着一种成功的潜能，却被自己活生生地推了出去。

无论你穷到什么地步，千万不要失去最可贵的自信力！你昂起的头，切勿被穷苦压下去；你坚决的心，切勿因恶劣的环境而屈服。你应该坚决地说：你全身的潜能已经足以完成那个事业，绝不会有人来把你的这股力量抢了去。你应该从自己的个性改起，养成一种坚强有力的个性，把曾被你赶走的自信力和一切因此丧失的潜能重新挽救回来，让它们在你身上重新燃起熊熊大火，照亮你成功的征途。

自卑是成功的墓地

西点著名校友詹姆斯·A.M.惠斯勒认为："若想在自己内心建立信心，即应像洒扫街道一般，首先应将相当于街道上最阴湿黑暗之角落的自卑感清除干净，然后再种植信心，并加以巩固。"

自 1802 年建校以来，西点军校已经培养出两名美国总统、4 名五星上将、3700 名将军，美国陆军 40% 的将军都来自西点。另外，在当今世界 500 强企业中，约有 1000 名董事长、5000 名总经理毕业于西点军校——任何一所商学院都没有培养出如此多的管理精英。

西点之所以是精英的摇篮，跟他们所倡导的精英主义教育是密不可分的。在西点军校的课堂上，心理学家讲道："成功心理、积极心态的核心就是自信主动的意识，或者称作积极的自我意识，而自信意识的来源和成果就是经常在心理上进行积极的自我暗示。反之也一样，消极心态、自卑意识，就是经常在心理上进行消极的自我暗示。"

王璇在一家大型的日本企业上班，毕业于某著名语言大学。大学期间的王璇是一个十分自信、从容的女孩。她的学习成绩在班级里名列前茅，是男孩追逐的焦点。然而，最近王璇的大学同学惊讶地发现，王璇变了，原先活泼可爱、整天嘻嘻哈哈的她，像换了一个人似的，不但变得羞羞答答，甚至其行为也变得畏首畏尾，而且说起话来，干起事情都显得特别不自信，和大学时判若两人。每天上班前，她会为了穿衣打扮花上整整两个小时的时间。

为此她不惜早起，少睡两个小时。她之所以这么做，是怕自己打扮不好，而遭到同事或上司的取笑。在工作中，她更是战战兢兢、小心翼翼，甚至到了谨小慎微的地步。

原来到日本公司后，王璇发现同事们的服饰及举止显得十分高贵及严肃，让她觉得自己土气十足，上不了台面。于是她对自己的服装及饰物产生了深深的厌恶。第二天，她就跑到服饰精品商场去了。可是，由于还没有发工资，她买不起那些名牌服装，只能悻悻地回来了。

在公司的第一个月，王璇是低着头度过的。她不敢抬头看别人穿的正宗的名牌西服、名牌裙子，因为一看，她就会觉得自己穷酸。那些日本女人或早于她进入这家公司的中国女人大多穿着一流的品牌服饰，而自己呢，竟然还是一副穷学生样。每当这样比较时，她便感到无地自容，她觉得自己就是混入天鹅群的丑小鸭，心里充满了自卑。

服饰还是小事，令王璇更觉得抬不起头来的，是她的同事们平时用的香水都是洋货。她们所到之处，处处清香飘逸，而王璇自己用的却是一种廉价的香水。

女人与女人之间，聊起来无非是生活上的琐碎小事，主要的当然是衣服、化妆品、首饰，等等。而关于这些，王璇几乎什么话题都没有。这样，她在同事们中间就显得十分孤立，也十分羞惭。

在工作中，王璇也觉得很不如意。由于刚踏入工作岗位，工作效率不是很高，不能及时完成上司交给的任务，有时难免受到批评，这让王璇更加拘束和不安，甚至怀疑自己的能力。此外，王璇刚进公司的时候，她还要负责做清洁工作。看着同事们悠然自得地享用着她倒的开水，她就觉得自己与清洁工无异，这更加深了她的自卑意识……

成功者和普通人在性格上的区别是前者往往比较自信、有活力，而后者则不然，即使她很优秀，内心也总是灰暗和脆弱的。但是他们又有共同点，那就是人类天生的自卑感。自卑，通常被解释为一种消极的自我评价或自我意识，也就是个人认为在某些方面因技不如人而产生的消极情感；自卑感就是个体把自己的各方面能力、个人品质估计偏低而产生的消极意识。

王璇总是一味地轻视自己，总感到自己这也不行，那也不行，什么也比不上别人，怕正面接触别人的优点，回避自己的弱项，这种情绪一旦占据心头，结果是对什么都提不起精神，犹豫、忧郁、烦恼、焦虑便纷至沓来。倘若遇到一点困难或者挫折，更是长吁短叹，消沉绝望，那些光明、美丽的希望似乎都与自己断绝了关系。无论如何，一个自卑的人是很难感受到快乐和幸福的，自卑感十分折磨人，是对人生兴奋、乐观、开朗的最大抑制。

世上大部分不能走出生存困境的人都是因为对自己信心不足，他们就像一颗脆弱的小草一样，毫无信心去经历风雨，这就是一种可怕的自卑心理。自卑心理严重的人，并不一定是其本身具有某些缺陷或短处，而是不能悦纳自己，自惭形秽，常把自己放在一个低人一等，不被自我喜欢，进而演绎成别人也看不起自己的位置，并由此陷入不能自拔的痛苦境地，心灵笼罩着永不消散的愁云。

每一个事物、每一个人都有其优势，都有其存在的价值。自卑是一种没有必要的自我没落，一个人如果陷入了自卑的泥潭，他能找到一万个理由说自己如何如何不如别人，比如：我个矮、我长得黑、我眼睛小、我不苗条、我嘴大、我有口音、我汗毛太多、我父母没地位、我学历太低、我职务不高、我受过处分、我有病、我不会吃西餐，等等，可以找到无数种理由让自己自卑。由于自卑而焦虑，于是注意力分散了，从而破坏了自己的成功，导致失败，即失败——自卑——焦虑——分散注意力——失败，这就是自卑者制造的恶性循环。

一个人如果陷入了自卑，在人际交往中除了封闭自己以外，就有可能会奴颜婢膝，低三下四。一个人如果自卑，他不仅不敢有远大的目标，同时他将永远不会出类拔萃；一个民族和国家如果自卑，只能当别国的殖民地，站不起来，也不敢站起来，只能跟在别国后边当附庸。雷切尔·卡林说过："很多失败者恰恰犯了一个相同的错误，他们对自身具有的宝藏视而不见，反而拼命去羡慕别人，模仿别人。殊不知，成功其实就是自信地走你自己的路。"

自信能引导一盏生命的明灯，一个人没有自信，只能脆弱地活着；反过来讲，因为信心的力量是惊人的，它可以改变恶劣的现状，达到令人满意的结局。充满信心的人永远被击不倒，他们是命运的主人。强烈的自信心，可令我们每一个意念都充满力量。如果你用强大的自信心去推动你的事业车轮，你必将赢得人生的辉煌。

把自己视为一个成功的形象，有助于打破自我怀疑和自我失败的习惯，如果一直对自己保持怀疑，谁能相信你能成功？而你又怎么能达到你心中的目标？

就拿DNA双螺旋结构的发现来说，在1951年，英国的弗兰克林从自己拍摄的X射线照片上发现DNA的双螺旋结构后，他计划就发现做一次演说，但由于自卑，他踌躇再三，终于放弃了。1953年，科学家沃森和克里克也发现了同样的现象，从而提出了DNA的双螺旋结构假说，使人们进入到生物时代，并因此获得1962年的诺贝尔医学奖。

多么可惜呀，若不是自卑，这个发现应该记在弗兰克林头上。自卑，使他与诺贝尔奖擦肩而过。自卑，也是成功的坟墓。

著名的奥地利心理分析家A.阿德勒在《自卑与超越》一书中说："人类的所有行为，要么源于自卑感，要么是对自卑感的超越。"

自卑感是与生俱来的，存在于每个人身上，只是程度不同而已。人们对改变现状的追求是永无止境的，因为人类的需要是永无止境的。但由于人类无法越过宇宙、跨过时空，无法摆脱自然的束缚，所以就产生了自卑。从哲学角度上讲，人产生自卑是无条件的。不过，对于具体的个人而言，产生自卑的原因却是千差万别的。人类认识自我常常借助于外部环境的反应和别人的评价态度，这早已被心理学家证实。例如一个画家，对自己很有信心，但是如果每个和他接近的人都说他画得不好，这时他就会产生自卑。阿德勒的亲身体会也证实了这一点：他的数学成绩很差，老师和同学们都说他笨，这使他认为自己是个数学低能儿。但有一天，他却做出了一道连老师也没有做出的数学题，他这才发现自己的信心和能力，从此走出了自卑的阴影。

自卑是成功的坟墓，但它并不是不可以战胜的。我们可以通过下面的这些方式来战胜自卑：

（1）主动和别人说话。

越是主动和人谈话，自信心就越强，以后与人的交谈就会变得越容易。闭门独思、自我封闭的态度，无异于是对自信心的扼杀。

（2）突出自己，挑前面的位子坐。

在各种形式的集会、课堂上，后面的位子总是先被人坐满。愿意坐在后面的人，大都不想引人注意，这是由于缺乏信心的缘故。而坐在前面，就要敢于把自己置于众目睽睽之下，必须有足够的勇气和胆量。长期坐在前面，并养成习惯，自卑也就在潜移默化中变成了自信。

（3）养成盯着对方眼睛的习惯。

眼睛是心灵的窗口，一个人的眼神可以折射出性格，透露出情感。不敢正视别人，意味着自卑、胆怯、恐惧；躲避别人的眼神，则折射出阴暗、不坦荡。正视对方等于向对方表明：我尊重你，我也有信心赢得你的尊重。所以，正视别人，是积极心态的反映，是个人魅力的展示，是自信的

象征。

（4）勇于当众发言。

面对大众讲话，需要勇气和胆量，这是培养和锻炼自信的重要途径。尽量发言，就会增强信心。有许多原本木讷或口吃的人，都是通过练习当众讲话而变得自信起来的，如肖伯纳、田中角荣、德漠斯梯尼等。

（5）正确评价自我。

要科学地、正确地认识自我，充分认识自己的能力、素质和心理特点，要有实事求是的态度，不夸大自己的缺点，也不抹杀自己的长处，这样才能确立合理的追求目标。特别要注意对缺陷的弥补和优点的发扬，将自卑的压力变为发挥优势的动力，从自卑中超越。

（6）利用自我暗示。

要相信自己的能力,学会在各种活动中自我提示:我并非弱者,我并不比别人差,别人能做到的,我经过努力也能做到。认准了的事就要坚持下去，并争取成功；不断的成功又能使你看到自己的力量，变自卑为自信。给自己创造机会，展示自我。锻炼的机会多了，就会在实践中发现自己的长处和他人对自己的正确评价。

（7）积极参与社会交往。

不要总认为别人看不起你而离群索居。如果你自己瞧得起自己，别人也就不会再轻易小看你。能不能从良好的人际关系中得到激励，关键还在于自己。多与人交往，发挥自己的长处，有利于在集体活动中锻炼自己的能力，树立自信心，避免离群索居带来的心理封闭等不良影响。

（8）多看成功自励的书。

许多成功人物都曾经历过信心不足、迷茫、挫败等打击的锤炼，也经历过成功的滋润。他们的自信的建立是最有启发意义的。所以，成功人物传记和成功自励的书，最能帮助我们找到勇气和力量，从而增强我们的自信。

诸如此类的书刊，都是运用许多成功的例证，从各个角度阐述成功的正确观念和态度以及一些成功的技巧。这对我们增强自信极有好处。本书便是其中的一本。如有条件，找一个有成功经验的人进行咨询，也能达到战胜自卑的目的。

（9）剖析自己。

当你感到自卑、烦躁、缺乏自信时，多方面分析原因：家庭出身如何？受到的教育如何？从小到大的环境如何？是否缺少亲友帮助？人生信念是什么？人生目标是什么？等等。这样便能找出缺乏自信的原因。各人条件不同、追求目标不同，理智地分析，就不会因某一时、某一专长不如人而灰心丧气。

超脱了局限和自卑，你便能肯定自己，从而树立自信心。将自己的人生放在一些大背景中去分析会更容易超脱。在整个世界、整个人类历史、整个国家、整个社会等大背景中，可能会有人比你强，但一定也会有人面临比你更大的困境。卡耐基引用一个故事说："当你担心没有鞋时，却有人还没有脚。"这就是我们常说的"比上不足，比下有余"。从大背景进行分析，主要是让我们从个人小圈子的局限中超脱出来，从自卑的情绪中超脱出来。

从小到大，每个人都会有许许多多、大大小小的成功，比如考上中学，考上大学；某科成绩开始不怎么好，后来赶上去了；当了学生干部，获某项比赛的好名次；学会游泳、跳水、击剑；某次做生意成功了；某次交友成功了……多花时间，仔细回顾，如数家珍地一件件列举出来，哪怕是一件小小的成绩也不放过。望着这些成就，你可能会很惊讶，原来自己也有这么多成功。再现过去的成功体验，能使你充满信心。看到成功者有不如你的地方，你的自信心就会增强。

选一个年龄相仿的成功者作为比较对象。列出自己的特长、爱好和才能，比如写作、打球、跑步、绘画、外语、唱歌、下棋、跳舞、交际、演讲、某种技艺、吃苦耐劳的特性、坚忍不拔的毅力、机灵、幽默……从自己的优势中找出别人不如你的项目。任何一种精神上的进步或物质上的收获，都是增强自信心的滋补剂。

总之，只要对信心的形成有正确的理解，采取行动不断充实自己，提高自己的能力，弥补自

己的不足，增加成功的体验，我们就能增强我们的自信。只有拥有了足够的信心，你才能适应环境的变化，才能有所作为。树立必胜的信念，没有更多的诀窍，关键在于我们自己有无决心去行动，去获取成功的经验。

没有人生来就是失败者

西点校友美国著名学者本杰明·S.尤厄尔说过："失败的原因往往不是能力低下，力量薄弱，而是信心不足，还没有上场，就败下阵来。"没有人生来就是失败者，信念是一种无坚不摧的力量，当你坚信自己能成功时，成功的胜算才会大。西点人认为，如果你想要受人欢迎，那你必须得具有绝对的信心，这一点非常重要。

西点毕业生、Free Markets 公司高级副总裁戴夫·麦考梅克是这样评述西点的："西点军校是特别能打消傲气的地方。我来自一个小镇，在那里，我是优等生，而且还是一个运动队的头。我来到西点后发现，我的同学中 60% 是运动队的头，20% 是所在中学的尖子。今天你还是一个地方明星，明天你就只是数千强者中的微不足道的一个。"在这种高手如云的军校里，竞争是异常残酷的，如果再没有自信的话是很容易被打败的。

2008 年，中国新闻网转载了《成都晚报》一则关于某男子毕业 3 年，因不自信丢掉了第 6 份工作的消息：

"难道我真的一无是处，是个没用的人？"刚刚失去第 6 份工作的李磊想起 3 年来在工作中的点点滴滴，对自己彻底失去了信心。

他说，前几天刚被老板辞退，这已经是他毕业 3 年来的第 6 份工作了。他自己觉得，不自信是丢掉工作的主要原因。原来，一周前李磊到一家牙科诊所应聘，老板问他是什么学历，因为害怕老板嫌弃自己的学历低，李磊便谎称是本科学历，而实际上他是大专学历。本以为老板只是问问学历，没想到上班之后，老板天天要他拿出学历证书。再也瞒不过去的李磊只得向老板吐露了实情，结果第二天老板就以"为人不诚实"将他辞退了。

"一家私人诊所可能也不会太在乎学历，我毕业 3 年了，有实践经验，这对老板来说可能比学历更为重要。"李磊很后悔当初不自信，没有对老板说实话。

李磊的经历给我们带来了深刻的思考：自信心对于一个人很重要。要想老板看重你，首先要自己看重自己。

客观上来说，一个人有没有自信，来源于对自己能力的认识。充满自信就意味着对自己信任、欣赏和尊重，意味着对工作胸有成竹、很有把握。

未来学家弗里德曼在《世界是平的》一书中预言："21 世纪的核心竞争力是态度。"这就是在告诉我们，积极的心态是个人决胜未来最为根本的心理资本，是获得成功最核心的竞争力。

没有人生来就是失败者。那些相信他们能做到的人一定会成功，而那些相信自己不能做到的人却只能做到他们所相信的程度，这是因为信心可以激发成功。

中国某沿海城市的一传媒曾以"孩子们眼中的钱"为题作了一次调查，在《你这辈子想赚多少钱》的问题上，14.94% 的人想赚亿元以上，16.52% 的人想赚 1000 万以上，26.87% 的人想赚 100 万以上。孩子们的金钱梦令人震惊！

有人认为现在的小孩过于狂妄，说话做事不切实际。有人认为这是世风日下的表现，连小小的孩子也钻到钱眼里去了。但是，事实上谁能说孩子的梦想不能实现呢？

从全球范围内财富拥有者最多的美国来看，过去 15 年来美国造就的亿万富翁比有史以来的总和还要多。而 20 多年前，谁能想到今天的中国会有数以百万计的百万富翁、上千个亿万富翁呢？何况社会进步了，致富的机会会更多，财富的增长速度会更快。丁磊还不到 30 岁，涉足网络传媒业不过数年，但其公司在美国上市后其个人身价就已超过 1 亿美元；李泽楷在 30 岁左右时，却可

以创造一个千亿元的电信帝国神话，被媒体誉为"小超人"；只有高中文凭的比尔·盖茨，身价却可以上千亿美元。没有人生来就是要失败的。所以应当把这样一个观念灌输进孩子的骨髓和血液中，那就是他生来就是为着胜利，他生来就是要胜利，他是由胜利材料而非由失败材料构成的，就像许多人所认为的那样。教导孩子们要拥有这种自信的心态，要极度地自尊和绝对地相信自己有着美好的前途。这样，孩子踏入社会以后，才会勇敢地搏击人生。未来的子女教育应进入这样的时代：我们教导孩子们要展示力量，要显得充满活力，并教导孩子们要有自信的心态。

面对不断壮大的中国富豪群体，我们不应仅仅羡慕、嫉妒，而应思考他们成功的根源。这些富豪没有超人的本领，很多都是白手起家的。2001年的中国首富刘永好的一句话对此作了最好的诠释：只要有信心投入到新的生存方式中去，就可以显著地改善自己的收入状况。所以孩子们的理想是值得鼓励的。只要培养他们具备充分的自信和坚忍不拔的意志，他们日后的事业成功就有了一个重要条件。俗话说："这个世界是由自信心创造出来的。"可见树立坚定自信心对一个人成功的重要性。生活在机遇和挑战无处不在的今天，要想有所作为、有所建树，首先必须树立坚定的自信心。

闻名商界的"世界船王"包玉刚刚开始经营航运业时，仅靠一条破船闯大海。当时曾引起不少人的嘲弄，但包玉刚并不在乎别人的怀疑和嘲笑，他相信自己会成功。他抓住有利时机，正确决策，不断发展壮大自己的事业，终于成为雄踞"世界船王"宝座的华人巨富。

包玉刚中学毕业后当过学徒、伙计，后来又学做生意。30岁时曾任上海工商银行的副经理、副行长，并小有名气。31岁时包玉刚随全家迁到香港，他靠父亲仅有的一点资金，从事进口贸易，但生意毫无起色。他拒绝了父亲要他投身房地产业的要求，表明了欲从事航运的打算。因为包玉刚的父辈没有从事过航运业，当时航运竞争也十分激烈，风险极大，亲朋好友均纷纷劝阻他。但是包玉刚却信心十足，他经过周密的分析，认为航运业会有很广阔的发展前景，并且香港背靠大陆、通航世界，是商业贸易的集散地，其优越的地理环境有利于航运业的发展。

包玉刚确信自己能在大海上开创一番事业。于是，他抛开了他所熟悉的银行业、进口贸易，投身于他并不熟悉的航运业，他的举动遭到了很多人的哂笑。对一个穷得连一条旧船都买不起的外行，谁也不肯轻易把钱借给他，人们根本不相信他会成功。他四处告贷，但到处碰壁，尽管钱没借到，但他经营航运的决心却更大了。后来，在一位朋友的帮助下，他终于贷款买来一条20年航龄的烧煤旧货船。

从此，包玉刚就靠这条整修一新的破船，扬帆起锚，跻身于航运业了。经过包玉刚的苦心经营，他所创立的"环球航运集团"，在世界各地设有20多家分公司，曾拥有过200多艘载重量超过2000万吨的商船。他拥有的资产达50亿美元，曾位居香港十大财团的第三位。

包玉刚的平地崛起，令世界上许多大企业家为之震惊：他靠一条破船起家，经过无数次惊涛骇浪，渡过一个又一个难关，终于建起了自己的王国，结束了洋人垄断国际航运业的历史。

包玉刚的这种自我肯定的力量为其事业的成功提供了精神动力，在商界留下了美名。一些人总是奇怪自己为什么在社会中如此卑微，如此不值一提，如此无足轻重。其中的原因就在于他们不能像包玉刚那样自信、积极地去思考。他们没有建设者、胜利者或征服者的心态，他们总给人以软弱无力的印象。要知道，思想积极的人才富有魅力，思想消极的人则使人反感，这就是为什么自信的人总是容易取得成功的原因。

财富绝不可能去接近一个具有恐惧和怀疑心态的人。虽然几乎没有谁想赶跑机会、成功和财富，但是由于他们充满怀疑和担忧，缺乏信心，所以就赶跑了财富、机会和成功，然而他们自己却毫不觉察。

许多人比上不足、比下有余，过着既说不上富裕也说不上贫穷的生活。他们生命中的大部分时间都介于贫困和富足之间，因为，一部分时间内他们的心态是积极自信的，而另一部分时间内他们的心态则是非建设性的。因此，这种人就像钟摆一样摇摆不定。这种人一旦获得了一点儿勇气、希望和激情，他们就能创造一些财富；而一旦他们丧失了信心，变得沮丧气馁、内心充满怀疑和忧虑时，他们的心态就变得消极起来，因而也就没有了创造力，也就不能创造财富，他们也就会

重新滑落到起点。如果我们始终如一地以一种自信的心态来生活，那么我们的生活中将充满阳光。

美国思想家爱默生说："自信是煤，成功就是熊熊燃烧的烈火。"对于成功人士来说，自信心是必不可少的。据说，今日资本集团总裁徐新当初之所以选择投资网易，正是因为网易创始人丁磊的自信。

丁磊毕业于电子科技大学，毕业后被分配到宁波市电信局。这是一份稳定的工作，但丁磊无法接受那里的工作模式和评价标准，自信的他从电信局辞职："这是我第一次开除自己。有没有勇气迈出这一步，将是人生成败的一个分水岭。"

因为自信，丁磊在两年内3次跳槽，最终在1997年决定自立门户。后来，丁磊和徐新在广州一家狭小的办公室见面。徐新主动问他一些问题："网易在行业内的情况怎么样？"

"我们会是第一。"丁磊毫不犹豫地这么回答。客观上讲，1999年初，网易刚向门户网站迈进，与新浪、搜狐相比，还只是一个刚刚崭露头角的小网站。

徐新当然知道当时的网易不是门户网的第一，但觉得："他很有上进心，而不是吹牛——是有实质的自信。我觉得企业家有这种精神是很必要的，你有这么一个理想跟雄心去做行业排头兵。我投的就是他的这个自信。"

对于个人，有坚强的自信，往往可以使得平庸的男女，能够成就神奇的事业，成就那些虽则天分高、能力强但却疑虑与胆小的人所不敢染指尝试的事业。

你的成就之大小，永远不会超出你的自信心的大小。同样，你在一生中，假使你对于自己的能力存在着严重的怀疑和不信任，决不能成就重大的事业。不热切、坚强地希望成功而能取得成功的，天下绝无此理。成功的先决条件就是自信。

河流是永远不会高出于其源头的。人生事业之成功，亦必有其大源头，而这个源头，就是梦想与自信。不管你的天赋怎样高，能力怎样大，教育程度怎样深湛，你的事业上的成就，总不会高过你的自信，"他能够，是因为他想他能够；他不能够，是因为他想他不能够。"

这世界上，有许多人，他们以为别人所有的种种幸福是不属于他们的，以为他们是不配有的，以为他们不能与那些命运特佳的人相提并论。然而他们不明白，这样的自卑自抑，自己抹杀，是可以大大地减弱自己的生命的，也同样会大大减少自己的成功机会。

除了自己之外，没有人能贬低我们

1902年夏末秋初，乔治·史密斯·小巴顿很快就要17岁了。他希望成为一名正规的美国军官。巴顿先生非常赞成小巴顿的想法，因为这能够充分发挥小巴顿的潜能。当时，从戎的最好出路就是在西点军校学习，因为学员毕业后立即就能被授予少尉军衔。不过西点军校并不好考，因为每次只招收150名新学员。考试由体力、智力两方面组成，非常严格。小巴顿先在弗吉尼亚军校刻苦学习，并取得优异成绩。之后在巴顿先生利用自己的影响力马不停蹄地为小巴顿进行了多次活动之后，小巴顿终于如愿以偿地进入了西点军校。但是进入军校的小巴顿也开始有了自己的苦恼，我们看看他当初给父亲写的信就知道小巴顿的烦恼是什么了。

1904年9月4日给父亲的信：

我不知道您知不知道我一直以为自己是个军事天才，我将来可能会成为一位伟大的将军。但就现在的情况来看，似乎这种想法没有什么根据。我不比我的同学聪明，我的同学也不像拿破仑的同学崇拜他似的那样崇拜我。事实上我和别的同学唯一的不同就在于我有理想并有信心实现我的理想，而他们连理想也没有。

1904年11月12日给父亲的信：

如果我对于您和妈妈是一种安慰的话，我会很高兴的。我唯一的希望就是我对我自己也是一

种安慰，但我根本就不是。我活了 19 年，但感觉我都白活了，我比我小的时候强不了多少，别人似乎都成功了，只有我还是一事无成，虽然我一心地想要成功，也许我和别人一样没有失败，只是嫉妒让我这么想而已。我样样都会却什么也不精通，我认为如果一个人多少算是个人物的话，他至少该精通一门。我看到我的同学一点儿优越感都没有，而这种优越感应该是一个成功人士必须有的。我有的时候就想我虽不是那种徒有远大理想却无法实现的可怜虫——要真是这样的话，我宁愿我在 10 年前就死掉——也比在失败中度过一生的好。因为这样的话，我就没有机会想象这种可怕的地狱般的生活了。如果我沦为一个普通的军官的话，那么要不就把我一棒子敲死，要不就让我振作起来吧……振作起来，我怕我已经失去了那种您一直高度赞扬的自信心，我不能肯定我是否能成功，但现在是我人生一个新的开始，我要重新开始并且坚持下去。通常来说周日我开始发奋了，周一我又松懈下来了，可能这封信我写得太悲观了，但自我感觉没有价值的念头太强烈，我必须得说出来……

1904 年 12 月 26 日给父亲的信：

恐怕您对这儿的"辛苦"的含义理解得不太正确，因而您也就高估了我在这儿学习的好处。别忘了，我不是唯一的一个学生，我只是 400 名学生中的一员。其中有些学生非常优秀，比您的儿子不知强出多少倍。习惯是人类最强烈的情感，这一点从我身上可以得到证明，我一点儿也不刻苦勤奋。我现在没有课却也不知该如何打发时间。您说我上次考试成绩不错，但您知不知道，有 40 多个学员数学得了优秀，100 多个人英语得了优秀。我即使是考得不错，也实在没什么值得夸耀的。

我认为我自己真是糟透了，我这么说倒不是我有点儿泄气或是羞耻，而是说每次我骂过自己以后，过了不两天又恢复原样了，一点儿也没改变。我现在和别的学生没什么不同了，这可不大好，我得时时保持清教徒式的冷静的头脑……

我想我几乎没取得什么成功而只有失败，原因是因为我一直生活在对未来的幻想中。这种幻想使我工作，也阻挠了我的进步。我一直都告诉自己明天要好好学习了，结果今天就总是很懈怠，不为明天作准备。结果呢，我就只是一味地渴望明天而忽略了今天。我想如果我能够细致地做好今天的每一件事，热切地憧憬明天，那么我倒可能成功，所以我想我应该试一试。

1905 年 1 月 1 日给父亲的信：

我还没有实施我的刻苦学习的计划，但我一定会勤奋一点儿的，尽管您对我的成绩很满意，我却不这么想。太平常了，我还不是中上等的学生，一想到这个我就很难受。我希望我能赶到前面去获得成功……

1905 年 6 月 3 日给父亲的信：

障碍赛比得很辛苦，因为我不想输，然而我们还是输了，还要考法语和数学。我太蠢了，当然我这么说也是没有用的，我渴望成功的愿望是如此强烈，可我又太无能了，除了渴望，我什么也做不了，真是太不幸了……

1906 年 1 月 6 日给父亲的信：

可能是我天生愚蠢，因为尽管我已经竭尽全力了，可是我的法语和英语还是不理想。我是一头蠢驴！我一定要学会和命运作对，我应该从早到晚不停地学习。因为我不想再像头蠢驴……

我还是不太受欢迎，可能是因为我"太好斗"，但这正是我比别人强的地方，那种认为自己

不如别人的人是世界上最蠢的人。

从这些信中我们可以看出，之后在战场上叱咤风云的巴顿在西点军校是经常受挫的。但是，无论迷茫也好，挫败也好，甚至骂自己愚蠢，他从来没有真正地从心底贬低过自己。相反，少年巴顿一直试图用自己的努力来填平这些强烈的不满，他身上流淌着积极进取的血液，他相信自己总有一天会与众不同："我想可能是注定的吧，如果一个人已经尽了全力去准备的话，他一定会赢的……我希望，不管付出什么样的代价，我都要达到我的目的。"

西点军校前校长伊·L.班尼迪克有句名言："遭遇挫折并不可怕，可怕的是因挫折而产生对自己能力的怀疑。只要精神不倒，敢于放手一搏，就有胜利的希望。"西点学子威尔逊也认为："要有自信，然后全力以赴——假如具有这种观念，任何事情十之八九都能成功。"

无论遇到了多么糟糕的状况，除了我们自己，没有人能贬低我们。

拿破仑的父亲原本是出身于科西嘉的贵族，后来家道中落一贫如洗。因此拿破仑幼年时的生活非常的清苦。他父亲为了让他有出息，多方筹措费用把他送到了柏林市的一所贵族学校去上学。在那所贵族学校里，学生大多家境优越，拿破仑经常受到其他贵族子弟的欺负和嘲笑。刚开始的时候，拿破仑忍气吞声，毕竟来这里上学并不容易。但是后来实在是忍无可忍，于是写了一封信给父亲，抱怨他的苦处。父亲的回信只有短短两句话："我们穷是穷，但是你非在那里继续读下去不可。"就这样，他在那所学校里忍耐了5年之久，直到毕业为止。期间，他受尽了同学们的各种欺负，但每受到一次欺负和凌辱，就愈使他的志气增长一分，他决心要把最后的胜利拿给他们来看。

20岁的时候，拿破仑的父亲去世，只剩下母亲与他相依为命。那时的拿破仑只是一名少尉，微薄的薪水仅够母子二人勉强维持生活。由于体格不够高大健壮、家境贫困，拿破仑在军队里依然处处受人轻视。不仅领导不愿意提拔他，连同事也瞧不起他。他并没有因此贬低自己、自甘堕落，而是在别人休闲的时候把全部的精力都放在了看书上，他希望自己能用知识来武装自己，彻底把自己变成一个强大的男人。

因此，拿破仑看书有着明确的目的，不读那些平凡无用的书来消遣解闷，而是专心寻求那些能使他走向成功的书来读。在那间又小又闷的简陋"书房"里，他终年勤学不倦，弄得面无血色。在那段孤寂、闷热、严寒的日子里，他从不间断地勤学苦读。单单从各种书籍中摘录下来的文字，就可以印成一本4000多页的书了。

虽然处境窘迫，但是孤独中的他依然气宇轩昂，把自己当成了正在前线作战的总司令，把科西嘉当做双方血战的必争之地，还为此画了一张当地最详细的地图，用非常精确的数学方法计算出各方的距离远近，并标明了某地该怎么防守，某地该怎样进攻。这种练习，让他的军事才华得到了很大程度的提升。

人在不如意的时候，抱怨和贬低自己是毫无用处的。唯有让自己足够鲜明，像黑夜里的萤火虫那样的引人注目，让命运都不忍继续埋没他。终于，拿破仑的非凡才华引起了上级的重视，将他升任为军事教官，专教需要精确计算的各种课程，拿破仑终于走上了一条晋升之路。

每个人在人生的旅途中都会遇到各种各样的打击，特别是在人生低谷的时候，但是只要我们相信自己依然能站起来，积极、坦然地去面对，去努力，就没有什么过不了的坎。

有一位泰国的亿万富翁玩腻了股票，转而炒房地产，他把自己所有的积蓄和从银行贷到的大笔资金投了进去，在曼谷市郊盖了15栋配有高尔夫球场的豪华别墅。但时运不济，他的别墅刚刚盖好，亚洲金融危机就爆发了，他的别墅卖不出去，还不起贷款。这位企业家只能眼睁睁地看着别墅被银行没收，连自己住的房子也被拿去抵押，还欠了相当大的一笔债务。

这位企业家的情绪一时低落到了极点，他从来没想到对做生意一向轻车熟路的自己会陷入这种失败困境。让人敬佩的是，他并没有因此而消极，他决定东山再起。由于他的太太是做三明治的能手，因此他开始去大街上叫卖太太做的三明治。

昔日亿万富翁沿街卖三明治的消息不胫而走，买三明治的人骤然增多，有的顾客出于好奇，

有的出于同情。许多人吃了这位企业家的三明治后，为这种三明治的独特口味所吸引，经常买企业家的三明治，回头客不断增多。现在这位泰国企业家的三明治生意越做越大，慢慢地走出了人生的低谷。

他就是 1998 年泰国十大杰出企业家中名列榜首的施利华。

作为一个创造过非凡业绩的企业家，施利华曾经备受人们关注，在他事业鼎盛的时期，不要说自己亲自上街叫卖，寻常人想见一见他，恐怕也得反复预约。上街卖三明治不是一件惊天动地的大事，但对于习惯了发号施令的施利华，能忽略过去，从新开始，真的需要极大的勇气。

无论经历了多么大的挫折或者失败，只要自己不放弃自己，不因此一蹶不振，那么失败过后的成功将会让人更加的喜悦。

刘琦开 2001 年 9 月考入重庆工学院，就读于工商管理学院市场营销专业。大学阶段开始在网上寻觅商机，自 2003 年 7 月为上海市浦东管材做成第一笔外贸生意后，到 2005 年年底，已在网上累计销售管材 300 万美元。后组建网纳科技有限责任公司，出任总经理，致力于重庆地区摩托外贸及网站建设。

刘琦开的从商历程可以追溯到大学时期。步入大学，刘琦开在对新校园、新环境的热忱渐渐冷却后，逐渐迷上了泡图书馆、泡网吧。他兴趣广泛，除了经济类书籍，文学、历史、艺术等范畴也兼收并蓄，为他日后塑造坚强的意志和淳朴的品行奠定了坚实的理论基础。

2003 年春节，回上海过年的刘琦开认识了广东斯派涂料有限公司驻上海的代理商陈明杰先生。陈明杰从商 20 余年，积累了大量市场运作的经验，求知欲极强的刘琦开天天缠着他讨教商战经验。陈明杰也毫不吝惜，倾囊相授，给了刘琦开很多点拨，并怂恿他弄一批油漆到重庆赚取差价。

刘琦开是一个做事果断的人，他说干就干。然而初出茅庐的他遭遇了"非典"一劫，铁路禁运。油漆无法运到重庆，赚取差价就成了一个泡影。

这一次失利对刘琦开的打击是沉重的，但他并没有失去自信。他仔细分析了自己失利的原因，虽然看上去这次失利是因为不可抗拒的因素，但换作一个成熟的商家，绝对不可能犯这样的错误。这次失利，也给刘琦开上了生动的一课。

回到学校的刘琦开开始对自己的个人情况进行了客观的分析。他拥有较高的英语水平、市场营销理论知识等，这是他的优势，劣势在于没有多少可供创业的资本。他开始谋划走一条代理营销的路。

2003 年暑假，刘琦开意气风发地回到了上海。经过多方打探，他得知一私营小钢管厂——浦东管材近期资金周转困难，经营举步维艰。刘琦开找到该厂主管市场营销的邓树林副厂长，展示了自己在市场营销领域的才华，凭着雄辩的口才，说服了他允许自己为该厂代销产品。

回到家里，刘琦开守在电脑前寸步不离，密切关注世界各地钢管交易动态。7 月 16 日，刘琦开看到了一条求购信息，新加坡多美哥房地产开发公司求购特价钢管 3 吨。刘琦开怦然心动，立马在键盘上敲出了一封信，附上浦东管材相关资料及产品实物的扫描图片，发送了过去。7 月 18 日，多美哥公司回函呈示了公司的相关资料，并商讨交易事宜。刘琦开马不停蹄地赶到浦东管材厂，找到邓树林副厂长，准备外贸的相关手续……8 月 5 日，3 吨钢管的交易款项打入浦东管材厂的账户。钢管外贸的利润率是 6%~12%，这一笔生意，刘琦开赚了 600 美元，真正掘到了人生的第一桶金。邓树林副厂长也不由得对这个稚气未脱的大学生刮目相看。

首战告捷，刘琦开没有丝毫懈怠，相反更加勤奋地在网上寻找商机。泰国、马来西亚、越南等东南亚国家的一些紧缺钢管的公司逐渐与刘琦开取得了联系。刘琦开坐镇家中，遥控指挥，短短一个暑假，轻轻松松完成了 6 万美元的钢管交易。

9 月 3 日，返校在即的刘琦开接到了浦东管材厂任命其为海外总代理的通知，他这个海外总代理就带着一个笔记本电脑走马上任了。对钢管生意驾轻就熟的刘琦开，2003 年签订了 50 多万美元的订单。2004 年，他进一步对客户资源进行深度挖掘，一举签订了 200 多万美元的订单。

每一个探索都意味着要承担失败的风险，每一个人的成长都要经历失败，每一个人都要在失败的剧痛中慢慢长大。自信心是引导人们走向胜利的阶梯。一般来说，自信心充足者的适应能力

就高，反之，则适应能力较低。但很多人都缺乏自信，因而终生默默无闻。

曾经有人作过这样一个调查：你自己认为最难解决的私人问题是什么？600个大学生中，75%的人在答卷上选择"信心不足"的答案。自信不等于自身中没有自卑，而是自己战胜了自卑，它是成功者必备的心理因素。在我们漫漫的人生路途中，让自卑少一点，让自信多一点，你就会发现，原来挫折和痛苦只是人生舞台上的短暂音符，真正的人生乐章才刚刚开始。

恐惧是信心的死敌

美国西点军校是美国历史最为悠久的军事学院，它曾与英国桑赫斯特皇家军事学院、俄罗斯伏龙芝军事学院以及法国圣西尔军校并称世界"四大军校"。西点军校出来的人，大都非常自信，除了出身西点的荣耀让他们自信之外，他们更相信自信的力量。在面对信心的死敌—恐惧的时候，西点军校著名校友、国际银行主席奥姆斯特德说："不正面迎向恐惧，就得一生一世躲着它。"只有直面恐惧，才不会心有恐惧。

"西点军校史上最英俊的学员"麦克阿瑟就是一个非常没有畏惧心理的人，在把德军从奥尔克河赶走的过程中，他在雨夜里身穿大衣、头戴钢盔冲在84旅的前头，以这种方式带兵作战的将军大概只有他一人，别人已经不这么做了。在一次执行任务的过程中，他遭到两名游击队员的袭击，其中一颗子弹掀掉了他的军帽，他拔枪还击，当场打死了这两名游击队员。

1918年2月中旬，麦克阿瑟率彩虹师开进洛林南部吕内维尔防区的堑壕中。2月26日，他一身乔装打扮，手提马鞭，脸上涂泥，未报告师长就随法国人的突击队去袭击德军阵地。在异常激烈且残酷的战斗中，最后大约有600名德国人被俘，其中有一名德军上校是麦克阿瑟用马鞭击中擒获的。

提起麦克阿瑟非同一般的勇气，他的师长这样说道："在英雄主义和勇敢行为非常普遍的地方，他的勇敢是很杰出的。"有一次敌军进行炮击，他镇静地坐在指挥所里无动于衷，他身边的参谋人员都为他捏着一把汗，他却对他们说："整个德国还没造出一发能打死麦克阿瑟的炮弹。"

当麦克阿瑟就要卸任师参谋长去任旅长的时候，彩虹师师部的参谋们给了他一个永久的纪念，那枚金质烟盒上刻着："给勇者中的最勇者。"这个铭文可能是美军参谋军官们历史上独一无二的。

几小时后巴顿写信给他的妻子说："我正好行进在一个旅的阵地上。他们都卧倒在弹坑里，但麦克阿瑟将军没有，他站在一个小高地上……我走过去，一阵炮火向我们袭来……我想两个人都想离开但又不肯开口，于是我们就等着炮火向我们扑来。"当一发炮弹在他们身边爆炸，尘土扑面而来时，巴顿直直地站着，但向后退了一步。"别害怕，上校，"麦克阿瑟幽默地说，"你是听不到打中你的那发炮弹的。"这一天麦克阿瑟在战场上的表现使他赢得了第5枚银星勋章和巴顿永久的尊敬。他告诉他的家人说麦克阿瑟是"我见过的最勇敢的人。"

勇敢是信心的朋友，恐惧是信心的死敌。如果面对成功的时候心存太多的恐惧和忐忑，很容易与成功擦肩而过。特别是经历过失败之后给我们留下的沉重阴影，更是容易在潜意识里牵引着我们不知不觉地重复着失败的老路。

美国总统尼克松在1972年竞选连任的时候，原本在阅历和声望上面都远远超出了对手，占据胜利的绝对优势。但是由于曾经刻骨铭心的几次失败阴影使他极度害怕万一出现的失败，在这种潜意识的驱使下，他鬼使神差地指派手下人潜入竞选对手的总部水门饭店，在对方的办公室中安装窃听器。事发后他又连连阻碍调查，推卸责任，终于在选举胜利后不久被迫辞职。

有一位哲学家说过这样一句话："恐惧是意志的地牢，它跑进里面，躲藏起来，企图在里面隐居。恐惧带来迷信，而迷信是一把短剑，伪善者用它来刺杀灵魂。"

在卡耐基用来撰写成功学书籍的打字机前面，悬挂着一个牌子，上面用大写字母写下了下面的一些字句："日复一日，我在各方面都将获得更大的成功。"

一名怀疑者在看到这个牌子之后，问卡耐基是否真的相信"那一套"。卡耐基回答说："我当然不相信。这个牌子'只不过'协助我脱离了我本来担任矿工的那个煤矿坑，并替我在这个世

界里谋得一席之地，使我能够协助10万人力争上游，在他们思想中灌输与这个牌子内容相同的积极思想。所以，我何必相信它呢？"

现实生活中，你要么逼迫自己走向贫穷、悲哀与失败，要么引导自己攀向成功的最高峰，这完全取决于你是采取哪一种想法。如果你要求自己获得成功，并配合采取各种明智的行动，那么，你一定会获得胜利。缺乏信心并不是因为出现了困难，而是因为出现困难时缺乏足够信心。自信能够产生强大的力量，能帮助我们创造奇迹。信心就是这样一支火把，它能最大限度地燃烧一个人的潜能，指引他飞向梦想的天空。

恐惧是一道虚掩着的门，在《像希拉里那样工作，像赖斯那样成功》一书中有这样一段话："年轻女人还要学习自己变得更勇敢。不管发生什么事情，都不要害怕，勇敢地站出来。知道吗？女人的声音都太小了，要大声说话，人们才能听得懂。"文章提倡要大胆地讲出自己的想法，勇敢地说明自己的意图。但是，能够做成这样，跟一个人的自信是分不开的。只有你相信自己，肯定自己了，你才能够大声地发出自己的声音。

可是，生活中有太多的人不相信自己。我们很容易对自己产生怀疑，甚至觉得自己还没有足够的能力处于现在的位置。为什么会有这样的心理呢？因为我们还没有给自己找到很好的定位，还不熟悉自己应该处于一个什么样的位置上。

一天，在西格诺·法列罗的府邸正要举行一个盛大的宴会，主人邀请了一大批客人，就在宴会开始的前夕，负责餐桌布置的点心制作人员派人来说，他设计用来摆放在桌子上的那件大型甜点饰品不小心被弄坏了，管家急得团团转。

这时，西格诺府邸厨房里干粗活的一个仆人走到管家的面前怯生生地说道："如果您能让我来试一试的话，我想我能造另外一件来顶替。"

"你？"管家惊讶地喊道，"你是什么人，竟敢说这样的大话？"

"我叫安东尼奥·卡诺瓦，是雕塑家皮萨诺的孙子。"这个脸色苍白的孩子回答道。

"小家伙，你真的能做吗？"管家将信将疑地问道。

"如果您允许我试一试的话，我可以造一件东西摆放在餐桌中央。"小孩子开始显得镇定一些。

仆人们这时都显得手足无措了，于是，管家就答应让安东尼奥去试试，他则在一旁紧紧地盯着这个孩子，注视着他的一举一动，看他到底怎么办。这个厨房的小帮工不慌不忙地要人端来了一些黄油。不一会儿工夫，不起眼的黄油在他的手中变成了一只蹲着的巨狮。管家喜出望外，惊讶地张大了嘴巴，连忙派人把这个黄油塑成的狮子摆到了桌子上。

晚宴开始了，客人们陆陆续续地被引到餐厅里来。这些客人当中，有威尼斯最著名的实业家，有高贵的王子，有傲慢的王公贵族们，还有眼光挑剔的专业艺术评论家。但当客人们一眼望见餐桌上卧着的黄油狮子时，都不禁交口称赞起来，纷纷认为这是一件天才的作品。他们在狮子面前不忍离去，甚至忘了自己来此的真正目的是什么了。结果，这个宴会变成了对黄油狮子的鉴赏会。客人们在狮子面前情不自禁地细细欣赏着，不断地问西格诺·法列罗，究竟是哪一位伟大的雕塑家竟然肯将自己天才的技艺浪费在这样一种很快就会熔化的东西上。法列罗也愣住了，他立即喊管家过来问话，于是管家就把小安东尼奥带到了客人们的面前。

也许因为总是蜷缩在偏僻的角落，人们忽视了那个孩子的存在，也不肯相信他的实力，但是他自信地走出来了，将自己的艺术才华发挥得恰到好处。

"相信自己"是成功者常用的原则。《纽约时报》畅销书排行榜连续上榜最多周数的书是美国作家裴利博士所著的《人生的光明面》。这本书最早在1952年出版，直到目前还在一版再版。这本书一开始就是说要"相信自己"。截至目前，《人生的光明面》已经销售2000万本以上，并且影响了许多人。无数的演讲、研讨会，甚至心理治疗课程，都采用了裴利博士书中的原则。美国许多成功人士都采用他的原则。他的书有宗教色彩，所以有宗教信仰的成功人士特别喜爱这本书。不过无论有没有宗教信仰，许多人也在不知不觉中引用裴利博士的论点。

在美国销售逾 350 万本的畅销书《高人一等的秘诀》是美国作家史华兹的新著，书中阐明了，成大事者必须具有恢宏的思想。有人问史华兹他成功的因素，他说他的想法一直都是正面的、积极的，总是觉得自己一定会成功，不会失败。

你可以正面思考，也可以负面思考。你只能有一种思考方式，这就看你个人，你是要正面还是要负面？史华兹充满着乐观的想法。如果他恐惧或担忧，就以正面思考来克服。他跟其他成功人士的共同之处，就是知道如何处理恐惧与负面思考。在《高人一等的秘诀》一书中，他鼓励想成功的人：想成功，千万不要想失败，培养强烈的自信心，要想得宏伟远大。

西点毕业生、前美国总统艾森豪威尔说过："如果一个人一生只求安定，他可以在监狱里安稳地过日子。"成功的人愿意理性地冒险。人人都会恐惧，但什么是恐惧呢？那是一种情绪，也是一种警告的讯号，提醒我们趋吉避凶，使我们在做决策或采取行动之前，先暂停下来，对情况作更审慎的评估。

我们必须运用恐惧，而不是受制于它。一旦它达成警告的目的之后，就不能再让它影响我们的理性、干预我们的行动。经济大恐慌时，罗斯福有一句名言："除了恐惧本身，我们一无所惧"，这句话到现在依然适用。

你如何克服恐惧？面对你的情绪，告诉自己："我不害怕。"然后再问自己："不怕什么？"接着开始分析你所面临的情况，以理智克服恐惧的情绪障碍。接下来是从各个角度考虑问题：有什么危险？是否值得冒险？还有哪些变通的方法？可能遭遇哪些阻碍？你是否掌握足够的资讯？当别人遇到类似的状况时，他们如何处理？结果如何？在你完成研究及分析时，要立刻采取行动！拖延只会造成更多的怀疑和恐惧。

很多事业有成的人指出，他们的成功以及克服恐惧与担忧的重要因素，是他们的自信心。他们并不是十全十美，也不是完全有自信，尤其是在生活有重大改变之际。但是，他们总是显得信心十足。

曼恩发明了销路很好的鱼饵，卖了好几十亿个合成橡胶制成的假虫。曼恩不只是发明家，也是世界级的钓鱼高手，他深入研究了鱼的习性，以及钓客、鱼饵与钓鱼技术。有人听过他谈论钓鱼的要诀，他说，最好的鱼饵是钓客自己的自信心。如果你对鱼饵有信心，就有信心钓到鱼。有信心就会成功，连钓鱼也不例外。

生活中同样如此。如果缺乏自信，就很难成功，因为很难激励自己。对自己做的事情没有信心，别人也可以感受到。如果缺乏自信，那么如何让其他人很好地为你工作？不管你卖什么，怎样卖得出去？顾客发觉你对自己没信心，对自己销售的东西也没信心，怎么会产生购买行为呢？

实践证明，如果相信自己会成功，那么达成目标、甚至超越目标的可能性就会大增。百万富豪如果在作重大决策时感到恐惧和担忧，经常会用心理暗示来使自己恢复自信。

自信可以从家庭中逐渐灌输，或是自我培养。有些人认为成功者对自己的信心比较强，其实不见得。没有一个成功者不曾感到过恐惧、忧虑，只是他们在恐惧时，都有办法克服恐惧感。大多数成功者有办法提升自己的自信。成功的人知道如何克服恐惧、忧虑，第一个方法就是唤起内心的自信。

成功者也并不是经常都能够击败恐惧与忧虑的，但是重要的是他们能够建立自信。一个阶段成功之后，接着才能想象下一个阶段。随着成功的不断累积，自信就会成为你性格的一部分。日本的早川德次就是一个成功的典范。

1952 年 5 月，早川德次去美国参观电视机厂，并向一些生产厂家提出了技术合作建议。回国后，他向政府申请制造电视机。而这时全日本只有早川德次发展电视机生产，其余家电业厂商大多持怀疑态度，他们嘲笑早川德次，他们认为电视在日本根本没有前景可言，投资巨大，前景莫测，这样冒险只会把公司弄垮。而早川德次对这些冷嘲热讽置若罔闻。

1952 年底，他大胆投资，开设电视机工厂，致力于黑白电视机的制造。因为早川德次对自己充满信心，他已经预测到他的决策是正确的。不久，日本第一家民营电视台宣告成立。

电视荧光屏上所出现的图像吸引了无数的观众。电视机开始逐渐被人接受，早川德次生产的电视机销售量渐增。早川德次从电视机生产中获取了高额利润，这使日本企业家不禁眼热，原来嘲笑早川德次的一些厂商也开始投资于电视机生产。

世人只有抛弃了拐杖，树立起自信，才能够成为自主的人，才有可能得到成功。自信是进入成功之门的钥匙，是获得胜利的保障。一个人只有相信自己，他的思想才会丰富他的言行，他才会自由自在。

一个人越自信，他的性格就会越迷人。一个充满自信心的人之所以与众不同，就在于他能有意识地追求和表现人格的魅力和令人折服的坚定自信；就在于他能够在复杂的处境之中和胜负未卜之前，有积极的自我意识、明确的价值观念和良好的自我状态。

自信带来奇迹

"处于现今这个时代，如果说'做不到'，你将经常站在失败的一边。"这是西点军校前校长丹尼尔·W.克里斯曼中将对西点学员的教导。信念使人充满前进的动力，它可以改变险恶的现状，造成令人难以相信的圆满结果。充满信心的人永远击不倒，他们是真正的强者。

海伦幼年时，是个正常的婴孩，能看、能听，也会牙牙学语。可是，一场疾病使她变成了一个既盲又聋的小哑巴——那时她才刚满一岁半。

这一几乎致命的打击，令小海伦性情大变。稍不顺心，她便会乱敲乱打，野蛮地用双手抓食物塞入口里；若上前制止，她就会在地上打滚，乱嚷乱叫，简直是个十恶不赦的"小暴君"。父母在绝望之余，只好将她送至波士顿的一所盲人学校，特别聘请一位老师照顾她。终于，小海伦在黑暗的悲剧中遇到了一位伟大的光明天使——安妮·沙莉文女士。

沙莉文也有着不幸的经历：她10岁时，和弟弟两人一起被送进麻省孤儿院，她在孤儿院的恶劣环境中长大。由于房间紧缺，幼小的姐弟俩只好住进放置尸体的太平间。在卫生条件极差又相当贫困的环境中，幼小的弟弟6个月后就夭折了。她也在14岁得了眼疾，几乎失明。后来，她被送到帕金斯盲人学校学习凸字和指语法，后来便做了海伦的家庭教师。从此，沙莉文女士与这个蒙受三重痛苦的姑娘的斗争就开始了。固执己见的海伦以哭喊、怪叫等方式全力反抗着严格的教育。洗脸、梳头、用刀叉吃饭都必须一边和她格斗一边教她。然而，最终沙莉文女士通过信心与爱心，和海伦开始成功地沟通，小海伦逐渐地与她达成默契。

在海伦·凯勒所著的《我的一生》一书中，有感人肺腑的深刻描写：一位年轻的复明者，没有多少"教学经验"，将无比的爱心与惊人的信心，灌注入一位全聋全哑的小女孩身上——先通过潜意识的沟通，靠着身体的接触，在她心中点亮了希望的明灯。接着，自信与自爱在小海伦的心里产生，使她从痛苦、孤独的地狱中脱身出来，通过自我奋发，将潜意识里的无限能量发挥出来，开始一种全新的生活，并最终走向光明。

经过一段不为外人知道的挣扎，沙莉文唤醒了海伦那沉睡的意识力量。两人手携手，心连心，以爱心和信心作为"药方"。海伦曾写道："在我初次领悟到语言存在的那天晚上，我躺在床上，兴奋不已，那是我第一次希望天亮—我想再没其他人，可以感觉到我当时的喜悦吧。"一个既聋又哑且盲的少女，在初次领悟到语言时的喜悦，那种令人感动的情景，实在难以笔述。仍然是失明耳聋的海伦，凭着触觉，用指尖代替眼和耳，终于学会了与外界沟通。她10岁多一点时，名字就已传遍全美，成为残疾人士的模范——一位真正的强者。

1893年5月8日，贝尔博士这位成大事者在这一日成立了著名的国际聋人教育基金会，而为会址奠基的正是13岁的小海伦。这是海伦最开心的一天，这也是电话发明者贝尔博士值得纪念的一天。

海伦如饥似渴地接受教育，并获得了超过常人的知识，顺利地进入了哈佛大学拉德克利夫学院学习。她说出的第一句话是："我已经不是哑巴了！"她作为世界上第一个接受大学教育的聋

哑人，为残疾人树立了榜样。海伦不仅学会了说话，而且还学会了用打字机著书、写作。她的触觉很敏锐，甚至可以把手放在对方嘴唇上来感知对方在说什么。她把手放在乐器的木质部分，就能"鉴赏"音乐。如果你和她握过手，几年后当你们再见面握手时，她会凭触觉认出你，知道你是强壮的、美丽的、爽朗的，还是滑稽的、体弱的、心事重重的人。

海伦的事迹在全世界引起了震惊和赞叹，被《大英百科全书》称为残疾人中最有成就的代表人物。她大学毕业那年，人们在圣路易博览会上设立了"海伦·凯勒日"。她始终对生命充满信心，充满热诚。凭她那坚强的信念，她终于战胜了自己，体现了自身的价值。"二战"后，海伦·凯勒在欧洲、亚洲、非洲各地巡回演讲，以唤起社会对身体残疾者的重视。

懂得"信任"自己"心灵"的人，才能理解生命的价值，海伦·凯勒用自己的行动证实了这一点，创造了物质财富，也创造了精神财富。希尔在评价海伦时说："自信心是心灵第一号化学院。当信心融合在思想里，潜意识就会运用这种力量，把它变为精神力量，再转为物质。"马克·吐温评价说："19 世纪中，最值得人们纪念的人是拿破仑和海伦·凯勒。"

自信能引导一盏生命的明灯，它能让生命充满奇迹。我们每个人都能用它来创造奇迹。

吴士宏被人们赞誉为"打工皇后"，她从一名护士到普通的外企员工，最后先后当上 IBM 华南区的总经理，微软中国总经理，TCL 集团常务董事、副总裁，她的成功就是得益于自信的魔力。

生于 20 世纪 60 年代的吴士宏，曾是北京椿树医院的一名护士。她在评价这段经历时说，十几岁时她除了自卑地活着，一无所有。她自学高考英语专科，在她毕业的前一年，她看到报纸上 IBM 公司招聘，于是她通过外企服务公司准备应聘该公司，在此之前，外企服务公司向 IBM 推荐过好多人，都没有被聘用，吴士宏虽然没有高学历，也没有外企工作的资历，但她有一个信念，那就是："绝不允许别人把我拦在任何门外！"最后她终于成功了。

吴士宏在回答记者采访时说，她为了另谋出路，凭着一台收音机，花了一年半时间学完了许国璋英语 3 年的课程。正好赶上 IBM 公司招聘员工，吴士宏顺利地通过了两轮笔试和一次口试。最后主考官问她会不会打字，她充满自信地脱口而出："会！"

"你每分钟能打多少字？"

"您的要求是多少？"

等主考官说出标准，吴士宏马上承诺说可以。实际上吴士宏从未摸过打字机。可是她环视四周，发觉考场里没有一台打字机，果然，主考官说下次录取时再加试打字。

面试结束，吴士宏向亲友借了 170 元买了一台打字机，没日没夜地敲打了一星期，双手疲乏得连吃饭都拿不住筷子，竟奇迹般地敲出了专业打字员的水平，几个月以后她才还清了这笔对她来说不小的债务，而 IBM 公司却一直没有考她的打字功夫。

吴士宏就这样成了这家世界著名企业的一个最普通的员工。

刚开始进入 IBM 公司时，吴士宏只是一个极其普通的角色，沏茶倒水，打扫卫生。她曾感到非常自卑，连触摸心目中的高科技象征的传真机都是一种奢望，吴士宏仅仅为身处这个安全而又解决温饱的环境而感宽慰。

然而这种内心的平衡很快被打破了。有一次吴士宏买办公用品回来，被门卫拦在大楼门口，门卫故意要检查她的外企工作证。吴士宏没有证件，双方僵持不下，进进出出的人们投来的都是异样的眼光，她内心充满了屈辱，但却无法宣泄，吴士宏暗暗发誓："绝不允许别人把我拦在任何门外，这种日子不会长久的。"

还有一件事令吴士宏久久难以忘怀。一天，有个资格很老的香港女职员满脸阴云地冲吴士宏走过来："Juliet（吴士宏的英文名），如果你要想喝咖啡请告诉我！"吴士宏惊诧之余满头雾水，不知所云，她劈脸喊到："如果你要喝我的咖啡，麻烦你每次把盖子盖好！"吴士宏恍然大悟，她被这个香港职员当做偷喝咖啡的人了，这是人格的污辱，吴士宏顿时气得浑身发抖，像头愤怒的狮子，把内心的压抑彻底地爆发了出来。事后吴士宏对自己说："有朝一日，我要进入公司管理层，而不是做一个小职员。"

自卑可以压倒一个人，也可以成为一个人上进的强大推动力。吴士宏开始计划改变现状，并

付诸实施，她每天比别人多花 6 个小时用于工作和学习。终于，在同一批被聘用者中，她第一个成为业务代表、第一个成为本土的经理、第一个成为 IBM 华南区的总经理。

经过猎头公司和微软近半年之久的努力，吴士宏于 1998 年 2 月出任微软（中国）有限公司总经理。她在微软仅仅用 7 个月的时间就完成了全年销售额的 130%。在中国的 IT 行业，吴士宏是第一个成为跨国信息产业公司中国区总经理的内地人、第一个只有初中文凭和自考大专文凭的总经理。

信心能带你走向成功的彼岸："我是成功者，是因为我志在成功。"如果没有这个目标，海伦、吴士宏必定没有坚定的决心与信心，当然成功也就与她们无缘。

在现实生活中，信心一旦与思考结合，就能激发潜意识来激活无限的智慧和力量，使每个人的欲求转化为物质、财富、事业等方面的有形价值，创造出我们意想不到的奇迹。有人说："成大事的欲望是创造和拥有财富的源泉。"人一旦产生了这一欲望并经由自我暗示和潜意识的激发后形成一种信心，这种信心便会转化为一种动力。它能够激发潜意识释放出无穷的热情、精力和智慧，进而帮助其获得巨大的财富与事业上的成就。所以，有人把"信心"比喻成"一个人心理建筑的工程师"。

埃默森教授说："这世界只为两种人开辟道路，一种是有坚定意志的人，另一种是不畏惧险阻的人。"而这两种人必须同时具有的品质就是自信。的确，一个自信的人，是不会恐惧艰难的。尽管障碍物可阻止一些人前进，却不能阻止意志坚定的人的脚步，他会排除这障碍物，然后继续前进。尽管路上有使人跌倒的滑石，但自信的人行进时步步扎实，再艰难的路也奈何不得他。

不久以前，有一家私营企业在发展过程中遇到重重困难，已经到了破产的边缘，背负了巨额的债务。每天都有很多债主跑到公司里来要求还钱。

这家企业的老板认为一切都完了，意志消沉。他害怕上班，甚至害怕公司里的电话铃声，他只想躲起来，远离这一切。

有一天，他在家里，偶尔翻到了一份过期的报纸。报上有一个报道吸引了他，这个报道是关于一个企业家购买破产企业，重整旗鼓获得成功的故事。

他看完后，心想："他能做到的，我为什么不能做到呢？"企业家的心里重新点燃了成功的渴望。他开始重新思考拯救企业的一切可能方法。

第二天，他早早去了公司，召集全体部门负责人商讨对策。他要来了所有债权人的电话，开始给他们打电话："请你再宽限一些时间，我们正在想办法，我们决不会不讲信誉……"他用真诚的态度去打动对方。

那些债主都很奇怪，问他："你是否有新的资金？还是，你有了一大笔订单？"

公司老板回答说："都没有，但是我拥有了更加重要的东西：那就是重新振作的勇气和信心。"

令人意外的是，老板这种真诚的态度竟使债权人改变了态度，甚至有人开始帮他。

这个故事的结局是：一切债务顺利还清，大笔的订单纷至沓来，企业起死回生了。这个世界上最值得称颂的人，就是永远相信自己一定行的人，因为唯有拥有自信的人，才会有一颗坚定的心，以永不服输的态度去战胜一切困难。

做人首先要自信，自信是事业成功的基石，每做一件事都应该增加一点自信，这样你就可以朝着目标努力奋斗，直到最终实现。如果一个人对自己连最起码的自信都没有，那就谈不上努力奋斗，他的理想目标就很难实现。

弗烈得利克·威廉森说："我活得愈久，便愈确定自信是所有特性中最重要的。通常，一个成功者和一个失败者的技艺、能力和才智差异并不很大。假使有两个人，以同等的能力、才智、体力与其他的重要素质开始，会出人头地的必定是那个满腔自信的人。同时，一个能力平平却拥有自信心的人，往往能超越一个能力很强却毫无自信的人。"

自信的人敢于尝试新的领域，能更快地发展自己的兴趣、施展自己的才华，从而更容易获得

成功。自信的人也更快乐，因为他不会时刻担心和提防失败。

李开复博士 11 岁刚到美国时，在课堂上一句英语都听不懂。有一次老师提出了"1/7 换算成小数等于几"的问题，他虽然不懂英文，但认得黑板上的"1/7"，这是他在中国就"背"过的，于是他立刻举手并正确回答了这个问题。不知道"背书"秘密的美国老师诧异地认为他是个"数学天才"，并送他去参加数学竞赛，鼓励他加入数学夏令营，帮助同学学习数学。老师的鼓励和同学的认可给了小开复自信。他开始告诉自己，他有数学天分。这时，他特别想把英文学好，因为只有这样才能学习更多的数学知识。这种自信不但提高了他的数学成绩，也帮助他在各方面取得了进步。自信的神奇力量在小开复身上得到了最好的展现。

工作中同样如此，当你以自信的态度面对事情的发展和变化时，自信会给你足够的勇气和力量。

有一天，公司要进行改组，老板召集十多个人开会，他要求每个人轮流发言。小李被选中了，当老板叫到他时，他想，既然一定要讲，那不如把心里话讲出来。于是，他鼓足勇气说："我们这个公司，员工的智商比谁都高，但是我们的效率比谁都差，因为我们整天改组，不顾及员工的感受和想法……"小李说完后，整个会议室鸦雀无声。小李却没有了惧色，因为他终于鼓起勇气说出自己想说的话。

会后，很多同事给小李发电子邮件说："你说得真好，真希望我也有你的胆量。"结果，老板不但接受了小李的建议，改变了公司在改组方面的政策，而且还经常引用他的话。从此，小李充满了自信，不再惧怕在任何人面前发言。

只有敢于负起责任的人，才能成功；只有相信自己一定能够达到目的的人，才能真的达到目的。要负责地做一件事，首先必须有坚定的自信，始终相信自己能够做成任何要做的事。

西点军校经典法则

法则十三

热 情

热情让一切皆有可能

在西点流传着这样一句话："只要有热情，没有什么不可能。"

乔治·伊文斯只有半只脚，右手畸形，在别人看来，乔治什么也做不了。但他就是凭借这只脚实现了自己的橄榄球梦想。

因为喜欢橄榄球，乔治从很小的时候就开始刻苦训练，但当他想得到一份球队合同的时候，教练却跟他说："你的脚这样，还是做些别的事吧。"生活中，他已经不止一次经受过这样的打击，乔治的热情不减，他要努力下去。终于，新奥尔良圣徒队接受了他，给了他一次上场的机会，而他也在千钧一发的时刻帮助球队反败为胜。在场的7万多观众疯狂地呐喊，他们高呼着："乔治好样的！乔治好样的！"而那个之前不被人看好的乔治也已经热泪盈眶，是他的热情和不懈的努力帮他获得了成功。

但是，并不是所有人都像乔治那样拥有热情，就像爱默生说的那样："一个人，当他全身心地投入到自己的工作之中，并取得成绩时，他将是快乐而放松的。如果情况相反，他的生活则平凡无奇，有可能还不得安宁。"

一个对自己工作充满热情的人，无论在什么地方从事何种职业，他都会认为自己所从事的工作是世界上最神圣、最崇高的一项职业；无论工作的困难多大，或是质量要求多高，他都会一丝不苟、不急不躁地完成它。

有一位名叫格罗夫的地质学教授，他总是有意迈着大步，摆动双臂，在过道里走来走去。别人无论什么时候见到他，他总是面带微笑。其实，他的工作在许多人看来非常枯燥，每天都要与一堆不会说话的石头打交道，他为什么还那么高兴呢？答案很简单，他对自己的工作充满热情，他深深地爱着自己的工作。

人一旦有热情就会受到鼓舞，鼓舞为热情提供能量，工作也会因此充满乐趣。即使工作有些乏味，只要善于从中寻找到意义和目的，热情也会应运而生。而且，当一个人对自己的工作充满干劲时，他便会全身心地投入到工作之中。这时候，他的自发性、创造性、专注精神就会体现出来。

雅丝·兰黛是许多年来一直盘踞《财富》与《福布斯》杂志等富商榜首的传奇人物。这位当代"化妆品工业皇后"白手起家，凭着自己的聪颖和对工作和事业的高度热情，成为世界著名的市场推销专才。由她一手创办的雅丝·兰黛化妆品公司，首创了卖化妆品赠礼品的推销方式，使得公司脱颖而出，走在了同行的前列。她之所以能创造出如此辉煌的事业，不是靠世袭，而是靠自己对

待工作和事业的激情态度得来的。在 80 岁前，她每天都能斗志昂扬、精神抖擞地工作 10 多个小时，其对所持有工作的态度和旺盛的精力实在令人惊讶。今天的兰黛名义上已经退休了，但她依旧会每天穿着名贵的服装，精神抖擞地周旋于名门贵户之间，替自己的公司作无形的宣传。

许多人对自己的工作一直未能产生足够的激情与动力，主要的问题可能就出在他根本不知道自己为何需要这份工作。其实，能拥有工作是幸福的。美国汽车大王享利·福特曾说："工作是你可以依靠的东西，是个可以终身信赖且永远不会背弃你的朋友。"连拥有亿万资财的汽车业巨子都还是如此地热爱工作，那我们似乎也难以找出不喜爱工作的理由了。

由热爱工作，到对工作产生热情，是一个熟悉并逐渐深入工作的过程。当一个人真正具有了热情，你可以发现他目光闪烁，反应敏捷，性格活泼，浑身都有感染力。这种神奇的力量使他以截然不同的态度对待别人，对待工作。

伟大人物对使命的热情可以谱写历史，普通人对工作的热情则可以改变自己的人生。

当贝特格刚转入职业棒球界不久，便遭到有生以来最大的打击：他被约翰斯顿球队开除了。经理对他说："你动作这么慢，根本不适合在球场上打球。贝特格，离开这里之后，无论你到哪里做事，如果不提起精神，你将永远不会有出路。"

贝特格没有其他出路，就去了宾州的一个叫切斯特的球队，从此参加这个级别很低的联赛。和约翰斯顿队 175 美元的月薪相比，他现在每个月只有 25 美元的薪水，这更让他无法找到工作的激情。但他想："我必须激情四射，因为我要生活下去。"

在贝特格来到切斯特球队的第三天，他认识了一个叫丹尼的老球员，他劝贝特格不要参加这么低级别的联赛。贝特格很沮丧地说："在我还没有找到更好的工作之前，我什么都愿意做。"

一个星期后，在丹尼的引荐下，贝特格顺利加入了康州的纽黑文球队。这个球队没有人认识他，更没有人责备他。那一刻，他在心底暗暗发誓，我要成为整个球队最具活力、最有激情的球员。

从那以后的每天，贝特格就像一个不知疲倦的铁人奔跑在球场上，球技也提高得很快，尤其是投球，不但迅速而且有力，有时居然能震落接球队友的护手套。

一次联赛中，贝特格的球队遭遇实力强劲的对手。那天的气温达到了华氏 100 度，身边像有一团火在炙烤，比赛的最后几分钟，对手接球失误，贝特格抓住这个千载难逢的机会迅速攻向对方主垒，帮助球队获得至关重要的一分。

疯狂的热情让贝特格有如神助，他至少在 3 个方面得到了改善：第一，他忘记了恐惧和紧张，掷球速度比赛前预计的还要出色；第二，他"疯狂"般的奔跑感染了其他队友，他们也变得活力四射，让球队首先在气势上压制了对方；第三，在闷热的天气里比赛，贝特格的感觉出奇地好，这在以前是从来没有过的。

从此，贝特格每月的薪水涨到了 185 美元，他知道，这一切都是自己的努力得来的。

由此可见，热情和工作干劲的重要性。而且，有无热情不仅仅关乎自己，还影响到他人。没有任何一个人愿意与一个整天无精打采的人打交道，也没有任何一家公司的老总会提拔一个在工作中委靡不振的员工。一个人在工作的过程中委靡不振，不但会降低自己的工作能力，还会对他人产生负面影响。

IBM 公司的人力资源部部长曾对记者说："从人力资源的角度而言，我们希望招到的员工都是一些对工作充满激情的人，这种人尽管对行业涉猎不深，年纪也不大，但是，一旦投入工作，所有的难题也就不能称之为难题，工作的热情激发了他们身上的每一个钻研细胞。他周围的同事也会受到他的感染，更加努力，有效率地工作。"

麦当劳汉堡店内的员工，他们的工作很简单，也很少遇到难办的要求，跟客户打交道也不会面临很多困难。但就是这么简单的工作，他们还是倾注了 100% 的热情。他们永远面带微笑，非常有礼貌地为客人服务，热情让他们做事机敏——工作速度既快，质量又高。

对于一个人来说，热情就如同生命。凭借热情，我们可以释放出潜在的巨大能量，形成一种

坚强的个性；凭借热情，我们可以把枯燥乏味的工作变得生动有趣，使自己充满活力，培养自己对事业的狂热追求；凭借热情，我们还可以感染周围的同事，让他们理解你、支持你，拥有良好的人际关系；凭借热情，我们更可以获得老板的提拔和重用，赢得宝贵的成长和发展的良机。

一个没有热情的人不可能始终如一、高质量地完成自己的工作，更不可能做出创造性的业绩。如果你失去了热情，就永远也不可能在职场中立足和成长，永远不会拥有成功的事业与充实的人生。所以，从现在开始，对你的生活和工作倾注全部的热情吧！

点燃你的生命之火

在西点人看来，热忱就是生命之船的风帆，没有它，生命就缺乏足够的力量。无论是在学校还是在战场上，热忱就是西点人克敌制胜的法宝，他们嘹亮的口号，整齐划一的动作，都是对军队和职责的拳拳之心，是热忱的外在体现。

对于一个人来说，热忱和积极心态以及他成功过程之间的关系，就好像汽油和汽车引擎之间的关系：热忱是行动的动力，他可运用积极心态来控制自己的思想，也可以运用积极心态来控制自己的热忱，使它能不断地注入你心灵引擎的气缸中，并在气缸内被明确目标发出的火花点燃并爆炸，继而推动信心和个人进取心的活塞。

热忱是一股力量，它和信心一起将逆境、失败和暂时的挫折转变成为行动。然而此一变化的关键，在于你控制思维的能力，因为稍有不慎，你的思绪就会从积极转变成消极。借着控制热忱，你可以将任何消极表现和经验转变成积极表现和经验。

热忱对你潜意识的激励程度和积极心态的激励程度是一样的。当你的意识中充满热忱时，你的潜意识也同时烙上一个印象，那么你的强烈欲望和为达到欲望所拟定的计划是坚定不移的；当你对热忱的认识变得模糊不清，你的潜意识中仍然留存着对成功的丰富想象，并会再次点燃残存在意识中的热忱火花。

没有热忱的人，就像没有发条的手表一样止步不前。一位神学教授说："成功、效率和能力的一项绝对必要条件就是热忱。"热忱在希腊文中是"神在你心中"的意思，一个缺乏热忱的人无法赢得任何胜利。为了使你对目标产生热忱，你应该每天都将思想集中在这个目标上，如此日复一日，你就会对目标产生高度的热忱，并愿意为它奉献。

"情绪未必会受理性的控制，但是必然会受到行动的控制。"积极的心态和积极的行动可升高热忱的程度，你必须为你的热忱制订一个值得追求的目标；一旦你将你的热忱导向成功的方向，它便会使你朝着目标前进。

热忱的力量真的很大，当这股力量被释放出来支持目标，并不断用信心补充它的能量时，它便会形成一股不可抗拒的力量，足以克服一切贫穷和不如意。热忱给我们的积极力量是巨大的，一般而言，有以下几点：

（1）增加你思考和想象的强烈程度；

（2）使你获得令人愉悦和具有说服力的说话语气；

（3）使你的工作不再那么辛苦；

（4）使你拥有更吸引人的个性；

（5）使你获得自信；

（6）强化你的身心健康；

（7）建立你的个人进取心；

（8）更容易克服身心疲劳；

（9）使他人感染你的热忱。

但是，任何事物都有两面性，热情有积极的作用，也会有消极的后果。热忱失控可能会使你垄断谈话的内容，如果你一直谈论自己，其他人就会降低和你谈话的意愿，拒绝给你帮助和建议。所以，必须要牢记，不要使自己的热情蒙蔽了判断力，切勿因为你认为某项计划很好，就把它泄

露给你的竞争对手。如果你能看出它的价值，别人同样也看得出来。在你所拟的计划还需要其他资源或环境配合之前，切勿匆忙付诸实施。更不能把你的热忱用错了方向，比如沉迷于打牌或打麻将，你可以做一些健康有益的消遣活动，像钓鱼或读些益智书籍之类。当然，一切都要适可而止。

好的热忱能催人奋进，不恰当的热忱则会延误事情的发展，那么，我们应该怎样正确地培养自己的热忱，引爆内心成功的潜能呢？以下就是一些健康有益的培养热忱的方法：

（1）制定一个明确目标。

（2）清楚地写下你的目标、达到目标的计划，以及为了达到目标你愿意做的付出。

（3）用强烈欲望作为达成目标的后盾，使欲望变得狂热，让它成为你脑子中最重要的一件事。

（4）立即执行你的计划。

（5）正确而且坚定地照着计划去做。

（6）如果你遭遇到失败，应再仔细地研究一下计划，必要时应加以修改，别光只因为失败就变更计划。

（7）与你求助的人结成团队。

（8）断绝使你失去愉悦心情以及对你采取反对态度者的关系，务必使自己保持乐观。

（9）切勿在过完一天之后才发现一无所获。你应将热忱培养成一种习惯，而习惯需要不断地补给。

（10）抱着无论多么遥远你必将达到既定目标的态度推销自己，自我暗示是培养热忱的有力力量。

（11）随时保持积极心态，在充满恐惧、嫉妒、贪婪、怀疑、报复、仇恨、无耐性和拖延的世界里不可能出现热忱，它需要积极的思想和行动。

以上就是培养热忱的方法，但仅有方法还是不够的。培养热忱的目的是让热忱作为你人生成功的推动力。假如你无法在实践中不断刺激和积累，先前培养起来的热忱将慢慢消磨殆尽，所以我们还要学会一些简单的刺激练习：

首先，你应该热忱地行动。

自信地和他人握手，以明确的言词回答问题，坚定地主张你的观念和建议所具有的价值。理想的情况是以自己的热忱，使这些行为都变成自动自发的反应，如果你能有意识地执行这些行为的话，你将会看到积极结果，而这又会再燃烧热忱的火花。

其次，你应该做好热忱的日志。

你的热忱高涨时，可将它记在记事簿里，记录激发热忱的环境，以及因为热忱而表现出来的举动：你会因为被激励而展开行动吗？你解决问题了吗？你说服某人了吗？同样的，在记事簿中记入你的明确目标和达到目标的计划，每当你的热忱高涨时就把它记下来。这不但会提醒你出现热忱的原因，还能使你回顾热忱所带来的好处。

热忱就像一个螺钉，它会向内转或向外转，也会上升或下降。当热忱的螺旋转错方向时，不妨回顾一下你的记事簿，及时予以纠正。

再次，你应该做一些"办得到"的工作。

"办得到"的工作，是你知道你能做得既好又快的工作。你应该使这项工作和你的明确目标发生关系，以使它能帮助你，导引并且控制你的热忱。例如你有一家五金行，你的责任虽不是照顾销售柜台，但你却对销售工作非常感兴趣，这个时候你不妨站到销售的柜台边卖一些东西，以重新振奋一下自己的心情，释放热情的力量。

其实，我们之所以如此看重热情的力量，就是因为热情可以引爆你体内的巨大潜能。如果你能用热情激发这种潜能，你就能成就你所期望的一切东西，然而大部分人并不能明了这一点。

我们要相信，在每个人的生命中都有一种永不堕落、永不腐败、永不玷污的东西，一种永远真实、永远清洁的东西，这是一种神性。这种神性，如果能被唤醒，可以在最卑污、腐败的人的生命中，起到发酵净化的作用，恢复他失掉的"良知"；等到他恢复了"良知"，他一定要做正直的事，因为公义、正直、诚实原是每个人固有的良知。

最亲爱的人死去了，这种创痛的经验，可以劈开生命的一条裂缝，使人们望见我们内在的一种为我们以前所梦想不到的力量。有时读了一本励志书，或者听了朋友激动的话语，都可以使人有机会发现真自我。总之，当你有一天看见"内在力"以后，你的为人处世，一定会大异于从前。

当一个人感觉到自己的生命中，蓄藏着真实、公义的大道时，他会明白，即使全世界都要反对他，他还是要胜利。"自反而不缩，虽千万人，吾往矣！"假使一个人，能够同他内在的神性——那永不死亡、永不生病、永不犯罪的神性维持和谐，他就能得到最大的生命效率、最高的人生幸福。可世界上为何有这么多平凡的人呢？原因之一，就在于他们存活一世，从没有在意识和灵魂的深处，用热情去激发自己的潜能。你可是不甘于平凡的人？如果是，就让自己时刻怀抱热情，让热情引发体内能量的核裂变，你会发现，自己就像一个超人，无论身处何种逆境，面对何种压力，命运如何多舛，你都会用自己的力量，宣告你不再平凡，不再渺小！

拿破仑·希尔告诉我们，热忱能够鼓舞及激励我们每个人。

为了让我们时时处于对生活和事业的极度狂热中，我们还要学会提高热情度的方法：

（1）深入了解每个问题。想要对什么事热心，先要学习更多你目前尚不热心的事。了解越深入，越容易培养兴趣。

（2）做事要充满真诚的感情。一旦当你说话做事渗入真诚的情感，那么你已经有引人注意的良好能力了。

（3）要传播好消息。好消息除了引人注意之外，还可以引起别人的好感，引起大家的热心与干劲。

（4）培养"你很重要"的态度。任何人都有成为重要人物的愿望，只要满足别人的这种心愿，使他们觉得重要，那么他们就会尽全力地去工作。

（5）强迫自己采取热忱的行动。深入发掘你的工作，研究它，学习它，和它生活在一起，尽量搜集有关它的资料。这样做下去就会不知不觉使你变得更为热忱。

（6）不可以把热忱和大声讲话或呼叫混在一起。如果你内心里充满热忱，那么，你就会兴奋，这时，你的眼睛、面孔、灵魂以及你整个人的表现，都会让你的精神振奋，从而去感染别人。

（7）身体健康是产生热忱的基础。一个人如果行动充满了活力，他的精神和情感也会充满了活力。

（8）说些鼓舞的话。在振奋你自己的同时，也振奋了你周围的人。

（9）你要经常反省自己，要经常给自己打气。

（10）要知道你是一个天生的优胜者。

（11）要启发灵感。不要满足现状，不仅仅对你自己，而且对你周围的世界亦然。

（12）成功的热忱，终得有行动的热忱。

（13）要敢于向自我挑战。

（14）在极端困难的条件下，要有"破釜沉舟"的勇气。

热情就是成功的源泉。你的意志力和追求成功的热情越强，成功的概率也就愈大。热情是一种状态——你24小时不断地思考一件事，甚至在睡梦中仍念念不忘。如果真这么做，你的欲望就会进入潜意识中，使你或醒或睡都能集中心志，不断向你梦想的事业前进。

充满激情地战斗

我们绝大多数人生下来时，条件是相同的，并无优劣之分。后来由于受到不同环境、不同人生经历的磨炼，给予大脑不同程度的刺激，人们才产生了较大差异。

西点总是这样教导学员：不管处境多么糟糕，都要始终热爱自己的职业。以这样一种积极的态度工作，你将取得意想不到的良好效果。因此，西点学员们总是能有一种很好的心态，哪怕被迫去做一些乏味的事情，他们也要设法使它们变得充满乐趣。

在西点，新学员经常被安排去清理宿舍楼里的垃圾，他们不但没有抱怨，而且很高兴。他们认为，

这是另一种方法的训练，可以锻炼自己的忍耐力、臂力和全身的协调能力，而这是在平常的训练中没有的。

西点军校上尉艾赛巴克·尼尔曾说："我们从不把西点军校的生活看做是乏味的事情，我们从军事训练中获得更多的意义。"西点学员从学习中找到乐趣、尊严、成就感以及和谐的人际关系，这是他们作为一个合格军人所必须承担的责任。而校方的责任是教会学员们在学习和执行任务中如何获取不断前进的动力。调动学员的热情是西点军事训练中的核心内容。

西点尤其注重对不同资质的学员进行能力的发掘和引导。教官运用一切方法充分调动学员的积极性，并时时刻刻影响着周围的学员，让他们体会到热爱工作的意义和快乐。可以说西点的教官就是热爱工作的最好典范。西点的教官对自己的训练工作有非常严格的要求，他们在训练新学员的过程中竭尽全力，以满腔热情、爱心和责任心对待每一位学员，学员也能从他们那里受益无穷。

西点军校还从一些细微之处培养学员的积极性。学校学员都要学习解决生活中遇到的问题，譬如补鞋这个看似简单的工作，学员也要把它当做艺术来做，全身心地投入进去。无论是一个小小的补丁还是换一个鞋底，学员们都会一针一线地精心缝补。速记同样是西点所要求的一项基本技能，有一些学员，他们的速记能力很强，而且精神状态良好，能让教官感受到他们工作的愉悦。

西点学员都知道，活着就是为了使自己获得更多的快乐。因此，他们把每天的训练都看做是娱乐或惬意的事情。

近些年来，为了更好地激发学员的激情，西点军校举办了一系列"领导者论坛"，对筹资、团结计划和毕业生事务进行详细讨论。在会上他们喜欢热情洋溢地谈论一些事。他们可能会谈论一场引以为豪的军事战役，或者一场正在进行的慈善活动，或者发生在西点的、毕业生们或赞同或反对的一项变革。

"热情的态度是做任何事的必要条件。任何学员，只要具备了这个条件，都能获得成功。"西点军校赛尔西奥·齐曼将军道出了成功的秘诀。

1918年9月，巴顿指挥美军的坦克兵参加圣米歇尔战役。9月6日凌晨2时30分，战役开始了，经过3个小时的炮火准备后，美军在浓雾的掩护下发起了冲击。浓雾虽然有利于坦克的隐蔽，但也挡住了巴顿的视线。于是，他带领5名军官和12名机械师向炮弹爆炸的方向走去。他们在去的路上，遭到敌人炮火和机枪火力的封锁，他们趴在铁路边的沟渠里隐蔽。惊惶失措的步兵匆忙向后退，巴顿阻止了他们，集合了大约100个人。

敌人的炮火稍一减弱，巴顿马上指挥大家以散兵线沿山丘北面的斜坡往上冲。斜坡底下，坦克被两个大壕沟挡住了去路，必须填平壕沟，才能使坦克顺利通过。但敌人不断地射击，士兵们不得不隐蔽起来，所以进攻进度非常慢。

看到这种情况，巴顿立即解下皮带，拿起铁锹和锄头，亲自动手干了起来。敌人仍然不断开火，突然一发子弹击中他身边一个士兵的头部，但他不为所动，继续挖土。大伙被巴顿的勇气所鼓舞，齐心协力，很快就将壕沟填平了。5辆坦克越过了壕沟，冲向山顶。

坦克从山顶上消失后，巴顿挥动着指挥棒，高声叫道："我们追上去吧，谁跟我一起冲？"分散在斜坡上的士兵全都站起来，跟随他往上冲。他们刚冲到山顶，一阵子弹就如雨点般猛射过来。大伙立即趴到地上，几个人当场毙命。望着身边的尸体，巴顿大喊："该是另一个巴顿献身的时候了！"便带头向前冲去。

只有6个人跟着他一起往前冲，但很快，他们一个接一个地倒下了，巴顿身边只剩下传令兵安吉洛。安吉洛对巴顿说："就剩我们两个人了。"巴顿回答说："无论如何也要前进！"他又向前跑去，但没走几步，一颗子弹击中他的左大腿，他摔倒在地，血流不止。

巴顿的杰出表现使他获得了"优异服务十字勋章"。嘉奖令上写道："1918年9月26日，在法国切平附近，他在指挥部队向埃尔山谷前进中，表现出超乎寻常的复命精神和责任感。然后，他将一支瓦解了的步兵集合起来，率领他们跟在坦克后面，冒着机枪和大炮的密集火力前进，直到负伤。在他不能继续前进时，仍然坚持指挥部队作战，直到将一切指挥事宜移交完毕。"

西点军校的戴维·格立森将军说："要想获得这个世界上最大的奖赏，你必须将梦想转化为有价值的献身热情，以此来发展和展示自己的才能。"巴顿将军就是如此。

这给我们的启示是：当一个人热情高涨地开展工作时，他的决心就会更大，工作效率也会更高。当我们满怀激情地工作时，我们会惊喜地发现，原来工作是一件充满乐趣的事情。我们再也不会把它当成一件苦差事，也不会为成功的迟迟不露面而懊恼。因为我们知道，有激情的地方，一定会有成功。

爱默生说过："有史以来，没有任何一项伟大的事业不是因为热忱而成功的。如果一个人以精益求精的态度、火热的激情充分发挥自己的特长来工作，那他做什么都不会觉得辛苦。"热忱的态度是我们工作能否成功的重要因素，情绪动力是促成我们前进的力量。

李阳，兰州大学力学工程系的毕业生，他是一个靠"疯狂"精神取得成功的人。李阳有一句格言："I enjoy losing face！"（我热爱丢脸！）李阳的成功故事便是不怕丢脸。"成功人的常态在普通人看来就是变态。""越是艰辛我越兴奋。"李阳说。

为了突破自闭的性格，李阳决心用英语挑战自我。他最不爱当众说话，但又渴求当众说话。他把自己的学习心得写成40多页的演讲稿，要在全校大声演讲。他让同学贴出海报，说有一个叫李阳的小子要开一个英语学习讲座。那晚，用李阳的话说是"紧张得想呕吐"。可是，他还是登上了讲台，气喘吁吁地完成了演讲。演讲竟成功了。此后，李阳走出校园的几十场演讲，让他成了一个校园名人。

大学毕业后，李阳在西安西北电子研究所当了一年半的助理工程师。每天清晨，李阳的第一件事就是冲到屋顶平台，大喊英语。一年半后，他从1000多名考生中脱颖而出，进入了广东人民广播电台英文台，成为唯一一个没有专业英文学历的播音员。他还担任新闻播音员和脱口秀节目主持人，同时主持广州电视台的英语新闻节目，是广州地区最受欢迎的英文播音员，就连以英语为母语的外国人也为李阳地道的英语所折服，美国的ABC广播网、英国的BBC、香港电台、日本放送协会、苏格兰国家电视台及加拿大广播电台都做过李阳的专访。

一次，美国众议院外交委员会首席顾问理查德·布什在广州作题为《克林顿当选总统以来美国对华政策的制定过程》的重要演讲，李阳因出色的翻译，收到了美国外交委员会主席汉密尔顿的亲笔信，称赞他卓越的英语水平为中美两国作出了极大贡献。美国总统特使、商务部长布朗访问广州时，李阳是唯一的中国译员。在1994年世界移动通讯国际会议的27位发言者的同声翻译中，李阳更是令同行刮目相看，因为发言内容中的专业名词和术语非常多，而且难以把握，但是李阳仍然成功地完成了工作。

"越是艰辛我越兴奋，这就是疯狂。"李阳只用了一年的时间就覆盖了别人六七年才能涉足的领域。李阳常提起一段话："我不是天才。没有天才，天才只是我们肉眼看到的1/9的冰山之尖，而那8/9是泡在海水中的默默奋斗，是挑战，是征服，是疯狂投入！我现在比你们强，只是我比你们更疯狂！"

这是李阳的事业观，也是他的人生观。与其说他的成功取决于他的才能，不如说他的成功取决于他的热忱。这个世界为那些具有真正使命感和自信心的人大开绿灯，到生命终结的时候，他们依然热情不减。无论出现什么困难，无论前途看起来多么的暗淡，他们总是相信自己能够把心目中的理想图景变成现实。

热忱是工作的灵魂，是生活本身。每个人都不是为了生存而工作的，而是将负责当成事业，把工作当成人生的一部分，充满激情地投入，从中收获乐趣与意义。这样的人离成功最近，也离人生的幸福最近。

积极的态度有助于成功

西点前校长道格拉斯·麦克阿瑟说过："你有信仰就年轻，疑惑就年老。有自信就年轻，畏惧就年老。有希望就年轻，绝望就年老。岁月刻蚀的不过是你的皮肤，但如果失去了热忱，你的

灵魂就不再年轻。"青年人要成就大事，愁眉苦脸是无济于事的，只有养成乐观的个性，笑对一切困难并战胜它们，才是走向成功的正确道路。因此，当你处于绝望的边缘时，要冷静地坐下来，拿起你的笔，把自己的悲伤和痛苦的原因都列出来。

但同时，在这个清单上也要列出你可能获得幸福的原因，不要遗漏任何的幸福源泉，比如你的强壮的体格和健康的身体功能、你的财产、你的朋友和家人、你的成就、你的品位、你的健康的活动、生活的前景、合理的期待，也不要忘记你对他人的义务以及承担这些义务让你感到的坦然舒心。然后，你再对比两边所列的项目，进行权衡。你会发现，你幸福的源泉要远大于痛苦的原因，这样，你就没有任何理由总是让自己处在悲伤、痛苦的阴影中。

旧金山市的阿尔戈先生说，米尔比达有一位妇女，她几乎承受了凡人难以忍受的种种不幸，悲观、沮丧、消化不良、失眠、孩子生病等，各种各样的打击接踵而来。但她后来决定摆脱使自己和周围人生活得痛苦不堪的种种因素，于是定下了一条规则：她每天至少要笑三次，不管有没有值得发笑的事情。这样，只要稍微有些可笑的事情她就能开怀大笑，她有时还会回到自己的房间里一个人细细回味。如今，她的身体非常健康，情绪也很昂扬，她的家已经成为充满欢声笑语的场所，丈夫和孩子们都受到了她的快乐心情的感染，现在他们都很健康，也很幸福。在纽约西部住着一位医生，人们称他为"欢笑医生"。这位医生名叫伯迪克，他总是笑眯眯的，他的面容是大家最喜欢看到的那种。据说好心情是可以互相传染的，所以对很多病人来说，看到他的笑脸、听到他愉快而充满希望的医疗建议就足够了。伯迪克医生很少给人开药，但是治疗却往往都非常成功。

在纽约附近的一个城市里，有一个人因为生病已经失去了生存下去的信心。全家人都站在他的病床前，其中一个奉命来劝慰他的人，微笑着对他说："病情没有什么大不了的，你很快就会康复的。"那个人在说话的时候非常不自然，脸上的表情看起来很古怪。结果，病人忍不住想大笑，想笑的努力唤起了他的精神和全身各个系统的机能，后来他的病竟然很快就痊愈了，这不能不说是一个奇迹。

"不要和那些总是不满、总是抱怨生活的人待在一起。"比彻写道，"永远都要寻找天堂和鸟语花香的地方。不会笑、不高兴的人应该检查自己出了什么毛病。他应该斋戒、祈祷，直到他的脸上发出快乐的光芒。"

"有的人认为，当他们和不幸的人一起抱怨时，他们安慰了那些人，"塔尔马吉说，"那是错误的。这样做不仅对那些不幸的人无益，而且对自己也有害——记住，不要在自己心里体验别人的痛苦。"

据说，克伦威尔总是在别人感到灰心丧气的时候情绪高昂、充满希望，在他心中的希望就像燃烧的火柱一样难以熄灭。

"快乐者将赢得胜利，胜利与快乐共享——快乐从不单独出现。"快乐是如此重要，这不禁使人想到一些关于乐观人生的名家名言："世界上的事情最好是一笑了之，不必用眼泪去冲洗。"这是印度大文豪泰戈尔说的。"笑，实在是仁爱的表现、快乐的源泉、亲近别人的桥梁。有了笑，人类的感情就沟通了。"这是英国诗人雪莱说的。

"善说笑话的人，往往有先见之明；心里最好常保快乐，如此就能防止百害，延长寿命。"这是英国戏剧家莎士比亚说的。"对付残酷的贫困，只有唯一的一个办法，那就是笑。谁要是因为穷而郁郁不乐，那就是贫困已经把他抓住，并把他吞噬下去了。"这是德国革命家李卜克内西说的。"一阵爽朗的笑，犹如满室黄金一样炫目。"这是法国作家福楼拜说的。"应该笑着面对生活，而不管一切如何。"这是捷克民族英雄伏契克说的。

开心地笑吧，笑对天下的所有难事，不要使冰霜结在你的脸上。这是青年人应该有的对于生活的态度。我们忙忙碌碌地生活在这个世上，每一天都承受着巨大的生存压力。我们要维持自身和家庭的生活水准不至于太低，我们要时时提防天灾人祸的发生，我们面对着生老病死的困扰，我们要和形形色色的人打交道……如果我们不懂得调节自己，苦恼、忧愁、烦躁、愤怒、痛苦……这些不良的情绪就会严重地损害我们的身体和精神。就像老话说的："愁一愁，白了头。"而最好的自我调适的方法，就是笑，就是乐观地生活，就是养成乐观的个性。

俗语说得好："笑一笑，十年少。"的确，经常保持愉快的心情，笑口常开，是大大有益于身心健康的。笑，使肌肉变得柔软，身心在极度放松的状态下，便很难引起焦虑。只要你笑，就多一份觉醒，对这个世界就更有安全感，世界也会分享我们的感觉。笑对一切，乐观向上，应该是青年们的处世态度，是成功的良好个性之一。它首先是一种乐观开朗的生活态度，是对人对己的宽容大度，是不计较得失的坦然心胸。笑的修养，也是人品的修养。强笑、装笑、皮笑肉不笑，甚至不怀好意的奸笑、得意忘形的狂笑、溜须拍马的谄笑……这些虽也是"笑"，却不是我们所需要的。那些低级下流的黄段子、那些幸灾乐祸的"黑色幽默"，那些诽谤他人的"帖子"，也是为"真笑者"所不齿的。

"愉快的笑声，是精神健康的可靠标志。"让我们记住："笑对一切，乐观生活。"用微笑和乐观来面对人生，解释生活。让我们的每一天都快乐而充实。豁达乐观的人从不自寻烦恼，因为他们知道，自寻烦恼无异于自找苦吃，自缚手足，自己给自己设绊，因而怎么会成功呢？

自寻烦恼的人很多，特别是有些年轻人。如有的年轻人对个人名利过于苛求，得不到便烦恼不安；有的人性情多疑，老是无端地觉得别人在背后说他的坏话，常常感到莫名其妙的烦恼；有的人嫉妒心重，看到别人的成就与事业超过自己，心里就不舒服。最为典型的自寻烦恼是把别人的问题揽到自己身上自怨自艾，这无异于引火烧身。

聪明的人往往是虽处在一些烦恼的环境中，自己却能够寻找快乐。因烦恼本身是一种对已成事实的盲目的、无用的怨恨和抱憾，除了给自己的心灵以一种自我折磨外，没有任何的积极意义。为了不让烦恼缠身，最有效的方法是正视现实，摒弃那些引起你烦恼不安的幻想。世界上不存在你完全满意的工作、配偶和娱乐场地，不要为寻找尽善尽美的道路而挣扎。

实际上，并不是所有在生活中遭受磨难的人，在精神上都会烦恼不堪。很多人会对生活的磨难、不幸的遭遇付之一笑，倒是那些平时生活安逸、轻松舒适的人，稍微遇到不如意的事情，便会大惊小怪，导致深深的烦恼。这说明，情绪上的烦恼与生活中的不幸并没有必然的联系。

生活中常碰到的一些不如意的事情，这仅仅是可能引起烦恼的外部原因之一，烦恼情绪的真正根源，应当从烦恼者的内心去寻找。大部分终日烦恼的人，并不是遭到了多大的个人不幸，而是在自己的内心素质和对生活的认识上存在着某种缺陷。因此，当一个人受到烦恼情绪袭扰的时候，就应当问一问自己为什么会烦恼，从内在素质方面找一找烦恼的原因，学会从心理上去适应你周围的环境。

荷马·克罗伊是位写过好几本书的作家。以前他写作的时候，常常被纽约公寓的热水灯的响声吵得快要发疯。蒸汽引得热水灯砰然作响，然后又是一阵刺刺的声音——而他会坐在他的书桌前气得直叫。

"后来，"荷马·克罗伊说，"有一次我和几个朋友一起出去宿营，当我听到木柴烧得很响时，我突然想到：这些声音多像热水灯的响声，为什么我会喜欢这个声音，而讨厌那个声音呢？我回到家以后，跟自己说：'火堆里木头的爆裂声，是一种很好的声音，热水灯的声音也差不多，我该埋头大睡，不去理会这些噪音。'结果，我果然做到了，头几天我还会注意热水灯的声音，可是不久我就把它们整个忘了。"

"很多其他的小忧虑也是一样，我们不喜欢那些，结果弄得整个人都很颓丧，只不过因为我们都夸张了那些小事的重要性……"狄斯累利说过："生命太短促，不能再只顾小事。""这些话，"安德烈·摩瑞斯在《本周》杂志里说，"曾经帮我挨过很多痛苦的经验。我们常常被一些小事情、一些应该不屑一顾并忘了的小事情弄得非常心烦……我们活在这个世上只有短短的几十年，而我们浪费了很多不可能再补回来的时间，去愁一些在一年之内就会被所有的人忘了的小事。不要这样，让我们把我们的生活只用在值得做的行动和感觉上，去运用伟大的思维，去经历真正的感情，去做必须做的事情。因为生命太短促了，不该再顾及那些小事。"

英国作家萨克雷有句名言："生活是一面镜子，你对它笑，它就对你笑；你对它哭，它也对你哭。"确实，不管你生活中有哪些不幸和挫折，你都应以欢悦的态度，微笑着对待生活。而想要做到这点，就要遵循几条原则：

（1）要朝好的方向想。

有时，人们变得焦躁不安是由于碰到了自己所无法控制的局面。此时，你应承认现实，然后设法创造条件，使之向着有利的方向转化。此外，还可以把思路转向别的什么事上，诸如回忆一段令人愉快的往事。

（2）放弃不切合实际的希望。

做事情总要按实际情况循序渐进，不要总想一口吃个胖子。有人为金钱、权力、荣誉而奋斗，可是，这类东西你获得的越多，你的欲望也就会越大，这是一种无止境的追求。一个人发财、出名似乎是一下子的事情，而实际上并不然。因此，你应在怀着远大抱负和理想的同时，随时树立短期目标，一步步地实现你的理想。

（3）要意识到自己是幸福的。

有些想不开的人，在烦恼袭来时，总觉得自己是天底下最不幸的人，谁都比自己强。其实，事情并不完全是这样，也许你在某方面是不幸的，但在其他方面依然是幸运的。如上帝把某人塑造成矮子，但却给了他一个十分聪颖的大脑。请记住一句风趣的话："我在遇到没有双足的人之前，一直为自己没有鞋而感到不幸。"生活就是这样捉弄人，但又充满着幽默之味，想到这些，你也许会感到轻松和愉快。

总之，学会微笑，学会保持积极的生活态度，不仅仅是为了心情的愉悦，更表达了对生活的热爱和美好未来的无限向往，拥有这种热情，你的人生才会更精彩。

永远抱有阳光的心态

西点第一任校长乔纳森·威廉斯说："有时候，阻碍我们成功的主要障碍，不是我们能力的大小，而是我们的心态。"成大事者的生活之道是：做一个乐观的人，一切向前看！向前看，就会看到希望和未来，就会快乐而积极地生活。也许是生活的压力太大，有些人说："活着，真累。"也许是遇到不顺心的事太多，有些人说："活着，真烦。"也许是对柴米油盐的平凡生活的厌倦，有些人说："活着，真没劲。"

这里，有一个如何认识生活的问题，也有一个如何调整自己对待生活的态度的问题。生活就是生活，它像泥土一样真实而粗糙，如果对它抱有不切实际的幻想，人们难免就会失望。像自然界有风雨阴晴一样，生活也不会总是一帆风顺的。如果你对此没有思想准备，可能就会彷徨悲观。生活也不会总是充满着戏剧性的高潮，更多的时候它是平凡琐碎的，甚至显得沉闷。你怎么可能指望它天天都如狂欢节一般呢？

宋代大词人苏轼说："月有阴晴圆缺，人有悲欢离合，此事古难全。"但这并不是说生活就是一桩枯燥乏味的苦事。法国雕塑家罗丹说过："对于我们的眼睛，不是缺少美，而是缺少发现。"生活里有着许许多多的美好，许许多多的快乐，关键在于我们能不能发现。而要发现它，则关键在自己。

有一个人，日子过得烦闷而无趣，他要去找那些快乐的人，问问快乐的秘诀。他想，国王尊贵而富足，一定快乐。他见到了国王，国王却说："我一天要面对那么多要处理的事，我还要时时操心王位是否牢固，我晚上觉都睡不安稳，哪有快乐可言？"他又想，流浪汉一天无忧无虑的，一定快乐。但流浪汉却说："我连今天晚上到哪儿睡觉都没着落，我哪会快乐？"这个人搞不懂了，世界上真没有快乐的人了吗？我上哪里能找到快乐的秘诀？这时一个老者告诉他，国王也可以快乐，只要他不被权力和金钱迷住了心灵；流浪汉也可以快乐，只要他不被贫困压倒。快乐不快乐，就在你自己。

有一位遭受癌症折磨的女青年，曾写下这样的诗句：

你改变不了环境，但你可以改变自己；
你改变不了事实，但你可以改变态度；

你改变不了过去，但你可以改变现在；

你不能控制他人，但你可以掌握自己；

你不能预知明天，但你可以把握今天；

你不能样样顺利，但你可以事事尽心；

你不能延伸生命的长度，但你可以决定生命的宽度；

你不能左右天气，但你可以改变心情；

你不能选择容貌，但你可以展现笑容。

正是这种对生活的认识，使她能坦然地应对死神的威胁，认真而快乐地生活。

再让我们看看明人陆绍珩的话：辛勤耕作的田园生活，是有真正的快乐的，但你如果没有潇洒的态度，你就会成为苦不堪言的忙人。读书学习是有真正的乐趣的，但你如果不懂得玩味，你就会成为视它为无趣的粗俗之人。一山一水都有可以赏玩的情趣，但你如果不会领会，你也就只能辜负它的妙处而瞎玩。吟咏诗歌可以有真正的心得，但你如果不能体会理解，就只会把它看做是无聊的套话。所以，生活得快乐不快乐，全在自己对生活的态度和理解。

清朝人金圣叹也是一个对生活永远持乐观态度的人，他潇洒达观，十分懂得玩味和领会生活的乐趣。有一次他和一位朋友共住，屋外下了十天雨，对坐无聊，他便和朋友一件件地说日常生活中的乐事，一共列出了三十多件"不亦快哉"（不也是很快乐的吗？）的事。

比如：夏七月，天气闷热难当，汗出遍身。正不知如何时，雷雨大作，身汗顿收，地燥如扫，苍蝇尽去，饭便得吃——不亦快哉！独坐屋中，正为鼠害而恼，忽见一猫，疾趋如风，除去了老鼠——不亦快哉！上街见两个酸秀才争吵，又满口"之乎者也"，让人烦恼。这时来一壮夫，振威一喝，争吵立刻化解——不亦快哉！饭后无事，翻检破箱，发现一堆别人写下的借条。想想这些人或存或亡，但总之是不会再还了。于是找个地方，一把烧了，仰看高天，万里无云——不亦快哉！夏天早起，看人在松棚下锯大竹作为筒用——不亦快哉！冬夜饮酒，觉得天转冷，推窗一看，雪大如手，已积了三四寸厚——不亦快哉！推纸窗放蜂出去——不亦快哉！还债毕——不亦快哉！读唐人传奇《虬髯客传》——不亦快哉！……

在金圣叹眼里，平凡的生活处处充满着快乐。乐观的人就是这样看待生活和问题的，他们总向前看，他们相信自己，相信自己能主宰一切。

所以，我们还要唉声叹气吗？我们为什么不做个乐观的人呢？如果我们一直向前看，生活积极乐观，工作勤奋努力，就一定会得到幸福的关照。土里的种子从来不怀疑总有一天自己会破土而出，长成一棵幼苗，长出枝叶，开花结果。它从来不问自己，怎么才能突破压在头上的厚厚的土层。它也从不抱怨在成长的过程中碰到顽固的石头和沙砾，而是不断地把自己柔嫩的根须一点一点向上顶。

所以，向前看吧，向前看，生活和工作才会有生机。同时，还要明白一个道理：要善于发现光明的一面。

正同一枚硬币有两面一样，人生也有正面和背面。光明、希望、愉快、幸福……这是人生的正面；黑暗、绝望、忧愁、不幸……这是人生的背面。乐观的人总是能看到事物光明的一面，因而会随时扭转败局而成功。

有一位日本武士，叫信长。有一次面对实力比他的军队强10倍的敌人，他决心打胜这场硬仗，但他的部下却表示怀疑。信长在带队前进的途中，在一座神社前停下。他对部下说："让我们在神面前投硬币问卜。如果正面朝上，就表示我们会赢，否则会输，那么我们就撤退。"部下赞同了信长的提议。信长进入神社，默默祷告了一会儿，然后当着众人的面投出一枚硬币。大家都睁大了眼睛看——正面朝上！大家欢呼起来，人人充满了勇气和信心，恨不能马上就投入战斗。最后，他们大获全胜。一位部下说："感谢神的帮助。"信长说道："是你们自己打赢了战斗。"他拿出那枚问卜的硬币，硬币的两面都是正面！

这个故事告诉我们，要想赢得人生，就不能总把目光停留在那些消极的东西上，那只会使你

沮丧、自卑、徒增烦恼，还会影响你的身心健康。结果，你的人生就可能被失败的阴影遮蔽去它本该有的光辉。

一个人生活在世上，要敢于"放开眼"，而不向人间"浪皱眉"。"放开眼"和"浪皱眉"就是对人生两面的选择。你选择正面，你就能乐观自信地舒展眉头，迎对一切。你选择背面，你就只能是眉头紧锁，郁郁寡欢，最终成为人生的失败者。悲观失望的人在挫折面前，会陷入不能自拔的困境；乐观向上的人即使在绝境之中，也能看到一线生机，并为此而努力。

"要看到光明的一面。"一个年轻人对他的牢骚满腹、愁眉不展的朋友说。"但是，没有什么是光明的。"他的朋友心事重重地回答。"那就把不光的一面打磨一下，让它显出光亮不就行了！"

有一位银行家，在51岁的时候，财富高达数百万美元，而到52岁的时候，他失去了所有的财富，而且背上了一大堆债务。面临巨大打击，他没有颓废也没有悲观失望，而是决定要东山再起。不久，他又积累了巨额的财富。当他还清最后300个债务人的欠款后，这位金融家实现了他那伟大的承诺。有人问他，他的第二笔财富是怎样积累起来的。他回答说："这很简单，因为我从来没有改变从父母身上继承下来的个性，那就是积极乐观。从我早期谋生开始，我就认为要以充满希望的一面来看待万事万物，从来不要在阴影的笼罩下生活。我总是有理由让自己相信，实际的情况比一般人设想和尖刻批评的情况要好得多。我相信，我们的社会到处都是财富，只要去工作就一定会发现财富、获得财富。这就是我生活成功的秘密，记住：总是要看到事物阳光灿烂的一面。

这个世界应该更加光明、更加美好，如果人们懂得保持快乐是他们的责任，懂得开开心心地完成自己的职责也是他们的责任，那么，这个世界就会美妙多了。每天都快乐地生活，也是让别人幸福的最好保证。"我们都有这样的感受：快乐开心的人在我们的记忆里会留存很长的时间。因为我们更愿意留下快乐的而不是悲伤的记忆，每当我们回想起那些勇敢且愉快的人们时，我们总能感受到一种柔和的亲切感。

"即使到了我生命的最后一天，我也要像太阳一样，总是面对着事物光明的一面。"诗人胡德说。到处都有明媚宜人的阳光，勇敢的人一路纵情歌唱。即使在乌云的笼罩之下，他也会充满对美好未来的期待，跳动的心灵一刻都不曾沮丧悲观；不管他从事什么行业，他都会觉得工作很重要、很体面；即使他穿的衣服褴褛不堪，也无碍于他的尊严；他不仅自己感到快乐，也给别人带来快乐。

拥有阳光心态，看到光明的一面，这就是我们应该给予生活和工作的态度，只有这样，生活才会回馈给我们同样的美好。同时，当我们遭遇"偶然"的挫折，不要自怨自艾，不应拘泥于"偶然"的成败，要看淡它，大不了从头再来。

西点军校经典法则

法则十四

主 动

积极主动地面对每一件事

一位将军到西点演讲时说："你不要以为机会是一个到你家里来的客人，他在你的家门口敲门，等待你开门把他迎接进来。假如你不主动找他，他永远不会惠顾你。"

与许多人谈话的时候，听到最多的是"没有机会"的推诿，是不敢行动的胆怯。作为一名军人，不自动自发就是自动放弃，白白放走赢的机会。西点人明白：如果一直坐等机会，人的一生将永远不会比别人过得更好。

西点告诉它的学员：不主动出击，你就永远没有赢的机会。在战场上，不先发制人就会受制于人。生活中的所有事情都是这样，没有积极主动的进攻精神就不可能在竞争中赢得主动的地位。主动出击才能适应变化多端的现实社会，消极被动只会让你沉溺于困境之中。

1944年，巴顿将军率领第三集团军在法国长驱直入，占领了蒂利堡，包围了维特里勒弗朗索瓦、夏龙和兰斯。他费了九牛二虎之力才说服布雷德利将军继续向默兹河进攻。在巴顿看来，8月29日是这场战争中生死攸关的日子。他命令埃迪的第12军向科默西运动，命令沃尔克的第20军朝瓦尔登迅速前进，必须在德军尚未派兵进驻之前，渡过默兹河。

可是到了29日，巴顿将军突然接到报告说，预定在那天到达的14万加仑的汽油没有送到。他最开始还以为，这不过是为了减缓他前进的步伐而搞的一个鬼名堂。后来才发现情况并不是这样，汽油推迟到达的原因是最高统帅部改变了计划，所有的补给品——汽油和弹药都被投入到了另一个进攻方向——北方。

巴顿将军大为恼火，他认为如果就此停止，将是整个战争中的重大错误。这意味着无数优秀士兵将牺牲在之后的渡河战斗中。当然，第三集团军不仅没有得到原来预定的汽油补给，实际上，在那之后连一滴汽油也没有得到。

巴顿将军就径直来到最前线的指挥所，他直接用电话下令，命令部队把3/4坦克的汽油集中抽调出来，使用另外1/4的坦克向前开进。所有部队继续前进，直到坦克跑不动为止，然后，再爬出坦克，步行前进！

巴顿将军再三强调，渡过默兹河的命令是强制性的。战争的教训告诉他，地面部队必须坚持不断地、残酷无情地向前推进。多流一品脱汗水，少流一加仑鲜血。战局的发展最终证明巴顿将军的正确和英明。

　　"二战"时期，盟军总司令艾森豪威尔经常这样说，任何人都能在地图上画出一个进攻的箭头，问题是谁来实现它。也许实现这些箭头的，正是许许多多像巴顿将军一样积极主动的军官和士兵。

　　巴顿将军的故事给了我们这样的启示：成功者之所以能成功，就在于他们从来不跟在别人后面，他们总是在感觉没有机会的时候就去寻找另一条通往成功的路。生活中，很多人失败就是因为他们总是相信过去，从不盼望未来，不去主动创造。

　　在西点，约翰·拉姆森将军深信："每天多做一点的学员将从他的同学中脱颖而出，这个道理对于学员和军官都是一样的。这样，上司才会更加信任你，赋予你更多的机遇。"

　　杰克·齐尔斯曼中校认为：学员使自己的能力得到提升的最好方法是，在做好分内事的同时，多为西点军校做事。这不但可以表现学员勤奋的品德，还可以培养学员的综合能力，增强学员的生存能力。

　　罗杰斯·奈斯上尉指出："如果学员想取得像教官今天这样的成绩，那就只能比教官更积极主动地学习训练。"正是这种积极主动的精神塑造了永远进步、始终卓越的西点军校，培养了那么多优秀人才。

　　叶圣陶先生曾经说："许多真有成就的人，他们的知识绝大部分是自己学来的，并不是坐在课堂里学来的。"同样的，一个优秀的人也必定是个能够主动工作、自我学习的人，而非事事等着别人催。自动自发地工作是每一个优秀人才的共同特点。没有对工作的热爱，没有全身心地投入，就会因为缺乏自律而放任自流，更谈不上成就什么事业了。

　　在商店工作的史密斯一直认为自己是一个非常优秀的职工，完成了自己应该做的事——记录顾客的购物款。于是，史密斯向经理提出了升职的要求。没想到，经理当场拒绝了他，理由是他做得还不够好。对于这样的结果，史密斯非常生气。

　　一天，史密斯像往常一样，做完了工作和同事站在一边闲聊。正在这时，经理走了过来，他环顾了一下周围，示意史密斯跟着他。史密斯很纳闷，不知道经理"葫芦里卖的什么药"。只见经理一句话也没有说，就开始动手整理那些订出去的商品，之后他又走到食品区，清理柜台，将购物车清空。

　　史密斯惊讶地看着老板的举动，过了很久才明白老板的用意：如果你想获得加薪和升迁的机会，你就得永远保持积极主动的精神。

　　如果你对工作只是尽到本分，或者唯唯诺诺，对工作毫无怀疑与反思，对公司的发展前景和生存危机漠不关心，你就无法争取到最大的进步与利益，你充其量只能得到属于你应得的那一部分。当然，这份所得常不如你想象的多。因此，每个人哪怕面对的是十分无聊或毫无挑战性的工作，也应该保持积极主动的精神，因为这会让你取得最好的业绩，幸运女神也会因此垂青你。

　　徐威是一家私营企业的小会计。有一次，他看见公司的一位宣传员在为公司编撰一本宣传材料。但是，他发现这位宣传员文笔生疏，缺乏才情，编出来的东西无法引起别人的阅读兴趣。因为平时喜爱写作，有些文采，徐威便主动编出一本几万字的宣传材料，送到了那位宣传员的面前。

　　那位宣传员发现，徐威所编撰的这本材料文笔出众，远超过自己的水平。他大喜过望，舍弃了自己编的东西，把徐威编的这本材料交给了总经理。总经理详细地把这本宣传材料看了一遍。第二天，把那位宣传员叫到了自己的办公室。一番询问后，总经理得知是徐威代笔。于是徐威也被叫到了总经理办公室。

　　"小伙子，你怎么想到把宣传材料做成这种样子？"总经理问他。

　　"我觉得这样做，既有益于对内部员工进行宣传，灌输我们的企业文化、理念和管理制度，又有益于对外扩大我们企业的声誉，宣传我们的企业品牌，有利于产品的销售。"徐威说。

　　总经理笑了笑说："我很喜欢它。"几天后，徐威被调到宣传科任科长，负责对外宣传自己的企业。不到一年时间，他因为在工作中表现出色，被调到总经理办公室担任助理。

　　徐威的成功看似偶然，充满了随机性，但许多机会不就是这样靠人创造出来的吗？机会只青睐那些有准备的人，而积极主动工作的人永远都在准备着。同时，积极努力的人工作不仅仅是为了饭碗或者薪水，他们有着更高的追求。把工作简单地视为换取劳动报酬的想法是低级的、短视的，

有望成就事业的人永远不会把眼睛停留在暂时的物质利益上，他们会把工作当成一项事业来做。这些人很清楚，对工作负责就是对自己负责，只有积极主动地工作，才能为自己争取到美好的明天。

一个农村的小姑娘，因为家境贫寒，就到城里打工，由于没有什么特殊技能，便选择了餐馆服务员这个职业。在常人看来，这是一个不需要多大技能的职业，只要招待好客人就可以了。许多人也已经从事这个职业多年，但很少有人会认真投入其中，因为，这看起来实在没有什么需要投入的。

这个小姑娘却恰恰相反，她一开始就表现出了极大的耐心，并且彻底将自己投入到工作当中。一段时间以后，她不但能与常来的客人搞好关系，而且只要客人光顾，她总是千方百计地使他们高兴地来，满意地走。这不但赢得了顾客的交口称赞，也为饭店增加了收益。就在老板逐渐认识到其才能，准备提拔她做店内主管的时候，她却婉言谢绝了。原来，一位投资餐饮业的顾客看中了她的才能，准备投资与她合作，资金完全由对方投入，她负责管理和员工培训，对方郑重承诺：她将获得新店 1/4 的股份。现在，昔日的小姑娘已经成为一家大型餐饮企业的老板了。

故事中小姑娘的成绩固然让大家羡慕，但她那种积极进取、主动工作的精神更值得我们每一个人学习。积极主动的精神会让人意识到肩负的使命，并为完成使命全力以赴。只有积极主动地工作，你才会在公司中体现自己的价值。一名具有主动精神的员工，不管现在如何，都会比那些只把自己当雇员的人更容易获得成功。

让行动决定一切

"说一尺不如行一寸"，只有行动才能缩短自己与目标之间的距离，只有行动才能把理想变成现实。西点军校就深谙这一点，以行动为准则，用实际说话。

西点军校流传着这么一个老故事，讲的是一位长相粗犷的士兵在别人围坐在营火旁讲述自己的大无畏故事、吹嘘自己的个人成就时，他却在拨着营火的余烬。尽管这位沉默的士兵什么故事也没讲，其他人对他却怀着同样的敬重。之所以这样，是因为他摒弃了自我吹嘘的机会，而用实际行动对每个人做着贡献。

所以，西点人把少说话、多做事奉为行动的准则，通过脚踏实地的行动，完美复命，提升自我。而且，只停留在"想"的阶段永远不可能有所成就，只有立即行动才能获得成功。

1973 年，布雷德利获得塞耶奖发表演讲时，反复要求西点学员要学会踏踏实实地做事，绝不迟到、绝不拖延。在西点的游泳救生训练中，学员们最害怕的一个动作是：穿着军服、背着背包和步枪，从近 10 米的高台上跳进游泳池，然后在水中解开背包，脱掉皮鞋和上衣，把这些东西绑在临时的浮板上。尽管学员们事前都反复演练过每一个动作，但是真到了要往下跳的那一刻，大部分人还是会迟疑，走到跳板尽头之后就会停下来。当然，学员是绝不会退缩的，因为那意味着被勒令退学。尽管有些犹豫，他们最终还是会行动起来，纵身跃下，相信这成功一跃之后的兴奋之情是无法言说的。行动产生了信心，信心又促进了行动。在西点，行动指引着一切。

洛克菲勒曾说："不要等待奇迹发生才开始实践你的梦想。今天就开始行动！"行动是治愈恐惧的良药，而犹豫、拖延将不断滋养恐惧。

为此，西点军校创造了一个理想的教育环境，在这个环境中，学员并不是随随便便无论什么时候想在图书馆都行，他必须在规定的时间里尽最大努力做完规定的事。他必须今日事今日毕，绝不能将任何事情拖到第二天。"绝不将任何事情拖到第二天"的要求，使学员自觉适应军校生活、自觉完成规定课程，自我提升的意识也明显增强。

在西点军校，每个学员都有责任了解军官基本素质培训的标准，并严格按规划要求达到这个标准。在第一学年里，学员要熟悉 4 年教育计划的主要条款。教官要与学员共同研究具体落实目标。就拿军事教育计划来说吧，战术教官将在秋季学期中与每个一年级学员讨论具体实施问题。学员要正确估价自己的信念、价值和信仰，对要达到的目标和标准作出承诺。在第二学年里，学员通过承担一定的责任和领导职务（如在野外训练中担任上士、副班长、营区值日员等），以及行使

增加的特权，加深对自我约束重要意义的认识。西点人对个人负责需要毫不含糊，对更大范围的事情负责更要毫不马虎，中规中矩，表现出军人的干净利落。

"绝不将任何事情拖到第二天"，这是严格的军人准则，也是战争需要的准则。迅捷、及时、准确是军事活动中最宝贵的概念。就作战而言，只有快速、准确才能出其不意，攻其不备，使敌人措手不及，才能把握战机，争取主动，稳操胜券。

西点人就像卓越的职场人士一样，喜欢用实际行动来表现自己，而非空洞的语言和虚假的宣传。因为他们相信，只有行动才能更好地说明一切，才能赢得真正的胜利。

所以，职场中的我们，要积极行动起来，只有积极行动，才能脱颖而出，同时，要学着马上行动。只有马上行动才能把握这一切。

迈克是伦敦一家公司的低级职员，他的外号叫"奔跑的鸭子"。他总像一只笨拙的鸭子一样在办公室飞来飞去，即使是职位比迈克还低的人，都可以支使迈克去办事。后来，迈克被调入销售部。一次，公司下达了一项任务：必须完成本年度500万美元的销售额。

销售部经理认为这个目标是不可能实现的，开始私下里怨天尤人，并认为老板对他太苛刻。迈克却没有这样，他从不抱怨，只知埋头苦干，距年终还有1个月的时候，他已经全部完成了原定的销售额。其他人可就没迈克那么幸运了，他们只完成了目标的50%。羞愧难当的经理主动提出了辞职，而迈克被任命为新的销售部经理。"奔跑的鸭子"迈克在上任后忘我地工作。他的行为感染了其他人，在年底的最后一天，他们竟然完成了剩下的50%。后来，该公司被另一家公司收购。新公司的董事长第一天来上班时，亲自任命迈克为这家公司的总经理。因为在双方商谈收购的过程中，这位董事长多次光临公司，这位"奔跑的鸭子"给他留下了深刻印象。从不抱怨、只知执行的迈克不但给公司带来了丰厚的利润，也给自己带来了美好的前程。

或许你也会经常问：成功的秘诀是什么？答案很简单，就是像迈克那样执行任务，无条件地执行，马上执行。"一等二靠三落空，一想二干三成功。"成功的秘诀往往就是这么简单。

在一次众多企业老总举办的管理沙龙上，主持人做了这么一个测验，要求参与人员在20分钟内，将一份紧急材料送给某报社社长，并请他在回条上签字。主持人特别申明：不得拆看信中材料。在这次测验中，有一名会员大胆地打开了资料袋，发现是个空信封，然后提出了若干批评意见。主持人问各位受邀嘉宾："作为一名执行者，你认为他这样做，对吗？"在场的老总回答的内容虽然五花八门，但几乎所有的人都回答："打开信封是不对的，绝对不能看。"

在公司里，一名执行人员可以在执行任务之前尽量了解事实的背景，但一旦接受任务就必须马上执行。领导的命令，有的可以与执行者沟通，讲清理由；有的不行，有一定的机密，只要去做即可。

对于工作任务，我们需要做的就是去完成，而且是充满激情地完成。如果员工首先充满怀疑，不管怀疑大小，团体的目标都会因此大打折扣。

在一次行动力研习会上，主讲师做了一个游戏。他说："现在我请各位一起来做一个游戏，大家必须用心投入，并且采取行动。"他从钱包里掏出一张面值100元的人民币，说："现在有谁愿意拿50元来换这张100元人民币？"

他说了几次，但很久没有人行动，最后终于有一个人跑向讲台，但仍然用一种怀疑的眼光看着主讲师和那一张100元人民币，不敢行动。那位主讲师提醒说："要配合，要参与，要行动。"跑上讲台的人才采取行动，终于换回了那100元，顷刻赚了50元。最后，主讲师说出了这个游戏的寓意所在："凡事马上行动，立刻行动，才会有所收获。"

有一位心理学家多年来一直在探寻成功人士的精神世界，他发现了两种本质的力量：一种是在严格而缜密的逻辑思维引导下艰苦工作；另一种是在突发、热烈的灵感激励下立即行动。

当可能改变命运的灵感在世俗生活中喷发时，绝大多数人习惯于将它窒息，而后又回到原来的生活轨道：什么时候该做什么照常做什么。他们并没有意识到，内在的冲动是人类潜意识通向

客观世界的直达快车。员工接到任务之后也是一样，不管领导决策对不对，马上执行才是第一位的。如果等到你问清一切问题，最佳时机可能早已失去。很多聪明的职场人士就是善于把握这一点，毫不犹豫地抓住一切有利时机，才将成功的果实紧紧地攥在了自己手中！

但与马上行动相反，有些人总是被动接受任务，把工作往后拖延。他们擅长找出成千上万个理由辩解为什么事情无法完成，而对事情应该完成的理由想得少之又少。殊不知，许多简单的事情将就此变得复杂，许多本可成功的事情将因此变得毫无希望。更重要的是，拖延会不知不觉地消耗我们的生命。

我们在做任何事的时候，都要积极行动、自觉行动、绝不拖延，只有这样，效率才会更高，工作才会更出色。

发展强项，勤奋是最大的资本

西点校友多克·赖德说过："追求享乐和怠惰谁都会，能够战胜它们的人才堪称强者。"如果你没有强项，那么该如何开发潜能呢？西点人认为是刻苦劳作，"勤能补拙"。只要你足够勤奋，就一定可以发现自己的优势，这就是天道酬勤。这也是西点人做事的一条准则。

那些勤勤恳恳工作的人总是不怕找不到可以经营的强项，正如优秀的航海家总能驾驭大风大浪中的船一样。对人类历史的研究表明，在成就一番伟业的过程中，一些最普通的品格，如公共意识、注意力集中、专心致志、持之以恒等，往往起很大的作用。即使是盖世天才也不能小视这些品质的巨大作用，更别说普通人了。

约翰·弗斯特认为："天才就是点燃自己的智慧之火。"波思认为："天才就是耐心。"强项是靠勤奋来获取的，而不是天才的产物。事实上，真正伟大的人物只相信常人的智慧与毅力的作用，而不相信什么天才。甚至有人把天才定义为公共意识升华的结果。一位大学校长认为，天才就是不断努力的能力。

道尔顿是英国物理学家及化学家，他不承认自己是什么天才，约翰·亨特曾评论他道："他的心灵就像一个蜂巢一样，从外表看来是一片混乱、杂乱无章、到处充满嗡嗡之声，实际上一切都整齐有序。每一点食物都是通过勤劳在大自然中精心采集的。"

道尔顿认为他所取得的一切成就都是靠勤奋、靠点滴积累而成的。翻一翻一些大人物的传记，我们可以清楚地看出，大多聪明杰出的发明家、艺术家、思想家和各种著名的工匠，他们之所以能成大事，在很大程度上都归功于非同一般的勤奋和持之以恒的毅力。英国作家兼政治家狄斯累利（1804年~1881年，于1874年~1880年任首相）认为，要成大事者就必须要有自己的强项，而要获得强项，只有通过连续不断的苦心钻研，除此别无良策。正如意大利民谚所云："走得慢且坚持到底的人才是真正走得快的人。"

因此，从很大程度上讲，那些拥有强项的人并不是那些严格意义上的天才人物，而是那些智力平平而又非常勤奋、埋头苦干的人；不是那些天资卓越、才华横溢的天才，而是那些不论在哪个行业都刻苦劳作、奋斗不息的人们。有一位事业有成的女性在谈及她那才华横溢却毫不努力的儿子时曾慨叹："唉！他太缺少坚持到底、顽强拼搏这份天资，又何以能成大器？"天赋过人的人如果没有毅力和恒心做基础，只会成为转瞬即逝的火花，无法找到自己的强项；许多意志坚强、持之以恒而智力平平乃至稍稍迟钝的人，都具有超过那些只有天赋而没有毅力的人的强项。

勤奋是一种工作态度。一旦养成了一种不畏劳苦、敢于拼搏、锲而不舍的工作态度，则无论我们做任何事，都能在竞争中立于不败之地。即使从事最简单的技巧，也少不了这些最基本的"品格"。"勤能补拙是良训"讲的正是这个道理。勤奋是经营强项最实用的方法，勤奋可以弥补你的弱项，更何况是强项呢？罗伯特·皮尔正是由于养成了反复训练、不断实践这种伟大的品格，才成了英国参议院中的杰出人物。当他小的时候，他父亲就让他站在桌子边练习即席背诵、即席作诗。刚开始他父亲让他尽可能背诵一些周日训诫。当然，起先皮尔对此并不精通，但水滴石穿，勤能补拙，最后他能逐字逐句地背诵全部训诫内容。后来在议会中他以其无与伦比的演讲艺术

——驳倒了他的论敌，他的对手们为之倾倒。但几乎没有人知道，他在论辩中表现出来的惊人的记忆力正是他父亲严格训练的结果。他的论辩的强项正是勤奋的结果，也正是勤奋开发了皮尔的论辩潜能。

即使是在一些最简单的事情上，持之以恒的磨炼也确实会产生惊人的结果。俗语云："勤奋是金。"拉小提琴看起来十分简单，但要使之成为自己的强项，你必须花费很多精力去反复练习。有一个年轻人曾问卡笛尼学拉小提琴要多长时间。卡笛尼回答道："每天12个小时，连续坚持12年。"一个芭蕾舞演员要练就一身绝技，不知道要流下多少汗水、饱尝多少苦头，一招一式都要花费难以想象的勤劳。当泰祺妮准备她的夜晚演出之前，她往往得接受她父亲两个小时的严训。等到歇下来时已是筋疲力尽，有时甚至达到完全失去知觉的地步。她想躺下，但不能脱光衣服，只能用海绵擦洗一下，借以恢复精力。舞台上那轻灵如飞的舞步，往往令人心醉神迷，但舞台下的勤奋耕耘又是平常人所不能想象的。俗语云："台上一分钟，台下十年功"，这十年功的酸甜苦辣，泰祺妮作为一个芭蕾舞演员似乎有更深刻的体会。

对于想成大事的人来说，勤奋是最好的资本。一点点进步都是来之不易的，任何伟大的事业更不可能唾手可得。许多著名的科学家和发明家的一生就是顽强拼搏、勤奋刻苦的一生。谁能不停止勤奋的脚步，谁就能够发展自己的强项，挖掘自我的潜能，成就自身的伟业。

在今天这个充满机遇和挑战的社会里，要想让自己抓住机遇脱颖而出，就必须要求自己付出比其他人更多的勤奋和努力，积极进取，奋发向上，才能够达成愿望。所以，不管我们现在从事什么样的职业，都应该在自己的岗位上勤勤恳恳地工作。

现实生活中，到处充斥着大批失业的人群，给人的印象是社会经济对劳动力的需求不足。但事实上，却同时有许多空缺的职位保留着，在报纸上、人才市场上到处是"诚聘员工"的广告。不过，人们需要的是那些受过良好的职业训练和勤奋敬业的员工。

年轻人如果看了林肯的传记，了解了他幼年时代的境遇和后来的成就，会有何感想呢？他住在一所极其简陋的茅舍里，没有窗户，也没有地板，用今天的居住标准看，他简直就是生活在荒郊野外。他的住所距离学校非常远，一些生活必需品都很缺乏，更谈不上有报纸、书籍可以阅读了。然而就是在这种情况下，他每天坚持不懈地走二三十里路去上学；为了能借几本参考书，他不惜步行一二百里路；到了晚上，他靠着燃烧木柴发出的微弱火光来阅读……林肯只受过一年的学校教育，成长于艰苦卓绝的环境中，但他竟能努力奋斗，最终成为美国历史上最伟大的总统，成了世界上最完美的模范人物。

勤奋刻苦是一所高贵的学校，所有想有所成就的人都必须进入其中，在那里可以学到有用的知识、养成独立的精神和坚忍不拔的性格。其实，勤劳本身就是财富，如果你是一个勤劳、肯干、刻苦的员工，就能像蜜蜂一样，采的花越多，酿的蜜也越多，你享受到的甜美也越多。实干并且坚持下去是对勤奋刻苦的最好注解。要做一个好的员工，你就要像那些石匠一样，他们一次次地挥舞铁锤，试图把石头劈开。也许100次的努力和辛勤的锤打都不会有什么明显的结果，但最后的一击石头终会裂开的。成功的那一刻，正是你前面不停地刻苦努力的结果。

为了达到更好、更大的工作成就，加薪也好，提升也好，你必须不断地奋斗，而勤奋刻苦地训练专业技能尤其必要。如果你是有志于工作的人，每天都应该把这个问题在自己的心中问上几遍："我勤奋吗？"

年轻的约翰·沃纳梅克每天都要徒步4公里到费城，在那里的一家书店里打工，每周的报酬是1美元25美分，但他勤奋刻苦的精神让人感动。后来，他又转到一家制衣店工作，每周多加了25美分的工资。从这样的一个起点开始，他勤奋刻苦地工作，不断地向上攀登，最终成为了美国最大的商人之一。1889年，他被哈里森总统任命为邮政总局局长。

勤奋敬业的精神是走向成功的坚实基础，它更像一个助推器，把你自己推到上司面前。如果有一天你得到了升迁，你应该自豪地对自己说："这都是我刻苦努力的结果。"

弱者等待机会，强者创造机会

西点军校前校长佛雷德·W.斯莱登说："在人生的战场上，幸运总是光临到能够努力奋斗并抢占先机的人身上。"凡是在世界上做出一番大事业的人，往往不是那些幸运之神的宠儿，反而是那些"没有机会"的苦孩子。

例如，只有划水轮的福尔顿，只有陈旧的药水瓶与锡锅子的法拉第，只有极少工具的华特耐，用缝针机梭发明缝纫机的霍乌，用最简陋的仪器开创实验壮举的贝尔……是他们推动了世界文明的进步。

在人类的历史中，再没有一件事比那些人们在困境中达到成功的故事更为神奇的，这些故事讲述了人们怎样在黑暗中摸索，最终达到光明的境地；怎样久困于痛苦与贫困之中，不断摸爬滚打与奋斗，克服艰难险阻，取得最后胜利。它们讲述了那些人如何在普通的岗位上化平凡为伟大，以及那些仅具有一般天赋的人如何靠着坚强的意志，经过不断的努力而最终成就大业的故事。

"没有机会"永远是那些失败者的托辞。当我们尝试着步入失败者的群体中对他们加以访问时，他们中的大多数人会告诉你：他们之所以失败，是因为不能得到像别人一样的机会，没有人帮助他们，没有人提拔他们。他们还会对你叹息：好的地位已经人满为患，高级的职位已被他人挤占，一切好机会都已被他人捷足先登。总之，他们是毫无机会了。但有骨气的人却从不会为他们的工作寻找托辞，他们从不怨天尤人，他们只知道尽自己所能迈步向前。他们更不会等待别人的援助，他们自助；他们不等待机会，而是自己制造机会。

亚历山大在打完一次胜仗后，有人问他，假使有机会，他想不想把第二个城邑攻占。"什么？"他怒吼起来，"即使没有机会，我也会制造机会！"世界上到处需要而恰恰缺少的，正是那些能够制造机会的人！

等待机会而至成为一种习惯，这真是一件危险的事。工作的热心与精力，就是在这种等待中消失的。对于那些不肯工作而只会胡思乱想的人，机会是可望而不可即的。只有那些勤奋工作的人，不肯轻易放过机会的人，才能看得见机会。

机会的降临往往是非常偶然的，机会就暗藏在你的日常行为之中，不管你从事哪一类职业，其中都有机会。在你现在所处的地位中，也许已经人满为患了，但在较高的职位上，却总有空缺等着合适的人去谋取。每天尽管有数以百万计的男女被迫失业，但在那些高等职业所在地的门口，却总是挂着"渴慕贤士"的广告。世界各处都在寻求受到过良好训练的青年、英明的管理者与领袖，及本领高强的人。高贵的地位、优厚的待遇，总在等待着那些能力超群又能够胜任的人去赢取。

伟大的成就和业绩，永远属于那些富有奋斗精神的人们，而不是那些一味等待机会的人们。应该牢记，良好的机会完全在于自己的创造。如果以为个人发展的机会在别的地方，在别人身上，那么一定会遭到失败。机会其实包含在每个人的人格之中，正如未来的橡树包含在橡树的果实里一样。

如果抱着"我没有机会"的念头，这位生长在穷乡僻壤茅舍里的孩子，怎会进了白宫？怎会成为美国总统？而同一时代那些生长在有图书馆和学校的环境中的孩子，其成就反不如茅舍里的苦孩子，这又如何解释呢？再看那些出生于贫民窟的孩子们，有的不是做了议员吗？有的不是做了大银行家、大金融家、大商人了吗？那些大商店和大工厂，有许多不就是由那些"没有机会"的孩子们靠着自己的努力而创立的吗？

因此，"没有机会"，就要创造机会。

拿破仑·希尔曾经聘任了一个专门替他阅读、分类及回复他的大部分私人信件的年轻小姐为自己的助手，她的工作就是听希尔口述，记录信的内容。希尔给她的报酬和其他从事类似工作的人大体相同。一次，希尔口述了一句格言，并让她用打字机把它打下来。这句格言是："注意，你唯一的限制就是在你的脑海中为自己所设立的那个限制。"然而，令希尔没有想到的是，当那

位小姐拿着打好的纸张交给希尔时，她说："你的格言很有价值，它使我产生了一个想法。"这件事并没有引起希尔的足够重视，但是自从那天起，那位小姐开始在用完晚餐后回到办公室从事一些根本不是她分内的也没有任何报酬的工作。并且她开始把写好的回信送到拿破仑·希尔的办公桌。她已经把希尔的风格研究得非常清楚了，每封信都回复得和希尔写得一样好，有时甚至比希尔自己写得更好。

后来，他的私人秘书因故不得不辞掉工作，希尔在考虑找一个人来替补他的男秘书时，他本能地想起了那位年轻的助手。可是在希尔还没有授予她这个职位之前，她已经熟悉了这个职位。这是因为她在自己的额外时间且在没有任何报酬的情形下对自己加以了训练，终于使自己具备了出任希尔属下人员中最好的职位的资格。这就是那段话的作用。更有趣的情形还在后面，这位年轻小姐的办事效率实在是太高了，不可避免地被其他一些人所注意，都为她提供一个很好的职位并且附带特别高的薪水来聘任她，这使得希尔不得不提高她的薪水，这位年轻小姐的薪水已经比她来时高出了4倍。希尔只能这样做，因为这位小姐的身价现在不能和往昔相比了，最重要的是她使自己对希尔的价值增大了，失去她这个助手将会是一大损失。

探究这位小姐成功的原因，就是她自身所具有的那种强烈的进取心。这种强烈的进取心除了使她的薪水一次次提高外，还给她带来了一个莫大的好处：正是她自身已经具备了进取心的良好美德，才使她所做的一切工作，都不是在命令驱使下的被动行为，而是积极主动地去做，所以她干工作时不会有那种被动得不得已的感觉，而是表现出一种非常愉悦的感觉。她的工作已经不是原来意义上的工作了——而已经成为一个极为有趣的游戏，她充满兴致地去玩。她经常第一个来到办公室，而且在其他同事一听到下班的钟声就离开办公室时，她还留在办公室里，工作时她给同事的感觉是快乐而又高效的。因为对于特别喜欢分内工作的人来说，工作常常是一种享受。

不管你处于社会的哪一个行业，每天都应该使自己获得一个机会，使自己能够在本职工作之外，做一些对别人有意义的事，在你主动做这些事时要明白，你并不是为了获得金钱，而是想获得更丰富的经验，培养更强的能力。强烈的进取心是使你在选择的终身事业中有所建树的一种优良的品德。

同时，除了明白要创造机会，还要做好迎接机会的准备。因为机遇往往转瞬即逝。常常有这种情况，同一条信息，同样一个机会，有些人视而不见，充耳不闻，有些人却独具慧眼，机遇一旦出现，就抓住不放，从而取得巨大效益。这说明，对机遇的认识和把握，并不仅仅是一个认识问题，还有一个头脑的准备问题，这些包括：

（1）事业心。只有把自己的思想和行为与事业紧密相连的人，才有可能把机遇与发展事业、搞好工作联系起来，为了事业而刻意求索。

（2）观察力。具有敏锐的观察力，才能及时捕捉到看起来微不足道的偶然事件。

（3）判断力。在人们发现的机遇中，并不是每一个意外情况都有价值，都值得探索，都有成功的希望，这就需要准确判断，从各种机遇中抓住有希望的线索，抓住有价值有潜在意义的线索。这一点对于确定是否进一步追究机遇所提供的线索有决定性意义。

（4）创新意识。机遇是意外的、异常的，因而用常规方法解决机遇问题很困难，这就需要领导管理者有创新意识，寻求新的对策和方法。

以上是把握机遇的基本心理条件，若缺少这些条件，就很可能抓不住机遇，错过新的发展良机。

所以，没有机遇，我们要主动创造机会，还要做好机遇随时来临的准备，只有这样，我们才能真正地乘着机遇的风帆不断前进。

随时随地追求进步

西点第一任校长著名政治家、科学家乔纳森·威廉斯说过："不管你有多么伟大，你依然需要提升自己，如果你停滞在现有的水平上，事实上你是在倒退。"一杯新鲜的水，如果放着不用，

不久就会变臭。同样，一个经营得很好的商店，店主如果不时刻作更好更新的改进，他的经营也必定会逐渐地衰退。

如果把这句话挂在自己的办公室里，一定会有所功效："今天我应该在哪里改进我的工作？"一个积极的成功者的特征，就是他能随时随地求进步。他深惧退步，害怕堕落，因此总是自强不息地力求改进。一件事做到某一个阶段，绝不可停止下来，而应该继续努力，以达到更高的高度。一个人在事业上自以为满足而不再追求进步时，便是他的事业由盛转衰的开始。

每天早晨，我们都应该下定决心：要力求在工作上做得更好些，较昨天当有所进步，而晚上离开办公室、离开工厂或其他工作场所时，一切都应安排得比昨天更好。这样做的人，在短短的一年之内其业务必定有惊人的成就。

不断改进这一习惯，具有极大的感染力。不断改进的雇主，会感染他的雇员，使得雇员们也养成习惯来改进日常的工作。如果雇主能通过这种做法来激励自己的雇员，促使他们加以自觉的努力，那么，这样的雇主在他的事业生涯中相当于获得了强有力的同盟者。

卡耐基认为，一个想成就大业的人，必须常同外界接触，常同其竞争者接触，应前往模范店铺、商场、展览会以及一切管理良好的机构团体参观访问，借鉴新的有效的管理方法。

一个成功的零售商，利用了一个星期的假期，去参观访问国内的大商场，由此他得到了改良自己商场的办法。在此之后，他便每年到东部做旅行，专门去研究几家大规模商场的销售方法和管理方法。他认为，这样的参观是绝对必要的。否则，墨守成规、一成不变地做下去，必定会走向失败。

一个精明的商人在他的商场经过几番改进后和以前大不相同了。以前从未注意的缺点，比如货品的摆设不能吸引顾客、雇员工作得不认真等，经过对优秀同业者的参观，便历历在目，引起他极大的注意。于是，他开始大刀阔斧地调整，比如改变橱柜的陈列、辞退不忠于职守的雇员等，这样做以后，店内的气象就此焕然一新。但是，一个从不出自己店铺的大门、不同别人及别的商店沟通的人，对于自己商店中的营业、店员的缺点，往往是视而不见的，往往对各种问题都不易察觉。所以，要使自己的店铺发达，最好的方法就是使新的光线进入店铺，就需要经常去看看同行的做法，与同行的沟通交流往往可以作为改进的借鉴。

众所周知，人的身体之所以能保持健康活泼，是因为人体的血液时刻在更新。同样，从事商业的人，应该时常吸收新鲜的思想，获得改进的方法。惟其如此，他的事业才能一天一天地发展起来，直至成功。

那些老是处在一个环境中的人，必定要走入失败的迷途。他们往往对现实状况心满意足，对存在的缺陷又毫不察觉。对于这种种缺陷，他们如果不变换自己的环境，是绝对发现不了的。只有才能出众的人，才会领悟到时刻改进的巨大价值，才会用客观的态度，去观察别人的优点，考察自己的缺陷，以求改进。

在现实生活中，有许多人，他们认为要改进自己的事业必须是整个改进。他们不知道改进的唯一秘诀，乃是随时随地求改进，在小事上求改进，所谓大处着眼，小处着手。其实，也只有随时随地地求改进，才能收到最后的成效。

其实，所谓随时随地改进，就要有一颗永远进取的心，这样才能获得成功。

1944年4月7日施罗德出生在下萨克森州的一个贫民家庭。他出生后第三天，父亲就战死在罗马尼亚。母亲当清洁工，带着他们姐弟二人，一家三口相依为命。生活的艰难使母亲欠下许多债。一天，债主逼上门来，母亲抱头痛哭。年幼的施罗德拍着母亲的肩膀安慰她说："别伤心，妈妈，总有一天我会开着奔驰车来接你的！"

1950年，施罗德上学了。因交不起学费，初中毕业后他就到一家零售店当了学徒。贫穷带来的被轻视和瞧不起，使他立志要改变自己的人生："我一定要从这里走出去。"他想学习，他在寻找机会。1962年，他辞去了店员之职，到一家夜校学习。他一边学习，一边到建筑工地当清洁工。不仅收入有所增加，而且圆了他的上学梦。4年夜校结业后，1966年他进入了哥廷根大学夜校学

习法律，圆了上大学的梦。毕业之后，他当了律师。32岁时，他当上了汉诺威霍尔律师事务所的合伙人。回顾自己的经历，他说，每个人都要通过自己的勤奋努力，而不是通过父母的金钱来使自己获得成功。这对个人的成长至关重要。

通过对法律的研究，他对政治产生了兴趣。他积极参加政党的集会，最终加入了社会民主党。此后，他逐渐崭露头角、步步提升。1969年，他担任哥廷根地区的主席，1971年得到政界的肯定，1980年当选议员。1990年他当选为下萨克森州总理，并于1994年、1998年两次连任。政坛得志，没有使他放弃做联邦政治家的雄心。1998年10月，他走进联邦德国总理府。

正是进取心——这种永不停息的自我推动力，激励着施罗德朝着自己的目标前进。这是神秘的宇宙力量在人身上的体现，这种动力并不是纯粹的人为力量能创造的。为了获得和满足这种力量，我们甚至愿意放弃舒适乃至牺牲自我。我们每个人都感到，我们都需要这种激励，它是我们人生的支柱。一旦我们有幸受这种伟大推动力的引导和驱使，我们就会成长、开花、结果。进取心带来的激励也存在于我们人体内，它推动我们完善自我，追求完美的人生。但如果我们无视这种力量的存在，或者只是偶尔接受这种力量的引导，我们就只能使自己变得微不足道，不会取得任何成果。并且，这种向上的愿望，这种至高无上的力量，也有可能会消失。一旦染上了懒惰的习性，我们就会停滞不前。

总是有一种神秘的力量在推动我们追求更高的理想。人类的发展就像一条永无尽头的河流，为此，我们的进取心也是无法最终获得满足的。进取心，这种内在的推动力从不允许我们停下来，它总是激励我们为了更加美好的明天而努力。我们今天所到达的境地也许足以令人羡慕，但是我们却发现，我们今日的位置和昨日的位置一样，无法让自己完全满足。一旦我们想原地踏步时，我们的耳边就会响起那个声音，听到向更高目标努力的召唤。

梭罗说："你是否听说过这样的事：一个人以英勇般的姿态、宽广的胸襟、真诚的信念和追求真理的决心行事处世，竟然没有任何收获？一个人穷尽毕生精力向着一个目标努力，竟然会一事无成？一个人始终有所期望、受到持久的激励，竟然无法使自己提升？难道这些努力会白费吗？"

一旦养成一种不断自我激励、始终向着更高目标前进的习惯，我们身上的很多不良习性就都会逐渐消失。进取心最终会成为一种伟大的自我激励力量，它会使我们的人生更加崇高。自此以后，那些不良的恶习就再也没有滋生的环境和土壤了。在一个人的个性品质中，只有那些经常受到鼓励和培育的品质才会不断发展。因此，根除这些不良品性的最佳方式就是铲除它们赖以生存的土壤。

如果我们的身体和精神土壤得不到足够的照料和滋养，那么追求上进和完美的种子就无法生长，反而会使野草、荆棘和有毒的东西繁殖蔓延。只要我们心中具备哪怕只是一种最微弱的进取心，它也会像天堂里的一颗种子，经过我们耐心的培育和扶植，它就会茁壮成长，直至开花、结果。

进取心需要不断地培养、训练。大多数年轻人都错误地认为，进取心是一种天生的东西，无法通过后天的努力加以增进。事实上，即使是最伟大的雄心壮志，也会由于多种原因而受到严重的伤害。比如，拖延的毛病、避重就轻的习惯都会使一个人的雄心严重削弱。

这里所说的不满，并非纯粹意义上的不满意，而是一种对现状的不满足。希望你永远不要满足现状，不仅仅对自己，对周围的世界亦然。启发心灵的不满能激发你的成功或创造财富的动力。

所以，为了我们的将来，为了生活得更美好，工作得更顺利，就让我们不断进取，不满足、不懈怠，那样的未来才是无比美好的。

为自己而奋斗

西点军校有一个重要的传统教育方法：从新生们一进校起，就不断地排出名次来加以区别对待，尽量鼓励。美国一般的大学里也有类似的做法，学习优秀的优等生，会被列入"荣誉名单"，享受种种奖学金和优惠政策；体育或社会工作突出的学生，也会受到一些奖励。但西点军校学生的排名人人有份，而且标准繁多、时刻变动、影响重大。可以毫不夸张地说，西点军校生所做的一切，

都是为了能排个好名次。

排名不同，每个军校生在校期间的待遇和权利都会大不相同，毕业以后的出路也会受到直接影响。排名靠前者可以在毕业分配时选择自己想去的军兵种、工作单位和驻扎地点，甚至可以选择直接由美军送去上研究生院，军龄照算，"公费"攻读将来报酬优厚的医科、法律和其他专业学科。很显然，军校生的一生前途都系于排名先后。

排名有着比较透明而固定的标准，主要依据为学习成绩、军事训练成绩、体育能力大小、守纪律听命令和完成任务的记录、违规的次数多少、军风军纪和个人风貌以及上司和教官的评语等。每一个军校生都有一个由连队的战术军事教官和军校生军团的上司所掌管的档案夹，里面收集了该生所有成绩单、作业、个人状况的报告和各种经历的记录、各种品行报告和教官、长官的阶段性评语。此外，每隔一段时间，西点军校就会有一个建立在学习成绩、军事科目和体育体能这3项内容上的排名榜和一个综合排名榜公布出来。

过去，西点军校生每隔6个星期就被全面地排名一次，并公布名次。这就等于军校生每隔一个半月就要被重新区别对待，排名的压力达到了极致。人人都在时时刻刻争取好名次，至少也要维持好名次。

因此，在西点，讲究团结的同时也强调个人的奋斗。在这里，你必须学会团队合作，但也必须为个人的荣誉努力奋斗。对于所有的西点人来说，为自己奋斗是体现自身价值的最好方法。在西点，没有什么神明能保佑你，能帮助你摆脱现状的唯有自己。

西点学员善于把握每一个表现自己的机会，努力争取获得更高的职务。而西点军校的第一课就是教导新学员，必须要了解自己、战胜自己。要做到这两点，必须持积极的心态去生活，摒弃消极的情绪。清晨，当学员睁开眼睛时，他们马上会感到：活着是一件多么美妙的事情！这是一个多么愉快的早晨！我从未感到如此开心！我想今天一定会是美好的一天。

西点学员具有这样的特质，他们善于建立积极心态，而大多数人总是盼望成功会以某种神秘莫测的方式不期而至，他们往往忘了发挥自己的长处，靠自己去努力奋斗。西点学员则清楚地意识到积极心态就是他的优点。

对每个西点人来说，军衔意味着荣誉、能力、尊严。但是军衔是靠自己努力争取得来的，是对自己领导能力的肯定。

后来成为美国著名军事理论家的丹尼斯·哈特·马汉进入西点军校后，一直严格要求自己，如饥似渴地学习，成绩也一直很好。1827年，陆军部批准马汉出国到了巴黎，主要目的就是获取有关美国和平建设时期所需的工程技术方面的情报。在法国学习期间，他说："尽管陆军部没有给我下达其他任务，然而我自己却要在一年内完成两年的课程。"马汉一刻不停地研究，撰写教材。

1837年，马汉正式出版了他的《土木工程学》，立即得到社会的承认，被称作美国土木工程领域的最佳教科书。随后，马汉一直孜孜不倦地讲学和著书立说。1847年，他出版了《前哨》，充分体现了他的军事天才。在此书中，马汉提出了闪电战的理论，比德国人早了93年。一位没有见过汽车、飞机，对无线电、电视等通信设施一无所知的人，竟然有这些理论设想，真是难能可贵。就如同西点毕业生、著名作家爱伦坡所说的："强烈的成功欲望会使一个人忘记一切痛苦，迎来成功的一天。"

对西点军人来说，最能够确保晋升的方式是提供比别人预期更多、更好的才能。如果学员只是听命行事、唯唯诺诺，或者学员对于西点的利益漠不关心，就没有权利期望升迁。

每当新学员面对新任务时，他们明白此刻正是他突破困难、大有作为的时机。西点学员已经建立了这种观念：上司不会让你升迁，你要努力奋斗，让自己升迁。

西点的这种精神让我们明白：只有自强不息的人，才能傲立于世，才能力超群雄。如果我们想要取得成功，归根到底还是需要靠自己的努力奋斗。一个人如果顽强拼搏，那他必然会赢得他人的尊重，获得更多的帮助，反之，别人只会冷眼旁观。

在职场中，我们还必须意识到，我们并不仅仅是在给别人打工、为老板工作，还是在为自己的将来打拼。对工作负责就是对自己负责，我们要热爱工作，享受工作，这样才能获得属于自己

的价值，但有些人偏偏不这么想。

有一个四肢健全、智力正常的年轻人，他不想工作，甚至有些讨厌工作，但他却想过一种衣食无忧的生活。于是，这个年轻人非常虔诚地乞求上帝："我不喜欢工作，但我想过舒服的日子，有好衣服穿，有好饭菜吃，有好房子住，希望您能赐给我这一切。"

上帝说："好啊！我带你去一个地方，那里有吃有穿，而且还不用工作！"

年轻人听后，非常高兴地说："好啊！我非常愿意去，我现在就要去！"

上帝说："可怜的孩子，你现在就去吧！请你闭上自己的眼睛。"

一眨眼工夫，这个年轻人来到一个富丽堂皇的宫殿里，他看到许多和自己一样的年轻人很舒适地躺在各自的床上。这些人对他的到来没有任何欢迎的表示，他们只是目光呆滞地看了看他，好像什么也没有看见。但这个年轻人还是非常高兴。接下来，他就过着自己所期望的生活——每天除了吃很多丰盛的饭菜，就是睡觉。

刚开始的几天，这个年轻人异常激动和兴奋。慢慢地，他对这种生活失去了兴趣。在第100天的时候，他已经无法忍受这种悠闲的生活，他想起了自己以前工作时的快乐，他想起了以前工作给他带来的满足。他越这样想，对自己目前的生活就越无法忍受。终于，他很生气地对上帝说："过这种生活，简直还不如下地狱！"

上帝很慈祥地说："可怜的孩子，这里就是地狱呀，你还以为是天堂吗？"年轻人听了之后异常痛苦，后悔当时没有好好珍惜自己的工作。

在我们的生活当中，这样的年轻人还少吗？他们视老板为资本家，视公司为劳役场所，把自己与公司的关系看成纯粹的雇佣关系甚至是剥削关系。他们以为自己的每一份辛勤劳动都是在"为他人作嫁衣"，而不是为了自己努力奋斗。基于这样的心理，他们像这位年轻人一样，讨厌工作、敷衍了事，在得过且过中耽误了自己。

爱尔兰戏剧家乔治·萧伯纳曾经说："如果我们能够为我们所承认的伟大目标去奋斗，而不是一个狂热的、自私的肉体在不断地抱怨为什么这个世界不使自己愉快的话，这才是一种真正的乐趣。"

公司对每个人都是公平的，我们要善于从中寻找到自己的目标，并为之努力奋斗。对工作负责就是对自己负责，为公司奋斗就是为自己奋斗。我们还必须看到，是公司为我们提供了发展平台。每个人想要取得成功，就必须从做好每一项工作开始。

乔治到一家钢铁公司工作还不到一个月，就发现很多炼铁的矿石并没有得到完全充分的冶炼，一些矿渣中还残留没有被冶炼好的铁。如果这样下去的话，公司会受到很大的损失。于是，他找到了负责这项工作的工人，跟他说明了问题。这位工人说："如果技术有问题，工程师一定会跟我说，现在还没有哪一位工程师向我提出这个问题，说明现在没有问题。"

乔治又找到了负责技术的工程师，对工程师说明了他看到的问题。工程师很自信地说："我们的技术是世界上一流的，怎么可能出现这样的问题？"工程师并没有把他说的看成是一个很大的问题，还暗自认为，一个刚刚毕业的大学生，能明白多少，不过是想博得别人的好感而表现自己罢了。

但是乔治认为这是个很大的问题，于是拿着没有冶炼好的矿石找到公司负责技术的总工程师，他说："先生，我认为这是一块没有冶炼好的矿石，您认为呢？"

总工程师看了一眼，说："没错，年轻人，你说得对。哪里来的矿石？"

乔治说："是我们公司的。"

"怎么会？我们公司的技术是一流的，怎么可能会有这样的问题？"总工程师很诧异。

"工程师也这么说，但事实确实如此。"乔治坚持道。

"看来是出问题了。怎么没有人向我反映？"总工程师有些发火了。

总工程师召集负责技术的工程师来到车间，果然发现了一些冶炼并不充分的矿石。经过检查

发现，原来是监测机器的某个零件出了问题，才导致了冶炼的不充分。公司总经理知道这件事后，不但奖励了乔治，还晋升乔治为负责技术监督的工程师。总经理不无感慨地说："我们公司并不缺少工程师，但缺少的是负责任的工程师，这么多工程师就没有一个人发现问题，而且有人提出了问题，他们还不以为然。对于一个企业来讲，人才是重要的，但是更重要的是有责任心的人才。"

乔治从一个刚刚毕业的大学生成为负责技术监督的工程师，可以说是一个飞跃，他获得工作之后的第一步成功就是来自于他的勤于观察、勇于负责。正如公司总经理所说的那样，公司并不缺少工程师，并不缺乏能力出色的人才，但缺乏负责任的员工。从这个意义上说，乔治正是公司最需要的人才。乔治的成功也说明了一个道理：当你尝试着对工作负责、为自己奋斗的时候，你的生活会因此改变很多，你的工作也会因此而改变。

其实，改变的不是生活和工作，而是一个人的工作态度。正是工作态度，把你和其他人区别开来。这样一种敬业、主动、负责的工作精神让你的思想更开阔，工作变得更崇高。所以，学着主动起来，为自己去奋斗吧，从一点一滴做起，从每一项细小的工作做起。

西点军校经典法则

法则十五

求 知

永不满足于现状

西点前学员团团长麦康尼夫说："闲暇时光如果不用来读书，以累积发展自我的力量，而在无所事事中任其流逝，是非常可惜的。"西点的训练是循序渐进的，在难度不断提高的训练科目中，学生的素质得到不断的提高。西点要求学员永远要向着更高的目标前进，永远都不要停止前进的脚步。西点有这样一个口号：没有最好，只有更好。

一个人一旦满足于自己目前获得的成就，便失去了继续前进的动力，不再追求更高的目标。而在这个竞争日趋激烈的社会，不前进便意味着后退，就可能被无情地淘汰。一旦你停止前进，便会被别人所赶超。

西点永远需要最好的领导者，需要永远前行的军人，而不是拥有一点成绩便沾沾自喜的"骄傲的将军"。

不是第一就要努力成为第一，而即使你是第一，也永远可以做得更好。在西点，没有常胜将军，哪怕你是第一，你也面临更多的挑战。这样的挑战来自于他人，同样也来自于自己。

从西点军校毕业的美国第 34 任总统艾森豪威尔认为：在这个世界上，没有什么比坚持不懈、不断进取对成功的意义更大。西点的著名名言也是这么说的："You will shape up or shake up"，即你要不断进取、发挥才能，否则将被淘汰。

"如果你们认为自己做得够好了，那么，微软离破产就只有 15 个月！"这是比尔·盖茨时常训诫员工的话。这话听起来有些耸人听闻，然而，细细品味，确实发人深省。

现在很多的职场人士对工作持有"只要称职就足够了"的态度，他们认为只要"差不多"就可以了，没有必要做到最好。然而，恰恰是这样的想法，让他们永远无法得到老板的青睐，永远难以获得提升自己的机会，甚至可能等到被解雇的通知单。

在查理进入麦克森公司的第三年，他没有接到公司续约的通知，反而接到了公司的解雇通知。查理非常不解，自从进入公司，他一向中规中矩，无论与上司还是同事相处都很有分寸，没有得罪过什么人，按照岗位职责来说，他绝对是一个称职的人，为什么要解雇自己呢？他找到经理询问缘由，经理说："确实，你是一个称职的员工，但这还不够，我们需要的是在这个岗位上能创造更多价值的卓越员工。"

查理的遭遇告诉我们，在工作中，仅仅称职是远远不够的，公司需要的是大量可以创造更多价值的员工。满足于现状很容易成为温水中的青蛙，危险来临的时候依然浑然不觉。

很多员工在没有一点成绩的时候，刻苦努力，像老黄牛一样踏踏实实地劳作，但一旦取得一些成绩之后，就欣喜若狂、得意忘形。这种自我满足的心态只能让自己重新回到以前，甚至变得一塌糊涂。大家都知道乌龟和兔子赛跑的故事，兔子败就败在自满。因此我们必须提醒自己：工作中切忌自满！尤其不要满足于眼前的小小成就，被既有的成绩遮蔽了广阔的视野，从而失去奋斗向前的动力。

美国通用公司前总裁杰克·韦尔奇认为："员工的成功需要一系列的奋斗，需要克服一个又一个困难，而不会一蹴而就，但是拒绝自满可以创造奇迹。"

不满足于现有成绩，就要敢于质疑自己的工作。

在通用汽车公司的一次项目会议上，总经理让他的下属们针对自己的工作谈一些看法，有一个部门经理站起来慷慨陈词："我现在对自己所从事的这项工作产生一些怀疑。在这两年之中，在首席执行官的指导下，每个部门都接到了上百个项目，有许多项目都投入了大量人力资源和资金，但往往进行到中途便不了了之，这样下去，会毁了公司。我们难道不能抓一些大一点的项目？或者我们能不能为每一个部门分配一些不浪费人力资源和资金又能迅捷见到效益的项目？这些项目不必太多，只要能见到效益，又不会浪费我们的时间和精力，这对我们的发展有莫大的好处。"

这位经理的一番话，震动了总经理和坐在周围的各位部门经理，他们都为这位经理勇于负责的工作精神所感动。整个下午，大家放弃了原先开会的议题，针对这位经理所提出的问题，进行分组讨论，重新制定战略目标，结果，经过重新调整的战略规划，为公司节省了许多开支，加快了公司发展的步伐。

质疑自己的工作是完善自己工作的前提。敢于质疑自己的工作，才会在工作中不断培养出自己的创新能力，并取得骄人的业绩。很多人都满足于自己的工作状况，习惯于按照上司的安排埋头工作，不想学习，也不对自己的工作进行详细的思考，认为自己按照上司的指令，尽职尽责地努力工作了，纵然出现了失误和漏洞，也不关自己的事。其实，这也是一种不负责任的行为，时间长了，这种行为将会让自己的头脑中充满惰性，失去了创造的活力和创新的思想。

有些谨小慎微的员工认为，要想保住自己的一切，就要按照熟悉的一切工作，不要打破工作的秩序，也不可轻易尝试新的方法，更不要承接那些自己从来没有做过的事情，否则，就有可能被撞得头破血流。固然，循规蹈矩的人用大家习惯的做法处理自己的工作，一般不会犯大的错误。但仅做到不犯错误，是不能成为一名优秀员工的。

在现今这种竞争激烈的商业社会里，公司和个人都面临着巨大的压力，只有对公司持有认真负责态度的员工，在工作中不断质疑自己的工作，才能够帮助公司完善体系，适应市场变化，增强竞争力，推动公司向前发展。

除了敢于质疑自己的工作之外，还要让自己从"出色"做到"卓越"。

广告专业的毕业生瑶焱进入了一家中型企业，他自认为专业能力很强，做起工作来有点掉以轻心。一次，老板交给他一项任务，为一家企业设计一个广告策划方案。瑶焱认为这个方案太简单了，于是，他就拿出了一个完整的方案，然后带着几分得意走进了老板的办公室。谁知老板看都没看他的方案，只是问了一句："这是你最好的方案吗？"瑶焱愣了一下，没有回答。老板把瑶焱交上来的方案又退给他，瑶焱没说什么，拿着方案回到了自己的办公室。这次瑶焱开始重视这个方案了，他苦苦思索了好几天，改了又改，然后又走进了老板的办公室。结果老板仍然是那句话，瑶焱心里还是有几分忐忑，不敢回答。于是，老板再次让他拿回去修改。

这样反反复复有5次之多。最后一次，老板问起的时候，瑶焱肯定地说："是的，这是我认为最好的方案。"这时候老板方才点头同意方案通过。从那次以后，瑶焱工作时常用那句话来反问自己，每项工作他都会不断地寻找更好的方法，力求找到最完美的方案。他给自己设立了一个更高的目标，所以工作做得也越来越出色。

现在，瑶焱已经成为那家公司的重要一员，不但是策划主力，而且成为策划部的主管。

在公司中，也普遍存在着这样一种人，他们认为自己做得可以了，当任务完成得不理想时，他们总是习惯说："我已经做得够好了。"工作中习惯于说自己"做得够好了"的人是对工作不负责任，也是对自己不负责任。每个人的身上都蕴含着无限的潜能，如果你能在心中给自己定一个较高的标准，激励自己不断超越自我，那么你就能摆脱平庸，走向卓越。

彼得曾是安联保险公司的一个普通业务员。他发奋工作的原因是他在公司的培训课上学到这样一句话：每个人都拥有超出自己想象 10 倍以上的力量。在这句话的激励之下，他反省自己的工作方式和态度，发现自己错过了许多可以和客户成交的机会。于是，他制订了严格的工作计划，并付诸每一天的工作。3 个月后，他回过头看看自己的工作进展，发现业绩已经增加了两倍。数年以后，他已经拥有了自己的公司，在更大的舞台上检验着这句话。

每个人都有一种突出的才能，各有特色，不尽相同。无论你的特色是什么，你都不要把它藏起来，你应该积极地把你的才能发掘出来，并将它发挥得淋漓尽致。

事实上，面对激烈的竞争，每个人都不应该满足于现状，要不断地超越平庸，追求完美，事物永远没有"够好"的时候，只有把它"做到最好"才能真正成功。这也是 500 强企业优秀员工的经验之谈。

其实，无论客户、上司还是老板，真正存心挑剔的时候并不多，他们提出的要求，都是迫于某种需要。客户担心产品出问题，上司怕工作质量影响业绩，老板则更是迫于市场的巨大压力才严格要求，因为他从来都无法对市场说："我已经做得够好了，你降低要求吧！"市场是无情的，有时可能只比竞争对手稍逊一点点，就可能被淘汰出局。

当每个员工将"做到最好"变成一种习惯时，就能从中学到更多的知识，积累更多的经验，就能从全身心投入工作的过程中找到快乐，并获得更多的回报。

当然，这种习惯或许不会有立竿见影的效果，但可以肯定的是，当把"我已经做得够好的了"当成一种习惯时，其后果将可想而知——工作上投机取巧也许只会给你的上司和公司带来一点点的经济损失，但它将影响到你个人前途的发展。

不断学习是成功人士的终身承诺

西点军校的约翰·科特上尉说："勇敢地面对挑战，并且大胆采取行动，然后坦然地面对自己。检讨这项行动之所以成功或失败的原因，你会从中吸取教训，然后继续向前迈进，这种终生学习的持续过程将是你在这个瞬息万变的环境中的立足之本。"西点告诉学生，在学校里获取教育仅仅是一个开端，其价值主要在于训练思维并使其适应以后的学习和应用。西点告诉学生要把握生命的每分每秒，把学习当成终生的事业来做。

一切事物随着岁月的流逝都会不断折旧，人们赖以生存的知识、技能也一样会折旧。唯有虚心学习，才能够掌握未来。毕业于西点军校的 ABC 晚间新闻主播彼得·詹宁斯，在当了 3 年主播之后，作了一个很大胆的决定——他辞去了人人艳羡的主播职位，决定到新闻第一线去磨炼记者的工作技能。经过几年的历练之后，他才又回到 ABC 主播的位置。

虽然可以说西点学员是在最好的军校受训，但是他们仍有很强的危机感。不被社会认可或被淘汰掉，这不仅是学员自己不能忍受的，也是西点军校不能接受的，因为，西点只意味着成功和进步。

成功的团队是没有失败者的，因为团队的力量来源于团队中的每个人。大家相互学习，相互促进，团队就能够实现个体无法达到的高度。学习力，不仅能促进个人的成长，更使得团队的力量要远大于个体之和，学习力能打造出最具竞争力的团队。

企业管理者一定要看到企业持续发展的原动力。企业就是一棵大树，树枝上硕果累累，产品种类很多，市场反应很好，企业有很大的产值和丰厚的利润。这时候，很多企业管理者就会被企业的发展现状陶醉，沾沾自喜，却没有人看看这棵树的根怎么样。根是什么？就是学习力，这才真正是一个企业的生命力之根、竞争力之根。如果企业的根基不牢固，那么眼前再好的美景也将

是昙花一现，很快就会烟消云散。因此，一个企业暂时的辉煌并不能说明其有足以制胜的竞争力。企业只有具备很强的学习力才能具有真正的竞争力，才能在以后可能日益猛烈的竞争态势中获得一个又一个胜利。

英特尔总裁格鲁夫说："在这个快速变化的环境中，面对这么多强劲的对手，为什么我们始终能保持这样的竞争力？因为我们清楚地意识到当今世界唯一不变的只有一个——变化。所以当今世界企业之间的竞争本质上是学习速度的竞争。我们要想有持久的竞争力，唯一的办法就是比别人学得更快。"

但并不是所有的企业都认识到了这个"浅显"的道理。

2003年7月，大家从报纸上看到这样一条消息：起源于清朝顺治八年（1651年），流传至今已逾350年的传统老字号——北京王麻子剪刀厂经昌平法院依法裁定破产。很多人惋惜不已的同时，不禁要问：如此知名的老字号企业，为什么会遭到破产的厄运？

"北有王麻子，南有张小泉。"在中国刀剪行业中，王麻子剪刀名声如雷贯耳。数百年来，王麻子刀剪产品以刃口锋利、经久耐用而在市场上独霸天下。即使新中国成立后，"王麻子"刀剪仍很"火"，在生意最好的20世纪80年代末，王麻子剪刀厂一个月曾创造过卖7万把菜刀、40万把剪子的最高纪录。但从1995年开始，王麻子的业绩逐年下跌，陷入连年亏损地步，在新世纪前夕，甚至落魄到借钱发工资的境地。

业内专家认为，作为国有企业，王麻子剪刀厂沿袭计划经济体制下的管理模式，缺乏市场竞争思想和创新意识，是其败落的根本原因。长期以来，王麻子剪刀厂的主要产品一直延续传统的铁夹钢工艺，尽管它比不锈钢刀要耐磨好用，但因为工艺复杂，容易生锈，外观档次低，产品渐渐失去了竞争优势。市场需求已经发生了很大变化，但是王麻子剪刀的经营者却继续墨守成规，未能做出改进措施，故步自封、安于现状。王麻子剪刀终于被市场所抛弃。

这个事例表明，只有不断变革、创新，才能使企业永葆青春。适者生存、物竞天择，让故步自封、不思变革的企业被淘汰出局，正是市场上"铁"的法则——市场从来不考虑企业拥有多少年的历史，拥有多么辉煌的过去！

只有摒弃自我满足感，注重学习力，跟随市场的变化而变化，才能持续赢得市场的信赖。与王麻子相对应的是，拥有130多年经营历史的美国著名百货零售商蒙哥马利·沃德公司，这家沃尔玛、玛莎等连锁店昔日的老对手，在20世纪末也悄然走到它历史的尽头。2000年12月28日，该公司向艾奥瓦华州联邦法院申请破产保护，并宣布在以后的几个月中关闭旗下遍及30个州的250家零售店和10个分销中心。作为美国零售商业的先驱，这家百年老店的关闭，在留给人们对其昔日辉煌的追忆和惋惜的同时，也带给人们关于企业兴衰的深深思索。

蒙哥马利公司破产的根本原因和王麻子剪刀并无实质区别。这个分布全国的商号，最初由邮寄商品起家，之后发展成为大规模经营的目录商店，最终扩大成为集家用电器、家居装饰、家庭用品、服装、汽车修理、金银首饰于一身的大商城。它满足于自己已有的业绩，惰于对市场变化的捕捉，最终未能在消费者心目中建立起本企业的明确形象，收入较高的消费者感到这里的商品档次略低，收入低的消费者感到这里的商品价格偏高，因而未能形成自己较固定的消费群，在激烈的商战中被夺去了消费者。缺乏学习力，不随市场变化而变化，蒙哥马利没有理由不失败。

学习不是简单的1+1，而是取得惊人的团队能量。有人做过研究，成吉思汗所拥有的那支战无不胜的千里马马队，其实并非是一支由真正的千里马组成的骑兵部队。他们每一个士兵所拥有的只是2到4匹普通的战马，只不过在行军过程中，战马轮流使用，这样就可以保证不使单匹战马过度疲劳，同时还能保证整个马队持续快速前进。他们把普通的战马"嫁接"起来，发挥出"千里马"的超强功能，使军队长期保持旺盛的战斗力。

英国著名作家萧伯纳有一句名言："两个人各自拿着一个苹果，互相交换，每人仍然只有一个苹果；两个人各自拥有一个思想，互相交换，每个人就拥有两个思想。"一个团队学习的过程，

就是团队成员思想不断交流、智慧之火花不断碰撞的过程。如果团队中的每个成员都能把自己掌握的新知识、新技术、新思想拿出来和其他团队成员分享，集体的智慧势必大增，就会产生 1+1 ＞ 2 的效果。团队的学习力就会大于个人的学习力，团队智商就会大大高于每个成员的智商，整体大于部分之和。

山东鲁花集团就是实践团队学习力的典型案例。公司在抓好经营的同时，注重上到总经理、下到普通员工的学习力的培养。在公司内部变个人学习为团队学习。正是这种整体的学习力的提高，使公司具备了一定的竞争能力，20 年的时间，就从一个小小的物资站发展成为中国花生油第一品牌的知名企业。通过学习，形成了一支千里马团队，从而使其在当今残酷的市场竞争中长驱直入。

善于学习，是团队永远不败的根本。美国未来学家阿尔文·托夫勒说："未来的文盲不是不识字的人，而是没有学会怎样学习的人。"学习能力、思维能力、创新能力是构成现代人才体系的三大能力，其中，善于学习又是最基本、最重要的第一能力。没有善于学习的能力，其他能力也就不可能存在，因此也就很难去具体执行。一个团队也是如此，不会学习的团队永远不可能拥有超强的竞争力。企业竞争的实质是学习力的竞争，唯有不断学习，企业才能长盛不衰。

学习力使红蜻蜓集团从默默无闻到驰名天下。近年来，红蜻蜓集团认真导入"学习型组织"管理理念，为企业提高整体素质、形成共同目标、造就执行力提供了坚实的基础，使红蜻蜓步入超常规的发展轨道。红蜻蜓集团党委书记瞿增甫介绍，世界上没有完善的个人，但却可能有完美的组织。

为使广大员工充分了解企业发展的轨迹和企业的文化，深刻认识企业发展的优势和劣势，结合企业的发展目标、任务和使命，该公司上下共建立了学习型组织 13 个、学习型班组 32 个、参加学习人数达 1000 多人，并设立了技术创新奖、团队精神奖、营销精英奖、十佳知识型员工奖等，奖励基金达 100 多万元，奖金用于员工的再教育培训，进一步激发员工的学习动力，形成良性循环。

红蜻蜓集团努力营造团队的学习氛围，着力开展团队学习，形成互动式学习氛围，使团队智商大于个人智商，花巨资在上海成立了红蜻蜓培训学院，每年参加学习的达 800 多人次，组织中高层干部参加名牌大学的 MBA 班学习；通过召开"工作讨论会"、"寻找问题会"、"事后分析会"等，把个人信息经验等变成群体共同拥有的学习成果，在相互学习中共同达到提高。通过学习，使每个人看到原先自己没有看到的更深刻的东西，实现自我的不断突破，使红蜻蜓企业形成了"个体有活力，团队有合力"的良好氛围，获得了巨大的团队能量，红蜻蜓一举成为中国鞋业的知名品牌。

一个企业要想提高整体的竞争能力，唯一的途径就是使企业真正变成一个学习型组织。《第五项修炼》的作者圣吉在书中明确指出："当今世界复杂多变，企业不能再像过去那样只靠领导者一夫当关、运筹帷幄来指挥全局。未来真正出色的企业将是那些能够设法使各阶层员工全心投入、并有能力不断学习的组织。"学习已经越来越成为企业保持不败的动力之源。当代企业的发展更证明只有比你的竞争对手学得多、学得快才能保持你的竞争优势，才能永葆领先。

世界上著名企业的发展，无一离不开"学习"二字。美国排名前 25 位的企业中，有 80% 的企业是按照"学习型团队"模式进行改造的。国内很多企业也通过创办"学习型企业"而给企业带来了勃勃生机。给人一条鱼，只能让他吃一次；教会他钓鱼，才能使他一辈子不会挨饿。作为团队领导，不但要自己会钓鱼，还要教会员工钓鱼。并在团队中创建一种轻松和谐、相互学习、团结协作、分享创新的氛围！使整个团队成为一种学习型的团队，才能使这个团队在竞争日益激烈的市场大潮中立于不败之地。

通用电气总裁韦尔奇认为领导应该是"同时作为教练、启蒙者以及问题解决者来为企业增加价值，因为成败而接受奖励和承担责任，而且必须持续地评价并强化本身的领导角色"。他认为，一个优秀的领导者应该带领团队持续学习。企业要想在发展过程中不断超越自我，不断地提高竞争能力，不断地扩展企业发展中真正心之所向的能力，首先应激发企业内员工的个人追求和不断学习的意愿，从而使之形成一个学习型组织。企业一旦真正地开始学习，定会产生出色的效果，而作为团体中的人也会快速地成长起来，企业的内功更会不断强化。

通用电气正是通过建立学习型组织保持企业竞争优势的典范企业。通用电气公司是美国纽约道·琼斯工业指数自1896年创业以来唯一一家至今仍榜上有名的企业。在过去20年中，通用电气给予股东的平均回报率超过23%。通用在克罗顿维尔建立了领导才能开发研究所，每年有5000名领导人在这里定期研修，《财富》杂志称其为"美国企业的哈佛大学"。在那里，没有职务的束缚，可以不拘形式地自由讨论。每周都有100多名职员在这里集合，听取企业生产、经营和管理等方面的课程。在韦尔奇的领导下，通用电气领导层变成了一个不断创新、富有成效的领导团体。他们能进一步推动工作，倾听周围人们的意见，信赖别人的同时也能够得到别人的信任，能够承担最终的责任。通用电气的成功源于一个强有力的学习型组织以及由此产生的独特的学习文化，进而提高了通用电气在世界市场的占有率并使其长盛不衰。

有所作为的管理者应该向通用电气学习，在自己的企业建立学习型组织。善于不断学习，这是学习型组织的本质特征。所谓"善于不断学习"，主要有四点含义：强调"终身学习"—即组织中的成员均应养成终身学习的习惯；强调"全员学习"——即企业组织的决策层、管理层、操作层都要全心投入学习，尤其是经营管理决策层，他们是决定企业发展方向和命运的重要阶层，因而更需要学习；强调"全过程学习"——即学习必须贯彻于组织系统运行的整个过程之中；强调"团队学习"——即不但重视个人学习和个人智力的开发，更强调组织成员的合作学习和群体智力（组织智力）的开发。在学习型组织中，团队是最基本的学习单位。

学习就是生产力，让你的员工学起来，你的员工才能具有更大的生产能力，你的企业才能获得更大的经济效益。组织员工学习，建立学习型组织，对企业而言，只是小额投入，而这种投入带来的回报绝对是惊人的，并且是持续的。聪明的管理者会用学习来打败对手。彼得·圣吉的《第五项修炼》引领了企业软件再造的潮流。书中提到，学习型组织必须具有并能够不断强化以下五项修炼技能：

（1）自我超越。鼓励组织所有成员持续学习并扩展个人能力，不满足并突破现有的成绩、愿望和目标，创造出组织想要的结果。

（2）改善心智模式。所谓"心智模式"，即由过去的习惯、经历、知识结构、价值观等形成的、固定的思维方式和行为习惯。

（3）建立共同愿景。

（4）团队学习。完善的培训系统对企业的发展固然重要，但不能将团队学习简单等同于培训。培训意味着员工被动接受教育，而团队学习意味着互动，意味着组织的各层次都在思考，而不是只有高层领导在思考，其追求的是一种群策群力的组织机制，试图通过群策群力，让团队发挥出超乎个人才能总和的巨大知识能力。

（5）系统思考。学习型组织成员应具有全局意识，学会进行系统思考。正如马列主义所教导的一样，系统思维即从具体到综合、从局部到整体、从结果到原因，看问题应避免"只见树木，不见森林"，其倡导的是一种全方位的思考方式。进行系统思考修炼，即要求我们应以系统的、联系的观点去看待组织内部间以及组织与外部间的关系。

以人为师与以书为师同等重要

西点军校成立之命令签署人汤玛斯·杰弗逊说："每个人都是你的老师。"西点的每一门课程，授课老师在其专业领域都是具有实务经验的。教授军事历史的老师，是亲自参与过军事行动、创造历史的人；国际关系的老师就来自于外交界；教作文的老师，也是派驻过全球各地，担任过多年公关幕僚的军官。这些教师带来丰富的实务经验，与理论相辅相成。

西点的教师会让学生们明白，做一个军事指挥官，并不是只要雄赳赳、气昂昂就可以，军事将领同样需要博学多识。西点教官最常讲的就是巴顿将军的故事。巴顿将军在沙漠里看到隆梅尔向他的部队走过来，第一句话并不是说："隆梅尔，我要把你宰了"，而是兴奋地大叫："隆梅尔，你这只老狐狸，我读过你的书！"

每个人都应在合适的范围内，寻找能弥补自己弱点及不足的老师。因为我们需要成长，需要不断地发挥潜能去实现自我价值，而教师的经验及智慧又使我们尽可能赶超别人，尽快实现自我的捷径。尊重有经验的人，才能少走弯路。

有一位企业家，毕业于"什么都没学"的哲学专业，没有一技之长。"身无长技"反而给了他最大的"特长"，那就是有什么问题都要去请教人，什么事都要找专家。比如，对这些年飞快更新换代的计算机，显然不如小青年掌握得快，有什么不懂的，他会很虚心地向员工求教，丝毫没有老板的"架子"。

不是每个管理者都能做到这位哲学出身的老板的谦虚，管理者最容易犯的毛病就是自以为是，不能虚心听取不同意见，尤其是不能虚心听取比自己职务低的人的不同意见，甚至觉得自己的地位是高高在上，不可侵犯的。

有一位知名民营企业的老板，高薪聘请了一位"海归"来管理自己的企业，可是后来却辞退了这位"海归"，主要原因是老板注意到这位"海归"管理者平时在企业里面连与同事打招呼寒暄都不会。老板就担心起来了，如果连这个都做不好，那么以后怎样与其他同事合作呢？

其实，这位"海归"怎么会连最简单的与人打招呼都不会呢？可能他只是遇到老板才会主动热情，我们在企业中不难发现这种现象，许多企业的管理者，在企业里面是不主动与别人打招呼的，他们会错误地觉得主动与下属打招呼是种有失身份的象征。

苏格拉底说："我知道自己几乎一无所知。"这正是一种谦虚向别人学习的良好品质。在学习两字面前，任何人都是老师。管理者一定要忘记自己的身份，放下架子，完全从学习的角度出发，向比自己的知识更渊博的人学习。

美国《福布斯》杂志网站曾经报道了一个少年创业成功的案例，主人公名叫卡梅隆。1994年，卡梅隆只有9岁，他开始了人生的第一笔生意，通过替父母向他们的好友发送节日邀请，他从父母那里获得了一笔小小的酬金。11岁那年，他通过销售问候卡片积蓄了数千美元，并给自己的公司取名为"欢乐与眼泪"。

12岁时，他花100美元购得妹妹积攒的全套30个"豆豆娃"，并将这些娃娃通过eBay网站销售，从中获得了10倍收益。他从中发现了商机，立即批量购进"豆豆娃"，通过"电子港湾"和"欢乐与眼泪"进行网络销售。这使他在不到一年时间里就积蓄了5万美元。

随后他用这笔钱作为本金，创办能为客户保密个人信息的MyE-Mail邮件服务系统。两年后，该系统每月盈利3000美元。1997年，他与另外两个年轻人合伙，创办Surfingpries网络广告公司，获取巨额利润。卡梅隆说："高中毕业前，我的资产已超过100万美元。"

当别人询问他成功的原因时，他的回答是：学习，每时每刻都要准备学习。在他的眼里，每个人都是老师，每个人都有比自己强的地方，通过学习别人的长处和优势，将这些长处和优势复制到自己身上，自己就会变得更加强大。他的成功并不仅仅依靠机遇和商业头脑，更在于他的学习能力。

所谓"闻道有先后，术业有专攻"，管理者要学会向下属请教，自己不熟悉的东西，下属就有可能熟悉，那下属就是自己的老师。日本有句成语说："问是一时之耻，不问是一世之耻"，也就是说如果因为怕一时之耻而不向别人请教，那么一辈子都因无法搞懂这个问题而蒙羞。管理者如能做到不耻下问，不仅能拓宽自己的知识面，更能博得下属的信任感和好感，何乐而不为？

当代西方管理学者领导力大师、美国南加州大学教授本尼斯在他的名著《成为领导者》中，写有"学习＝领导"的等式。管理者是学习者的观点，也得到了很多企业家的认同。在当今严峻的形势下，学习已经成为不可忽视的一种需要，知识经济的增长带动的整个世界的变化，优秀的企业管理者需要不断地更新知识，才能更好地应对各种突发起来的状况。

李嘉诚的成功与其强大的学习力是分不开的。李嘉诚早年颠沛流离的生活，导致他过早离开学校，失去了正规教育的机会。他只好通过购买、交换旧书完成了自学，养成"抢知识"的习惯

和"不择细流"的阅读口味。

熟悉李嘉诚的人都知道，除了小说，李嘉诚遍读各公司年报到科技、历史、宗教等各类书籍。就是常伴他身边的那些人也会时常惊讶于他思维的灵活、观点的新鲜。在谈及某行业的专业问题，他能像一个专家般侃侃而谈。

李嘉诚之所以有如此渊博的知识，是因为他对知识有着强烈的好奇心。他的好奇并不是率性的，而是认真预先设定自己看问题的角度，然后像搜索引擎般尽可能全面了解相关信息。

勤于学习使李嘉诚成为一个东西文化结合体：像西方饱受职业训练的经理人一样重视数据、依靠组织和制衡的管理法则，也像外国商人一样发自内心地乐于迎接竞争带来的压力和成就感；另一方面有着东方的谨慎谦虚，始终坚持东方企业家关心、重视员工的长远前途的传统。

李嘉诚投资于自己的大脑，最终成为了亚洲首富。管理者一定要注重学习力，思想通，想法融，行动才能一致。这是企业发展和生存的重要根基。作为一个管理者，出色的领导能力是不断学习和努力的结果，并且是成功的关键因素。

《论语》中很多地方都谈到如何学习的问题。要想提升学习力，首先要有空杯心态。《论语·为政》中说："知之为知之，不知为不知，是知也。"知道的就是知道，不懂的就是不懂。孔子认为在学习时要放低姿态，切不可沉湎在曾经的业绩中而不可自拔。

曾经有一著名企业老总说过这样的话："往往一个企业的成败，是因为他曾经的成功，过去成功的理由是今天失败的原因。生活就是不断地重新再来，不归零就不会有进步，就不会持续发展。"管理者只有心态归零，才有学习的动力，企业才能快速发展。

其次是要善于向身边的人学习。孔子说："三人行，必有我师焉。择其善者而从之，其不善者而改之。"孔子认为在你周围的人中，在某些方面一定有比你优秀的，这时你要选择他们的优点加以学习，看到他们的缺点就要对照一下自己。

美国总统林肯就是一个善于向身边的人学习的人。不少人都知道，林肯在学校只读过一年的书，可是他曾向一些学者及身边的同事，甚至包括和许多农夫、商人、律师商讨国家大事与世界之事，并从他们这些人身上汲取各种知识。

再次学习时要学思并进。孔子说："学而不思则罔，思而不学则殆。"管理者在学习的过程中，不是做给他人欣赏，也不是单纯一个接受的过程，更应该是一个思考和感悟的过程，学而思才能长智慧。在学与思中有所创新，提高自己洞察事物的敏锐度和思考的能力，结合自身职业寻求出更好的工作方式与方法，更快地提升自身的领导能力。

学习是管理者最有价值的投资。著名哲学学家黑格尔这样说过，我们站在一个重要时代的门口，一个变化的时代。处于这样一个时代的管理者，需要保持学习的心态，成为一个博学多思的人，以更好地应变这个复杂多变的环境。优秀的管理者，无一不是勤奋学习的典范。生命不止，求知不断，只有投资于学习，将大脑充实起来，才能在管理工作中得心应手，从而为企业创造更多的经济效益。

不单是管理者需要学习，员工更需要不断学习。

有一个大学毕业生自视甚高，以为自己无所不能，然而毕业后却屡次碰壁，连他认为合适的工作都找不到。于是他觉得现实对自己不公，进而对社会非常失望。他认为自己之所以身处此境是因为没有伯乐来赏识他这匹"千里马"。

痛苦、绝望之下，产生了厌世心理，于是他来到大海边，打算就此结束自己的生命。就在他迈出脚走向大海这一时刻，正好有一个老人从这里走过，把他拉到岸边，说："年轻人，为什么要走绝路，有什么想不开，给我说说，我是一个智者，可不可以帮帮你。"年轻人说自己不能得到别人和社会的承认，没有人欣赏并且重用他……

这时智者老人从脚下的沙滩上捡起一颗石子，让年轻人看了看，然后扔在地上，对他说："请你把我刚才扔在地上的那粒石子捡起来。""这根本不可能！"年轻人说。

老人没有说话，接着又从自己口袋里掏出一颗闪闪发光的蓝宝石，也随便地扔在了地上，然后对他说："你能不能把这颗宝石捡起来呢？""这当然可以。"

"那你就应该明白是为什么了吧？你应该知道，现在你自己还不足够灿烂到闪闪发光，你不能苛求别人承认你，如果要别人承认，那你首先要端正自己的态度，面对现实，认识到自己的不足，还要加强自身的学习，由石子变成一颗璀璨的宝石才行。"

学习要有一种虚心的态度，需要一种谦卑的心态，作为一名员工要善于在低处和平凡的岗位中磨砺和提升自己。

林光大学毕业，进了一家电子厂工作，被分配到生产车间担任管理人员。因为他不懂生产，不熟悉工艺流程，所学的专业与现实工作关系不大，因此在管理上感到无法胜任。与林光一起来的几个大学同学，也是力不从心。但他们总是一味地发牢骚，抱怨领导给他们安排的工作不对口，工厂待遇太低，没有个人发展空间，大有怀才不遇之感。

他们甚至以"炒公司的鱿鱼"相威胁，让厂长给他们安排更合适的位置。就在其他人相继高升之际，林光却向厂长提出了要下车间当普通工人的要求，厂长很意外，但又对他的选择表示了赞赏："好，小伙子有志气！"但是他却没法得到更多人的理解，消息传出，全厂哗然，连那几个同学对此也表示不能理解，说林光想借此出风头等。

林光不理会这些议论，甘心到车间做一名工人。一心扑到了工作上，努力钻研各项技术，熟悉工作流程。两年后，他升任车间主任，因为他懂技术，员工不敢敷衍他，所以林光所在车间的产品质量是最好的。这时，当年跟他一起进厂的同学多在各科室担任中层干部，工作虽然轻松但无激情。

几年后，厂里决定试行承包制，他承包了一个车间，因为产品质量好，很快就打开了销路，在全行业中得到一致的赞赏。后来，林光成了一名优秀的企业家。林光在总结成功经验时说："年轻人要学会从低位进入，充分积累经验，将来才能有成功的本钱。"

从林光的事例可以看出，真正有才能者身处低位仍然能够不气馁，不心浮气躁，他们能够韬光养晦，积极进取。虚心学习的心态就是一种在低位思考高位的理智心态。就因为林光没有被一时的利益所诱惑，能够冷静归零，积极磨砺自我，因此才能够取得成功。

很多管理学家都认为 21 世纪是学习力竞争的时代。真正的文盲，不是不识字、没有文化的人，而是没有学习能力、没有教养的人。人们的智力相差无几，行业竞争的白热化，决定了要想在行业竞争中立于不败之地，不仅要学习书本知识，更需要在社会这所大学中多向值得自己学习的人学习。

学习能力是一切能力之母

如果不继续学习，就会使我们无法适应急剧变化的时代，面临被淘汰的危险。只有愿意不断学习的人，才能在竞争的优胜劣汰中存活下来，并且生活得很好。可以说，学习能力是一切能力之母，是一切成功之母。只有善于学习、懂得学习的人，才能够赢得未来。

英国的蒙哥马利元帅曾经多次到西点军校访问和讲演，他对学习的浓厚兴趣和执著的精神给西点学子树立了光辉的典范。

据有人观察，蒙哥马利嗜好很少，他不喝酒、不抽烟、不好女色、不爱交际，一生中唯一的兴趣和爱好就是军事；他最关心的就是训练、作战、胜利。正是这种别人无法相比的敬业精神，使蒙哥马利能够在同辈人中出类拔萃，声名卓著。

为了争取到印度服役，蒙哥马利刻苦学习印度的乌尔都语和普什土语，以便与印度士兵沟通联系。为了能使用和管理营里的运输工具，他把野战勤务条令背得滚瓜烂熟，并对有关骡马的知识也做了深入的了解。正是由于这种孜孜不倦的学习态度，使得他在世界军事史上留下了光辉的形象。

为了帮助一个人生存下去，可以给他很多鸡蛋，但是鸡蛋终有尽了的一天；也可以给他几只母鸡，每天下蛋，大概可以让他生存一两年；还可以帮他建立一个养鸡场，并请人管理，除了自己吃，还可以赚点钱。其实，最好的方式是帮助他学会养鸡的技术和管理本领，成为养鸡专业户，

从此不仅能够生存下去，而且能够实现可持续发展！所以学习能力才是真正的成功之母。

　　成功，并不是战胜别人，而是战胜自己。你唯一能够改变的就是自己，你不可能也不可以去阻止别人的进步。而改变自己的唯一途径就是努力地学习，通过学习可以改造内在的品性与能力，从而改变外在的处境与地位。只有战胜自己的人，才是最伟大的胜利者、成功者。"欲胜人者必先自胜。"一个对知识和技能马马虎虎，不把功夫放在自己身上的人，失败是必然的。那么怎样才能学习知识与技能，怎样才能战胜自我呢？答案很简单，那就是充分运用你的学习能力。汤之盘铭曰："苟日新，日日新，又日新。"只有不断运用学习能力，才能达到持续更新、持续发展的高境界。

　　我们也可以用三段论来推导出我们的结论：成功，取决于人的学识与经验。——大前提学识与经验，取决于人的学习能力。——小前提归根结底，成功取决于学习能力。——结论：所以，学习能力是真正的成功之母。

　　在知识经济时代，竞争日趋激烈，信息瞬息万变，盛衰可能只是一夜的事情。在激烈竞争中，只有不断学习、善于学习的人，才能具有高能力、高素质，才能不断获得新信息、新机遇，才能够获得成功。如果不能不断提高素质，跟不上时代发展的步伐，个人将会被淘汰，企业将会被淘汰。那么怎样才能避免被淘汰呢？毫无疑问，答案是不断学习、善于学习。

　　学习是人的一生中一项最重要的投资，一项伴随终身最有效、最划算、最安全的投资。任何一项投资都比不上这项投资。古人尚且懂得"良田万顷，不如薄技在身"的道理，我们难道还不如古人？富兰克林说过："花钱求学问，是一本万利的投资，如果有谁能把所有的钱都装进脑袋中，那就绝对没有人能把它拿走了！"许多人的想法仍未能摆脱老观念的统治——总觉得学习是学校里的事，走出学校后就不需要继续学习了。成年人花几百块钱买一件高级衣服一点不嫌贵，但要从钱包里掏出十来块钱买本书倒觉得不能承受。他们往往舍得在自己的子女身上进行教育投资，却忽视了对自身的教育投资，把对自身投资的重点摆在吃、穿、住和保健上。很早以前，罗曼·罗兰就说："成年人慢慢被时代淘汰的最大原因不是年龄的增长，而是学习热忱的减退。"如果你始终保持学习热忱，在走出校门后继续学习、终身学习，就能获得成功。

　　学习能力，不仅是每一个人的成功之母，而且是每一个企业的成功之母。美国杰出的管理思想家戴维斯在他与包特肯合著的《企业推手》一书中预言：21世纪的全球市场，将由那些通过学习创造利润的企业来主导。这就要求每个企业都要变成"学习型的企业"。学习能力不仅决定着个人的成败、企业的兴衰，而且推动着国家的进步、社会的发展。一个国家要成为热爱学习、善于学习的学习型国家，使整个民族成为热爱学习、善于学习的学习型民族！只有如此，才能在激烈的国际竞争中取胜。

　　无论是个人、集体、国家或民族，只有学习才能永远立于不败之地；只有充分运用学习能力，才能无往而不胜。总之，学习是最根本、最通用的成功大法，学习能力是最根本的成功之母。

　　当然，要想真正使得学习能力成为成功之母，就必须提倡素质学习与终身学习，以此提高学习的质量与周期。

　　有一个农夫，他从一个好吃懒做的人手中买了一块地。但这时已经是5月下旬了，先前土地的主人在早春时分没有去种庄稼，只种了些蔬菜。但是那位农夫是个极具判断力与思考力的人，他认为，种晚熟的谷类目前还不算迟。因此，他就按照自己的主意去做，把那块田耕得好好的，播了些晚熟的种子，然后又很细心地去照看。他的左邻右舍都说："春天早已过去了，你怎么可能种出粮食呢？但是，他获得了很丰盛的收获，甚至比他的邻居收成还要好。"

　　农夫就是根据丰富的农业知识做出了精准的判断，从而避免了损失，获得回报。

　　对于那些早年失学，浪费了学习机会的人，可以用终身学习来补救早年的失学，弥补自己知识上的差距。如果你真有上进的志向、真的渴望造就自己，要决心补救早年的失学，那么你必须认识到，如果你遇到了一个印刷匠，他会告诉你很多印刷的技术；遇见了一个泥水匠，他会告诉

你关于建筑的方法；遇见了一个农夫，他会教给你农业上的种种知识。无论遇到什么人，都会对你有所助益，都会使你增加一些知识与经验。

那些不曾受过大学教育的人都有过分重视大学教育的心理。那些因家境困难或身体状况不佳而不能升入大学的人，往往以为错过大学期间的学习是一种不可挽回的损失，认为这是一生都没有办法补救的缺陷。他们总是认为，不管以后如何自学，都于事无补，无法达到与大学教育同等程度的教育水平，他们以为通过自修得来的学识总是有限的。但他们却不知道，世上有许多负有盛名的学者从没有进过什么大学，甚至有许多人连中学的大门都没有跨进去呢！

一位连小学教育也没有完成的年轻人，由于读了许多历史著作和名人传记，后来竟成了一位历史学家。很多遇见他的人，都对他的学问赞不绝口，都以为他受过高等的学校教育。他勤于自学、博览群书，由于浸淫于许多名家的著作中，于是在无形中就养成了一种极优美的写作风格。虽然他并不精通文法上的条条框框，但他的英文却极好。靠着学校之外的学习，他竟拥有如此的成绩，这在当时实属罕见。何况今日之出版界有更多、更好的书籍可供自学之用，有志上进的人完全可以凭借学校之外的终身学习，来培养自己，走向成功。

有许多早年失学的人，到了晚年通过选读函授学校的课程获得了种种知识，帮助他们取得了事业的成功。如果你能利用空闲的时间，选读函授学校的课程，也能弥补失学给你造成的损失。只要我们注意，随时随地都有学习的机会。大多数不幸的成年人认为，一过最宝贵的青年时期便失去了求学的机会，一到晚年则更不能再去求学了。其实只要能寻求机会，能利用自己全部的空闲时间，努力进修，完全投入来摄取知识，那么就完全可以补救青少年时期的失学，甚至能使自己学富五车。

林肯所受的正规教育，总计起来大概只有 12 个月。1847 年他当选国会议员，在填写履历表"你的教育程度如何"一栏时，他只好诚实地写下"不全"两字。林肯被提名为总统候选人时曾说："我的文化程度不高，不过我尚能读书认字，会些算术，在如此贫瘠的知识基础上，能够获得目前这一点小小成果，完全是在基于需要的情况下，时时自修取得的知识。"

在人的一生中，都有接受教育的可能性，而且到了壮年以后，在很多方面的学习甚至比年轻时更有利，因为他积累了更多的经验，具有不同于青年人的判断力，深知光阴的宝贵，更善于利用一切机会来学习。更进一步说，人的一生都是受教育的时间，我们提倡终身教育和终身学习。有许多人在学校时，由于不努力而没能学到多少书本知识。但是到了中年以后，他为了要补救知识上的缺憾，便开始努力用功，最终也能取得惊人的成就。

终身教育，被联合国教科文组织认为是"知识社会的根本原理"，并已成为世界各国制定教育政策的主导思想。它突破了传统教育的定义，动摇了传统教育大厦的基石，带来了整个教育的革命，被认为是"可以与哥白尼'日心说'带来的革命相媲美，是教育史上最惊人的事件之一"。与终身教育相应提出的终身学习，就是指一个人在一生中，要持续不断地学习。

1989 年 11 月，联合国教科文组织在北京召开了"面向 21 世纪教育国际研讨会"。会议的主题之一就是要"发展一种 21 世纪的新学习观"，因为"由于教育技术的进步，即使一个文盲，现在也可能成为一个终身学习者"。它始于生命之初，持续到生命之末，即从摇篮到坟墓，一辈子持续不断。它宣告了"学历社会"的终结，宣告了把人生分为两半——学习和工作（"充电"和"放电"）的传统观念的错误。

1994 年，第三届经济合作与开发组织（OECD）国际讨论会"终身学习——面向未来的战略"在日本召开。同年，在意大利罗马举行了"首届世界终身学习会议"，提出"终身学习是 21 世纪的生存概念"，强调如果没有终身学习的意识和能力，就难以生存在 21 世纪。终身学习，成为迎接新世纪挑战的高能武器，越来越受到全世界的高度重视。它理所当然地成为知识经济时代的生存方式。美国第 34 任总统艾森豪威尔说："才能出众者，才堪担当重任；而努力学习，刻苦训练，是获得才能的唯一途径。"

把知识转化为能力是学习的最高境界

西点前校长 A.L. 米尔斯说："每个人所受教育的精华部分，就是他自己教给自己的东西。"西点认为，一个人只有知识是不行的，必须学会把知识转化为能力。知识只是一种积累，而能力才是最有价值的东西。西点的课程设置是相当全面的，它所要培养的是有知识有能力的真正的人才。

美国时代华纳公司的董事长理查德·芝罗认为："仅有聪明是不能把任何人带到高职位的。今天商业界的领导人士其考试分数并不理想。"高学历、高分数只能说明你本身聪明，在掌握知识方面的能力超然卓越，但是仅有知识是不够的，能把知识转化为能力才是学习的最高境界。

有一位射箭技术非常厉害的猎人，被村民尊称为"猎神"，村里的食物来源几乎都靠他来供应。猎神的宝贝儿子也同他一样高大挺拔，猎神希望他可以得到自己的真传。他把所有的知识和经验全部倾囊相授，儿子也学得十分用心，对各种野生动物的习性了如指掌。学成之后，猎神很放心地把弓箭交给儿子，让他独自一人去山上打猎。

半个月后，儿子满载而归。猎神很高兴。但很快就高兴不起来了，因为儿子一回到家便倒地不起，不久就撒手人寰了。

原来，猎神的儿子不小心被蜜蜂蜇到了，伤口感染了细菌没有及时处理，才导致一命呜呼。猎神痛彻心扉，难过不已，多年来，他一直苦心栽培这个儿子，让他知道打猎的每个步骤，如何扎营、又如何与各种动物周旋，他连猛虎都不怕，却死于一只微不足道的小蜜蜂手里。

一个老朋友得知了猎神的不幸，诚恳地对他说："你只能教给他技术，却无法传授他经验和教训，人生本来就有太多的意外，你又有什么好不甘心的呢？"

纵使拥有许多过人的知识，但是实战远比想象中的要复杂。我们不仅要掌握知识，更要在实践中将知识转化为能力。"读万卷书，行万里路"，就是人要有较多的学识和丰富的经验，也是要人们能将理论与实际联系起来，学以致用，善于利用知识处理各种情况。丰富的经验也是成大事者不可或缺的资本，特别是年轻人，由于涉世未深，他们的经验一般较少，这就要求他们不但要注意书本知识的积累，也要注重现实生活中的知识积累。

时代的发展促使人们打破了往日对知识的理解。人们已经认识到，知识并不等于能力。21 世纪对能力界限的新要求迫使人们重新审视自己所学的知识。但不管时代怎样发展，我们都应保持清醒的头脑，必须清晰明了地理解知识与能力的关系。培根提出"知识就是力量"口号以后，又明确地指出："各种学问并不把它们本身的用途教给我们，如何应用这些学问乃是学问以外、学问以上的一种智慧。"

也就是说，有了同等知识，并不等于有了与之同等的能力，掌握知识与运用知识之间还有一个转化过程，也就是学以致用的过程。如果有知识不知应用，那么拥有的知识就只是死的知识。死的知识不但没有一点益处，有时还可能有害。

因此，在学习知识时，不但要让自己的头脑成为知识的仓库，还要让它成为知识的熔炉，把所学知识在熔炉中消化、吸收。结合所学的知识，参与学以致用的活动，提高自己运用知识的能力，使学习过程转变为提高能力、增长见识、创造价值的过程。

要想正确地做到学以致用，应加强知识的学习和能力的培养，并把两者的关系调整到最佳位置，使知识与能力能够相得益彰，共同促进，发挥出前所未有的潜力和作用。要想做到学以致用，不仅应苦读与爱好、兴趣、职业有关的"有字之书"，同时还应该领悟生活中的"无字之书"。

阅读"有字之书"可以学习前人积累的知识、前人的学以致用的经验，并从中借鉴，避免走弯路；读"无字之书"可以了解现实，认识世界，并从"创造历史"的人那里学到书本上没有的知识。徐渭、朱耷、吴昌硕等前辈，对于"有字之书"的精研，都是齐白石所推崇的，但是齐白石更重视"无字之书"，他的画之所以会推陈出新，创造出独特不群的书画风貌，是他努力在现实生活中开拓艺术生涯的结果。

纵观齐白石一生的杰作，所展现出的是一幅幅栩栩如生的鱼虫、欣欣盎然的草木，刻意求工处恰如雕镂，粗犷豪放处犹如泼墨，真可谓是"形神兼备"。尤其是他的水墨画虾，更是别具一格，活灵活现，令人情不自禁地叫绝。但又有谁会知道纸上的画有多少画外之音呢！以水墨画虾为例，为了能够将虾画好，齐白石对虾观察了无数遍。齐白石画的虾可谓是妇孺皆知，出神入化。他看虾、画虾已有几十年，可直到70岁时才觉得自己赶上了古人画虾的水平。他严谨的创作态度更表现在不看"无字之书"不肯下笔作画上。

他的好友老舍在某年春节时，选了苏曼殊的四句诗请他作画。诗中有一句"芭蕉叶卷抢秋花"，齐白石因对"芭蕉叶卷"没有亲见，当时又正好是北国的严冬，无实物可进行观察，他为了弄清楚芭蕉的卷叶到底是从右到左的，还是从左到右的，逢人便问，但是，很多人都没有进行过细心的观察，所以都不敢肯定是哪一个答案。这个在别人看来似乎微不足道的原因使得他最后放弃了为老舍作"芭蕉叶卷"画。人们虽觉得迷惑，但他却认为这样做是正确的，之所以"不能大胆敢为也"，是因为"未曾见过"。

学以致用就是把所学的知识运用到实践中来，这是成大事者必备的一种能力。这一点之所以重要，就是因为有很多人不能把知识和实践结合起来，不能二者并用，不能充分发挥自己手中知识的力量。

知识的作用只有在运用中才能发挥出来，这也正是成功者之所以能做成大事的关键所在。要想将知识转化为真正的力量，转化为引导你走向成功的资本，就要养成良好的学以致用的习惯，从而使所学有所用，所学为你所用。

儒家大师朱熹提出"先须熟读，使其言皆若出于吾之口，继以精思，使其意若出于吾之心"。

只要我们能够做到学以致用，便能在有限的时间内，阅读更多的书籍，取得意想不到的收获。学以致用可以用来检测知识的正确与否。书上的知识与实际结合若成功，便证明书上的知识是合理的；如果与实际结合失败了，那就说明书上的知识可能是不科学、不合理的。读书的目的就在于在实践中应用，在于指导人们的生活，读书若不与实际相联系，是毫无用处的。最为行之有效的读书方法便是理论与实际相结合。

如果你想把书上的知识变成自己的理论，就必须把书上的知识与自己的生活（工作）经验相结合，使之成为一个全面的认识。否则，书本上的知识就是片面无用的知识。

南宋著名爱国诗人陆游曾写诗对他的儿子进行劝勉道："古人学问无遗力，少壮功夫老始成。纸上得来终觉浅，绝知此事要躬行。"如果你不以纸上或"有字之书"上的东西为满足，那么就应把书上的知识运用到实际中去，这样可培养沉稳的性情，可为社会创造财富，并在学以致用中获得更丰富的知识。大学生通过社会实践，可以接触到一些经济落后的地区，这些地区的状况能够引发他们的思考，激起他们的责任感。他们身处于那些劣势条件、资金、信息、技术中，便有责任心探讨改造落后地区的途径和方法。当学子们步入社会后，他们的责任感就会为社会的发展起推动作用。此外，学以致用不但锻炼了他们的能力，还促进了他们的成长。学以致用，是学习的一个高深境界。

不断提升自己

一般说来，别人传授给我们的知识远不如通过自己勤奋学习所获得的知识深刻久远。任何一个成功者都是靠不断学习走向成功的，终身学习才会终生进步。更何况，社会在不断地发展变化，学习就像逆水行舟，不进则退。人的知识就像机器一样会折旧。

我们必须看到，随着科技水平的提高，将军再也不是一个四肢发达、头脑简单的勇士。西点的经典之处就在于它不仅培养了体魄强健的勇士，更塑造了一批批具有个性魅力和丰富底蕴的军校精英。西点学员在训练中学会了不断提高自己的能力，对他们来说，这就意味着生存。只有比敌人拥有更丰富的知识，自己才能在战斗中获胜。

西点都明白这样的道理："在学校里获取教育仅仅是一个开端，其价值主要在于训练思维并使其适应以后的学习和应用，唯有把握生命的每分每秒，把学习当成终生的事业来做，才能使自己成为一名优秀的军人。"

西点人认为，一个人一旦满足于目前所得的成就，便失去了继续前进的动力，不再追求更高的目标。西点人把每一本书、每一个人、每一件事都当做最好的教材。他们认为经验和教训是深入浅出、生动翔实的教材，它们极具针对性和实用性，绝非那些脱离实际的理论可比的。

西点人的另一个优点便是知识丰富。无论是驰骋疆场的将军，还是闯荡商场的精英，西点人都有深厚的知识底蕴。艾森豪威尔将军可以将世界地图上任何一个地区的位置脱口而出、麦克阿瑟将军则会操作几乎所有的武器……

西点从不认为一个只发展了单一能力的人是一个真正的人才；一个没有接受过良好教育、拥有丰富知识的人，也谈不上是一个真正成功的人。要读好书，必须先打好基础，打好了基础，才能在这基础上作研究，基础要求广，钻研则要求深，广和深也是统一的，只有广了才能深，也只有深了才要求广。因此，西点军校同哈佛、耶鲁等常春藤学校一样，设置了诸多学科供学员们学习：英语、文学、军事、历史、法律、地形分析……其中属于核心必修的课程便有 32 门！曾在西点任教的王飞凌先生曾风趣地说："左手抱书，左手敬礼。"为了配合学员们的学习，西点还设有馆藏丰富的图书馆与阅览室。

西点学员宁可在衣着上节省，也不会在书籍上节省，很多学员的成功就得益于此。亨利·克莱将军年幼时，他的母亲把替人洗衣所得的钱用来给他购买书籍。

"养成每天阅读 10 分钟好书的习惯，20 年后你们都可以来做校长。"这是西点军校前校长乔纳森·威廉斯在毕业典礼上说的一句话。

毕业于西点的海德雷上尉说："在各界做事的人，无论是商业界、交通界还是军界，他们最需要的人才是高等学府培养的、能善于选择书本并活用书本知识的青年。"

一位西方记者曾这样写道："西点人自信、狂傲，因为他们有实力！"是啊，西点人用功勤奋、不断学习，又焉有不进步、不强大之理？

我们身边不乏这样的人：当你建议他去学习的时候，他会叫苦连天，称太累了、没有时间、精力不够，等等。总之，他不学习的理由永远比要学习的理由多。然而，我们必须认识到，在这个瞬息万变的商业世界，每个人都如逆水而行的小船，不进则退。未来的职场竞争将不再是知识与专业技能的竞争，而是学习能力的竞争。因此，保持学习的状态，不断地提升自我，将不仅仅是我们走向成功、追求卓越的必由之路，而且是保存实力、继续生存的唯一选择。

众所周知，我们赖以生存的知识、技能和车子、房子一样，会随着岁月的流逝而不断折旧。美国职业专家指出，现在职业半衰期越来越短，所有高薪者若不学习，不出 5 年就会变成低薪者。当 10 个人中只有 1 个人拥有电脑初级证书时，他的优势是明显的；而当 10 个人中已有 9 个人拥有同一种证书时，那么原来的优势便不复存在。"流水不腐，户枢不蠹"，一个人只有保持不断学习、终生拼搏的状态，才能跟得上社会的变化，才不至于被时代淘汰。

系山英太郎，一位在日本政界呼风唤雨的显赫人物，30 岁即拥有了几十亿美元的资产，32 岁成为日本历史上最年轻的参议员。2004 年《福布斯》杂志全球富豪排行榜上显示，系山英太郎个人净资产达 49 亿美元，排行第 86 位。

他的赚钱秘诀何在？

系山英太郎回答道："善于学习是制胜的法宝。"

系山英太郎一直信奉"终身学习"的信念，碰到不懂的事情，总是拼命去寻求解答。通过推销外国汽车，他领悟到销售的技巧；通过研究金融知识，他懂得如何利用银行和股市让大量的金钱流入自己的腰包……即使后来年龄渐长，系山英太郎仍不甘心被时代淘汰。他开始学习电脑，不久就成立了自己的网络公司，发表他个人对时事问题的看法。即使已是年迈之人，系山英太郎依然勇于挑战新的事物，热心了解未知的领域。正是凭借终身学习，系山英太郎让自己始终站在时代的潮头。

在风云变幻的职场中，善于创新、充满活力的新人或者经验丰富的业内资深人士不断地涌进你所在的行业或公司，你每天都在与几百万人竞争，因此你必须不断提升自己的价值，增加自己的竞争优势，保持终生拼搏的劲头，否则你将无法保持现有职位，更别提会有什么发展了。正如科学家钱伟长所说的："学习是终身的职业。在学习的道路上，谁想停下来谁就要落伍。"

李嘉诚暮年后虽然逐渐衰老，但依然精神矍铄，每天要到办公室中工作，从来不曾有半点懈怠。据李嘉诚身边的工作人员称，他对自己业务的每一个细节都非常熟悉，这和他几十年养成的良好的生活、工作习惯密切相关。

李嘉诚晚上睡觉前一定要看半小时的新书，了解前沿思想理论和科学技术。据他自己称，除了小说，文、史、哲、科技、经济方面的书他都读，每天都要学一点东西。这是他几十年保持下来的一个习惯。他回忆说："年轻时，我表面谦虚，其实内心很'骄傲'。为什么骄傲？因为当同事们去玩的时候，我在求学问，他们每天保持原状，而我的学问渐渐增长，可以说这是我一生中最为重要的。现在仅有的一点学问，都是在父亲去世后，几年相对清闲的时间内每天都坚持学一点东西得来的。因为当时公司的事情比较少，其他同事都爱聚在一起打麻将，而我则是捧着一本《辞海》、一本老师用的课本自修起来。书看完了卖掉再买新书。每天都坚持学一点东西。"

李嘉诚能有今日的成就，绝非偶然。李嘉诚靠着自己的勤奋努力在商场上纵横驰骋，终成就其霸业。每天都坚持学一点东西，使他始终没有被快速发展的时代抛在后面，也使他有足够的智慧应对商场中的各种风险。正如萧楚女所说的："人永远是要学习的。死的时候，才是毕业的时候。"无论身处职场与否，我们都要活到老，学到老，方能跟得上时代的节奏。

一谈起学习，人们很容易联想到捧着书本读或上培训班，但事实并非如此。只要我们当个有心人，肯讨教，肯吃苦，那么谁都可以成为我们学习的对象。一名聪明的员工不会放过任何一个可以学习的机会，不断地积累，为自己今后取得更大的成就铺就道路。

当我们在惊叹别人的成功时，当我们在羡慕他人的"运气"时，别忘了他为这一天付出了多少努力，学习了多少东西。林语堂说："写作是若非一鸣惊天下的英才，都得靠窗前灯下数十年的玩摩思索，然后可以著述。"职场中又何尝不是如此呢？默默地向别人学习，扎实地打基础，直至有一天自己强大得足够独当一面或者带动企业奔跑。

身在日新月异的现代职场当中，每个人都要保持一种随时都在进步的状态，而不能在一个位置上用同一套方式做事，否则你很快就有被取而代之的危险。在这个不进则退的年代，每名员工只有不断学习、终身拼搏，才能保持永远的胜利。

榜样的力量是无穷的

西点学员、ITT公司总裁阿拉斯考格说："我们所要学习的对象就在我们眼前，指挥官绝对是我们的榜样。我们要严格遵守上级给我们的一切命令，绝对服从，这是一个合格军人的天职。"

在西点，每一个军官对待下属都是极其严厉的，下属每时每刻都必须小心谨慎，否则他们会被处以严厉的惩罚。可令人诧异的是，在西点，每个下属对上级军官都是绝对的服从，并且十分尊重。

在西点，胸怀大志的年轻军官多半是由学长们培养出来的。正是这些学长——而不是军官或指导员——在几个月的时间里悉心指导新学员，把他们努力培养成合格的西点军官。学长对待新学员是极其严厉的，新学员害怕他们，但又服从他们、尊敬他们、钦佩他们，从他们那里学习怎样在战场上生存的本领。

尊重上司是西点的一项优良传统。他们比任何新学员都清楚西点怎样才能运作得更好，而且能够很好地将祖辈们积累下来的战争经验代代相传。在他们各自的基础训练营里，士兵和胸怀大志的军官都会请求他们给予指导、管理和认可。

在新学员的潜意识里，西点给他们留下了难以磨灭的印象，即使后来成为将军，他们在西点的活动也必须得到学长的批准。

西点新学员能够把学长看成自己的老师,因为他们明白学长必然在某一方面存在着过人之处,不管承认与否,这都是客观存在的。

在西点,真正的好军官教导新学员,只用适度的军事方法,决不引经据典、絮絮叨叨。他们让新学员心悦诚服地接受挑战,并为他们制定公平的目标。好的军官对新学员以诚相待,他们让新学员在没有严酷的价值判断、公开批评或者军队官僚干扰的情况下顺利成长。虽然好的军官也难免有自己的特性和偏好,甚至有时会表现得不那么大度,但总体而言,他们还是处处表现出经验丰富、工作努力、贤明旷达、智慧深邃的姿态。

事实上,在西点军校大部分的军官都要比新学员更加优秀和完美,也只有更加优秀和完美的新学员才有机会从学员成长为军官。

在西点,高年级学员可以严格要求低年级学员,并批评他们哪些事情做得不到位,其要求严苛得有些不近人情。但这些人并非站着说话不腰疼,而是以身作则,要求别人做到的,首先自己要做到。在西点,有这么一个传统,第一学年结束的晚上为"角色转换夜",这天新学员们成为"头等生",而高年级学员变成"平民"。新生们可以用高年级学员平时的命令和标准去考验他们,看他们能做到几分。

西点学员斯科特·斯奈尔这么回忆道:

当"角色转换夜"到来时,我们可以到处随便寻找"头等生",而他们中许多人已经前往"头等生俱乐部"。"头等生俱乐部"是为那些远离宿舍区的高年级学员建的。而那些没有走远的高年级学员中,只有几个人立正站在那里假扮"平民"。

然而,还是有几位"头等生"衣着整齐地走出自己的屋子。他们立正站好,背对着墙壁,背诵着他们最擅长的"新生常识"。学员上尉沃伦·温特罗德便是这些"头等生"中的一个。他从屋子里走出来时身着无可挑剔的制服,戴着黑色军用眼镜。他扮演的新生角色像极了,几乎就像他回到他自己的新生时代一样。很显然,他已经为这个夜晚做好了准备,并且已经学习了他的"常识"。好几个人站到他面前,希望能难倒他。"

"温特罗德,拉斯克水库的水有多少加仑?"

"当水溢出泄洪道时,有7800万加仑,长官。"

"有什么要闻,温特罗德?"

"长官,在今天的《纽约时报》上,据报道……"

"斯科菲尔德对纪律的定义是什么,温特罗德?"

"长官,斯科菲尔德对纪律的定义是:'纪律使士兵成为自由国度战争时可以信赖的对象,纪律并非来自于严酷或暴虐的惩戒,相反,这种惩戒更可能的是破坏,而不是造就一支军队……'"

"温特罗德,《星条旗》的第二版是什么内容?"

"长官,《星条旗》第二版是这样的:'啊,这一天终于来到,自由的人民终将站起来,站在他们热爱的家乡和激战后的废墟中间……'"

大家难不倒他。他在那里站了几个小时,回答了所有尖锐的问题并滔滔不绝地讲出了3年来他并不需要了解的各种小事。我敢说,那天晚上之后,我们比他更加窘迫!

当就寝号盖过了交谈的声音时,角色再次转换了回来,沃伦·温特罗德离开了墙脚,摘下眼镜,目送我们回到宿舍。

温特罗德那天晚上惟妙惟肖的新生角色扮演,激励着我3年后刻苦学习新生常识,努力在角色转换时会有他那样的表现,虽然我怀疑自己能否做得那么好。同样重要的是,温特罗德将"四年级制度"带进了一个明亮的夜晚,并使我懂得:尽管一切只不过是一场游戏,但却要玩得出色、玩得意味深长。我认为,作为一名学员,在之后的3年里,我会更加关注自己对待新生的态度,这部分是由于温特罗德在那个夜晚做出了榜样。这种经历让我备受鼓舞。

对西点学员来说,即使自己的上级是一个极为严苛没有气度的人,新学员也绝对不会对学长

心怀忌恨，把上司看成自己的敌人，不服从他，要和他对着干。上司怎样评价自己，西点的新学员绝对不会太在意，他们一如既往地做好自己的本职工作。在西点，军官和新学员并不是对立的，优秀的西点军官从来不亏待有能力的新学员，而受到鼓励与帮助的新学员也会更加忠诚地为军官效命。任何学员都清楚，个人的成功是建立在优秀领导之上的，没有上司的悉心指导与帮助，他们不可能如此迅速地成长。

军官并非全才，在战场上也会遇到许多难题。这些难题也许不是士兵的分内工作，可是这些难题的存在却阻碍着军队的前进，如果一个下级士兵能够帮助军官解决这些难题，无疑，他在成功的路上会进步得更快。

一般说来，时刻和军官保持一致并帮助军官取得成功的士兵，最终往往会成为军队的中坚力量，成为令其他士兵艳羡的军官。因而，西点的新学员学会了深刻反省自己的缺点，同情并理解军官的事业，他们从来都不会对苛求他们的军官产生不满。

西点著名的将军威廉·T.谢尔曼在参加西点校庆的时候说："我们的荣誉来自谦逊，我们看到了每个人身上的优点，去尊崇、超越，从而完善自我。"

毫无疑问，每个上司都会有缺陷，但这并不能抹杀他们的能力。如同将军不一定比士兵更能砍杀一样，做上司的不见得就一定比员工更有效率，或者在某方面懂得更多。但他们所要处理的事情无疑要比我们多，所要应对的困难也无疑要比我们多。上司的主要责任是制定公司的长远发展战略，而员工负责具体的实施。我们要理解这一点，并积极配合上司的工作。

在优秀的企业里，老板本身便是最优秀的员工。对于员工来说，他们不仅是老板，更是老师。在他们身上，有着许许多多的品质值得人们学习，如沃尔玛的创始人山姆·沃尔顿本身便是节俭的典型；松下电器的松下幸之助便是无私奉献的模范；中国的李嘉诚更是艰苦奋斗的突出代表……在这些成功者的身上，有着太多太多优秀的品质，值得人们细细品味和认真学习。像华为的许多领导就以身作则，平时和员工们打成一片，吃饭都是上小饭馆或大排档，经常为了工作加班加点。这样的学习榜样就离员工们很近，极富有说服力。员工们纷纷向他们看齐，把主要精力放到工作上来，甚至吃饭、休息、聚会时都三句不离本行，说的始终跟华为有关。有一次，大家聊着聊着，突然有人说："下班了干吗还谈什么华为啊，聊点别的！"同志们"嗡"的一声开聊别的话题。聊着聊着，突然又有人说："刚才不是说不谈华为了吗？怎么又聊起华为来了？来，喝酒，喝酒。"很显然，如果员工们不善于向老板学习，是根本不可能出现这种情形的。

哪怕是在一些相对平凡的企业里，老板也有着其过人之处，或雷厉风行，或赏罚分明，或平易近人，或认真负责。至于员工的直接领导，那就更具可比性了。在他们的身上，员工依稀可以发现自己当年的影子，在他们成长的道路上找到自己成功的希冀。总之，老板身上总是不乏其过人之处，员工要善于观察和思考他们与众不同的地方，从他们身上学习自己尚不具备的品质。

道尼斯先生来到一家进出口公司工作后，晋升速度之快，令周围所有人都惊诧不已。一天，道尼斯先生的一位朋友好奇地向他询问了这个问题。

道尼斯先生听后笑了笑，简短地回答道：

"这个嘛，很简单。当我刚开始去杜兰特先生的公司工作时，我就发现，每天下班后所有人都回家了，可是杜兰特先生依然留在办公室工作，而且一直待到很晚。另外，我还注意到，这段时间内，杜兰特先生经常寻找一个人帮他把公文包拿给他，或是替他做些重要的事务。

"于是我下定决心，下班后，我也不回家，待在办公室内。虽然没有人要求我留下来，但我认为自己应该这么做，如果需要，我可以为杜兰特先生提供他所需要的任何帮助。就这样，时间久了，杜兰特先生养成了有事叫我的习惯。"

道尼斯是个幸运的人，因为他有个好老板，但他更是一个聪明的人，因为他懂得向老板学习。老板之所以是老板，肯定有他独特的地方。他的勤奋、他的方法、他的变通、他的果敢……总有值得我们学习和借鉴的地方，就看你能否当个职场中的有心人。

杭州奥普电器有限公司的董事长方杰当初就是一个善于向老板学习的人。早在澳大利亚留学的时候，方杰就有意识地到澳大利亚最大的灯具公司 LIGHTUP 公司打工。当时他还不懂商业谈判，

他知道自己的缺陷，很希望学会谈判的本领。他知道他当时的老板是一个谈判高手。

每当有机会与老板一起进行商业谈判的时候，方杰总是在口袋里偷偷揣上一个微型录音机。他将老板与对方的谈判内容录了下来，然后再回家偷偷地听，揣摩、学习，看老板是怎样分析问题的，对方是怎样提问的，老板又是怎样回答的。

方杰就这样学习老板，几年后也成了一个商业谈判高手。最后老板退休了，把位子让给了他。到了1996年，方杰差不多已经成了澳大利亚身价第一的职业经理人。后来，他想回国自己创业，方杰的奥普浴霸就是在这样的基础上做成的。方杰并不是一个天生的生意人，他的成功，就是虚心向老板学习的结果！

成功守则中最伟大的一条定律是：待人如己，也就是凡事为他人着想，站在他人的立场上思考。当你是一名雇员时，应该多考虑老板的难处，给老板多一些同情和理解。只有这样，你才能舍弃敌对的情绪，学会发现老板身上的优点，向老板学习，而这才是对你真正有益的。这条黄金定律不仅仅是一种道德法则，它还是一种动力，推动整个工作环境的改善。当你试着待人如己，多替老板着想，多向老板学习的时候，你就会自然而然地变得谦卑、好学，而老板也会变得可亲可敬起来。

此外，这也是员工训练自己像老板一样思考与工作的重要手段。像老板一样思考的员工，具有极强的责任意识，而且具有强烈的使命感，他们无论做什么事都目标清晰、方向明确，具有把远见转化为现实的能力。他们无论在什么时候都把个人目标与团队的目标紧密地联系在一起，他们从不把问题留给老板，他们清楚自己的使命，他们认为，每个人都可以使公司有所改变，公司的每一个变化、每一个进步，都与个人密切相关。

与其抱怨老板，不如学会理解；与其羡慕老板，不如向他学习。老板作为企业的负责人，是整个企业里最值得我们学习的对象。一个懂得站在老板角度上考虑问题，懂得凡事向老板看齐、向老板学习的员工，也必定是个胸怀大志、严于律己的人。这样的员工最容易取得优秀的业绩和长足的进步。对此，老板又焉有不爱惜与重用的道理？

西点军校经典法则

法则十六

创 新

创新让你有机会超越常人

在西点军校，除了学习知识，要求学员具有运动员般的体能，其精神、人格的培养更是备受重视。每个学员不仅要求严格服从上级的命令，而且必须能够自我思考、敢于创新，能够以崭新的理念去坚定地完成任何既定的目标。

的确，在生活中，一个人要想做出一番大事，必须敢于逆风飞扬，不想当然，不随大遛。这样才会欣赏到别人没有看到的风景。世界最伟大的科学发现之一就是由不想当然的逆向思维发现的。下面是一个我们从小就知道的故事：

从前一个年轻的英国人在他家的农场里度假休息，他仰卧在一棵苹果树下，思考问题，这时，一只苹果落到了地上。对常人习以为常的现象，他却陷入了深思："苹果为什么会落到地上呢？地球会吸引苹果吗，苹果会吸引地球吗？它们会互相吸引吗？这里面包含着什么样的原理呢？"

这位年轻人就是牛顿。他用逆向思维的力量，获得了一项极为重要的发现——万有引力定律。在现在的社会里，也有这样的例子。

自古盖房子出售，都是先盖好房，再出售。对此，霍英东反复问自己："先出售、后建筑不行吗？"正是由于霍英东的这一顿悟，使他摆脱了束缚，迈上了由一介平民变为亿万富豪的传奇般的创业之路。

霍英东是中国香港立信建筑置业公司的创办人。在香港居民的眼中，他是个"奇特的发迹者"。"白手起家，短期发迹"、"无端发达"、"轻而易举"、"一举成功"等这些议论将霍英东的发迹蒙上了一层神秘的色彩。霍英东的发迹真的神秘吗？不，他主要是运用了"先出售、后建筑"的高招。霍英东还有另一个可贵的品质，那就是不错过任何一个机会来发展自己的事业。

朝鲜战争结束以后，霍英东慧眼独具，他看出了香港人多地少的特点，认准了房地产业大有可为。于是毅然倾其多年的积蓄，投资到房地产市场。1954年，他着手成立了立信建筑置业公司。他每日忙于拆旧楼、建新楼，又买又卖，大展宏图，用他自己的话说，他"从此翻开了人生崭新的、决定性的一页"！

如果说霍英东早年经营航运业是他创业初期的练兵的话，那么他超人的经营理念则在经营房地产业的过程中得到了充分的体现。在他以前的房地产业，都是先花一笔钱购地建房，建成一座楼宇后再逐层出售，或按房收租。而他则"变了个戏法"，即预先把将要建筑的楼宇分层出售，再用收上来的资金建筑楼宇，来了一个先售后建。这一先一后的颠倒，使他得以用少量资金办大

事情。原来只能兴建一幢楼房的资金，他可以用来建筑几幢新楼，甚至更多；同时，他又能有较雄厚的资金购置好地皮，采购先进的建筑机械，从而提高建房的质量和速度，降低建造成本。更具竞争力的是他的楼宇的位置比同行的更优越，而价格却比同行的更低廉。而且，有时他还采用分期付款的预售方式，使人人都能买得起。霍英东的戏法真是高招，他开创了大楼预售的先河。为了推广先出售、后建筑的"戏法"，霍英东率先采用了小册子及广告等形式广为宣传。他说："我们开展各种宣传，以便更多的有余钱的人来买。譬如来港定居或投资的华侨、侨眷、劳累了半生略有积蓄的职员、赌博暴发户、做其他小生意胀满荷包的商贩，都可以来投资房产。谁不想自己有房住？只有众多的人关心它、了解它、参与它，我们的事业才有希望。"霍英东的广告效果颇为不错。立信建筑置业公司在短短的几年里所营建、出售的高楼大厦就布满了香港、九龙地区，打破了香港房地产买卖的纪录。这个既不是建筑工程师出身，又非房地产经营老手的水上"穷光蛋"，用不长的时间便成了赫赫有名的楼宇住宅建筑大王、资产逾亿万的大富豪。现在，霍英东名下的公司有 60 余家，大部分都经营房地产生意，或与房地产关系密切。由他担任会长的香港地产建筑商会，经营着香港的 70% 的建筑生意。

霍英东的逆风而行成就了成功创富的大业，值得我们学习和借鉴。

任何一个标新立异的人都具有逆向思维、逆风而行的特质，而这往往是他们成功的关键。无论是何种年龄，无论从事何种工作，人们大多有这样的经验：在自己表现最佳的时候，感觉最为快乐。因为，付出的心血越多，自我的评价也就越高；专注的程度越高，对自我也就越有信心。全心全意地投入，不断地有成就、有发展，这样才能给人带来最大的满足。

可是，不少人也会有这样的体验：虽然每天准时上班，每天按计划完成该做的事，但总觉得生活呆板，缺乏活力。似乎该做的事都已经做了，在生活中，再也找不到还能去做选择和努力的地方。

曾经就有这样一个为人们一致公认的成功人士，最后竟爬上楼层的最高处，从上面跳了下去。

问题在哪里？从表面层次看，是因为反复循着同样的生活方式，没有新鲜的感受，没有新的创意生成，从而产生了厌倦和疲劳，使身心感到耗竭。再往更深的层次看，也许是目标定得不够高，在比较容易地达到之后，就再也看不到更高的奋斗目标了；也许有着不切实际的预期，这样，无论学业、事业多么成功，都满足不了他预期的需要；或者认识不到自己的工作和成就的价值；要不就是把自己的目标定得太窄，于是，使生活变得刻板，没有生气。

结果，在事业过去之后，就会发现生活再也没有其他的意义了。在生活的倦怠感面前，人们也许会作出这样一些选择：

（1）变得被动，变得没有反应，漠不关心，或者是退缩到一个幻想的世界当中去，甚至变得对生命毫不珍惜。这是一种在心理和生理上都放弃的选择。

（2）埋怨环境，埋怨他人，以为一切都是自己以外的因素造成的。这不仅会增添自身的烦恼，也更无力摆脱这种倦怠的生活。这是一种反击的选择。

（3）寻找生活的意义，重新为自己定方向，努力去寻求新的改变。同时，尽力去打破固有的生活方式，在从消极走向积极的过程中，找回安宁的心情、奋进的精神，这是一种寻求复苏的选择。

最佳的选择是显而易见的。在人生过程中，积极求新求变、多涉及尝试方面，我们可以参考富兰克林，让生命在丰富多彩的变化中更富色彩和意义。

美国的本杰明·富兰克林是举世闻名的政治家、外交家、科学家和作家。他的多方面的才能令人惊叹：他四次当选为宾夕法尼亚州的州长；他制定出"新闻传播法"；他发明了口琴、摇椅、路灯、避雷针、两块镜片的眼镜、颗粒肥料；他发现了墨西哥湾的海流、人们呼出的气体的有害性、感冒的原因、电和放电的同一性；他设计了富兰克林式的火炉和夏天穿的白色亚麻服装；他向美国介绍了黄柳和高粱；他最先解释清楚北极光；他最先绘制出暴风雨推移图；他创造了换气法；他创造了商业广告；他最先组织消防厅；他首先组织道路清扫部；他是政治漫画的创始人；他是

出租文库的创始人；他提议夏季作息时间；他是美国最早的警句家；他是美国第一流的新闻工作者，也是印刷工人；他是《简易英语祈祷书》的作者；他是英语发音的最先改革者；他还被称为"近代牙科医术之父"；他创立了美国的民主党；他创设了近代的邮信制度；他想出了广告用插图；他创立了议员的近代选举法；富兰克林的自传是世界上所有的自传中最受欢迎的自传之一，仅在英国和美国就重印了数百版，现在仍被广泛阅读；他作为游泳选手也很有名……诚然，像富兰克林这样敢于尝试并在各方面都显示出卓越才能的人是少见的。

可是，这也足以说明这样一个道理：只要愿意，人无所不能。

作为普通人，虽然我们不可能在各方面都有所建树，但如果我们敢于求新、求变，试着涉足更广阔的领域，那么即使不能成名立业，也会使生活显得更加丰富多彩。长期单调乏味的生活，常常会使最有耐性的人也觉得忍无可忍。

读到这里，你完全应该相信：你还可以做好很多事情，而不是盲从跟风。

缺乏自信心、盲从他人，往往会给自己带来损失或伤害。而要想在生活中、事业上有所成就，就必须培养"立异"的个性，善于用自己的头脑思索问题，想人之所未想，见人之所难见，为人之所不能为，并坚信自己终究会达到目的，获得成功。"永远不可能靠着模仿而成为世界第一名，想要成为世界第一名就得要立异、要创新。"这是 BMW 汽车公司总裁说的。

当时 BMW 发现，奔驰车设计得越来越高档，而且看起来气派、高贵，适合重要人物。这时候，同样也是高档车的 BMW 决定走年轻人的路线，决定走时髦的路线，使车款开始趋向于流线型跑车，"立异"使 BMW 获得成功。

真正体会到成功真谛的人发现，每一个人都可以在一开始向成功者学习，然而后来成功的人都是慢慢改善原来的旧的方法、旧的产品，使之总要比别人的好一点点，也就是力求与众不同，从而使他们走向成功。一个想要成功的人，也许需要一个成功的榜样，需要向成功者学习，做成功者想做的事情，遵循成功者的思考模式，但是同时必须要立"异"，要创新，要以自己的风格，创造出一套属于自己的成功哲学和理论。

怎样才能立异呢？事实上，并不需要完全立异，只需要比竞争对手好 10% 就可以了。因为 100%"立异"的产品无法被顾客接受，而比原来好 10% 的创新会得到非常大的肯定。同样，100%"立异"的人会被人们孤立，而 10% 的"立异"会让人们觉得你与众不同、有个性，因而易于被接受。要"立异"、"创新"才能成功，这是成功的法则。

想象力就是竞争力

拿破仑有一次说道："想象力可以统治整个世界。"格林·克拉克也说过："人类所有的天赋之中，最像神的就是想象力。"想象力这种天赋，是人类活动的最大源泉，也是人类进步的主要动力。毁坏了这种天赋，人类将停滞在野蛮的状态中。所以说，一个人一生事业的辉煌成就，完全归功于他能建设性地、积极地善加利用想象力。

在竞争激烈的现代社会，似乎能想到的竞争招数都已出齐，然而，如果有足够的想象力，有与众不同的想法，就会有与众不同的收获。

美国有位叫米曼的女士。她发现，她穿的长筒丝袜老是往下掉，如果是逛公司或去公司上班，丝袜掉下来是多么尴尬的事，就算偷偷地拉上来也是不雅。她又想，这种困扰，其他妇女也一定会遇到，于是她灵机一动，开了一间袜子店，专门售卖不易滑落的袜子用品。袜子店不大，每位顾客平均可在 1 分半钟内完成现金交易。米曼目前分布在美、英、法三国的袜子店多达 120 多家。

碰到袜子往下掉的女士何止千千万万，但能够激活灵感要开一间袜子店，解决这小小的尴尬的人却寥寥无几。由此可见，在生活中做个有心人，将会受益无穷。

灵感来源于丰富的想象，它会启发人们创造新意念、新发明。医疗听诊器的发明就是一个激活瞬间灵感的成功典型。

在 200 多年前，法国医生拉哀奈克一直希望制造一种器具，用来检查病人的胸腔是否健康。有一天，他陪女儿到公园玩跷跷板，偶然发现，用手在跷跷板的一端轻敲，在另一端贴耳倾听，竟能清楚地听见敲击声。这位医生得到启发，回家用木料做成一个状似喇叭的听筒，把大的一头贴在病人的胸部，小的一头塞在自己的耳朵里，居然清晰地听见病人胸腔里发出的声音，这便是世上第一部听诊器。

天才之所以成为天才，是因为在面对别人也能遇到的启示时，他们能迸出灵感的火花，而别人却依旧茫然。这都是因为他们热爱想象、善于思考的个性使然。因为充满好奇，他们不会想当然，而是发挥其非凡的创造性想象力，激活瞬间的灵感。

人们总认为只有诗人、发明家等人才具有"创造性的想象力"。其实，在做每一件事时，我们的想象力都是创造性的。其中的原因在哪儿以及想象力如何推动创造机能，历代的伟大思想家都无法解答，但他们都承认"想象力都是创造性的"这一事实，而且能善加利用。

因为培育了一种习惯，即借创造性想象力的能力，所以成就了一批又一批伟大的艺术家、作家、音乐家和诗人。他们都是有"敏锐"想象力的人，都知道最好的主意是"灵机一动"而来的这个事实。而且善于倾听到由内而发的"沉稳的内心细语"。

有位伟大的演说家，原本不成气候，直到有一天，他闭上眼睛，并完全依赖创造性想象力，终于臻至化境。被问及他为何在演讲达到巅峰之前闭上眼睛时，他答道："因为只有这样，我才能由内心萌发出点子，再说出来。"

在美国最负盛名的金融业巨子之中，就有一名在作重大决策之前，有把眼睛闭上两三分钟的习惯。有人问他为什么，他说："闭上眼睛，我能取用更高智能的活水源头。"在通常情况下，意识的努力往往会自动地抑制潜意识，甚至会使它发生故障。在社交场合，有些人的自觉意识过分浓厚而表现笨拙，是因为他们太关心要做的事情的正确性，而过分焦急。他们过分注意自己的每一个举动，似乎每一个举动都是"想出来的"，似乎每一句话都要先估计它的效果才说出来。这种人是所谓的"抑制型的人"。如果我们说那个人"抑制住了"他自己的潜意识，那么这种说法或许更接近事实。

这些人如果能够"放手"，不用劲、不担心、不再想他的言谈举止，这样，他的行动便含有创造性，便能自动自发，随心所欲。灵感也会接踵而至。

松下幸之助在创业之初就是因为激活了一个偶发的灵感而摆脱了窘境的。

松下是由生产电插头起家的，由于插头的性能不好，产品的销路大受影响，不多久，他就陷入了三餐难继的困境。一天，他身心俱疲地独自走在路上，路旁屋里一对姐弟的谈话引起了他的注意。

姐姐正在熨衣服，弟弟想读书，却无法开灯（那时候的插头只有一个，用它熨衣服就不能开灯，两者不能同时使用）。

弟弟吵着说："姐姐，您不快一点开灯，叫我怎么看书呀？"

姐姐哄着他说："好了，好了，我就快熨好了。"

"老是说快熨好了，已经过了 30 分钟了。"

姐姐和弟弟为了用电，一直吵个不停。

松下幸之助想："只有一根电线，有人熨衣服，有人就无法开灯看书，反过来说，有人看书，别人就无法熨衣服，这不是太不方便了吗？何不想出同时可以两用的插头呢？"他认真研究这个问题，不久，就想出了两用插头的构造。

试用品问世之后，很快就卖光了，订货的人越来越多，简直是供不应求。他只好增加工人，并扩建了工厂。松下幸之助的事业，从此步入正轨，逐年发展，利润大增。

其实，像松下幸之助一样，每个人都富有创造性的想象力，都能发挥创造力，普通人往往对日复一日中所面临的无数问题感到非常讨厌，怯于面对和懒于思考。但恰恰是遭遇任何问题，都

是激发灵感的大好机会。如果把握这些机会，积极思考去解决问题，那么，就会在无形中锻炼出有创造性的想象力。所以，在解决问题时请记住：问题越大，就隐藏着越多良机。

如今，盲目从众已无法在社会中立足。在积极发挥想象力的同时，要认识自己的与众不同。因为，认识自己的独特性已经同每个人的生存质量紧密相连。竞争的年代，不仅是才能的竞争，更是个性的竞争。一个人如不清楚自己的独特之处，不了解自己潜在的优势，就很难凭真本事去参与竞争，就很难在择优的环境中显出实力，那么他的愿望就只能是愿望。

要想施展自我，要想心里宁静，要想不被别人牵着走，只有认真地剖析自我，确认自我，勇敢地摔打自我，尽力开发出自我的价值，使自己真正成为自己。张扬标新立异，除了自我凝聚、甘于寂寞外，还需要勇气。勇气是为智慧与才干开路的先导，是向高压与陈规挑战的利剑，是同权威和强手较量的能源。以一个人的成才之路为例：

大多数人对青少年的最佳成才之路，形成了一个相当一致的"共识"，即按部就班地从小学直至博士后。这几乎是唯一的选择。现在，这条路虽说仍然为绝大多数青少年所钦羡和景慕，但已开始有越来越多的人认为这并非是成才的唯一道路，也不应该要求每一位实际存在着诸多差异的青少年都走这条路。

而且，人们越来越清醒地看到：在当代，凭着创意闯人生远比采用这样、那样的学习方式更重要。只要学会了（这当然是一个逐渐完善的过程）创意求知和创意求生存，无论是"循规蹈矩"地求学，或是休学创业，都显得不再重要，就如同比尔·盖茨那样，凭着创意闯人生，都有望达到属于自己的光辉境界。

承认人与人之间的差异，这对于自己选择什么样的成才之道至关重要，自知一时考学无望，但并非一生求知无望。许多杰出人才都是"杀得回马枪"，即先到社会闯荡一番，备足了底气再去继续求学深造，如此多次回炉锻造，从而完成求学经历和获得事业成就。

再说，求知也并不止于上常规学校求学这一种可能性。在当代，由于便于求知的各类网络层出不穷，一种广义的"万能社会大学"的大门，可以说已经或即将向世间一切意欲走上创意求知、创意生存、创意人生的人们敞开！只要愿意，又具有充沛的精力，一个人甚至可以同时求学于数个"网络大学"，而且对所接受的教育，绝对地具有全能的选择权，可以有条件地实现学习时空效率的全能自控。这种优势，是在接受常规教育环境中难以具备的。

当今世界，一个人在接受和完成义务教育的基础上，以灵活的方式继续求知，已变为一种不可或缺的生活方式。不求知将无法生活，不创意地求新、求知将难以体面生存，这种发展趋向已成定局！因此，培养标新立异的个性，把充分地开掘创意人生视为第一要义，这比什么都显得重要。在此认识的基础上，不论如何策划人生，都将不失为上策。只要一个人的生存充满了创意，充满了创造力，这个人就会稳实地在社会上扎下自己永不衰败的根系，终会赢得生存的主动权！

"沿着你自己最深刻的倾向和最强烈的特性的路线前进，并仍然忠实于体现自己人性的可能。"这是莫里斯对标新立异的注释，他认为"立异"是人与人之间的差别。他说："个人之间的差别很大，很顽强，也很重要。"差异性是人的生命力的个体标识。在我们与人打交道时，在我们为群体、为他人服务时，并不意味着你该把自己混同于别人，也没必要强求自己完全化解到人群里去，即使要体现人的共性，还仍是以你自己认为最合适的方式表达为好，这样才能把自己的具有"深刻倾向"和"强烈特性"的自我发展与社会发展融为一体，使自己成为一个健康、完整、独立的人。

1888 年，法国巴黎科学院在收到的征文中，有一篇被认为其科学价值最高。这篇论文附有这样一句话："说自己知道的话，干自己应干的事，做自己想做的人！"这是在妇女备受歧视和奴役的 19 世纪走入巴黎科学院大门的第一位女性，也是数学史上的第一位女教授——38 岁的俄国女数学家苏菲·柯瓦列夫斯卡娅的杰作。在众多的竞争对手面前，首先要突破的就是我们自身存有的旧观念，"走自己的路，让人家去说吧！"这句至理名言鼓舞了众多敢向自己挑战的人，从而实现了自己的愿望，成了敢为人先的真正勇士。

正因为敢与习惯势力决裂，敢与多数人相悖，所以才发现了新奇的路，才取得了创造性的成功，也才吸引了多数人的关注，这是那些有思想、有主见，标新立异的人获得成功的原因。这些值得

我们长久地借鉴学习。

变通代表着对智慧的考验

西点教官本杰明·斯帝克说过："敢于突破既有经验，常常会使你在绝处逢生。"人的一生中，充满了无数的未知，如果只凭一套生存哲学，便欲轻松跨越人生所有的关卡是不可能的，想要轻易越过人生中的障碍，实现某种程度的突破，向未来更美好的领域迈进，就需要学会用打破常规的智慧与勇气来变通。作为跨越生命障碍、走向成熟的重要一步，变通是一门生存智慧，更是一门学问。

人类心理活动的普遍现象是：长期习惯于按"一定之规"考虑问题，懒惰于进行创新思考。而创新是人类社会进步的客观要求，这需要付出极大的努力，摆脱和突破一种思维定势的束缚。

这个充满竞争的世界对于只知道墨守成规的人来说，到处都是难以跨越的鸿沟，处处都有无法突破的阻力。如果做什么事情只会做"规定动作"，而不能突破自我、超越别人，就难以在激烈的角逐中夺魁。而对于善于变通思考的人来说处处都充满了机会，只有善于思考、巧于变通的人才是有创造能力的人，才能在这个社会中有良好的立足之地。

在历届西点军校的课堂上，都会讲到这样一个案例：

有一位身材矮小、相貌平平的青年叫卡纳奇，有一天早晨，卡纳奇到达办公室的时候，发现一辆被毁的车身阻塞了铁路线，使得该区段的运输陷于混乱与瘫痪。而最糟的是，他的上司、该段段长司哥特又不在现场。

他当时还是一个送信的仆役，卡纳奇面对此事该怎么办呢？或者立即想法去通知司哥特，让他来处理；或者是坐在办公室里干自己分内的事。这是既能保全自己职业，又不至于冒风险的做法。因为调动车辆的命令只有司哥特段长才能下达，他人干了，都有可能受处分或被革职。但此时货车已全部停滞，载客的特快列车也因此延误了正点开出的时间，乘客们十分焦急。

经过认真、反复思考后，卡纳奇将自己的职业与名声弃之一边，他破坏了铁路规则中最严格的一条，果断地处理了调车领导的电报，并在电文下面签上司哥特的名字。当段长司哥特来到现场时，所有客货车辆均已疏通，所有的事情都有条不紊地进行着。他起先是一惊，结果他终于一句话也没有说。

事后，卡纳奇从旁人口中得知司哥特对于这一意外事件的处理感到非常满意，他由衷地感谢卡纳奇在关键时刻的果敢、正确的行为。

这件事对貌不惊人甚至有点丑的卡纳奇来说是一个转折点，此后，他便被提升为段长。

由此可见，一个人之所以能够在茫茫人海中鹤立鸡群，一半在于他的努力与智慧，一半在于他恰逢时机地打破了常规。如果你在一个偶然的或者必然的场合，像卡纳奇一样，采取某种方法或手段，突然显示出自己的思想、能力和才干，你就会出之于众，你就会赢得别人的注意。

现实生活中，一些习惯、规则的存在，使遵守规则变成为一种生活习惯，这种生活习惯在发明创新上会变成一种思想阻碍，一道心理枷锁，阻碍着人们突破常规思维，致使人们无法开创人生的新天地。

因循守旧、不知变通是无论如何都行不通的。失败者是因为他们墨守成规，不会变通，从而把自己的路堵死。善于变通的人，他们勇于向一切规则挑战，敢于突破常规，他们做事变通，灵活而不违原则，能符合时代的变迁和社会发展的要求，因此他们也往往可以赢得他人所无法得到的胜利。

标新立异者的"新和异"是适应环境的变通，是对已知的挑战。变则通，通则久。

一亿年前，地球上到处是体积硕大的恐龙。后来，地球上发生变故，恐龙在很短的时间内灭绝。迄今，科学家还不能确定究竟是发生了什么样的变故，但唯一能确定的事，就是恐龙因为无法适

应这种变故，而遭到绝迹的下场。

能变通者才能生存，"物竞天择，适者生存"的准则，不仅适用于上古时代，同样也适用于科技文明的现代社会。不论是生物学家还是经济学家都承认，在一场激烈的竞赛中，凡是不能适应者，都会被淘汰。商场如战场，刀枪本无情，如果一个人在作战的中途倒下，则显示其生存的条件不够。

况且，工作与生活永远是变化无穷的，我们每天都可能面临改变，新的产品和新服务不断上市，新技术不断被引进，新的任务被交付，新的同事、新的老板……这些改变，也许微小，也许剧烈。但每一次的改变，都需要我们调整心态重新适应。面对改变，意味着对某些旧习惯和老状态的挑战，如果你紧守着过去的行为与思考模式，并且相信："我就是这个样子"，那么，尝试新事物就会威胁到你的安全感。

不幸的是，在各个工作场所中，我们可以看到仍然有太多的"恐龙式人物"存在。

"恐龙族"不喜欢改变，他们安于现状，没有野心，没有创新精神，没有工作热忱，不设法改进自己，不让自己有资格做更好的工作。"恐龙族"不肯承认改变的事实。他们不愿为自己制造机会，而情愿受所谓运气、命运的摆布。因为不相信自己能掌握命运，所以会选择错误，不是在平坦的道路上蹒跚前进，就是一辈子坐错位置。

"恐龙族"犯的最大的毛病，就是无法视变化为正常现象。他们没有衡量自己适应变化的能力，包括步调、新观念、做事的弹性和效率等，他们更不会探索自身的潜能，遇到变故发生，宁可坐以待毙。不再成长，使得"恐龙族"过去所有的优点，逐渐都变成缺点。

譬如，对工作的野心转变为钩心斗角、玩弄权术，对公司的忠诚转变为逢迎拍马，为了取悦上司，却对下属粗率无礼。他们让自己受限于困境，恐惧局限了他们的眼界，当然也降低了他们行事的能力。"恐龙族"忘记了一个很重要的道理：一个人能否获得成就，就看他是不是愿意标新立异，敢于尝试。乐于冒险，喜欢试验，能变通，这些才是获得成功和进步的途径。

变通的最大敌人就是"定式思维"。常规思维的惯性，又可称之为"思式定势"。

这是一种人人皆有的思维状态。当它在支配常态生活时，还似乎有某种"习惯成自然"的便利，所以不能说它的作用全是负面的。但是，当面对创新的事物时，如若仍受其约束，就会形成对创造力的障碍。

大象能用鼻子轻松地将一吨重的行李抬起来，但我们在看马戏表演时却发现，这么巨大的动物，却安静地被拴在一个小木桩上。

因为它们自幼小无力时开始，就被沉重的铁链拴在无法动的铁桩上，这铁桩对幼象而言，是特别沉重的东西，当时不管它用多大的力气去拉，这铁桩却怎么动也动不了。不久，幼象长大，力气也增加，但只要身边有桩，它总是不敢妄动。

这就是思维定式。成长后的象，可以轻易将铁链拉断，但因幼时的经验一直留存至长大，所以它习惯地认为（错觉）"绝对拉不断"，所以不再去拉扯。

从人类来看也是如此——虽被赋予称为"头脑"（无限能力）的最强大的武器，但因自以为是而不用武器，于是徒然浪费"宝物"，实是愚蠢的人类——那么，你又如何呢？由此可知，不只是动物，人类也因未排除"固定观念"的偏差想法，而只能以常识性、否定性的眼光来看事物，自以为是地认为"我没有那样的才能"，终于白白浪费掉大好良机。

除了这种静止地看待自己的形而上学的错误外，用僵化和固定的观点认识外界的事物，有时也会带来危害。比如，通常我们都知道，海水是不能饮用的，可是如果抱定了这种认识，也可能丧失唯一的求生机会。

一次，一艘远洋海轮不幸触礁，沉没在汪洋大海里，幸存下来的9位船员拼死登上一座孤岛，才得以幸存下来。但接下来的情形更加糟糕，岛上除了石头，还是石头，没有任何可以用来充饥的东西。更为要命的是，在烈日的暴晒下，每个人口渴得冒烟，水成为了最珍贵的东西。

尽管四周是水——海水，可谁都知道，海水又苦又涩又咸，根本不能用来解渴。现在9个人唯一的生存希望是老天爷下雨或别的过往船只发现他们。等啊等，没有任何下雨的迹象，天际除

了海水还是一望无边的海水，没有任何船只经过这个死一般寂静的岛。渐渐地，他们支撑不下去了。

8个船员相继渴死，当最后一位船员快要渴死的时候，他实在忍受不住地扑进海水里，"咕嘟咕嘟"地喝了一肚子海水。船员喝完海水，一点儿也觉不出海水的苦涩味，相反觉得这海水非常甘甜，非常解渴。他想：也许这是自己渴死前的幻觉吧，便静静地躺在岛上，等着死神的降临。

他睡了一觉，醒来后发现自己还活着，船员非常奇怪，于是他每天靠喝这岛边的海水度日，终于等来了救援的船只。

后来人们化验这里的海水时发现，这儿由于有地下泉水的不断翻涌，所以，海水实际上是可口的泉水。

习以为常、耳熟能详、理所当然的事物充斥着我们的生活，使我们逐渐失去了对事物的热情和新鲜感。经验成了我们判断事物的唯一标准，存在的当然变成了合理。随着知识的积累、经验的丰富，我们变得越来越循规蹈矩，越来越老成持重，于是创造力丧失了！于是想象力萎缩了！思维定式已经成为人类超越自我的一大障碍。要做到巧妙变通首先要打破思维定式。

标新立异者常常能突破人们的思维常规，反常用计，在"奇"字上下工夫，拿出出奇的经营招数，赢得出奇的效果。

亨利·兰德平日非常喜欢为女儿拍照，而每一次女儿都想立刻得到父亲为她拍摄的照片。于是有一次他就告诉女儿，照片必须全部拍完，等底片卷回，从照相机里拿下来后，再送到暗房用特殊的药水显影。而且，在副片完成之后，还要照射强光使之映在别的像纸上面，同时必须再经过药水处理，一张照片才告完成。

他向女儿做说明的同时，内心却问自己："等等，难道没有可能制造出'同时显影'的照相机吗？"对摄影稍有常识的人，在听了他的想法后都异口同声地说："哪儿会有可能。"并列举非常多的理由说："简直是一个异想天开的梦。"但他却没有因受此批评而退缩，于是他告诉女儿的话就成为一种契机。

最后，他终于不畏艰难地完成了"拍立得相机"。这种相机的作用完全依照女儿的希望，因而，兰德企业就此诞生了。

由此可见，老观念不一定对，新想法不一定错，只要拥有足够的智慧和勇气，打破心理枷锁，突破思维定式，就会巧妙变通，跨越生命障碍。那么，每个人都会像他们一样成功。

走出规则囚禁的栅栏

西点毕业生、compass集团总裁约翰·克里斯劳说："规则和纪律一定要遵守，但这绝对不应该成为你墨守成规的借口。"作为社会群体中的一员，每个人都不可能是一个完全孤立的个体。然而，"林子大了，什么鸟都有"。我们的思想不可能迎合所有的人，我们的行为可能时时受到世俗的约束与制约。这些约定俗成的规则，常常把我们的思维、行动限定在四堵高墙之内。

任何事物都不是绝对的。即使是合理的法律与规则也并非能适用于各种场合、各种环境。我们要努力争取，不必总是严格按规矩办事，不必时时刻刻考虑社会环境的需要。否则，你就是一个毫无主见、随波逐流的人。社会进步与个人发展都需要敢于打破常规，不拘于常理，不需要事事顺应潮流、听天由命。而且推动社会进步的往往是那些具有革新精神、敢于打破常规、改造环境的人。

然而，打破常规，意味着你否定了其他人所信奉的行为标准，他们自然会不以为然。"正常"人可能不赞许你，甚至会孤立你。人们或许会认为这是离经叛道，也有人可能会说你别出心裁、标新立异。然而，既然要成功，就应对此有所准备。

如果要标新立异，走出规则囚禁的栅栏，就必须学会抵制促使顺应社会习俗的各种压力，可以说，这才是真正生活的必要条件。

首先要掌握自己的生活，要有灵活性，需要自己不断地确定，在具体情况下各种规定是否适用。的确，亦步亦趋、照章行事比较容易，然而只要你认识到法律是为你服务的，而不是你的主人时，

你就会逐步消除自己的"必须"。

林肯曾经说过："我从来不为自己确定永远适用的政策。我只是在每一具体时刻争取做最合乎情况的事情。"他没有使自己成为某项具体政策的奴隶，即使对于普遍性政策，他也并不强求在各种情况下都加以实施。

其次，要抵制不合理的社会习俗，还要学会心胸开阔。别人可能会违心地按规定办事，可你最好要允许他们作出自己的选择。不应为别人的选择而生气，只要保持住自己的信念就行了。要想不为社会环境所左右，就需要作出自己的决定，争取不声不响地付诸行动。大吵大闹、表示敌对情绪都不会起到积极作用。

打破常规，还要有自己的主见和坚持。不合理的规定、传统和政策是不会轻易消失的，你不必受其约束。其他人如果愿意听任摆布，这与你没有关系。你或可按照自己的意愿生活，或可根据别人的要求生活，但这得由你来选择。各种导致社会变革的新思想，最初往往是为人们所拒绝的，甚至曾经是不符合法律的。进步总是时时与传统发生冲突。爱迪生、福特、爱因斯坦以及莱特兄弟在取得成功之前，都曾因标新立异而受到人们的嘲讽。同样，你如果抵制不合理的规定和措施，也会遭到一些人的反对。

另外，要突破旧的规则，就要放飞心灵，勇敢地向未知领域进军，不盲从，不模仿，有自己的新思想和新见解。

美国杰出的发明家保尔·麦克里迪曾讲述过这样一个故事：

这是几年前的一件事。我告诉我儿子，水的表面张力能使针浮在水面上，他那时才10岁。我接着提出一个问题，要求他将一根很大的针投到水面上，但不得沉下去。我自己年轻时做过这个试验，所以我提示他要利用一些方法，譬如采用小钩子或者磁铁等。但他却不假思索地说："先把水冻成冰，把针放在冰面上，再把冰慢慢化开不就得了吗？"这个答案真是令人拍案叫绝！它是否行得通，倒无关紧要，关键的一点是：我即使绞尽脑汁冥思上几天，也不会想到这上面来。经验把我限制住了，思维僵化了，这小伙子倒不落窠臼。

我设计的"轻灵信天翁"号飞机首次以人力驱动飞越英吉利海峡，并因此赢得了214000美元的亨利·克雷默大奖。但在投针一事之前，我并没有真正明白我的小组何以能在这场历时18年的竞赛中获胜。要知道，其他小组无论从财力上还是从技术力量上来说，实力远比我们雄厚。但到头来，他们的进展甚微，我们却独占鳌头。

投针的事情使我豁然醒悟：尽管每一个对手的技术水平都很高，但他们的设计都是常规的。而我的秘密武器是：虽然缺乏机翼结构的设计经验，但我很熟悉悬挂式滑翔以及那些小巧玲珑的飞机模型。我的"轻灵信天翁"号只有70磅重，却有90英尺宽的巨大机翼，用优质绳做绳索。我们的对手们当然也知道悬挂式滑翔，但他们的失败正在于他们懂得的标准技术太多了。

故事提醒我们：阻碍我们成功的，不是我们未知的东西，而是我们已知的东西。

《围炉夜话》中指出："为人循矩度，而不见精神，则登场之傀儡也；做事守章程，而不知权变，则依样之葫芦也。"一个心灵自由的人敢于打破常规，也敢于标新立异。

如果你的心过于封闭，不能接纳别人的新的观念，就等于锁上一扇门，禁锢了你的心灵。褊狭像一把利刃，切断了许多机会及沟通的管道。打开你的心，让想象力自由翱翔，从而培养丰富的创造力。

100年前，莱特兄弟尝试飞行时，受到了旁人的嘲笑。但不久之后，林白成功地飞越了大西洋。到现在，如果有人预言人类将移民到月球上，也少有人会怀疑它的可行性了。

封闭的心像一池死水，永远没有机会进步。故步自封的人往往会受人轻视。

拥有开放的心，你才能充分利用成功的第一原则：一个人只要对自己的信念坚定不移，就没有做不到的事情。思想开明的人，在各行各业都有杰出的表现，而故步自封的愚者仍然高声喊着："不可能！"你应该善用自己的能力。你是否常说"我会"及"我做得到"，或者只会说"没办法"，

而在此时别人已经做到了。你必须对自己、对你的伙伴及造物者、对整个宇宙都有信心，这样才能拥有开放的心。

迷信的时代已经过去了，但偏见的阴影依然笼罩着。好好检讨你的个性，就能够拨云见日。你的决定是否理性并合乎逻辑，而不会受到情绪及偏见的影响？对于别人的言论，你是否在专注地倾听及思考？你是否求证事实，而不相信道听途说及谣言？

人的心灵必须不断地接受新的思想的洗礼和冲击，否则就会枯萎。作战时要常利用洗脑的方式，以改造敌人的思想。彻底孤立一个人，可切断书籍、报纸、收音机、电视等所有外界的资讯来源，在此种情况下，智慧因为缺乏营养而死亡，从而使一个人的意志力迅速崩溃。

你是否把自己的心关在了社会及文化的集中营内？你是否阻碍所有成功的思想对自己进行洗脑？若是如此，现在就是扫除偏见的时候。让智慧增长，打开你的心，让它自由！

巴罗·罗特希尔德一生的座右铭是"勇往直前"，这也是世界上大多数成功者的成功秘诀。在每一个时代，每一个国家，都有靠自己标新立异的个性而闯出一条新路的伟大人物，比如富尔顿、贝尔、莫尔斯、艾略特、爱迪生、马可尼、莱特等，他们都是标新立异个性的典型。他们从不抄袭他人、模仿他人，也不愿意墨守成规而使自己受到束缚。

格兰特将军从不照搬军事教科书上的战术，他虽然受到许多将士的诘难与指责，但他却能战胜强大的敌人。拿破仑并不熟知以往的一切战术，但他自己制定的新战略和新战术，竟能战胜全欧洲。那些有毅力、有创造力的人，往往是标新立异的先锋；而那些懦弱、胆怯而无创造力的人，永远不会打开新的出路。西奥多·罗斯福的施政方针，绝少依照白宫前任总统们的政策方略。他做过警察、公务人员、副总统、总统，他总是按照自己的意见去做，绝不模仿他人，终于表现出惊人的政绩。

依赖他人、模仿他人的人，不论他所仿效的偶像是多么伟大，他也绝不会成功。成功不可能出自于完全的因袭和模仿，只有出于自己的创造，这样才能达到真正成功的境地。

我国清代著名的书画家郑板桥就是因为敢于突破前人，勇于探索，而使其书法自成一体，世称"板桥体"。

杰出的有机化学家赵玉芬在攻读博士学位时，导师让她参照某一文献合成无水溴化镁，按常规，这是一个前人已经做过的实验，已经有明确的实验现象和实验结果，只要照搬该实验，就可顺利完成任务。但赵玉芬标新立异的个性使她没有把自己的思维局限于原有的实验现象和实验结果中，她独立思考，仔细考察，最终得出了一系列意想不到的结果：她在实验中发现了3个世界上从来没有报导过的无水溴化镁与溶剂结合的新结构。接着，她又用X光衍射的方法把它们的精确的结构式确定下来，并写成了3篇学术论文，在《美国化学杂志》上发表，得到了专家学者的承认。

在我们的世界上，有创造力的人，到处都有出路，到处都需要他。但模仿者、追随者、因循守旧者，绝少有开辟新路的希望，也不会受到人们的欢迎。世界上所需要的是一批具有创造力的人，因为他们能脱离旧的轨道、打开新的局面。

标新立异的人，向着洒满阳光的大道走去。他们不会去做已有很多人在努力做的某项工作，也不会用别人所用过的方法，他们只是做着他们自己的事。目前世界上的种种进步都是不断打开新局面、开辟新道路的结果，都是摒弃一切陈腐的学说、落伍的思想、愚昧的迷信而努力更新观念、不断创新的结果。

美国曾售出了31艘将要退役的兵舰，售价不过1500万美元，还抵不上造舰时的费用的5%。为什么呢？原因在于这些兵舰已搁置多年，式样陈旧，不得不低价售出。在500年之后，今天最新式的机器也会被不断进步的企业家视为垃圾。所以，一切陈旧的东西，自然要被淘汰；而一切创造，却为时代所需。

世界上的一切，有哪一件新事物的产生离得开古往今来的创新者呢？如果从历史中把创新者的事迹删去，谁还会去读世界历史呢？

人类生活的改进，现代社会的繁荣，无一不是孕育在一批勇闯新路者的脑海中。虽然他们也会遇到困难、反抗，甚至是讥讽，但他们还是毫不顾忌地一往向前，还是要破坏先例和旧习，在

旧的栅栏里突围出来，创立出更好的事物，推动着世界永无止境地前进。作为人类历史长河中的一个过客，我们每个人都有责任和义务去推陈出新，力图把我们的生活变得更加美好。

创造力是奇迹的源头

西点毕业生、美国在线前 CEO 詹姆斯·金姆塞说过："勤于动脑，敢于创新的人，才能争取主动。"勇敢和创造力，是标新立异者具备的特点。在人类历史中，只有那些相信自己、相信奇迹、做事不退缩、勇敢而富有创造力的人和那些具有冒险精神的人，才能成就伟大的事业。良好的创造力就是要找出使"不能"成为"能"的改进方法。任何事情，都是因为能在最绝望的时候，相信奇迹和希望，找到把事情做得更好的方法而获得成功的。

拿破仑·希尔问 PMA 成功之道训练班上的学员："你们有多少人觉得我们可以在 30 年内废除所有的监狱？"学员们显得很困惑，怀疑自己听错了。一阵沉默以后，拿破仑·希尔又重复："你们有多少人觉得我们可以在 30 年内废除所有的监狱？"

确信拿破仑·希尔不是在开玩笑以后，马上有人出来反驳："你的意思是要把那些杀人犯、抢劫犯以及强奸犯全部释放吗？你知道这会有什么后果吗？那样我们就别想得到安宁了。不管怎样，一定要有监狱。"

"社会秩序将会被破坏。"

"某人生来就是坏坯子。"

"如有可能，还需要更多的监狱呢！"

拿破仑·希尔接着说："你们说了各种不能废除的理由。现在，我们来试着相信可以废除监狱。假设可以废除，我们该如何着手。"

大家有点勉强地把它当成试验，沉静了一会儿，才有人犹豫地说："成立更多的青年活动中心可以减少犯罪事件。"

不久，这群在 10 分钟以前坚持反对意见的人，开始热心地参与讨论。

"要清除贫穷，大部分的犯罪都起源于低收入阶层。"

"要能辨认、疏导有犯罪倾向的人。"

"借手术方法来治疗某些罪犯。"

总共提出了 18 种构想。

这个实验的重点是：当你相信某一件事不可能做到时，你的大脑就会为你打出种种做不到的理由。但是，当你相信——真正地相信——某一件事确实可以做到，你的大脑就会帮你找出解决做得到的各种方法。

美国实业家罗宾·维勒的成功秘诀是"永远做一个不向现实妥协的叛逆者"。罗宾·维勒的言行是一致的，就在他的领导下，凭着那种创新的精神，使无数个"不可能"成为了"可能"。

罗宾以前经营着一家小规模的皮鞋工厂，只有十几个雇工。他很清楚自己的工厂规模小，要挣到大钱是很困难的。资本少，规模小，人力资源又不够，无论从哪一方面都不能和强大的同行相抗衡。那么，该怎样改变这种局面呢？

罗宾面前摆着两条路：一是提高鞋料的成本，使自己的产品在质量上胜人一筹。然而在现在这种状况下，自己的成本原本就比别人的高，若再提高成本，那么就只能赔钱卖了。所以，这条路现在根本不可取。

再有就是在款式上下工夫。只要自己能够翻出新花样、新款式，不断变换、不断创新，就可以为自己打开一条新的出路。罗宾认为这个主意不错，并决定走这条道路。

随后，他立即召集工厂的十几个工人开了个皮鞋款式改革会议，并要求他们各尽所能地设计新款的鞋样。

罗宾还特设了一个奖励办法：凡设计出的样式被公司采用者，可得到 1000 美元的奖励；若是通过改良被采用的，奖励 500 美元；即使没被采用，但别具匠心的仍可获得 100 美元。号召很快地被响应，没过多久，被采纳的 3 款鞋样便试行生产了，当然这 3 名设计者也得到了应得的 3000 美元的奖励。

第一批生产出的产品，被送往各大城市进行推销。

顾客都很欣赏这些款式新颖的皮鞋，这些皮鞋在很短的时间内便被抢购一空。两个星期后，罗宾的工厂便收到了 2700 多份订单，这使得工人们也加班加点起来。生意越做越大，公司也在原来的规模上，扩充成有 18 家的规模庞大的工厂了。

没过多久，危机又出现了，当皮鞋工厂一多起来，做皮鞋的技工便显得供不应求了。其他的工厂都出重资挽留住自己的工人，即使罗宾提高工资，也难以把工人从其他工厂拉过来。没有工人，工厂将难以维持，这是最令罗宾头疼的事了。他接了不少订单，但如若在规定的期限内交不上货，那么他将赔偿巨额的违约金。

罗宾为此煞费脑筋。他召集 18 家皮鞋工厂的工人开了一次会议。他坚信，三个臭皮匠顶个诸葛亮，众人协力，定能把问题解决。罗宾把没有工人的难题告知大家，并宣布了那个动脑筋有奖的办法。会场陷入了寂静，人们都在埋头苦想。

过了片刻，一个不起眼的毛头小子举起了右手，在罗宾应允后，他站起来发言："罗宾先生，没有工人，我们可以用机器来造皮鞋。"

罗宾还未表态，底下就有人嘲讽说："小子，用什么机器造鞋呀？你能给我们造台这样的机器吗？"那小工听了，怯生生地坐回了原位。

这时罗宾却走到了他的身旁，然后挽着他的手把他拉到了主席台上，朗声向大家宣布："诸位，这孩子说得很对，虽然他还造不出这种机器，但这个想法很重要，很有用处。只要我们沿着这个思路想下去，问题肯定会很快解决的。我们永远不能安于现状，不能把思维局限于一定的框架之中，这样我们才能不断创新。现在，我宣布这个孩子可获得 500 美元奖金。"

通过 4 个多月的大量研究和实验，罗宾的皮鞋工厂中的很大一部分工作已经被机器取代了。

罗宾·维勒，这个美国商业界的奇才，就像一盏指路明灯照亮了美国商业界的前途。他的成功证明了商海茫茫，只有那些相信自己，独辟蹊径，并使不可能成为可能的人才能抵达胜利的彼岸。

约瑟夫·特纳也是一个独辟蹊径，相信奇迹的典型例子。

在约瑟夫·特纳小的时候，父亲希望他能够成为一个理发师。然而，他的兴趣却是在绘画上，他的父亲也没有办法，勉强同意他以艺术为业。特纳很快就成了一个艺术方面的行家里手，不过，为了谋生的需要，他当时什么活都接，其中大量的工作是给各种旅行指南和年鉴配插图。尽管这些工作报酬非常微薄，但特纳依然做得很认真。他所得的报酬，其价值要远远低于他所付出的劳动。他的努力终于换来了回报，他的报酬渐渐提高，也开始接一些档次更高的活。

因为人们总是乐意把活交给那些认真负责的人，只要他们力所能及，他们更愿意把一些更高档次的工作交给这样的人去做。随着特纳的业务越来越多，他的作品的价格也慢慢提高了，人们开始注意到他的作品里面包含的某种更卓越的成分——可以说，这些东西直到今天还没有完全被人理解。

比起很多举世公认的风景画大师，他的成就也许还要高出许多，他对自然风景的领悟，也是无人可比的。可以说，特纳在绘画领域的地位，同莎士比亚在文学方面的地位是相同的，二者都是各自行业里有史以来最伟大的天才。

想想，如果他依着他父亲的愿望，那么他很难挖掘出自己的潜能，在绘画领域创造出奇迹，取得如此大的成功，当然也就很难拥有强项。

追求精确是另一种类型的独辟蹊径。如果你能在某件事上孜孜不求，那么你就可以做到与众不同，也就拥有了一定的创造力。

美国演说家温德尔·菲利普斯，对于每一个字、每一个词、每一句话，他在出口之前都要精心选择和斟酌，务必要能体现他自己的思想，而且要长短适宜，和谐匀称。这种追求精确的个性

可谓表现得淋漓尽致。追求精确成为他演说的一大特征。毫无疑问，他是美国第一位杰出的法庭辩论大师，他的滔滔辩才、他对语速节奏的把握，都是别人所不能望其项背的。

所以，要想拥有源源不断的创造力，我们应该像追求智慧与财富，或者追求其他我们渴望的东西那样孜孜以求。要下定决心，养成良好的做事习惯，不拖沓应付，不敷衍塞责。马马虎虎、敷衍了事的毛病可以使一个百万富翁一夜间倾家荡产；相反，每一个成功人士都是认认真真、兢兢业业、力求精确的。追求精确就是独辟蹊径，而独辟蹊径就是创造力的另一种表现形式。

要想做到独辟蹊径，大胆创造，还必须有打破常规的勇气。

因为作为社会群体中的一员，我们每个人都不可能是一个完全孤立的个体，我们的思想和行为难免会受到世俗的约束与制约。在这个世界中，存在着各种各样的"应该"、"必须"等条条框框，它们构造了一个很大的误区，将现实生活中的人们束缚其中，而我们很多人往往习以为常、不假思索地照"章"行事。事实上，任何规则或法律都不能保证能适用于各种场合，取得最佳效果。这些规则将制约你的强项与潜能的发挥，但往往对于这些规则和方针，你找不到遵循的理由，也就无从摆脱。

的确，在现实中，你会发现，违反一条不适用的规定或打破一种荒谬的传统却是阻碍重重的。但往往即使对于普遍性政策，也并不能强求在各种情况下都加以实施。虽然顺应社会潮流有时的确不失为一种生存的手段，但在某些情况下，为自己确定一些条条框框来办事甚至会使你情绪低落、忧心忡忡，进而扼杀了你的强项。所以，这就是为什么我们应当学习独辟蹊径、不守常规。

我们应该清醒地认识到，如果一种规定或规矩妨碍着人们的精神健康，阻碍着人们去积极生存，它就是病态的。那么，我们就应当善于从这种不健康的规定中独辟蹊径，而不应人云亦云。如果知道这种规矩是消极而令人讨厌的，而又一直遵守规矩，那就陷入了人生的误区——我们放弃了自我选择的自由，让外界因素控制了自己。从而也就放弃了自己的创造力，放弃了创造奇迹的机会。

创新是成功的必由之路

创新是文明进化永恒的动力，创新是走向成功的必由之路。

了解了创新的内涵和特点，我们再来认识创新的意义，认识创新能力对于成功的价值。人类的文明史，就是不断创新的历史。每一次重大创新的出现，都宣告了一个旧时代的结束和一个新时代的开始。

火药把骑士阶层炸得粉碎，指南针开启了大航海时代，印刷术推动了启蒙运动的发展，文明的普及使人类进入了信息时代。

人类社会的发展史证明，创新能力是科技与社会发展的决定性力量。没有创新能力的人，不可能开拓进取；没有创新精神的民族，难以实现繁荣和持续发展；没有创新的时代，必将黯淡而平庸。

创新是一个民族进步的灵魂，是一个国家兴旺发达的不竭动力。历史的发展也表明，哪一个民族或国家如果善于创新就发展迅速，就日益强大；如果因循守旧，就日渐衰落，在世界上就会处于被动挨打的地位。民族与国家的经济竞争，实际上是创新能力和创新规模的竞争。创新是一个民族最重要的素质，是一个国家永立世界之林的可靠保证。

在20世纪，有两个国家就是依靠开发国民的创新能力而实现了本国经济的腾飞，这两个国家就是美国和日本。

美国在20世纪初还算不上世界强国，但在短短的40年间就超过英国一跃而成为世界第一强国，并一直保持着世界一流强国的地位至今不衰。其经济腾飞主要得益于以下两方面：一是两次世界大战期间的军火生意和战后从战败国吸收来的一大批世界杰出的科学家、学者；二是对国民创新能力的开发。

1936年，美国通用电气公司首创了世界上第一个"创新工程训练班"，该班的巨大成功引起了全美各界的普遍关注和许多大中型企业的纷纷效仿。一时间"智力激励法"、"特性列举法"、"形

态分析法"等创新技法，如雨后春笋般在全美大地冒出来。旨在开发人的创新能力的"创新工程学"也因而在美国应运而生，并掀起了创新能力开发的热潮。十几个"创新学研究中心"，几十个"创新能力咨询公司"相继建立起来，几乎所有的大学、大公司和军政部门都开设了创新训练课程，创办创新能力开发训练班，建立创新学研究和创新能力开发的专职机构，召开全国和世界性的创新能力开发学术会议。国民创新能力的开发，有力地促进了新科学、新技术、新产业在美国的兴起。通过半个多世纪的积淀，如今，美国集中了世界上数量最多、最优秀的创新人才（从每年的诺贝尔奖即可略见一斑），形成了实力雄厚、优势明显的创新产业，并将这些创新成果很好地运用到经济社会发展中，使美国保持了大量的前沿科技研究的领先地位，执世界科技经济发展之牛耳。

日本也成功地进行了创新学的研究和全民创新能力的开发。

日本从 20 世纪 30 年代起就开始引进西方创新学（包括成功学）成果。战后，随着创新学的引入，日本涌现出一批卓有成就的创新学家，发明了一批适合本民族特点的创新技法，形成了自己的教材和创新理论体系。日本政府对创新能力的研究开发极为重视，拨专款成立了发明学会，创办了几十所发明学校，制定了创新能力开发和创新人才培养的战略规划，广泛、深入、持久地开展创新教育，培养了大批创新人才。创新能力的开发教育使日本在新的世界技术革命的进程中，获得了"后发优势"——通过技术引进，几乎掌握了世界过去半个世纪中发明和应用的全部先进工业技术，经过综合创新，形成了世界一流的技术，并以先进技术和高质量产品争夺国际市场，仅用了短短 30 年的时间，就从战败的废墟中站立起来，一跃而成为仅次于美国的第二大经济强国。在把许多发达国家甩在身后的同时，又在技术开发研究方面与美国展开了竞争，甚至在一些方面已超过美国。

日本前首相中曾根在谈到日本"起飞"的秘诀时说："日本土地狭小，资源短缺，靠什么在世界上立足呢？主要是靠开发国民的创新能力。""日本在经济大国的背后，是一支拥有 600 万创新能力的大军。"

创新对于国家、企业乃至个人的成功，一样的显现出其重要性。

拿破仑·希尔认为："创新是一种力量，是幸福的源泉。"英国著名哲学家罗素则把创新看做是"快乐的生活"。前苏联教育家苏霍姆林斯基也认为："创新是生活中最大的乐趣，幸福是在创新中诞生的。"他在《给儿子的信中》曾提到："生活的最大乐趣寓于与艺术相似的创造性劳动之中，寓于高超的技艺之中。如果这个人热爱自己的事业，那么他一定会从他的事业中得到很多美好的事物，而生活的快乐也就寓意于此。"种种论点都揭示了创新与幸福的内在联系，说明了创新是生活幸福的原动力。

幸福来源于物质生产和精神生产的实践，由于感受到所追求的目标的实现而得到精神上的满足。然而怎样才能实现这样的满足呢？答案是劳动和创新。人们的需要是不断发展和提高的，低层次的需要满足了，又会产生高层次的需要。要满足人们不断提高的需要，实现人们的幸福追求，就要靠创新。同样，社会的进步也要靠不断的创新来实现。

世界上因创新而成功的人数不胜数。

花旗银行成立于 1812 年，是世界著名的银行之一。沃尔特·瑞斯顿曾是花旗银行的一名普通职员，后来升任为花旗银行的总裁。瑞斯顿时期花旗银行发展的特点就是"金融创新"。这也是花旗银行至今依然在竞争中制胜的有力法宝。

其最早的创新提出于 20 世纪 50 年代，他当时只是一个初级信贷员，根据传统的信贷方式，银行发放贷款更多考虑的是借款人的品德、能力和抵押物，而很少考虑借款所能产生的未来现金流，从而限制了像投资油轮等大型设备的人获得贷款的机会。瑞斯顿突破限制，设计了一种新的信贷方式，即由银行先行买断油轮，然后将油轮出租给船舶公司，以船舶运营获得的现金流，而非借款者的其他收入来偿还贷款本息。这种融资租赁的方式一经推出，便蓬勃发展为一种新的产业。花旗银行的这一创新被其他银行纷纷效仿，极大地改变了国际航运业的面貌。

可转让大额（CD）存单是瑞斯顿的又一项杰作。由于美国的 Q 字条例规定了银行存款利率

的上限，在其他金融机构的有力竞争之下，商业银行的资金来源日见匮乏，亟待推出能够突破利率上限的产品，瑞斯顿的构思大胆而巧妙，他设计出了一种持有者可以转让的大额存单，由于其性质介于存款和证券之间，因而可以避开Q字条例利率上限的限制。CD存单的出现所获得的成功连瑞斯顿自己都不敢相信，他最初估计CD存单的市场总量只在20亿到30亿美元之间，但1961年花旗银行推出第一笔大额存单后，到1967年，商业银行发行的可转让大额存单已达到185亿美元。

随着瑞斯顿职位的提高，他对企业创新行为的支持可谓不遗余力，花旗也因此被誉为名副其实的创新银行。有一则案例被广泛传诵，很好地说明了瑞斯顿领导下的花旗银行在创新方面的奋进历史。20世纪70年代初的《美国银行控股法》禁止银行通过控股公司的形式从事证券和保险业以及"与金融业无必然联系的业务"，但该法律有一个漏洞，即并未将只拥有一家银行的所谓单一银行控股公司列入监管范围。花旗银行迅速在美国特拉华州成立了单一银行控股公司——花旗公司，而把花旗银行置于该控股公司控制之下。

花旗银行通过花旗公司实现了向证券、保险及"与金融业无必然联系的业务"的全面渗透。绕过了1934年大萧条时期美国政府法令所确立的严格分业经营的隔墙。瑞斯顿发动全体员工为拓展银行业务范围献计献策，共征集到的可进一步开展的业务建议数十项之多。随即花旗银行向美联储提出大量的新业务的申请，有时甚至多达每天一项，花旗银行从此成为美国银行业的带头人，令其他银行望尘莫及。

花旗银行的成功经营中，不故步自封勇于创新是最关键的一点。因为创新能使企业摒弃旧的经营方式，带来新的经济增长点，不仅能与市场保持同步甚至可以走在市场最前列。

在服饰界，也有一个这样典型的例子。

眼下，在服装品牌里J.Crew深入人心，众所周知。起初，该公司主要经营四季服装和简单精致的T恤，品种单一，款式单调。销量一直不尽如人意，新一任CEO埃米莉·伍兹上任后进行了一系列的改革创新，才使J.Crew脱颖而出，市场占有率逐年上升。

埃米莉一上任，就对J.Crew进行款式设计上的创新。注意到当时的妇女运动泳装笨拙没有时尚感，而热爱游泳健身的女性却越来越多。由此埃米莉敏锐地预测到泳装市场大有潜力可挖。于是J.Crew公司在全美最先推出了比基尼，并成为第一家推出可以按照尺寸分开购买上下身泳装的公司。

比基尼的问世，在世界服饰领域可谓轰动一时。后又推出适合不同季节穿着款式的开司米织物，有15种颜色可供选择。这也成为服装领域的一次重大变革。

在强手如林的服装业，埃米莉一直致力于将公司的商品推向一个与众不同的位置，其服装从内衣到海滩装、休闲装、周末装、工作服等可以说是无所不有，J.Crew公司关注的是所有人的需求。

埃米莉要求她的服装设计师收集、整理分析相关资料，并让他们去各地旅行。去那些不同寻常的地方，从路易斯安那到拉斯维加斯再到希腊，再到佛罗伦萨的小镇的国际雨伞博物馆和弗洛伦斯等，寻找新素材以激发其创作灵感。例如厄休拉安德列斯的比基尼泳装，具有《等到天黑》中的奥黛丽·赫本的风格，它吸取了传统泳装的细节设计，并运用了水洗和磨光、极地羊绒、黏和丝质开司米的混合方法等现代工艺技术，款式新颖，穿着舒适，深受欢迎。

当市场进入了因特网时代，J.Crew看到了新的销售途径——网上销售服装，于是又开始最先在网上进行服装销售。此举给那些工作忙碌的人们提供了方便，并为J.Crew开拓出了一个新的销售领域。J.Crew的网上销售，具有良好的信誉，所以赢得了众多的网上消费者。

勇于创新，把经典与时尚融合，这种全新的经营理念使J.Crew始终在服装业稳步而快速发展着，并且永远走在时代前沿。

正如西点课程里告诉我们的，众多因创新而出奇制胜的例子也告诉我们：保持思想创新，直接关系到一个人的事业成败，只有创新才能激活自己全身的能量，谁要拒绝创新，谁就会平庸，谁有创新思想，谁就会成为赢家。

在知识经济时代，社会经济全球化，经济竞争实际上是科学技术的竞争，即创造力的竞争。创新成为一个显著标志。知识经济形态的重点就是创新、再创新。创造性劳动是社会进步的决定性力量，创造性劳动是社会经济增长的动力。要想获得成功，必须培养创造性思维、创造意识和创造精神。

西点军校经典法则

法则十七

高效

专注 + 方法 = 事半功倍

你整天都在做事，不是吗？假如你早上 7 点钟起床，晚上 11 点睡觉，你就整整做了 16 个小时的事情。对大多数人而言，他在 16 个小时之内很可能是在做各种各样的事，而假如你只做一件，并将所有时间都运用在一个方向、一个目标上，你一样会成功。

有人把专心界定为这样：把意识集中在某个特定的欲望上的行为，并要一直集中到已经找出实现这一欲望的方法，并且成功地将之付诸实际行动上去。拿破仑·希尔的一位朋友发现自己患了一般人所说的健忘症。这里引用他的话，告诉你他是怎样克服他的这项障碍的：

我已经 50 岁了。10 年来，我一直在一家大工厂担任某个部门的经理。起初我的工作很轻松，随着公司业务的扩大，我的责任也越发重了。我手下的几个年轻人已经表现出不同寻常的能力与精神，他们大有取我而代之的势头。和我同龄的人大都希望过舒适的生活，而且，我在公司已经服务那么长的时间，因此，我觉得我大可以轻轻松松地工作，安心地在公司待下去。但这种心理态度几乎使我失掉我的职位。大约两年前，我开始注意到，我专心工作的能力已经衰退了，我的工作令我心烦。我忘记处理信件，直到桌子上的信件堆积如山。各种报告也被我无意地积压下来，我的部属大感不便。我人虽然在办公室，可心不知早就跑到哪儿去了。

一切的情形都显示出：我的心思并没有放在工作上。我忘记参加公司一个重要的主管会议。我手下的职员发现我在估计货物时，犯了一个很严重的错误。虽然他没有让总经理知道这件事。对于这一切，我感到惊讶。于是我请了一个星期的假，希望静下来，把这一切情形都好好想一想。我在一处偏远山区，严肃认真地反省了几天，使我深信自己是患了健忘症。

我缺乏专心工作的力量，没有办法全力以赴地工作。这完全是因为自己思想未放在工作上的缘故。我在满意地诊断出自己的问题后，就积极寻求补救之道。我需要培养一套全新的工作习惯，我决心要达到这个目标。每天，我拿出纸笔，写下我一天的工作计划。首先，处理早上的信件，然后，填写表格、口授信件、召集部属开会、处理各项工作。每天下班之前，先把办公桌收拾干净，然后才离开办公室。我在心里问自己："如何培养这些习惯呢？"获得的答案是：重复这些工作。我每天以同样的兴趣去从事同样的工作，而且尽可能地在每天的同一时间内进行相同的工作。

当我发现自己的思想又开始想到别处时，我立刻把它叫了回来。利用我的意志力所创造出的一种心理的刺激力量，使我不断地在培养习惯方面获得进步。后来，我发现，我每天虽然做同样

的事情，但却感到很愉快，这时，我知道我已经成功了。汽车大王亨利·福特说："我有的是时间，因为我从来不离开工作岗位；我不认为人可以离开工作，他应该要朝思暮想，连做梦也是工作。"

众所周知，运动能使肌肉发达，工作时全神贯注是否也能促发脑部相关部分的功能呢？美国俄勒冈大学心理学教授迈克尔·波斯纳利用正电子放射层析 X 扫描器和脑电描记录器记录全神贯注工作时的人脑活动。受试者初次做某种工作时，脑部的血流量和电子流动都会增加，后来对这种工作熟练了，脑部的血液流量和电子放射量就减少。波斯纳认为，我们越常练习聚精会神，脑部的活动就越没有必要增加。在某一领域练就的心理技能，可以转用于别的领域。

在西点军校教导未来战地指挥官如何保持专注的路易·乔卡说："关键在于学习克服内在或外在的'噪音'和干扰。"比方说，假如你爱好爵士乐，不妨播放些音乐，然后设法只听中音萨克斯管，不听别的，借此练习集中精神的能力。

加州口腔医生艾尔·司徒伦保每天都在同一时间起床，开车走同一路线上班，把车停在同一个停车位。他穿外科手术服时总是先穿上衣，再穿裤子；总是先洗右手，再洗左手；检视病人时总是站在同一个位置。这并不是什么迷信。他按照习惯行事，能够有条不紊地专注于某件事。芝加哥大学人类学教授哈利·齐克仁米哈勒认为："这就好像比赛前的运动员或主持典礼的牧师，习惯性的行为能使人较易全神贯注于眼前的挑战。习惯性的活动使人把精神重新集中起来。"

你可以为任何工作制订一套行事程序。假如你不太喜欢手头的工作，不妨为自己建立一个工作顺序：先给自己泡杯茶，然后清理书桌，把笔放在左边，把计算机、电话放在右边，最后开始做自己的工作。天天如此，要不了多久，你就能在做熟这些程序后自然而然地进入全神贯注的状态，并且全力以赴地工作了。

心理学家威廉·詹姆斯在 100 年前宣称，人类只使用了自己极小部分的潜力。我们的工作大多数都是例行的，或者是千篇一律的。于是，我们的脑子常常几乎是闲着的。由于我们"无法全心投入"，结果就可能发生因疏忽而引起的错误，或者觉得工作没劲，甚至苦不堪言。齐克仁米哈勒说："我们的技能如果只够应付眼前的挑战，则专注的程度最高。"要想轻松地完成一件简单乏味的工作，唯一的办法就是增加这个工作的难度。不妨把沉闷的工作转变成具有挑战性的比赛，跟别人比，跟从前的自己比，以便充分发挥自己的潜力，制订规则和目标给自己一个时限。这样增加挑战性也许能够迫使你进入理想的全神贯注状态。因为为了超越别人、超越自己，你必须全力以赴。

在做一件事情时，你甚至可以在做每一个步骤时都可以把它说出来，这样不仅有助于全神贯注，而且能够提醒自己遗忘了哪些步骤。自言自语也有"摒除噪音"的作用，使你不易分心。一位年轻滑雪选手对观众的叫嚷声和纷飞的雪花感到心烦。教练适时地提醒："看着前面"。这位选手于是像念咒似的反复说着"看着前面，看着前面，看着前面"，他终于把精神集中起来了，并取得了不错的成绩。

国外有一种赤脚走过火炭的游戏，这种游戏的关键也是自言自语的心理暗示。宾夕法尼亚州大西洋教育研究所的罗恩·裴卡拉曾对几十位参加过这种游戏的人作过调查研究，结果发现，火床的温度高达摄氏 650 度以上，那些分心的人最后多半脚底起了水泡，而专心地反复自言自语"冰凉沼泽，冰凉沼泽"的人则丝毫无伤。裴卡拉认为，专心地重复说同一句话使他们的注意力完全集中，其余的人注意力分散，结果被烧伤了。

老是惦着后果会使我们心神涣散。你让自己的思想飘向未来，就无法专心致志了，因为你的注意力已随之而去了，你的眼睛中看到的是不可预知的未来。不管你做的是什么，把注意力集中于未来而忽略现在，会使你的表现大为失色。一流的网球运动员心里只会想着如何打出一个漂亮的球，不会想着赢得比赛。连连击出好球，自然就能赢得比赛的胜利。想要保持专心致志，必须把所有注意力集中于此时此地，集中于自己的手上。

有时候，休息片刻反而能帮助你快一点完成工作。当你精神紧张、注意力开始无法集中时，不妨停下来深吸一口气，想象自己身在宁静的环境中，或者弯腰垂臂，放松全身肌肉。听点音乐

也会有帮助，挑选你认为能使人心旷神怡的乐曲。

当你致力于解决问题却又遇到瓶颈时，突破问题的关键是"对症下药，见缝插针"。

有一个这样的故事：

某家公司，由于频频出错，所以召开会议商议对策。席间有位"愣头青"提议："为了杜绝错误，还是中止一切业务解散公司比较有效。"此言一出，语惊四座。大家先是面面相觑，稍倾则哄堂大笑，这话似有道理却无道理。如依其所言，解散公司，肯定就杜绝了错误，但这不妨让人想起了"治驼不治死"的故事。说得是一位大夫在治别人的驼背时，将病人的驼背踩直。驼背直是直了，却把人踩死了。死者家属找来时，大夫说："治驼不治死。"

无论是解散公司以杜绝错误，还是治驼不治死，荒唐之处，都在于没有突破问题的关键。要想成功，也需突破问题的关键，在成功的路上，一旦遇到什么问题，就应了解问题是什么问题、何种程度、原因为何、如何解决、解决问题的关键在什么地方、如何突破关键，这样，问题往往就能迎刃而解。

有位刚念完清华的硕士研究生，在应聘时，无论笔试成绩，还是面试时的谈吐，都给人一种"才子"的印象，可他在应聘爱立信、美孚等几家大公司后，都被拒之门外。他苦恼之余开始怀疑自己的能力，久而久之，他心理上出现了一些问题。后来，他到一家培训公司去咨询。在与这位年轻人聊天时，培训公司的培训人员发现他无论才识、谈吐都很出众，但有一点表现出"新人类"的特点：他总是在嚼口香糖。注意到这点后，培训师让他下一次面试时不要嚼口香糖。因为嚼口香糖在大场合是很不礼貌的行为。如其所言，在他第二次向爱立信发了求职信后，在以后的面试、笔试中，他都以傲人的成绩突出重围。现在，他是爱立信的部门经理了。

这位清华高才生的例子说明，如果抓住问题的关键，实现突破就是意料中的事情，成功也就指日可待。

此外，除了对症下药，还要"见缝插针"，为什么呢？因为"见缝插针"也是平时解决问题的一条出路。见缝插针，指不蛮干，寻求适合自己的方法，抓住问题的关键等内容。比如学游泳，不谙水性的人，由于对水有恐惧感，不敢下水，即使痛下决心，进入浅水池从基本的动作学起，依旧无甚进展，也有这种说法："把他扔到深水池的中央，让他扑腾，自然就学会游泳了。"的确，有人因此学会了游泳。有人因此喝饱了水，有了这种惨痛经历，以后恐怕再也不肯下水游泳了，所以，面对这种情况，要学会"见缝插针"，先分析他是否具有在深水中自救的潜力，如果有，就推他下水，迫其在险境中激发潜能；如果没有，还是让他在浅水池中慢慢学习为好。

所以，做事要讲究方法，这样才能事半功倍，同时，不要忘了全力以赴。斯迈尔斯认为：下定决心，不管你做什么，都要全力以赴。一位著名的教练对他的球队说过简短而振奋人心的话："当欢呼声消失了，体育场人去楼空后，当报上的大标题已经印出，你回到自己安静的房间，超级杯奖杯放在桌上，所有的热闹都已消失后，剩下的只有：致力于完美，致力于胜利，致力于尽我们最大的努力，以使这世界变得更好。"所有的人类都是宇宙有创意的表现，我们每个人都是宇宙的一部分。只有我们在致力于完美时，才会去想我们是为何被造。只有视人类为神圣的杰作，才能说明每日的奋斗会使我们变成我们还未达到的人。

规划时间，成功要靠厚积薄发

2009 年，《福布斯》杂志推出了美国最佳大学排行榜，这是该杂志第二年加入美国最佳大学评比的行列。令人吃惊的是，排名第一的不是美国著名的哈佛大学，而是培养陆军军官的西点军校。

《福布斯》杂志评选美国最佳大学主要依据 5 项指标：一、毕业率，即学校是否有效地协助学生按时毕业；二、学校师生在美国和全球的获奖数量；三、学生对老师教学的满意度；四、学生毕业时所担负的平均债务，即学生不必为大学毕业后 8 年要背负偿还大学学费贷款的重负而烦恼；五、学生毕业后的成功程度，包括薪水和取得的成就。《福布斯》杂志在评选中更关注的是学生在大学里的经历、在校园中所受的训练、是否教育出学生对现实世界的适应能力。

在荣膺美国大学第一名的西点军校，学生晚上 11 点半就必须就寝、宿舍中不准有酒、宿舍必须绝对整洁、学生的头发必须整齐、衣服必须烫出线条，学生每学期只有一个星期的假期。西点军校免费提供世界级的一流教育，不收学费，但毕业生必须对国家履行责任。

西点军校这种严格的规划，让学生在潜移默化中学会了规划自己的前途。1986 届西点毕业生、现为美国 7-11 连锁店总裁的戴皮托表示："我从西点学到很多，纪律、如何做一个领导者、对团队精神重要性的理解，这些都是我能够成功的基础。"

西点军校采用的是小班制度，每个班不超过 18 名学生。这种非常"奢侈"的师生比例，对教学质量很有好处，是美国一般大学甚至最有名的大学也难以做到的。由于西点没有硕士和博士学位，所以学校更是将教学的全部重心集中到了本科学生身上。西点军校恐怖主义研究室主任詹姆士谈到，如果观察布朗大学、波士顿学院甚至是斯坦福大学这些名校，他们第一位的使命不是教学，而是为学校争取更多的研究基金，教师将出书看得比教学更重要。像这样的学术明星在西点是看不到的，教师第一位的责任是教好学生。只设本科的西点军校更重视学生的教育规划和实际能力的培养，这直接成为他们进入社会的降落伞。

早在 19 世纪末，意大利经济学家帕累托研究英国人的财富和收益模式时发现，占人口少数的富人占有社会财富的大部分，而占人口总数绝大多数的穷人却处于贫苦的边缘，即所谓的"关键的少数和次要的多数"的规律。这种"关键的少数和次要的多数"的关系就是二八法则，又称为帕累托法则，即指 20% 的事态成因，可以导致 80% 的事态结果。

二八法则对我们的一个重要启示便是：避免将时间花在琐碎的多数问题上，因为就算你花了 80% 的时间，你也只能取得 20% 的成效。你应该将时间花在关键的少数问题上，因为解决这些关键的少数问题，你只需花 20% 的时间，即可取得 80% 的成效。

西点军校并没有把漫长的读研、读博时间当成学校的重点。他们对于时间的规划严格遵循着二八法则，培养出了很多世界知名的精英人物。在追寻成功的道路上，我们也应该合理地利用这种时间规划。否则的话，我们的努力和忙碌很可能是没有效率的。

某部门主管因患心脏病，遵照医生嘱咐每天只上三四个小时的班。他很惊奇地发现，这三四个小时所做的事在质和量方面与以往每天花费八九个钟头所做的事几乎没有两样。他所能提供的唯一解释便是：他的工作时间既然被迫缩短，他只好将它花在最关键的工作上。这或许是他得以维护工作效能与提高工作效率的主要原因。

理查德·科克在牛津大学读书时，学长告诉他："没有必要把一本书从头到尾全部读完，除非你是为了享受读书本身的乐趣。在你读书时，应该领悟这本书的精髓，这比读完整本书有价值得多。"这位学长想表达的意思实际上是：一本书 80% 的价值，已经在 20% 的页数中就已经阐明了，所以只要看完整本书的 20% 就可以了。

理查德·科克很喜欢这种学习方法，而且以后一直沿用它。牛津并没有一个连续的评分系统，课程结束时的期末考试就足以裁定一个学生在学校的成绩。他发现，如果分析了过去的考试试题，把所学到知识的 20%，甚至更少的与课程有关的知识准备充分，就有把握回答好试卷中 80% 的题目。这就是为什么专精于一小部分内容的学生，可以给主考人留下深刻的印象，而那些什么都知道一点但没有一门精通的学生却不尽如考官之意。这项心得让他不用披星戴月终日辛苦地学习，但依然取得了很好的成绩。

理查德·科克到壳牌石油公司工作后，在可怕的炼油厂服务。他很快就意识到，像他这种既年轻又没有什么经验的人，最好的工作也许是咨询业。所以，他去了费城，并且比较轻松地获取了 Wharton 工商管理的硕士学位，随后加盟一家顶尖的美国咨询公司。上班的第一天，他领到的薪水是壳牌石油公司的 4 倍。就在这里，理查德·科克发现了许多二八法则的实例。咨询行业 80% 的成长，来自专业人员不到 20% 的公司。而 80% 的快速升职也只有在小公司里才有——有没有才能根本不是主要的问题。当他离开第一家咨询公司，跳槽到第二家的时候，他惊奇地发现，新同事比以前公司的同事更有效率。怎么会出现这样的现象呢？新同事并没有更卖力地工作，但他们在两个主要方面充分利用了二八法则。不久后，理查德·科克确信，对于咨询师和他们的客

户来说，努力和报酬之间也没有什么关系，即使有也是微不足道的。

一个做事高效的人应当忙于要事，而不是一味地努力，像头老黄牛一样只知道一味地低头向前。

在投入与产出、努力与收获、原因和结果之间，普遍存在着不平衡关系。关键的小投入，可以得到多的产出；关键的小努力，可以获得大的成绩；关键的少数，往往是决定整个组织的效率、产出、盈亏和成败的主要因素。

因此，在工作中，我们同样需要把握"关键的少数"，才能够产生事半功倍的效果。琐碎的事情往往会消耗大量的时间和精力，而产生的效益却并不大。所以，职场人士要想使自己忙碌的价值最大化，就要把自己的时间和主要精力都集中在那最有价值的 20% 的工作上。

把主要精力都集中在那最有价值的 20% 的工作上，合理规划时间、规划成功，同时也意味着"不值得的事不值得做好"，把时间留给最重要的事情。

《共好》一书的作者肯·布兰德总是将这样的一句话挂在嘴边："不值得做的事，就不值得做好！"多年来，很多效率管理专家不断宣扬要有效管理时间，以便解决所有的问题。但是，有些人在细心研究之后，发现了这种观点中不合理的因素，即原本不需要努力有效解决的事情，却在被人们浪费时间去处理，因为当人们花费心思处理那些不重要的事情时，往往会忽略其他重要的事情。

安德鲁·伯利蒂奥是利用时间的"楷模"，他从来不浪费一秒钟的时间，只要时间允许，他就一定会拼命工作。所有知道他的人都说："看，安德鲁·伯利蒂奥真是太会珍惜时间了！"人们都知道，为了能成为一名出色的建筑师，他拼命地想要抓住每一秒钟的时间。

每天，他把大量的时间用在设计和研究上，除此之外，他还负责很多方面的事务，每个人都知道他是个大忙人。他风尘仆仆地从一个地方赶到另一个地方，因为他太负责了，以至于不放心任何人，每一项工作都要自己亲自参与了才放心。时间长了，他自己也感觉到很累。其实，在他的时间里，有很大一部分时间都浪费在管理乱七八糟的事情上。无形中，他增加了自己的工作量。

有人问他："为什么你的时间总是显得不够用呢？"他笑着说："因为我要管的事情太多了！"

后来，一位教授见他整天忙得晕头转向，但仍然没有取得令人骄傲的成绩，便语重心长地对他说："人大可不必那样忙！"

"人大可不必那样忙！"这句话给了安德鲁·伯利蒂奥很大的启发，就在他听到这句话的一瞬间，他醒悟了。他发现自己虽然整天都在忙，但所做的真正有价值的事实在是太少了！这样做对实现自己的目标不但没有帮助，反而限制了自己的发展。

大梦初醒的安德鲁除去了那些偏离主方向的分力，把时间用在更有价值的事情上。很快，他的一部传世之作《建筑学四书》问世了。该书至今仍被许多建筑师们奉为"圣经"。

他的成功只是因为一句话："人大可不必那样忙！"忙要忙在点子上，每个人的精力总是有限的，哪怕是神机妙算的诸葛亮也有累死的一天。并不是每一件事情都值得我们鞠躬尽瘁，只有像园丁那样剪去部分枝条，才能使树木更快地苗壮成长，增加果实的数量与质量。

李林是一家纺织公司的销售代表，他对自己的销售记录引以为傲。曾有一次，他向老板表白自己是如何卖力工作，如何劝说服装制造商向公司订货，可是，老板听后只是点点头，淡淡地表示认可。

李林鼓足勇气："我们的业务是销售纺织品，对不对？难道您不喜欢我的客户？"

"不是，但是你把精力放在一个小小的制造商身上，值得吗？请把注意力盯在一次可订 3000 码货物的大客户身上！"老板直视着他，说道。

李林明白了老板的意图——老板要的是为公司赚到大钱。于是李林把手中较小的客户交给另一位经纪人，自己努力去找大客户——为公司带来巨大利润的客户。最后他做到了，为公司赚回了比原来多几十倍的利润。

并不是每一件事情都值得我们全力以赴去做好的，不值得的事情就不值得做好。最聪明的人是那些对无足轻重的事情无动于衷的人，但他们对较重要的事物总是很敏感。那些太专注于小事的人通常会变得对大事无能为力。

生活或者工作中最重要的是懂得什么事情是最重要、最需要解决的，比如学习、锻炼、睡觉、完成任务等。最重要的要放到前面，要知道对于最重要的事来说，早做不如晚做，晚做的成本会越来越高，所以要最先把它完成。

伯利恒钢铁公司总裁理查斯·舒瓦普，为自己和公司的低效率而忧虑，于是去找效率专家艾维·李寻求帮助，希望李能卖给他一套思维方法，告诉他如何在短时间里完成更多的工作。

艾维·李说："好！我10分钟就可以教你一套效率至少提高50%的最佳方法。

"把你明天必须要做的最重要的工作记下来，按重要程度编上号码。最重要的排在首位，以此类推。早上一上班，马上从第一项工作做起，一直做到完成为止。然后用同样的方法对待第二项工作、第三项工作……直到你下班为止。即使你花了一整天的时间才完成了第一项工作，也没关系。只要它是最重要的工作，就坚持做下去，每一天都要这样做。在你对这种方法的价值深信不疑之后，叫你的公司的人也这样做。

"这套方法你愿意试多久就试多久，然后给我寄张支票，并填上你认为合适的数字。"舒瓦普认为这个思维方式很有用，不久就填了一张25000美元的支票给艾维·李。舒瓦普后来坚持使用艾维·李教给他的那套方法，5年后，伯利恒钢铁公司从一个鲜为人知的小钢铁厂一跃成为美国最大的不需要外援的钢铁生产企业。舒瓦普常对朋友说："我和整个团队坚持最重要的事情先做，我认为这是我的公司多年来最有价值的一笔投资！"

把时间留给最重要的事如此重要，但却常常被我们遗忘。我们必须让这个重要的观念成为一种工作习惯，每当一项新工作开始时，必须先确定什么是最重要的事，什么是我们应该花最大精力去重点做的事。

分清什么是最重要的并不是一件易事，我们常犯的一个错误是把紧迫的事情当做最重要的事情。

紧迫只是意味着必须立即处理，比如电话铃响了，尽管你正忙得焦头烂额，也不得不放下手边工作去接听。紧迫的事通常是显而易见的，它们会给我们造成压力，逼迫我们马上采取行动。它们往往是令人愉快的、容易完成的、有意思的，却不一定是很重要的。

重要的事情通常是与目标有密切关联的并且会对你的使命、价值观、优先的目标有帮助的事。这里有5个标准可以参照：

（1）完成这些任务可使我更接近自己的主要目标（年度目标、月目标、周目标、日目标）。

（2）完成这些任务有助于我为实现组织、部门、工作小组的整体目标作出最大贡献。

（3）我在完成这一任务的同时也可以解决其他许多问题。

（4）完成这些任务能使我获得短期或长期的最大利益，比如得到公司的认可或赢得公司的股票，等等。

（5）这些任务一旦完不成，会产生严重的负面作用：生气、责备、干扰，等等。

根据紧迫性和重要性，我们可以将每天面对的事情分为4类，即重要且紧迫的事、重要但不紧迫的事、紧迫但不重要的事、不紧迫也不重要的事。

只有合理高效地解决了重要而且紧迫的事情，你才有可能获得最大的成效。而重要但不紧迫的事情要求我们具有更多的主动性、积极性、自觉性，早早准备，防患于未然。剩下的两类事或许有一点价值，但对目标的完成没有太大的影响。

你在平时的工作中，把大部分的时间花在哪类事情上？如果你长期把大量时间花在紧迫但不重要的事情上，可以想象你每天的忙乱程度，一个又一个问题会像海浪一样向你冲来。你十分被动地一一解决。长此以往，你早晚有一天会被击倒、压垮，老板再也不敢把重要的任务交付给你。

只有重要而不紧迫的事才是需要花大量时间去做的事。它虽然并不紧急，但决定了我们的工作业绩。只有养成先做最重要的事的习惯，对最具价值的工作投入充分的时间，工作中的重要的事才不会被无限期地拖延。这样，工作对你来说就不会是一场无止境、永远也赢不了的赛跑，而

是可以带来丰厚收益的活动。

在二八法则中追求效率的最大化

1897 年，意大利经济学家帕累托在对 19 世纪英国人财富和收益模式进行研究时，通过调查取样发现大部分财富，流向了少数人手里。在当今社会，这本身并没有什么大惊小怪的，但他通过进一步分析发现：某一群体占总人口数的百分比，和该群体所享有的总收入或财富之间，有一项一致的数学关系，而且这种不平衡的模式会重复出现。他在对不同时期或不同国度的考察中都见到这种现象。不管是早期的英国，还是与他同时代的其他国家，或是更早期的资料，他发现相同的模式一再出现，而且有数学上的准确度。

后人通过更精确的分析，从帕累托的研究中归纳出这样一个结果，即如果 20% 的人口享有 80% 的财富，那么就可以预测，其中 10% 的人拥有约 65% 的财富，而 50% 的财富，被 5% 的人所拥有。在这里，重点不是数字，而是事实：财富在人口的分配中是不平衡的，这是可预测的。

人们用 80/20 来描述这种不平衡关系，不管结果是不是恰好，习惯上，80/20 讨论的是顶端的 20% 而非底部的 20%。后人对于这项发现有不同的命名，例如帕累托法则、帕累托定律、二八定律、最省力的法则、不平衡原则，在这里我们把它称作二八法则。今天人们所采用的二八法则，是一种量化的实证法，用以计量投入和产出之间可能存在的关系。

二八法则主张：以一个小的诱因、投入或努力，通常可以产生大的结果、产出或酬劳。就字面意义来看，这一法则是说，你所完成的工作里 80% 的成果，来自于你所付出的 20%。也就是说，对所有实现的目标，我们五分之四的努力——也就是付出的大部分努力，是与成果无关的。

所以，二八法则指出，在原因和结果、投入和产出，以及努力和报酬之间，本来就是不平衡的。二八法则的关系，为这个不平衡现象提供了一个非常好的指标，典型的模式会显示：80% 的产出，来自于 20% 的投入；80% 的结果，归结于 20% 的起因；80% 的成绩，归功于 20% 的努力。

在商业界和人们的日常生活中，到处呈现出二八法则的现象，这不能不引起我们的重视：

20% 的产品和 20% 的客户，涵盖了约 80% 的营业额；

20% 的产品和客户，通常占该企业 80% 的获利；

20% 的罪犯施行了所有罪行的 80%；

20% 的汽车狂人，引起 80% 的交通事故；

20% 的有多次婚姻经历的人，占离婚人口的 80%（那些不断再婚又再离婚的人，扭曲了统计的数字，让人对婚姻的忠诚度大感悲观）；

20% 的孩子，达到 80% 的教育水准；

在家中，20% 的地毯面积可能有 80% 的磨损；80% 的时间里，你穿的是你所有衣服的 20%；如果你有一只保安警报器会发现，80% 的错误警示，是由 20% 的原因造成的；

80% 的能源浪费在燃烧上，只有 20% 可以传送给车辆！

……

在原因和结果、投入和产出、努力和报酬之间存在的不平衡，可以分为两种不同的类型：

（1）多数，它们只能造成少许的影响。

（2）少数，它们造成主要的、重大的影响。

一般情形下，产出或报酬是由少数的原因、投入或努力所产生的。又如世界上大约 80% 的资源，是由世界上 20% 的人口所耗尽的；世界财富的 80%，为 20% 的人所拥有；在一个国家的医疗体系中，20% 的人口与 20% 的疾病，会消耗 80% 的医疗资源……种种事例表明，二八法则无时无刻不在影响着我们的生活。

如何理解上述的不平衡，进而善用不平衡，使之带来正面效用呢？二八法则提出了独特的思考方法，让你确认不平衡，并针对问题采取行动。那么，二八法则究竟能做些什么呢？凡是认真看待和运用二八法则的人，都会从中得到有用的认识，有时甚至因而改变命运。每个人只要能发

明出一套自己的使用方法，能从创意的角度来观察，这个法则就永远成立。

人们很容易接受二八法则的观念，但是却常常不知道如何运用二八法则。有两种从二八法则衍生出的好方法，即"二八分析法"和"二八思考法"。二八分析法是以系统的、量化的方法来分析因果关系。这是一种以量化方式对原因、投入、努力，以及结果、产出、报酬等勾画出一个精确关系的方法。二八分析法先假设有80/20关系存在，然后通过搜集事实证明这种关系确实存在。这是一种实证研究方法，可能导出各种结果，自50/50至99.9/0.1都有可能。但只要从分析中得出在投入和产出之间确实有一种不平衡的关系，就应采取行动。

相对于"二八分析法"，"二八思考法"运用得更为广泛。这是一种较不准确而属于直觉式的方法，包含诸多我们的思维方式和习惯，而正是这些思维方式和习惯，使得我们设定了哪些东西是造成生活中重要事物的重要原因。"二八思考法"让我们能辨认出这些原因，并借以重新运用资源进而改善问题。

"二八思考法"要求你深入思考你视为重要的人物和事情，并判断二八法则是否在此领域有效，之后依据自己的判断采取行动。"二八思考法"不要求你搜集资料，也不必真的去验证各种假设能否成立。

"二八思考法"对于提高个人生活品质大有裨益。这是一种全新的尝试，可能不尽完美，但却能够给人们带来令人惊讶的领悟。比如说，一个人生命中的快乐或成就，其80%是发生在生命中很短的时期里，个人价值的高峰通常会被人大大地延伸。一般人说时间不够用，但是，运用二八法则所得的结论恰恰相反，实际上我们是时间太多，只不过我们在不断地浪费时间。

当我们把二八法则应用到时间管理上时，就会出现以下假设：一个人大部分的重大成就——包括一个人在专业、知识、艺术、文化或体能表现上所表现出的大多数价值，都是在他自己的一小段时间里达成的。在创造活动中真正促成其成功的有效时间与花在创造活动上面的时间这两者之间，有极大的不平衡，不论这时间是以天、星期、月、年或一生为单位来度量。

如果快乐能测度，则大部分的快乐发生在很少的时间内，而这种现象在多数的情况里都会出现，不论这时间是以天、星期、月、年或一生为单位来度量。用二八法则来表述就是：80%的成就，是在20%的时间内达成的；反过来说，剩余的80%的时间，只创造了20%的价值。一生中80%的快乐，发生在20%的时间里，也就是说，另外80%的时间，只有20%的快乐。如果承认上述假设，也就是上述假设对你而言属实的话，那么我们将得到4个令人惊讶的结论：

结论一：我们所做的事情中，大部分是低价值的事情。

结论二：我们所有的时间里，有一小部分时间比其余的多数时间更有价值。

结论三：若我们想对此采取对策，我们就应该彻底行动。只是修修补补或只做小幅度改善，没有意义。

结论四：如果我们好好利用20%的时间，将会发现，这20%是用之不竭的。花一点时间去印证二八法则，几分钟也好，几小时也行。找出在时间的分配与所得的成就或快乐两者之间，是否真的有一种不平衡现象。看看你最有生产力的20%的时间，是不是创造出80%的价值？你80%的快乐，是不是来自生命中20%的时间？这是非常重要的问题，不可轻视。也许你该把本书放下，去散个步，一直到你确定了你的时间分配是否平衡，再回来继续读。

我们对于时间的品质及其扮演的角色所知甚少。许多人用直觉即可明白这个道理，而千百个忙碌的人并不知道学习管理时间，他们只是瞎忙。我们必须改一改我们对待时间的态度。如果要你把你最宝贵的20%的时间拿出来，去当一个好士兵，去达成别人对你的期望，去参加一场别人认为你会参加的会议，或去做同伴都在做的事，或是去观察你所扮演的角色，不论是哪一项，你可能都不愿意。因为对你而言，上述这几件事都不必要。若你采取传统的行动或解决方式，那么你就逃不掉二八法则的残酷预测，而把80%的时间花在不重要的活动上。为了避免这种下场，你必须找出一种可行的方法来管理你的时间。问题是，若你不想被排除在世界之外，你能离传统多远？有特色的方法不见得全都能提升效率，但至少有一种方式是可行的。想出几种，然后挑一个最符合你的个性的方法来进行时间管理。

运用二八法则，你可以很快地找到符合自己的时间管理方法。二八法则对于时间的分析，是与传统看法大异其趣的，而受制于传统看法的人，可从这个分析中得到解放。二八法则主张：我们目前对于时间的使用方式并不合理，所以也不必试图在现行方法中寻求小小的改善。我们应当回到原点，推翻所有关于时间的假定。

时间不会不够用。事实上，时间根本多得是，我们只运用了我们 20% 的时间，对于聪明人来说，通常一点点时间就造成了巨大的不同。依二八法则的看法，如果我们在重要的 20% 的活动上多付出一倍时间，便能做到一星期只需要工作两天，收获可比现在多 60% 以上。这无疑是对于时间管理的一项革命。

二八法则认为，应该把重点放在 20% 的重要时刻上，而应削减不重要的 80% 的时间。执行一项工作计划时，最后 20% 的时间最具有生产力，因为必须在期限之内完成，因此，只要把预计完成的时间减去一半，大部分工作的生产力便能倍增，时间就不会不够用。

二八法则将迅速提升你的效率，同时也是对传统的时间管理的否定，二八法则将引导时间管理的革命。下面的例子将告诉你如何提高效率，缩短时间的运用。

格拉史东，一位英国维多利亚时期知名的自由派政治家，他曾 4 度当选英国首相。格拉史东在许多方面的表现都相当独特：他尝试援救"堕落"妓女的措施惨遭失败；他还有一阵子出现自虐行为。但我们在此要关心的是他运用时间的独特方法。格拉史东并不因为自己的政治责任而受抑制，反而相当有效地行使其政治责任，因为他可以随心所欲地投入时间。他热爱旅行，不论是在英国本岛或外国旅行他都爱。在首相任期内，经常以个人身份积极出访法国、意大利和德国。这样一来，既可以履行政治责任，又可以满足旅行爱好。他追逐女性、看戏、竞选及阅读，他只要觉得一点点不舒服，便会在床上躺一整天，在床上阅读并思考。他过人的精力和效率，来自于他特异的时间运用法。后继的英国首相中，只有洛依德·乔治、丘吉尔和撒切尔夫人可与格拉史东相提并论——这 3 位行事都极有效率。

另一个关于非传统式时间管理法的例子，来自于管理顾问这个稳重的领域。当管理顾问的人，通常工作时间很长，还要面临多得令人发狂的事务。让我们看看下面 3 位管理顾问是如何管理他们的时间的。

第一位是佛烈德，他从顾问事业赚得千万财富。他并非商学院出身，却有能力设立一个成功的大公司，公司上下除了他以外，几乎每人一星期都要工作 70 小时以上。佛烈德很少进公司，每月只与股东开一次会，而且是全球股东都得参加的会议，他比较喜欢把时间用来打网球和思考。他以强硬手腕管理公司，但从不大声讲话，他通过 5 个主要部属来掌握公司的一切。这就是他的管理方法。

第二位顾问叫蓝迪，是位陆军中校。全公司里除了创立者之外，他是唯一一个不是工作狂的人。他前往另一个遥远的国家，在那儿有一个繁荣且快速成长的公司，员工主要来自家乡，工作非常努力。没有人知道蓝迪如何运用时间，也不知道他的工作时数是多少，但他的确逍遥自在。蓝迪只参加重要客户的会议，其他事务则授权给年轻合伙人处理，他有时还编造荒唐的理由，解释自己为何不在公司。

蓝迪虽是公司领导者，却不管任何行政事务。他把所有精力拿来思考如何在与重要客户的交易中增加获利，然后再安排用最少的人力达成此目的。蓝迪的手上从不曾同时有 3 件以上的急事，通常一次只有一件，其他的则暂时摆在一旁。为蓝迪工作的人充满挫折感，但他确实效率奇高。

第三位叫吉姆，他的办公室很小，里面还有很多其他同事，是一个非常拥挤且骚动的办公室，有人打电话，有人正准备着向客户作报告，屋子里到处是声音。但吉姆好比一片平静的绿洲，把注意力全集中在分内的事上，他在运筹帷幄。有时他会带几位同事到安静的房间内，向他们解释他对每一个人的要求，不只是讲一两遍，而是再三说明，务求交代所有细节。然后，吉姆会要求同仁重述一遍他们即将进行的工作。吉姆的动作慢，看似无生气，且近乎半聋，但他是非常棒的领导者。他把所有时间都拿来思索哪件工作最具价值，谁是最合适的执行者。然后，紧盯着事情进行。

看完这些例子，你也许将开始运用二八法则来改善你的时间管理，你同意我们的观点，可你也许会说：我别无选择，我无法自己运用自己的时间，老板不会答应。我得换工作才能采用你的建议，但我担不起换工作的风险。这对有钱人是很好的建议，但我可没有那自由。我得和另一半离婚（才能做得到你的那些）。我只要让效率成长 20% 就够了，我没有野心要变成 200%。我不相信做得到。如果像你说的那么简单，谁都做得到。如果你发现自己有以上的想法，时间革命就不适合你，你也就没有必要改善你的时间管理了。

善用零碎时间，每天进步一点点

著名投资专家约翰·坦普尔顿通过大量的观察研究，得出了一条很重要的原理："多一盎司定律。"一盎司只相当于 1/16 磅，但是就是这微不足道的一点区别，却会让你的工作大不一样。他指出，取得突出成就的人与取得中等成就的人几乎做了同样多的工作，他们所做出的努力差别很小——只是"多一盎司"。但其所取得的成就，却经常有天壤之别。大成功是由小目标累积的，每一个成功的人都是在达成无数的小目标之后，才实现他们伟大的梦想。不放弃，就一定有成功的机会，如果放弃，就已经失败了。不怕艰苦，不懈努力，迎接自己的便会是成功。

人生就是一个追求卓越的过程。一个人如果每天进步一点点——只要今天比昨天进步，明天能比今天进步一点点，我认为这样的过程就是成功。你知道日本为什么在第二次世界大战之后，被原子弹炸得体无完肤，可是在短短几十年之后成为经济强国吗？其成功的原因究竟是什么？

当时日本在第二次世界大战结束后，经济一片萧条，日本企业从美国请来一位管理学博士戴明，这个戴明博士去日本之后就告诉日本人一个观念——每天进步一点点。他说企业只要能够每天进步一点点，这个企业就一定能够茁壮成长，就这么一个再简单不过的观念被日本采用了。所以，日本的企业都在研究每天进步一点点，服务进步一点点，哪里还可以更进步？这个信念造就了松下、本田、三菱的成功，使日本快速成为经济强国，这就是后来日本人所说的"改善管理"。因此日本人几乎都不用发明任何新的东西，他们通常都是模仿，模仿别人已经有的东西然后加以改善。就像索尼发明随身听，虽然他们不是发明收音机的人，可是能够把收音机改善成为随身听，就是运用了这个信念。

现在日本的先进企业评比，最高的荣誉奖是"戴明博士奖"，可见日本人对戴明博士的尊重程度之高。后来美国福特汽车公司又把戴明博士请回去，他们开始相信戴明博士，戴明博士依然告诉福特公司："每天进步一点点！"后来又让福特公司从倒闭边缘变成一年营业额超过 60 亿美金的大关。

有一个篮球队教练，他也知道了这个观念，NBA 洛杉矶湖人队教练以年薪 120 万美金聘请他来当教练，帮助他们提升战绩。教练来到球队之后告诉 12 个球员："可不可以发球进步一点点，进攻进步一点点，防守进步一点点，投球进步一点点，每个方面都可以进步一点点？"球员一想："这么容易，进步一点点当然可以了！"于是湖人队成为 NBA 总冠军，教练说因为 12 个球员一年进步 5 个项目的 1%，所以一个球员进步 5%，全队进步了 60%。人生也是一样，只要我们每个人在人生中进步一点点，那么一年就进步 365 点，持续这样做，持续改善，进一尺是一尺，人生中任何一点点差距都有可能在几年后差距十万八千里。每天进步一点点是我们每天的目标，也是我们工作所需要的，更是我们一辈子需要努力的事情。

成功就是一点一滴的积累，就是一个小细节一个小细节的堆积。而想要做到高效，在时间上，就要学会利用零碎和余暇时间。

三国时期的董遇是个大学问家，他要前去找他求学的人先"读书百遍"，之后才可能"其义自见"。当求学者抱怨说"没有时间"时，他回答说："当以'三余'，即'冬者岁之余，夜者日之余，阴雨者晴之余'也。"要充分利用寒冬、深夜和雨天学习。在古代的人们就已经知道利用余暇时间来做学问了。现代人的生活节奏越来越快，许多人都常常感到时间紧张，根本没有时间干许多重要的事。而鲁迅先生曾说过："时间就像海绵里的水，只要愿挤，总还是有的。"实际上正是

如此。

有人这样算过一笔账：如果每天临睡前挤出 15 分钟看书，假如一个中等水平的读者读一本一般性的书，每分钟能读 300 字，15 分钟就能读 4500 字。一个月是 126000 字，1 年的阅读量可以达到 1512000 字。而书籍的篇幅从 60000 字到 1000000 字不等，每天读 15 分钟，一年就可以读 20 本书，这个数目是相当可观的，远远超过了世界上人均年阅读量，而且这并不难实现。

同样的，如果你觉得自己缺乏思考问题的空闲时间，不妨试着坚持每天睡前挤出十几分钟的时间，一旦形成了习惯，长期坚持下去就很容易了。除了认真用好闲暇时间之外，我们还应该学会善用零碎时间。比如在车上时，在等待时，可用于学习，用于思考，用于简短地计划下一个行动等。

把零碎时间用来从事零碎的工作，从而最大限度地提高工作效率。充分利用零碎时间，短期内也许没有什么明显的感觉，但积年累月，将会有惊人的成效。为后世留下诸多锦绣文章的宋代文学家欧阳修认定："余平生所作文章，多在三上：马上、枕上、厕上。"鲁迅先生是"把别人用来喝咖啡的时间都用在了写作上"。达尔文说："我从来不认为半小时是微不足道的很小的一段时间。完成工作的方法，是爱惜每一分钟。"

看来，零碎的时间实在可以成就大事业。没有利用不了的时间，只有自己不利用的时间。有一个实验，很好地说明了这个道理。

老师向一个瓶子里装小石子，装满后问学生："满了吗？""满了！"同学们异口同声地回答。然后老师向瓶里装沙，仍可以装进去。众学生愕然。沙装满后，老师又问："满了吗？""满了！"同学们回答道。接着，老师又向已装满石子和沙子的瓶里灌水。

莫泊桑告诉我们说："世界上真不知有多少可以建功立业的人，只因为把难得的时间轻轻放过而默默无闻。"我们常常这样说："噢，只有 5~10 分钟就要开饭了，什么事都干不了。"

但实际上，有多少身处逆境、命运多舛的人，充分利用了这些被我们许多人轻易浪费的时间，从而为自己建立了人生和事业的丰碑。那些被你虚掷的时光，如果能够得到有效利用的话，完全有可能使你出类拔萃，成为杰出人物。马莉恩·哈伦德的成功主要源于她能够精打细算地利用好每一分每一秒。作为一个勤劳的母亲，她既需要照顾孩子，又需要操持家务。终其一生她都受到各种各样的消极干扰，这种干扰完全可能使得其他绝大多数妇女在琐碎的家庭职责之外不可能有任何别的作为，然而哈伦德，由于她超常的毅力和对待时间态度上的分秒必争，她最终做到了化平凡为辉煌。在妇女中很少有人能够做到像她那样。

无独有偶，同样是有繁重家务负担的家庭主妇哈丽特·斯托夫人，就是在那样的条件下完成了那部家喻户晓的名著——《汤姆叔叔的小屋》。类似的例子还有很多很多，朗费罗每天利用等待咖啡煮熟的 10 分钟时间翻译《地狱》，他的这个习惯一直坚持了若干年，直到这部巨著的翻译工作完成为止。比彻在每天等待开饭的短暂时间里读完了历史学家弗劳德长达 12 卷的《英国史》。所有这些事例都告诉我们一个道理：要想成功，必须善用闲暇与零碎时间。

德·格里斯夫人后来成了法兰西王后的密友，她在等待给公主上课之前，把时间用于创作，日积月累，她竟然写出了好几部充满吸引力的著作。休·密勒是一个石匠，赚钱养家糊口是他的天职。但在做好本职工作的同时，他把一些零零碎碎的时间积累起来阅读科学书籍，最终他根据自己和石头打交道的亲身经历写出了一本充满智慧和才气的大部头著作。苏格兰著名诗人彭斯的许多最优美的诗歌，是他在一个农场上劳动时完成的。

约翰·斯图亚特·密尔曾经在东印度公司当小职员，他的许多传世之作都是在这一时期完成的。《失乐园》的作者弥尔顿是一位教师，同时他还是联邦秘书和摄政官秘书。在繁忙的工作之余，他注意利用一些零碎的时间，珍分惜秒，坚持苦读。伽利略是一个外科医生，他以专心致志的态度和常人少有的勤勉，挤出时间从事科学研究，充分利用一分一秒的时间进行思考、探索和研究，从而为后人留下了丰硕的成果。

有几十种甚至更多的理由可以解释，你为什么应该养成"每天多做一点"的好习惯——尽管事实上很少有人这样做。其中两个原因是最主要的：

第一，在建立了"每天多做一点"的好习惯之后，与四周那些尚未养成这种习惯的人、相比，你已经具有了优势。这种习惯使你无论从事什么行业，都会比其他人有更快、更长足的进步。

第二，如果你希望将自己的右臂锻炼得更强壮，唯一的途径就是利用它来做最艰苦的工作。相反，如果长期不使用你的右臂，让它养尊处优，其结果就是使它变得更虚弱甚至萎缩。

一个人身处困境而拼搏时能够产生巨大的力量，这是人生永恒不变的法则。如果你能比分内的工作多做一点，那么，不仅能彰显自己勤奋的美德，而且能发展一种超凡的技巧与能力，使自己具有更强大的生存力量，从而摆脱困境。

约翰·坦普尔顿认为，只多那么一点儿就会得到更好的成绩，那些在一定的基础上多加了两盎司而不是一盎司的人，得到的份额远大于一盎司应得的份额。

"多一盎司定律"实际上是一条使你走向成功的普遍规律。

把它运用到足球运动上，你就会发现，那些多做了一点儿努力，多练习了一点儿的小伙子成了球星，他们在赢得比赛中起到了关键性的作用。他们得到了球迷的支持和教练的青睐，而所有这些只是因为他们比队友多做了那么一点点。

对你来讲，"多加一盎司"事实上并不是什么天大的难事，既然我们已经付出了99%的努力，已经完成了绝大部分的工作，再多增加"一盎司"又何妨呢？而在实际的工作生活中，我们往往缺少的就是"多一盎司"所需的那一点点责任，一点点决心，一点点敬业的态度和自动自发的精神。

在日常工作中，有很多工作环节都是需要我们增加那"一盎司"的。大到对工作、公司的态度，小到你正在完成的工作，甚至是接听一个电话、整理一份报表，只要能"多加一盎司"，把它们做得更完美，你将会有数倍于一盎司的回报，这是毋庸置疑的。

付出多少，得到多少，这是一个众所周知的因果法则。也许你的投入无法立刻得到相应的回报，但也不要气馁，应该一如既往地多付出一点。回报可能会在不经意间以出人意料的方式出现。你付出的努力如同存在银行里的钱，当你需要的时候，它随时都会为你服务。

古今中外，没有一个成功的人不是在艰难困苦中凭着一股锲而不舍的韧性，从一点一滴的小事一步一步干出来的，一个人可能才气不大，运气不佳，但只要努力不歇、持之以恒，同样会取得成功。成功是由无数个点组成的完整的生命历程，成功就是每天进步一点点。

时间管理能力让梦想起航

一个人要想成功，必须具有时间管理的能力，时间管理是什么呢？

它的基本思想是，更多地开发自己的潜质，更自觉地规划自己的人生（自我决定），而不要在职业或个人日常生活中让别人牵着自己的鼻子转，即不要受制于外界因素（他人的决定）。即使各种任务从四面八方向你涌来，不断有人向你提出各种各样的要求，你要做的事情多如牛毛，你仍然可以通过持之以恒的时间规划和工作方法对工作应付自如，从而每天赢得一点时间（包括业余时间），把时间用于真正的指导性工作上。航海者有句古训说："关键不在于风向何处吹，而在于我如何驾驶帆船。"正如 W.J.雷金所指出的那样，许多人过于注重活动本身（效用），而不太注重目标（效果）。要解决好这一问题，就要求我们对时间进行管理，合理规划。时间管理的好处如下：

（1）花费较少的时间就可以把事情办好。

（2）把自己的工作搞得有条有理。

（3）取得更好的工作成果。

（4）承受较少的身心压力。

（5）获得更大的成就感。

（6）从工作中获得更大的满足感。

（7）获得完成更高级任务的资格。

（8）承受较小的工作压力和绩效压力。

（9）在完成工作任务过程中减少失误。

（10）更好地达到事业目标和人生目标。

当然，你所得到的最大的好处是利用和节省了最紧缺、最重要的资源——你的时间！时间管理是如此重要，那么在生活中、工作中，你是否合理地利用了你的时间？你是否是一个成功的时间管理者？以下问卷可以就你迄今所采用的工作方法提出一些启示。如果你的得分结果低于20分，请不要灰心丧气，应花大力气去减少你的薄弱环节。这样你就在时间管理的大路上迈开了第一步。

测试：你是一个成功的时间管理者吗？

问题：

1. 每个工作日之前，你都能为计划中的工作做准备吗？

2. 凡是可交派下属去做的都交派下去吗？

3. 你是用工作进度时间表来书面规定工作任务与目标的吗？

4. 你尽量一次性处理完毕每份文件吗？

5. 你每天都会列出一个应办事项清单，并按优先排列，先办最重要的事情吗？

6. 你尽量回避干扰性电话、不速之客的来访以及突然召开的会谈吗？

7. 你试着按照成绩曲线图表来安排自己的工作吗？

8. 你的日程表会留有回旋余地，以便应付突发事件吗？

9. 你会集中精力先处理少数至关重要的事情吗？

10. 当其他人想占用你的时间，而你又必须处理更重要的事情时，你会说"不"吗？

答案：

以上每个问题均有四个答案：A. 从未做过；B. 有时做；C. 经常做；D. 总这样做。

评分标准：选择 A 为 0 分，B 为 1 分，C 为 2 分，D 为 3 分。如果你把得分加起来，你就会取得下列结果：

0~15 分：你自己并无时间规划，而是让别人牵着鼻子转。但是，如果你在诸多事项中排出优先要办的事情，则可能达到一些自己的目的。

16~20 分：你试图掌握自己的时间，但却不能持之以恒，以便取得工作成效。

21~25 分：你的时间管理良好。

26~30 分：你已成为每一位想学习时间管理的人的榜样。

如果你还不是一个非常成功的时间管理者，那么就从现在开始改善时间管理。记住下面的话：你不必向其他人说明你的措施与方法的优点。

你自己更好地更富有成效地工作就是了。

在开始探讨时间管理之前，请你先回答下面的一个问题：为了每天赢得一小时，你准备怎样做？

评估完自己的时间管理能力后，就要学习具体的时间管理法则：

1. 明确目标，制订计划

时间管理的第一项法则是设定目标，制订计划。目标能最大限度地聚集你的资源（包括时间）。因此，只有目标明确，才能最大限度地节省和控制时间。人生的道路，存在着时间与价值的对应关系。有目标，一分一秒都是成功的记录；没有目标，一分一秒都是生命的流逝。爱默生说："用于事业上的时间，绝不是损失。"

每天我们都应把目标记录下来，并且把行动与目标相对照。相信笔记，不要太看重记忆。养成"凡事预则立"的习惯。不要定"进度表"，要列"工作表"；事务要明确具体，比较大或长期的工作要拆散开来，分成几个小事项。

马丽凯说："每晚写下次日必须办理的6件要务。挑出了当务之急，便能照表行事，不至于

浪费时间在无谓的事情上。"确定每天的目标，养成把每天要做的工作排列出来的习惯。把明天要做的事，按其重要性大小编成号码。明天上午头一件事是考虑第一项，先做起来，直至完毕。接着做第二项，如此下去，如果没有全部做完，不要内疚，因为照此办法完不了，那么用其他办法也是做不了的。记日志就是在善用生命、设计生命。伟人们都有把想法记录下来的习惯。他们用日志来记录当天的重要事件和学习心得，用日志来总结经验、反省过失，用日志来规划明天、明确目标，用日志来管理时间、集中精力、抓住大事……一个成功的时间管理者也是善用日志来规划目标与计划的人。

2. 轻重缓急，主次分明

时间管理的第二项法则是"重要的事先做"。实际上，懂得美好生活的人都是明白轻重缓急道理的，他们在处理一年或一个月、一天的事情之前，总是先分清主次，进而安排自己的时间。"重要的事先做"就是要求我们做到：

（1）确定最重要的事。

人们确定了事情的重要性之后，不等于事情会自动办好。你或许要花大力气才能把这些重要的事情做好。要确定最重要的事，你肯定要费很大的劲。商业及电脑巨子罗斯·佩罗说："凡是优秀的、值得称道的东西，每时每刻都处在刀刃上，要不断努力才能保持刀刃的锋利。"下面是有助于你做到这一点的 3 步计划：

第一步，你要从目标、需要、回报和满足感 4 方面对将要做的事情做一个评估。

第二步，删掉你不必要做的事，把要做但不一定要你做的事委托别人去做。

第三步，记下你为达到目标必须做的事，包括完成任务需要多长时间，谁可以帮助你完成任务等。

（2）分清事情的主次关系。

在确定每一年或每一天该做什么之前，你必须对自己应该如何利用时间有更全面的看法。要做到这一点，有 4 个问题你要问自己：

我们要解决的第一个问题就是，明白自己将来要干什么。只有这样，我们才能持之以恒地朝这个目标不断努力，把一切和自己无关的事情统统抛弃。

第一，我要成为什么？我们每一个人来到这个世界上，都是上帝的安排。我们每个人都肩负着一个沉重的责任，按上帝指定的目标前进。再过 20 年，我们每个人都有可能成为公司的领导、大企业家、大科学家。

第二，哪些是我非做不可的？我需要做什么？要分清缓急，还应弄清自己需要做什么。总会有些任务是你非做不可的。重要的是，你必须分清某个任务是否一定要做，或是否一定要由你去做。这两种情况是不同的。必须要做，但并非一定要你亲自做的事情，你可以委派别人去做，自己监督其完成便可。

第三，什么是我最擅长做的？人们应该把时间和精力集中在自己最擅长的事情上，即会比别人干得出色的事情上。关于这一点，我们可以回忆一下前面提到的二八法则：人们应该用 80% 的时间做最擅长的事情，而用 20% 的时间做其他事情，这样使用时间是最具有战略眼光的。

第四，什么是我最有兴趣做的？无论你地位如何，你总需要把部分时间用于做能带给你快乐和满足感的事情。这样你会始终保持生活热情，因为你的生活是有趣的。有些人认为，能带来最高回报的事情就一定能给自己最大的满足感。其实不然，这里面还有一个兴趣问题，只有感兴趣的事才能带给你快乐，给你最大的满足感。

（3）展开行动。

在确立了重要的事以及分清主次之后，你必须按它们的轻重缓急开始行动。大部分人是根据事情的紧迫感，而不是事情的优先程度来安排先后顺序的。这些人的做法是被动的而不是主动的。懂得生活的人往往不是这样，他们按优先程度开展工作。以下是两个建议：

第一，规划优先表。即前文所说的美国伯利恒钢铁公司总裁查理斯·舒瓦普向效率专家艾维·李

请教"如何更好地执行计划"的方法。

第二，设定进度表。设定进度表可以帮助你安排一周、一月、一年的时间；可以给你一个整体方向，使你看到自己的宏图，从而有助于你达到目的。把一天的时间安排好，这对于你成就大事是很关键的。这样你可以每时每刻集中精力处理要做的事。同样，把一周、一个月、一年的时间安排好，也是同等重要的。第四代时间管理理论，把事情按紧急和重要的不同程度，分为 A、B、C、D 四类。它让我们在现实生活中进行时间管理有了更好的依据，也使得时间管理更具操作性。先做 A、B，少做 C，不做 D。方向重于细节，策略胜于技巧。始终抓住"重要"的事，才是最大的时间管理、最好的节约时间方法。A、B 类事务多了，C、D 类自然就杜绝了，你就会越来越有远见、有理想、有效率，少有危机。

3. 珍惜今天，活在现在

成功者往往把今天看做生命中的最后一天，从而在每一个今天里让生命充实、完美。假如今天是我们生命中的最后一天。我们该如何利用这最后、最宝贵的一天呢？

首先，我们要把一天的时间珍藏好，不让一分一秒的时间滴漏。其次，不为昨日的不幸叹息，过去的已够不幸，不要再赔上今日的运道。

所以，我们要珍惜今天，把今天看做生命的最后一天。如果这样，我们就会憎恨那些浪费时间的行为，并誓言要摧毁拖延的习性。我们以真诚埋葬怀疑，用信心驱赶恐惧。我们不听闲话，不游手好闲，不与不务正业的人来往。我们终于醒悟到，若是懒惰，无异于从我们所爱之人手中窃取食物和衣裳。我们不是贼，我们有爱心，今天是我们最后的机会，我们要证明我们的爱心和伟大。生命只有一次，而人生也不过是时间的累积。我们若让今天的时光白白流逝，就等于毁掉人生的最后一页。因此，我们必须珍惜今天的一分一秒，因为它们将一去不复返。我们无法把今天存入银行，明天再来取用。时间像风一样不可捕捉，每一分每一秒，我要用双手捧住，用爱心抚摸。

4. 懂得休息，调整自我

一个懂得利用时间的人，也是一个懂得休息的人。丹尼尔在一本名叫《为什么要疲倦》的好书里，说："休息并不是绝对什么事都不做，休息就是修补。"棒球名将康尼·麦克每次出赛之前如果不睡一个午觉的话，到第五局就会觉得筋疲力尽了。相反，如果他睡午觉的话，哪怕只睡 5 分钟，也能够赛完全场，而且一点也不感到疲劳。在短短的一点休息时间里，就能有很强的修补能力，即使只打 5 分钟的瞌睡，也有助于防止疲劳。

拿破仑·希尔在亨利·福特过 80 岁大寿之前去访问过他。他实在猜不透他为什么看起来那样有精神，那样健康。拿破仑·希尔问他秘诀是什么？"能坐下的时候我绝不站着，能躺下的时候我绝不坐着。"福特这样回答。如果你是一名打字员，你就不能像爱迪生或是山姆·戈尔德温那样，每天在办公室里睡午觉；而如果你是一个会计员，你也不可能躺在长沙发上跟你的老板讨论账目的问题。可是如果你住在一个小城市里，每天中午回去吃中饭的话，饭后你就可以睡 10 分钟的午觉。这是马歇尔将军常做的事。

在二次大战期间，马歇尔觉得指挥美军部队非常劳累，所以中午必须休息。如果你没有办法在中午睡午觉，至少要在吃晚饭之前躺下休息 1 个小时，这比喝一杯饭前酒要好得多。为什么呢？因为晚饭前睡的那 1 个小时，加上夜里所睡的 6 个小时一共是 7 个小时，对你的好处比连续睡 8 个小时更多。如果你能在下午 5 点、6 点或者 7 点钟左右睡 1 个小时，你就可以在你生活中每天增加 1 小时的清醒时间。

对于从事体力劳动的人来说，如果休息时间多的话，工作效率也会很高。弗雷德里克·泰勒，在贝德汉钢铁公司担任科学管理工程师的时候，就曾以事实证明了这件事情。泰勒选了一位名叫

施密特的先生，让他按照马表的规定时间来工作。有一个人站在一边拿着一只马表来指挥施密特："现在拿起一块铁，走……现在坐下来休息……现在走……现在休息。"他曾观察过，工人每人每天往货车上装大约 12.5 吨的生铁，而且中午时就已经筋疲力尽了。在对所有产生疲劳的因素做了一次科学性的研究之后，泰勒认为这些工人不应该每天只送 12.5 吨的生铁，而应该能每天运到 47 吨。照他的计算，他们应该可做到目前成绩的 4 倍，而且不会疲劳，只是必须要运用合适的方法，这种方法就是一边休息，一边工作。结果可想而知，别人每天只能装运 12.5 吨的生铁，而施密特每天却能装运到 47.5 吨生铁。而且弗雷德里克·泰勒在贝德汉姆钢铁公司工作的那 3 年里，施密特的工作效率从来没有减低过，他之所以能够做到，是因为他在疲劳之前就有时间休息：每个小时他大约工作 26 分钟，而休息 34 分钟。他休息的时间要比他工作的时间多—可是他的工作成绩却差不多是其他人的 4 倍！记住：常常休息，在你感到疲劳之前就休息，不要以为这是在浪费时间。有效地调整自己，你就能做到养精蓄锐，事半功倍。

有方向感，带着目标做事

西点军校的教材里面有这样的一个行军案例：

有一次，在军队过雪山的过程中，突然有一天全军 60% 的人失明。当时还无法找到答案，后来随着科学的发展解释了这个奇怪的现象。当人在雪地里面的时候，由于周围都是白色，人的眼睛无法找到物体聚焦。所以人的眼睛会一直在搜索聚焦点。这就像我们在雪地里面会感觉眩晕一样，长时间在这种环境下，眼睛的神经会发生紊乱，导致失明。这就是医学上说的雪盲。

西点军校通过这个案例教育学员们目标对于人的重要性。人是不能没有目标的，因为没有目标也就没有了参照物。雪中没有参照物时你会眩晕，生活中没有目标时你会感觉迷茫。

高尔夫球教练总是教导说，方向比距离更重要。因为打高尔夫球需要头脑和全身器官的整体协调。每次击球之前，选手都需要观察和思考，需要靠手、臂、腰、腿、脚、眼睛等各部位的有效配合进行击球。而击球的关键则在于两个"D"，即方向和距离。初学者中有不少人只想着把球打远，而忽视方向的重要性，其实，把球打准要比打远更重要！工作就像打高尔夫球，如果方向对了，即使走得慢也能一步一步靠近成功；可是如果方向错了，不仅白忙一场，也可能离成功越来越远。

不走弯路就是捷径。对高尔夫球手来讲，方向就是下一个球洞所在的位置；对于职场中人来讲，方向就是做正确的事，朝着目的地直线行走，而不是在错误的方向上一路狂奔。现实中很多人实际上是毫无头绪、毫无成效地瞎忙。例如，一些没有目标、没有方向、没有规划的销售员工，他们整天为了销量忙忙碌碌、为了市场四处奔波、为了业绩疲于奔命，结果却是销量下滑、市场疲软、业绩无增。因为他们做的大多是对销量增长无益的事情，开发的大多是公司舍弃的市场。

因此，在"百忙"之中抬头看看方向很重要，只有目标正确了，你的努力才会有成效，才能接近成功的彼岸。

一家公司的生产效率低下，总经理尝试了各种办法都未能解决这个问题。最后，总经理聘请了一位咨询顾问来帮助其解困。咨询顾问通过观察各部门人员的工作情况后发现，效率低下的主要原因就是许多人都在用错误或低效的方式做事，还有一些人游离在公司的核心业务之外行动。

据此，咨询顾问让各部门经理分别列出所在部门每月、每周、每日与公司的战略目标息息相关、对各部门绩效提升至关重要的 5 项任务。接着，又让他们将这些任务依次按重要性排序，并按照顺序严格执行。

员工们按照指定的方向执行，去除了那些费时费力的无效忙碌，公司的效率得到了飞速的提升。

方向感是茫茫森林里的指南针，指引着人们按时到达目的地。目标是漫漫黑夜里的光亮，指引着你走出忙碌的八阵图。只有明确了方向，目标精准，才能缩短与成功的距离。

"康师傅"的老板并不姓康，而是姓魏，来自中国台湾的魏氏四兄弟。他们 1988 年到大陆创

业时，开发过食用油生意，也推出过"康莱蛋酥卷"。他们的广告打得很好，如台湾电视剧《星星知我心》的女主角吴敬娴那句"用顶好清香油，顶有面子"的广告词在中央电视台播出之后马上深入人心。但是，以当时老百姓的消费水平，根本还没达到"要面子"的程度。后来，他们先后推出的"康莱蛋酥卷"和另外一种蓖麻油产品都因为犯了方向性的错误，看错了市场而使产品滞销。到1991年，魏氏兄弟带来的1.5亿元新台币血本无归。

直到有一次魏应行出差时，由于不习惯火车上的饮食所以自带了两箱方便面，没想到这些在岛内非常普通的方便面引起了同车旅客的极大兴趣，经常有人围观甚至询问何处可以买到。魏应行敏锐地捕捉到了这个市场的巨大需求，一开始就把握了主流方向。

当时内地生产的方便面很便宜，几毛钱一袋，但是质量很差。国外进口的方便面质量好，但是五六块钱一袋，相对于当时大多数人的消费水平来说太贵了。魏氏兄弟决定生产一种物美价廉的方便面，根据内地消费者的消费能力，把售价定在1.98元人民币。之后为这种方便面取了一个响亮的名字——"康师傅"。为了让方便面真正方便，根据消费者反映"向店员开口要筷子很不方便"的情况，他们通过研究改进，在面碗里独创性地放了一根叉子，更加方便周到。此举迅速成为一种潮流。

魏氏兄弟吸取了以前方向错误的教训，很注重消费者的实际需求。经过上万次的口味测试和调查，他们发现，内地人口味偏重，而且比较偏爱吃牛肉，于是把"红烧牛肉面"作为主打产品。1991年，适逢天津科技开发区招标，"康师傅"便在区内注册了顶益食品公司。

与此同时，其广告宣传也全面铺开。广告画面漂亮的"康师傅"一推出，立即打响，并掀起一阵抢购狂潮。公司门口甚至一度出现批发商排长队、一麻袋一麻袋订货的壮观场面。

方向正确了，才能避免走弯路，才能做正确的事，避免瞎忙。从20世纪80年代起，比尔·盖茨每年都要进行两次为期一周的"闭关修炼"。在这一周的时间里，他会把自己关在太平洋西北岸的一处临水别墅中，闭门谢客，拒绝和包括自己家人在内的任何人见面。他通过"闭关"使自己处于完全的封闭状态，完全脱离日常事务的烦扰，静心思考公司的发展方向，让整个微软公司和他自己都能忙在点子上。

我们在工作中一定不能像老黄牛一样埋头拼命拉车，想当然地认为出力越大，车就跑得越快。殊不知，偏离发展的正确道路的时候车拉得越快，距离成功就会越来越远。最聪明、高效的工作就是像比尔·盖茨那样跳出忙碌的快车，随时反省和思索最根本的方向性问题。

有了方向感之后，我们还要注意目标的专注性。美国著名半导体公司得州仪器公司的口号是："写出两个以上的目标就等于没有目标。"戴尔·卡耐基在分析了众多个人事业失败的案例后发现："年轻人事业失败的一个根本原因，就是精力太分散。"

目标太多等于没有目标，我们的忙碌在很大程度上就是因为目标过多。因为目标在变动，你就不得不在这个目标和那个目标之间疲于奔命，这是一种没有目的，缺少头脑，而且非常笨拙的工作方法。只有盯紧一个目标，并专注地去实现这个目标，才能最大限度地摒弃其他与此目标无关的干扰，最快、最准地达到目标。

年轻的李彦宏是全球最大的中文搜索引擎"百度"的创始人和当家人。他成功的主要原因就是只专注于一个目标。当时，互联网正好步入所谓的泡沫时代，有人劝他做将英语语言网页翻译成中文网页的事，他说"但我十几年来一直关注的都是搜索引擎这个市场"。之后短信救了很多网站，游戏又让很多网站发了财，但他只专注搜索这一件事情。

"外界很多人觉得我的事业很Boring（烦闷），你们媒体也一直喜欢问我下一步会有什么新东西。我很无奈，因为我觉得搜索这个市场潜力很大，足够我们费相当长的时间去开拓，我不会考虑其他的东西。"李彦宏说。

能射到鸟的猎人，绝不是去追逐满林子的鸟，而是一次只瞄准一只鸟。阿里巴巴的CEO马云也说："看见10只兔子，你到底抓哪一只？有些人一会儿抓这只兔子，一会儿抓那只兔子，最后可能一只也抓不住。CEO的主要任务不是寻找机会而是对机会说'NO'。机会太多，只能抓一个。

我只能抓一只兔子，抓多了，什么都会丢掉。"

在传媒界流行着这样一句话："一个人围着一件事转，最后全世界可能都围着你转；一个人围着全世界转，最后全世界可能都会抛弃你。"许多人做事效率很低，就是因为目标过多，导致自己无法将精力集中在重要的事情上。如果他们的努力能集中在一个方向上，就足以使他们获得巨大的成功。

"瞧这儿，"一个农场主对他新来的帮手汤米说，"你这种犁法是不行的，你都犁歪了，在这样弯曲的犁沟中，玉米会长得很混乱。你应该让你的眼睛盯住田地那边的某样东西，然后以它为目标，朝它前进。大门旁边的那头奶牛正好对着我们，现在把你的犁插入土地中，然后对准它，你就能犁出一条笔直的犁沟了。"

"好的，先生。"

10分钟以后，当农场主回来时，他看见犁痕弯弯曲曲地遍布整块田地。

"停住！停在那儿！"

"先生，"汤米说，"我绝对是按照你告诉我的在做，我笔直地朝那头奶牛走去，可是它却老是在动。"

汤米的愚昧就在于，盯住的目标不断在变动，他的行动就无法集中在一点之上，总是盲目调整目标得到的当然是糟糕的工作效果。

成功学大师奥里森·马登曾经在一项调查研究中要求参与者写下自己的目标，不限个数，但是要相信自己这些目标都能够完成。

若干年后，他对这些人进行回访时发现：那些只写下少量目标的人，大部分目标都实现了；但那些写下多个目标的人，基本上已经放弃了大多数的目标，剩下的有限目标他们完成得也大打折扣。

没有人能有三头六臂，目标太多很容易造成混乱，导致到了最后变成没有目标。

王宏是一个非常忙碌的人，他有很多很多大大小小的目标：

他希望能够升职，因此揽下了很多新业务。

他希望能够锻炼自己的口语，所以报了英语口语培训班。

他希望能够锻炼自己的交际能力，所以参加了几个经理人俱乐部。

他希望能够修身养性，所以每天晚上要去学习瑜伽。

他希望能够尽快找到女朋友，所以正忙于相亲。

……

一个月之内同时定了这么多目标，他能不忙吗？他的忙碌有清晰的目标，并不算瞎忙，但问题是他的目标太多了，很难把每一个目标都顾及到。

如果只有一只手表，可以知道是几点，但是如果拥有两只或者两只以上的手表，却无法确定是几点，两只手表并不能告诉一个人更准确的时间，反而会让看表的人失去对准确时间的信心，这就是著名的手表定律。一个人也不能同时为自己设置两个目标，否则他会觉得无所适从。如果他把目标按照轻重缓急制订计划，每一阶段专注一个计划的话他根本就不需要如此忙碌了，并且成功的可能性必定更大些。在工作中也是一样，每个人的精力、时间是有限的，忙得有章法、忙得有重点，才会忙得有成绩。

因此，如果确定的目标被证明是正确的，那就应该像卫星导航船一样，坚定不移地为目标而奋斗。风平浪静时，卫星导航船将一直朝着它要到达的港口航行。当风起云涌时，卫星导航船即使在狂风暴雨中也会一直坚持着它的航线。卫星导航船在海中航行时永远只会看到一样东西，那就是它所要到达的港口。不管天气怎样，或者它遇到什么样的困难，它到达港口的时间会在几小时之内就被预测出来。一艘想到达波士顿的船绝不会在纽约出现。

赢取时间之道

要想真正地赢得时间，首先要学会同时处理，提高效率。

每天清晨漫步在高校校园，都可看到许多边跑步边听外语广播的学生，他们懂得充分利用时间的奥秘。许多人认为，看原版电影是较好的娱乐方式，又可学习外语。虽然有人主张"一心不可二用"，但不可否认的是，统筹规划，是现代人不可缺少的素质，同时做几件事的人，他们的脑筋的确转动得很快，办事效率也更高，无形中节约了大量的时间。

美国著名作家杰克·伦敦的房间，有一种独一无二的装饰品，那就是窗帘上、柜橱上、衣架上、床头上、镜子上、墙上……四处贴满了各色各样的小纸条。他非常偏爱这些纸条，几乎和它们形影不离。这些小纸条上面写满各种各样的文字：有美妙的词汇，有生动的比喻……睡觉前，他默念着贴在床头的小纸条；第二天一觉醒来，他一边穿衣，一边读着墙上的小纸条；刮脸时，镜子上的小纸条为他提供了方便；在踱步、休息时，他可以到处找到启动创作灵感的语汇和资料。外出的时候，杰克·伦敦也不轻易放过闲暇的一分一秒。出门时，他早已把小纸条装在衣袋里，随时都可以掏出来看一看，思考一下。

英国文学史上著名女作家艾米莉·勃朗特在年轻的时候，除了写作小说，还要承担全家繁重的家务劳动，例如烤面包、做菜、洗衣服等。她在厨房劳动的时候，每次都随身携带铅笔和纸张，一有空隙，就立刻把脑子里涌现出来的思想写下来，然后再继续做饭。有时候我们也一边休息，一边工作，只要把工作的性质变动一下，就能轻易地做到这一点。这也是"莫氏休息法"的精髓所在。

莫氏的休息方法就是从一张书桌换到另一张书桌，继续工作。若论工作量，很少有人能超过英文《新约圣经》的翻译者詹姆斯·莫法特。莫氏的书房里有3张桌子，一张摆着他正在翻译的《圣经》译稿；一张摆的是他的一篇论文的原稿；在第三张桌子上，是他正在写的一篇侦探小说。疲劳常常只是厌倦的结果，要消除这种疲劳，停止工作是不行的，必须变换工作。就像汽车的电瓶用完了，光是把电瓶拿出来是不够的，一定要把它拿去充电，得到新的能源，才能够再使用。真正的休息需要不断和能量的来源保持接触。

美国近代诗人、小说家和出色的钢琴家爱尔斯金曾讲过钢琴教师卡尔·华尔德对她的启示："一天，卡尔·华尔德给我授课的时候，忽然问我每天要练习多少时间钢琴？我说大约每天三四个小时。"

"'你每次练习，时间都很长吗？是不是有个把钟头的时间？'

"'我想这样才好。'

"'不，不要这样！'他说，'你将来长大以后，每天不会有长时间的空闲的。你可以养成习惯，一有空闲就几分钟几分钟地练习。比如在你上学以前，或在午饭以后，或在工作的休息时间，5分钟、5分钟地去练习。把小的练习时间分散在一天里面，如此则弹钢琴就成了你日常生活中的一部分了。'

"当我在哥伦比亚大学教书的时候，我想从事兼职创作。可是上课、看卷子、开会等事情把我白天晚上的时间完全占满了。差不多有两个年头我一直不曾动笔，因为我总是找不到时间。后来才想起了卡尔·华尔德先生告诉我的话。

"到了下一个星期，我就把他的话实践起来。只要有5分钟左右的空闲时间，我就坐下来写一百字或短短的几行。出乎意料的是，在那个周末，我竟积累了许多的稿子准备修改。后来我用同样积少成多的方法，创作长篇小说。我同时还练习钢琴，发现每天小小的间歇时间，足够我从事创作与弹琴两项工作。我的教授工作虽一天繁重一天，但是每天仍有许多可以利用的时间。

"利用短时间，其中有一个诀窍：就是要把工作进行得迅速，如果只有5分钟的时间给你写作，你切不可把4分钟消磨在咬你的铅笔上面。只要思想上事前有所准备，到工作时间届临的时候，就能立刻把心神集中在工作上。

"卡尔·华尔德对于我的一生有极重大的影响。由于他，我发现了极短的时间，如果能毫不拖延地充分加以利用，就能积少成多地供给你所需要的长时间。

"迅速集中脑力，并不像一般人所想象的那样困难。5分钟、10分钟往往随便过去，但是人类的生命是可以从这些短短的时间中获得一些成就的。"

所有这些成功者的例子，都让我们认识到：统筹规划不仅能够"增加"生命的时间，而且也

是获取更大成功的捷径。

在懂得统筹规划后，赢得时间的另一个方法是恪守时间。

一个不守约的人，除非理由充分，否则就是个十足的骗子，他周围的整个世界就会像对待骗子那样对待他。贺拉斯·格里利说："一个人如果根本不在乎别人的时间，这和偷别人的钱有什么两样呢？浪费别人的 1 小时和偷走别人 5 美元有什么不同呢？况且，很多人工作 1 小时的价值比 5 美元要多得多。"

华盛顿经常这样说："我的表从来不问客人有没有到，它只问时间有没有到。"他每天 4 点钟吃饭，如果有时候应邀到白宫吃饭的国会新成员迟到了，华盛顿就会自顾自地吃饭而不理睬他们，这使他们感到很尴尬。一次，他的秘书找借口说，自己迟到的原因是表慢了。华盛顿回答说："那么，或者你换块新表，或者我换个新秘书。"拿破仑有一次请元帅们和他共进晚餐，他们没有在约定的时间到达，他就旁若无人地先吃起来。他吃完刚刚站起来时，那些人来了。拿破仑说："先生们，现在就餐时间已经结束，我们开始下一步工作吧。"

富兰克林对经常迟到却总是有借口搪塞的佣人说："我发现，擅长找借口的人通常除此之外什么都不擅长。"

约翰·昆西·亚当斯从不误时。议院开会时，看到亚当斯先生入座，主持人就知道该向大家宣布各就各位，开始会议了。有一次发生了这样一件事，主持人宣布就座时，有人说："时间还没到，因为亚当斯先生还没来呢。"结果发现是议会的钟快了 3 分钟，3 分钟后，亚当斯先生准时到达了会场。

日理万机的繁忙生活中，贺拉斯·格里利每次约会都会准时到达，《论坛报》上很多睿智犀利的文章都是他在其他编辑悠闲地和别人一起消遣，或会议迟迟没有开始时写成的。韦伯斯特上学从不迟到，在法庭、国会和社会公共事务中他也同样准时。

守时代表了彬彬有礼、温文尔雅的大家风范。有些人总是手忙脚乱地完成工作，他们总是给你急匆匆的样子，就好像他们总是在赶一辆马上就要启动的火车。他们没有掌握适当的做事方法，所以很难会有什么大的成就。

学校生活最大的优点之一就是有铃声催你起床，告诉你什么时间该去晨读或者上课，教你养成恪守时间、从不误时的习惯。每个年轻人都应该有一块表，可以随时看时间。事事习惯"差不多"是个坏毛病，从长远来看更是得不偿失。在著名商人阿蒙斯·劳伦斯从事商业生涯的最初 7 年里，他从不允许任何一张单据到星期天还没有处理。商业界的人士都明白，商业活动中某些重大时刻会决定以后几年的业务发展状况。如果你到银行晚了几个小时，票据就可能被拒收，而你借贷的信用就会荡然无存。

"哦，我多么喜欢那个任何事情都按时完成的年轻人！"布朗先生说，"你很快就会发现，自己可以信赖他，并且很快就会让他来处理越来越重要的事情。"

恪守时间是使人信任的前提，会给人带来好名声。它清楚地表明，我们的生活和工作是按部就班、有条不紊的，使别人可以相信我们能出色地完成手中的事情。恪守时间的人一般都不会失言或违约，都是可靠和值得信赖的。办事一贯准时、恪守时间的好名声，往往是积累成功资本的第一步。有了第一步，成功自然就是水到渠成。

火车司机的表慢一点就可能发生严重的撞车事件。西安《华商报》在 2002 年 7 月 12 日报道了一则以往在古装剧中"刀下留人"一幕的现实版新闻。说的是陕西延安一名死因，在执行枪决的前 4 分钟，接到最高人民法院下达的"暂缓执行命令"，原因是此案涉嫌自卫，且对方也有错，判处死刑不当。可见短短 4 分钟是多么重要！

为了珍惜和利用自己的或者别人的时间，为了能够成为一个可靠的、值得信任的人，恪守时间是非常有必要的。一个成功者应该珍惜自己的时间。他总是设法回避那些消耗他们时间的人，希望自己宝贵的光阴不要因为他们而多浪费一刻。一个成功的时间管理者不仅懂得如何珍惜自己

的时间，而且特别珍惜别人的时间。因为他们深知这才是真正的赢取时间之道。一个做事有计划的人，无论是老板还是伙计，都应有眼力审视和判断顾客对自己生意的价值，对于一些与生意无关的废话，应该想一个收场的方法，同时他们也绝不会在别人上班的时间内，和他人东拉西扯地谈些无关紧要的话，因为这样无疑是在妨碍他人的工作，损害他人应得的利益。

善于应对客人的人，都会在接到来客名单之后，就事先知道了花多少时间。美国总统西奥多·罗斯福就是这样一个模范人物：当一个久别重逢只求会见一面的客人到来时，他总是在握手寒暄之后，便很抱歉地说，他还有许多别的客人要接见，这样一来，来客就会很简洁地道明来意，告辞而返了。

商人最可贵的本领就是与人进行任何来往时都简捷迅速。这是成功者的通行证。一个人唯有彻底认识时间的重要性，才能够竭尽全力去防范那些爱饶舌的人。

有一位大公司的经理，他经常与来客把事情商洽妥当之后，便很有礼貌地站起身来，向来客握手道歉，说自己不能有更多的时间跟他交谈。那些客人对他的诚恳态度都不挑剔，绝不会认为他很吝啬地只肯会谈两三分钟。

有许多大银行、大公司的经理以及高级职员，都具有这种从多年经验中学来的本领。有不少实力雄厚、目光远大、判断准确、刻苦耐劳的大企业家，都是办事迅速敏捷的人，他们所说出来的话，句句都是确切而有目的的。他们从不在这上面浪费一点一滴的时间。

当然，一个简捷迅速、斩钉截铁的人，有时也容易招致一些怨恨，但他们绝不把它放在心上。他们为了使事情有所成就、为了遵守规律，不得不与那些与生意没什么关系的人减少来往。例如，美国银行大王摩根与人洽谈生意，能利用最少时间产生最大效用。他为了严守纪律，而招致了许多怨恨。其实，对我们每个人而言，这是一种值得学习和提倡的美德。

他每天上午9点半到办公室，下午5点回家。通常他总是在一间宽敞的办公室里，与无数办事人员一同工作，而不像许多商界要人，只和他的秘书在一个房间里。他随时都在指挥手下的员工，依照他的计划行事。除了与生意有重要关系的接洽外，他从来不与人交谈5分钟以上的时间。如果你走进那间办公室，会很容易见到他，但如果你没有要紧的事，他绝不会欢迎你。

摩根有卓越的眼力，能够判断一个人要来接洽什么事情。你对他说话，一切转弯抹角的手段都会失去效力，他能够立刻猜出你的目的，这一招使他节省了很多时间。摩根最不能容忍的是原本没有什么重要事情需要接洽，只是为了想找个人谈天，而去耗费工作繁忙的人许多宝贵光阴的人。

所以，要想赢得时间，就要努力提高利用时间的效率，并严格按照时间的准则做事，不能拖延。

规划能力让梦想起航

每个人都有梦想，它代表了我们对于人生的美好期待，但是你想过要怎么样去实现梦想吗？或许很多人都会说要为了梦想而努力，但是如果进一步问：你想过该怎样努力吗？可能多数人都答不上来，这说明这些人没有想过或者没有认真地想过这个问题。事实上，这个问题很重要，它关系到我们的梦想能不能实现或者能在多大的程度上实现。下面我们来读一则故事，读过之后，相信你会找到这个问题的答案。

这则选登在《读者》上的故事以自叙的方式描绘了主人公在一位朋友的启示下终于迈出了实现梦想的第一步的情景。

那时主人公19岁，在美国某城市的一所大学主修计算机，同时在一家科学实验室工作。他酷爱作曲，一直梦想着成为一名优秀的音乐人，出自己的唱片。出于对音乐共同的热爱，他结识了一位与他同龄的作词的女孩，也正是这位聪慧的女孩让他在迷茫中找到了实现梦想的道路。她知道主人公对音乐的执著，然而，面对那遥远的音乐界及整个美国陌生的唱片市场，他们没有任何渠道和办法。

某一天，两人又是静静地坐着，若有所思，又一无所获，他甚至不知道目前的自己应该做些什么。突然间，她很严肃地问了他一个问题："想象一下，5年后的你在做什么？"他愣了，不知该如

何回答。她转过身来，继续向他解释："你心目中'最希望'5年后的你在做什么，你那个时候的生活是一个什么样子？"

主人公沉思过后，说出了自己的期冀：第一，5年后他希望能有一张广受欢迎的唱片在市场上发行，得到大家的肯定；第二，他要住在一个充满音乐的地方，天天与一些世界上顶级的音乐人一起工作。

女孩后面的话对主人公意义重大，她帮助他做了一次时光推算：如果第五年，他希望有一张唱片在市场上发行，那么，第四年他一定要跟一家唱片公司签上合约；而第三年他一定要有一个完整的作品能够拿给多家唱片公司试听；第二年，一定要有非常出色的作品已经开始录音了；这样，第一年，他就必须要把自己所有要准备录音的作品全部编曲，排练就位，做好充分准备；第六个月，就应该把那些没有完成的作品修饰完美，让自己从中逐一做出筛选；而第一个月就是要把目前手头的这几首曲子完工；因此，第一个星期就是要先列出一个完整的清单，决定哪些曲子需要修改，哪些需要完工。话说到此，她已经让他清楚自己当下应该做些什么了。

对于主人公的第二个未来畅想，她继续推演，如果第五年他已经与顶级音乐人一起工作了，那么第四年他应该拥有自己的一个工作室；而第三年，他必须先跟音乐圈子里的人在一起工作；第二年，他应该在美国音乐的聚集地洛杉矶或者纽约开始自己的音乐旅程。

主人公在这番时光推演中，找到了自己的人生路线，他让未来决定自己当下应该做的事情。第二年，他辞掉了令人羡慕的稳定工作，只身来到洛杉矶。大约第六年，他过上了当年畅想的生活。

这个故事读来意味深长。当你决定要通过努力来实现自己的梦想时，学学这位主人公，静静想想，为了实现梦想，你一个星期内要做到什么，一年内要做到什么，5年内要达到什么样的目标……为了达到这些阶段性的目标，你必须完成哪些事。

如果你将自己的整个人生都按照这种方法重新作一番整理，那么你做的就是"规划"的工作，你完成了自己的人生规划。这种规划的能力对任何人而言，都非常重要，因为只有进行合理规划，才能让梦想起航。

同时，规划能力对我们的另一个意义是节省行动的时间。我们都有这样的体会：如果让一天的时间自然地度过，不作任何计划，只是随机行事，那么你一天中能做的事不会太多；但是如果你在前一天对第二天要做的事做一个整理分类排序，那么第二天的生活就会因此而变得更有条理，而且，你做事的效率也会得到提高，效果也比较理想。这是因为作了计划之后，你的每一个行为都会有明确的目的性，而且因为你已经将要做的事进行合理排序，所以，你会少走许多弯路，这些都是计划带来的好处。

如果我们把这种做法运用在人生这个大的时间段中，规划的意义便显现出来了。比如，有一个人为自己确立的人生目标是成为一名伟大的作家。那么，如果他不进行合理的规划，就可能出现以下的状况：他可能在大学毕业后根据自己的专业找了一份市场营销的工作，结果，每天被巨大的工作压力压得喘不过气来，在紧张的工作和加班过后，只有在晚上临睡之前的半个小时才有时间看看自己喜欢的书籍。

至于写作，只能推到周末来练习了，可是很不巧，周末时经常要出去陪客户吃饭。几年下来，他突然发现自己已经离理想越来越远，这时他才警觉到自己的工作原来对实现理想没有帮助，它只是为了养活自己而已，而这时的他已经30出头了。于是，他换了工作，他选择到一家报社做记者，他认为这对于他体验社会各个阶层的生存状况有所帮助，也可以锻炼自己的思维和文笔。但是当他兴冲冲地上班之后，才发现经过几年的"搁浅"，他的写作水平已经大不如前，每天的工作都完成得非常吃力，而且，刚参加工作，一切从头做起，工资很低，做记者没有他从前做营销那样得心应手。

恰好这时，他的第一个孩子出生了，然后，问题接踵而来，最紧迫的就是他的家庭财政出现了危机，他和妻子的工资只够维持自己的家庭开支，有时，过年过节给老人买礼物的钱都拿不出来。他知道，过几年，孩子要上学，那时更需要钱，没有办法，他只能放弃目前的工作，重新回到营

销领域。生活宽裕了，但是，少年时代的理想已经几乎被他忘却了。日子这样过下去，终于等到孩子上大学，他身上的担子轻了，这是他已经四十几岁了，偶尔再拿起笔的他，才在闲暇的时候写一些这些年来的感触和体会。后来，他退休了，有很多时间了，但是他已经老了，对人生的是非和风浪看得很淡然，他已没有了少年时的激情和梦想。由于经常练习，他的写作水平提高了，但失去了热度和光彩，他的文章很多都能见报，但是也只是如此罢了，他最终没能成为伟大的作家。

这个人原本是有才华的，但是他人生的很大一部分时间被浪费了，他没有实现自己的梦想。也许，如果再给他时间，他也能成功，但是，人生是有限的，人生不允许打草稿。他没有足够的时间去努力了。这是一件让人痛心的事。但是，如果他在年轻的时候就进行合理的规划，也许人生就是另一番景象。

如果他在上大学的时候开始规划，那么大学期间，他可以刻苦地练习写作，在报纸上发表文章，可以找时间游览祖国的名山大川，陶冶自己的情操。毕业后，他可以选择去报社、杂志社、出版社工作，既能锻炼文笔，又能有机会读书，学习人文知识。等到家庭的重担落在他身上时，他也许已经成为主编或资深编辑或者小有名气的作家，养家糊口已经不是难事，他可以利用闲暇时间拜访文学领域的前辈。如果他的人生按照这个轨道走下去，凭借他的才华，在有生之年写出让自己满意的作品绝非难事。

可见，人生就是一个大的时间段，不要总以为时间还早，机会很多，你还可以走一步看一步。这种想法是十分危险的，因为没有规划的人生，充满了盲目和混乱，白白浪费了时间，这是任何人都承受不起的。

如果你能合理地规划人生，那么你就比别人多了一项资本，在人生的起跑线上，你已经抢先了一步。如果你和另一个人有着同样的目标，但是你事先进行了合理规划，你一定会比他早实现理想。这就是规划的魔力。

但是即使这样，有些人还是无法做到合理的规划，因为存在性格上、情感、做事方式等方面的不足，所以你必须看清并正视它们，这样的规划才能使梦想与现实完美统一。

第一，了解自己想做什么。

按愿望关系分类，可将人分为：

（1）确切知道自己在生活中想做什么并且付诸实施的人。

（2）不知道也不想知道自己想做什么的人。他们害怕自己有理想。他们说："我实际想要的东西，从来没得到过，所以我干脆也不去想了。"这些人实际上并不知道他们想要做什么。一个愿望刚出现在他们的意识中，就已被他们扼杀在摇篮里："我能做到吗？我有资格做吗？别人将会怎么说呢？如果我不能胜任它，结果会怎样呢？"如果说这些人也想做些什么的话，那也只是别人想做的而不是他们自己想做的。

（3）看起来非常清楚自己想做什么的人。

实际上他们对此一无所知。他们与上面提到的两类人的区别在于：他们非常重视给别人留下一种印象，好像他们知道自己想做什么，这使得他们比较自信，看起来也比别人略高一筹。

第二，了解自己能做什么。

按能力关系分类，同样可将人划分为三类：

（1）过低估计自己的人。

（2）无限高估自己的人。

（3）正确估计自己，能得到他们想要得到的东西。

第三，将愿望和能力、现实相统一。

拥有一份规划的第三点在于，将我们想做和我们能做的与现实相统一。这是因为，只有将我们实现愿望的多种情况都考虑在计划之内，我们的愿望才能得以实现。

简而言之，我们所有的愿望的极限是我们自己。我们应该了解：我们今天是什么，我们今天能做什么。不是别人是什么或者别人能做什么，或者我们自己期盼着明天是什么。要想获得幸福，我们必须动用我们所拥有的一切。大多数人都心存不满，其原因只有一个：他们至今都不懂，如

何从自己的生活现实出发，去做得更好。

第四，为了达到目标，必须学会放弃。

当今时代的一个典型特征，就是人们认为他们不应错过生命所赋予他们的一切。那种抑制不住的贪婪欲望促使他们想知道一切，达到一切，拥有一切，结果使得自己的一生就像是在进行百米赛跑。

他们想拥有别人所拥有的一切，想立即拥有并尽可能多的拥有。当然他们还想拥有永远的安全，而在这种安全第二天就消失时，他们会感到极度的失望。为什么会这样呢？

答案既简单又明了：他们制订了一个目标、一个理想、一份规划，但他们没有同时决定为了达到这一目标自己应首先放弃什么。

所以，对人生进行规划，用以消除所有影响，去做有利于我们的幸福、成功和自我实现的唯一正确的事情，这意味着：一方面我们必须作出决定，什么有利于实现我们的规划，并要毫不犹豫地去实施这份规划。另一方面我们必须决定，尽管有些东西目前看起来十分诱人，却不利于规划的实现，必须放弃它们。规划自己的人生线路，只有从以上四个方面着手，才能勾勒出自己清晰的人生轨迹。

别为失败找理由

著名的美国西点军校有一个久远的传统，即遇到学长或军官问话，新生只能有四种回答：

"报告长官，是。"

"报告长官，不是。"

"报告长官，没有任何借口。"

"报告长官，我不知道。"

除此之外，不能多说一个字。

新生可能会觉得这个制度不尽公平，例如军官问你："你的腰带这样算擦亮了吗？"你当然希望为自己辩解，如"报告长官，排队的时候有位同学不小心撞到了我"。但是，你只能有以上四种回答，别无其他选择。

在这种情况下你也许只能说："报告长官，不是。"如果学长再问为什么，唯一的适当回答只有："报告长官，没有任何借口。"这既是要新生学习如何忍受不公平——人生并不是永远公平的，同时也是让新生们学习必须承担的道理：现在他们只是军校学生，恪尽职责可能只要做到服装仪容的要求，但是日后他们肩负的却是其他人的生死存亡。因此，"没有任何借口"！

从西点军校出来的学生，许多后来都成为杰出将领或商界奇才，不能不说这是"没有任何借口"的功劳。真诚地对待自己和他人是明智和理智的行为，有些时候，为了寻找借口而绞尽脑汁，不如对自己或他人说"我不知道"。这是诚实的表现，也是对自己和他人负责的表现。对此，齐格勒建议说："如果你能够尽到自己的本分，尽力完成自己应该做的事情，那么总有一天，你能够随心所欲从事自己要做的事情。"

尽自己的本分就要求我们勇于承担责任，承担与面对是一对姐妹，面对是敢于正视问题，而承担意味着解决问题的责任，让自己担当起来。没有勇气，承担就没有基础；没有承担力，面对就没有价值。放弃承担，就是放弃一切。假如一个人除为自己承担之外，还能为他人承担，他就会无往而不胜。

有一只猫，总爱寻找借口来掩饰自己的过失。老鼠逃掉了，它说："我看它太瘦，等以后养肥了再吃不迟。"到河边捉鱼，被鲤鱼的尾巴打了一下，它说："我不是想捉它——捉它还不容易？我就是要利用它的尾巴来洗洗脸。"后来，它掉进河里，同伴们打算救它，它说："你们以为我遇到危险了吗？不，我在游泳……"话没说完，它就沉没了。

"走吧，"同伴们说，"它又在表演潜水了。"

这是一只可怜又可悲的猫，其实世界上有许多人也和它相似，他们自欺欺人，善于为自己的错误寻找借口，结果搬起石头砸了自己的脚，受伤害的总是自己。

人们必须付出巨大的心力才能够成为卓越的人，但是如果只是找个借口搪塞为什么自己不全力以赴的理由，那真是不用费什么力气。

一个被下属的"借口"搞得不胜其烦的经理在办公室里贴上了这样的标语："这里是'无借口区'。"他宣布，9月是"无借口月"，并告诉所有人："在本月，我们只解决问题，我们不找借口。"这时，一个顾客打来电话抱怨该送的货迟到了，物流经理说："的确如此，货迟了。下次再也不会发生了。"随后他安抚顾客，并承诺补偿。挂断电话后，他说自己本来准备向顾客解释迟到的原因，但想到9月是"无借口月"，也就没有找理由。

后来这位顾客向公司总裁写了一封信，评价了在解决问题时他得到的出色服务。他说，没有听到千篇一律的托辞令他感到意外和新鲜，他赞赏公司的"无借口运动"是一个伟大的运动。借口往往与责任相关，高度的责任心产生出色的工作成果。要做一个优秀员工，就要做到没有借口和负责，勇于负责是你的天职。许多员工习惯于等候和按照主管的吩咐做事，似乎这样就可以不负责任，即使出了错也不会受到谴责。这样的心态只能让人觉得你目光短浅，而且永远不会将你列为升迁的人选。

勇于负责就要彻底摒弃借口，借口对我们有百害而无一利。借口的害处已说了这么多，真该建议那些爱找借口的员工像这个例子中的经理一样，为自己设立一个"无借口区"。很多人遇到困难不知道努力解决，而只是想到找借口推卸责任，这样的人很难成为优秀的员工。

休斯·查姆斯在担任"国家收银机公司"销售经理期间曾面临着一种最为尴尬的情况：该公司的财政发生了困难。这件事被在外头负责推销的销售人员知道了，并因此失去了工作的热忱，销售量开始下跌。到后来，情况更为严重，销售部门不得不召集全体销售员开一次大会，全美各地的销售员皆被召去参加这次会议。查姆斯先生主持了这次会议。

首先，他请手下最佳的几位销售员站起来，要他们说明销售量为何会下跌。这些被唤到名字的销售员一一站起来以后，每个人都有一段最令人震惊的悲惨故事要向大家倾诉：商业不景气、资金缺少、人们都希望等到总统大选揭晓后再买东西等。当第五个销售员开始列举使他无法完成销售配额的种种困难时，查姆斯先生突然跳到一张桌子上，高举双手，要求大家肃静。然后，他说道："停止，我命令大会暂停10分钟，让我把我的皮鞋擦亮。"

然后，他命令坐在附近的一名黑人小工友把他的擦鞋工具箱拿来，并要求这名工友把他的皮鞋擦亮，而他就站在桌子上不动。在场的销售员都惊呆了，他们有些人以为查姆斯先生发疯了，人们开始窃窃私语。在这时，那位黑人小工友先擦亮他的第一只鞋子，然后又擦另一只鞋子，他不慌不忙地擦着，表现出第一流的擦鞋技巧。

皮鞋擦亮之后，查姆斯先生给了小工友一毛钱，然后发表他的演说。他说："我希望你们每个人，好好看看这个小工友。他拥有在我们整个工厂及办公室内擦鞋的特权。他的前任是位白人小男孩，年纪比他大得多。尽管公司每周补贴他5元的薪水，而且工厂里有数千名员工，但他仍然无法从这个公司赚取足以维持他生活的费用。

"这位黑人小男孩不仅可以赚到相当不错的收入，既不需要公司补贴薪水，每周还可以存下一点钱来，而他和他的前任的工作环境完全相同，也在同一家工厂内，工作的对象也完全相同。

"现在我问你们一个问题，那个白人小男孩拉不到更多的生意，是谁的错？是他的错，还是顾客的？"

那些推销员不约而同地大声说：

"当然是那个小男孩的错。"

"正是如此。"查姆斯回答说，"现在我要告诉你们，你们现在推销收银机和一年前的情况

完全相同：同样的地区、同样的对象以及同样的商业条件。但是，你们的销售成绩却比不上一年前。这是谁的错？是你们的错，还是顾客的错？"同样又传来如雷般的回答："当然，是我们的错。"

"我很高兴，你们能坦率地承认自己的错。"查姆斯继续说，"我现在要告诉你们。你们的错误在于，你们听到了有关本公司财务发生困难的谣言，这影响了你们的工作热情，因此，你们不像以前那般努力了。只要你们回到自己的销售地区，并保证在以后30天内，每人卖出5台收银机，那么，本公司就不会再发生什么财务危机了。你们愿意这样做吗？"

大家都说"愿意"，后来果然办到了。那些他们曾强调的种种借口：商业不景气、资金缺少、人们都希望等到总统大选揭晓以后再买东西等，仿佛根本不存在似的，统统消失了。

这个例子告诉我们，借口是可以克服的，只有勤奋努力地工作才能让你找到成就感。

"拒绝借口"应该成为所有企业奉行的最重要的行为准则，它强调的是每一位员工想尽办法去完成任何一项任务，而不是为没有完成任务去寻找任何借口，哪怕看似合理的借口。其目的是让员工学会适应压力，培养他们不达目的不罢休的毅力。它让每一个员工懂得：工作中是没有任何借口的，失败是没有任何借口的，人生也没有任何借口。

拒绝借口，用行动去落实

在西点军校，教官指导学生习剑时要告诉他们："不要假设如果自己手中的剑再长一点，你就可以击败对方了。事实是，无论你的剑有多长，不主动进攻，也无济于事。只要你前进一步，你的剑自然就变长了。"

西点军校的精英们知道，在残酷的战场上，没有人让你重新再打你曾经打败的一场战斗。只要被打败，你就要付出惨重的代价，所以，必须要扔掉那些找借口的想法。

当西点毕业的格兰特将军赢得了美国内战的胜利，开辟了美国历史的新篇章后，很多人开始寻找格兰特制胜的原因。在格兰特将军做了美国总统后，有一次，他到西点军校视察，一名学生毕恭毕敬地对格兰特说：

"总统先生，请问西点军校授予您什么精神使您义无反顾、勇往直前？"

"没有任何借口。"格兰特的回答铿锵有力、掷地有声。

"如果您在战争中打了败仗，您必须为自己的失败找一个借口时，您怎么做？"

"我唯一的借口就是：没有任何借口。"

执行任务，不找任何借口地去落实，这是千百年来每个士兵乃至将军最基本的职责。军人的天职就是无条件地执行上级的命令，全力以赴地完成，即使牺牲自己的生命也在所不惜。成功的人没有借口，不成功的人也有一种共同的性格特征，他们知道失败的原因，并且对于自己有着他们认为的一套托词。

制造借口是人类本能的习惯，这种习惯是难于打破的，尤其是我们要以此作为某事的借口之时。艾乐勃·赫巴德说："我对自己一向是个谜，为何人们用这么多的时间制造借口以掩饰他们的弱点，并且故意愚弄自己。如果用在正确的用途上，这些时间足够矫正这些弱点，那时便不需要借口了。"

比尔·盖茨也说："一心想着享乐，又为享乐找借口，这就是怠惰。"任何人在任何时候都能找到"充分"的理由证明"失败与我无关"，即使对于关系到自身前途和命运的问题，我们也能够找出理由来为自己开脱。当我们以别人配合不利为借口时，其实就是在纵容自己的依赖心；当我们抱怨环境不好、机会难寻的时候，其实正在姑息自己的懦弱和懒惰。

通常情况下，有两种人老是为自己找借口。第一种人是从一开始就找借口为自己开脱，他根本"不想去做"。在日常生活和工作中，我们经常会听到各种各样的借口，"那个客人我对付不了"；"我现在下班了，明天再说吧"；"我明天有事情，完不成这个工作"；"我很忙，现在没空"；"这件事不能怪我，不适合我来干"……诸如此类的借口，让人哭笑不得、无可奈何。

第二种人一开始也努力去做，或者看似努力，实际上根本没有全力以赴，他们习惯于为失败找借口。"我已经尽了全力了，最后没做好不能怪我一个人"；"对手太强大了，我和他们进行

了很长时间的竞争"；"我已经做了分内的事，难道还让我为我不该做的事负责"；"小李中间出了差错，不是我不行"等。这一类人尝试去做，但是他们都没有竭尽所能，他们寻找看似合理的借口为自己的半途而废百般辩解。

一个又一个的借口只会使我们的激情、热情和信心都退缩到阴暗的角落里，而自己的自私、怯懦、懈怠、懒惰等却被披着借口的外衣堂而皇之地登上舞台。

1861年，林肯就职总统之后发现美国对战争的准备严重不足。联邦只有一支装备简陋、训练欠缺的16000人的队伍，而它的指挥官——斯科特，已是一位75岁高龄的老将军。林肯非常清楚，为了拯救整个国家免于分裂，他需要一个不找借口且具执行力的人。林肯决定试一试众人眼里极富军事才能的乔治·麦克莱伦。

麦克莱伦有极高的声望和出色的组织能力，但是他有一个致命弱点掩盖了他军事生涯的所有优秀表现，那就是他总是瞻前顾后，习惯于过多地思考问题，然后寻找理所当然的借口而不肯采取行动。他根本就不愿意去战斗。

将近3个月过去了，麦克莱伦没有采取任何行动，林肯只能一次次督促他行动。

1862年4月9日，林肯再次给麦克莱伦写信督促他采取行动。"我再次告诉你，你不管怎样也得进攻一次吧！"在信的结尾林肯甚至恳切地写道："我希望你明白，我从来没有这样友好地给你写过信，我实际比以往任何时候都更支持你，但无论如何能不能找任何借口，打上一仗？"

在林肯发出此信之后的一个月，麦克莱伦的军队继续延误战事，林肯只得在国务卿斯坦顿和蔡斯的陪同下亲临前线督战，而麦克莱伦竟然借口脱不开身不肯来与林肯会合。虽然这时林肯仍不愿撤换麦克莱伦将军，但他知道要想有所改变，要想国家早些得到一个和平发展的环境，就必须当机立断撤换将军。1862年7月11日，林肯委任亨利·哈勒克将军为联邦司令，这时距麦克莱伦被任命为联邦总司令的时间还不到1年。

懦弱的人寻找借口，想通过借口心安理得地为自己开脱；失败的人寻找借口，想通过借口原谅自己，也求得别人的原谅；平庸的人寻找借口，想通过借口欺骗自己，也使别人受骗。但是，借口不是理由，找借口给人带来的严重后果就是让你失去实现成功的机会，最终一事无成。

罗斯是公司里的一位老员工了，以前专门负责跑业务，深得上司的器重。只是有一次，在他手里把公司的一笔业务让别人捷足先登抢走了，造成了一定的损失。事后，他很合情合理地解释了失去这笔业务的原因。那是因为他的腿伤发作，比竞争对手迟到半个钟头。以后，每当公司要他出去联系有点棘手的业务时，他总是以他的脚不行，不能胜任这项工作作为借口而推诿。

罗斯的一只脚有点轻微的跛，那是一次出差途中出了车祸引起的，留下了一点后遗症，根本不影响他的形象，也不影响他的工作。如果不仔细看，是看不出来的。

第一次，上司比较理解他，原谅了他。罗斯好不得意，他知道这是一宗费力不讨好比较难办的业务，他庆幸自己的明智，如果没办好，那多丢面子啊。

但如果有比较好揽的业务时，他又跑到上司面前，说脚不行，要求在业务方面有所照顾，比如就易避难、趋近避远，如此种种，他大部分的时间和精力都花在如何寻找更合理的借口身上。碰到难办的业务能推的就推，好办的差事能争就争。时间一长，他的业务成绩直线下滑，最后因为业绩太差而被炒了鱿鱼。

有哪个公司愿意要这样一个时时刻刻找借口的员工呢？罗斯被炒也是在情理之中的事。善于找借口的员工往往就像罗斯一样，因为糊弄自己的工作而"糊弄"了自己。

乔治·华盛顿·卡佛说："99%的人之所以做事失败，是因为他们有找借口的恶习。"

找借口的代价非常大，因为你不愿正视事实，只是千方百计地想着如何推脱责任。一个令我们心安理得的借口，往往使我们失去改正错误的机会，更使我们失去进步的动力。世界上喜欢找借口的人很多，他们自欺欺人、善于为自己的错误寻找借口，结果搬起石头砸了自己的脚，受伤害的总是自己。工作中的各类借口带来的唯一"好处"，就是让你不断地为自己的失职寻找借口，长此以往，你可能就会形成一种寻找借口的习惯，任由借口牵着你的鼻子走。这种习惯具有很大的破坏性，它使人丧失进取心，让自己松懈、退缩甚至放弃。在这种习惯的作用下，即使明知做

了错误的事，你也不会主动想办法解决。一旦养成找借口的习惯，你的工作就会拖拖拉拉、效率低下，做起事来就会偷工减料、敷衍了事，这样的人面对任务不可能有破釜沉舟的勇气和决心，也很难有成功的人生。

有两个极其爱好文学的青年，其中有一个天赋极高，才思敏锐，另外一个则显得平平庸庸。他们都立志要成为一流的作家。

于是，他们约定10年后看看谁的作品更优秀。

天赋高的那位恃才傲物，有人要求他写几首诗，他总是说："我最近很忙。"有人提醒他最近某地有文学大赛，你可以一展身手，他推托说："我正在准备素材。"有人劝慰他说，你应该展示自己的才华了，他无所谓地说："我正在等候时机。"有人告诉他，你不能再浪费自己的时间了，他回答说："再等等，再等等……"

于是，他终日吃喝玩乐，时间久了，笔力自然拙笨，文思也就减退了。最后，竟然到了提笔忘字的地步。

"我本来应该……"

"我本来可以……咳！"

"如果当初……该多好啊！"

而那个天赋一般的青年没有放任时间的流逝，他不耻下问，四方拜师，苦心钻研一代又一代成功作家的作品和学术论著。他不断尝试着写作，不怕拙劣，敢于拿自己的作品向别人请教，虚心接受别人的意见和建议。

10年过去了，他的作品比之当初，简直是判若云泥，受到很多读者的喜爱，也备受同行的推崇，成为著名的作家。

有许多人像上文中那位有天赋的年轻人一样，喜欢用漂亮的借口来掩饰自己的惰性，不去实实在在地落实。可是过了一段时间，你再去问，他还是在准备的过程中，到最后计划还是没有付诸行动，空让时间白白浪费，这样的人永远也不可能实现自己的理想。学会少找借口，却能让我们更成功。

费丁南·华伦是一位商业艺术家，他曾讲述了这么一个故事：

有些艺术编辑要求他们所交下来的任务立即完成。在这种情况下，难免会发生一些小错误。我认识某位艺术组长，总是喜欢从鸡蛋里挑骨头。我每次离开他的办公室时，总觉得倒胃口，不是因为他的批评，而是因为他攻击我的方法。最近，我交了一件匆忙完成的画稿给他，他打电话给我，要我立即到他的办公室去，说是出了问题。当我到了他的办公室后，正如我所料——麻烦来了。他满怀敌意，很高兴有了挑剔我的机会。他恶意地责备了我一大堆。这正好是我运用所学到的自我批评的机会。因此我说："先生，如果你的话不错，我的失误一定不可原谅。我为你画稿这么多年，该知道怎么画才对。我觉得惭愧。"

他立刻开始为我辩护起来："是的，你的话没有错，不过这终究不是一个严重的错误。只是……"

我打断了他。我说："任何错误要付的代价都可能很大，叫人不舒服。"

他开始插嘴，但我不让他插嘴。我很满意，有生之年第一次批评自己——我很高兴这样做。

"我应该更小心一点才好，"我继续说，"你给我的工作很多，照理应该使你满意。因此，我打算重新再来。"

"不！不！"他反对起来，"我不想那样麻烦你。"他开始赞扬我的作品，告诉我只要稍微改动一点就行了，又说，一点小错不会多花他公司多少钱。毕竟，这只是小节——不值得担心。

我急切地批评自己，使他怒气全消了。结果，他还邀我同进午餐，分手之前，他开给我一张支票，又交代我另一项工作。

从这个故事中可知，只有缺乏智慧的人才会为自己的错误寻找借口，强词夺理。他这样做，只能使自己处于更加不利的地位。而一个不为自己寻找借口，能坦然承认自己错误的人，往往就

能赢得别人的谅解和敬重。

一个习惯找借口的人是一个对自己不负责任的人，遇到问题不从自身找原因，这样的人是无法成大器的。这样的人看不到自身的缺点，无法在实践中不断磨炼，发现自己的缺点，并不断修正，所以就无法取得进步，他的水平一直停留在原地，当别人都在往前跑的时候，他却在原地踏步，那就相当于大踏步地往后退。只有抛弃借口，勇敢地去落实，我们与成功才能真正牵手结缘。

别让借口成为习惯

西点军校学员罗文上校说过："西点学员中，有很多人都是'没有任何借口'这一理念最完美的执行者和诠释者。都是能够秉持着'没有任何借口'这一行为准则，成功地把信送给加西亚将军。""没有任何借口"是西点军校奉行的最重要的行为准则。

"没有任何借口"看起来过于绝对、很不公平，但是人生并不是永远公平的。西点军校就是要让学员明白，无论遭遇什么样的环境，都必须学会对自己的一切行为负责！学员在校时只是年轻的军校学生，但是日后肩负的却是自己和其他人的生死存亡乃至整个国家的安全。在生死关头，你还能到哪里去找借口？哪怕最后找到了失败的借口又能如何？"没有任何借口"，让西点学员养成了毫不畏惧的决心、坚强的毅力、完美的执行力以及在限定时间内把握每一分每一秒去完成任何一项任务的信心和信念。

任何借口都是推卸责任，在责任和借口之间，选择责任还是选择借口，体现了一个人的工作态度，同时，也决定了他的工作效能。有了问题，特别是难以解决的问题时，有一个基本原则可用，而且永远适用。这个原则非常简单，就是永远不放弃，永远不为自己找借口。一个人对待生活和工作的态度是决定他能否做好事情的关键。首先改变一下自己的心态，这才是最重要的！很多人在工作中寻找各种各样的借口来为遇到的问题开脱，一旦养成习惯，这是非常危险的。

人的习惯是在不知不觉中养成的，是某种行为、思想、态度在脑海深处逐步成型的一个漫长过程。因其形成不易，所以一旦某种习惯形成了，就具有很强的惯性，很难根除。它总是在潜意识里告诉你，这个事这样做，那个事那样做。在习惯的作用下，哪怕是做出了不好的事，你也会觉得理所当然。特别是在面对突发事件时，习惯的惯性作用就表现得更为明显，比如说寻找借口。如果在工作中以某种借口为自己的过错和应负的责任开脱，第一次可能你会沉浸在借口为自己带来的暂时的舒适和安全之中而不自知其潜伏的隐患。这种借口所带来的"好处"会让你第二次、第三次为自己寻找借口，因为在你的思想里，已经接受了这种寻找借口的行为。不幸的是，你很可能就会形成一种寻找借口的习惯。这是一种十分可怕的消极的心理习惯，它会让你的工作变得拖沓而没有效率，会让你变得消极，最终一事无成。

我们所处环境虽然与西点军校不同，但我们始终要有敢担负任何重任的决心和勇气。尤其是在工作当中，自己要学会给自己加码，始终以行动为见证，而不是编织一些花言巧语为自己开脱。我们无需任何借口，哪里有困难，哪里有需要，我们就义无反顾。借口是一种不好的习惯，一旦养成了找借口的习惯，你的工作就会拖沓、没有效率。

人的一生中会形成很多种习惯，有的是好的，有的是不好的。良好的习惯对一个人影响重大，而不好的习惯所带来的负面作用会更大。下面的五种习惯，是作为一名高效能人士所必须具备的习惯，它甚至是每一个成功人士都应该具有的习惯。这些习惯并不复杂，但坚持去做，你就能成为一名负责任、不找借口的员工。

（1）延长工作时间。

许多人对这个习惯不屑一顾，认为只要自己在上班时间提高效率，就没有必要再加班加点。实际上，延长工作时间的习惯对管理者的确非常重要。作为一名高效能人士，你不仅要将本职工作处理得井井有条，还要应付其他突发事件，思考部门及公司的管理及发展规划等。有大量的事情不是在上班时间出现，也不是在上班时间可以解决的。这需要你根据公司的需要随时为公司工作。需要你延长工作时间。

当然，根据不同的事情，超额工作的方式也有不同。如为了完成一个计划，可以在公司加班；为了理清工作思路，可以在周末看书和思考；为了获取信息，可以在业余时间与朋友们联络。总之，你所做的这一切，可以使你在公司更加称职。

（2）始终表现出你对公司及产品的兴趣和热情。

作为一名高效能人士，你应该利用每一次机会，表现你对公司及其产品的兴趣和热情，不论是在工作时间，还是在下班后；不论是对公司员工，还是对客户及朋友。当你向别人传播你对公司的兴趣和热情时，别人也会从你身上体会到你的自信及对公司的信心。没有人喜欢与悲观厌世的人打交道，同样，公司也不愿让对公司的发展悲观失望、毫无责任感的人担任重要职务。

（3）自愿承担艰巨的任务。

公司的每个部门和每个岗位都有自己的职责，但总有一些突发事件无法明确地划分到哪个部门或个人，而这些事情往往是比较紧急或重要的。对于一名高效能员工来讲，此时就应该从维护公司利益的角度出发，积极去处理这些事情。

如果这是一项艰巨的任务，你就更应该主动去承担。不论事情成败与否，这种迎难而上的精神也会让大家对你产生认同。另外，承担艰巨的任务是锻炼自己能力难得的机会，长此以往，你的能力和经验会迅速提升。在完成这些艰巨任务的过程中，你可能会感到很痛苦，但痛苦却会让你变得更加成熟。

（4）在工作时间避免闲谈。

可能你的工作效率很高，可能你现在工作很累，需要放松，但你一定要注意，不要在工作时间做与工作无关的事情。这些事情中最常见的就是闲谈。在公司，并不是每个人都很清楚你当前的工作任务和工作效率，所以闲谈只能让人感觉你很懒散或很不重视工作。另外，闲谈也会影响他人的工作，引起别人的反感。

你也不要做其他与工作无关的事情，如听音乐、看报纸等。如果你没有事做，可以看看本专业的相关书籍，查找一下最新的专业资料。

（5）向有关部门提出管理的问题和建议。

抛弃找借口的习惯，你就不会为工作中出现的问题而沮丧，甚至你可以在工作中学会大量的解决问题的技巧，这样借口不会离你越来越远。有了问题，特别是难以解决的问题，可能让你懊恼万分。这时候，有一个基本原则可用，而且永远适用，这个原则非常简单，就是永远不放弃，永远不为自己找任何借口。

敢于承认不足才能弥补不足

1902 年，西点军校毕业生、曾任校长的麦克阿瑟将军曾说："为了更好地解决问题，你不仅需要助手，也需要对手。"有了竞争，你才能更及时、更深刻地发现自己的不足，从而使自己更趋完善，达到意想不到的效果。

海湾战争之后，一种 M1A2 型坦克开始陆续装备美国陆军，这种坦克的防护装甲目前是世界上最坚固的。M1A2 型坦克的研制者乔治·巴顿中校是美国陆军最优秀的坦克防护装甲专家之一，他接受研制 M1A2 型坦克装甲的任务后，立即找来了毕业于麻省理工学院的著名破坏力专家迈克·马茨工程师。两人各带一个研究小组开始工作。巴顿带着研制小组专门负责研制防护装甲；马茨则带着破坏小组专门负责摧毁巴顿已经研制出来的防护装甲。

刚开始的时候，马茨总是能轻而易举地将巴顿研制的新型装置炸个稀巴烂。巴顿被迫一次又一次地更换材料、修改设计方案。终于有一天，马茨使尽浑身解数也未能奏效。于是，世界上最坚固的坦克在这种近乎疯狂的"破坏"与"反破坏"试验中诞生了，巴顿与马茨也因此而同时荣获了紫心勋章。

对手是一种非常难得的资源，因为越是敌人和仇人，可学的东西才越多。对方要消灭你，一定是倾巢而出，精锐毕现。在他们使出浑身解数的时候，也就是传授你最多招数的时候。那种对

竞争对手动辄咬牙切齿，不肯相互帮助，深知不惜背后使绊的人，只是一种街头混混的斗法，不可能有什么大出息。

奥地利作家卡夫卡说："真正的对手会灌输给你大量的勇气。"对待对手，不要一味地愤恨不已，不要寻找太多自欺欺人的借口，敢于承认不足才能弥补不足。因此，我们看问题，也不要老想着找客观理由，而应多从自身方面找起。

有一只色彩斑斓的大蝴蝶，常嘲笑对面的邻居——一只小灰蝶很懒惰。"瞧，它的衣服真脏，永远也洗不干净，总是灰突突的，还有斑点，看看我，一身的衣服多漂亮，飞到哪儿，都是人们眼里的宠儿。在公园里，小孩们追着我，单身的男子说'希望将来的女朋友像我一样漂亮'，甚至有几只小蜜蜂追着我不放，以为我是一朵飘舞的美丽的鲜花呢。"大蝴蝶喋喋不休地向朋友们炫耀着自己的美丽，嘲笑着邻居小灰蝶的懒惰与丑陋。

直到有一天，有个明察秋毫的朋友到它家，才发现对面的小蝴蝶并非懒惰，而是它本身的衣服就是灰色的，但大蝴蝶却始终坚持自己的观点。这位朋友只好把大蝴蝶带到医院眼科检查，医生说："大蝴蝶的眼睛已高度近视了。"其他蝴蝶纷纷说："它应该反省一下，其实是自己有问题。"

缺乏自省能力的人就像这只大蝴蝶一样无视自身的缺点，总是认为别人出了问题，这种思考问题的方法对自身的发展是十分不利的。相反，一个善于自省的人遇到问题往往会审视自己，从自己身上找原因，而不是总把问题推到别人身上。

这个事例告诉我们，当一件事情出现问题后，并不出在别的地方，很可能就出在我们自己身上。但在生活中，很多人失败之后怨天尤人，就是不在自己身上找找原因。其实，一个人失败的原因是多方面的，只有从多方面入手找出失败的原因并针对性地进行自省，才能起到纠错的作用。

有这样一则寓言：一只狐狸在跨越篱笆时滑了一下，幸而抓住一株蔷薇才不致摔倒，可它的脚却被蔷薇的刺扎伤了，流了许多血。受伤的狐狸很不高兴地埋怨蔷薇说："你也太不应该了，在我向你求救的时候，你竟然趁机伤害我！"蔷薇回答说："狐狸啊，你错了！不是我故意要伤害你，我的本性就带刺，是你自己不小心，才被我刺到了。"

在我们的周围，也有很多这样的人，他们在遭遇挫折或犯了错误的时候，不是反躬自省，而是责怪或迁怒别人，这种人很难取得真正的进步。所以，我们遇到问题时，千万不要像故事中的大蝴蝶和狐狸那样，总是责怪别人，而要学习制片人布森的精神，反躬自省，养成自我纠错的习惯，这样，既有利于问题的解决，又能与他人融洽相处，同时，我们还要学会见贤思齐。

联合利华有一位香皂推销员，就经常主动要求人家给他提出批评。

当他开始为高露洁推销香皂时，订单接得很少，他担心自己会失业。他没有把原因归结到产品和价格上，因为他知道，产品或价格都没有问题，所以问题一定是出在自己身上。每当他推销失败，他会在街上走一走，想想什么地方做得不对，是表达得不够有说服力，还是热忱不足？有时他会折回去问那位商家："我不是回来卖给你香皂的，我希望能得到你的意见与指正。请你告诉我，我刚才什么地方做错了？你的经验比我丰富，事业又成功。请给我一点指正，直言无妨，请不必保留。"

他这个态度为他赢得了许多友谊以及珍贵的忠告。他就是高露洁的总裁立特先生。很多时候，我们都需要学习这种勇于寻找自己缺点进行弥补的精神，时时揽镜自问：我哪方面还存在不足？

说到镜子，中国人很早就知道它的作用。唐太宗李世民说过这样一段话："以铜为镜，可以正衣冠；以古为镜，可以知兴替；以人为镜，可以明得失。"于是这句话便成了警世之语，值得我们每个人回味和深思。很多时候，人们都是通过这种方式不断地完善自己，改善自己的工作状况，使自己得到更快、更广阔的发展。因此，很有必要给自己一面镜子！那么，谁能成为自己的镜子呢？身边的领导、同事与朋友，中外卓越领袖与成功者都是一面面镜子。此外，书本也是一面镜子，要加强学习，始终坚定理想信念。自觉把学习作为一种责任、一种追求、一种境界，孜孜以求，学而不怠。

爱因斯坦就说过，99%的时间他的结论都是错的！因此我们需要时时进行自省。

长今在烹饪和医道方面拥有过人的天赋，所以她一直以来都是一个自信的人。当然，自信也是她成功的法宝，但长今也因为过于自信而走了不少弯路。

韩尚宫和崔尚宫的第一场比赛，长今为了买到最好的牛肉，耽搁了整天的时间，却试图用绵纸吸油的便捷方法来缩短最为重要的熬汤过程，最后导致输掉了比赛。韩尚宫为了让长今意识到盲目自信和急功近利的危害，不惜赶她出宫。

在长今学医的过程中，她不明白申主簿为什么始终说她没有具备为医者的基本素养，在医学考试中，申主簿也给了她一个不及格，于是长今认为他对自己抱有成见。直到临床诊断时，医女信非对患者的细心观察和记录才让她豁然明白过来，天赋出众所造成的骄傲正是为医者的大敌，也明白了申主簿的良苦用心。这两位老师对长今的成长至为重要，他们都告诉长今：具备了出众的天赋还不够，关键还要抱有谦逊之心，勤勉踏实地努力。

在流放济州的时候，长今有机会在医女张德的手下学医。张德是当时济州最有名的医女，从张德那里，长今学习到的是，大夫的手关系到病人的命，要谨慎，更要能放得开。长今的第二位医学老师是申主簿。但到了申主簿这里，她要经历一个相反的心理过程。她反省道："是我太过自信了，依靠浅薄的知识，以轻薄的心态对待病患，没有看清病患，无视病患的情况。"这是长今自我认知的一次重大修正。

韩尚宫和申主簿都可以说是长今的一面镜子，他们用言行指出了长今身上存在的问题，让她明白：无论做什么事，都无法容忍骄傲的态度，还有自以为是的人，骄傲会让一个人还没有看清状况就鲁莽行事，而谦虚的态度能让人非常顺利地实现工作目标，所以绝不可以得意忘形。反省自己才能认识缺点、改正不足，所以我们在遇到问题时能够主动进行自我检讨，而不是一遇到麻烦事就找借口推卸责任。

有一位全职太太向心理咨询师说，她的婚姻濒临破裂，不知道怎么办好。原来，她总是怀疑自己的丈夫对自己不忠，处处指责丈夫的不是，渐渐地，在她丈夫眼里，家就成了一个很大的负担，快承受不住的丈夫在与朋友的聊天中吐露出离婚的想法。消息传到她耳中，她才感到手足无措，她想挽回却不知如何去做。

心理咨询师说，现在这种情况，不要追究任何人的责任，先检讨一下自己，如果你能做到这一点，肯定能找到挽救的办法。这位太太于是开始自己责问自己，并迅速改变了态度，不久就得到了丈夫的原谅，夫妻俩过得很幸福。有人问她是怎么做到的，怎么改变得这么快。她笑着说："没什么，我只是想到了，假使丈夫的女秘书走了，他工作起来会很不方便。假使丈夫丧失了一两位知心好友，他会很伤心。可是如果我走了，他有什么损失呢？我只不过是一个自私自利的寄生虫！"

这位太太经过如此忠实的自我检讨，终于把即将破裂的婚姻挽救了回来。生活中如此，工作中亦如此。一般来说，经常自省的人都非常了解自己的优劣，因为他们时时都在仔细检视自己。这种检视也叫做"自我观照"，其实就是跳出自我，以他人的眼光重新观看审察自己的所作所为是否为最佳的选择——审视自己时必须坦率无私。这样做才可以真切地了解自己。

能够时时审视自己的人，一般都很少犯错，因为他们会时时考虑：我到底有多少力量？我能干多少事？我该干什么？我的缺点在哪里？为什么失败了或成功了？这样做就能轻而易举地找出自己的优点和缺点，为以后的行动打下基础。

"人非圣贤，孰能无错。"人生允许出现错误，但不能允许同样的错误犯第二次。犯错不可怕，可怕的是不知道错在哪里。

"成功源自于自我分析"，"失败是成功之母"，"检讨是成功之父"。这都是在说明一件事，自我反省、自我分析、自我检讨与成功有莫大的关系。一个最好的自我分析的方法是倾听自己内心的声音。人生中有许多重大的决定，有些决定甚至左右着人生的方向、事业的成败。作好决定、作对决定，往往需要一些忠告。内心深处的声音，正是最好的忠告。

西点军校经典法则

法则十九

重视细节

细节决定成败

西点学生都明白：战场之上无小事，细节决定成败。士兵必须作战，而带兵的军官则必须注意每一个细节，才能确保士兵的性命不会白白牺牲。艾森豪威尔将军曾经强调"每一个细节背后的伟大力量"。西点人深信细节的力量，一再强调每个人必须熟知每一个细节，从背诵一些小诗句、擦亮扣环，到了解 M16 的构造和使用。

拿破仑是一位传奇人物，这位军事天才一生之中都在征战，曾多次创造以少胜多的著名战例，一些战例至今仍被各国军校奉为经典教例。然而，1812 年的一场失败的战役却改变了他的命运，法兰西第一帝国从此逐渐走向衰亡。

1812 年 5 月 9 日，在欧洲大陆上取得了一系列辉煌胜利的拿破仑离开巴黎，率领 60 万大军浩浩荡荡地远征俄国。法军凭借先进的战备长驱直入，在短短的几个月内直捣莫斯科。然而，当法国人入城之后，市中心燃起了熊熊大火，莫斯科的 1/4 被烧毁，6000 幢房屋化为灰烬。俄国沙皇亚历山大采取了坚壁清野的措施，使远离本土的法军陷入粮荒之中，即使在莫斯科，也找不到干草和燕麦，大批军马死亡，许多大炮因无马匹驮运而被迫毁弃。几周后，寒冷的天气给拿破仑大军带来了致命的重创。在饥寒交迫下，1812 年冬天，拿破仑大军被迫从莫斯科撤退，沿途又有大批士兵被活活冻死，到 12 月初，60 万大军只剩下不到 1 万人。

关于这场战役失败的原因众说纷纭，但又有谁能想到小小的军装纽扣也是使其失败的元凶之一呢？原来，拿破仑征俄大军的制服，采用的都是锡制纽扣，而在低于 13.2 摄氏度的寒冷气候中，白色的锡制纽扣（β 锡）就会慢慢变成松散的灰色粉末（α 锡）。由于衣服上没有了纽扣，数十万拿破仑大军在寒风暴雪中形同敞胸露怀，许多人被活活冻死，还有一些人因受寒得病而死。

正是由于细节如此重要，所以西点很注重对新学员的细节训练。背诵新学员知识是细节训练中一个行之有效、行之久远的办法。这套冗长固定的新学员知识，除了要记住会议厅有多少盏灯、蓄水库有多大的蓄水量外，还包括日行事历。

新学员都要轮流报日程——站在走廊的时钟下面，大声清楚地报时："距离晚餐集合还有 5 分钟，穿上课制服。我再重复一次，距离晚餐集合还有 5 分钟……"

新学员报日程的时候，如果有任何错误，学长都会过来质问。新学员必须背诵出当天相关的讯息：日期、值日官姓名、重要的运动或电影，一直到距离未来的重大活动还有多少天，最难的则是距离历届班的毕业典礼还有多久。

西点学员每天都要被检查服装仪容，包括皮鞋、扣环要擦亮，上衣正确扎进裤子或裙子，衬衫衣叉和裤缝对直成一条线。

西点学员乔治·S.格林在"野兽营"期间，曾经有一次来回向班长报到了12次，才通过服装仪容的检查。每一次他到了班长的房间，都有通不过的地方，比如头发没有梳好、皮鞋碰脏了、衬衫后面的衣摆露出来了、某段新学员知识没有背好等，每次都得回寝室重新整理。

就是这种重视细节的精神让西点人精益求精，力求做好每一件事情。因为他们知道，细节既可能促使一个士兵成长与进步，也能导致一场战争失败，绝对轻视不得！

一位伟人曾经说过："轻率和疏忽所造成的祸患将超乎人们的想象。"许多人之所以失败，往往不是因为他们不够聪明，而是因为他们马虎大意、鲁莽轻率。这个细节可能只是一个标点、一个螺丝，但在关键时刻却能决定事情的成败。

建筑时一个小小的误差，可以使整幢建筑物倒塌；不经意抛在地上的烟头，可以使整幢房屋甚至整个村庄化为灰烬。世界上每年因为"不小心"所造成的身体伤害和财产损失，有谁能统计清楚呢？一台拖拉机有五六千个零部件，要几十个工厂进行生产协作；一辆福特牌小汽车有上万个零件，需上百家企业生产协作；一架"波音747"飞机，共有450万个零部件，涉及的企业更多……在这么多的环节当中，只要任何一个环节出了问题，都会影响到最终的结果。可以说，没有一个细节是无关紧要、可以忽略的。

老子曾说："天下难事，必作于易；天下大事，必作于细。"很多事情看起来庞大复杂、无法可解，但只要我们稍加留心、勤于思考，我们就会发现，问题就出在细节上面。一个重视细节的人必定是个高度负责、留心生活的人，也是个精益求精、追求卓越的人。一个重视细节的人能够在工作中交上令人满意的答卷，为老板所赏识。

有3个人去一家公司应聘采购主管，他们当中一人是某知名管理学院毕业的，一名毕业于某商院，而第三名则是一家民办高校的毕业生。在很多人看来，这场应聘的结果是很容易判断的，然而事情却恰巧相反。应聘者经过一番测试后，留下的却是那个民办高校的毕业生。

在整个应聘过程中，他们经过一番测试后，在专业知识与经验上各有千秋，难分伯仲。随后招聘公司总经理亲自面试，他提出了这样一个问题，题目为：

假定公司派你到某工厂采购4999个信封，你需要从公司带去多少钱？

几分钟后，应试者都交了答卷。第一名应聘者的答案是430元。

总经理问："你是怎么计算的呢？"

"就当采购5000个信封计算，可能是要400元，其他杂费就30元吧！"

应者对答如流，但总经理未置可否。

第二名应聘者的答案是415元。

对此他解释道："假设采购5000个信封，大概需要400元，另外其他杂费可能需用15元。"

总经理对此答案同样没表态。但当他拿起第三个人的答卷，见上面写的答案是419.42元时，不觉有些惊异，立即问："你能解释一下你的答案吗？"

"当然可以，"该同学自信地回答道，"信封每个8分钱，4999个是399.92元。从公司到某工厂，乘汽车来回票价11元；午餐费5元；从工厂到汽车站有一里半路，请一辆三轮车搬信封，需用3.5元。因此，最后总费用为419.42元。"

总经理会心一笑，收起他们的试卷，说："好吧，今天到此为止，明天你们等通知。"想必你也猜出来了：重视细节的第三个人胜出了。

这道题显然是专门用来考察求职者细节的。在这里，一个不经意的细节就决定了面试的成败。西点毕业生、国际电话电报公司总裁兰德·艾拉斯科曾说过："每一个管理者都是从底层做起的，世界上没有人天生就具有管理才能，可以掌管大局、处乱不惊。唯有从小事做起，从细节抓起，才能训练出卓越的管理人才。"

每个人所做的工作，都是由一件件小事构成的，但不能因此而对工作中的小事敷衍应付或轻视责任。所有的成功者，他们大多与我们做着同样简单的小事，唯一的区别就是，他们从不认为他们所做的事是简单的小事。西点人从不在小事、细节上有所疏忽。

只要你留心观察，就会发现我们身边有许多这样的人：他们不见得有很高的学历、聪明的头脑和过硬的后台，但他们谦虚、低调，留意生活的每一个细节，善于观察与思考，从别人的点点滴滴中学到有益的东西。就是这些看似不起眼的细微之处决定了他们跟其他人的距离。

某年7月，青岛遭遇了百年不遇的高温，空气中充满了热气、湿气、汗水和焦躁的声音……许多市民都耐不住高温，打算购买空调，他们最关心的问题是空调能否马上安装。

海尔商用空调事业部临时抽调20名设计安装人员在雅泰商场现场待命：即买即安，天气热但不让用户等！

这时，超市里电话铃又急促地响起来。忙得满头大汗的直销员刘玉华接起电话，又是一名要求购买并安装空调的客户，但细心的刘玉华发现了这位客户的特殊性，因为电话里有孩子的哭声。

"昨天我和丈夫去看过，就是选购那套MRV一拖三，能马上给安装吗？我丈夫不在家，我的孩子老是热得直哭！"电话里的女主人急切地问。

"放心吧，半小时之内赶到。"放下电话，刘玉华马上安排送货，并安排好了上门安装的专业人员，最后，细心的刘玉华又带上了一个备用书包。

20分钟后，海尔的设计安装人员到了用户的住处，他们轻轻敲开了用户家的门。

"你们马上安装吧，真受不了了！"女主人一边擦着汗一边说。屋子太热了，高温使人们感到有些窒息。正要工作时，设计安装人员发现敞着门的卧室里孩子睡熟了。

"把孩子抱到阳台上去吧，别吵醒了他！"刘玉华说，"我来帮您抱孩子！"她这时又发现孩子的后背长满了痱子。于是刘玉华快速地打开书包，那里面有一盒崭新的痱子粉。她打开粉盒，在女主人的帮助下，轻轻地给孩子擦上了痱子粉，其余的放在了孩子床头。大概是痱子粉让孩子舒服了许多，在安装空调的过程中，孩子始终睡得很香甜。

刘玉华的贴心服务，深深感动了女主人。她感激地说："我本来只是想买一套空调，可是你们却给我带来这么多关照……"

痱子粉的故事很快传开了，有人专门到她家来参观，他们都被海尔的工作人员细微服务的精神打动了。最后，他们的家中都安装了海尔空调。

一位老石匠曾经说过，"小石块要一块一块砌结实，才能支撑住那些大石块。如果撤去这些小石块，大石块没有了支撑，自然也就垮下来了。"任何一个细微之处都有可能是关键环节，都不可小视，因为它有可能关系到产品与服务的优劣，关系到企业声誉的好坏，关系到个人的职业道德，也关系到个人在行业中的发展前景。小的事情往往能成为大事情的基础，所以只有持之以恒，用一种坚忍不拔的态度把小事情做好，才能成就一番大事业。

前任西点校长潘莫将军说过："细枝末节最伤脑筋。"他的意思是说，即使是最聪明的人设计出来的最伟大的计划，执行的时候还是必须从小处着手，整个计划的成败就取决于这些细节。细节决定成败，我们必须学会观察细节，用精准的细节精神来做事情。这样的话，无论是企业还是个人，都会在成功的路上走得稳一些。

细节造就完美

每年春天，西点仅有1000多名学员毕业，每人都被授予学士学位，并作为中尉在陆军中服役。经过6周的休整，他们被派往亚洲、欧洲和非洲等地。一到目的地，他们就担当起第一份军官职务。

单单这个事实就让人震惊：一个国家把在编部队的安全交付给了年仅21岁的年轻军人！更不要说看管和部署大规模杀伤性武器、维持和平和偶发战事。相关事实是：一旦离开西点，绝大多数年轻西点学员毫无疑问是胜任工作的。西点军校不仅培养了大量的优秀军官，而且200多年来，它已成为全美最有效的高级管理人才开发学院。特别是在细节方面，他们做得非常到位。因为西

点人相信，一个不注重细节的人，在战场上是不可能有冷静的头脑及过人的分析的，粗心大意和鲁莽行事是军人的大忌。西点严格要求每一个学员将自己身边的每一件小事都要做好。所以西点出来的人都非常清醒地明白：许多企业并不是被大事打倒，而是在一些不起眼的细节上栽了大跟头。

1851年，为了让不识字的工人区别肥皂和蜡烛箱，一个码头装卸工人在宝洁公司的蜡烛包装箱上涂上了黑色的十字。不久，另一个有艺术细胞的工人将黑字改成一个圆圈套着一颗星，再后来又有人用一组星星替代了原来的一颗星，最后又加上了一轮残月和一个人的侧影。

此事被宝洁公司知道后，为方便工人和用户识别，决定将所有的蜡烛箱上都画了星星和月亮的图案。

后来宝洁公司的管理者认为，蜡烛箱上"月中人"的图案是没有必要的，于是就把它涂掉了。但是没过多久，宝洁公司收到了一封来自北卡罗来纳的信，一个批发商拒绝接受一批宝洁公司蜡烛的交货，因为这些箱子缺少完整的"星星和月亮"的图案，被认为是仿制。宝洁公司立即意识到了"星星和月亮"图案的价值，并将它作为注册商标重新使用。

这样做了之后，包括北卡罗来纳批发商在内的许多客户，才继续与宝洁公司保持业务往来。

作为公司的管理者，宏观调控确实很重要，但对细节的微观把握更不可少。琐碎简单的事情最容易被忽略，最容易错漏百出。无论企业有怎样辉煌的目标，但在执行过程中有一个细节处理不到位，就会导致最终失败。"大处着眼，小处着手"，狠抓细节，才能达到管理的最高境界。

海尔的管理层经常说的一句话就是："要让时针走得准，必须控制好秒针的运行。"我们要发现问题的关键，提高解决问题的能力，必须坚持从细节入手。

一天，美国福特公司客服部收到一封客户抱怨信，上面是这样写的：

"我们家有一个传统的习惯，就是我们每天在吃完晚餐后，都会以冰激凌来当我们的饭后甜点。但自从我买了一部你们公司的车后，在我去买冰激凌的这段路程上，问题就发生了。每当我买的冰激凌是香草口味时，我从店里出来车子就发动不起来。但如果我买的是其他的口味，车子发动就顺利得很。为什么？为什么？"

很快，客服部派出一位工程师去查看究竟。当工程师去找写信的人时，对方刚好用完晚餐，准备去买冰激凌。于是，工程师一个箭步跨上车。结果，这位客户买好香草冰激凌回到车上后，车子果然又发动不起来了。

这位工程师之后又依约来了三个晚上。

第一晚，巧克力冰激凌，车子没事。

第二晚，草莓冰激凌，车子也没事。

第三晚，香草冰激凌，车子发动不起来了。

……

这到底是怎么回事？工程师忙了好多天，依然没有找到解决的办法。工程师有点气馁，想放弃，转而接受退车的现实。

最后，神圣的职业使命感使工程师安静下来，开始研究种种详细资料，如时间、车子使用油的种类、车子开出及开回的时间……不久，工程师发现，买香草冰激凌所花的时间比买其他口味用的时间要少。因为，香草冰激凌是所有冰激凌口味中最畅销的口味，店家为了让顾客每次都能很快地拿取，将香草口味特别分开陈列在单独的冰柜，并将冰柜放置在店的前端。

现在，工程师所要知道的疑问是：为什么这部车会因为从熄火到重新激活的时间较短就会发不动？原因很清楚，绝对不是因为香草冰激凌的关系，工程师很快地由心中浮现出答案：应该是"蒸汽锁"。买其他口味的冰激凌由于花费时间较多，引擎有足够的时间散热，重新发动时就没有太大的问题。但是买香草口味时，由于时间较短，引擎太热以至于还无法让"蒸汽锁"有足够的散热时间。

在此事件中，购买香草冰激凌虽然与发动机熄火并无直接联系，但购买香草冰激凌确实和汽车故障存在着逻辑关系。问题的症结点在一个小小的"蒸汽锁"上，这是一个很小的细节，而且

这个细节被细心的工程师发现，从而找到了解决问题的关键。

俗话说："在商场上，每一笔生意都是独一无二的"，成功的执行者能够针对具体环境巧妙设计出解决问题的细节，这一些细节体现着一个人处理问题的原创性和想象力，这是这个时代最稀缺、最宝贵的东西。

西点人认为，将任何有意义的事情做好，是你成功的预示。因为你比别人多付出，你在实际工作中也比别人想得更周到，这样的员工是任何老板都渴求的。

在中国的北京，入住香格里拉大饭店的施密斯先生早晨起来一开门，一名漂亮的中国小姐便微笑着和施密斯打招呼："早，施密斯先生。""你怎么知道我是施密斯？""施密斯先生，我们每一层的当班小姐都要记住每一个房间客人的名字。"施密斯心中很高兴，乘电梯到了一楼，门一开，又一名中国小姐站在那儿："早，施密斯先生。""啊，你也知道我是施密斯，你也背了上面的名字，怎么可能呢？""施密斯先生，上面打电话说你下来了。"施密斯这才发现她们头上挂着微型对讲机。

接着，这位小姐带施密斯去吃早餐，餐厅的服务人员替施密斯上菜时，都尽量称呼他为"施密斯先生"。这时来了一盘点心，点心的样子很奇怪，施密斯就问她："中间这个红的是什么？"这时施密斯还注意到一个细节，那个小姐看了一下，就后退一步说那个红的是什么。"那么旁边这一圈黑的呢？"她上前又看了一眼，又后退一步说那黑的是什么。这个后退一步就是为了防止她的唾沫溅到菜里。

施密斯退房离开的时候，刷卡后服务生把信用卡还给他，然后再把施密斯的收据折好放在信封里，还给施密斯的时候说："谢谢你，施密斯先生，真希望第五次再看到你。"施密斯这才想起，原来那次是他第四次去。

3年过去了，施密斯再没去过北京。有一天他收到一张卡片，发现是北京的香格里拉大饭店寄来的："亲爱的施密斯先生，3年前的5月20号您离开以后，我们就没有再看到您，公司全体上下都很想念您，下次经过中国一定要来看看我们。"下面写的是"祝您生日快乐"。原来那天是施密斯的生日。

现在，施密斯先生只要去北京出差，一定会入住香格里拉大饭店，并会介绍他的朋友、合作伙伴也选择香格里拉大饭店。香格里拉大饭店的服务真正做到了顾客的心坎里。

注重细节，达到精益求精的程度，这是职业人士的态度。追求完美的细节精神是寻求成功的卓越表现，也是生命中的成功品牌。一个人做事精确的良好习惯要远远超过他的聪明和专长。

在人才高度同质化的今天，能够做大事的人才固然能够引起老板的注意，但在平凡岗位上能够把细节做好的员工同样能引起老板的注意。能够在细节上做足功夫，通过细节凸显自己，也是获得成功的一个办法。

苏伦刚进公司时只是一名普通的业务员，但他仅用了3年的时间就攀升为区域营销总监。他的成功之处就是在细节上做足功夫。

苏伦的细节处理体现在日常习惯、工作方式和工作态度上。

在日常习惯方面，苏伦首先从形象上体现自己的细节。苏伦不仅有"洁癖"，而且还很善于"包装自己"。比如，他和客户或上司见面时，头发总是梳理得整齐而亮洁，皮鞋总是擦得锃亮，深蓝色的西服套装搭配协调的领带，总是那么引人注目。此外，他还练就了"推销之神原一平"价值百万的微笑，他知道微笑能缩短人与人之间的距离，尤其是能够缩短与上司之间的心理距离，使自己能在一个会心的微笑和一个善意的眼神中获得领导的肯定与赏识，无形中增强自身的亲和力。

其次，在气质上，苏伦通过细节处理也凸显了自己。苏伦通过学习，不断提升自己的思想及素质修养，比如，通过职业道德、营销规则等学习，强化自己的营销人意识；又通过外在的一些"物化"的东西，提高自身内在的含金量，比如，谈话时的幽默感，懂得赞美等；他还强化自己良好的职业习惯，比如，塑造和提升自己的执行力，完成上司交办的各项任务等。即使在日常习惯中

也体现了他的组织性和纪律性。

最后，无论遇到多么重大的事情，苏伦从没有请过假，总能身先士卒地冲锋在市场一线，总能在公司需要、业务员需要、客户需要时出现在第一现场，这些不但感动了上司，也得到了上司的厚爱。

许多人在工作细节上做得很好，却往往忽视了日常习惯中的细节，殊不知，日常习惯是自己真性情的流露，其中的细节更能够体现一个人的性格。苏伦没有忽视这些细节，得体的着装、不凡的举止、上司的关注，这些都让他信心倍增。通过外在形象与内在气质的完美结合，苏伦不仅得到了良好的口碑，还让上司对他刮目相看，从而获得了更多的发展机会。

在工作方式和态度上，苏伦也不放过任何细节。

首先，他事事积极参与，显示出自信和乐观的态度。在上司眼中，苏伦是一个乐观的人。无论在生活或工作中，他处处流露出积极、自信的心态，极少能看到他灰心丧气的表情。

其次，勇于探索，并付诸行动，不时提出自己的独到观点。比如有一次，当厂家和经销商在招商过程中纷纷感到效果不大或无计可施时，苏伦却提出"招商下沉，直接针对终端进行招商"的建议，并详细地进行了分析和论证，在说服了上司进行有效的组织和实施后，招商会竟然大获成功，现场收款就达 50 万元。苏伦也因此声名远扬。

最后，苏伦对自己上报的材料很认真。相对于许多员工的敷衍了事，苏伦却不断将自己的心得体会、意见和见解形成文字，落实到书面上，然后提交给公司。通过这种方式，能够让老板更直接地了解自己，更直观地评价和提携自己。

苏伦通过抓细节，在日常习惯和工作细节上都做足功夫，既提升了自己，又向同事和老板展示了自己的能力和信心，所以才能迅速从一个普通的业务员迅速成长为销售总监。他的成功历程，处处闪耀着细节的光辉。

在西点的训练项目中，有许多都是针对学员对细节的把握和关注来进行的，可以说，对细节的处理反映了一个人的能力与潜质。正是接受了西点军校的特殊训练，才造就了无数胆大心细的将军和管理奇才。在西点的细节教育培养中，会让学员了解，追求完美并不困难，就像擦鞋一样易如反掌。只要你学会了把鞋擦亮，对于更重大的事情，同样可以做到尽善尽美，而不是决定于别人。西点努力训练学员养成追求完美的习惯，使其变成像呼吸一样的本能反应。

在现代公司里，同样要注重对细节的执行，这已经变得越来越重要了。公司的失败不外乎两条：一是高层的决策失败，二就是中下层在细节执行上出了大问题。说到底，公司里每一个员工都是组成公司的一个细胞。他们能否把各项执行落实在细节上，将决定公司的命运。"大事留给上帝去抓吧，我们只能注意细节。"一部名为《细节》的小说在题记中如是说。作者还借小说主人公的话为这句话做了注脚："这世界上所有伟大的壮举都不如生活中一个真实的细节来得有意义。"我们不妨这样理解，正因为上帝在抓大事，所以魔鬼才藏身于细节之中，我们必须注意细节才能揪出这些魔鬼，这样，我们的工作才能做得更加完美。

1% 的错误导致 100% 的失败

在西点军校，从入学的第一天起，学员就会发现自己淹没在一个经验的大熔炉里，学校里的活动丰富而复杂，步调紧凑快捷，刚开始甚至连思考的时间都没有。但是这一切的活动和经历，4年课程中的每一点一滴，都是为了教导学员如何去管理。

西点相信，并不是只有少数人天生具有管理的特质，而是每个学员都具有成为优秀者的潜力。西点军校精英训练营正是始终不渝地坚信每一个学员都能成为优秀的管理者，才为此而躬行不辍。记得西点军校的一位军官曾对他的学员这样说过："把每一件简单的事做好就是不简单，把每一件平凡的事做好就是不平凡！"可是能真正做到的人却很少，于是很多"1% 的错误会导致 100%的失败"的故事就在我们的眼前一幕幕地上演……

国王查理三世准备拼死一战了。里奇蒙德伯爵亨利带领军队正迎面扑来，这场战斗将决定谁

统治英国。

战斗进行的当天早上，查理三世派了一个马夫去备好自己最喜欢的战马。

"快点给它钉掌，"马夫对铁匠说，"国王希望骑着它打头阵。"

"你得等等，"铁匠回答，"我前几天给国王全军的马都钉了掌，现在我得找点儿铁片来。"

"我等不及了。"马夫不耐烦地叫道，"国王的敌人正在推进，我们必须在战场上迎击敌兵，有什么你就用什么吧。"

铁匠埋头干活，从一根铁条上弄下四个马掌，把它们砸平、整形，固定在马蹄上，然后开始钉钉子。钉了三个掌后，他发现没有钉子来钉第四个掌了。

"我需要一两个钉子，"他说，"得需要点儿时间砸出两个。"

"我告诉过你我等不及了，"马夫急切地说，"我听见军号了，你能不能凑合？"

"我能把马掌钉上，但是不能像其他几个这么牢实。"

"能不能挂住？"马夫说。

"应该能，"铁匠回答，"但我没把握。"

"好吧，就这样，"马夫叫道，"快点，要不然国王会怪罪到咱俩头上的。"

两军交上了锋，查理国王冲锋陷阵，鞭策士兵迎战敌人。"冲啊，冲啊！"他喊着，率领部队冲向敌阵。远远地，他看见战场另一头几个自己的士兵退却了。如果别人看见他们这样，也会后退的，所以查理国王策马扬鞭冲向那个缺口，召唤士兵调头战斗。

他还没骑到一半，一只马掌掉了，战马跌翻在地，查理国王也被掀在地上。国王还没有再抓住缰绳，惊恐的马就跳起来逃走了。理查环顾四周，他的士兵纷纷转身撤退，敌人包围了上来。

他挥舞宝剑，"马！"他喊道，"一匹马，我的国家倾覆就因为这一匹马。"

他没有马骑了，他的军队已经分崩离析，士兵们自顾不暇。不一会儿，敌军俘获了理查，战斗结束了。

从那时起，人们就说：

少了一个铁钉，丢了一只马掌，

少了一只马掌，丢了一匹战马。

少了一匹战马，败了一场战役，

败了一场战役，失了一个国家，

所有的损失都是因为少了一个马掌钉。

任何事情都是由无数的细节构成的，疏忽了一个细节，就会带来一系列的连锁反应。让人不安的是，很多连锁反应都特别的可怕。一环做错环环错。

当巴西海顺远洋运输公司派出的救援船到达出事地点时，"环大西洋"号海轮已经消失了，21名船员不见了，海面上只有一个救生电台有节奏地发着求救的信号。救援人员看着平静的大海发呆，谁也想不明白在这个海况极好的地方到底发生了什么，从而导致这条最先进的船沉没。这时有人发现电台下面绑着一个密封的瓶子，打开瓶子，里面有一张纸条，21种笔迹，上面这样写着：

一水理查德：3月21日，我在奥克兰港私自买了一个台灯，想给妻子写信时照明用。

二副瑟曼：我看见理查德拿着台灯回船，说了句这小台灯底座轻，船晃时别让它倒下来，但没有干涉。

三副帕帝：3月21日下午船离港，我发现救生筏施放器有问题，就将救生筏绑在架子上。

二水戴维斯：离岗检查时，发现水手区的闭门器损坏，用铁丝将门绑牢。

二管轮安特尔：我检查消防设施时，发现水手区的消防栓锈蚀，心想还有几天就到码头了，到时候再换。

船长麦凯姆：起航时，工作繁忙，没有看甲板部和轮机部的安全检查报告。

机匠丹尼尔：3月23日上午理查德和苏勒的房间消防探头连续报警。我和瓦尔特进去后，未发现火苗，判定探头误报警，拆掉交给惠特曼，要求换新的。

机匠瓦尔特：我就是瓦尔特。

大管轮惠特曼：我说正忙着，等一会儿拿给你们。

服务生斯科尼：3月23日13点到理查德房间找他，他不在，坐了一会儿，随手开了他的台灯。

大副克姆普：3月23日13点半，带苏勒和罗伯特进行安全巡视，没有进理查德和苏勒的房间，说了句"你们的房间自己进去看看"。

一水苏勒：我笑了笑，也没有进房间，跟在克姆普后面。

一水罗伯特：我也没有进房间，跟在苏勒后面。

机电长科恩：3月23日14点，我发现跳闸了，因为这是以前也出现过的现象，没多想。就将闸合上，没有查明原因。

三管轮马辛：感到空气不好，先打电话到厨房，证明没有问题后，又让机舱打开通风阀。

大厨史若：我接马辛电话时，开玩笑说，我们在这里有什么问题？你还不来帮我们做饭？然后问乌苏拉："我们这里都安全吗？"

二厨乌苏拉：我也感觉空气不好，但觉得我们这里很安全，就继续做饭。

机匠努波：我接到马辛电话后，打开通风阀。

管事戴思蒙：14点半，我召集所有不在岗位的人到厨房帮忙做饭，晚上会餐。

医生莫里斯：我没有巡诊。

电工荷尔因：晚上我值班时跑进了餐厅。

最后是船长麦凯姆写的话：19点半发现火灾时，理查德和苏勒房间已经烧穿，一切糟糕透了，我们没有办法控制火情，而且火越烧越大，直到整条船上都是火。我们每个人都犯了一点错误，但酿成了人毁船亡的大错。

看完这张绝笔纸条，救援人员谁也没说话，海面上死一样的寂静，大家仿佛清晰地看到了整个事故发生的过程。

每个人都只错了一点点，但是结局却是毁灭。细节的力量就这么大，1%的错误会导致100%的失败。

商家在产品推广与营销的过程中更要把握细节的处理。

当宝洁公司刚开始推出汰渍洗衣粉时，市场占有率和销售额以惊人的速度向上飙升，可是没过多久，这种强劲的增长势头就逐渐放缓了。宝洁公司的销售人员非常纳闷，虽然进行过大量的市场调查，但一直都找不到销量停滞不前的原因。

于是，宝洁公司召集了很多消费者开了一次产品座谈会，会上，有一位消费者说出了汰渍洗衣粉销量下滑的关键，他抱怨说："汰渍洗衣粉的用量太大。"

宝洁的领导们忙追问其中的缘由，这位消费者说："你看看你们的广告，倒洗衣粉要倒那么长时间，衣服是洗得干净，但要用那么多洗衣粉，算计起来更不划算。"

听到这番话，销售经理赶快把广告找来，算了一下展示产品部分中倒洗衣粉的时间，一共3秒钟，而其他品牌的洗衣粉，广告中倒洗衣粉的时间仅为1.5秒。

也就是在广告上这么细小的一点疏忽，对汰渍洗衣粉的销售和品牌形象造成了严重的伤害。美国绝大部分企业家会知道一些十分精确的数字，比如全国平均每人每天吃几个汉堡包、几个鸡蛋。之所以要了解得这么清楚，是因为他们想确保细节上多方面的优势，不给竞争者可乘之机，哪怕是一些细枝末节的漏洞。

在产品和服务越来越同质化的今天，细节的完美是企业竞争的制胜一招。有一家公司的墙上贴着这样一句格言："苛求细节的完美。"如果每个人都能恪守这一格言，我们的自身素质无疑会有大幅度的提高，也会避免很多失误与叹息。个人如此，一个企业更是这样。管理市场运作、管理销售团队、管理财金事务都要有这种苛求细节完美的精神，起点低不要紧，关键是认真对待每一件小事，把寻常的事做得不寻常。如果忽视了那1%的细节，那么你面临的很可能是100%的失败。

凯斯特是一家公司的采购部经理。一天，他看到公司的圆珠笔异常精美，便不断地拿些回家，给他上学的女儿使用。这些东西被女儿的老师看见了，而该老师的丈夫，恰好正是与这家公司有业务往来的高级主管。该高级主管了解这件事后，说道："这家公司的风气太坏了，公司的员工只想着自己而不是公司，这样的公司怎么能有诚意做好生意呢？"于是他中止了与该公司的合作计划。

谁会想到计划的中断，竟是由一些圆珠笔造成的呢？在数学上"100-1"等于99，而在日常生活和工作中，在企业经营中，"100-1"却可能等于0。如果企业中的每一名员工都能清醒地认识到"1%的错误导致100%的失败"，并严格地规范自己的行为，把工作做到"零缺陷"，那么很多不必要的遗憾就不会产生。

"企业应该在任何时候都没有激动人心的事发生。"这是张瑞敏"不追求传奇"理念的直接表述。他认为："没有激动人心的事发生，就说明企业运行过程中时时处于正常状态。"

的确，当你走进偌大的海尔工业园，看不到激动人心的场面，听不到激动人心的声音，一切都是那样宁静、有序，每年数十亿的优质产品在高效、系统、严密的运动中，从这里流下生产线，走向大市场，又将利润返回到海尔大楼。

对于海尔人来说，没有激动人心的大事发生，一切似乎都是小事，但生意是怎么得来的？不过是细心一点，勤快一点，认真一点，精明一点，小事做好一点，等等。"一点"的事情很小，但随时随地做好又很难。

西点人都深刻明白"罗马并非一天建成的"，也深知"千里之堤毁于蚁穴"。细节能带来成功，同时也能导致失败。细节就好比是精密仪器上的一个细微的零部件，虽然只是一个细小的组成部分，但是却起着重要的作用，一旦这个"零部件"出错，那就意味着全盘皆输。

对公司管理者而言，熟知细节是最佳的训练，尤其是面对紧急、影响重大的事情，这些细节就更为重要。

在公司管理中，作为一个管理者，除了掌控宏观的管理计划外，还应事无巨细，洞悉公司的所有细节问题。对于员工来说，工作无小事，认真对待每一个细节都算是做大事，固守自己的本分和岗位，就是作出了最好的贡献。

没有哪一件工作是没有意义的，每一个过程都成就了另一个过程，只有环环相扣，整体才会和谐美好。每个人各就各位，努力尽责并扮演好自己的角色，我们才可以顺利地完成一份共同的责任。完整的工作才有意义，就像一部零件齐全的车才能在路上奔驰。我们不能想象一辆只有三个车轮的宝马汽车能在大马路上飞速行驶。

注重细节让平庸到杰出天堑变通途

西点前校长潘莫将军说过："最聪明的人设计出来的最伟大的计划，执行的时候还是必须从小处着手，整个计划的成败就取决于这些细节。"

乔治·福蒂在《乔治·巴顿的集团军》中写道："1943年3月6日，巴顿临危受命为第二军军长。他带着严格的铁的纪律驱赶第二军就像'摩西从阿拉特山上下来'一样。他开着汽车转到各个部队，深入营区。每到一个部队都要训话，诸如领带、护腿、钢盔和随身武器及每天刮胡须之类的细则都要严格执行。巴顿由此可能成为美国历史上最不受欢迎的指挥官。但是第二军发生了变化，它不由自主地变成了一支顽强、具有荣誉感和战斗力的部队……"

巴顿一次次地训话，强调诸如领带、护腿、钢盔和随身武器及每天刮胡须之类的细则，虽然让士兵们厌烦，但是却在不知不觉中，使他们由细节开始转变，并最终改头换面，我们不得不说巴顿强调这些细节是有原因的。

西点努力训练学员养成重视细节的习惯，使它变成像呼吸一样的本能反应。伟大的成就来自细节的积累，细节是一个人从平庸到杰出的天堑。

我们都很敬佩已故总理周恩来的胆识和谋略，但他那种关照小事、成就大事的本领，更值得

我们学习和借鉴。

当年，尼克松访华的时候就敏锐地发现，周恩来具有一种罕见的本领，他对一些事情的细节非常认真。因为他发现，周恩来总理在晚宴上为他挑选的乐曲正是他所喜欢的那首《美丽的阿美利加》。

后来，在来访的第三天晚上，客人被邀请去看乒乓球和其他体育表演。当时天已下雪，而客人预定第二天要去参观长城。周恩来总理得知这一情况后，离开了一会儿，通知有关部门清扫通往长城路上的积雪。

周恩来总理做事是精细的，同时他对工作人员的要求也是异常严格的，他最容不得"大概"、"差不多"、"可能"、"也许"这一类的字眼。有次北京饭店举行涉外宴会，周恩来总理在宴会前了解饭菜的准备情况时，他问："今晚的点心什么馅？"一位工作人员随口答道："大概是三鲜馅的吧。"这下可糟了，周恩来追问道："什么叫大概？究竟是，还是不是？客人中如果有人对海鲜过敏，出了问题谁负责？"

周恩来正是凭着一贯提倡注重细节、关照小事的作风，赢得了人们的称赞。

生活其实是由一些小得不能再小的事情构成的，可我们总是倾心于远大的理想和宏伟的目标，总觉得那些微不足道的小事不过是秋天飘落的一片片树叶，没有声响，我们总是忽略了不该忽略的小事情、小细节，从而在接踵而至的小事面前穷于准备，忙于应付。事实上，随着经济的发展，专业化程度越来越高，社会分工越来越细，细微环节的作用日益突显。

多数人所做的工作还只是一些具体的、琐碎的、单调的事，他们也许过于平淡，也许鸡毛蒜皮，但这就是工作，是生活，是成就大事不可缺少的基础。所以无论做人、做事，都要注重细节，从小事做起。一个不愿做小事的人，是不可能成功的。要想比别人优秀，只有在每一件小事上比功夫。日本狮王牙刷公司的员工加藤信三就是一个活生生的例子。

有一次，加藤为了赶去上班，刷牙时急急忙忙，没想到牙龈出血。他为此大为恼火，上班的路上仍是非常气愤。

回到公司，加藤为了把心思集中到工作上，还是硬把心头的怒气给平息下去了，他和几个要好的伙伴提及此事，并相约一同设法解决刷牙容易伤及牙龈的问题。他们想了不少解决刷牙造成牙龈出血的办法，如把牙刷毛改为柔软的狸毛、刷牙前先用热水把牙刷泡软、多用些牙膏、放慢刷牙速度等，但效果均不太理想。后来他们进一步仔细检查牙刷毛，在放大镜底下，发现刷毛顶端并不是尖的，而是四方形的，加藤想："把它改成圆形的不就行了！"于是他们着手改进牙刷。

经过实验取得成效后，加藤正式向公司提出了改变牙刷毛形状的建议，公司领导看后，也觉得这是一个特别好的建议，欣然把全部牙刷毛的顶端改成了圆形。改进后的"狮王牌"牙刷在广告媒介的作用下，销路极好，销量直线上升，最后占到了全国同类产品的40％左右，加藤也由普通职员晋升为科长，十几年后成为公司的董事长。

牙刷不好用，在我们看来都是司空见惯的小事，所以很少有人想办法去解决这个问题，机遇也就从身边溜走了。而加藤不仅发现了这个小问题，而且对小问题进行细致的分析，从而使自己和所在的公司都取得了成功。

看不到细节，或者不把细节当回事的人，对工作缺乏认真的态度，对事情只能是敷衍了事。这种人无法把工作当做一种乐趣，而只是当做一种不得不接受的苦役，因而在工作中缺乏热情。而考虑到细节、注重细节的人，不仅认真地对待工作，将小事做细，并且注重在做事的细节中找到机会，从而使自己走上成功之路。

一天下午，日本东京奥达克余百货公司的售货员彬彬有礼地接待了一位来买唱机的女顾客。售货员为她挑了一台未启封的"索尼"牌唱机。事后，售货员清理商品发现，原来是错将一个空心唱机货样卖给了那位美国女顾客，于是立即向公司警卫作了报告。警卫四处寻找那位女顾客，但不见踪影。

经理接到报告后，觉得事关顾客利益和公司信誉，非同小可，马上召集有关人员研究。当时只知道那位女顾客叫基泰丝，是一位美国记者，还有她留下的一张"美国快递公司"的名片。据此仅有的线索，奥达克余公司公关部连夜开始了一连串近乎大海捞针的寻找。先是打电话，向东京各大宾馆查询，毫无结果。后来又打国际长途，向纽约的"美国快递公司"总部查询，深夜接到回话，得知基泰丝父母在美国的电话号码。接着，又给美国挂国际长途，找到了基泰丝的父母，进而打听到基泰丝在东京的住址和电话号码。几个人忙了一夜，总共打了35个紧急电话。

第二天一早，奥达克余公司给基泰丝打了道歉电话。几十分钟后，奥达克余公司的副经理和提着大皮箱的公关人员，乘着一辆小轿车赶到基泰丝的住处。两人进了客厅，见到基泰丝就深深鞠躬，表示歉意。除送来一台新的合格的"索尼"唱机外，又加送著名唱片一张、蛋糕一盒和毛巾一套。接着副经理打开记事簿，宣读了怎样通宵达旦查询基泰丝住址及电话号码，及时纠正这一失误的全部记录。

这时，基泰丝深受感动，她坦率地陈述了买这台唱机，是准备作为见面礼，送给东京外婆的。回到住所后，她打开唱机试用时发现，唱机没有装机心，根本不能用。当时，她火冒三丈，觉得自己上当受骗了，立即写了一篇题为《笑脸背后的真面目》的批评稿，并准备第二天一早就到奥达克余公司兴师问罪。没想到，奥达克余公司纠正失误如同救火，为了一台唱机，花费了这么多的精力。这些做法，使基泰丝深为敬佩，她撕掉了批评稿，重写了一篇题为《35次紧急电话》的特写稿。

《35次紧急电话》稿件见报后，反响强烈，奥达克余公司因一心为顾客着想而声名鹊起，门庭若市。

20世纪世界最伟大的建筑师之一的密斯·凡·德罗，在被要求用一句话来描述他成功的原因时，他也是只说了5个字"魔鬼在细节"。他反复地强调，如果对细节的把握不到位，无论你的建筑设计方案如何恢弘大气，都不能称之为成功的作品。可见对细节的作用和重要性的认识，古已有之，中外共见。也就是所谓"一叶一菩提，一花一世界"，生活的一切原本都是由细节构成的，如果一切归于有序，决定成败的必将是微若沙砾的细节，细节的竞争才是最终和最高的竞争层面。

美国已逝的总统罗斯福曾说过："成功的平凡人并非天才，他资质平平，但却能以平平的资质，创造出超乎平常的事业。"每个人都想展示自己的不平凡。商店的售货员将每一件商品擦得干干净净，公交车司机让自己的车保持整洁，书店的营业员把书架上的书摆放得整整齐齐，这样的小事，天天坚持下来，就会变成一种习惯。

当你习惯了把自己工作中的每一个细节做得完美的时候，你可能就已经找到了通过从平庸到杰出的天堑之间的通途。因为工作中的细节看起来毫不引人注意，却恰恰是一个人工作态度的最好证明。那些很关注现在工作的员工，总能认真对待工作的任何细节，将工作做到细致入微。也正是由于他们的工作态度，才使他们获得了比别人更多的成长和发展的机会。

松下公司组织一次公关活动，为了增加互动性，他们在现场设置了客户提问的环节，原来的做法是让文员裁几张白纸了事。可是，在现场，老板看到的却是一沓整齐漂亮的便签，上面还印了公司的标志，措词礼貌。那次活动举办得十分成功，客户的反应也很好。而功劳自然少不了文员这个注重细节的举动。这件琐碎的小事让这个文员深得老板的赏识，后来，在公司需要新的办公室主任时，老板第一个想到的就是这个文员。

每一个人在工作中都会遇到这样那样的琐事，而多数人都采取敷衍了事的态度。也正是因为如此，成功的总是那些对待小事仍然斤斤计较的人。所以，要想成为一个好员工，细化工作，把每个环节都做到完美是至关重要的。

我们说把每个环节做到完美是工作的重中之重，是不无道理的，如果工作中的任何一个环节出现一个小小的纰漏，那对全局的影响是巨大的。

同样，在工作中如果不经意地忽略一些细节，也可能付出沉重的代价。

现代职场竞争激烈，每一位员工都面临着"优胜劣汰"的残酷现实，对细节的疏忽就可能导致被淘汰出局。从这个意义上说，注重细节的能力正是一个职业人士在职场中的竞争力。

　　马克曾是美国西里克肥料厂的一名速记员。尽管他的上司和同事均养成了偷懒的恶习，但马克仍保持认真做事的良好习惯，重视每一项工作。

　　一天，上司让马克替自己编一本老板西里克先生前往欧洲用的密码电报书。马克不像同事那样，随意地编几张纸完事，而是编成一本小巧的书，用打字机很清楚地打出来，然后又仔细装订好。做好之后，上司便把这本书交给了西里克先生。

　　"这大概不是你做的吧？"西里克先生问。

　　"呃……不……是……"马克的上司战栗地回答，西里克先生沉默了许久。

　　过了几天，马克取代了以前上司的职位。

　　小小一本电报书，开启了一扇通往成功的门，有时候，决定一个人成败的，不是他做了什么惊天动地的大事，而取决于他有没有把小事做好。小事成就大事，细节铸就完美。于细微之处用心、于细微之处着力，这样日积月累，你的工作才能渐入佳境。

态度决定一切

　　西点校友莱利斯·格罗夫斯准将说过："没有谁的人生一帆风顺，任何人都会遭逢厄运。积极的心态和顽强的毅力，会让你解决任何难题。"在西点有一个非常戏剧化的训练，这是为了让学生充分了解到他们的工作最终会有什么样的结果。新生手持上了长刺刀的步枪，一面高喊：

　　"刺刀的精神是什么？"

　　"杀敌！"

　　"刺刀靠什么成长？"

　　"鲜血！"

　　士兵必须作战，带兵的人则必须确保士兵的性命不会白白牺牲。但是，正如恺撒大帝所说："在战争中，重大事件常常就是小事所造成的后果。"著名西点学子格兰特将军也认为："避免一切小小的失误，就能减少巨大的意外挫折。"

　　西点学生每天都要检查服装仪容，有一名西点的学生曾经有一次来回向班长报到了12次，才通过服装仪容的检查：每一次他到了班长房间，都有不通过的地方，头发没有梳好、皮鞋碰脏了、衬衫后面的衣摆露出来了，某段新生知识没有背好等，每次都得回寝室去重新整理。

　　对于这位新生和他的室友来说，这变成了一项挑战，他们决心要帮他弄到完美无缺，让班长挑不出毛病来。他在班长的房间和自己寝室之间来回地奔跑、复检，最终的目的是使他达到完美。

　　西点学生不仅要照一切的命令行事，而且每一件事都必须做好。如果做不好，长官会非常严厉。例如长官会说："皮鞋很亮，但是服装根本不及格。"如果长官认为你不够尽力，就像前面所说的那位新生，他会逼着你不断再改进。

　　面对这么多的要求，新生们有时候不太可能每一件事都做到尽善尽美，因此他们开始学会判断各项工作的轻重缓急，在重要与次要的事情之间取得平衡。只要专心于任务的细节，就能够应付内心的压力。

　　西点这样训练新生也是为了让他们能够熟悉以后的环境。当他们面对压力沉重、情况危机的情况，比如突然投入战斗，领导人绝对不可能事事都做到完美，但是平日的训练使他们对于追求完美已经习以为常，完美对他们不是最巅峰的状态。他们必须在最短的时间内找出可行的办法，决定轻重缓急，在有限的时间做最好的安排。

　　因为在战场上，任何一个细微的错误、一个细节的忽略都有可能导致流血牺牲，甚至整个战局的改变。所以西点把对于细节的重视训练成了学生们的习惯及终生所秉持的态度，这直接成为了西点学子成功的先天条件。

　　拿破仑·希尔说："习惯能成就一个人，也能够摧毁一个人。"的确，经过日积月累的习惯，具有滴水穿石的作用，长期的作用，就会造就一个人与别人不同的生活。

　　有这样一个故事，说是蝎子要过河，但是自己又不会游泳，于是请青蛙帮忙背着它过河。青

蛙开始一直不答应，因为怕蝎子蜇自己。蝎子为了让青蛙放心就说："青蛙大哥，你放心，我不会的。蜇你之后，你死了我不也淹死了嘛。"青蛙这样想了想，觉得说的也对呀。于是，青蛙驮着蝎子一起过河。可是到了河中央，蝎子还是狠狠地蜇了青蛙一下，于是中毒的青蛙开始下沉，它懊恼地叫道："老弟，你说话不算话。你答应不蜇我的啊。"蝎子也一脸悔恨地道歉："青蛙大哥实在对不起啊，不过，蜇人是我的习惯性动作。"

这只蝎子就是因为习惯，最终让自己和青蛙都丧命了。这其中的道理用于我们人身上也是一样的，习惯的力量在日常生活中的一些小事情上表露的并不是很明显，但是一旦遇到至关重要的大事情的时候就会将其作用显露出来，就像蝎子因为习惯而令自己丧命一样。当然，好的习惯会让自己出奇制胜。

习惯，具体来讲是通过长期的累积而形成的一种固有的做事方式。例如一个人习惯于在周末睡懒觉，而另一个人则喜欢在周末出去走动走动，而第三个人则喜欢在周末看一些自己喜欢看的书籍。再比如，有人做事情的时候总是拖拖拉拉，而有人总是雷厉风行；有人在遇到事情的第一反应是求助，而另一个人的第一反应就是自己如何独立地解决。

这些习惯看似没什么依据，但是仔细想想，其实是由一个人的心态造成的。一个人在为人处事的时候，用什么心态就会产生什么样的行为，如果这种心态长期得不到改善，就会使得产生的这种行为变成一种长期的习惯。

生活是由一些琐碎的事情累积起来的，所以我们每一天都要处理很多大大小小的事情。对待一些关乎人生或者未来发展的大事情，我们通常都会比较有耐心，也会格外地重视，但是对于一些微小的事情，我们往往显得不耐烦，或者干脆忽略掉，不把那些事情当成是事情，也不想给自己增加许多不必要的麻烦。

不重视生活中的细节，这种看似洒脱的生活态度，其实正是对生活不负责任的表现。比如，别人正在跟你谈事情，可是你出于习惯一直在看你的手表，别人会以为你赶时间而显得不耐烦；工作中，一些看起来很容易的事情，你随意地处理一下，以为自己完全可以应付得很好，可是就可能因为你的马虎大意而引起不必要的麻烦。

诸立昌的第一次求职经历，令他一生都难以忘怀。

诸立昌应聘的是一家全国知名的国有大型企业。人事部对他的资料相当满意，对他的英语水平和写作能力也很欣赏。也许是由于惜才之故，人事部主管对诸立昌极为客气，当即电话通知财务经理对他进行面试。10分钟不到，财务经理就来了。几句寒暄之后，便转入正题，财务经理说他想考几个会计科目方面的问题。如此简单的问题，让诸立昌不禁窃喜，"你说吧，你说吧。"诸立昌说，一点儿也不紧张。

考核极为顺利，对他的问题诸立昌几乎是不假思索，对答如流，同时还旁征博引，援引财政部最新颁布的有关会计法规加以论证。诸立昌想用自己的学识来赢得这位经理赏识，他被宣布留用了。成功如此之容易，诸立昌骄傲的情绪自然也就滋长起来了。

上班的第一天，财务经理交给诸立昌的第一份工作就是依据凭证录入原材料明细账。这个过程极为简单，就是一个数字转抄的事。1000多张凭证诸立昌两天就抄完了，他不免有些看轻这份工作，言语之间有所流露。财务经理却依然是一副水波不兴的样子。到第七天开始与总账核对，诸立昌惊奇地发现自己竟对不上账。据其所登录的明细金额，10次20次地加总，与总账总是对不上，诸立昌慌了手脚，几千笔金额要查出错误可不是一件易事，反复核查几次后仍与总账对不上。诸立昌开始怀疑是总账有误。他再一次自信地找到财务经理，用极其肯定的语气告诉经理他没有错，应该是总账错了。财务经理并没有直接回答诸立昌的话，只是笑了笑说："小伙子，世上好像任何事都是相对的，没有太绝对的吧。"诸立昌不以为然。财务经理将其登录的明细账拿去复核，结果不到10分钟就查出了一笔错误，322579误写成了22579，二者之间相差近14倍！

诸立昌羞愧满面，无言以对。财务经理当即让诸立昌去人事部结账。诸立昌恳请经理能原谅自己的这次过错，而财务经理言出必行，毫无挽回的余地。临行时，财务经理意外地抽出时间和

诸立昌谈心："小伙子，你很聪明，但人不能聪明得过了头。一开始你就很傲气，记不记得我问你问题时，你一连说了两个'你说吧'。我看你有才，姑且原谅你。这几天我交给你一个简单的会计工作，旨在考察你，结果你完成得怎么样？照抄你都能抄错，你的能力何在？因为你这一错，公司有可能损失 20 多万，这个责任是你负还是我负呢？本来我可以原谅你，但我今天不得不辞退你，你必须对自己的行为负责任。"一份年薪 6 万元的工作就这样与他失之交臂了。他为这错误的一步付出了高昂的代价。

可见，是否注重细节，除了体现一个人能力如何，还能表明他的态度。大大咧咧，凑凑合合，这种思维和行为占据了他的头脑和身体，就会有不负责任的表现。用心跟不用心，结果肯定会有差别，虽然只是细节上的。

注重生活中的细节，从小事做起，这对于培养人们负责任的工作态度极为重要。有人说态度决定一切，虽然不免偏颇，但很大程度上反映了工作态度的重要性。如果一直是以马虎不认真的态度来对待生活，忽视一切细节，那么即使是有很好的发展机会，也会错过。

生活格外偏爱负责任的人，所以，起点低不要紧，关键是认真对待每一件小事，把寻常的事做得不寻常。只有树立这样的高标准，才能使每项工作和每个人有最快最大的进步。

飞机像一只滑翔的大鸟降落在东京国际机场，一家知名汽车生产公司的总工程师高桥踌躇满志地走下舷梯，他此行肩负重任。随着汽车业日趋成熟，高桥所在公司扩大了与日本一家生产高档轿车公司的合作。他此行的目的就是与日方谈判，为他们提供轿车及附件。如果谈得顺利，公司将获得巨大的经济效益。

高桥只有 40 多岁，却已是知名的汽车专家，日方显得很慎重，派出年轻有为、处事谨慎的副总裁兼技术部课长百惠前来迎接。豪华气派的迎宾车就停在机场的到达厅外。高桥办完通关手续，走出大厅，来到举着欢迎他的小牌子的人面前，与百惠一行见面。宾主寒暄几句后，百惠亲自为高桥打开车门，示意请他入座。

高桥刚一落座，便随手"砰"地关上车门，声音极响，百惠甚至看见整个车身都微微颤了一下。百惠不禁愣了一下："是旅途的劳累使高先生情绪不佳，还是繁复的通关手续让他心烦？他可是株式会社的贵客，得更加小心周到地接待才行。"

一路上，百惠一行显得十分热情友好，甚至到了殷勤的程度。迎宾车停在株式会社大厦前的停车坪里，百惠快速下车，小跑着绕过车后，要为高桥开车门。但高桥却已打开车门下车，又随手"砰"地关上车门。这一次，比在机场上车时关得还要响，似乎用力还要重得多。百惠又愣了一下。

日方安排的洽谈前的考察十分紧张，株式会社董事长兼总裁铃木先生还亲自接见，令高桥感到非常满意。会谈安排在第三天。在接下来的两天里，百惠极尽地主之谊，全程陪同高桥游览东京的名胜古迹和繁华街景，参观公司的生产基地。高桥显得兴致很高，可回到下榻酒店时，他关上车门时又是重重的"砰"地一下。

百惠不禁皱了一下眉。沉吟了片刻，他终于边向高桥鞠躬，边小心地问道："高先生，敝社的安排没什么不妥吧？敝人的接待没什么不周吧？如果有，还望先生海涵。"高桥显然没什么不满意的，说道："百惠先生把什么都考虑得非常周到细致，谢谢。"说这话时，高桥是满脸的真诚，百惠却显得若有所思……

第三天到了，接高桥的车停在株式会社大楼前，他下车后，又是一个重重的"砰"。百惠暗暗地咬了咬牙，暗中向手下的人吩咐几句后，丢下高桥，径直向董事长办公室走去。高桥正感到有些莫名其妙，百惠的手下客气地将他让到了休息室，说："百惠课长说是有紧急事要与董事长谈，请高先生稍等片刻。"

董事长办公室里，百惠语气严肃地对铃木说："董事长先生，我建议取消与这家公司的合作谈判！至少应该推迟。"

铃木不解地问："为什么？约定的谈判时间就要到了，这样随意取消，没有诚信吧？再说，

我们也没有推迟或取消谈判的理由啊！"百惠坚决地说："我对这家公司缺乏信心，看来我们株式会社前不久对该公司的考察走了过场。"铃木是很赏识这个精干务实的年轻人的，听他这么说，便问："何以见得？"

百惠说："这几天我一直陪着这个高总工程师。我发现他多次重重地关上车门，开始我还以为是他在发什么脾气呢，后来才发现，这是他的习惯，这说明他关车门一直如此。他是这家知名汽车公司的高层人员，平时坐的肯定是他们公司生产的好车。他重重关上车门习惯的养成，是因为他们生产的轿车车门用上一段时间后就易出现质量问题，不容易关牢。好车尚且如此，一般的车辆就可想而知了……我们把轿车和附件给他们生产，成本也许会降低很多，但这不等于在砸我们自己的牌子吗？请董事长三思……"

一个关车门的动作，可谓微不足道，相信无论是在生活中还是工作中都不会有人注意它，但恰恰是这种别人眼里的微不足道之处，被百惠抓到了，并通过进一步的细致分析，揭出了这一习惯性动作背后可能隐藏的深层问题，从而帮助公司避免了可能遭遇的重大损失。

用心做事，就是指用负责、务实的精神，去做好每一天中的每一件事；用心做事，就是指不放过工作中的每一个细节，并能主动地看透细节背后可能潜在的问题；用心做事，就是要让自己比过去做得更好，比别人做得更好。

西点军校经典法则

法则二十

坚忍

有耐心的人无往而不胜

美国第34任总统艾森豪威尔说过："在这个世界上，没有什么比'坚持'对成功的意义更大。"好事多磨，成功的获取是一个漫长而艰辛的过程，通往成功的每一步都蕴藏着很多的困难和挫折，要想获得成功，实现人生的梦想，就必须戒骄戒躁，具备战胜困难的耐心和不达目的绝不罢休的执著精神。只有有耐心的人才会无往而不胜，首先获得成功。

"登泰山而小天下"，这是成功者的境界，如果达不到这个高度，就不会有这个视野。但是，若想到达这个境地亦非易事，人们从岱庙前起步上山，入南天门，进中天门，上十八盘，登玉皇顶，这一步步拾级而上，起初倒觉轻松，但愈到上面便愈感艰难。十八盘的陡峭与险峻曾使多少登山客望而却步。游人只有振奋不达目的决不罢休的精神，才能登上泰山绝顶，体验杜甫当年"一览众山小"的酣畅意境。

像登泰山一样，世上愈是珍贵之物，愈是让人羡慕的成果，则费时愈长，费力愈大，得之愈难。即便是燕子垒巢，工蜂筑窝也都非一朝一夕的工夫，人们又怎能企望轻而易举便获得成功呢？天上没有掉下来的馅饼，数学家陈景润为了求证"哥德巴赫猜想"，他用过的稿纸几乎可以装满一个小房间；作家姚雪垠为了写成长篇历史小说《李自成》，竟耗费了40年的心血。大量的事实告诉我们：点石成金需耐力和恒心。有这样一个故事：

在美国科罗拉多州长山的山坡上，躺着一棵大树的残躯。自然学家告诉我们，它曾经有过400多年的历史。在它漫长的生命里，曾被闪电击中过14次，无数次暴风骤雨侵袭过它，都未能让它倒下。但在最后，一小队甲虫的攻击使它永远也站不起来了。那些甲虫从根部向里咬，渐渐伤了树的元气。虽然它们很小，却是持续不断地进攻。这样一个森林中的巨木，闪电不曾将它击倒，狂风暴雨不曾将它动摇，却因一小队用大拇指和食指就能捏死的小甲虫凭借锲而不舍的韧劲而倒了下来。

这是卡耐基引述别人讲过的一个故事，从这个故事，我们发现了一个人生哲理，这就是：只要有恒心，以微弱之躯撼大摧坚也平常。

生活中，我们都可能会面对"撼大摧坚"的艰巨任务：运动员要向世界纪录挑战，科学家要解开大自然的奥秘，企业家要跻身世界强者的行列，就是一般人，也会有一些困难的工作要去做。

比如你要把一堆砖头从甲地搬到乙地，你如何做呢？

莎士比亚说："斧头虽小，但多次砍劈，终能将一棵坚硬的大树伐倒。"还有一位作家说过："在任何力量与耐心的比赛中，把宝押在耐心上。"

小甲虫的取胜之道，就在耐心和恒心上。

一位青年问著名的小提琴家格拉迪尼："你用了多长时间学琴？"格拉迪尼回答："20年，每天12小时。"也有人问基督教长老会著名牧师利曼·比彻，他为那篇关于"神的政府"的著名布道词，准备了多长时间？牧师回答："大约40年。"

恒心往往体现在坚持上。坚持不懈的精神就是有恒心、有耐心的最佳表现。

俗话说得好："滚石不生苔，坚持不懈的乌龟能快过灵巧敏捷的野兔。"如果一个人能每天学习1小时，并坚持12年，所学到的东西，一定远比坐在学校里接受4年高等教育所学到的多。正如布尔沃所说的："恒心与忍耐力是征服者的灵魂，它是人类反抗命运、个人反抗世界、灵魂反抗物质的最有力支持，它也是福音书的精髓。从社会的角度看，考虑到它对种族问题和社会制度的影响，其重要性无论怎样强调也不为过。"

人类迄今为止，还不曾有一项重大的成就不是凭借坚持不懈的精神而实现的。提香的一幅名画曾经在他的画架上搁了8年，另一幅也摆放了7年。

大发明家爱迪生也曾说："我从来不做投机取巧的事情。我的发明除了照相术，也没有一项是由于幸运之神的光顾。一旦我下定决心，知道我应该往哪个方向努力，我就会勇往直前，一遍一遍地试验，直到产生最终的结果。"

凡事不能持之以恒，正是很多人最后失败的根源。英国诗人布朗宁写道：

实事求是的人要找一件小事做，
找到事情就去做。
空腹高心的人要找一件大事做，
没有找到则身已故。
实事求是的人做了一件又一件，
不久就做一百件。
空腹高心的人一下要做百万件，
结果一件也未实现。

那些成功人士之所以能成功，就因为他们凡事坚持到底，始终如一。只要你兢兢业业，勤奋向前，坚持不懈，就没有征服不了的困难。那么，成功的道路上，一定会有你的身影。

司马迁，从幼年时开始漫游，走遍黄河、长江流域，为著《史记》汇集了大量的社会素材、历史素材，奠定了我国历史巨著《史记》的基础；德国的伟大诗人、小说家和戏剧家歌德，前后花了60年的时间，搜集了大量材料，写出了对世界文学界和思想界产生巨大影响的诗剧—《浮士德》。

反观现在的社会，到处都有一种流行病，就是浮躁。许多人总想"一夜成名"、"一夜暴富"。他们有如吕坤讲的那种"攘臂极力"的人，不去做扎扎实实的长期努力，而是想靠侥幸一举成功。比如投资赚钱，不是先从小生意做起，慢慢积累资金和经验，再把生意做大，而是如赌徒一般，借钱做大投资、大生意，结果往往惨败。网络经济一度充满了泡沫。有人并没有认真研究市场，也没有认真考虑它的巨大风险性，只觉得这是一个发财成名的"大馅饼"，一口吞下去，最后没撑多久，草草倒闭，白白"烧"掉了许多钞票。

人们渴求事业成功，却不愿持之以恒地努力；盼望长命百岁，却不理解生命的意义。其实，人的生命是由许许多多的"现在"累积而成的，人只有珍惜现在，不懈奋斗，才能使生命光彩，事业有成。成功最忌"一日曝之，十日寒之"，"三天打渔，两天晒网"。遇事浅尝辄止，必然碌碌终生而一事无成。

学业、事业上更是如此。不少青年人为自己怎么也学不出名堂找的借口是自己没天赋，或者认为学习不是自己的事，而是迫于老师的压力、家长的期望。这就大错特错了。虽然每个人天分不同，但更重要的是后天因素，是努力，是坚持。坚持是一个你想到就能做到的动力源泉，它是无穷的，只要你想到，就会做到。美国钢铁大王安德鲁·卡耐基对柯里商学院的毕业生做演讲时就告诫他们要时时提醒自己："我的位置在最高处。"当然，不是每个人都能做得一样好，但有很多挂在枝头的果子，你只有蹦了，才能够到。我们还年轻，现在不努力做到最好，还等什么时候呢？

做任何事情，只要有恒心，坚持不懈地奋斗就能成就大事。当"智慧"已经失败，"天才"无能为力，"机智"与"技巧"说不可能，其他各种能力都已束手无策、宣告绝望之时，"忍耐力"便惠然来临，帮助人们取得胜利、获得成功。

因为无坚不摧的忍耐力而做成的事业是神奇的。当一切力量都已逃避、一切才能宣告失败时，忍耐力却依然坚守阵地，依靠忍耐力，终能克服许多困难，甚至最后做成许多原本已经失望的事情。

人人都停下来不再去做的事，只有富有忍耐力的人才会坚持去做；人人都因感到绝望而放弃的信仰，只有富有忍耐力的人才会坚持着，继续为自己的意见辩护。所以，具有这种卓越个性的人，最终能获得成功。

帖木儿皇帝的经历证明了这一点。

帖木儿被敌人紧紧追赶，不得不躲进一间坍塌的破屋。就在他陷入困惑与沉思时，看见一只蚂蚁吃力地背负着一粒玉米向前爬行。蚂蚁重复了69次，每一次都是在一个突出的地方连着玉米一起摔下来，它总是翻不过这个坎。到了第70次，它终于成功了！这只蚂蚁的所作所为极大地鼓舞了这位处于彷徨中的英雄，使他开始对未来的胜利充满希望。

有时拥有金子的生活可能离我们只有一码之隔，只要你有足够的耐心坚持走到最后一码。

在一个展览会上，德拉蒙德教授看了一座很有名的金矿的玻璃模型。这个金矿原来的主人在他认为可能富含金矿的地层里挖掘了一条1英里长的隧道，花费了100万美元，历时一年半，但他还是没有找到黄金。他决定放弃，于是把这个金矿卖给另一家公司后，便坐火车回家了。而那家公司只是在距原来停止开采的地方挖远了一码，就发现了金矿砂。

众所周知，到20世纪初为止，世界上的任何发明都比不上蒸汽机给人类命运带来那么强大而深远的影响，而被称为"蒸汽机之父"的人是瓦特。但事实上，早在公元1世纪，希腊发明家希罗就制造了一种蒸汽锅，那是用蒸汽来推动的。这个设备粗糙而原始，但是已经蕴含了蒸汽机的基本原理。如果这个古代的实验者能够沿着这个发明的思路，再坚持一下，再改进一点，也许人类机械发明的历史将会提前2000年。

1688年，丹尼斯·帕皮恩就发明了圆柱体内的密封活塞；后来，托马斯·纽可门发明了压力发动机，这两个方面离蒸汽机这一伟大的创造都只有一步之遥。但是，只是等到瓦特集中其全部的精力、智慧和耐心，沿着纽可门那粗糙的发明做进一步探索时，19世纪的改良蒸汽机才被制造出来。

早在1774年，电报机的原理就被发现了。而摩尔斯教授是第一位为了人类的福利应用这一原理的人。他于1832年开始实验，在获得发明专利权后又经过5年，他又面临着另一个巨大的阻碍。直到1843年，美国国会会议的最后一天才同意资助他3万美元的研究经费。摩尔斯用这笔钱建造了世界上第一条电报线，介于华盛顿和巴尔的摩之间。也许世界上很少有发明像电报这样，对人类的福利产生了如此重大的有益影响。

美国最早的汽船发明人约翰·菲奇曾经穷困潦倒，衣衫褴褛，受尽嘲讽。他受到大人物的排斥，受到富人的阻挠，甚至在善良人的眼里，他也被当做疯子来可怜。但是，菲奇和他的朋友耐得住寂寞与冷落，一直坚持下去，1790年，他们在特拉华州有了一条汽船，它顺流时时速为8英里，逆流时时速为6英里。菲奇的这一发明要早于富尔顿汽船20年左右。斯蒂芬森并非是铁路的首创

者，也不是第一个想到要用蒸汽机推动机车的人。这些特征在早期的"特里维斯克"机器上就已经出现了。假如特里维斯克能够花些心思改进他机车的缺陷，就像他事业的继承者所拥有的这一优秀个性一样，那么可能就是他而不是斯蒂芬森被称为"现代机车之父"了。

无数成功者的事例告诉我们：耐心对成功是如此重要。如果你天生没有坚定执著的耐力，那么你一定要后天培养它。有了这种个性，你才能成功，才能战胜困难，才能克服消极、怀疑和彷徨的情绪，才能具有自信。没有这种个性，即使是有最为卓越的天才个性也不能保证你成功，而且很可能你的结果是一败涂地。

最终的胜利取决于坚忍的品质

西点教官约翰·哈利说过："'没有办法'或'不可能'使事情画上句号，'总有办法'则使事情有突破的可能。"滴水可以穿石，锯绳可以断木。成大事者身上最可贵的个性之一就是坚定执著。面对人生路上的艰难险阻，每个人都有感到疲倦的时候，但成功者就是因为多了一份坚定执著，才让他们多了一分恒心和忍耐从而渡过难关。

因为有坚忍不拔的品质，才有了埃及平原上宏伟的金字塔，才有了耶路撒冷巍峨的庙堂；因为有了坚忍不拔的品质，人们才登上了气候恶劣、云雾缭绕的阿尔卑斯山，在宽阔无边的大西洋上开辟了通道；正是因为有了坚忍不拔的品质，人类才夷平了新大陆的各种障碍，建立起人类居住的共同体。

如果三心二意，哪怕是天才，势必一事无成。勤快的人能笑到最后，而耐跑的马才会脱颖而出。只有仰仗坚忍的品质，点滴积累，才能拨云见日，获得成功。

可惜，现实生活中，有很多人像孟子说的："一日曝之，十日寒之，没有能生成的了。""挖井数丈，还不见水冒出来，等于是口废井。"他们因为对事业有一种朝秦暮楚的思想观念，或者是时做时辍的怠惰状态，也就是少了这份恒心和忍耐而被拒之于成功门外，这是成功路上一个不可救药的死症。

《孟子》中有一个寓言说：宋国有个人，认为他家的禾苗生长得太慢了，于是他就在地里一棵一棵地拔高禾苗，还自认为这样是帮助它们生长。然后一副得意的样子回到家中，对他的儿子说："今天我累坏了，我帮助禾苗长高了。"他的儿子跑到地里一看，禾苗都枯死了。

因此，我们要想拥有一种对事业坚持不懈的追求精神，首先要培养一种不求速达的心理状态，稳扎稳打，循序渐进。古语说："欲速则不达。"再说："他的进度快，退缩得也快。"时间想它快而功力不想它快，功力想它快而效果不想它快。想求速达，就难以满足妄想的急切心情，就难以把事业办扎实。达不到心理上的要求，就容易灰心丧气。灰心丧气就会渺茫，就容易辍业或者改业，也就难得有恒心了。没有恒心事业难成，想速达也不会达。早熟便是小材，大器必然晚成，所谓厚积薄发，积累的厚，成就便大，日积月累，坚持不懈，就会年年精进。

另一方面，要养成一种坚忍不拔的品质，还应培养自己对一种事业的嗜好，凡事只要自己热爱它，哪怕自己是一叶孤舟，面对一片汪洋，看不到岸仍求索不辍。因为兴趣的吸引，所以他们会坚持自己一件一件地去做，并从最困难的事做起。

为了探索物质世界的秘密，丁肇中常常废寝忘食地搞实验，为了做好一个实验，他一进入物理实验室，就两天两夜甚至三天三夜待在物理实验室里，守在仪器旁，经过长期潜心研究，终于发现了丁粒子，从而获得诺贝尔奖。

巴甫洛夫也经常是在实验室里一待就是十几个小时，忘了吃饭，数年如一日地工作，当他跃上科学生涯的第一阶梯——取得"消化"研究的成果时，又忙着开始转向"反射"实验了。同他一起工作多年的得力助手，也受不了这种无休止的紧张工作，离开了他，巴甫洛夫不得不另找新的助手，并对新的助手说："你们要学会做科研。"在实验室里巴甫洛夫和他的助手长时间废寝忘食地工作着。他的身体染上了多种疾病，但从不间断实验工作，直到临死时，巴甫洛夫还用自己身患的蔓延性肺炎，进行心理和生理的实验。

历史上，每一个"天才"的光芒背后都蕴藏着无数的艰难，在这无数个日日夜夜的坚持中他们才在人潮中脱颖而出。

我们阅读霍桑的作品《红字》时是多么欣喜快乐啊，《红字》也许是美国历史上最伟大的浪漫故事了。如此完美的遣词造句，如此流畅自如的表达，如此精妙细致的修辞，以至人们暗自揣测这鬼斧神工之笔是如何造就的。生性腼腆木讷、不善言词的作家在自己的笔记本里曾经吐露出了天才的秘密。那就是一遍又一遍不懈地修改，修改，再修改！作家的笔记本上到处是修改的痕迹，在他的笔记里，几乎没有什么事是琐碎微小而不值得记录的。他看到的、听到的、触摸到的和感觉到的，都记录在自己的笔记中，正是这些笔记使他后来写出了完美的作品。

霍桑那出色的思想和非凡的表述来源于难以数计的资料。当他在写不朽的《红字》时，他认为这部作品不会被承认，就像他的其他众多作品一样默默无闻，他甚至烧掉了自己的一部分作品。而且，在个人生活上，霍桑也有过一段非常艰难的时光，在被塞伦的海关除名后，他在很长的一段日子里只能以栗子和马铃薯果腹，因为他根本买不起肉。在他出名和获得人们的认可之前，他已经在文学这个神圣的殿堂里默默无闻地工作了20年。

赫伯特·斯宾塞在76岁的时候完成了他的巨著的第10卷，世界上很少有什么成就能超过这件耗尽一生的宏伟作品。斯宾塞在写作过程中经历了无数挫折，尤其是在健康状况很差的情况下，他仍然朝着既定的目标努力工作，直到成功。

卡莱尔写作《法国革命史》时的不幸遭遇，已经广为人知。他把手稿的第一卷借给了邻居，让他先睹为快。这位邻居看了以后随手一放，结果被女仆拿去引火用了。这是个很大的打击，但卡莱尔却并未泄气，他又花费了几个月的心血，将这份已经被付之一炬的手稿重写了一遍。

博物学家奥杜邦带着他的枪支和笔记本，用了两年时间在美洲丛林里搜寻各种鸟类，画下它们的形状。这一切完成后，他把资料都封存在一个看来很安全的箱子里，就去度假。度假结束，他回到家中后，打开箱子一看，发现里面居然成了鼠窝，他辛辛苦苦画的图画被破坏殆尽。真是一个沉重的打击，然而奥杜邦二话不说，拿起枪支、笔记，第二次进了丛林，重新一张一张地画，甚至比第一次画得还好。

他们的作品并不是借着天才的灵感一蹴而就的，而是经过精心细致的雕琢，直到最后把一切不完美的痕迹都除掉，才能够表现得那么高贵典雅。一切伟大作家之所以能够成名，都有赖于他们坚忍不拔的性格。

坚忍不拔是所有成就伟业者的共同个性特征。他们可能在其他方面有所欠缺，可能有许多缺点和古怪之处，但是对一个成功者来说，持之以恒的个性则是必备的。不管遇到多少反对，不管遭到多少挫折，成功者总是坚持下去。辛苦的工作不能使他作呕，阻碍不能使他气馁，劳动不能使他感到厌倦。无论身边来去的是什么东西，他总是坚持不懈。这是他天性的一部分，就像他无法停止呼吸一样，他也永不会放弃。

金钱、职位和权势，都无法与卓越的精神力量和坚忍的品质相比较。

每一点进步都来之不易，任何伟大的成就也不是唾手可得的。许多成功人士的一生，就是坚定执著、顽强拼搏的一生。

卡莱尔说："在所有的战斗中，如果你坚持下去，每一个战士都能靠着他的坚持而获得成功。从总体上来说，坚持和力量完全是一回事。"对于想成就一番大事的人来说，执著是最好的助推器。谁能不停止一次又一次的尝试、打击和收获，谁就能一次又一次地靠向成功。不管你的工作是什么，都要以一种顽强的决心坚持下去。咬紧牙关，对自己说："我能行。"让"坚持目标、矢志不渝"成为你的座右铭。当你内心听到这句话时，就会像战马听到军号一样有效。"坚持下去，直到最后。"

失败只是暂时停止成功

人生就像一个战场，有战争就有失败，胜败乃兵家常事。西点著名学子美国前国务卿亚历山大·梅格斯·黑格说："遇上风险逆境时，不够坚强的人往往临阵退缩，提前承认自己的失败。

重要的不是到底发生了什么不幸的事，而是你如何看待它们。"

个性坚定执著的人无往不胜的关键是不仅对失败抱着必胜的信心，而且把失败看做是一种人生挑战，在失败的压力之下，使能力得以充分地发挥，激发新的潜力，自身的价值也能得到进一步地肯定。在他们看来，失败只是暂时停止了成功而已，他们会用智慧和毅力去扭转失败的困局，重新开启成功的马达。

从某种意义上说，学会扭转失败是学习如何取胜的基本功和必修课。

失败并不可怕，可怕的倒是你自己对失败所抱的错误态度。失败并不是一种静止的局面，它还会发展变化。它不向好的方向发展（转败为胜），就会向更坏的方向发展，使你一败涂地，不可收拾。如果你的态度正确，就可以把失败变为胜利；如果你的态度错误，就会受到更严重的第二次打击。失败是会发生连锁反应的。那么，我们应该怎样做才能扭转失败的局面呢？

1. 在精神上对失败要有所准备

要学会正确对待失败，首先就要学会正确地对待失败所带来的痛苦。

失败中最难对待的就是自己精神上的痛苦。许多人在受到第一次打击时，就精神涣散，失去理智，失去了防守和反攻的能力，放弃了眼前可以转败为胜的机会，坐等第二次打击的到来。所以我们说，失败中最可怕的、最误事的正是自己精神上的痛苦。在遇到失败的时候，必须立即有效地克制自己的痛苦，集中精力，准备斗争。

一般人都把失败看做是完全消极的，一点好处也没有。这种理解是完全不对的。

铁，要经过千锤百炼才能成钢；一个普通的人，要经过千锤百炼才能成为一个成功者、胜利者。在他奋斗进取的过程中，每一次失败就是一次锤炼。一个普通的人，身上有很多的缺陷、弱点和短处，带着这些毛病，他是不可能成为一个胜利者、成功者的。只有在失败的痛苦磨炼中，人们才肯丢掉这些毛病。只有在失败的铁锤的无情锤击下，人们才能变得更坚强、更有韧性、更懂得生活、更懂得人的价值。失败是痛苦的、无情的。失败带来了损失，甚至是灾难。在它发生之前，我们要尽力地避免它。但是在它既已发生之后，我们就不要把它完全看做是消极的东西，而要充分认识到它的积极作用，把它作为提高自己精神力量的好机会。

有信心、有勇气，正是在精神上对失败有所准备，在思想上对失败有正确认识的必然表现；破釜沉舟，背水一战，也正是在精神上对失败做了充分准备的一种特殊表现。

2. 积极吸取经验教训，不内疚和后悔

面对已经失败的现实，内疚和悔恨，无疑是浪费感情和时间。木已成舟，无论你怎样内疚、悔恨，已经发生的事是无法挽回的。与其一味自责、后悔，倒不如在失败中吸取教训，找到转机。

内疚悔恨与吸取教训是有很大区别的：悔恨不仅仅是对往事的关注，还是由于过去某件事所产生的现时惰性。这种惰性的范围很广，其中包括一般的心烦意乱或极度的情绪消沉。假如你是在吸取过去的教训，并决意不再重做，那么这并不是一种消极悔恨。但是，如果你由于自己过去的某种行为而到现在还无法积极生活，那便成了一种消极的悔恨了。吸取教训是一种健康有益的做法，也是我们每个人不断取得进步与发展的必要环节。悔恨则是一种不健康的心理，它是白白浪费自己目前的精力。这种行为既没有好处，又有损于身心健康。实际上，仅靠悔恨是绝不能解决任何问题的，相反有可能使人重蹈覆辙。

身陷失败的内疚悔恨之中，怨天、怨人、怨命运都无济于事，无论如何，过去之事已经是无法挽回的结局。而当务之急是将自己尽快地从痛苦中解脱出来，投入到新的生活中去。成败寻常事，得失何足奇！痛苦中的人要勇于接受厄运赐给的"锻炼"，对昨天要超脱，对今天要把握，对明天要执著。要相信自己，只要振奋精神、坚定信念、努力奋斗，人生就一定能走出低谷，重攀高峰。

无论是逃避失败还是对失败过分执著，实际上失败只可能有两种情况：一种是，失败并不像我们所想的那么糟，至少没有到无可挽回的地步。只要采取积极正确的态度，问题就会得到解决。这样，我们也就没有什么可忧愁的了。另一种情况是，问题的确是超出了我们的能力所能解决的

范围。对这种情况，我们就需要乐观地适应它，就像杨柳承受风雨一样，我们也要承受无可避免的事实。

哲学家威廉·詹姆士说："要乐于承认事情就是这样的情况。能够接受发生的事实，就是能克服随之而来的任何不幸的第一步。"美国克莱斯勒公司的总经理凯勒说："要是我碰到很棘手的情况，只要想得出办法能解决的，我就去做。要是干不成的，我就干脆把它忘了。我从来不为未来担心，因为，没有人能够知道未来会发生什么事情，影响未来的因素太多了，也没有人能说清这些影响都从何而来，所以，何必为它们担心呢？"

所以说，积极地吸取失败的经验，是开启成功车轮的重要一步。

3. 积极寻找对策

当我们受到突然的打击时，首先就应该克制痛苦，不要把注意力放在那些无用的感慨上，而应该集中精力寻找对策。

爱迪生在67岁时，由于10年来专心研究铁镍电池，耗费很大，经济相当拮据，实验费用全靠工厂的收入来维持。有一天晚上，突然工厂失火，附近的几个消防队赶来救火也无法扑灭大火。爱迪生的儿子查里斯很为父亲担心，他想：全部财产烧光了，父亲受得住这个打击吗？他已经老了，不能再从头做起了。可是当查里斯在院子里碰到父亲时，爱迪生却兴奋地向他喊道："你妈妈在哪里？快去把她找来看看这大火。叫她把朋友们也都找来。这样的大火，百年难得一见哩！"爱迪生的这种轻松态度，使他的儿子很诧异。火势控制住以后，爱迪生立即召集全体职工宣布："我们要重建工厂！"

久经失败磨炼的爱迪生，在受到这一突然打击时，他首先做的是积极寻求对策。他认识到最重要的就是要稳住大家的情绪，所以才表现出那样一种轻松镇静的态度。爱迪生的发明多，碰到的失败必然也就多。正因为如此，他才能在老年经受住这样严重的打击而处之泰然，足见他在正确地对待失败上的功力之深。

4. 果敢地行动

真正要扭转失败，其决定性的一步，还是行动。要运用坚强的意志、高度的智慧和灵活的方法去争取胜利。这对我们提出了更高的要求：不仅要克制痛苦，而且要乐观地积极地去行动；不仅要看到有利条件，而且要有信心有能力用自己的行动去创造出那些原来没有的必要条件；不仅要看到失败的局部性、暂时性，而且要看准获得成功的时机，勇敢地抓住它，去努力奋斗。

失败中只要我们去努力争取、创造条件，那种转败为胜的时机终会到来，但是这种时机是不会等人的，它往往转瞬即逝。所以当时机到来时，我们能不能敏感地认识到它，认识到它以后敢不敢当机立断，付诸行动，这就是成败的关键了。

有时候我们碰到的失败看起来是不可挽回的。其实，如果我们把目的弄明确，就会看到通向目的地的路不止一条。我们就可以换一条路试试，往往可以出奇制胜，殊途同归。

5. 乐观面对，锲而不舍

俗话说："锲而不舍，金石可镂；锲而舍之，朽木不折。"

也许在困难和失败之后，迎接你的还是困难和失败，此时，不要灰心丧气，只是说明时机还没有来到，火候还没有到家。一旦你放弃了，只能是前功尽弃！

无数的科学家都是善于发挥主观能动性，并持之以恒，坚持不懈地追求自己的目标，而最终获得成功的，但因一时松懈，轻易放弃，与机遇失之交臂的也比比皆是。

王淦昌院士在青年时代就有过这样的一次遗憾。

20世纪30年代初，王淦昌留学德国期间曾参加过一次物理学讨论会，会上报告了玻特和他的学生贝克两人用 α 粒子轰击 Be 核，发现了很强的贯穿辐射的实验，这个报告给王淦昌留下了深刻的印象，他敏锐地觉察到，这背后可能有重要的未知的东西。玻特将这种强的贯穿辐射解释为 γ 射线，王淦昌通过认真思考后认为并非如此，γ 射线不可能有这么强的贯穿能力。

那么这种强烈辐射究竟是什么呢？通过什么样的测定手段，可使它显出庐山真面目呢？王淦昌发现，玻特在实验中使用的探测器是计数器，而计数器只能记录辐射的数量而不能记录辐射的径迹，而这一点对于判断辐射的性质恰恰是极其重要的，仅凭计数器并不能判定这种辐射就是 γ 射线。思考到这儿，另一种可能揭示辐射本质的实验方案就在王淦昌的心中应运而生——用云雾室重做玻特的实验。

当他将这个大胆建议告诉留德期间的导师迈特纳时，却遭到拒绝，因而实验方案未能付诸实践。此后不久，另一位物理学家查德威克就是用这一方案重复了玻特的实验，并证实了这种强贯穿辐射是中子流，查德威克因此而获得了诺贝尔物理学奖，这件事给王淦昌留下了终生的遗憾，他说："如果当时能坚持己见，耐心说服导师，不屈不挠地去争取实验条件或尽力去寻找其他途径的支持，那样或许能将实验做成……"

遗憾属于过去，在以后的科学实验中，王淦昌始终坚持锲而不舍、持之以恒的科学作风。每当确定了一个研究课题，或确立了某一科学目标后，就不畏艰难，不怕挫折，坚持不懈地去为之奋斗，并取得了辉煌的成就。在十一国联合原子核研究所工作期间，他领导的小组首次发现了反西格马负超子，首次观察到在基本粒子相互作用中产生的带奇异夸克的反粒子，并为我国"两弹"的研制试验成功作出了突出的贡献。他常对学生说："罗马不是一朝一夕建成的，没有长期的、不间断的努力，就不可能取得好的科研成果。"

是的，科学大道上是没有平坦的路可走的，只有那些具备坚强的毅力、锲而不舍的精神的人们，才有可能克服重重难关，克服种种失败，克服一切艰难困苦，到达成功的彼岸。

在我们的生活中，总免不了要遭到这样那样的失败。严格地说，每个人每天都会有失败。只不过在平常日子里的一些小失败，对你的刺激不大、印象不深、没有引起你的注意罢了。

也许你是一个一帆风顺、百事如意的人。但越是这样的人，一旦遭遇失败，就会觉得难以承受，觉得失败后的痛苦极其严酷，很可能从此就一蹶不振，所以这样的人就更应该注意在这方面锻炼自己。

一般说来，在人生所遇到的许多次退潮中，失败往往会成为生命中一时难以承受之重。要祛除这沉重，就应像上面所指出的那样去积极行动起来。行动会使你找回自信和力量；行动也会直接产生实际成果，从而更加鼓舞你；行动可以有效地转移你的注意力，可以挖掘出新的天地。使你达到"山复水重疑无路，柳暗花明又一村"的境界。所以，认清失败的本质，积极行动起来才会使成功的车轮轰隆前进。

成功只青睐"屡败屡战"的人

无人不希冀成功。英语中"成功"一词源于拉丁文 succedere，即"行于下"之意。在这个纷纷攘攘的尘世，有太多人热衷一蹴而就，但西方仓颉分明告诫着我们，胜利之神往往只青睐那些充满激情、意志坚定、屡败屡战的人。

西点毕业生美国陆军五星上将欧玛·纳尔逊·布莱德雷说过："忍耐是人生过程中，任何人都要承受的、最困难的一件事。但善于忍耐的人一定能够有所成就。"就像一句广告语说的那样，"Nothing is impossible"，在这个世界上，"不可能"背后隐藏的是巨大成功。一时的失误、失败并不可怕，关键在于如何从失败中奋起，反败为胜。只要你坚持下去，不可能也会变为可能。

在西点，在任何时候、任何情况下，学员都会精神振奋，斗志昂扬，没有丝毫的颓废之态。就拿西点的橄榄球队来说，此球队一度战绩不佳，屡战屡败，但从校长、教练到球员，都有一种

不服输的精神。他们通过不断接纳新队员，撤换教练，加大训练难度，立誓夺回冠军。所有的队员在屡战屡败的时候都没有放弃过胜利的梦想，都没有被一次次失败无情地击倒，相反，由于经受了多次失败的洗礼，他们愈挫愈勇，坚持不懈最终夺回了冠军。

生活中，人们对于自己能承受多大的失败打击毫无概念。其实人的潜力是无穷的，大多数的人能够承受的压力超过我们的想象。纵观历史，广览世界，每一个成功者无一不是在战胜重重失败后而获得成功的。

人生免不了失败，生命中的每个失败、每个打击，都有其意义。困苦能孕育灵魂和精神的力量。所谓杰出的人，就是不断挑战失败、不断地在一次次失败中爬起来，不断攀登命运峻峰的人。这些人一般具备以下特征：

（1）屡败屡战者一般都具有坚忍的内心。

秉性坚忍，是成大事立大业者的特征。这些人获得巨大的事业成就，也许没有其他卓越个性的辅助，但肯定少不了坚忍的特性。坚忍是解决一切困难的钥匙。试问诸事百业，有哪一种可以不经坚忍的努力而获得成功呢？

坚忍可以使柔弱的女子们养活了她们的全家；坚忍使穷苦的孩子努力奋斗，最终找到生活的出路；坚忍使一些残废人也能够靠着自己的辛劳，养活他们年老体弱的父母。除此之外，如山洞的开凿、桥梁的建筑、铁道的铺设，没有不是靠着坚忍而成功的。人类飞天的梦想也要归功于一代代开拓者的坚忍。

在世界上，没有别的东西可以替代坚忍，教育不能替代，父辈的遗产和有力者的垂青也不能替代，而命运则更不能替代。依靠坚忍为资本而终获成功的年轻人，比以金钱为资本获得成功的人要多得多。人类历史上全部成功者的故事都足以说明：坚忍是克服贫穷的最好药方。

世界上一切伟大事业，都在坚忍勇毅者的掌握之中，当别人开始放弃无法再做时，他们却仍然坚定地去做。真正有着坚强毅力的人，做事时总是埋头苦干，直到成功。

有许多人做事有始无终，在开始做事时充满热忱，但因缺乏坚忍与毅力，不待做完便半途而废。任何事情往往都是开头容易而完成难，所以要估计一个人才能的高下，不能看他下手所做事情的多少，而要看他最终完成的成就有多少。例如在赛跑中，裁判并不计算选手在跑道上出发时怎样快，而是计算跑到终点时间的先后。

有人在给他从事商业的朋友推荐店员时，举出了某人的许多优点，那做商人的朋友问道："他能保持这些优点吗？"这实在是最关键的问题。首先是，有没有优点？然后是，有了优点，能否保持？遇到失败，能否坚持不懈？所以，只有坚忍勇毅的精神是最宝贵的，具有这种精神才能克服一切艰难困苦，实现成功的愿望。

（2）屡败屡战者一般不惧失败，善于忍耐。

已过世的克雷吉夫人说过："美国人成功的秘诀，就是不怕失败。他们在事业上竭尽全力，毫不顾及失败，即使失败也会卷土重来，并立下比以前更坚忍的决心，努力奋斗直至成功。"有些人遭到了一次失败，便把它看成"拿破仑的滑铁卢"，从此失去了勇气，一蹶不振。可是，在刚强坚毅者的眼里，却没有所谓的滑铁卢。那些一心要得胜、立意要成功的人即使失败，也不以一时失败为最后之结局，还会继续奋斗，在每次遭到失败后再重新站起，比以前更有决心地向前努力，不达目的决不罢休。

有这样一群人，他们不论做什么都全力以赴，总是有着明确而必须达到的目标，在每次失败时，他们便笑容可掬地站起来，然后下更大的决心向前迈进。比如格兰特这个人就从不知道屈服，从不知道什么是"最后的失败"，在他的词汇里面，也找不到"不能"和"不可能"几个字，任何困难、阻碍都不足以使他跌倒，任何灾祸、不幸都不足以使他灰心。托马斯·山特在未发明缝纫机时，他忍受了常人所不能承受的痛苦和穷困，后来成功发明了缝纫机，终于享受到安乐的生活。

著名的大诗人陆游就是一个不惧失败、善于忍耐的人。

陆游的幼年正是民族矛盾尖锐、国势危迫的战乱时期，父亲陆宰是一个具有爱国思想的知识分子，言传身教，使陆游从小就树立了忧国忧民的思想和杀敌报国的壮志。

为了效力国家，陆游和其他封建社会的知识分子一样，也走上了科举的道路。29岁时，他赴京（临安）考试，名列奸相秦桧孙子秦埙之上，因此一直受到秦桧的挤压。在这期间，陆游都默默地忍耐着，等待着……直到秦桧死后，陆游方被起用。后因他主战抗金，一直遭到朝中主和派的排挤，但他没有泄气，一有机会就上书朝廷，提出许多抗敌救国的策略和政治措施。即使一些权臣讨厌他，给他加上一些罪名，罢了他的官他也毫不畏惧。

6年后，他到抗战派领袖王炎部下任职。陆游来到前线，演兵习武，提刀跃马，准备与敌人作战，但昏庸的皇帝又听信谗言，把主战的王炎调回临安，陆游也被派往成都。虽然他的杀敌报国的壮志一次次的失败了，但他并没有因此灰心丧气。

在重重的重压之下，在无数的"不得志"面前，在几十年的风雨生活中，他把自己对祖国的热爱、对抗敌将士的崇敬、对收复失地的决心、对中原父老的同情和怀念以及对投降派的无比蔑视和憎恨，转而写进了他的诗篇。他慷慨悲歌，唱出了那个时代的最强音，流传百世，成为一个杰出的爱国诗人。

（3）屡败屡战者永不放弃，奋起直追。

俗语说："世上无难事，只怕有心人。"这个有心，就是有恒心，有了恒心，不轻言放弃，最难的事也做得成功。没有恒心，遇到困难就中途放弃，则将一事无成，最容易的事也会成为最难的事。

而事实上，天下事最难的不过十分之一，能做成的有十分之九。要想成就大事大业的人，尤其要有恒心来成就它，要以坚忍不拔的毅力，百折不挠的精神，排除纷繁复杂的耐性，坚贞不变的气质，作为涵养恒心的要素。

一个人之所以成功，不是上天赐给的，而是日积月累自我塑造的，千万不能存有侥幸的心理。幸运、成功永远只能属于辛劳的人，有恒心不易变动的人，能坚持到底的人。事业如此，德业如此。"冰冻三尺，非一日之寒。"从这个自然现象中就能体现出恒心来，若是一日曝之，十日寒之；一日而作，十日所辍，成功的概率几乎就等于零。遇到困难和失败能积极应对，一再尝试，不屈不挠，才会有成功的机会。

有个年轻人求职路上屡屡受挫，最后锁定目标，决意要去微软公司，而该公司并没有刊登过招聘广告，便只好直接上门应聘。见总经理疑惑不解，年轻人用不太娴熟的英语解释说自己是碰巧路过这里，就贸然进来了。总经理感觉很新鲜，破例让他试一试。面试的结果不言而喻，年轻人表现糟糕。他对总经理的解释是事先没有准备，总经理以为他不过是找个托词下台阶，就随口应道："等你准备好了再来试吧。"

一周后，年轻人再次走进微软公司的大门，这次他依然没有成功。但比起第一次，他的表现要好得多。而总经理给他的回答仍然同上次一样："等你准备好了再来试。"就这样，这个青年人先后5次踏进微软公司的大门，最终被公司录用，成为公司的重点培养对象。

和那位年轻人一样，也许，我们的人生旅途上沼泽遍布，荆棘丛生；也许我们追求的风景总是山重水复，不见柳暗花明；也许，我们前行的步履总是沉重、蹒跚；也许，我们需要在黑暗中摸索很长时间，还未找寻到光明；也许，我们虔诚的信念会被世俗的尘雾缠绕，而不能自由坚守；也许，我们高贵的灵魂暂时在尘世中没能找到寄放的净土；也许我们美丽的梦想还被冰冷的现实束缚而不能勇敢飞翔……那么，我们为什么不可以以勇敢者的气魄，坚定而自信地对自己说一声"再试一次！"再试一次，下一个转角就是成功！

因为这个年轻人的成功分明再次向我们证明了只要持之以恒，永不放弃，再试一次，就绝对会有意想不到的收获。

总之，对"屡败屡战"者而言，失败是成功的基础。有事做就会有失败困难，一个人坐下或躺下不动，当然不用担心被其他东西撞倒。但如果他想做点什么，就必须站起来前进，这就会有被路上的石子绊倒，或被路旁的荆棘扎伤的可能。这并没有什么大关系，因为有了这种挫折的历练，以后再走路时就会振奋起顽强的精神。即使下次再遇到别的失败与障碍，也一样和第一次那样充

满激情，积极应对，在一次次的历练中成长、壮大，为成功打下坚实的基石。

故而，当你正视失败，并把失败看做成功的基石时，成功就会莅临在你头上。所以当失败降临时，最好的办法是阻止它、克服它、扭转它，如果这些都无济于事，就做个屡败屡战的人吧。鼓足屡败屡战的勇气，设法让失败改道，变大失败为小失败，从失败中寻找成功，让成功青睐你。

勇敢面对失败

西点毕业生布莱德利将军曾说："面对死亡，微笑的勇士将不会畏惧任何危险，勇气会贯穿他们的一生，牺牲是他们战胜一切困难的武器。"死亡犹如此，何况失败！布莱德利将军这句话充分体现了西点课堂里，"西点人从不屈服于失败"这一点。

通往成功的道路从来就不是平坦的，人生必须渡过逆流才能到达更高的层次。当遭遇挫折的时候，西点精神要求学员要直面挫折，挺直脊梁，以昂扬的斗志和积极的心态，从逆境中闯出来。

麦克阿瑟常说这样一句话："如果你没有选择的话，那么就勇敢地迎上去。是的，这难道比夏提隆战役还要糟吗？当然不！我想那时我能挺过来，以后什么事我都会挺住的。"他的一次经历可作为此话的注脚。

"如果84旅拿不下夏提隆，你就公布一份全旅阵亡的名单，第一个就是84旅旅长的名字。"这是麦克阿瑟在一次战役中对领导说的话，而他当时正担任美军84旅的旅长。

那时第一次世界大战激战正酣，麦克阿瑟的部队自到欧洲战场以来都所向无敌，但这次进攻却备受阻挠。

凌晨时分，麦克阿瑟发起了又一轮进攻，但仍没有效果，双方僵持不下。看到这种情况，麦克阿瑟十分焦急，他要率领他的部队向山上拼死硬冲。他对站在身边的一名步兵说："如果要活，我与大家一块儿活；如果要死，我也与大家一块儿死！"

在这次拼死一搏之前，为了保证进攻成功，麦克阿瑟决定亲自侦察一番。当日夜间，麦克阿瑟带领一支由十多人组成的侦察分队，潜入前沿地带进行侦察。除了麦克阿瑟以外，所有侦察的人都被德军打死了！麦克阿瑟含着眼泪，独自爬回阵地。

但麦克阿瑟并未就此屈服，而是利用侦查结果找到敌人阵地的弱点，打赢了这一场战争。

的确，当灾难将我们置于忍无可忍的痛苦深渊时，我们一定要磨炼意志，强化信念，形成一种压倒一切的心理力量。没有任何一种生活是十全十美的，但只要我们有坚强意志，就一定可以抵达成功的彼岸。

失败其实并不可怕，可怕的是我们内心对失败的恐惧，一旦有着恐惧，就意味着被失败给打垮了，就意味着不战而败了。

"二战"期间，法西斯曾做过这样一个残忍的实验，他们把一个战俘绑在床上，眼睛用黑布蒙上，并在手腕上割个口子，任鲜血一滴滴地流在下面的盆子里，一个小时后，战俘停止了呼吸。

接着，他们挑选了一名先前的旁观者，如法炮制地将他绑在床上，蒙上眼睛，不同的是这次割手腕的不是刀片，而是一片薄薄的冰。法西斯在他旁边放了一大块冰，并让冰块滴滴答答地融化，流到了盆子里。结果一个小时后，那名战俘的精神彻底崩溃，也痛苦地死去了，尽管他并没有流一滴血。

显然，第二个战俘是被自己吓死的。

工作中遇到挫折、遭遇失败，都是难免的。西点人从不会在看似绝望的处境中放弃拼搏，他们坚信，只要继续努力，就一定能绝处逢生、战胜困难、迎接人生的新高峰。校友莱利斯·格罗夫斯准将也曾说："没有人一生一帆风顺，任何人都会遭逢厄运。积极的心态和顽强的努力会让人解决任何难题。"

在你历尽艰辛、心力交瘁，甚至走投无路、万念俱灰的时候，这时，要像西点人那样不要沉沦，寻找失败的根源，在跌倒的地方站立起来。许多人成功，并非由于运气奇佳，而是他们遭遇失败时，勇敢地面对一切。

一天夜里，一场雷电引发的山火烧毁了美丽的"万木庄园"，这座庄园的主人迈克陷入了一筹莫展中。面对如此大的打击，他痛苦万分，闭门不出，茶饭不思。

转眼间，一个多月过去了，年过古稀的外祖母见他还陷在悲痛之中不能自拔，就意味深长地对他说："孩子，庄园变成了废墟并不可怕，可怕的是，你的眼睛失去了光泽，一天一天地老去。一双老去的眼睛，怎么能看得见希望呢？"

在外祖母的劝说下，迈克决定出去转转。他一个人走出庄园，漫无目的地闲逛。在一条街道的拐弯处，他看到一家店铺门前人头攒动。原来是一些家庭主妇正在排队购买木炭。那一块块躺在纸箱里的木炭让迈克的眼睛一亮，他看到了一线希望，急忙兴冲冲地跑回家。

在接下来的两个星期里，迈克雇了几名烧炭工，将庄园里烧焦的树木加工成优质的木炭，然后送到集市上的木炭经销店里。

很快，木炭就被抢购一空，他因此得到了一笔不菲的收入。他用这笔收入购买了一大批新树苗，一个新的庄园初具规模了。几年以后，"万木庄园"再度绿意盎然。

由此可见，成功者与失败者的区别就在于前者勇敢地面对一切，冷静地分析得失教训，满怀信心地积蓄力量，一次次地东山再起。相反，那些失败者遭受几次挫折后便开始沉沦了，却忘了问一下自己：这是我遇到过的最棘手的问题吗？我的困难和别人的比起来真的是最大的吗？其实，大多数失败者只是局限在自己的小世界里，被自己吓倒了。"狭路相逢勇者胜"，当我们遭受失败的时候，只有鼓起勇气大胆迎上去才能走出失败的阴影，迎接成功的到来。石油大王洛克菲勒曾经说："你要成功，就要忍受一次次地被打压。"英国的索冉也说过："失败不该成为颓丧、失志的原因，应该成为新鲜的刺激。"我们应该像执著的爱迪生一样，每遭遇一次失败，便为收获一次经验而欣喜，然后继续寻找成功的方法，而不是垂头丧气、怨天尤人。要知道，成功的天使总是爱那些乐观、执著的家伙多一些。

1958年，有一个叫富兰克·卡纳利的人，在自家的杂货店对面开了一个比萨饼屋，为的是筹措自己上大学的学费。没想到的是，19年后，他的比萨饼屋已经在各国开到了3100家，成了一个跨国连锁企业，总价值达到3亿多美元。这个连锁店就是赫赫有名的必胜客。

若干年后，卡纳利在回顾他的连锁店是如何发展起来时说："你必须学习失败。"他说："我做过的行业不下50种，这中间只有15种做得还算不错，表示我有30%的成功率。你必须出击，尤其是在失败之后更要出击。你根本不能确定你什么时候会成功，所以你必须先学会失败。"

"先学会失败"，并不是说你在屡战屡败后去屡败屡战，而是要从失败中找出可以借鉴的经验。

卡纳利在俄克拉马的分店经营失败后，他发现，之所以失败，是因为分店的地点与店面的装潢有问题。于是，他知道了经营比萨饼店时选择分店的地点与店面装潢的重要性；在纽约的销售失败后，他改进比萨饼的硬度，做出了适合当地人口味的另一种硬度的比萨饼；当地方风味的比萨饼在市场上出现，对他的经营形成冲击的时候，他另辟蹊径，向大众介绍并推出了芝加哥风味的比萨饼。

就是这样，卡纳利经过无数次的失败，终于获得了成功。

卡纳利无数次地失败了，又无数次地站了起来。成功的秘诀如此简单：只要你站起来的次数比跌倒的次数多一次就够了。许多知名企业都愿意聘用那些曾经犯过错误而又能吸取经验教训的人。微软公司的执行副总裁迈克尔·迈普斯说："我们寻找那些能够从错误中学会某些东西、主动适应的人。在录用过程中，我们总是问应聘者：'你遇到过的最大失败是什么？你从中学到了什么？相反，被失败一击就倒的人永远得不到别人的青睐，因为他们已经先把自己放弃了。"

日本的一家公司要招聘10名职员，经过一段时间严格的面试，从300多名应聘者中选出了10名佼佼者。

发榜这天，一个叫水原的青年见榜上没有自己的名字，悲痛欲绝，回到家中便要悬梁自尽，幸好亲人及时发现，才没有死成。正当水原悲伤之时，公司却传来了好消息：水原的成绩原本名列前茅的，只是计算机出现错误，才导致了落选。

正当水原一家大喜过望时，公司又传来消息：水原被公司除了名。原因很简单，公司的老板认为：

"如此小的挫折都经受不了，这样的人肯定在公司里干不成大事。"

检验一个人，最好是在他失败的时候，看失败能否唤起他更多的勇气；看失败能否使他更加努力；看失败能否使他发现新力量，挖掘潜力；看失败后，他是更加坚强还是就此心灰意冷。百折不挠、屡败屡战的才是勇者。跌倒了爬起来的人，他的力量也在一次次的跌倒和爬起中不断增长。以顽强忍耐走过大风大浪的人才是最终成就大事者。

日常生活中，失败之所以让人害怕，并非它的后果特别严重，而在于它让人看不到希望，丧失了寻找出路的信心。但事实真是如此吗？其实只要我们满怀信心、勤于思考，总能找到解决的办法。我们要相信，方法总比困难多。遭遇失败的时候，我们要学会转个弯，重新制订计划，寻找新的方法，这样失败就不再是失败，而是我们走向成功的新起点。

星期六上午，一个小男孩在沙滩上玩耍。他身边有一些玩具：小汽车、货车、塑料水桶和一把亮闪闪的塑料铲子。在松软的沙堆上修筑"公路"和"隧道"时，他发现一块很大的岩石挡住了去路。

小男孩开始挖掘岩石周围的沙子，企图把它从泥沙中弄出去。他是个很小的孩子，岩石却相当大。手脚并用，他花尽了力气，岩石却纹丝不动。小男孩下定决心，手推、肩挤、左摇右晃，可是，每当他刚把岩石搬动一点点的时候，岩石又随着他的休息而返回原地。小男孩气得直叫唤，使出吃奶的力气猛推猛挤。但是，他得到的唯一回报是岩石滚回来时砸伤了他的手指。最后，他筋疲力尽，坐在沙滩上伤心地哭了起来。

这整个过程，他的父亲都在不远处看得一清二楚。当泪珠滚过孩子的脸庞时，父亲来到了他的跟前。父亲的话温和而坚定："儿子，你为什么不用上你所能想到的一切办法呢？"男孩抽泣道："爸爸，我已经用尽我的全部办法了！""不对，"父亲亲切地纠正道，"儿子，你并没有用尽你所拥有的全部办法，因为你还没有请求我的帮助。"说完，父亲弯下腰抱起岩石，将岩石扔到了远处。

在工作中，很多年轻人有着聪慧的头脑和超人的才华，也像这个小男孩一样，忙碌得心力交瘁，却一事无成，问题就出在他们没有坚持到底的坚忍品质。没能用尽自己所拥有的办法。遇到困难了就退缩，失败了就绝望，跌倒了就再也爬不起来。事实上，直面失败才是真勇敢，你永远不可能用尽所有的办法，而在未用的方法里，总有一种是适合你用的，能够帮你解决问题，走出困境。

的确，成功需要经历一些磨难和困难，成功的人要勇于面对挫折和困难，积极从逆境中振作起来。生活没有尽头，生活中的艰难困苦对我们的考验没有尽头，我们在一次次经历考验时，获得的失败也没有尽头，但不用畏惧，俗话说："山不转，路转；路不转，人转。"没有解决不了的难题，也没有摆脱不了的失败。而只要我们不被打败，满怀信心，开动脑筋，变通一下方式，总能找到解决之道，在跌倒的地方勇敢地站立起来，然后朝着胜利的方向进发！那么，在艰苦奋斗后我们得到的收获和喜悦也没有尽头。

从容是一种心灵优势

西点前校长道格拉斯·麦克阿瑟说过："环境不是不可改变的，只要你不是自怨自艾或垂头丧气，而是以顽强的信念，为自己创造更炫目的前程。"从容就是能镇定且平静地注视一个人的眼睛，甚至在极端恼怒的情况下也不会有一丁点的脾气，这会让人产生一种其他东西所无法给予的力量，这是一种心灵优势，人们会感觉到，你总是自己的主人，你随时随地都能控制自己的思想和行动，这会给你品格的全面塑造带来一种尊严感和力量感，这种东西有助于品格的全面完善，而这是其他任何事物所做不到的。

社会上，人们的目光像一架架照相机的镜头，喜欢争相瞄准摆满鲜花的奖台，而没有关注连接它的那条很远的满是泥泞的土路，就像人们厚爱秋天的果实，而忽视严冬的孕育一样。我们经常为成功的故事献上美妙的赞歌，但却很少为失败的事例送上鼓励的祝愿。所以当失败时，当你

遭到冷落时，要时刻告诫自己"敬佩成功，容忍失败"。在漫漫的生命旅程中，在跋山涉水的悠悠岁月中，记住这样一句话："既然不肯认输，就不要把今天的阴云带上明天要从容面对的路。"

如果在失败时你能拥有这种从容的心态，那么，失败对于成功来说，是一种非常好的积蓄、转化与萌发。失败向成功的转化是有条件的。如果失败了就放弃，那就真正地失败了。如果以从容的心态把失败看做是一种尝试和积累，失败就变成了成功的序曲。

"从容"的反义词为"急躁"。急躁是从人的竞争心理所引发出来的，或是挑战目标失败、事情的结果未能如你所愿时所产生的一种心理反应。

调查汽车销售人员时发现，同一个时期进入公司的员工之间，经常会出现销售竞争的压力，大家为争取好业绩而彼此互争的苗头。在这些人中，个性急躁的人通常销售业绩都不甚理想，反而是那些脚踏实地、行事稳健的人能够获得最后的胜利。因为急躁的心理会致使人的行为能力低落。

愈能成就大事者，愈能在成功与失败面前显得从容不迫、不骄不躁。

第一次世界大战之后，土耳其人开始扬眉吐气了，他们打败了甘做英国傀儡的希腊。而当时的英国政府却咽不下这口气，他们拉拢了法、意、日、俄、希腊，与土耳其在洛桑谈判，企图胁迫土耳其签订不平等条约。

土耳其派了伊斯美出席。伊斯美这个人不但个儿小，耳朵还有点不方便。当时伊斯美基本上是个无名小卒。英国派出的是当时的外相克遵。这人长得五大三粗，声如洪钟。

克遵一出场，根本不把伊斯美放在眼里，气势汹汹，不可一世。斯美充分发挥耳聋的"优势"，对土耳其有利的话，他都能听见；不利的话，他都听不见，一再表示："您能表达得更清楚些吗？"克遵大发雷霆，挥拳吼叫。但伊斯美一如既往，坐在那里，显出一副若无其事的样子。等到克遵坐下来之后，他才不慌不忙地张开右手，靠在耳边，移向克遵，温和地说："您刚才说什么来着，我还没听明白呢！"克遵被弄得筋疲力尽。

面对千钧一发的危急时刻，从容的军人也能保持心理优势，能够控制情绪，做到"骤然临之而不惊，无故加之而不怒"。

刘伯承年轻时，在战斗中打伤右眼，到重庆由德国医生沃克治疗。他们有这样一段对话："你是干什么的？"

"邮局职员。"

"你是军人！"沃克一针见血地说，"我当过德国军医，这样重的伤势，只有军人才能这样从容镇定！"

病人微微一笑，锐利地回答："沃克医生，军人处事靠自己的判断，而不是靠老太婆似的喋喋不休！"

当时，袁世凯正悬赏十万大洋买刘伯承的人头，在这样险恶的环境中，遇到对方的怀疑，刘伯承不是辩解或乞求，而是镇定自若地回答。正是刘伯承男子汉的语言和行为，深深感动了沃克医生，他嚷道："你是一个真正的男子汉，一块会说话的钢板！按德意志的说法，你是军神！"

面对自己的身份被对方揭穿，身处险境，刘伯承从容地做到保持心理平衡，没有做激情的俘虏，让感情牵着自己的鼻子走。一个从容的人，在任何场合、处理任何事情，都会镇定自若，应付自如。他们善于在震惊、震怒、羞愤之前的一刹那冷静下来，审时度势，妙言应对，化险为夷。

谁都不会见到冬天的枯荷就说荷花不美，谁都知道残败之后会有新的艳丽。人的生命也是这样一个循环往复的过程，孕育、成长、开花、结果，从一个过程走向另一个过程。这中间自然有失败、有挫折，有辛勤、有汗水，当然也有成功。重要的是要有敢于正视失败的勇气，不害怕失败，宽容失败，允许失败。学走"路"，摔摔跤又有什么可怕，那不过是成长和学习过程中一个必然的新经历而已。成大事者不但从容面对自己的成功与失败，而且对于别人的失败过错也能从容面对，宽容以待。

一位在跨国公司任职的技术人员，有一次在工作中不小心把一台珍贵的仪器搞坏了。老板不仅没有批评他，还对这个因差错而懊丧的雇员给予鼓励："现在你是最有资格使用这台仪器的，因为只有你有这样的经验。"后来这位技术人员果然干得非常出色。

世界上最成功的公司之———英特尔公司有一条经验，就是鼓励员工为发展高科技产业冒险，并不因他们冒险失败而受惩罚。有人曾想把芯片融入手表，投了许多钱，后来发现不成功，因为这是首饰生意，不适合英特尔公司，但这些人并未因为这一开发项目的失败而被排除在英特尔之外。还有的高级职员离开英特尔去开创自己的公司，没有成功，英特尔依旧欢迎他重回公司工作。英特尔鼓励员工尝试，允许员工失败的精神一直在业内传为佳话。

失败并非全是坏事，成功并非全是好事。有人只允许自己或下属成功，眼里容不得半粒沙子；有的人喜欢喋喋不休地讲述自己昔日的成功；有的人忌讳别人提到自己的失败，觉得是难以启齿的耻辱，其实这都不是正确的应对方式，容易引起人们的反感。而有时淡然面对以往的成功，淡然述说自己的失败，往往引起人们的同情或尊敬。

由此学会面对失败以及面对成功，可以使这两者都成为幸事，否则失败或成功都会变成灾难。因为不论觉得自己了不起，还是觉得自己没希望，抑或是对别人苛责、抱怨，都是人生的阻力。

而成功或失败就像你看到的硬币的两个不同的面，不管拿在手中的是哪一面都把它丢进储蓄罐里。如果你拥有从容乐观的心态，有一天你会发现"零存整取"的惊喜。

当今飞速发展的现代社会，为人类提供了前所未有的物质的丰裕和生活的多样化，这似乎已是无可辩驳的事实。然而，即使在刚刚开始步入现代化的中国，也有越来越多的人在享受比过去丰富的物质资料的同时，也感到平和、安宁和从容正越来越稀缺。本来，现代社会提供给人们最激动人心的许诺是：每一个人都可以有无限多样的充裕的选择。人们似乎应该利用各种机会和手段去选择过一种更适然、更惬意的生活。

事实却恰恰相反，人们最终的选择结果，往往是在日常生活中不知所从，不知所属，忙乱不堪，浮躁不堪。曾有人这样说过："对任何人而言，忙乱不堪，没有定性，就意味着心理的某种失衡、虚弱和脆弱，这意味着无论他走到哪里，整个世界都是一团喧嚣。"一个人不具有心理弹性，内心不能在保持均衡的情况下活动，内心失衡，就意味着破坏性的东西，意味着混乱的状态，意味着整个生活中充满喧嚣和不安的气氛。

而真正强大的人们是不会为忙乱的琐事所困扰的。这样的人去任何地方，都不会遇到很大的烦恼，无论他错过了火车还是火车晚点，无论天下雨了还是下雪了，无论他"不喜欢它"，还是他的旅程因为某个预想不到的问题而被耽搁，这些琐事都不会影响到他。他会一声不响地调整自己的状态，或者对不利的处境提出解决问题的办法，或者干脆不理它，转而去做别的重要事情。

他们内心和谐、安宁、乐观和从容，他们身负很多事情，但他们能分清主次，有条不紊，从容自若地来应付。"天塌下来，还有高个子顶着。"他们什么都不怕、什么都不惧，他们优哉游哉、从从容容、游刃有余地应对一切。

老子说："治大国若烹小鲜。"意思是说，治理一个很大的国家，像炖一条小鱼一样简单。传说舜在位时，弹琴赋诗，从容儒雅，把天下治理得很好。现代生活的确使每个人都感到了一定程度的紧张，但既然古人治理国家都能做到那么从容不迫，我们在工作和生活中为何就不能举重若轻呢？

和谐、安定、从容不迫是一种滋补剂，能全面提升我们的精神品位，也能滋养我们的身体。这种从容从内心而始，有效控制自己是我们每个人都能做到的。"就好像一片没有用的沼泽地，"一个天才的作家说，"可以变成一块种满了黄金谷物的田地或一片富饶的果园，只要把池里的水抽掉，并且把那些水流引导到一条建造好的水渠中就可以了。而一个人也同样如此，他可以通过征服并引导这些思想水流，在自身体内获得平静。于是，他拯救了自己的灵魂，使自己的心灵和生命开花结果。"

一个人所处的环境无论是多么荒凉或不和谐，或者一个人的生活条件是多么艰难，这都无关紧要。在每个人的体内都有着巨大的潜能，这使他能在每一次暴风雨和外在不利环境的重压下保持真诚和平静，他是自己的主人。他可以这样指导他的思想，甚至达到了"不以物喜、不以己悲"的境界，这样，任何事物都无法破坏他对天赐的巨大潜能的开发和利用。

为了让自己能够经常保持从容、沉稳的心态，不妨试试以下的各项心理建议：

（1）充裕的"心灵"。

"充裕"一词可以用在很多方面，例如金钱的充裕、地位的充裕或是空间的充裕等。然而，人类如果要存活下来，最重要的条件就是要拥有一颗自在与充裕的心。

（2）培养"思考能力"。

即使有突发事件发生，也不会惊慌失措、自乱阵脚，反而能冷静地处理事情，这样的人具有宽裕的心灵。要产生出足以沉着地处理事情的宽裕之心，主要靠的是思考能力。

（3）拥有充裕的人际关系。

社会就像是人际关系的网络一样，与人交往如能以体贴和宽厚之心互相对待，人际关系的网络自然会变得强韧，并能为自己带来丰沛的人际关系。有句话说"友情乃是万灵丹"，真诚的友谊将使你的心灵更加充裕，并可带给你一生的幸福。

（4）经常保持反省之心。

情绪的宽裕亦是经由这类小反省所形成。首先要确定自己的行为与想法是否有受到别人左右的情形？是否特别在意别人对自己的评价？被人称赞时是否会感到很高兴，受到轻视时是否会变得沮丧？

总之，就像新东方的俞敏洪老师在书中说的："一个人可以在生命的磨难和失败中成长，正像在腐朽的土壤上可以生长出鲜活的植物。土壤也许腐朽，但它可以为植物提供营养；失败固然可惜，但它可以激发我们的智慧和勇气，进而创造更多的机会。只有当我们能够以平和的心态面对失败和挫折，我们才能有所收获，才能变得成熟。所以我想以后我遇到的失败和挫折，都将成为生命中的无价之宝。值得我们在记忆深处永远记住。"我们应该掌握这种"从容"的心灵优势，以一颗自在的心"行到山穷处，笑看云起时"，轻松驾驭人生中的成败得失。

西点军校经典法则

法则二十一

独立

独立才能做生活的主人

西点军校对于学员的培养，不仅要求他们成为团队战斗中不可缺少的一员，同样也非常重视培养学员的独立精神。西点人明白：一个人只有具备了独立的人格、自由的意志，才能激发自身的潜能，才能做生活的主人。

台湾作家三毛说过："在我的生活中，我就是主角。"是的，每一个人都要相信——只有自己才是掌握自己命运的主人，是自己灵魂的舵手。生命的真谛就在于自立自强，一个永远受制于人，被他人和外物"奴役"的人，绝对享受不到创造之果的甘甜。人的发现和创造，需要一种坦然、平静、自由自在的心理状态。独立自主是创新的催化剂。人生的悲哀，莫过于别人代替自己选择，如果这样，自己便成了别人操纵的机器，失去了自我。正所谓"人生一世，草木一秋"。活就要活出个精彩，留也要留下个痕迹。我们要做生活的主角，不要将自己看做是生活的配角。我们要做生活的编导，而不要让自己成为一个生活的观众。我们要做自己命运的主宰者。

心理学家布伯曾说过："但凡失败之人，皆不知自己为何；凡成功之人，皆能非常清晰地认识他自己。"

电影大师查理·卓别林的成功就在于清楚地认识到了坚持自我、独立自主的真谛。卓别林在刚出道时曾放弃过自我，在他开始拍片时，导演要他模仿当时的著名影星，结果卓别林一直未闯出个名堂，直到他开始塑造出自己的风格，做回自己，才声名鹊起，终成一代大师。

鲍勃·霍伯也有类似的经验，他以前有许多年都在模仿他人唱歌跳舞，直到他发挥了自己机智幽默的才能才真正走红。

当玛丽·马克布莱德第一次上电台时，她试着模仿一位爱尔兰明星，但没有成功。直到她还自己以本来面目———位由密苏里州来的乡村姑娘——才成为纽约市最红的广播明星。

美国乡村音乐歌手吉瑞·奥特利未成名前一直想改掉自己的德克萨斯州口音，并把自己打扮得也像个城市人，他还对外宣称自己是纽约人，结果只招致别人在背后的讪笑。后来他开始重拾三弦琴，演唱乡村歌曲，才奠定了他在影片及广播中最受欢迎的牛仔地位。

我们翻开历史的画卷就能发现成功者总是独立性极强的人，他们总是自己担负起生命的责任，而绝不会让别人来驾驭自己。他们懂得必须坚持原则，同时也要有灵活运转的策略。他们善于把握时机，能够审时度势，有时收敛锋芒，静观事态变化；有时针锋相对，有时互助友爱；有时融入群体，有时潜心独处；有时紧张工作，有时放松休闲；有时坚决抗衡，有时果断退兵；有时陈

述己见，有时沉默以对。成功者能够做到应时而动，无不是依靠独立的精神和自由的意志，结合环境的变化作出自己的判断。

从哲学上分析这个世界是一个矛盾统一体。同样在人的一生当中，许多东西是既对立又统一的，只有我们做到辩证待之，才能取得人生的主动权。一个善于驾驭自我命运的人，是最幸福的人。我们行进在生活的轨道上，必须善于独立自主地作出抉择，不要总是让别人推着走，不要总是听凭他人摆布，而要勇于驾驭自己的命运，调控自己的情感，做自我的主宰者，做命运的主人。

要驾驭命运，我们要学会克服外在因素的制约，自主地择定自己的事业、爱情和崇高的精神追求。一个人的一切成功、一切造就，完全决定于你自己。你应该掌握前进的方向，把握住目标，让目标似灯塔在高远处闪光；你得独立思考，独抒己见。你得有自己的主见，懂得自己解决自己的问题。你不应相信有什么救世主，不该信奉什么神仙和皇帝，你的品格、你的作为，就是你自己的产物。的确，人若失去自己，则是天下最大的不幸；而失去独立自主，则是人生最大的陷阱。

"做你自己！"是美国作曲家欧文·柏林给后期的作曲家乔治·格希文的忠告。柏林与格希文第一次会面时，前者已声誉卓越，而格希文却只是个默默无名的年轻作曲家。柏林很欣赏格希文的才华，并且以格希文所能赚的3倍薪水请他做音乐秘书。可是同时柏林也劝告格希文："不要接受这份工作，如果你接受了，最多只能成为欧文·柏林第二。要是你能坚持下去，有一天，你会成为第一流的格希文。"格希文接受了忠告，终于成为当代极富声名的美国作曲家。

每个人都应该明白一个道理：相信自己，创造自己，永远比证明自己重要得多。在骚动、多变的世界面前，我们要打出"自己的牌"，勇敢地亮出自己。你该像星星、闪电、出巢的飞鹰，果断地、毫不顾忌地向世人宣告并展示你的能力、你的风采、你的气度、你的才智。独立自主的人，能傲立于世，能力拔群雄，能开拓自己的天地，得到他人的认同。勇于驾驭自己的命运，学会控制自己，掌控自己的情感，善于分配好自己的精力，自主地对待求学、就业和择友，这是成功的要义。要克服依赖性，不要总是任人摆布自己的命运，让别人推着前行。

人生来就受到主、客观方方面面的牵制。做一个人，将自己的愿望约束在条件许可的范围内，就少了许多痛苦。你也许不能改变别人，但你能掌握自己，支配好自己，这本身就不失为智者的表现，不失为一种充实的表现。

"世界上没有两片相同的树叶"，世界上也没有两个人完全相同。我们每一个人在这世上都是独一无二的。以前既没有像我们一样的人，以后也不会有。遗传学告诉我们，人是由父亲和母亲各自的23条染色体组合而成，这46条染色体决定了这个人的遗传基因，每一条染色体中有数百个基因，任何单一基因都足以改变一个人的一生。事实上，人类生命的形成真是一种令人敬畏的事情。即使父母相遇相爱孕育了我们，也只有三百万亿分之一的机会有一个跟自己完全一模一样的人。也就是说，即使你有三百万亿个兄弟姐妹，他们也可能只有一个跟我们相同的几率。这是猜测吗？当然不是，这完全是科学的事实。

我们每一个人都是崭新的，独一无二的。如果我们要独立自主，想发挥自己的特点，只有靠自己。但这并不表示我们一定要标新立异，并不是说我们要奇装异服或是举止怪诞。事实上，只要我们在遵守社会规范的前提下保持自我本色，不人云亦云，不亦步亦趋，就会成为真正的自己。

詹姆士·戈登·基尔凯医生指出："保持人格的独立是全人类的问题。很多精神、神经及心理方面的问题，其隐藏的病因往往是他们不能保持自我。"安吉罗·派屈曾说过："一个人最糟的是不能成为自己并且在身体与心灵中保持自我。"

一个人放弃自我本色意味着什么？意味着去模仿别人，跟在别人的屁股后面转，这样就把别人的特色误以为是自己应该追逐的东西，而渐渐失去自己。放弃自我，模仿他人是成大事者的忌讳。

好莱坞著名导演山姆·伍德曾说过：最令他头痛的事是如何帮助年轻演员保持自我。他们每个人都想成为二流的拉娜·特勒斯或三流的克拉克·盖博，"观众已经尝过那种味道了，"山姆·伍德不停地告诫他们，"观众现在需要点新鲜的。"

山姆·伍德在导演《别了，希普斯先生》和《战地钟声》等名片前，好多年都在从事房地产，因此他培养了自己的一种销售员的独立个性。他认为，商界中的一些规则在电影界也完全适用。

完全模仿别人绝对会一事无成。"经验告诉我，"山姆·伍德说，"尽量不用那些模仿他人的演员，这是最保险的。"

爱默生在他的短文《自我信赖》中说过：一个人总有一天会明白，嫉妒是无用的，而模仿他人无异于自杀。因为不论好坏，人只有自己才能帮助自己，只有耕种自己的田地，才能收获自家的玉米，上天赋予你的能力是独一无二的，只有当你自己努力尝试和运用时，才知道这份能力到底是什么。

诗人道格拉斯·马洛奇有一首诗写道：

> 如果你不能成为山巅上一棵挺拔的松树，
> 就做一棵山谷中的灌木吧，
> 但要做一棵溪边最好的灌木！
> 如果你不能成为一棵参天大树，
> 那就做一片灌木丛林吧！
> 如果你不能成为一丛灌木，
> 不妨就做一棵小草，给道路带来一点生气！
> 你如果做不了麋鹿，
> 就做一条小鱼也不错，
> 但要是湖中最活泼的一条！
> 我们不能都做船长，总得有人当船员，
> 不过每人都得各司其职。
> 不管是大事还是小事，
> 我们总得完成分内的工作。
> 做不了大路，何不做条羊肠小道，
> 不能成为太阳，当颗星星又何妨！
> 成败不在于大小，
> 只在于你是否已竭尽所能。

一个拥有独立人格的人才会有坚强的自信，这一点对于处在人生起步阶段的青年人来说尤其重要。西方文化对于青年的独立性的教育很值得我们学习。在西方文化中教育青年人要尊重个人价值，个人的尊严是自立、自强观念的核心。

美国的大学生中，自力更生、勤工俭学的占较大比例，"花花公子"式的占少数。学生在学校里"打工"，维护环境卫生等，收取一定报酬。他们并不以各种杂工为耻，都能尽职做好。因而该国的大学生当临时工的不少，他们养成了劳动习惯，增长了社会知识，还学会了某些技能，也解决了部分学习费用。

美国一位有名的富豪，为自己大学毕业的孩子举办了毕业酒会。他举着一杯价值100美元的酒，对众人说："我今天真高兴，因为从现在起，他应该特立独行，自己走他的路了。"这个富豪之子，只身到了纽约，租了一间小公寓，从此自己闯荡江湖。23岁的他，再不要父母的呵护，不要父母的供应，而义无反顾地走自己的路，向着成功的阶梯攀登。

美国人的独立意识是为人处世最根本的观念之一，他们信奉个人主义，其含义是相信每个人都具有价值，都应按其本人的意愿和表现来对待和衡量。这种个人主义同自私自利不同，在社会实践中，它表现为对个人独立性、创造性、负责精神和个人尊严的尊重。在家庭中，孩子应受到作为一个个人所应受到的尊重，成年后，他对自己的生活和前途有选择的权利和自由，从而对自己的遭遇，不论好坏都由自己负责。父母只能起"咨询作用"，不能为儿女代为安排个人的事宜。成年儿女一般都自立门户，独立生活。美国的一些大学生，尽管父母有钱也不愿仰仗他们。毕业后找不到合适的职业，用不上专业特长，宁可降格以求，大材小用，目的是要有自己的工作，自

己挣钱独立生活。

在日本，有一本名为《20岁的年轻人必须尝试的50件事》的畅销书。本书中阐述的一个观点是要求青年"在生活目标上做一个'不孝者'——你的一生不属于你的父母"，宣扬的就是这种自立于世的意识。

"向父母要钱是件不光彩的事。"在日本，不少大学生树立了这样的观念。日本是个重教育的"学历社会"。进入大学学习，学费、书费、生活费也不少。大学生们普遍在业余兼工，勤工俭学，来贴补学习费用。他们认为，除必要的费用依靠家里提供外，应尽量自己解决读书的各种开销。他们认为向大人频频伸手要钱很不光彩。男同学向家里要钱，更怕被女同学看不起。即使是家境极好的学生，也耻于得到父母的资助。

美国钢铁大王安德鲁·卡内基说过："把巨额金钱留给孩子们的父母最终将使孩子的创造力和生命力枯萎。"

1992年，有3位经济学家对拥有15万元以上遗产的继承人纳税记录作了调查，发现这些人中已停止工作的竟占20%。他们的结论是："很多有钱人不知不觉地就把他们的孩子搞垮了。"

"生活属于你，任君自选择。"一个人要有自己的主见，应明白自己真正爱什么，恨什么，喜欢什么，厌恶什么，不要轻易为流行的时尚所左右，不要随便落入别人设计的框架中。你应该有自己独特的个性，拥有自己特有的生存方式，而不要被别人牵着鼻子走，以别人的眼光来规范自己的举止，改变自己的习性。成才的道路在你脚下，一个有志于成才的青年，就要做一个堂堂正正的自主、自立、自强、自信的人。

在中国，青年人依赖父辈的传统很顽固，自主意识淡薄。但是，历史上也不乏鼓励子女自强自立的有识之士。清代画家郑板桥老年得子，却并不溺爱，而是力促他自立，要求他："淌自己的汗，吃自己的饭，自己的事自己干。靠天靠人靠祖宗，不算是好汉。"在中国的传统意识中，人们崇尚出身门第，钦羡继承权，而自我创业的意识淡薄。在当今的社会里，应提供给后代以"工具箱"，而不是万贯家产。对于青年人，确立不依赖父母长辈，一切靠自己独立创业的自立意识，则是明智的。

只会蜷伏在母亲翅膀下的雏鹰，充其量不过是只柔弱的"鸡"，而绝不会成为搏击万里云天、俯视苍茫大地的雄鹰。

青年人要勇于自强自立，不要仰仗父母的保护伞。要坚信自己的能力，自己探出一条成才之路来。过多的依附、仰赖，只能造就平庸孱弱、无所作为的凡夫俗子；过分的温存、溺爱，只能消磨意志，磨平锐气，养育娇嫩的花朵。

西点军校培养学员独立的人格，培养学员在竞争中做自我。在这个充满竞争的时代，只有勇于闯荡、自立自强，方可大有作为。成功始于觉醒，这个觉醒就是确立独立的意识，"慷慨丈夫志，可以耀光芒"（唐·孟郊诗句），这个志，就是独立和自强。只有做到人格上的独立，才能拥有坚定的信念，才能激发出挑战困难的勇气。独立让我们做自己人生的主人，开拓出属于自己的人生之路。

自立者天助

拥有独立精神的人相信"自立者，天助也"。这一理念早已被漫长的人类历史进程中无数人的经验所证实。依赖外在帮助只会使受助者走向衰弱，而自强自立则使自救者兴旺发达。独立的精神是个人真正的发展与进步的动力和根源，它体现在众多的生活领域。

最悲惨的奴隶并不是被暴君所统治的奴隶，而是那些在道义上无知、自私和邪恶的奴隶。一个在心灵上处于如此奴化状态的民族是不可能仅仅靠改变主人或改变制度就能获得自由的。贫穷非但不会变成不幸和痛苦，相反，通过吃苦耐劳、坚忍不拔的自助实干，它会转化成为一种幸福；它能唤起人们奋发向上的激情，并为之勇敢地战斗。

自力更生和自己战胜自己将教会一个人从自身力量的源泉中吸取动力，从自己的力量中品尝

到甜蜜的味道,学会正确地劳动以供养自己的生活,并认真地扩展服务于属于自己美好事物的职责。

自立的精神,是一个民族力量的真正源泉。最穷苦的人也有登上顶峰的时候,在他们走向成功的道路上没有被证明根本不可战胜的困难。成功的大门时刻为那些吃苦耐劳的人敞开着。早年遭遇人生的艰难和不利于自己的困境还真是一个人走向成功的必要条件。无论别人的帮助显得多么明智和多么美好,从事物本身的性质来讲,自己应当是自己最好的救星。

培养自立的精神应该学会抛开身边的"拐杖"。尽管依靠别人、跟从别人、追随别人,让别人去思考、去计划、去工作要省很多事,但是独立自主者还是会毅然地抛弃身边的每一根"拐杖",独立思考,独立行动,做一个自立自助的人。

一味地依赖他人只会导致个人的懦弱。没有什么比习惯于依靠他人更能破坏独立自主的了。如果一个人习惯于依靠他人,他就将永远坚强不起来,也不会有独创力。坐在健身房里让别人替自己练习,永远无法增强自己肌肉的力量;越俎代庖地给孩子们创造一个优越的环境,好让他们不必艰苦奋斗,也永远无法让他们独立自主,成为一个真正的成功者。

爱默生说:"坐在舒适软垫上的人容易睡去。"

依靠他人,觉得总是会有人为我们做任何事,所以不必努力,这种想法对发挥自助自立和艰苦奋斗精神是致命的障碍!很多人在生活中习惯于观望和等待,他们不知道等的是什么,但他们的确是在等某些东西。他们隐约觉得,会有什么东西降临——会有些好运气,或是会有什么机会发生,或是会有某个人帮他们,这样他们就可以在没受过教育,没有充足的准备和资金的情况下为自己获得一个开端,或是继续前进。

有些人是在等着从父亲、富有的叔叔或是某个远亲那里弄到钱。有些人是在等那个被称为"运气"、"发迹"的神秘东西来帮他们一把。从来没有某个等候帮助、等着别人拉扯一把、等着别人的钱财,或是等着运气降临的人能够真正成就大事。只有自立、自强、自尊的人才能打开成功之门。

一家大公司的老板说,他准备让自己的儿子先到另一家企业里工作,让他在那里锻炼锻炼,吃吃苦头。他不想让儿子一开始就和自己在一起,因为他担心儿子会习惯于依赖他,指望他的帮助。在父亲的溺爱和庇护下,想什么时候来就什么时候来,想什么时候走就什么时候走的孩子很少会有出息。

只有自立精神能给人以力量与自信,只有依靠自己才能培养成就感和做事能力。把孩子放在可以依靠父亲或是可以指望帮助的地方是非常危险的做法。在一个可以触到底的浅水处是无法学会游泳的;而在一个很深的水域里,孩子会学得更快、更好。当他无后路可退时,他就会安全地抵达河岸。依赖性强、好逸恶劳是人的天性,而只有"迫不得已"的形势才能激发出他们身上最大的潜力。

"抛开拐杖,自立自强"是所有成功者的必然选择。当一个人感到所有外部的帮助都已被切断之后,他就会尽最大的努力,以坚忍不拔的毅力去奋斗,结果他会惊讶地发现:自己可以主宰自己命运的沉浮!

日本著名企业家松下幸之助曾经说过这样一段话:"狮子故意把自己的小狮子推到深谷,让它从危险中挣扎求生,这个气魄太大了。虽然这种作风太严格,然而,在这种严格的考验之下,小狮子在以后的生命过程中才不会泄气。在一次又一次地跌落山涧之后,它拼命地、认真地、一步步地爬起来。它自己从深谷爬起来的时候,才会体会到'不依靠别人,凭自己的力量前进'的可贵。狮子的雄壮,便是这样养成的。"

一个人"陷入"被迫完全依靠自己、没有任何外部援助的处境是最有意义的,这种处境能激发出一个人身上最重要的东西,让人全力以赴,就像十万火急的关头,一场火灾或别的什么灾难会激发出当事人做梦都没想到会有的一股力量。危急关头,不知从哪儿来的力量为他解了围。他觉得自己成了个巨人,他完成了危机出现之前根本无力做成的事情。当他的生命危在旦夕,当他被困在出了事故随时都会着火的车子里,当他乘坐的船即将沉没时……他必须当机立断,采取措施,渡过难关,脱离险境。

当一个人不再依赖于别人的援助，学会了自立自强，他就会发挥出过去从未意识到的力量，他就踏上了成功之路。世上没有比自立、自尊、自强更有价值的东西了。如果我们试图不断从别人那里获得帮助，就难以保有自尊。如果我们决定依靠自己，独立自主，就会变得日益坚强，距离成功也就越来越近。

有一次，美国石油家族的老洛克菲勒带他的小孙子爬梯子玩，可当小孙子爬到不高不矮（不至于摔伤）的高度时，他原本扶着孙子的双手立即松开了，于是小孙子就滚了下来。这不是老洛克菲勒的失手，更不是他在搞恶作剧，而是要让小孙子的幼小心灵感受到：做什么事都要靠自己，就是连亲爷爷的帮助有时也是靠不住的。

一个人要依靠自己而且必须靠自己才能真正立足于社会。在人生的不同阶段，尽力达到理应达到的自立水平，拥有与之相适应的自立精神。这是当代人立足社会的根本基础，缺乏独立自主个性和自立能力的人，连自己都管不了，还能谈发展与成功吗？即使你的家庭环境所提供的"先赋地位"是处于"天堂云乡"，你也必得先降到凡尘大地，从头爬起，以平生之力练就自立自行的能力。因为不管怎样，你终将独自步入社会，参与竞争，你会遭遇到远比学习生活要复杂得多的生存环境，随时都可能出现或面对你无法预料的难题与处境，你必须得靠顽强的自立精神克服困难，坚持前进！

自立，对于个体的人来说，则是立身、立志，从而把握主动生存和自如生存的关键；对于一个国家来说，是关系到能否实现自主、超越的前提，是立国、治国、强国的根本原则。在市场经济、知识经济接踵而至的时代，对自立精神和自立能力的优化，不仅是新技术革命的需要，更是能力培养的智能化的需要。新技术革命所依赖的正是牢固树立在自立基础之上的创新精神；能力培养的智能化所不可缺失的正是在具有强大自立能力基础上的独创性思维。同时，市场经济体制所苛求的自主意识、知识经济所强调的自主创新，也都要求强有力的自立精神和自立能力的支持。这一切，都把对自立精神的觉悟推到了前所未有的显赫地位。

每一个人都是独一无二的，每一个人的人生之路也是独一无二的。一个成功的人是独立自主走出一条人生路来的。别人铺好的路，固然好走，但不属于自己。人生路上也许电闪雷鸣，也许荆棘丛生，但都不要期待别人为自己撑起遮风挡雨的伞，也不要等待别人为自己砍去荆棘。要独立自主，要成功，一切全靠自己。

然而很多人依然没有明白"自立者，天助也"这个道理。他们一遇到哪怕一点点挫折，首先想到的是求人帮助；他们不管是有事没事，总喜欢跟在别人身后，以为别人能解决他的一切疑难。这样的人，就是缺乏独立自主、有依赖心理的人。这样的人，不敢走出一条属于自己的路，于是在家中依赖父母、兄弟、爱人，在外面依赖上司、同事，要是没有人在他的身边，他会不知所措，变得紧张、慌乱，失去方向。这样的人，是人格没有成熟、不健全的人，是身体懒惰和心理懒惰的人。

一个青年出来闯世界，在别人眼中，他似乎是很独立、很有主见的人，可实际上，他之所以出来，是因为别人叫他出来。出来之后，当然得找工作，可他根本不会自己去找，而总希望由别人带着去。别人带着去当然可以，可是别人总不能一直带着他，一旦没有人管他，他就不知所措，一筹莫展。后来他总算找到了工作，是做一个摆服装摊的老板跟班。带他出来的人很奇怪，怎么做起了人家的跟班，不是有很多合适的工作可以挑选吗？他说，什么工作都得他去动脑筋，什么事情都需要他主动地去做，他最怕这个。他宁愿做人家的跟班，人家叫他做什么，他就做什么。试想，要是那个摆服装摊的老板不要他了呢？如果这样的话，他肯定会迅速找到另一个可以追随的人。今天他是服装摊老板的随从，明天他可能是某个小官僚的秘书；今天他可能是人家的秘书，明天他可能是人家的仆人、佣人。有着这样的依赖心理，他怎么能够独立成事呢？他怎么能够成为一个在事业上成功的人呢？说到底，他出来闯荡世界，又有什么意义呢？他出来闯荡世界之前，是想跟着人家的。他以为人家成功了，他这个跟在后面的人，也会跟着成功。这个青年，就这样带着依赖心理闯荡。结果呢，可想而知，他不可能混出什么名堂来。

我们要对有着依赖心理、时时期盼着他人给予帮助的人多加劝诫，让他们明白自立的重要性。一个人只有做到了不去依赖别人，才会找到自己的生活目标，才会靠自己获得事业的成功。一切都应靠自己去奋斗，去争取，而不是依赖别人。只有一切依靠自己，才能获得真正的安慰。

培养一个人自立的精神最关键的就是消除其依赖心理。依赖心理产生的源泉，在于人的惰性。要消除依赖心理，先要消除人身上的惰性。因为有了惰性，人就不愿意自己去做事，而是指望着别人相助；有了惰性，人就不愿意自己拿主意，而希望别人替他做主；有了惰性，人就不愿意有个明确的人生目标，而是别人怎么做他就怎么做。所以，要消除依赖心理，就得先消除惰性。

要消除惰性，就得锻炼自己的意志。面对一件事情，要果敢上前，说做就做，该出手时就出手；还得有灵活的头脑，要善于思考，勤于思考。这样做，当然会很累，当然比依赖别人辛苦多了。可是，与其现在因依赖而享受，不如为将来自己的独立奋斗而获得的更大享受而吃点苦。须知，为了更大的享乐，牺牲点小享乐，是值得的。

同样拥有独立自主意识也是消除依赖心理的重要方面，正所谓"运用之妙，存乎一心"。我们要时时想到，只有自己劳动所得的成果，才是真正属于自己的；只有享受自己的成果，才会有真正的快乐。当你这样想的时候，你就能这样去做了。所以，思想的进步是十分重要的。思想是行动的先导，只有先提高对依赖心理的认识，才会正确地去对待它。消除了依赖心理之后，才能真正做到自立自强，才能找到自己的生活目标，找到生活的方向。自己靠自己获得事业的成功，才会走出一条自己的路。"自立者，天助也"，只有靠自己取得的成功，才是真正的成功。

自立者要走自己的路

艾森豪威尔将军说过："要做正确的、该做的事，而不是能够赢得别人赞赏的事。"自立者应该把"走自己的路，让别人去说吧！"作为自己的座右铭。一个人如果充分相信自己，就具备了从事任何活动的信心与能力。只有你敢于探索那些陌生的领域，才可能体验到人生的各种乐趣。那些被称为"天才"的名人，那些生活中颇有作为的人，那些在社会上有影响力的人物，他们都做到了从不回避未知的事物，勇于探索，不在乎别人的议论，大胆走出自己选择的道路。独立自主的人勇于探索未知，勇于带领他人走出一条路来。事实上，任何一位伟人都是普通而平凡的，他们的伟大之处往往体现在其敢于探索的品质和勇气之上。富兰克林、贝多芬、萧伯纳、丘吉尔以及许多其他伟人，他们都是敢于探索未知的先驱者。其实他们也都曾是普通而又平凡的人，只不过是他们敢于走他人不敢走的路，最终才创出一番事业，为历史所铭记。

要积极尝试新事物，就必须摒弃"改变现状不如苟且偷安"这种观点，这是一种荒谬的观点，也是你对自己不具信心的表现。改变的确将带来许多不稳定的未知因素，并存在一定的风险。涉足一个完全陌生的领域，也许会碰得头破血流，但成功往往就开端于在未知中开拓出一条新路。当你身处逆境时，你可以依靠自己战胜困难；当你遇到陌生事物、身处陌生环境时，你不会经不起考验，更不会一蹶不振。相反，如果消除生活中的一些单调的常规，倒会减少你精神崩溃、厌倦生活的可能。对生活感到厌倦，这会削弱一个人的意志并产生一种不健康的心理影响。一旦对生活失去了兴趣，你就可能首先在精神上垮掉。然而，如果你不断给自己的生活寻找一些未知的因素，你的生活就增添了许多色彩，你个人也会变得更加充实、上进。

也许你抱有这样一种心理意识："这件事异常独特，让人觉得奇怪，我还是躲得远一些好。"这种心理状态使你无法获得一种积极尝试新生事物的经历。例如，当你遇到一位不会讲汉语的美国人在商场购物遇到语言障碍时，而你正好学过英语，这也是你帮助他人和锻炼自己的一个良机。而你却不敢，因为你害怕露面，担心自己说错话或者一时搭不上腔而出洋相。于是你可能假装自己什么也不懂，或者悄悄溜走，认为这样就避免了许多可能不利的未知因素。

你还可能认为，我们不管做任何事情，都一定要有某种理由，否则做它又有什么意义呢？这种观点纯属谬论！只要愿意，你可以去做任何事情，而不一定非得等到有一个明确合理的理由。我们没有必要在做每一件事情之前非得寻找一个理由。如果事事都要有理由再做，你就不能去尝

试新的经历。当你还是个孩子时，你会逗蚂蚱玩上一个小时，其理由只不过是你喜欢逗蚂蚱玩。你或者还曾因喜欢捉迷藏的游戏而只身一人跑到树林"探险"——其实，你当时并没想到任何理由，只不过是因为你喜欢这样。当你慢慢长大成人时，你的行为受到更多的羁绊，你每做一件事情之时都得找到一个看似合理的理由。这种"热衷"于理由的做法会阻碍你个人的成长与发展，使你不能放开自己。

人生之路千万条，"条条大道通罗马"。要走向成功，不妨大胆地多方位搜寻探索，不因恐惧失败而灰心丧志，也不因别人的指指点点而犹豫彷徨。不盲从，也不随俗，要走就走自己的路，一定能走出一条成功之路来。

学会自立，走自己的路，要有一颗自由的心。一个自立的人必然会为追求自由而不断地思考和探索。

教育家指出：一个时刻受到监视、每一个行动都受到严格审视的孩子，是不能够健康成长、大有作为的。你见过哪个被严格束缚的孩子身上没有令人憎恶的性格特征呢？你见过哪个孩子，在生性多疑的父母或老师的严密监视下，会拥有开阔的心胸和崇高的品德呢？当然，生活中也许会有一些特殊的例子，但是总的来说，如果孩子得不到信任，没有鼓励和荣誉的激励，往往会成为一个心胸狭窄、自私自利、紧张多疑、行为卑劣的人。

要培养孩子独立、坚强、崇高的品质，最重要的就是让他有自由感。必须让孩子知道，他们得到了信任，没有谁会时时盯着他们。父母和老师应该相信孩子，信赖他们。否则，他们就会性格乖戾、人格扭曲，就不能健康成长，最终也不会成为一个高尚独立的人。

如果家长不信任自己的孩子，时刻监视着他，尽管他聪明听话，学习努力，家长也不必期望他能成龙成凤。正是因为家长对他的监视，使他产生了消极的想法，也使他在众人面前忸忸怩怩，极为不安，这样不仅破坏了他本性的自然流露，也挫伤了他的热情。父母只给孩子提些建议，对他充满爱心，对他的愿望和计划抱以热情。要让他知道，家长绝对地信任他，凡是力所能及之事，都要让他自己独立完成。这样，就可以激发出孩子具备的所有优点和能力，并使之得以逐步加强。

孩子自由精神的培养对于成年人来说同样适用。

哈佛校长艾略特曾领导过哈佛一项重要的教育改革。哈佛大学决定对学生充分放权，给他们自由发展的空间。这一改革措施一公布，哈佛大学却受到来自社会各界的强烈批评。当哈佛大学宣布，对参加唱诗班和做礼拜不做强制性规定时，学生家长们更是惊恐万状，害怕自己的孩子会走向堕落，直至不可救药。但是艾略特却不这么认为。根据他的观察和研究，在严格监督管理下的学生无法形成良好的性格，不会有一个健壮的身体。他苦心劝慰那些不安的父母，废除强制性的管理措施只是为了充分发挥孩子全方位的素质，他和同事们也是尽力这么做的。他指出，为了让学生能健康成长，必须把他们人性当中最优秀的因素激发出来，相信他们能自己管理自己，相信他们有很好的自控能力和强烈的荣誉感。在走出校门时，不但拥有一张货真价实的文凭，还拥有良好的综合素质。如果缺乏自信和创造力，就无法做到在激烈的竞争中从容不迫，游刃有余。

在过去，美国大学的学生们被各种规章制度束缚着，他们的一言一行都受到关注，好像他们是无力管理自己的小孩子。有些学校当局像对待小偷一样对待他们，甚至派出"校园间谍"跟踪他们，监视他们的行踪。学生们被强迫参加各种祈祷会和礼拜活动，如果哪一次活动缺席，就会被记录在案。为了应付点名，他们常常编织各种谎言，想方设法为自己找借口。总之，他们就像无力控制自己的行为，不会调理自己的生活一样，得不到学校的信任。结果就会出现这样的情况，一旦他们脱离监视和控制，就会抛掉一切约束，像脱缰的野马一样，极度放纵自己。长期的压制使他们不再珍视自由，而是把自由当成放纵自己的大好机会。哈佛大学倡导的自由式教育，后来得到了美国教育部的肯定，并在全国大力推广。

今天，在美国这所最有名望的大学校园里，废除了许多陈旧的规章制度，让学生充分感受到了自由。老师努力培养学生独立思考和行动的能力，在他们心中培育出强烈的荣誉感，相信学生可以很好地管理自己。事实证明，学生们反而更具独立品格，更遵守秩序，也更加健康。虽然现

在哈佛大学的学生增加了几十倍，但是犯罪和被开除的比率，却比艾略特进行改革之前低得多。这就是最好的例证。

要想让一个人具有独立性和创造性，就要让他们享受行动的自由，学会选择自己行走的道路并坚持走下去。自立的人懂得自己动手、丰衣足食，哪怕犯了错误，也由他自己负责，加以改正。这样做要比在别人的扶助或强制下，事事循规蹈矩好上千倍。自立者走自己的路，是一个"试错"的过程，只有不断地遭到失败，付出代价，才能在通过一次次地重新站立之后，找到真正的人生之路。

自立者要有傲骨

一个拥有独立人格、自由精神的真正的自立者必然是一个自尊自爱之人。一个人要想真正自立，必须有一身傲骨，能够为自己的尊严而战斗。

俄国作家契诃夫曾写过一篇名为《小公务员之死》的小说：一个小公务员有一次去看戏，不小心打了一个喷嚏，结果口水不巧溅到了前排一位官员的脑袋上。小公务员十分惶恐，赶紧向官员道歉，那官员没说什么。小公务员不知官员是否原谅了他，散戏后又去道歉。官员说："算了，就这样吧。"这话让小公务员心里更不踏实了。他一夜没睡好，第二天又去赔不是。官员不耐烦了，让他闭嘴、出去。小公务员心想，这下子得罪官员了，他又想法去道歉。小公务员就这样因为一个喷嚏，背上了沉重的心理负担，最后，他死了。

这是一个看似荒诞的悲惨的故事，我们在为小公务员的死惋惜的同时，也为他的软弱和缺乏自尊而叹息。现实生活中，我们经常可以看到类似小公务员这样的糟蹋自我尊严的人和事。他们自己看不起自己，自己作践自己，自己愿意与人为奴，供人驱使，而且，表现得比自卑的人更为严重；这样的人，喜欢仰人鼻息，看人眼色行事，以溜须拍马为能事；这样的人根本没有自我意识，根本想不到自己也是个堂堂正正的人，他们一旦失去别人的保护，一旦失去他的"主人"，就会一下子垮掉。

拥有一身傲骨、自尊自爱是一个独立自主的人所必备的品格。智利作家尼高美德斯·古斯曼说过："尊严是人类灵魂中不可糟蹋的东西。"俄国作家陀思妥耶夫斯基也说过："如果你想受人尊敬，那么首要的一点就是你得尊敬你自己。只有这样，只有自我尊敬，你才能赢得别人的尊敬。"一个摆脱了奴性心理，自尊自爱的人，是一个独立自主的人，是真正有自我意识的人，是大写的"人"，是哲学家萨特所说的"自在的人，自为的人"。

明朝文学家、思想家吕坤说："既做人，在世间，便要劲爽爽、立铮铮的。若如春蚓秋蛇，风花雨絮，一生靠人作骨，恰似世上多了这个人。"意思是说我们既然做了人，在世间，就要刚强有骨气。如果像春天的蚯蚓、秋天的蛇，像风中的花草、雨中的柳絮，一辈子仰人鼻息，靠人作骨，那就如同在这个世界上成了多余的人。古往今来，有许多自尊自强的人："廉者不食嗟来之食"，陶渊明不为五斗米折腰，李白高吟"安能摧眉折腰事权贵，使我不得开心颜"，朱自清宁可饿死不吃美国救济粮……他们都是吕坤所称誉的"劲爽爽、立铮铮"的人。

德国伟大的作曲家贝多芬在维也纳时，曾受到李希诺夫斯基公爵的倾慕和照顾，他感激公爵，但并不因此出卖尊严。一次，公爵要求贝多芬到他家为一批占领维也纳的拿破仑军队的军官演奏。贝多芬看不起公爵这种阿谀逢迎的态度，断然拒绝了。公爵凭他的地位和布施者的身份，一定要贝多芬演奏。公爵的傲慢冒犯了贝多芬的自尊，他冒着倾盆大雨冲出公爵的庄园，一回到家中，就把案头上公爵的半身塑像猛掷在地上，摔了个粉碎，并给公爵写了一封信。他写道："公爵，你之为你，是由于偶然的出身；我之为我，是靠我自己。公爵现在有的是，将来也有的是，而贝多芬却只有一个。"

还有一次，贝多芬与大诗人歌德在一起散步，途中与一群德意志、奥地利的权贵相遇。歌德对权贵肃然起敬，这使贝多芬十分恼火。他极力劝歌德不必卑躬屈膝，但歌德还是抽出被贝多芬挽住的手臂，恭敬地站在路旁，向皇族们一一行礼。只见贝多芬昂然背着手走过去，这些皇族们

首先向贝多芬打招呼，脱帽致意。贝多芬的自尊，为他赢得了别人的尊敬。

中国有句俗话：男儿膝下有黄金。现代社会是民主社会，是人人平等的社会，作为人都有与他人平等的权利。我们没必要看到别人有地位、有金钱就不自觉地软了自己的膝盖。缺乏自尊的人是可悲的。他们会因此而扭曲自己的性格，改变自己的正确看法，做出违心之举；他们会动辄迷失自己，任人任意驱使，他们会在权势者面前，唯唯诺诺，小心翼翼，给自己徒增苦恼。而更糟的是，他们自卑自贱的举动，换来的只能是让人瞧不起。

我国近代著名教育家徐特立说："任何人都应该有自尊心、自信心、独立性，不然就是奴才。但自尊不是轻人，自信不是自满，独立不是孤立。"这话说得很对。自尊是一种对平等的要求。如果狂妄自大，那就是对别人的不平等。让我们保持自尊，也尊重别人，无论你是大学教授还是捡破烂的，无论你是有钱人还是穷光蛋，无论你是小公务员还是大官，我们既不自傲也无需自卑。

列宁曾在进入克里姆林宫时，遇到卫兵的拦阻，要他出示证件。旁边的人说："咳！这是列宁同志。"卫兵说："任何人都必须出示证件。"列宁说："他是对的，我忘了出示证件，对不起。"列宁和卫兵都表现出了可贵的品格：不因对方的身份而屈从或轻视对方。卫兵和列宁，都值得我们学习。

一个独立自主的人，是消除了奴性心理、有一身傲骨的人，他会自尊自爱、进而自强自立。在这充满竞争的时代，只有自强自立方能大有作为。许多人不敢独立自主，不能自立自强，关键是因为他们总是爱贬低自己，他们似乎很乐意暗示自己是一个渺小的人，一个毫无价值的人，觉得与别人相比自己简直就如一根稻草一样无用，因而做任何事都显得无精打采，毫无斗志。这些人垮在了自己身上存在的缺点和毛病上，这是因为自我贬低无异于降价处理自己！如果你认为自己满身缺点和毛病，如果你自认为是一个笨拙的人，是一个总是面临不幸的人，如果你承认你绝不能取得其他人所能取得的成就，那么，你只会因为自我贬低而失败，永远也不能自立于天地之间。

自我贬低对于自立精神的培养有着最大的破坏力。如果我们对自己的前途有更清醒的认识，如果我们对自己有更大的信心，那么，我们将取得更丰硕的成果。只要我们能更好地了解我们身上的潜力和高贵的一面，那么，我们将会对自己充满信心。如果我们总是往坏的方面、差的方面想，那么，我们就总是认为自己渺小、无能和卑劣。如果我们想达到高贵、杰出的境界，那么我们就应该向上看，应该多想想我们高贵、崇高的一面。

自我贬低的不良习惯对一个人成功个性的培养极具腐蚀作用，这会打击他的自信心，扼杀他的独立精神，使他看起来像没有长脊椎骨一样，整天委靡不振，找不到生活的精神支柱。自我贬低也会使人失去审美能力，感受不到和谐生活的美。真正的绅士可以从容不迫地应付生活，不卑不亢地面对一切。但有些人似乎天生就有一种自我轻视的习惯，他们躲躲闪闪，不敢正视生活。不管去哪里，总是坐到最后一排，或者想尽办法逃离人们的视线。在人的个性中，确实存在着这种令人鄙视的弱点。人们喜欢那些勇敢的人，他们昂首行走在人群中，精神自由，思想独立，过自己想过的生活，称自己是一个真正的人。

如果我们以一种自立的精神和征服者的心态对待人生，我们会留给人们这样的印象，即我们相信自己将来会有所成就，而且这种信心是坚强有力的，是充满必胜信念的；如果我们以奴性心理和屈服者的心态面对人生，我们就会以悔恨、自我贬损和逃避他人的心态出现在世人面前。正是这两种不同的心态造成了世界上人与人之间的差别。

爱默生说："如果一个人不自欺，他也不会被别人所欺骗。拥有坚定和自信的个性，就不会自欺欺人。总是能对自我和生活做出积极的、实事求是的评价，就可以不断塑造自己的品格。在生活中，不要无端地低估自己，鄙视自己。"

我们要培养自己的自立精神，打造自己的铮铮铁骨。同时我们也要清楚地认识到，建立在渊博的知识、精明强干的能力和诚实守信基础上的自信，与建立在自我吹嘘、盲目乐观基础上的自高自大，有着天壤之别。自信可以使我们竭尽全力、有条不紊地做自己的事，而自高自大则令人讨厌，最后自高自大者会一事无成。一个人能自我尊重，对自己的个性作出积极的评价，就可以为生活保驾护航，这不仅可以有效地纠正一个人的不良倾向，也可以在人生之路上避免错误的选择，

避免失败。一个充满自信、注重自我尊严的人是不会自甘堕落的，与人交往时也不会使用下三烂的手法，更不会屈尊忍辱，从事肮脏的交易。任何物质的东西都可以放弃，但是你必须紧紧抓住自己生命的尊严。

我们应该意识到，我们绝不可能完成自信心所不能承受的事情。通常，一个没有自立精神的人最大的缺陷就是缺乏自信心。绝大多数人的自信心都不足。许多失败者，如果在年轻时其自信心就得到适当的调整和加强，那么他们是完全能够自立自强成就伟业的。就拿一个胆怯、害羞、敏感和畏缩的人来说，如果不断地教导他相信自己，开导他不要陷入自我贬低的泥潭，让他相信会有光辉灿烂的前途，那么他一定能成为社会的有用之才。对他进行不断的训练、调教，就可以使他充满坚强的自信心。这种坚强的自信心不仅能增加他的勇气，同样也能增加他其他方面的能力。

其实，我们的整个生命过程一直都在复制我们心中的理想图景，一直都在复制我们心中为自己描绘的画像。没有哪一个人会超越他的自我评价。如果一个天才相信他会变成一个侏儒，并且一直那么想，那么他就会真的成为一个侏儒。一个人目前的整体能力是不是很强，这一点倒不太重要，因为他的自我评估将决定他努力的结果，将决定他是否能成为成大事者。

一个对自己信心很强但能力平平的人所取得的成就，往往比一个具有卓越才能但自信心不足的人所取得的成就要大很多。低劣、平庸的自我贬低所产生的有效力量远没有伟大、崇高的自我评价所产生的有效力量强大。如果你形成了伟大、崇高的自我评价，那么，你身上的所有力量就会紧密团结起来，帮助你实现理想。因为人生总是跟随你确定的理想走，我们总是朝着人生目标确定的方向走。

我们一定要明白一个自立的人一定是拥有一身傲骨的人。摆脱奴性心理，对自己有一种高尚而重要的自我评价，相信自己有非同一般的前途。做到这些你就能做到自立自强，自尊自爱，并且有勇气和力量向着自己的理想去奋斗。如果你坚持不懈地努力实现越来越高的理想，如果你坚持不懈地努力达到越来越高的要求，那么，由此而产生的精神动力就会帮助你去实现你的人生理想。

要学会独立思考

艾森豪威尔说过："成功的卓越的领导者必须有自己独特的思考方式，在遇到阻力的时候，必须有自信。"

有一天晚上，最早完成原子核裂变实验的英国著名物理学家卢瑟福走进实验室，当时已经很晚了，见他的一个学生仍俯在工作台上，便问道："这么晚了，你还在干什么呢？"学生回答说："我在工作。""那你白天在干什么呢？""也在工作。""那么你早上也在工作吗？""是的，教授，早上我也工作。"于是，卢瑟福提出了一个问题："那么这样一来，你用什么时间思考呢？"这个问题提得真好！

独立自主不仅意味着行动上的自立，而且意味着思想上的自立，即凡事能独立思考。成大事者大多善于思考而且是独立思考。要成大事的青年人，只有养成了独立思考的个性，才能在风风雨雨的事业之路上独创天下。

拉开历史的帷幕就会发现，古今中外凡是有重大成就的人，在其迈向成功的道路上，都是善于思考而且是独立思考的。

爱因斯坦经过了"10年的沉思"才创立了狭义相对论。他说："学习知识要善于思考、思考、再思考，我就是靠这个学习方法成为科学家的。"达尔文说："我耐心地回想或思考任何悬而未决的问题，甚至连费数年亦在所不惜。"牛顿说："思索，继续不断地思索，以待天曙，渐渐地见得光明，如果说我对世界有些微小贡献的话，那不是由于别的，却只是由于我的辛勤耐久的思索所致。"他甚至这样评价思考："我的成功就当归功于精心地思索。"著名昆虫学家柳比歇夫说："没有时间思索的科学家（不是短时间，而是一年、两年、三年），那是一个毫无指望的科学家。他如果不能改变自己的日常生活制度，挤出足够的时间去思考，那他最好放弃科学。"

但凡成大功者，他们的经历都体现出一个道理：独立思考是一个人成功的最重要、最基本的

心理品质。所以，养成独立思考的品质是要成大事者必备的条件。

要提高你的创造能力，一定要培养自己的独立思考、刻苦钻研的良好品质，千万不要人云亦云，读死书，死读书。一位学者指出："人们只有在好奇心的引导下，才会去探索被表面所遮盖的事物的本来面貌。"好奇，可以说是创造的基础与动力。牛顿、爱迪生、爱因斯坦都具有少见的好奇心；而居里夫人的女儿则把好奇称为"学者的第一美德"。成功人士总是善于在人们熟视无睹的大量重复现象中发现共同规律，特别注意反常现象而有所创造。而漫不经心的人，往往就不怎么注意那些新奇而有用的东西。纵观一切创造性人才，他们几乎都有一个共同的品质，就是敢想、敢干、敢于质疑，遇事都要问一个为什么。巴尔扎克认为："一切科学之门的钥匙都毫无异议地是问号，我们所有的伟大发现都应该归功于疑问，而生活的智慧大都源自逢事都问个为什么。"

明代思想家吕坤特别反对做事没主心骨，没主见，只是"依违观望，看人言为行止"地做人的毛病。他说，如果做事先怕人议论，没有独立思考的能力，做到中间一有人提出反对意见，就不敢再做下去了，这不仅说明这个人没有"定力"，也说明其没有"定见"。没有定见和定力，就不是一个独立自主的人。吕坤说，做人做事，首先要能独立思考，辨明是非，选择正确的立场观点。吕坤进一步说，每个人的想法都不会完全一致，我们不能要求人人的看法都与自己相同。因此我们做事要看我们想达到的目标效果，而不要过于顾虑事前一些人的议论；等你事情做好了，那些议论自然也止息了。即使事情没做成，但只要是正确的，也就是我应当做的，不论成败。

一个独立自主的人，凡事都有主见，他不会去做效颦的东施徒增笑谈，只要是力所能及，他都会独立思考、解决，因为他知道，轻信别人的观点往往使人失去独立性，而没有自己独立的人格，只依赖别人永远不会成功。依赖使一个人失去精神生活的独立自主性。依赖的人不能独立思考，缺乏创业的勇气，其肯定性较差，会陷入犹疑不决的困境，他一直需要别人的鼓励和支持，借助别人的扶助和判断。

在创业的过程中，总会听到许多反对意见。这些意见或来自朋友与亲近的人，他们从自己的角度考虑，或纯粹是为我们担心，可能不赞成我们的做法；也可能来自那些对我们心怀恶意的人，他们诬蔑、攻击、诽谤，把我们所要做的事说得漆黑一团。面对这种情况，如果我们不能明辨是非，缺乏独立思考的精神，我们就可能半途而废，甚至事情还没做就夭折了。因此，我们要想有所成就，就必须如一句西方格言所说："走自己的路，让别人去说吧！"

当然，这并不是说我们可以不去认真听取别人的有益的意见。如果别人的意见有可取之处，哪怕是来自"敌人"的意见，我们也应该吸取。但这和丧失自己的主见、屈从于他人不正确的议论是两回事。

所谓独立思考就是要不依赖经典，不依赖人言，不依赖过去的经验和成见，使自己成为自觉者，一位能自我实现的人。毛泽东曾告诫共产党员遇事都要问一个为什么，都要经过自己头脑的思考，绝对不可盲从，绝对不可有"奴隶主义"。其实也就是说，"不唯上、不唯书"地独立思考。

索菲娅·罗兰是意大利著名影星，自1950年进入影视界以来，已拍过60多部影片，她的演技炉火纯青，曾获得1961年度奥斯卡最佳女演员奖。她16岁时来到罗马，要圆她的演员梦。但她从一开始就听到了许多不利的意见。用她自己的话说，就是她个子太高、臀部太宽、鼻子太长、嘴巴太大、下巴太小，根本不像一般的电影演员，更不像一个意大利式的演员。制片商卡洛看中了她，带她去试了许多次镜头，但摄影师们都抱怨无法把她拍得美艳动人，因为她的鼻子太长、臀部太"发达"。卡洛于是对索菲娅说，如果你真想干这一行，就得把鼻子和臀部"动一动"。索菲娅可不是个没主见的人，她断然拒绝了卡洛的要求。她说："我为什么非要长得和别人一样呢？我知道，鼻子是脸庞的中心，它赋予脸庞以性格，我就喜欢我的鼻子和脸保持它的原状。至于我的臀部，那是我的一部分，我只想保持我现在的样子。"她决心不是靠外貌而是靠自己内在的气质和精湛的演技来取胜。她没有因为别人的议论而停下自己奋斗的脚步。她成功了，那些有关她"鼻子长、嘴巴大、臀部宽"等的议论都"自息"了，这些特征反而成了美女的标准。索菲娅在20世纪行将结束时，被评为这个世纪的"最美丽的女性"之一。

索菲娅·罗兰在她的自传《爱情与生活》中这样写道："自我开始进入影视界起，我就出于自然的本能，知道什么样的化妆、发型、衣服和保健最适合我。我谁也不模仿。我从不去奴隶似的跟着时尚走。我只要求看上去就像我自己，非我莫属……衣服的原理亦然，我不认为你选这个式样，只是因为伊夫·圣罗郎或第奥尔告诉你，该选这个式样。如果它合身，那很好。但如果还有疑问，那还是尊重你自己的鉴别力，拒绝它为好……衣服方面的高级趣味反映了一个人的健全的自我洞察力，以及从新式样选出最符合个人特点的式样的能力。……你唯一能依靠的真正实在的东西……就是你和你周围环境之间的关系，你对自己的估计，以及你愿意成为哪一类人的估计。"

索菲娅·罗兰谈的是化妆和穿衣一类的事，但她却深刻地触到了做人的一个原则，就是凡事要有自己的主见，"不像奴隶似的"盲从别人。你要尊重自己的鉴别力，培养自己独立思考的能力，而不要像墙头草一样，哪边风大就往哪边倒。

小泽征尔是世界著名交响音乐指挥家。在一次欧洲指挥大赛的决赛中，小泽征尔按照评委给他的乐谱指挥乐队演奏。指挥中，他发现有不和谐的地方。他以为是乐队演奏错了，就停下来重新指挥演奏。但还是不行，"是不是乐谱错了？"小泽征尔问评委们。在场的评委们口气坚定地都说乐谱没问题，"不和谐"是他的错觉。小泽征尔思考了一会儿，突然大吼一声："不，一定是乐谱错了！"话音刚落，评委们立刻报以热烈的掌声。原来，这是评委们精心设计的"圈套"。前两位参赛者虽然也发现了问题，但在遭到权威的否定后就不再坚持自己的判断，终遭淘汰。而小泽征尔不盲从权威，"认真"了，就不怕别人，哪怕是权威"非之"，也要坚持自己的意见。他最终摘取了这次大赛的桂冠。

一个人有主见、有头脑、不随人俯仰、不与世沉浮、能够独立思考无疑是值得称道的好品质。但同时坚持独立思考还要注意不要固执己见。独立思考并不排斥兼容并包，海纳百川。真正的独立思考的自立者，是能够充分利用各种信息并果断作出判断和选择的人，而看上去颇有主见，实际上刚愎自用之人，充其量只是莽汉，而非具有独立精神的自立自强者。

独立不排斥合作

强调一个人只有拥有独立的人格、自立自强的精神才能走向成功，并不是说我们排斥与他人合作。相反，能够充分利用身边的各种资源，具有团队意识与合作精神，并在此基础上保持相当的独立性，是一个人走向成功的必由之路。

卡耐基说，每个人在这世上都是独特的。每个人的特殊的遗传基因的组合，决定了他们有不同的生理条件；出身背景不同，所受的教育不同，人生经历的不同……决定了每个人都会拥有自己不同的思想情感、性格气质、思维方式。在一个文明的社会里，只要个人的行为不妨碍社会的健康发展，不妨碍他人的生活，他就有存在的权利，任何人都没有权利也不能消除这种差异。因此我们不能指望得到每个人的首肯，不能与每一个人都成为知心的朋友，也不可能喜欢所有的人，我们可以不欣赏、不喜欢他，但是不能轻视他，他只是和我们不同而已，我们要尊重这种不同；同时，为了保持独立自主的个性，在与别人交往中，也不要一味地迁就别人，从而丢掉自己的个性。

我们在保持独立性的同时也必须明白，每一个人再独特，也不过是人类这株巨大的葡萄藤上的一串葡萄，是就要汇入大海的一条小溪。一串葡萄一旦被从茎干上切断，就会枯萎凋零；一条小溪一旦离开河流，它就会干涸。离开了群体，葡萄与小溪的生命活力也就随之消失，它们也就变得毫无价值。葡萄串的价值来自于提供给它生生不息的活力的汁液，来自于藤蔓从大地母亲那儿汲取的营养。小溪的价值来自于源源不断的活水，来自于汇成河流的其他小溪。离开了这些，它们自身是无法生存的。一旦它们生命的源泉被切断，它们也就归于消亡了。

人也如此，在由人类组成的这个大集体中，存在着某种内聚力，这种内聚力不能单纯地以个体力量的简单相加来计算。正如吉卜林所说的："狼的力量只存在于狼群中。"脱离了群体肯定会导致个体力量的巨大损失，就像把钻石中的原子和分子隔离开来肯定会导致钻石的硬度大打折

扣一样。钻石的价值就在于组成它的微粒之间的紧密结合，一旦把这些微粒分开，它的价值也就消失得无影无踪了。因此，人类社会中单个个体的力量的很大一部分都是来自于他和同类之间某种至关重要的联系。

人不仅在物质上而且在精神上都是一种杂食动物。他需要获得各种不同的精神养料，而这只有通过和形形色色的人打交道才能获得。一旦将某个人和他的同伴们隔离开来，他就开始逐步退化。比如，那些从小被禁锢在狭小的天地里并一直被禁止和社会接触的孩子往往退化成了白痴。

每个人的能力都有一定限度，善于与别人合作的人，才能够从别人身上汲取力量，弥补自身能力的不足，达到自己原本达不到的目的。

自己的力量是有限的，但是只要有心与人合作，取人之长，补己之短，就能互惠互利，让合作的双方都能从中受益。每年的秋季，大雁由北向南以"人"字形的形状长途迁徙。雁在飞行时，"人"字形状基本不变，但头雁却是经常替换的。头雁对雁群的飞行起着很大的作用。因为头雁在前开路，它的身体和展开的羽翼在冲破阻力时，能使它左右两边形成真空。其他的雁在它的左右两边的真空区域飞行，就等于乘坐一辆已经开动的列车，自己无需再费太大的力气克服阻力。这样，成群的雁以"人"字形飞行，就比一只雁单独飞行要省力，也就能飞得更远。

人也如此，一个人离开了群体就不能正常地生活。人生中最美好的东西相当一部分是来自于他人的。只要以一种开放的心态做好准备，只要能包容他人，就有可能在与他人的协作中实现仅凭自己的力量无法实现的理想。

有一句名言："帮助别人往上爬的人，会爬得最高。"如果你帮助一个孩子爬上了果树，你因此也就得到了你想尝到的果实，而且你越是善于帮助别人，你能尝到的果实就越多。实际上，帮助别人就是强大自己，帮助别人也就是帮助自己，别人得到的并非是你自己失去的。

在一些人的固有的思维模式中，一直认为要帮助别人自己就要有所牺牲，别人得到了自己就一定会失去。有人把财富比喻成一块蛋糕，认为分的人越多，自然每个人分到口的就越少。实际上他错了。他把蛋糕看成固定不变的，而忘了人们联合起来是可以把蛋糕做得无限大，这样就不必为分到的蛋糕太小而倍感不平了。其实很多时候，帮助别人并不就意味着自己吃亏。

有一个人被带去观赏天堂和地狱，以便比较之后能聪明地选择他的归宿。他先去看了魔鬼掌管的地狱。第一眼看去令人十分吃惊，因为所有的人都坐在酒桌旁，桌上摆满了各种佳肴，包括肉、水果、蔬菜。

然而，当他仔细看那些人时，他发现没有一张笑脸，也没有伴随盛宴的音乐狂欢的迹象。坐在桌子旁边的人看起来沉闷，无精打采，而且瘦得皮包骨头。这个人发现每人的左臂都捆着一把叉，右臂捆着一把刀，刀和叉都有4尺长的把手，使它不能用来吃。所以即使每一样食品都在他们手边，结果他们还是吃不到，一直在挨饿。

然后他又去天堂，景象完全一样：同样的食物、刀、叉与那些4尺长的把手，然而，天堂里的居民却都在唱歌、欢笑。这位参观者一下子困惑了。他怀疑为什么情况相同，结果却如此不同。在地狱的人都挨饿而且可怜，在天堂的人却吃得很好而且很快乐。最后，他终于看到了答案：地狱里每一个人都试图喂自己，可是一刀一叉以及4尺长的把手根本不可能吃到东西；天堂上的每一个人都是喂对面的人，而且也被对面的人所喂，因为帮助他人，结果也帮助了自己。

这个故事给我们的启示是：如果你帮助其他人获得他们需要的东西，你也因此而得到了想要的东西，而且你帮助的人越多，你得到的也越多。

因此我们说独立并不等于独行。独立自主并不意味着独来独往，也并不排斥合作，大凡成就丰功伟绩的人都懂得合作的巨大力量。他们大多善于从同伴那里汲取智慧，从同行者那里获得前进的动力。当代社会是一个讲究分工与合作的时代，对于立志开拓者来说，不仅需要独立的精神，而且需要知识的高度集结，即使创造性智慧的迸发，也需要以这种知识的高度集结作为基石。因此，越是善于从群体中求知以及不断拓新求知领域的人们，越是有益于彼此之间择优补欠，使智能结构更加完善，富于应变能力，以适应当代知识迅猛增加的形势对人才素质的要求。正所谓：众人之智可以测天。只有懂得相互弥补，共同奋斗的人才能在竞争中保持不败的战绩。

俗话说得好："双拳不敌四手"，"一根筷子轻轻被折断，十根筷子牢牢抱成团"。古往今来，凡是独来独往、唯我独尊的人，都是成不了大器的。相反，广交朋友、共创天下的人，事业就特别兴旺发达。

从电子（最小的质粒）到宇宙最大的星球，这些物质证明了宇宙最初的一项法则，就是"组织"。能够认识这项法则的重要性，并使自己熟悉这项法则和各种方式，以及利用这种法则为自己创造利益，实在是最幸运的人。人们不仅要认识团结力量法则的重要性，同时也要以这种法则作为其力量的经纬。这是一项众人皆知的事实：任何企业家要进行的最困难的一项工作，就是诱导与他一起工作的人，在一种和谐的精神下，贡献他们的努力与智慧。在任何事业中，要想诱导工作人员不断地贡献他们的智慧与劳力，这是很困难的事，只有最有能力的领袖才能达到这种理想的目的。但偶尔也会出现这样的一位伟大领袖，在他所从事的行业中出人头地，因此，全世界都会听见他的大名。例如，亨利·福特、爱迪生、洛克菲勒、哈里曼及詹姆斯·希尔。

任何人只要拥有这项能力——和谐地联合个人的思想和原则，从而发挥出其力量，就能在任何行业中获得成功，就能够创造未来。

合作能够产生强大的力量。个人的力量是渺小的，人民的力量才真正伟大。整个历史是由人民大众创造的。合作能够产生无穷的力量去创造未来。当感觉到个人力量的弱小时，我们不要怯弱，要努力寻求合作，"三个臭皮匠顶上一个诸葛亮"，懂得合作，渺小迟早会变成伟大。所以说真正的独立、真正的自主，是要能够"求同存异"，能够"和而不同，和而不流"，但却并不独孤前行。拥有独立的人格，保持自立的精神，同时追求与人合作，你就一定能够开拓出自己成功的人生之路。

西点军校经典法则

法则二十二

正直

正直使你受欢迎

美国第十八任总统格兰特说过："非常情况下能否坚持原则，常常是判断一个人水准的重要依据。"正直与诚实是无价的，是人际关系及商业行为中的至上原则。没有了正直与诚实，人们再也不会相信你，没有了正直与诚实，社会也会抛弃你。今天，我们的社会需要的是这样的医生：如果他们并不知道病人的病情，或者对应当给病人用多少剂量的药品没有把握时，他们不会不懂装懂；我们的社会需要的是这样的政治家，他们不会仅仅沉醉于组织各种各样的委员会，或者为了一些小问题而无休止地扯皮；我们的社会需要的是这样的律师，他们并不为了得到代理费而拼命说服他们的客户提出根本没有胜诉可能的诉讼；我们的社会需要的是这样的商人：他们诚实正直、童叟无欺，一尺就是一尺，一斤就是一斤，牛肉就是牛肉，猪肉就是猪肉，而酒也不必掺水；我们的社会需要的是这样的记者，他们并不会因为追求单纯的经济利益而在主编要求下去写些无聊的花边新闻；我们的社会需要的是这样的男人：他们不会说"因为别人都这么做所以我也要这么做"，——总之，年轻人不能冒天下之大不韪而去做些有违诚实要求的事，我们需要的是以欺骗为耻的年轻人。

斯图尔特先生认为，他的顾客应该被告知事实的真相，而不管这样做的后果是什么。任何职员都不得在任何方面误导顾客，或者是隐瞒商品可能存在的任何缺陷。他曾经问一个职员某种新款商品的销售情形，那个职员告诉他说该商品设计得并不是太好，其中的某些品位相当差。

正当这个年轻人一边手里拿着样品，一边对斯图尔特先生指出这种商品的缺陷时，一个从美国内陆来的大客户走上前来问道："你今天有没有质量上乘的新东西给我看呢？"这位年轻的推销员马上说："是的，先生，我们刚刚搞出了一种恰好适合您需要的产品。"他一边说，一边把刚才批评过的样品递到了顾客的手上。他对这种产品的赞赏听起来是非常诚心诚意，所以，这位顾客马上就决定要订一大批货。这时，一直站在旁边默默地听他们交谈的斯图尔特先生开始插话，他告诫这位顾客不要急于订货，再好好检查一下货物的质量和样式。然后，他告诉这个年轻人去找财务部门清算一下他的工资，因为他应该把自己的工资结清——从现在开始，他已经不再是公司的员工了。

"为什么你什么也没卖给她就让她走了？"当一位女士从店里空着手走出去的时候，波士顿一家商店的老板这样问一个伙计。伙计回答说："因为她要的是中性风格的，我们店里并没有中

性风格的。""那你为什么不给她另外一件，就告诉她那就是中性风格的呢？""可是那并不是中性风格的呀，老板？""这里是你说了算还是我说了算？"老板朝着伙计吼道。"那好，"这个年轻人说，"如果要靠说谎才能保住这份工作的话，我就不干了。"后来，这位诚实的伙计成为西部备受人们尊敬的成功商人。

比彻说："对商业道德的认真思索，会使人从中受益。希望以低于进价的价格买进货物的想法无异于以邻为壑——从别人那里获取利益却不想给予相应的补偿；我们可能偶尔也会得到那种不用付出任何代价就能得到的东西，但是，那种普遍认为人就应该通过剥夺他人的利益来增加自己的利益的观念是不够诚实的，不管我们的传统习惯会不会惩罚这种想法。"

我们社会所需要的是卡莱尔所说的那种"正直、诚实、坦率而言行一致的人"。

缅因州的一个农场主收获了一批质量上乘的苹果，把它们装在桶里进行运输，一路上都没有遭到什么损坏。那农场主在每一个桶上都签了他的名字，并且写明，如果买主发现苹果有什么质量问题，或者对他售出的苹果有什么意见的话，请务必写信告诉他。有一天他收到了一封来自英国的信，信中说，他售出的苹果由于质量好而受到了顾客们的交口称赞，并且希望他把货直接发给英国的经销商。在西印度群岛的各港口，如果一桶面粉上刻有"乔治·华盛顿制——弗农山"的标志，就可以使面粉免于检查——因为这个标志就是质量好与数量准确的代名词。无论是用何种计量方法来检查一批面粉中的任何一桶，其质量与数量皆无两样。它的精确得到了各地消费者的普遍承认。

靠经营乐器器材起家，而后成为香港富豪的通利琴行董事长李子文，一次在北京接受中外记者采访畅谈他的经商秘诀时说过这样一句话，"为人术也是经商术，我没有什么别的本事，我之所以能有今天，只不过是做了一个诚实、正直的商人，自己怎么待人就怎么待客罢了"。李先生所言，看似平淡，然平淡中却系着真情，这不能说是他在商场上迅速崛起、成功的秘诀。

梅耶·安塞姆是赫赫有名的罗特希尔德家族财团的创始人，18世纪末他生活在法兰克福著名的犹太人街道时，他的同胞们往往遭到令人发指的残酷迫害。虽然关押他们房子的门已经被拿破仑推倒了，但此时他们仍然被迫要求在规定的时间回到家里，否则将被处以死刑。他们过着一种猥琐和屈辱的生活，生命和尊严遭到践踏，所以，一般的犹太人在这种条件下很难过一种诚实的生活。但实践证明，安塞姆不是一个普通的犹太人，他开始在一个不起眼的角落里建立起了自己的事务所，并在上面悬挂了一个红盾。他将其称之为罗特希尔德，在德语中的意思就是"红盾"。他就在这里干起了借贷的生意，迈出了创办横跨欧陆的巨型银行集团的第一步。

当兰德格里夫·威廉被拿破仑从他在赫斯卡塞尔地区的地产上赶走的时候，他还拥有500万的银币，他把这些银币交给了安塞姆，并没有指望还能把它们要回来，因为他相信侵略者们肯定会把这些银币没收的。但是，安塞姆这位犹太人却非常精明，他把钱埋在后花园里，等到敌人撤退以后，就以合适的利率把它们贷了出去。当威廉返回来的时候，等待他的是令他喜出望外的好消息——安塞姆差遣他的大儿子把这笔钱连本带息送还了回来，并且还附了一张借贷的明细账目表。

在罗特希尔德这个家族的世世代代当中，没有一个家庭成员为家族诚实的名誉带来过一丝的污点，不管是生活上的还是事业上的。如今，据估算，仅"罗特希尔德"这个品牌的价值就高达4亿美金。波士顿市长哈特先生说，50年来，他目睹了诚实和公平交易的深入人心，90%的成功生意人都是以正直诚实著称的，而那些不诚实的人的生意最终都走向破产。他说："诚实是一条自然法则，违背它的人会得到报应，受到应有的惩罚，就像万有引力定律不可违背一样，诚实的定律也是不可违背的。违背的结果就是受到惩罚，不可逃脱的惩罚。或许他们可以暂时地逃避，但最终却无法逃避公平。商人拥有顾客们所需要的东西，同时商人也需要顾客所拥有的东西。当交易发生的时候，如果双方都是诚实的，那么双方都会受益。对资本家和工人来说，诚实对双方都是有利的。如果资本家不能诚实地对待工人，那么资本家不会赢得利润；反之亦然。就像90%的成功人士的经验所证明的，这是一条在生活中的方方面面都行得通的法则。"

一个年轻人说："我一直都很诚实，也很正直，可并没有因此而成功。"仅仅做到诚实与正直，你当然不会成功，但是如果你想成功，就不要忘记打出诚实、正直这张牌，只有这样，你距离成功才会越来越近。

要做履行诺言的勇士

人要讲信用，这是成功起码应当遵守的准则。否则尔虞我诈，互相失去信用，就会影响人与人之间的正常关系，就会阻碍成功的步伐。

信用是一种品德，一个人对别人要有信用，对自己也要有信用，要做到心口如一。承诺别人的，要守信；承诺自己的，也要守信。真实地面对自己，真实地面对别人，真实地面对社会，不屈从自己的内心欲望，不屈从自己内心的恐惧，不掩饰自己的错误，这是很难做到的。正所谓人无信不立，企业无信不长，社会无信不稳。

有这样一个有趣的故事：一个在中国大学里教公共英语的外教，上课特别认真，为了教好中国学生的外语，还特地和几个同事合编了一本配合教材的参考书。学期期末考试的时候，中国老师按照习惯都要画画重点。但是这个人却没有复习画重点，而是打开他们编的参考书的最后一课，学了一篇《关于诚实》的文章，文章中有一段话："听说作弊在中国是一种普遍现象，每个学生都作弊。打死我也不相信！因为，一个作弊的民族怎么可能进步和强大！而中国正一天天地进步，一天天地强大。"

课文的最后还说："即使你真的作弊了，我们也不会戳穿你，我们还会装作没有看见，眼睛故意向别处看，因为，生活本身对作弊者的惩罚要严厉得多！孩子，你的信誉价值连城，你怎么舍得用一点点考分把它出卖了？信用无价。糟蹋自己的信用无异于在拿自己的人格做典当，而且可能是你赎不回的典当。有些人开始经商时，常常有这样的看法，即认为一个人的信用是建立在金钱基础上的。一个有钱的人、有雄厚资本的人，就有信用，其实这种想法是不对的。与百万财富比起来，诚实的个性、精明的才干、吃苦耐劳的精神要高贵得多。"

任何人都应该努力培植自己良好的名誉，使人们都愿意与你深交，都愿意竭力来帮助你。一个明智的商人一定要把自己训练得十分出色，不仅要有经商的本领，为人也要做到十分诚实、坦率，在决策方面要培养坚定而迅速的决断力。有很多银行家非常有眼光，他们对那些资本雄厚，但品行不好、不值得人信任的人，绝不会放贷一分钱；而对那些资本不多，但诚实、肯吃苦、能耐劳、小心谨慎、时时注意商机的人，他们则愿意慷慨相助。银行信贷部的职员们在每次贷出一笔款之前，一定会对申请人的信用状况研究一番：对方生意是否稳当？能否成大事？只有等到觉得对方实在很可靠，没有问题时，他们才肯贷出这笔款。

"商业？这是十分简单的事，就是借用别人的资金！"小仲马在他的剧本《金钱问题》中这样说。是的，商业是那样的简单：借用他人的资金来达到自己的目标。这是一条致富之路。富兰克林是这样做的，立格逊是这样做的，希尔顿是这样做的，恺撒是这样做的，桑德斯是这样做的，克洛克也是这样做的。即使你很富裕，对于这样的机会，你也不应放过。借用"他人资金"的前提条件是：你的行动要合乎最高的道德标准——诚实、正直和守信用。你要把这些道德标准应用到你的各项事业中去。

不诚实的人是不能够得到信任的。"借用他人资金"必须按期偿还全部借款和利息。没有信用，即使身家百万，银行也会望而却步。缺乏信用是个人、团体或国家逐渐失去成功诸因素中的一个重要因素。因此，请你听从明智而成功的本杰明·富兰克林的忠告。

富兰克林在1784年写了一本书，名为《对青年商人的忠告》。这本书讨论到"借用他人资金"的问题："记住：金钱有生产和再生产的性质。金钱可以生产金钱，而它的产物又能生产更多的金钱。"富兰克林又说，"记住：每年6镑，就每天来说，不过是一个微小的数额。就这个微小的数额来说，它每天都可以在不知不觉的花费中被浪费掉，一个有信用的人，可以自行担保，把它不断地积累到100镑，并真正当100镑使用。"

富兰克林的这个忠告在今天具有同样的价值。你可以按照你的忠告，从几分钱开始，不断地积累到 500 元，甚至积累到几百万元。这就是希尔顿做到的事。他是一个讲信用的人。希尔顿旅社公司过去靠数百万美元的信贷，在一些大机场附近为旅客建造了一些附有停车场的豪华旅社。这个公司的担保物就是希尔顿诚实的名声。

查尔斯·克拉克先生这样认为："很多人能成大事靠的就是获得他人的信任。但到今天仍然有许多商人对于获得他人的信任一事漫不经心、不以为然，不肯在这一方面花些心血和精力。这种人肯定不会长久地发达，可能用不了多久就要失败。我可以十分有把握地拿一句话去奉劝想在商业上有所作为的青年人，你应该随时随地地去提高你的信用。一个人要想提高自己的信用，并非心里想着就能实现，他一定要有坚强的决心，以努力奋斗去实现。只有实际的行动才能实现他的愿望，也只有实际行动才能使他有所成就。也就是说，要获得人们的信任，除了人格方面的基础外，还需要实际的行动。

"任何一个青年人在刚跨入社会时，绝对不会无缘无故立即得到别人的信任。他必须发挥出所有的力量，在财力上建立坚固的基础，在事业上获得发展、有所成就。然后，他那优良的品行、美好的人格总会被人发现，总会使人对他产生完全的信任，他也必定能走上成大事者之路。在社会交往中，人们最关注的不是那个成大事者的生意是否兴隆，进账是否多；他们最关注的往往就是那个人是否还在不断进步，他的品格是否端正，信用是否良好，以及他创业成大事的历史、他的奋斗过程。"

很多青年人都没有注意到：越是细小的事情，越容易给人留下深刻的印象。要获得他人的信任，最关键的就是要诚实。信源于诚。诚实是一种美德，人们从来也未能找到令人满意的词来代替它。诚实比人的其他品质更能深刻地表达人的内心。诚实或不诚实，会自然而然地体现在一个人的言行甚至脸上，以致最漫不经心的观察者也能立即感觉到。不诚实的人，在他说话的每个语调中，在他面部的表情上，在他谈话的性质和倾向中，或者在他待人接物中，都可显露出他的弱点。

俄国作家班台莱耶夫写过一篇《诺言》的小说，主要内容是：

一个七八岁的小孩，在公园里同几个比他大的孩子玩打仗的游戏，一个大孩子对他说："你是中士，我是元帅，这里是我们的'火药库'。你做哨兵，站在这儿，等我来叫你换班。"小孩点头遵命，一直坚守着岗位。天黑了，公园要关门了。"元帅"还不来，"中士"又饿又怕，只是因为诺言在先，他不肯离开"火药库"。幸亏有人从路上找来一位红军少校。少校对孩子说："中士同志，我命令你离开岗位。"孩子这才高兴地说："是，少校同志，遵命。"

这个故事，初看觉得好笑，仔细想想，一个孩子能那么诚实地信守自己的诺言，是很了不起的。为了确保某事的如期完成，处事双方往往可以经商讨达成协议，或立军令状，订契约，签合同。一旦一方违约，则将依约或罚或斩。但人们在共事时，更多的情况是凭信用，凭对对方人格的信任，相托要事，相信所托之事会如期实现，所谓"可信任"、"可信赖"、"信得过"，正是对讲信用的人的高度赞扬。在这个信用至上的年代，讲信用的人无疑是无往不胜的。

说谎是最大的罪恶

现代新闻学上也批露了一个很不好的现象，就是新闻界常有偏离事实、渲染事实、牵强事实、颠倒事实的倾向。其实，一种报纸的声誉和一个人的声誉是一样的。如果一种报纸老是故意欺骗人，不久便会获得一个说谎者的名声。而只有那些立足于事实、诚实不欺的报纸，才是新闻界的中流砥柱，它们最终的销量要比那些经常欺骗读者的报纸的销量多出数百倍。

所以，因一贯讲真话而获得的声誉，要比由欺骗暂时所获得的好处，其价值高达千百倍！商业社会中，最大的危险就是不诚实与欺骗。往往在经济萧条时，人们更喜欢利用投机取巧的方法，欺骗顾客，不讲真话或是把应当说的真话秘而不宣。但他们没有顾虑到，虽然这样的做法暂时在

金钱上赚了一些，可是商人的人格和信用却因此遭到损坏。他们的钱袋里固然增加了一些钱，但他们的人格和信用也丧失殆尽。

信誉必须建立在诚实的基础上。不能诚，便不能有信；有了诚，信才能笃实。

胡雪岩是晚清时期富可敌国、名震天下的商业领袖。胡雪岩虽出身贫寒，却有鸿鹄之志，在钱庄做学徒的时候，潜心练就了超凡的阅人处事的能力。后借助官府要人王有龄之力，潜龙升空，开钱庄、运漕米、贩生丝、办药店、兴洋务，铸就了辉煌事业，被清廷赐予"二品顶戴，赏穿黄马褂，准紫禁城骑马"的殊荣，人称"红顶商人"。胡雪岩经常讲："做人无非讲个信义"，无信不足以立，做人与做事本质上是相通的。一个成功的人，不管他从事的是何种行业，往往首先应该是个讲诚信的人。作为一个成功商人的胡雪岩，更是深谙这点。诚实守信，在他经营的生意中，表现得淋漓尽致。

胡雪岩在创办胡庆余堂国药号时，曾亲自制作了一块"戒欺"匾，匾曰："凡百贸易均着不得欺字。药业关系性命，尤为万不可欺，余存心济世，不以劣品弋取厚利，唯愿诸君心余之心，采办务真，修制务精，不至欺予以欺世人，是则造福冥冥，谓诸君之善为余谋也可，谓诸君之善自为谋也亦可。"胡雪岩认为，制药"修合虽无人见，诚心自有天知"，体现出一定的道德自觉。

药店开张之日，胡雪岩亲自去站柜台。当顾客对药品微露不满时，胡雪岩立即笑脸道歉，收回原药，并说："准定一两天内赶制好药调换。"他还在店堂内放置了一只大香炉，终年香烟缭绕。碰上顾客拿着不满意的药前来交涉，胡雪岩总是告诫下属，不要和顾客争吵，顾客认为不满意的药品，一律投入香炉焚之，并给另配新药。胡庆余堂生产的花露，在顾客中享有较高声誉，每年销量都很可观。为满足需求，每年生产量很大，一般总是当年卖不完。如存放到下一年再卖也是可以的，但药效和香气都稍为逊色。为了对顾客负责，胡庆余堂严格规定：凡当年卖不完的花露，一过夏天，就全部倒掉。

中药的主要原料是天然的动、植、矿物，品种繁多，分布极广，属性复杂，甚至对产地也有特殊要求；仅典籍所载已达3000多种，其真伪优劣直接影响质量，往往事后极难分辨。胡雪岩派人去各地专门采购各类药材，"坐庄办货"，同时，就在货源处进行检验。不仅贵重药材如此，即使是橘皮，尽管浙江又多又便宜，但因药性不够理想，也要舍近求远，去广东要陈三年的"陈皮"。凡采购的药材，均由指定的"进货阿大"把关验收。

胡庆余堂的道德自觉，一直延续到今天。近几年来，不事张扬的胡庆余堂，实现利润每年以近乎100%的速度增长，发展势头十分强劲。"北有同仁堂，南有庆余堂"，胡庆余堂国药之所以与同仁堂齐名，之所以百年仍存，药"真""质""精"乃为根本所在。

实际上，现在也有许多曾经说谎的人或是欺骗的机构，感到用欺骗方法来对付他人，最终是得不偿失的，他们深刻认识到，诚实是最好的策略。信誉就是金钱，而且比金钱更重要。

诚实信用的名誉是世界上最好的广告，仅仅因为诚实信用的名誉，美国几家大商行大公司的名字和品牌就价值数百万美元。

经商要以诚信为本，偷奸耍滑只能蒙混一时。欺骗不仅会令企业如昙花一现，而且会亡国。当年周幽王为博取美人褒姒千金一笑，烽火戏诸侯，终于导致西周的灭亡，真是"无信患作，失援必毙"的真实写照。

据史书记载，周幽王得到了一个叫褒姒的漂亮女子，对她十分宠爱。褒姒穿的是罗绮，吃的是美馔，还得到很多珍玩宝器，周幽王整天陪伴在她身边，甚至废掉原来的王后，改立褒姒为后，还将褒姒生的儿子伯服立为太子，对此，褒姒应该是十分满足的了。可是，褒姒从来也不笑一笑。这可愁煞了周幽王。他想了无数的办法，都不管用。最后，幽王想出了点燃烽火召唤诸侯前来勤王，而换取褒姒一笑。

当时，周朝与诸侯国有约，一旦国都遇袭，就燃着烽火告知，各诸侯都要派兵前来援助。周幽王想到诸侯前来勤王的热闹场面，和诸侯们得知受骗的神态，一定可以令褒姒开心，于是他命

令士兵点燃烽火。看到狼烟四起，诸侯们纷纷调集兵马，赶往京城，准备为保卫王室拼一死战。可到达京城后，却被告知没有敌情，只是幽王陪褒姒想看看诸侯勤王的热闹场面。诸侯们又气又恨，却又无处发作，只得无可奈何地带兵回国。褒姒看到这种情景，终于露出了笑容。

周幽王对自己导演的"烽火戏诸侯"的闹剧感到十分得意，后来他又几次下令燃起烽火，假传敌情，陪褒姒观赏取乐。诸侯们屡屡受骗后，以后再看到烽火也不派兵勤王了。然而，到了公元前771年，申国、缯国和西方犬戎族的大军真的向周朝的国都发起了进攻，周幽王急令人点起烽火，可各诸侯认为这又是幽王在戏弄他们，没有一人前来，结果是京城被攻破，周幽王被杀，褒姒被掠走。以烽火戏诸侯的周幽王最后却戏弄了自己，弄得个国破人亡的下场。

这真是怎一个欺字了得？与一个欺骗他人、没有信用的人相比，一个诚实而有信用的人，其力量要大得多。一个把自己的言行建立在诚实基础上的人，不但外表看来享有荣誉，他本人也有自信，而且对自己的行为更有把握。而在欺骗者的外表上，仿佛贴着一种鄙夫的标记。

如果一个人的声誉损坏了，还有什么方法能够弥补呢？这几乎是不可能的。试问一个人如果连他自己的品格都不要了，人生还有什么价值呢？人如果违反了人类善良的天性，那就不要说贪图名利了，就是其他一切的丑陋行为，他也会干得出来。

林肯的一生都保持着谦逊诚实的品格，从来没有作践过自己的人格，也从来不糟蹋自己的名誉。1856年，林肯正在竞选大厅演讲的时候，一个人一边喊叫着，一边离开了大厅："我是不会听他的话的，因为我无论如何不会喜欢一个让我相信他超过相信我自己的人。"当时，"诚实的亚伯拉罕·林肯"在美国，已经成为正义与诚实的代名词了，即使到现在依然如此。

当林肯刚进入法律界的时候，他还很贫穷。一天，一个邮局的负责人来拜访这位年轻的律师，因为林肯刚刚做过一段时间的邮政员，手头还有一笔邮局的钱，而这个人就是来跟他结清账目的。跟这位负责人同来的还有亨利博士，因为他相信林肯这时肯定没钱，所以准备特地来贷款给他。这时，林肯先出去了一会儿，他回到了自己的住处，然后很快就回来了，手里提着一个破旧的袋子，里面是邮局预付给他的17.60美元。林肯所要还给邮局的正是这个数目，并且正是当初给他的那些钱。对于不属于自己的金钱，林肯从来不肯动用，即使是临时动用。

"你得先预交30000美金，"他跟一个向他咨询关于一块土地纠纷案件的当事人说。"但是我弄不到那么多钱。""那我替你想办法。"林肯说。随后，林肯去了一家银行，告诉银行出纳说他要提30000美金，并补充说："我一两个小时以后就会送回来。"出纳二话没说就把钱给了他，甚至连张收据都没填。

"除非他确信当事人的案子会赢，否则林肯先生是不会接手的。"伊利诺伊州斯普林菲尔德的一名律师这样说，"而且法庭、陪审团和检察官都知道，只要亚伯拉罕·林肯出庭，那他的当事人肯定是站在正义与诚实的一方，我并不是站在政治的立场上来说这番话的，因为我们属于不同的党派，事实的确如此。"有一次，林肯得知他的当事人捏造事实，骗林肯说他自己是正确的，于是林肯就拒绝为他做代理。然而，林肯的一个合伙人接了这个案子，并且胜诉了，得到了900美金的代理费，但是林肯拒绝接受本该属于他的那一半。因为他渴望正义与诚实，渴望人格的完美。

在林肯做店员的时候，也正是由于诚实的品质，才驱使他跑了6英里的黑路，去归还一位夫人的零钱，而不是等到下次找机会再还她。也正是因为如此，才使得"诚实的林肯成为人性中最高贵品质的代表"。林肯的盟友曾经从芝加哥给他发电报告诉他，只有保证能够同时获得两个敌对代表团的选票，他才有可能被提名为候选人，但是要想得到这两个选票则必须向他们承诺在将来的内阁中都给他们一定的职位。林肯回答说："我不会同他们讨价还价的，也不会受制于任何势力。"他具有追求诚实与荣誉的个性，认为人格上的污点比伤疤还难看。

个性中的谦逊与诚实是事业上最可靠的资本。如果一个人在刚踏入社会的时候，便决心把建立自己的品格作为以后事业的资本，做任何事情，都无悖于养成谦逊诚实个性的要求，那么，即使他无法获得盛名与巨大利益，但终不至于失败。而那些人格堕落、丧失操守的人，却永远不能成就真正伟大的事业。

有些年轻人过分地注重技巧、权谋和诡计，却忽视对正直的品格的培养。为什么有许多公司

情愿以非常昂贵的代价，去用已死数十年或数百年的人的名字来做公司的名称呢？因为在那些已逝者的名字里面含有正直诚实的品格，它代表着信用，使消费者感到可靠。想想有些人的名字，其信用之稳固程度如同直布罗陀的岩石一样，坚固不移，这就可以明白人格的价值了。

有一些青年人明明知道这样的事实，但是他们仍然不将事业的基础建立在正直诚实的品格上，反而建立在技巧、诡计和欺骗上，难道不令人感到奇怪吗？但也有相当多的年轻人并不把事业建立在不可靠和不诚实的基础上，而建立在坚如磐石的正直品格上，这样，他们的成功才是真正的成功，才有真正的价值和意义。

每一个人都应该感到，在自己的体内有一种富贵不能淫、威武不能屈的力量。这种极其宝贵的力量就是一个人的品格，而人应不惜生命来保持他正直的品格。大凡历史上真正的伟大人物，其人格是不会被出卖的，不会因金钱、权势、地位等种种诱惑而出卖人格。谦逊、正直与诚实是成功所包含的要素。

人品才是关键

荣誉制度是西点军校的一大教育特色。它要求"每个学员不得撒谎、欺骗或盗窃，也不得容忍他人有上述行为"。西点的荣誉制度使西点获得了广泛的赞誉。有位商界人士甚至如此评价道："美国的前500家大企业是教人以伦理，而西点是教给人品德。"西点人相信，一个人无论做什么，品德都将是他最大的资本。

西点的基本教育方针指出：责任和荣誉是军事职业伦理观的基本成分，它指导着毕业生如何努力报效国家。荣誉理念在西点起着某种重要的作用，这一作用既可以使爱国主义精神长存，又形同衡量责任履行程度的天平。

在一般人看来，荣誉属于道德教育的一部分，带有"软指标"的色彩。西点荣誉教育则统领德育，是其道德发展方针的核心内容，甚至是全部内容。不仅如此，西点的荣誉教育是有形的，看得见，摸得着，并带有强制性。

荣誉教育可以激发学员的荣誉感和责任感，化作强烈的内在动力，帮助每个学员完成学业，取得成就，进而影响学员终生，也为美国公众树立良好的陆军军官形象。在荣誉熏陶中，学员掌握了军事职业的价值标准，明确了个人价值在人类行为中的地位和作用，分清了法律与道德之间的关系，树立了高尚的品德。

对于职业军官来说，荣誉是军人生涯的重要组成部分。既然投身戎武，就要在军事领域奉献青春年华，要有强烈的成就欲和荣誉感。西点人通过成就创造荣誉，通过荣誉感取得更大成就。

西点新生一入学就要先接受16个小时的荣誉教育。教育内容主要是用具体事例说明珍惜荣誉、争取荣誉、创造荣誉、保持荣誉的重要性和方式方法以及荣誉感对人一生的好处。其目的是让每一个学员逐步树立起一种坚定的信念：荣誉是西点人的生命。经过200多年的实践，西点军校逐步建立了一套荣誉规章制度。它的内容包罗万象，详尽完备，涉及学员生活的方方面面。

在西点，和纪律规定相比，荣誉制度似乎更引人注目，更有权威，也更严厉。背离荣誉准则的处罚一般也比违反纪律的处罚重。

1971年，西点校友在世界各地举行了100多场次创办人纪念日集会。西点校友会主席保罗·W.汤普森发表了总结西点，也总结自己一生的讲话：

"任何一个人，当他仔细思考军校领袖们必须准备好承担的责任时，可以看出事情的核心和重点并不是教育技术和训练（相对而言，这一切都可以看做是理所应当的事），而关键是品格。肩挑重任的人都必须具有特殊的气质，才能挑得起这个担子。他的学业可以上下浮沉，但却不能失去这种品格和气质。仔细考虑这种品格和特殊气质的养成，人们不禁回想起西点的那些戒律——那些戒律同培养品格息息相关，同书本学习的关系却只是偶然性的。确实如此！在这里，我引用一位伟大的诗人和名将的话：今后，在其他场合，这些戒律将带来胜利——可能是在关键情况下带来胜利。"

在西点，学员们必须用一言一行来维护荣誉体系。西点学员把荣誉和责任看成立身之本。荣誉体系的主要目的是保证4000多名身强体壮、雄心勃勃的年轻人严格按照西点的规章制度和道德行为规范来约束自己，维护军校和学员的形象。

正像力的作用是相互的，荣誉原则也是权利与义务的结合体。西点之所以成为军校之典范，就是因为它培养了出色的西点人，而西点人之所以自豪就是因为他们毕业于西点。西点人用言行维护了西点的荣誉，又从中享受到了无限的光荣。

西点人知道，荣誉的光辉可以照射一个人的一生。荣誉是人生中的最大资本，有了它，你才可能赢得别人的信任和尊敬。一个人要是名誉扫地，就会得到大多数人的排斥，很难树立良好的个人形象，取得事业的成功。

无论什么时候，我们都应该像西点人一样意识到：你的目的不是一味地获得，或能力的提升，而是个人价值的体现、个人荣誉的获得。为了荣誉，我们或许必须牺牲一部分个人的利益，但是我们绝不能为了名利而牺牲荣誉，因为荣誉无价。

西点精神给了我们这样的启示：做事如同做人，人品决定产品。

21世纪什么最宝贵？人才！可人才身上什么品质最重要？

有人说是学历，但高学历、低能力的人随处可见；有人说是能力，但有能力、爱拖延的员工也不少；有人说强执行力，可懂得执行、不知创新的人还是一抓一大把。只要稍加观察，我们就会发现，每个员工的品质最终都能概括成两大类：一类是表现各种能力、方法、执行力的产品，另一类便是体现员工忠诚度、敬业度的人品。对于企业来说，有能无德、有好产品却没好人品的员工最可怕，因为他不仅不能给自己创造良好的条件，反而可能成为影响企业发展的害群之马。

现代职场鱼龙混杂，员工每天都要面临不同的困难与诱惑。这时候，一个人能否守住底线、忠于企业、忠于事业，便显得至关重要了。正如意大利诗人但丁所说："道德常常能填补智慧的缺陷，而智慧却永远填补不了道德的缺陷。"无论做人做事，我们都要以道德作为基础，因为只有品德高尚的人才能获得真正的成功。

俗话说得好："人品决定产品。"鞋的品质好坏是由人来决定的——人品决定鞋品，因此，对于人品的要求真的不能有丝毫的懈怠、妥协。在温州，就是由于制鞋业中的少数人在利益面前出现了人品的欠缺，才导致了整个温州制鞋业陷入水深火热之中。

爆发"温鞋危机"之时，正在租柜台卖鞋的王振滔被撵出了湖北鄂州商场，价值20万的皮鞋全部被工商局没收。这个遭遇无妄之灾的年轻人对此很是激愤："温州人如果连鞋子都做不好，还能干什么？"

就这样，从1988年3月开始，王振滔用3万元，与3个合伙人、几位鞋匠在自家的一间房子里开始了艰难的创业。新鞋的商标定作"奥康"，取"发扬奥林匹克精神，推进企业健康发展"之意——他发誓要为温州鞋一雪前耻！

王振滔就是要"从哪里跌倒，从哪里爬起来"。平时的王振滔万事好商量，唯独涉及皮鞋质量问题时，没有任何商量的余地。奥康集团曾因皮鞋质量问题一举解聘了8名高层管理人员，其中5人在集团分厂担任正、副厂长。王振滔痛心疾首地说："我最害怕的就是员工的质量意识淡薄，现在奥康有几千人，质量没有保障，大家就要丢饭碗。谁让我们丢饭碗，我们就先砸他的饭碗！"

有一次，奥康和香港某公司合作。正当第一批鞋准备装运的时候，王振滔突然发现有180双鞋的商标贴歪了。他当下操起剪刀，将180多双高档皮鞋全部剪毁，把这些鞋陈列在工业园内，让全体员工参观，不少工人都掉了眼泪。王振滔却说："对于奥康来说，最值钱的是消费者的信任，绝不能干杀鸡取卵的事。"

无论是一个人还是一个企业，从小到大，从无到有，都会面临各种利益的诱惑。面对诱惑，坚守人品，你会发现你守住的比你放弃的更多。王振滔的办公室坐椅后面，"言必信，行必果"几个大字很是漂亮醒目。他贴这幅字不是为了欣赏书法艺术，而是为了让这几个字时时鞭策自己。在经营过程中，王振滔哪怕自己的利益受损也要守住信义，守住承诺。

　　有一次，一笔接洽好的来自意大利的订单投产时才发现按实际成本计算，出口价格每双鞋最少还要增加1美元。"既然签了合同，就是亏本了也要做，奥康多赚1美元少赚1美元并不重要，重要的是要恪守信用。"这是王振滔的承诺。他提出了一个"1∶10∶100"质量监督理论：1块钱成本的商标标志问题，到了客户那里被发现再处理，可能要耗费10块钱；如果卖给消费者，可能就需要耗费100块钱。因为他可能拿过来退，或者因质量问题要起诉，那成本就更高。所以，如果在生产环节上就用好这1块钱，就能避免以后100块钱的损失。

　　10年后，温州鞋又重生了，王振滔的梦终于圆了，奥康皮鞋被中国皮革工业协会评为"中国真皮鞋王"。

　　奥康之所以能够有辉煌的今天，就在于王振滔能够从行业的失败中深刻反省，坚守自己做人做事的底线，不让任何一个次品进入市场，珍惜企业和产品的品牌。正如西莱·福格所说的："决定一个人价值和前途的不是聪慧的头脑和过人的才华，而是正直的品德。"品德就是力量，它比"知识就是力量"更为正确。

　　布恩是一家公司的采购主管，有一次他听信了部门经理助理的建议，大量采购韩国的一种产品，因而透支了账户上的采购资金。公司对零星采购制定了一条至关重要的规定，即不可以透支账户上的存款余额。因为如果账户上不再有钱，就不能采购新的商品，直到你重新把账户补满为止，而这通常要等到下一个采购季节，这对于公司是非常冒险的事。

　　采购完毕后，布恩没有想到部门经理突然打电话通知他，有一种德国企业生产的新式提包在亚洲市场上很受欢迎，要求他采购一部分。这让布恩措手不及。经理的指令是一定要执行的，可是采购资金透支了，用什么采购？于是他想向经理说明情况。这时，一位同事向布恩建议，把责任推到经理助理身上。布恩想了想，拒绝了。他认为，如果把责任推给经理助理，必然陷入无谓的争吵，这会耽误采购那批提包，况且，采购是自己的事，虽然是经理助理的建议让他透支了采购资金，但毕竟是他的责任，他现在要做的应该是将问题止于此，而不是再延伸下去。布恩向部门经理如实汇报了采购韩国产品的事情，坦率地承认是自己的失误，并申请追加拨款，采购德国提包。

　　尽管部门经理很生气，但是被布恩勇于负责的精神所感动，很快设法给他拨了一笔款项。后来，那种韩国产品和德国提包推向市场后，深受顾客的欢迎，销售非常火爆。为此，公司奖励了布恩和部门经理。

　　美国哈佛大学行为学家皮鲁克斯在《做人之本》一书中指出："做人不是一个定下几条要求的问题，而是要从自己的根本开始，把自己变成一个以德为本的人，否则你就绝不会赢得别人的信任，更谈不上成功的人生，反而会让人生塌方。"品德对每一个人来讲都极为重要，无论你是处于底层、奋战一线的普通员工，还是身居高位、垂范下属的管理者。品德赋予了我们生命的方向、意义和内涵，构成了大家的良知，使人明白事理，让我们在面临重要抉择时作出正确的选择。可以说，做人必须从"德"字开始，树立有德之人的品牌，这样才能成大事。

西点军校经典法则
法则二十三
个人修养

人格的完善是本

一位西点毕业生在谈到西点的独特之处时说过："美国前500强大企业是教给人伦理，而西点是教给人品德。"健全的人格，高尚的品德是比金钱、权势更有价值的东西，是一个人成功最可靠的资本。拥有健全的人格和高尚的品德，哪怕你没有显赫的地位、渊博的学识，同样可以取得人生的辉煌。

"士有百行，以德为首。"在人才成功诸因素中，高尚的德行、健全的人格有其特有的魅力。成才，即是塑造人。人格则是领衔的要素。一位文化大师教导年轻人说："学识的准备，人格的准备，争取去做一个成功的人、可爱的人。因你的到来，使人类的光亮度有所提高——这便是生命的全部价值。"

美德是人才的灵魂，是人才的立身之本。良好的德行是统帅，是方向盘，也是成才的深层的动因。许多卓越的人才，不仅以令世人瞩目的学术成果称雄于世，而且首先以高尚的德行成为人们学习的楷模。他们是学术英雄，也是道德英雄，优秀的道德品质是他们闪亮人生的极富光彩的一章。众多的才杰，以闪光的美德向人们昭示：重德、立德是人才最可贵的素质。

一个人如果需要的话，什么都可以舍去，但唯独人格不能丢失，德行不能沦丧。让德行与生命同行，这样，生活一天，就是充实而快乐的一天。重视德行陶冶的人，常能抑制住浮躁、贪求的灵魂，保持理性的人生。创造一个美的人生，必须要有良好的人格魅力，即美的情操、美的品格、美的心境及美的人际关系。人才自身就要熔注美的心灵，以美的行为、美的情思、美的建树、美的奉献，为自己留下闪光的人生轨迹。

大智慧加上大道德，是一个人成功的最基本的素质。

爱因斯坦是一位人格高尚的英才。他认为，"第一流人物对于时代和历史进程的意义，在其道德品质方面，也许比单纯的才智成就方面还要大。即使是后者，它们取决于品格的程度，也远超过通常所认为的那样。"他告诫人们，要使自己一生的工作于社会有益，"保证我们科学思想的成果会造福于人类，而不致成为祸害。"他主张："对个人的教育，除了要发挥他本人天赋的才能外，还应当努力发展他对整个人类的责任感，以代替我们目前这个社会中对权力和名利的赞扬。"

爱因斯坦本人就是一个有强烈社会责任感的科学家。在政治上，他反映了社会进步的要求，

与邪恶势力进行不屈不挠的斗争。面对反动势力的迫害，他有志于为祖国的文明、幸福和利益而牺牲个人的幸福，甚至准备坐牢和经济破产。他总是以"替人类服务"为己任，矢志于壮丽的科学事业。爱因斯坦的个人人格是为人交口称道的。他既谦逊，而又有强烈的自信心，不为名望所累，不怕否定自己的错误。他过着简单淳朴的生活。他一贯认为"给予较之接受更令人欣喜"。他说："一个人的价值，应当看他贡献什么，而不应当看他取得什么。""人只有献身于社会，才能找出那实际上是短暂而有风险的生命的意义。""人们所努力追求的庸俗的目标——财产、虚荣、奢侈的生活——我总觉得都是可鄙的。"

在爱因斯坦给玻恩夫人的书信中，坦言自己的生活准则："我每天上百次地提醒自己：我的精神生活和物质生活都依靠着别人（包括活着的人和已死去的人）的劳动，我必须尽力以同样的分量来报偿我所领受了的和至今还在领受着的东西。我强烈地向往着俭朴的生活，并且时常为发觉自己占有了同胞的过多劳动而难以忍受。"

任何人都应该懂得：人格是一生最重要的资本。一个人要想赢得别人的信任，要获得别人的信任与重视，首先应该做到无私。一切成功均沐浴着一种美德和真诚的情感。

众所周知，优良的道德能塑造人，它是成才的精神基石。而忽视自身道德的建设，人格失落，必对成功产生突出的消极影响。德行败坏的人，能力愈强，危害愈烈。个人道德品质的提高，有赖于社会的教育和熏陶，更需要自我的学习和"修炼"。当今，我们要积极吸取精神文明的有益成果，提升自己的道德水平。同时，要筑起精神的"防洪墙"，防范"精神缺钙"、"道德贫血"等不良世风对自己的"蚕食"和"瓦解"。

中国近代巨商古耕虞就是靠着自己的人格与品德成就了自己的事业。有一年，有家牌号天元亨的商户，以每担156元的价格，在川北收购了1万张羊皮。不料运输途中遭到水渍，运到重庆时每担只能作价30元，损失很大。这个商户心急如焚，去找古耕虞想办法。天元亨收购的那批遭水渍的羊皮的本钱，本来是由古耕虞经营的古青记放账的。古耕虞认为，如果让他破产，这个商人可能不得不走上人生的不归路，因此他没有这么做，相反，古耕虞主动继续放账，而且放的数额比上次加了好多倍。他叫那个商户马上再去川北，继续收购好羊皮。收购的数量比之前的更大——达9万张。两次加起来共有10万张。然后，由古青记以9成好羊皮搭配1成水渍羊皮，运到上海出售。本来天元亨要亏本1.2万元，经古耕虞帮忙，反而赚了4万元。

无论你从事何种行业要取得成功，或者你要成为一个成功者，必须具有健康的品德，培养完整的人格。为什么有的人会从芸芸众生之中脱颖而出，为什么有的人又会默默无闻？卡耐基认为区别就在于，他们是否已具备了某种完整或适用的人格。而且，这种人格离我们并不遥远。卡耐基在很多年前就已经发现，虽然他不能阻止别人不对他作任何不公正的批评，他却可以做一件更重要的事：他可以决定是否要让他自己受到那些不公正批评的干扰。正如卡耐基所说："尽可能去做你应做的事，然后把你的破伞收起来，免得让批评你的雨水顺脖子后面流下去。"

健全的人格使你有勇气和韧性去面对他人的眼光，而坚定自己的方向。只要你觉得是正确的事，那你就尽你的可能去完成它。在这里，我们有必要把卡耐基的人格作一番描述与介绍。

在卡耐基哲学中的人格，是指人的性格、气质、品质等各方面素质与表现程度的总和。人格的内涵与外延，都有它的广义和狭义之分。实际上，人格的内涵不仅有品质的高低之分，好坏之分，也有气质、性格的成熟与幼稚之分。人格的品质内涵具有伦理、道德、礼仪的社会特征；而人的气质、性格外延又与个体成长的环境有关。卡耐基在与依长博·罗斯福谈话中谈及人格的问题："面对别人的目光时，自己的行为有何表现是人格的表征。"依长博·罗斯福谈及小时候她姨妈对她的忠告："不要管别的人怎么说，只要你自己心里知道是对的就行。"

能从一切羁绊之中得以超脱，才可能获得真正的自由，人格之门正是这自由得以升华的中介。当你为烦恼所困时，如能了解自己的本心，便可找出自身特点及问题的症结，重塑自我的人格。培养完善的人格要避免自我人格褪色。

一个人想要集他人的所有优点于一身，是最可笑的行为。卡耐基说："我们不要模仿别人。

让我们找到自己，发现自我，保持本色。"

卡耐基曾问索凡石油公司的人事部主任肯鲍·迈克尔，来求职的人常犯的最大错误是什么。卡耐基相信——他应该知道，因为他曾经和 6 万多个求职的人交谈过，还写过一本关于谋职的方法的书。他回答卡耐基："来求职的人所犯的最大错误就是不保持本色。他们不以真面目示人，不能完全坦诚，却给你一种他以为你想要的回答。"可是这个做法一点用都没有，因为没有人需要伪君子，就像从来没有人愿意收假钞票。

詹姆斯·高登·季尔博士说："保持本色的问题，像历史一样的古老，也像人生一样的普遍。"不愿意保持本色，即是很多精神和心理问题的潜在原因。我们每个人的个性、形象、人格都有其相应的潜在创造性，我们完全没有三心二意的必要，而去一味嫉妒与猜测他人的优点。

在个人成功的经验之中，保持自我的本色及用自我创造性赢得一个新天地，是更有意义和可比性的东西。你在这个世界上是个新东西，应该为这一点而庆幸，应该尽量利用大自然所赋予你的一切。

归根结底，所有的艺术都带着一些自传体。你只能唱你自己的歌，你只能画你自己的画，你只是做一个由你的经验、你的环境和你的家庭所塑造的你。不论好坏，你都是自己创造一个自己的小花园；不论是好是坏，你都得在生命的交响乐中，演奏你自己的小乐器；不论是好是坏，你都在生命的沙漠上清点自己已走过的脚印。在每一个人的教育过程中，他一定会在某个时候发现无知的模仿也就意味着自杀。

不论好坏，你都必须保持本色。自己的所有能力是自然界的一种能力，除了它之外，没有人知道它能作出些什么，它能知道些什么，而这都是他必须去尝试的。

每个年轻人都希望获得事业上的成功。总结许多杰出人走过的道路，你会看到，他们遭受失败的原因可能千差万别，成功的经历却大多一致：那就是他们在年少时便养成了实现巨大成功的美德，为日后的纵横四海打下了坚实的基础。有品德的人生，是高贵向上的；丢弃了品德的人生，是卑微低下的。一个内涵浅薄的人，不会散发出摄人的魅力。一个人的内在素养有多高，成就就有多高。人格的颜色，需要你用生命去护色。

好习惯成就人的一生

丘吉尔在第二次世界大战期间担任英国首相，当时他已经 60 多岁了，却能够每天工作 16 个小时，指挥英军的作战，他的精神被很多人敬佩。当人们问及他保持如此旺盛精力的秘诀时，丘吉尔回答道："因为我已经习惯于勤奋，如果一个人习惯于懒惰，他就会一事无成。"

好的习惯可以使你走向成功，坏的习惯会延误你的一生。成功与失败的最大分别，来自不同的习惯。懂得培养自己的好习惯，我们才能把握住自己的命运。好习惯是开启成功的钥匙，坏习惯则是一扇向失败敞开的门。人生是一场优胜劣汰的竞争，在追求成功的道路上，良好的习惯常常是获得成功的捷径。

富兰克林是美国著名的科学家、物理学家和社会活动家。他这一生在很多领域都取得了杰出的成就，不仅发明过双焦距透镜，而且还参与起草了美国《独立宣言》。富兰克林曾在青年时发誓改掉身上的坏习惯。他制定了一个计划来克服他身上最主要的 13 个坏习惯：

（1）节制——食不过饱，饮酒不醉。

（2）寡言——言必于人于己有益，避免无益的聊天。

（3）生活有序——置物有定位，做事有定时。

（4）决心——当做必做，决心要做的事应坚持不懈。

（5）俭朴——用钱必须于人或于己有益，换言之，切戒浪费。

（6）勤勉——不浪费时间，每时每刻做些有用的事，戒掉一切不必要的行动。

（7）诚恳——不欺骗别人，思想要纯洁公正，说话也要如此。

（8）公正——不做损人利己的事，不要忘记履行对人有益而又是你应尽的义务。

（9）适度、避免极端——人若给你应得的处罚，你应当容忍。

（10）清洁——身体、衣服和住所力求清洁。

（11）镇静——勿因小事或普通的不可避免的事故而惊惶失措。

（12）贞节——克制自己的欲望，珍惜自己的身体，不过于放纵自己。

（13）谦虚——仿效耶稣和苏格拉底。

富兰克林将上述 13 种好习惯写在了一个笔记本上，并制成一个小册子，每日都要对着小册子逐条反省自己的行为。他在自己的自传中提到了这种方法，他写道：我的目的是养成所有这些美德的习惯。我认为最好还是不要立刻全面地去尝试，以致分散注意力，最好还是在一个时期内集中精力掌握其中的一种美德。当我掌握了那种美德以后，接着就开始注意另外一种，这样下去，直到我掌握了 13 种为止。因为先获得的一些美德可以为其他美德的培养提供便利，所以我就按照这个主张把它们像上面的次序排列起来。

富兰克林在回首年轻时的这段经历时说："一个人一旦有了好习惯，那它带给你的收益将是巨大的，而且是超出想象的。"的确，好的习惯能够成就你的一生。

人们把习惯比做人的"第二天性"，实际上，人们性格中的很大一部分，所表现的正是一个人习惯化了的行为方式。行为科学研究表明一个人一天的行为中大约只有 5% 是属于非习惯性的，而剩下的 95% 的行为都是习惯性的。即便是创新，最终也可以演变成习惯性的创新。一切想法，一切做法，最终都必须归结为一种习惯，这样，才会对人的个性及人生产生持续的力量。

俗话说，"积习难移"，"习惯成自然"，在对自己行为的支配中，习惯的力量比任何理论原则的力量来得更大。一切最好的理论原则，最好的行为准则，在成为你的习惯之前，你不见得能够始终如一地去信守它。只有在成了你的习惯之后，它才能在你的行为中巩固下来。因此，性格修养的关键，在于努力培养自己良好的生活习惯。

好习惯是一生的财富，不要轻视任何一个好习惯，即使它再小，只要你一旦养成，就不会那么容易消失，而且它还会影响到你更多的习惯，进而影响你的命运。既然习惯能左右我们的个性进而影响命运，我们必然要慎重再慎重地对待它。你要培养自己严谨和有条理的性格吗？那你就应当在每一件小事上培养自己严谨和有条理的习惯：穿衣服，先穿哪件，后穿哪件，有一定的条理，不乱穿一气；东西放置，有一定的秩序，不放得乱糟糟的；办事情，先做哪件，后做哪件，有明确的规划，不随心所欲；时间安排，什么时间干什么，有一定的规律……如果你能时时、处处都注意做到严谨而有条理，那么，这种习惯形成之日，就是严谨和办事有条理的性格形成之时。

从培养习惯到改变性格，要求我们能够针对自己暴露出来的性格弱点，有意识地培养与之相反的习惯，通过这种新的习惯来克服和改变原有的性格弱点。

比如，你在性格上犯有"冷热病"的毛病，情绪时高时低，你就应当找出"冷热病"的病根，克服过于计较小事的心理，逐步培养不为小事动容的习惯；如果你好胜心过强，经常使自己惴惴不安，你就要放弃做一个"超人"的企图，并且终止以眼前胜败来衡量成绩的习惯，而培养从长远看问题的习惯；如果你性格急躁，你就不要老是忙忙碌碌，在时间安排上要留有余地，培养安详从容地进行工作的习惯；如果你性格易怒，你就应当学会用克制和幽默来克服怒气，并培养自己宽厚待人的习惯。

总之，在你最容易暴露性格弱点的地方，你得先行"对抗"，用相反的习惯去克服和战胜它。这种办法将有助于你积小胜为大胜，最后达到完全改变性格弱点的目的。对于培养一种新的性格，许多人往往认为是很难的事。但对于培养一种好的习惯，大家还是有信心的。实际上，只要我们有决心、有恒心，真正培养起了良好的生活习惯，优良的性格也就在这些习惯中形成了。

培养好的习惯我们要学会统筹规划。我们培养习惯时，首先要对一个习惯的重要性进行研究。对待一个习惯，你先要分清它是否是一个好习惯，能否使你身心愉悦、事业有成，能否使你的利益达到最大化。然后，要培养一个好习惯，你首先必须要研究它的重要性。因为只有明白了它的

重要性，你才会有培养这个习惯的强烈愿望；只有有了强烈的愿望，你才能有坚强的决心；只有有了坚强的决心，你才能有坚决的行动。

要去掉一种坏习惯，我们需要具体地想，这种坏习惯在怎样损害着自己、摧残着自己，日复一日、月复一月、年复一年，对我们的命运危害有多大。而如果代之以一个好习惯，也要具体地想，这么一个好习惯如何日复一日、月复一月、年复一年从各个方面增益我们的生命，改变我们的命运。如果我们不用好习惯征服坏习惯，或增强旧的好习惯，却使自己一生受那坏习惯的统治和损害，这难道不是天大的遗憾吗？

另一方面我们要对欲修炼的习惯统筹安排，并做到逐一击破。我们知道，人的习惯实际是一个庞大的体系，它像一棵大树一样有根、有干、有枝、有叶。它可以是我们工作方面的习惯，也可以是学习方面的、健康方面的、感情方面的、与人相处方面的各种习惯；可以是思维方式的习惯，也可以是行为方式的习惯。因此当我们明白习惯对我们人生和命运的重要性后，我们要对自己准备培养的习惯作个统筹安排，这样可以分清主次，明确先后，然后有步骤地去培养，就会更有成效。

培养习惯要循序渐进，由浅入深、由渐进到质变，尤其开始时我们要宁少勿多、宁简勿繁、宁易勿难。先找一个比较容易做到、做起来有兴趣、很快能尝到甜头、而且能不断受到自己和周围人激励的习惯开始，专攻这一个，其余统统不管。而下工夫要大些，花时间要长些，这样就容易成功。

第一个习惯养成了，一定使你尝到了甜头。既然是好习惯，它就会在你无意识中自动为你管理、为你服务，而且为你效忠终生。因此你无形中仿佛有了一笔滚滚而来、源源不断、取之不尽、享用终生的财富，这简直是人生最有效率的事。试想世界上还有什么事有这么高的投入产出？你投入的是一个习惯养成的短暂过程，得到的却是终生源源不断的物质和精神财富。

习惯适宜一个一个地培养，有目标、有针对性，这样的专注才易于收到显著的成效，也有了阶段性的成就感和阶段性的进步。同时，有了第一个习惯养成所带来的甜头和激励，第二个、第三个、第四个习惯你能没有办法、没有信心养成吗？

培养好习惯一定要做到坚持不断地重复。行为心理学研究发现：21天以上的重复会形成习惯；90天的重复，会形成稳定的习惯。即同一个动作，重复21天就会变成习惯性动作。同理，同一个想法，重复21天，或重复验证21次，就会变成习惯性想法。所以，一个观念如果被别人或者自己验证了21次以上，它一定已经变成了你的信念。

习惯的形成大致分3个阶段：第一阶段：1~7天左右。此阶段的特征是"刻意，不自然"。你需要十分刻意提醒自己改变，而你也会觉得有些不自然，不舒服。第二阶段：7~21天左右。不要放弃第一阶段的努力，继续重复，跨入第二阶段，此阶段的特征是"刻意，自然"。你已经觉得比较自然，比较舒服了，但是一不留意，你还会回复到从前。因此，你还需要刻意地提醒自己改变。第三阶段：21~90天左右。此阶段的特征是"不经意，自然"，其实这就是习惯。这一阶段被称为"习惯性的稳定期"。一旦跨入此阶段，你已经完成了自我改造，这项习惯就已成为你生命中的一个有机组成部分，它会自然而然地不停地为你"效劳"。想有计划地去优化个性，就得去有计划地为自己塑造好习惯。

当然，因为与之相对应的坏习惯已十分顽固，因此要形成某些好习惯时，你可能需要花更大一点的力气同时克服坏习惯，然而不用担心，方法还是一样的，大不了再来一遍。有一句古训："江山易改，本性难移。"此语正确的理解是：人的本性虽非常难以改变，但人的本性并非改变不了，只是难了一点而已。

罗曼·罗兰有一句名言："性情即命运。"假使我们的本性当中有一些必然阻碍成功的因素，如若不改变，岂不是注定要失败？

如果你对改变自己的"劣根性"没有信心，裹足不前，请扪心自问：你是要成功，还是要失败？不改变，就意味着失败；要成功，就别无选择，立即改变。性格，其实就是一堆习惯，是若干习惯的组合体。没有改变不了的习惯，只有你不想改变的习惯；没有改变不了的性格，只有你不想改变的性格；没有改变不了的命运，只有你不想改变的命运；没有不可能的事情，只有你不想要

做好的事情。改变习惯是简单的，成功也是简单的。成功，就是简单的事情重复着做。之所以有人不成功，不是他做不到，而是他不愿意去做那些简单而重复的事情。

美国著名教育家曼恩说："习惯仿佛像一根缆绳，我们每天给它缠上一股新索，要不了多久，它就会变得牢不可破。"成功是因为性格，性格是因为习惯。一旦你养成了成功者身上所有的好习惯，你会发现，不成功都很难。

电脑的发明是人类文明的一大飞跃，而电脑必须有软件配合才能真正发挥作用。造物主为我们创造了大脑这个硬件，也应有相应的软件来驱动，这软件就是习惯。养成一个好习惯，就等于为大脑研制开发了一个好软件。你养成的好习惯越多，你大脑里有价值的软件也越多，你的大脑也越有智慧，你的人生也一定越成功、越美满。

拿破仑曾说过，习惯能成就一个人，也能够摧毁一个人。改掉坏习惯，养成好习惯，你的命运就会有所不同，你就会有一个美好的人生。种下行动便会收获习惯，种下习惯便会收获性格，种下性格便会收获命运。习惯的力量是强大的，它决定着一个人一生的成与败。一个好的习惯一旦定型，必会使人受益终生。

海纳百川，有容乃大

西点校友马克斯韦尔·D.泰勒将军说："除了要克服来自生活的阻力，还要能够容忍别人偶尔不友好的态度。""海纳百川，有容乃大；壁立千仞，无欲则刚。"为人处世，首先应当提倡"豁达大度"的胸怀。豁达，即性格开朗；大度，即气量宏大。合起来即：我们在处理人际关系时，要气量宽宏，能够容人。气量和容人，犹如器之容水，器量大则容水多，器量小则容水少，器漏则上注而下逝，无器者则有水而不容。一个有大气量的人，他的容人之量、容物之量也大，能和各种不同性格、不同脾气的人们交往，能兼容并包，听得进批评自己的话，也能忍辱负重，经得起误会和委屈。古语有云："大度集群朋。"一个人若能有宽宏的度量，那么他的身边便会集结起大群的知心朋友。

大度，表现为对人、对友能"求同存异"，不以自己的特殊个性或癖好规范他人，唯以事业上的志同道合为交友基础。大度，也表现为能听得进各种不同意见，尤其能认真听取相反的意见。大度，还要能容忍朋友的过失，尤其是当朋友对自己犯有过失时，能不计前嫌，一如既往。大度，更应表现为能够虚心接受批评，一经发现自己的过失，便立即改正，和朋友发生矛盾时，能够主动检讨自己，而不文过饰非，推诿责任。大度者，能够关心人，帮助人，体贴人，责己严，待人宽。

气量大还表现为不为小事斤斤计较、耿耿于怀。人生在世，谁都会碰到这样或那样的使人不快的小摩擦、小冲突。别人一触犯了自己，就犯颜动怒，或者记下一笔，"秋后算账"，这样只会把自己孤立起来。"冤家宜解不宜结"，在处理朋友关系当中，尤其应当如此。"大事清楚，小事糊涂"，不计较小事，这是一种美德。如果朋友之间能够心地坦然，互相信赖，互相谅解，有了意见能及时交换，那么彼此之间即使有些成见也是不难消除的。有些青年相互之间容易结死疙瘩，就是因为心胸狭窄，气量狭小，爱纠缠小事，时间长了，意见变成见，怨气变成怨恨，感情上就会格格不入转而成为反目成仇。在小事上宽大为怀，不会使你蒙受损失，只会使你受人敬佩。

西汉时的韩信，在年轻潦倒之时，曾有人逼他从胯下钻过去，实在是够欺人的。后来韩信被刘邦拜为大将，不但没有杀这个人，反而赏之以金，委之以官，使其大受感动，不仅消除了私怨，最后还成了舍命保护韩信的勇士。

韩信这种"以德报怨"的方法，比起有些人一感到被欺负就"以牙还牙"、"针锋相对"的做法来，实在要高明得多。

一个人的气量是大是小，在心平气和时较难鉴别，而当与他人发生矛盾和争执时，就容易看得清楚。气量宽宏的人，不把小矛盾放在心上，不计较别人的态度，待人随和。而气量狭小的人，则往往偏要占个上风，讨点便宜。还有的人在和别人的争论中，当自己处于正确的一方，成为胜利者的时候，则心情舒坦，较为愿意谅解对方；但当自己处于错误的一方，成为失败者的时候，

则往往容易恼羞成怒，对人家耿耿于怀。朋友之间的争论是常有的，一个真正豁达大度的人，不应该因为别人和自己争论问题而对人家耿耿于怀，更不应该因为别人驳倒了自己的意见而恼羞成怒。

宽宏的度量，往往包含在谅解之中。要想见到不顺心的事而不发脾气，就必须养成能够原谅他人的缺点和过失的习惯。待人接物，不能过于苛求。"水至清则无鱼，人至察则无徒。"对别人过于苛求，往往使自己跟别人合不来。社会是由各式各样的人组成的，有讲道理的，也有不讲道理的；有懂事多的，也有懂事少的；有修养深的，也有修养浅的，我们不能总要求别人讲话办事都符合自己的标准和要求。当那些懂事较少、度量较小、修养较浅的人做了得罪自己的事情时，要能够宽容他们，谅解他们，不和他们一般见识。从这个意义上说，那些最豁达、最能宽容的人，乃是最善于谅解人、最通达世事人情的人。

豁达的度量，从根本上说是来自一个人宽广的胸怀。一个人倘若没有远大的生活理想和目标，其心胸必然狭窄，就像马克思所形容的那样：愚蠢庸俗、斤斤计较、贪图私利的人，总是看到自以为吃亏的事情。眼睛只盯着自己的私利，根本不可能有豁达和宽容的胸怀和度量。"心底无私天地宽。"只有从个人私利的小圈子中解放出来，心里经常装着更远、更大目标的人，才能具备宽广的胸怀，领略到海阔天空的精神境界。

拥有宽广的胸怀，能够宽容他人，是一种美德，更是一种福气。宽容是一种处世哲学，宽容也是人的一种较高的思想境界。学会宽容别人，也就懂得了宽容自己。

有一位名叫卡尔的卖砖商人，由于另一位对手的竞争而陷入困难之中。对方在他的经销区域内定期走访建筑师与承包商，告诉他们：卡尔的公司不可靠，他的砖块不好，其生意也面临即将歇业的境地。卡尔对别人解释说，他并不认为对手会严重伤害到他的生意。但是这件麻烦事使他心中生出无名之火，真想"用一块砖来敲碎那人肥胖的脑袋作为发泄"。

"有一个星期天的早晨，"卡尔说，"牧师讲道的主题是'要施恩给那些故意跟你为难的人'。我把每一个字都认真记下来。就在上个星期五，我的竞争者使我失去了一份 25 万块砖的订单。但是，牧师却教我们要以德报怨，化敌为友，而且他举了很多例子来证明他的理论。当天下午，我在安排下周日程表时，发现住在弗吉尼亚州的我的一位顾客，正因为盖一间办公大楼而需要一批砖，而所指定的砖的型号却不是我们公司制造供应的，但与我竞争对手出售的产品很类似。同时，我也确定那位满嘴胡言的竞争者完全不知道有这笔生意。"

这使卡尔感到为难，是需要遵从牧师的忠告，告诉对手这项生意，还是按自己的意思去做，让对方永远也得不到这笔生意？那么到底该怎样做呢？卡尔的内心挣扎了一段时间，牧师的忠告一直回响在他心里。最后，也许是因为很想证实牧师是错的，他拿起电话拨到竞争对手家里。接电话的人正是那个对手本人，当时他拿着电话，难堪得一句话也说不出来。但卡尔还是礼貌地直接告诉他有关弗吉尼亚州的那笔生意。结果，那个对手很是感激卡尔。卡尔说："我得到了惊人的结果，他不但停止散布有关我的谎言，而且甚至还把他无法处理的一些生意转给我做。"卡尔的心里也比以前感到好多了，他与对手之间的阴霾也一扫而空。

以德报怨，化敌为友。这就是迎战那些终日想要让你难堪的人所能采用的最上策。

正所谓"忍一时风平浪静，退一步海阔天空"。成大事者善让，即遇事不与人无为地争高论低，而是通过忍让的办法，去专注地做自己的事情。很多人之所以不能成大事，其中要害之一就是无为地好争而不好让。君子坦荡荡，这是千百年来留传下来的一种品德。做人要胸襟豁达，要有平和忍让之心，这不仅是一种魅力，更是事业有成之人的必备的修养。

所谓忍让，是指一个人与他人交往时，保持一种谦和、克己、委曲求全的态度和行为。这里忍让的是那些与自己的朋友、同学等之间的非原则性的小事，如与朋友或同事发生了一点小摩擦，就不要斤斤计较，应该豁达一点，吃点小亏算了。这样做的目的是避免破坏朋友之间的友谊以及同事之间的团结。而对生活中的一些消极现象和不良的社会风气以及坏人坏事，则不但不能忍让，

反而应挺身而出，坚决斗争。所以，我们所说的忍让，并不是不辨是非、放弃原则、毫无限度地对一切事物的忍让，该忍时忍，不该忍时则寸步不让。应做到"大丈夫能屈能伸"，这才是成功者具有的度量。

要学会容忍别人的过失，你必须具有豁达的胸怀，在为人处世、待人接物时，不能对他人要求过于苛刻。应学会宽容、谅解别人的缺点和过失。要有气量，不能心胸狭窄，在小事上如果宽大为怀，尽量表现得"糊涂"一些，便容易使人感到你通达世事人情。

颜回是孔子的一个得意门生。有一次颜回看到一个买布的和卖布的在吵架，买布的大声说："三八二十三，你为什么收我二十四个钱！"颜回上前劝架，说："是三八二十四，你算错了，别吵了。"那人指着颜回的鼻子说："你算老几？我就听孔夫子的，咱们找他评理去。"颜回问："如果你错了怎么办？"买布的人答："我把脑袋给你。你错了怎么办？"颜回答："我把帽子输给你。"两人找到了孔子。孔子问明情况，对颜回笑笑说："三八就是二十三嘛，颜回，你输了，把帽子给人家吧。"颜回心想，老师一定是老糊涂了，但只好把帽子摘下，那人拿了帽子高兴地走了。后来孔子告诉颜回："说你输了，只是输一顶帽子，说他输了，那可是一条人命啊！你说是帽子重要还是人命重要？"颜回恍然大悟，扑通跪在孔子面前说："老师重大义而轻小是非，学生惭愧万分！"

这种宽厚与容忍绝对不是争斗的小人所能够做到的，明知对方错了，却不争不斗反而认输，虽然自己吃点小亏，但使别人不受损。不重表面形式的输赢，而重思想境界和做人水准的高低，这样的人其实活得很潇洒。

一位住在山中茅屋修行的禅师，有一天趁夜色到林中散步，在皎洁的月光下，他突然开悟了自性的般若。他喜悦地走回住处，却看到自己的茅屋正遭小偷光顾，找不到任何财物的小偷要离开的时候在门口遇见了禅师。原来，禅师怕惊动小偷，一直站在门口等待，他知道小偷一定找不到任何值钱的东西，所以早就把自己的外衣脱掉拿在手上。小偷遇见禅师，正感到惊愕的时候，禅师说："你走老远的山路来探望我，总不能让你空手而回呀！夜凉了，你带着这件衣服走吧！"说着，就把衣服披在小偷身上，小偷不知所措，低着头溜走了。禅师看着小偷的背影穿过明亮的月光，消失在山林之中，不禁感慨地说："可怜的人呀！但愿我能送一轮明月给他。"禅师目送小偷走了以后，回到茅屋赤身打坐，他看着窗外的明月，进入空境。第二天，他在阳光的温暖抚触下，从极深的禅定中睁开眼睛，看到他披在小偷身上的外衣被整齐地叠好，放在门口。禅师非常高兴，喃喃地说："我终于送了他一轮明月！"

要做到宽容与忍让还表现为能忍辱负重，经得起误会和委屈，对那些曾与自己结下仇怨的人，能雍容雅量，宽容待之。这将有助于你广泛地结交知心朋友和事业上的志同道合者。要学会克制自己，凡事礼让三分，不要时时、事事争强。

清朝时有两家邻居因一道墙的归属问题发生争执，欲打官司。其中一家想求助于在京为大官的亲属张廷玉帮忙。张廷玉没有出面干涉这件事，只是给家里写了一封信，力劝家人放弃争执，信中有这样几句话："千里修书只为墙，让他三尺又何妨？万里长城今犹在，谁见当年秦始皇。"家人听从了他的话，使邻居也觉得不好意思，两家终于握手言欢，由你死我活的争执变成了真心实意的谦让。

《菜根谭》中讲："路径窄处留一步，与人行；滋味浓时减三分，让人嗜。此是涉世一极乐法。"可谓深得处世的奥妙。

与人相处，有一分退让，就受一分益；吃一分亏，就积一分福。相反，存一分骄，就多一分挫辱；占一分便宜，就招一次灾祸。一个人，对于事业上的失败，能自认这方面的错误，就能让人感德；在有成就时，能让功于他人，就能让人感恩。让人为上，吃亏是福。曾国藩说："敬以持躬，让以待。"敬就要小心翼翼，事情不分大小，都不敢忽视。让，就什么事都留有余地，有功不独居，有错不推诿。念念不忘这两句话，就能长期履行大任，福禄无量。

宽容、克制与忍让不是卑怯懦弱的表现，而是相反。古语说得好："猝然临之而不惊，无故加之而不怒。"这才是真正的英雄。只有头脑简单的无能之辈，才会为芝麻绿豆大的小事各不相让，

争得面红耳赤。而能放手时则放手，得饶人处且饶人，才正是心胸豁达、雍容雅量的成功者所应具备的品德与修养。

学会自省

曾子曰："吾日三省吾身—为人谋而不忠乎？与朋友交而不信乎？传不习乎？"这段话的意思是："我每天多次反省自己—替人家谋虑是否不够尽心？和朋友交往是否不够诚信？老师传授的学业是不是反复练习实践了呢？"走在人生的道路上，我们也须时常停下脚步，回首之前走过的道路，想想自己所做的事情，判断所得与所失，这样才能够积淀我们的经验，汲取我们的教训，为继续前行得更加平稳，为未来取得更大的成就，奠定良好的基础。

在军事行动中有所谓的"评估"，小到战术评估，大到战争评估，这种评估不仅包括军事技术层面的评估，同样也包括社会环境、自然环境等多方面的评估。"评估"也是西点军校重要的教育内容之一。这种"评估"就是一种反省，只有对信息不断地反馈，才能为作出正确的判断与行动策略提供保障。对于我们每个人来说，学会反省、自省是非常重要的个人修养。

自省就是反省自己，这是只有人类才能办到的事。一般地说，自省心强的人都非常了解自己的优劣，因为他时时都在仔细检视自己。这种检视也叫做"自我观照"，其实质也就是跳出自己的身体之外，从外面重新观看审察自己的所作所为是否为最佳的选择。这样做就可以真切地了解自己了，审视自己时必须坦率无私。

能够时时审视自己的人，一般都很少犯错，因为他们会时时考虑：我到底有多少力量？我能干多少事？我该干什么？我的缺点在哪里？为什么失败了或成功了？这样做就能轻而易举地找出自己的优点和缺点，为以后的行动打下基础。

《新约圣经》里有一则这样的故事：

有一天，对基督怀有敌意的巴里赛派人将一个犯有奸淫罪的女人带到基督面前，故意为难耶稣，看他如何处置这件事。如果依教规处以她死刑，则基督便会因残酷之名被人攻讦；反之，则违反了摩西的戒律。基督耶稣看了看那个女人，然后对大家说："你们中间谁是无罪的，谁就可以拿石头打她。"喧哗的群众顿时鸦雀无声。基督回头告诉那个女人，说："我不定你的罪，去吧！以后不要再犯罪了。"

此则故事告诉我们的是：当要责罚别人的时候，先反省自己可曾犯错。苏格拉底说："没有经过反省的生命，是不值得活下去的。"有迷才有悟，过去的"迷"，正好是今日的"悟"的契机。因此经常反省、检视自己，可以避免偏离正道。

我们常说"成功源自于自我分析"、"失败乃成功之母"、"检讨乃成功之父"都是在说明一件事——自我反省、自我分析、自我检讨与成功有莫大的关系。其实，人生允许出现错误，但不能允许同样的错误犯第二次，人的一生如果充满着错误，那么他的结果就无法正确。犯错不可怕，可怕的是不知道错在哪里。一个成功的人往往是一个自我反省的人，自我分析的人。

每件事情都有其相应的时间和空间。既要花时间去实施，又要花时间去反省。我们当中的大多数人并不利用时间进行反省。在我们繁忙的日程表上往往会忽略这一成功秘诀的重要部分。在一天结束时，一定要花些时间审视一下在一天中发生的事情——到什么地方去了，遇见了什么人，做了什么，说了什么，等等。沉思一下做了什么，没有做什么，希望再做什么和希望不做什么。一定要尽可能生动而形象地记住那些相关的事件。记住颜色，记住情景，记住声音，记住交谈内容，记住经历。

经验可以变成商品，变成钱财，变成货币，经验是价值之源。然而只有记录下来的经验，经过认真思索积淀的经验，才能转变为有价值的东西。一个人命运上的差别不是由他们的遭遇决定的，而是由他们对待遭遇的态度决定的。为了能做一些对生活有益的事，我们必须从遭遇中汲取有价

值的信息。

理想的反省时间是在一段重要时期结束之后，如周末、月末、年末。在一周之末用几个小时去思索一下过去7天中出现的事件。月末要用一天的时间去思索过去一个月中出现的事情，年终要用一周的时间去审视、思索、反省生活中遇到的每一件事。

自我反省的时间越勤对你越有利。假如你一年反省一次，你一年才知道优缺点，才知道自己做对了什么，做错了什么。假如你一个月反省一次，你一年就有了12次反省机会。假如你一周反省一次，你一年就有52次反省机会。假如你一天反省一次，你一年就有365次反省机会。反省的次数越多，犯错的机会就越少。

有一天，有一个青年在街角的小店借用电话。他用一条手帕，盖着电话筒，然后说："是王公馆吗？我是打电话来应征做园丁工作的，我有很丰富的经验，相信一定可以胜任。"电话的接线生说："先生，恐怕你弄错了，我家主人对现在聘用的园丁非常满意，主人说园丁是一位尽责、热心和勤奋的人，所以我们这儿并没有园丁的空缺。"

青年听罢便有礼貌地说："对不起，可能是我弄错了。"跟着便挂了电话。小店的老板听了青年人的话，说："青年人，你想找园丁工作吗？我的亲戚正要请人，你有兴趣吗？"

青年人说："多谢你的好意，其实我就是王公馆的园丁。我刚才打的电话，是用以自我检查，确定自己的表现是否合乎主人的标准而已。"

在生活中，不断作自我反省，才可以令自己立于不败之地。

卡耐尔是肯德基炸鸡的创始人。他曾自己经营了一家汽车加油站，但经营不善以至于入不敷出，他以为是受经济危机的影响。于是很无奈地宣布："加油站倒闭了。"

第二年，他又重新开了一家带有餐馆的汽车加油站。但是，一场无情的大火把他的餐馆烧了。他毫不顾及到底是为什么，也没有放弃，他认为：危机正是机遇。最危险的时候，也就是你的爆破力发展到最大程度的时候，因而，他发誓要重新振作。

不实事求是地找出犯错的根源，勃勃雄心在事实面前显得多么盲目愚蠢啊！

他最终还是振奋起来，建立了一个比以前规模更大的餐馆。可是，厄运又找上门来。因为附近另外一条新的交通要道建成通车，卡耐尔餐馆前的那条道路因而变得背街背巷了，顾客也因此而剧减。

究其失败的根源，便是卡耐尔·桑达斯对经营管理一窍不通，他的管理制度定得很松散，员工的工作态度松松垮垮。经营加油站时，他的流氓员工偷油；经营带有餐馆的汽车加油站时，员工乱扔烟头；经营以前规模更大的餐馆时，餐馆没有回头客也是因为制度不健全。

他找到了他总是犯同一类型的错误的原因，他觉得自己不是一个善于经营的老板，因为他自己平常就是一个不拘小节、大大咧咧的人。

后来，卡耐尔放弃了餐馆。他不想再保留那个极为珍贵的专利——制作炸鸡的秘方，他决定卖掉它。他教授给各家餐馆制作炸鸡的秘诀——调味酱。每售出一份炸鸡他将获得5美分的回报。6年之后，出售这种炸鸡的餐馆遍布美国及加拿大，共计400家。当时，卡耐尔已经70多岁了。1992年，肯德基炸鸡的连锁店共计扩展到9000家。

假如卡耐尔不知反省，蛮干到底，他会一无所有、一事无成，食客们也不会吃到价廉味美的肯德基炸鸡。

中国古语云："人非圣贤，孰能无过"，即使圣贤也有犯错的时候。关键在于不要重犯同一个错误。这样不但会使自己的自信心受挫，而且别人也会对你丧失信心，不再给你机会了。不在错误中找到实质因素，你的道路将越走越窄，最终进入死胡同；倘若一犯错便能痛定思痛地反省，及时纠正错误，你的道路将越走越宽广，你的人生将越来越美好。

那么，我们该如何反省自己呢？

首先，要以"自知"的镜子来反照自己。若要了解自己行为的得失，则必须用"自知"的镜子来自照。反省如同一面明镜，在反省的明镜中，自己的本来面目将显现无余。一个人眼睛不要总是盯着别人，重要的是要先认识自己，从反省中认识自己，从自知的镜子中了解自己的真面目。

其次，要有悔改的勇气。一个人有过错不要紧，只要能改过就好，如果有过错而不肯改这就是大过，是真正的过错。有些人犯了错，却不肯承认，因为他怕因此而失了面子。如果能够消除这种傲慢的习气，就会生起悔过自新的勇气来。时常反省自己的过失，发现了错误，就要及时改正，痛痛快快、切切实实地做事。

今天有了过错，如果没有反省，明天还会照样犯。若能及时反省自己，知道犯错的缘由，随即改正过来，那么，以后就不会再有类似的过错。

人对待错误的正确态度应该是及时从中吸取教训，总结经验，亡羊补牢，将功补过，而不是过多地自我谴责，自我责备。英国有句谚语——"不要为打翻的牛奶而哭泣"，意即：你去为已经无可挽留的损失而哭泣只会浪费你的好心情，聪明的人是会反省错误，之后吸取教训，然后坚毅地忘掉不幸，以更大的劲头、更热忱的心态去弥补损失，而不是过多地自责。

西点军校校训

责任、荣誉、国家。

不撒谎、不欺骗、不盗窃。

强化知识更新，树立"终身学习"的观念。

"无知"——求知心切，永远把自己当做学生，问一些"傻问题"。

向别人学习，即使不比从书本上学习更重要，起码也是同等重要的。

一定要充分利用生活中的闲暇时光，不要让任何一个发展自我的机会溜走。

个人要服从集体或更大的整体，服从部队，服从团队。

纪律和军容是我们比其他学校甚至部队要求更严格的地方。

最重要的是，在关键时刻能够坚持原则。

恪尽职守的精神比个人的声望更重要。

世界上极需要这种人才，他们在任何情况下都能克服种种阻力完成任务。

我们要做的是让纪律看守西点，而不是教官时刻监视学员。

"魔鬼"隐藏在细节中，永远不能忽视任何细节。

千万不要纵容自己，给自己找借口。

哪怕是对自己的一点小小的克制，也会使自己变得强而有力。

为了赢得胜利，也许你不得不干一些自己不想干的事。

学会忍受不公平，学会恪尽职守。

只要充分相信自己，没有什么困难可以持久。

等待比做事要难得多。

要有信心，把握自己的未来。

不要沉沦，在任何环境中你都可以选择奋起。

有耐心的人无往而不利。

确信无法突破的时候，首先要选择的是等待。

如果你没有选择的话，就勇敢地迎上去。

以林肯为榜样，汲取他的生活经验和奋斗精神。

只要你不认输，就有机会！

要培养各方面的能力，包括承受悲惨命运的能力。

冲动，绝不是真正英雄的性格。

适应环境，而不是让环境适应你。

历经严酷的训练是完善自我的必由之路。

速度决定成败。

不要怕有疯狂的想法，只要你肯努力。

首先要建立起自信心。

胜利属于最坚忍的人。

要敢于向一切恐惧挑战。

要感谢生活中的逆境和磨难。

主动锻炼自己，培养果决的性格。

要立即行动，不要拖延。

现实中的恐怖，远比不上想象中的恐怖那么可怕。

目标要明确，信念要坚定。

只有自己做，才可能知道能否成功。

做一个真正勇敢无畏的人。

要战胜恐惧，而不是退缩。

失败者任其失败，成功者创造成功。

要敢于"硬干"，不要怀疑自己。

没有什么不可能——"没有办法"或"不可能"常常是庸人和懒人的托词。

成功始于觉醒，心态决定命运。

任何人，在危机来临时，都要想到打破常规。

要利用好经验，而不是受它们束缚。

要敢于异想天开。

尽量多动脑、少出力。

要保持"头脑简单"，敢于做"办不到"的事情。

正确的战略战术比优势兵力更重要。

西点语录

1.不管你有多么伟大，你依然需要提升自己，如果你停滞在现有的水平上，事实上你是在倒退。

——西点第一任校长 著名政治家、科学家 乔纳森·威廉斯

2.勇敢地面对挑战，并且大胆采取行动；然后坦然地面对自己，检讨这项行动之所以成功或失败的原因。你会从中吸取教训，然后继续向前迈进，这种终生学习的持续过程将是你在这个瞬息万变的环境中的立足之本。

——西点军校 约翰·科特上尉

3.才能出众者，才堪担当重任；而努力学习，刻苦训练，是获得才能的唯一途径。

——美国第三十四任总统 艾森豪威尔

4.闲暇时光如果不用来读书，以累积发展自我的力量，而在无所事事中任其流逝，是非常可惜的。

——西点前学员团团长 麦康尼夫

5. 一个能自制的思想，是自由的思想，自由便是力量！有时，为了获得真正的自由，必须暂时尽力约束自己。

——西点 1915 年毕业生 美国陆军五星上将 欧玛·纳尔逊·布莱德雷

6. 一个人想要征服世界，首先要战胜自己。

——西点著名学员和教官 约翰·阿比扎伊德中将

7. 有时候，阻碍我们成功的主要障碍，不是我们能力的大小，而是我们的心态。

——西点第一任校长 乔纳森·威廉斯

8. 要做正确的、该做的事，而不是能够赢得别人赞赏的事。

——美国第三十四任总统 艾森豪威尔

9. 如果任凭感情支配自己的行动，那便会使自己成为感情的奴隶。一个人，没有比被自己的感情所奴役更不自由的了。

——西点 1971 年毕业生 汤玛斯·梅兹中将

10. 规则和纪律一定要遵守，但这绝对不应该成为你墨守成规的借口。

——西点 1987 年毕业生 Compass 集团总裁 约翰·克理斯劳

11. 敢于突破既有经验，常常会使你在绝处逢生。

——西点教官 本杰明·斯帝克

12. 每个人都是你的老师。

——西点军校成立之命令签署人 汤玛斯·杰弗逊

13. 每个人所受教育的精华部分，就是他自己教给自己的东西。

——西点前校长 A.L. 米尔斯

14. 追求享乐和怠惰谁都会，能够战胜它们的人才堪称强者。

——西点校友 多克·赖德

15. 危险是什么？危险就是让弱者逃跑的噩梦，危险也是让勇者前进的号角。对于军人来说，冒险是一种最大的美德。

——西点著名学子 美国杜邦公司创始人 亨利·杜邦

16. 遭遇挫折并不可怕，可怕的是因挫折而产生对自己能力的怀疑。只要精神不倒，敢于放手一搏，就有胜利的希望。

——西点前校长 伊·L. 班尼迪克

17. 勤于动脑，敢于创新的人，才能争取主动。

——西点毕业生 美国在线前 CEO 詹姆斯·金姆塞

18. 非常情况下能否坚持原则，常常是判断一个人道德水准的重要依据。

——西点著名学子 美国第十八任总统 格兰特

19. 在这个世界，没有什么比"坚持"对成功的意义更大。

——美国第三十四任总统 艾森豪威尔

20. 在好规则面前，懂得捍卫和遵守，生活中才会享受更多的明媚阳光。

——西点校友 著名工程技术专家 乔治·W.戈瑟尔斯

21. 在人生的战场上，幸运总是光临到能够努力奋斗并抢占待机的人身上。

——西点 1980 年毕业生 西点军校前校长 佛雷德·W.斯莱登

22. 训练时多流一加仑汗，战场上少流一加仑血。

——西点著名校友 乔治·S.巴顿将军

23. 努力不懈，是奔向梦想和目标的唯一坦途。

——西点校友 著名企业家 威廉·B.富兰克林

24. 最聪明的人设计出来的最伟大的计划，执行的时候还是必须从小处着手，整个计划的成败就取决于这些细节。

——西点前校长 潘莫

25. 若想在自己内心建立信心，即应像打扫街道一般，首先就将相当于街道上最阴湿黑暗的角落的自卑感除干净，然后再种植信心，并加以巩固。

——西点著名校友 画家 詹姆斯·A.M.惠斯勒

26. 处于现今这个时代，如果说"做不到"，你将经常站在失败的一边。

——西点前校长 丹尼尔·W.克里斯曼中将

27. 成功的卓越的领导者必须有自己独特的思考方式，在遇到阻力的时候，必须有自信。

——美国第三十四任总统 艾森豪威尔

28. 失败的原因往往不是能力低下，力量薄弱，而是信心不足，还没有上场，就败下阵来。

——西点校友 美国著名学者 本杰明·S.尤厄尔

29. 重要的不是到底发生了什么不幸的事，而是你如何看待它们。

——西点著名学子 美国前国务卿 亚历山大·梅格斯·黑格

30. 不正面迎向恐惧，就得一生一世躲着它。

——西点著名校友 国际银行主席 奥姆斯特德

31. 信心与意志是一种心理状态，是一种可以用自我暗示诱导和修炼出来的积极的心理状态。

——西点毕业生 天才画家 詹姆斯·A.M.惠斯勒

32. 你有信仰就年轻，疑惑就年老。有自信就年轻，畏惧就年老。有希望就年轻，绝望就年老。岁月刻蚀的不过是你的皮肤，但如果失去了热忱，你的灵魂就不再年轻。

——西点前校长 道格拉斯·麦克阿瑟

33. 强烈的成功欲望会使一个人忘记一切苦痛，迎来成功的一天。

——西点毕业生 著名作家 爱伦坡

34. 如果我们用你渡过最艰苦时刻的状态去应付现在的话，你将会很快渡过面前的这个难关。

——西点 1973 年毕业生 经营管理顾问 考克斯

35. 西点学员中，有很多人都是"没有任何借口"这一理念最完美的执行者和诠释者。都是能够秉持着"没有任何借口"这一行为准则，成功地把信送给加西亚将军。

——西点军校学员 伟大的罗文上校

36. "没有办法"或"不可能"使事情画上句号，"总有办法"则使事情有突破的可能。

——西点教官 约翰·哈利

37. 以顽强的毅力和百折不挠的奋斗精神去迎接生活中的各种挑战，你才能免遭淘汰。

——西点著名校友 国际银行主席 奥姆斯特德

38. 忍耐是人生过程中，任何人都要承受的、最困难的一件事。

——西点 1915 年毕业生 美国陆军五星上将 欧玛·纳尔逊·布莱德雷

39. 除了要克服来自生活的阻力，还要能够容忍别人偶尔不友好的态度。

——西点校友 马克斯韦尔·D. 泰勒将军

40. 环境不是不可改变的，只要你不是自怨自艾或垂头丧气，而是以顽强的信念，为自己创造更炫耀的前程。

——西点 1903 年毕业生 前校长 道格拉斯·麦克阿瑟

41. 没有谁的人生一帆风顺，任何人都会遭逢厄运。积极的心态和顽强的努力，会让你解决任何难题。

——西点校友 莱利斯·格罗夫斯准将

42. 西点军校所致力的教育目标，不仅是培训一流军官，而且是把一流的年轻人培养成真正的男子汉，培养成未来的全方位的领导人。

——西点军校前校长 伊·L. 班尼迪克

43. 作为男人，只有对艰苦和严格习以为常，在困难面前才能够尽职尽责。

——西点 1909 年毕业生 巴顿将军

44. 很难想象，在列队的时候不干脆利落的一群人，打起仗来能够把自己和乌合之众区别开来。

——西点 1903 年毕业生 曾任校长的道格拉斯·麦克阿瑟

45. 一个战场指挥官假如不执行和维护纪律，那就是潜在的杀人犯。指挥官的放肆言词是锻炼部队的手段之一，没有粗俗劲儿就是无法指挥军队。

——西点 1909 年毕业生 巴顿将军

46. 年轻人需要的不只是学习书本上的知识，也不只是聆听他人种种的指挥，而是要加强一种敬业精神，对上级的托付立即采取行动，全心全意完成任务。

——西点军校著名校友 艾尔伯特·哈伯特

47. 避免一切小小的失误，就能减少巨大的意外挫折。

——著名西点学子 美国南北战争时期北方军总司令 格兰特将军

48. 请只是告诉我结果，不必作出更多的解释。

——西点 1886 年毕业生 潘兴将军

49. 信心和毅力，比西点军校的毕业证书更重要。

——西点军校前校长 克利斯曼中将

50. 不管碰到什么障碍和困难，你都可以尝试把它成功地进行到底。

——西点著名学子 美国军火大王 杜邦

51. 能否多坚持一分钟，是人才和平庸之徒的分水岭。

——西点著名学员 巴拿马运河的总工程师 戈瑟尔斯

52. 虚荣的人注视着自己的名字，伟大的人则注视着自己的事业以及自己的国家。

——西点军校学子 第一个在太空中行走的太空人 怀特

53. 进入"西点"，是一种荣誉，更是一种挑战。

——西点军校校友 美国第十八任总统 尤利塞·S.格兰特

54. 为了更好地解决问题，你不仅要助手，也需要对手。

——西点 1903 年毕业生 曾任校长的道格拉斯·麦克阿瑟

55. 要迅速、无情地、勇猛地、无休止地进攻！

——西点 1909 年毕业生 巴顿将军

56. 信念不坚定，难有大的作为。

——西点 1903 年毕业生 曾任校长的道格拉斯·麦克阿瑟

57. 要战胜别人，首先须战胜自己。

——西点军校校友 著名工程学家 蒙哥马利·C.梅格斯

58. 宁可花费很大力气而不肯动脑的人，是另一种意义上的懒汉。

——西点 1971 年毕业生 著名企业家 杰夫·钱彼恩

59. 不仅要达到目的，还要注意方法。

——西点 1915 年毕业生 美国陆军五星上将 欧玛·纳尔逊·布莱德雷

60. 灵活运用各种战术，在最短时间内给敌人造成最大的伤亡和破坏。

——西点 1909 年毕业生 巴顿将军

西点名人

总统 尤利乌斯·格兰特

1822 年 4 月 27 日出生，1843 年毕业于西点，1846~1848 年参加了美墨战争。他领导指挥的维克斯堡战役的胜利是美国内战的一个转折点，其勇敢、果断、灵活、快速的作战方式成为美军机动进攻的典范。1864 年被任命为联邦军总司令。1867~1868 年担任临时陆军部长。内战结束后，成为美军历史上第一位上将，军衔高于华盛顿。1869~1877 年先后担任两届美国总统。

一战远征军司令 约翰·约瑟夫·潘兴

1860 年 9 月 13 日出生，1886 年毕业于西点，1897~1898 年任教于西点。一战中任远征军司令。1919 年 9 月被正式授予陆军上将衔。1921 年起任陆军参谋长，1924 年退役后任美国战争纪念委员会主席，有"铁锤将军"之称。1920 年在他帮助下美军确立了长期军事政策"国防法"。1921 年出任美国陆军参谋长。在军队建设方面，他颇有建树，不愧于美国"伟大的军人之一"的荣誉称号。

二战盟军统帅 道格拉斯·麦克阿瑟

1880 年 1 月 26 日出生，1903 年以全班第一的成绩毕业于西点。1906 年兼任罗斯福总统的军事副官，1917 年参加第一次世界大战，1919~1922 年任西点军校校长，成为该校最年轻的校长，被誉为"现代军事教育奠基者"。1930 年出任陆军参谋长。第二次世界大战中，指挥盟军在太平洋战区多次运用"蛙跳"战术实施两栖登陆，1945 年 8 月被任命为盟军最高统帅，执行对日占领任务，9 月 2 日代表盟国接受日本投降。麦克阿瑟有长达 50 多年的军事实践，被美国国民称之为"一代老兵"，其自身的 3 个"最年轻"的经历、精妙的军事谋略和敢战敢胜的胆略，都堪称美国战争史上的奇才。

小乔治·巴顿将军

1885 年 11 月 11 日出生，1909 年毕业于西点。1911 年赴华盛顿附近的迈尔堡服役，1917 年参加一战，任美国远征军司令的副官。第二次世界大战中，统帅美军装甲部队先后在北非、西西里和欧洲大陆屡屡大败德军，作战勇猛顽强，指挥果断，富于进攻精神，善于发挥装甲兵优势实施快速机动和远距离奔袭，被部下称为"血胆老将"。

总统 德怀特·艾森豪威尔

1890 年 10 月 14 日出生，1915 年毕业于西点。1925 年帮助政府收集整理美国在一战中欧洲作战的资料，编辑《战地手册》。太平洋战争爆发后负责远东战区。1944 年指挥诺曼底登陆，获陆军五星上将军衔。1953~1961 年连任两届美国总统，任内曾提出对前苏联实施大规模核报复打击的"大规模报复战略"。

美国空军之父 亨利·哈利·阿诺德

1886 年 6 月 25 日出生，1907 年毕业于西点。著述颇丰，为发展陆军航空军和建立独立空军起到了一定的作用。最早主张对轴心国实施战略轰炸的倡议者之一。他屡建战功，在美军中声望很高，建立了世界上首屈一指的强大空军。

海湾雄狮 诺曼·施瓦茨科普夫

1934 年 8 月 22 日出生，1957 年毕业于西点，1964 年任教于西点。曾参加越南战争，在海湾战争中以几乎零伤亡的代价赢得了胜利。他信奉的人生格言是："下令要部下上战场算不了英雄，身先士卒上战场才是英雄好汉。"